高 等 学 校 精 品 规 划 教 材

电工电子技术简明教程

马宏忠　李东新　编

中国水利水电出版社
www.waterpub.com.cn

内 容 提 要

全书共18章，主要有：电路基本概念与基本定律、电路的分析方法、正弦交流电路、三相交流电路、电路的过渡过程、变压器、电动机、电气控制、电气设备、电工测量与仪表、安全用电与节约用电、半导体二极管和三极管、基本放大电路、集成运算放大器及应用、电源电路、组合逻辑电路、时序逻辑电路、模拟量与数字量的转换等内容。各章前有提要，章后有小结及习题，书末附有部分习题答案。

本书可作为高等学校非电类本科生的教材，也可作为大专及成人教育的教材或参考书。

图书在版编目（CIP）数据

电工电子技术简明教程/马宏忠，李东新编．—北京：中国水利水电出版社，2005（2022.12 重印）
高等学校精品规划教材
ISBN 978-7-5084-2883-3

Ⅰ．电…　Ⅱ．①马…②李…　Ⅲ．①电工技术-高等学校-教材②电子技术-高等学校-教材　Ⅳ．TM　TN

中国版本图书馆 CIP 数据核字（2005）第 050417 号

书　名	高等学校精品规划教材 **电工电子技术简明教程**
作　者	马宏忠 李东新　编
出版发行	中国水利水电出版社 （北京市海淀区玉渊潭南路 1 号 D 座　100038） 网址：www.waterpub.com.cn E-mail：sales@mwr.gov.cn 电话：（010）68545888（营销中心）
经　售	北京科水图书销售有限公司 电话：（010）68545874、63202643 全国各地新华书店和相关出版物销售网点
排　版	中国水利水电出版社微机排版中心
印　刷	天津嘉恒印务有限公司
规　格	787mm×1092mm　16 开本　21.75 印张　516 千字
版　次	2005 年 8 月第 1 版　2022 年 12 月第 6 次印刷
印　数	15001—16500 册
定　价	**48.00** 元

序

电工电子技术是工科各专业的基础课程，随着电类学科的发展和科学技术的进步，电工电子技术已经在科学研究和工程实践的各个领域得到广泛的应用。高等院校的很多专业均开设电工学类课程。除工科类专业外，理科类专业，甚至管理类专业、金融类专业、师范类专业等也纷纷开设电工学类课程。因此，迫切需要概念清楚、实用性强、与工程实际联系密切、并能反映电工技术新发展的电工电子简明教材。

目前，国内高校工科非电类专业的电工教材多数分为《电工技术》和《电子技术》两册，电路、电机和电子技术内容相对独立。马宏忠教授、李东新副教授主编的这本电工电子技术简明教程适应技术和社会的发展需求。在新体系下，教材编写着重基本概念，并力求结合工程应用，各章的展开均以此为出发点，同时依据这一原则来处理各章节内容及相互间的关系。本书吸取国内外部分教材的优点，将电路、电机、测量与仪表、控制、模拟电子技术、数字电子技术等方面的基本内容结合在一起，并作适当简化，合并成一本简明教材。

本书内容丰富、信息量大，并注意妥善处理传统内容与新知识、新技术之间的关系，删去了一些不必要的低起点的重复内容和相对陈旧的知识，较大幅度地压缩了电子器件及集成电路内部导电机理以及分立元件电路等的分析计算，同时增加了理论和应用技术方面的新内容，拓宽了本教材的适用面。

本书内容深入浅出，通俗易懂，对高等学校工科非电类各专业不失为一本概念清楚且工程应用性强的好教材。高校理科类及其他学科类也可采用或部分采用本书作为教材或教学参考书。

清华大学电机工程及应用电子技术系　王祥珩

2005 年 4 月于清华园

前　　言

本书是根据教育部最新制定的“电工技术（电工学Ⅰ）”和“电子技术（电工学Ⅱ）”课程教学基本要求组织编写的，主要面向高等学校本科非电类各专业学生。在编写时吸取了一些兄弟大学及本校的许多优秀教师的教学经验。本教材主要特点如下：

（1）在内容选取上能尽可能地反映国内外电工电子领域的最新成果与学科发展前沿。考虑学时的限制和非电专业的特点，在增加一些新内容的同时，压缩或删除一些应用越来越少的内容。如增加可编程控制器，删除直流电机方面的内容。

（2）对基本概念、基本定理、基本分析方法均作了比较详细的阐述，并辅以例题和习题加深对电工电子技术中重要内容的理解。

（3）因为选用本教材的专业的后续课程中，电气工程类课程很少，因此，本书注意实用性，尽可能多地阐述电工电子的实用知识，而压缩理论太强的专业内容。

（4）本书每章前有提要，章后有小结；全书配有典型例题分析和经过精心选择的习题，并附有部分习题答案，对学习巩固提高、拓宽思路大有好处，也有利于学生自主学习能力和实践、创新精神的培养。

全书共18章，包括电工技术和电子技术两大部分。电工技术的主要内容有直流电路、交流电路、变压器、电动机、电工测量技术、电工仪表、低压电器和安全用电等内容。电子技术主要有基本电子元器件、基本放大器、稳压器、电力电子技术、组合逻辑电路、时序逻辑电路、模拟量与数字量的转换等内容。

本书参考学时为48～72学时，各章讲课学时安排建议如下（供参考）：

1. 电路基本概念与基本定律　　3～4学时。
2. 电路的分析方法　　4～5学时。
3. 正弦交流电路　　5～6学时。
4. 三相交流电路　　2～4学时。
5. 电路的过渡过程　　2～4学时。
6. 变压器　　4～5学时。
7. 电动机　　4～6学时。
8. 电气控制　　2～3学时。
9. 电气设备　　2～3学时。
10. 电工测量与仪表　　2学时。
11. 安全用电与节约用电　　2学时。
12. 半导体二极管和三极管　　3～4学时。
13. 基本放大电路　　4～5学时。

14. 集成运算放大器及应用　　　　　　　4～5 学时。
15. 电源电路　　　　　　　　　　　　　2～3 学时。
16. 组合逻辑电路　　　　　　　　　　　4～5 学时。
17. 时序逻辑电路　　　　　　　　　　　3～4 学时。
18. 模拟量与数字量的转换　　　　　　　2 学时。

书中打星号的内容为选讲内容，可根据专业不同和学时多少决定取舍。

本书第 1 章～第 11 章由河海大学工程学院马宏忠执笔，第 12 章～第 18 章由李东新执笔，全书由马宏忠统稿。在编写过程中，李玉芬、谢卫芳等做了大量的文字校对以及插图整理等工作。

本教材由清华大学王祥珩教授主审，他以严谨的科学态度和高度负责的精神，认真地审阅了全部书稿，并提出了许多宝贵意见，对提高本教材的质量起了重要作用。本教材的编写还得到了中国水利水电出版社王春学主任的大力支持与帮助，在此对他们的辛勤劳动表示感谢。

由于编者的水平有限，教材中一定存在不少缺点和不足，恳请读者给予批评指正。

作者

2005 年 4 月

目　　录

第 1 章　电路基本概念与基本定律

本章主要讨论电路模型、电压和电流的参考方向、基尔霍夫定律、电路中的基本元件、简单的电阻电路等方面的问题。这些内容都是分析与计算电路的基础。有些内容虽然已在物理课中讲过，但是为了加强理论的系统性和满足电工技术的需要，仍列入本章中，以便使读者对这些内容的理解能进一步巩固和加深。

基尔霍夫定律是电路的基本定律，包括电流定律与电压定律，它与简单电阻电路的计算一样是分析与计算电路的基础，也是本章的重点内容。

1.1　电路的作用与组成

1.1.1　电路的作用

为了某种需要由某些电气设备或器件按一定方式连接组合起来，构成电流的通路，这种通路称为**电路**。

图 1－1－1（a）所示为一个常用的手电筒的实际电路，它由一个电源（干电池）、一个负载（小灯泡）、三根连接导线及一个开关构成，其电路模型如图 1－1－1（b）所示，干电池用电压源 U_s 和电阻元件 R_s 的串联组合来表示，电阻元件 R 表示小灯泡，而连接导线在电路模型中用相应的理想导线或线段来表示，其电阻为 0。

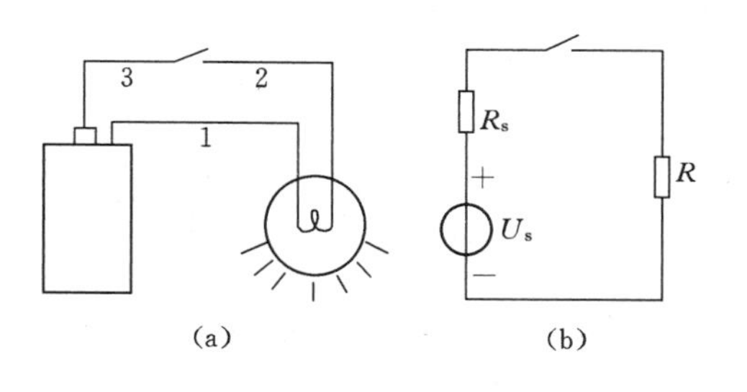

图 1－1－1　手电筒电路与电路模型

（a）手电筒实际电路；（b）手电筒电路模型

实际电路的结构形式和所能完成的任务是多种多样的，最典型的例子是**电力系统**，其电路示意图如图 1－1－2 所示。它的作用是实现电能的传输和转换，这类电路一般电压较高，电流和功率较大，习惯上常称为**“强电”**电路。对这类电路最关心的是损耗小，效率高。

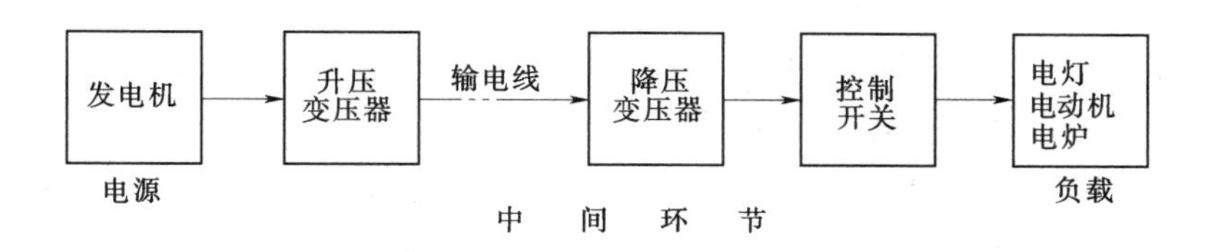

图 1－1－2　电力系统示意图

在电子线路和非电量测量中，会遇到另一类以传递信号为主要目的的电路，如图 1－1－3 话筒经放大器到扬声器的电路。这类电路通常电压较低，电流和功率较小，习惯上常称为“**弱电**”电路。这类电路最关心的是信号的不失真传送与信号处理。

1.1.2 电路的组成

实际电路不论其结构和作用如何，均可看成由实际的电源、负载和中间环节（传输和转换电能与传递和处理电信号）这三个基本部分组成。

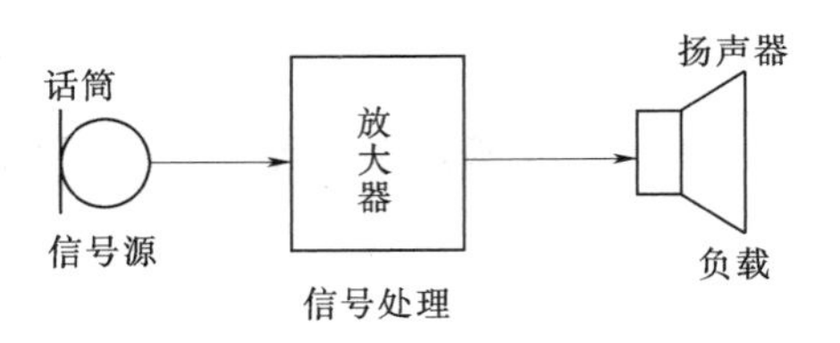

图 1-1-3 扩音机电路示意图

电源是将非电能转变为电能向电路供电的装置，如发电机、干电池、蓄电池等。

负载是用电设备，将电能转变为非电能。如电灯、电动机、电炉等。

中间环节如变压器、电线、控制开关等。

1.1.3 理想电路

实际电路元件的电磁性质比较复杂，为了便于对实际电路进行分析，可将实际电路元件理想化（或称模型化），忽略其次要因素，将其近似地看作**理想电路元件**。例如白炽灯主要作用是消耗电能，主要呈现电阻特性，其他特性很微弱，因而将其近似地看作纯电阻元件。

理想电路元件是对实际电路元件的科学抽象。理想电路元件中主要有电阻元件、电容元件、电感元件和电源元件等。由一些理想电路元件组成的电路，就是实际电路的电路模型。通常把理想电路元件称为**元件**，将电路模型简称为电路，图 1-1-1（b）就是手电筒的电路模型。

1.2 电路中的参考方向

1.2.1 电流的参考方向

电流与电压的方向有实际方向与参考方向之分。我们知道，电流是由电荷有规则的定向流动形成的，如果电流的大小和方向都不随时间变化，则为**直流电流**，用大写字母 I 表示。如果电流的大小和方向都随时间变化，则为**交流电流**，用小写字母 i 表示。

习惯上规定正电荷移动的方向作为电流的实际方向。但在电路分析时，对简单的直流电路可以根据电源极性判定电流实际方向，对复杂的直流电路，电流的实际方向有时难以预知；对交流电路其电压和电流方向随时间不断变化。因而可以任意选定一个方向作为电流的参考方向（也称为正方向），并在电路中用箭头标出，如图 1-2-1 所示，然后根据所假定的电流参考方向列写电路方程求解。

如果计算结果为正，则表示电流的实际方向与参考方向相同；如果计算结果为负，则表示电流的实际方向与参考方向相反。这样电流的值就有正有负，是个代数量。交流电流的实际方向是随时间而变的，因此也必须规定电流的参考方向，如果某一时刻电流为正值，即表示在该时刻电流的实际方向和参考方向相同；如为负值，则相反。因此在电路分析时设定电流参考方向是不可缺少的。在未标明参考方向的情况下，电流的正负是毫无意

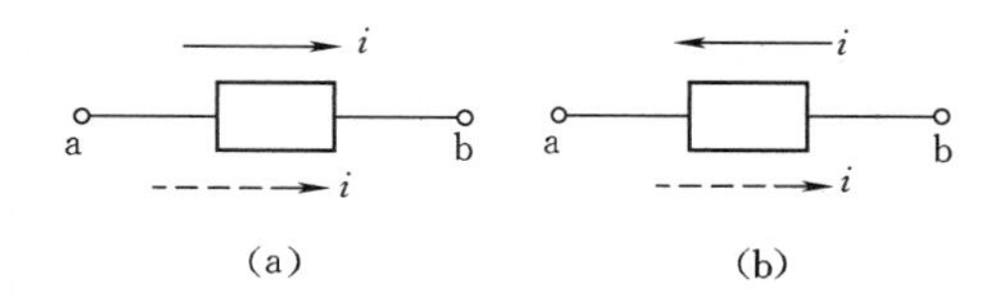

图 1－2－1　电流的参考方向

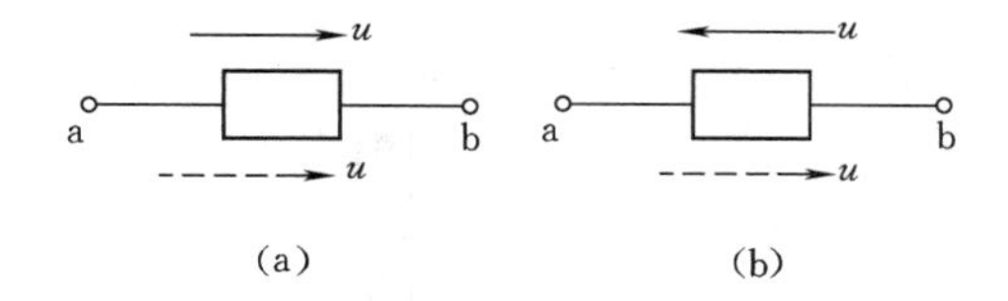

图 1－2－2　电压的参考方向

义的。

电流的参考方向除了用箭头表示以外，还可用双下标表示。例如 I_{ab} 表示电流由 a 点流向 b 点，即电流的参考方向是由 a 点流向 b 点。

1.2.2　电压与电势的参考方向

和电流一样，电压也具有方向，电压的实际方向规定为由高电位端指向低电位端。也可以任意选取电压的参考方向，当实际方向与参考方向相同时，电压为正值；当实际方向与参考方向相反时，电压为负值，如图 1－2－2 所示。

分析电路时，电压的参考方向也可以用**参考极性**表示。参考极性也可以任意假定，在电路图上用“＋，-”号表示，“＋”表示高电位端，“－”表示低电位端。当电压值为正时，该电压的实际极性与参考极性相同；电压值若为负，该电压的实际极性与参考极性相反。

电压参考方向除用箭头、正负号表示外，还可用双下标表示，例如用 U_{ab} 表示 a、b 两点间的电压，它的参考方向是由 a 指向 b，也就是说 a 点的参考极性为“＋”，b 点的参考极性为“－”。

电动势的实际方向是在电源内部由负极指向正极，电动势的单位为 V（伏特）。

1.2.3　关联方向

一个元件或者一段电路中电流和电压的参考方向是可以任意设定的，二者可以一致，也可以不一致。当电流和电压的参考方向一致时，称为**关联参考方向**；两者相反时称为**非关联参考方向**。

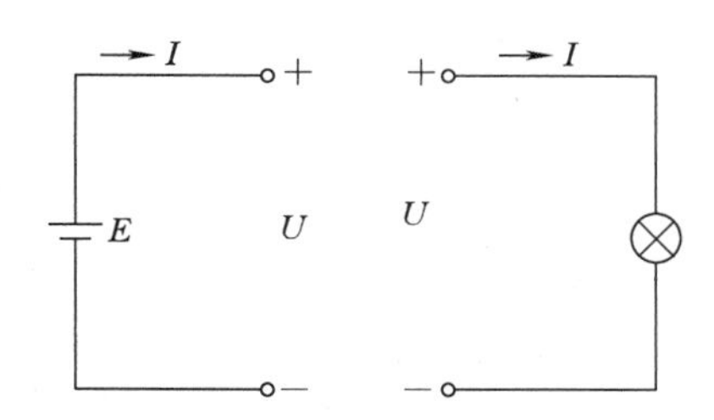

图 1－2－3　关联参考方向

应注意的是，电源中电压的参考方向与电动势的参考方向是相反的。所以，在电路中，负载上一般设定为关联参考方向。电源上设定为非关联参考方向，如图 1－2－3 所示。

1.3　欧姆定律与电阻元件

欧姆定律是分析电路的基本定律之一，它指出流过电阻的电流与电阻两端的电压成正比。对图 1－3－1（a）所示的电路，欧姆定律可用下式表示：

$$\frac{U}{I} = R \qquad (1-3-1)$$

式中　R 即为该段电路的电阻。

由式（1－3－1）可见，当所加电压 U 一定时，电阻 R 愈大，则电流 I 愈小。显然，电阻具有对电流起阻碍作用的物理性质。

在国际单位制中，电阻的单位是欧[姆]（Ω）。当电路两端的电压为 1V，通过的电流为 1A 时，则该段电路的电阻为 1Ω，电阻的辅助单位还有计量高电阻时的千欧（kΩ）、兆欧（MΩ），计量低电阻时的毫欧（mΩ）等。

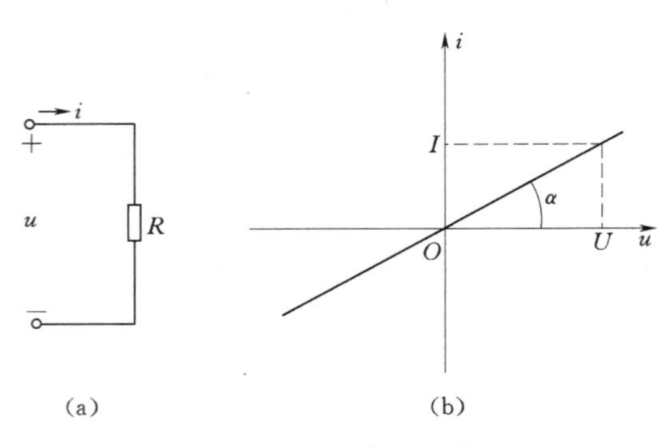

图 1－3－1　电阻元件

（a）线性电阻；（b）电阻的伏安特性曲线

根据电压和电流的参考方向的不同，在欧姆定律的表示式中可带有正号或负号。当电压和电流的参考方向相关联时[图 1－3－1（a）]，则得 $U=RI$；当两者的参考方向非关联时，则 $U=-RI$。

反映电能消耗的电路参数叫**电阻**。实际元件的电阻特性在电路中用电阻元件来模拟，电阻元件也简称为电阻。

电流通过电阻时产生电压降。电阻元件上电压和电流之间的关系称为**伏安特性**，如图 1－3－1（b）所示。如果电阻元件的伏安特性曲线在 U—I 平面上是一条通过坐标原点的直线，则称为**线性电阻元件**；如果一个电阻元件的伏安特性不是通过原点的直线，则称为**非线性电阻元件**。如不特别说明，本书中所指的电阻元件均是线性电阻元件。

【例 1－3－1】　应用欧姆定律对图1－3－2的电路列出式子，并求电阻 R_0

[解]

图 1－3－2(a)：　$R=\dfrac{U}{I}=\dfrac{6}{2}=3\Omega$

图 1－3－2(b)：　$R=-\dfrac{U}{I}=-\dfrac{6}{-2}=3\Omega$

图 1－3－2(c)：　$R=-\dfrac{U}{I}=-\dfrac{-6}{2}=3\Omega$

图 1－3－2(d)：　$R=\dfrac{U}{I}=\dfrac{-6}{-2}=3\Omega$

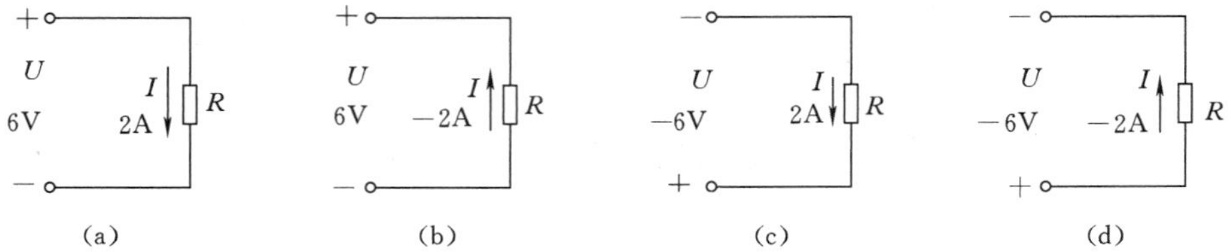

(a)　(b)　(c)　(d)

图 1－3－2　例 1－3－1 的电路

【例 1－3－2】　一段含源支路 ab 如图1－3－3所示。已知 $U_{ab}=5$V，$U_{s1}=6$V，$U_{s2}=14$V，$R_1=2\Omega$，$R_2=3\Omega$，电流的参考方向如图所示，求 I。

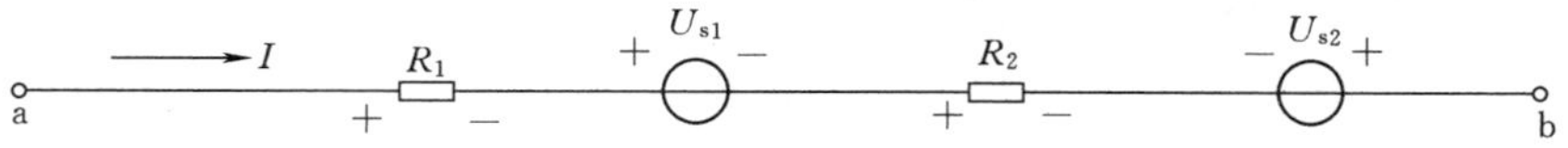

图 1-3-3　例 1-3-2 的电路

［解］　从 a 到 b 的电压降 U_{ab} 应等于由 a 到 b 路径上全部电压降的代数和，根据电路中所给出的电流参考方向，采用关联参考方向标出各电阻元件上电压降的参考极性，再由各电压的正、负极性，不难得到

$$U_{ab} = R_1 I + U_{s1} + R_2 I - U_{s2}$$

则有

$$I = \frac{U_{ab} + U_{s2} - U_{s1}}{R_1 + R_2} = \frac{5 + 14 - 6}{2 + 3} = 2.6(\text{A})$$

电阻元件的特性也可以用另外一个参数 G 来表示，称为**电导**。电阻与电导的关系为

$$R = \frac{1}{G} \tag{1-3-2}$$

在国际单位制中，电导的单位是 S（西门子）。

电阻元件要消耗电能，是一个耗能元件。电阻吸收（消耗）的功率为

$$p = ui = Ri^2 = \frac{u^2}{R} \tag{1-3-3}$$

从 t_1 到 t_2 的时间内，电阻元件吸收的能量为

$$W = \int_{t_2}^{t_1} Ri^2 \mathrm{d}t \tag{1-3-4}$$

对直流电路，$W = Pt = UIt = RI^2 t$

一段长度为 l，横截面积为 S，电阻率为 ρ 的导体的电阻为

$$R = \rho \frac{l}{S} \tag{1-3-5}$$

【例 1-3-3】　已知阻值为5Ω 的电阻两端加 50V 的电压，计算流过电阻的电流 I，并计算电阻吸收的功率及 4h 内消耗的电能。

［解］　已知 $R = 5\Omega$，$U = 50\text{V}$，

$$I = \frac{U}{R} = \frac{50}{5} = 10\text{A}$$

则

$$P = \frac{U^2}{R} = \frac{50^2}{5} = 500(\text{W})$$

$$W = Pt = 500 \times 4 = 2000(\text{W} \cdot \text{h}) = 2\text{kW} \cdot \text{h}$$

1.4　开路、短路和通路

实际电路的状态主要有通路（有载状态）、开路、短路三种。

1.4.1　通路（有载状态）

如图 1-4-1 所示，当开关 S 闭合时，电源与负载接通，电路中有了电流及能量的输

送和转换，电路的这一状态称为**通路**（有载状态）。电路中的电流为

$$I=\frac{E}{R_0+R} \tag{1-4-1}$$

式中，E 为电源电动势，R_0 为电源内阻，E 和 R_0 一般为定值。负载电阻两端的电压为

$$U=RI$$

则有

$$U=E-R_0I \tag{1-4-2}$$

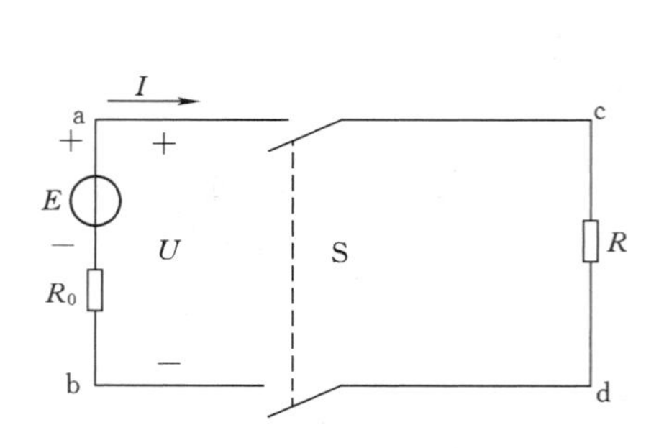

图 1-4-1　通路状态

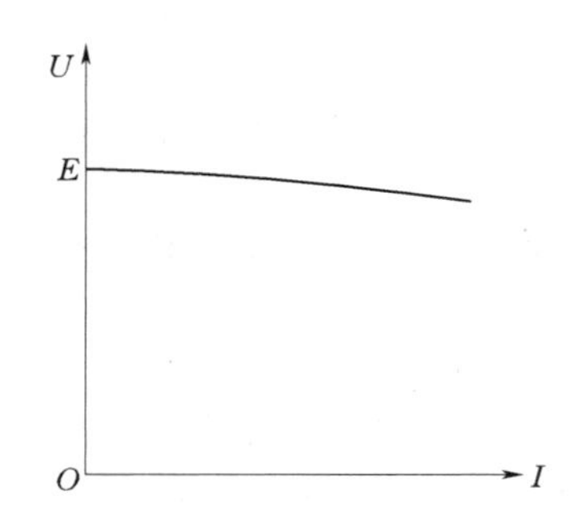

图 1-4-2　电源的外特性曲线

由此可见，电源端电压小于电动势，差值为电源内阻电压降 R_0I。电流愈大，R_0I 愈大，电源端电压下降愈多。表示电源端电压 U 与输出电流 I 之间关系的伏安特性曲线称为**电源的外特性曲线**，如图 1-4-2 所示。当 $R_0 \ll R$ 时，则

$$U \approx E_0$$

上式说明，负载电流变化时，电源端电压变化不大，即带负载能力强。

电源输出的功率为

$$P=UI=(E-R_0I)I=EI-R_0I^2 \tag{1-4-3}$$

即

$$P=P_E-\Delta P$$

式中：$P_E=EI$ 是电源产生的功率；$\Delta P=R_0I^2$ 是电源内部损耗在内阻 R_0 上的功率。在一个电路中，电源产生的功率之和等于电路中所消耗的功率之和。

在国际单位制中，功率的基本单位为瓦［特］（W）、千瓦（kW）、兆瓦（MW）。

为了使电气设备既能正常工作，又能充分利用其工作能力，根据设备所用绝缘材料的耐热性能和绝缘强度，在全面考虑使用的经济性、可靠性以及寿命等因素后，对电气设备的电压、电流、功率都有规定的使用数据，这些数据称为电气设备的**额定值**，如额定电压、额定电流和额定功率分别用 U_N、I_N 和 P_N 表示。可见，额定值就是电气设备在给定的工作条件下正常运行的允许值。如果实际值超过额定值，将会降低设备寿命甚至损坏设备；如果低于额定值，某些电气设备也会降低寿命甚至损坏，或不能发挥正常的效能。

实际使用中，当电路中的实际值等于额定值时，电气设备的工作状态称为额定状态，即**满载**；当实际功率或电流大于额定值时，称为**过载**；小于额定值时，称为**轻载**或**欠载**。

1.4.2　开路状态

在图 1-4-3 所示电路中，当开关断开时，电路则处于开路状态，即空载状态，开路

时外电路的电阻对电源来说等于无穷大，因此电路中电流为零，负载上的电压、电流和功率都为零。电源端电压为

$$U = E - R_0 I = E \qquad (1-4-4)$$

此时的端电压叫做电源的开路电压，用 U_0 或 U_{OC} 表示，即

$$U = U_0 = E$$

开路时，因电流为零，电源不输出功率。

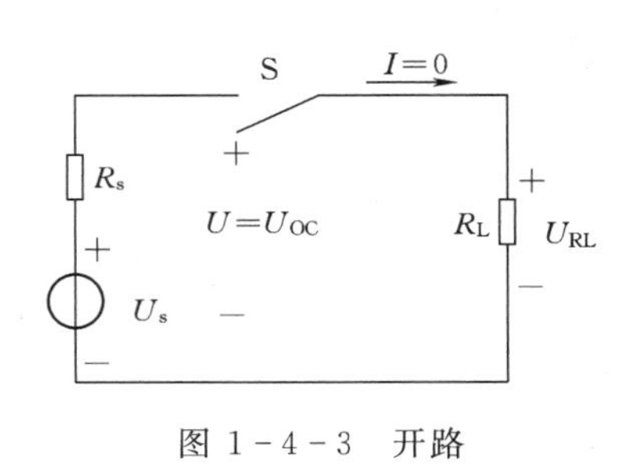

图 1-4-3　开路

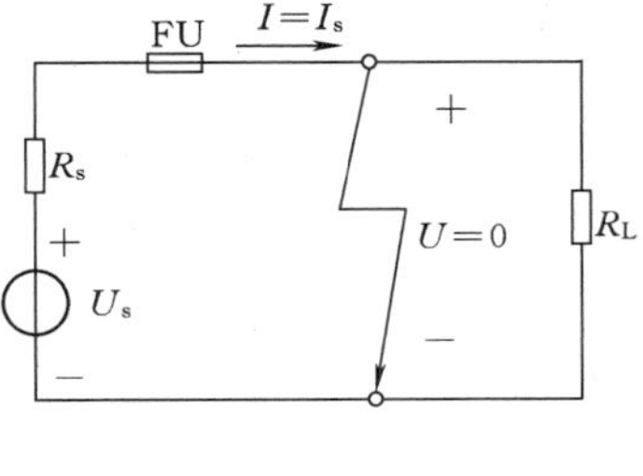

图 1-4-4　短路

1.4.3　短路状态

在图 1-4-4 所示电路中，当由于某种原因而使电源两端直接搭接时，电路则处于**短路**状态。短路时，外电路的电阻对电源来讲为零。电源自成回路，电流不再流经负载，其电流为

$$I = \frac{E}{R_0}$$

因 R_0 很小，所以电流很大，此时的电流叫做电源的短路电流，短路电流远远超过电源和导线的额定电流，如不及时切断，将引起电源损坏。因此在电路中必须加短路保护。

短路时由于外电路的电阻为零，所以电源的端电压也为零，即 $U=0$；电源无电压输出，自然也就无功率输出了，即 $P=0$。短路后负载上的电压、电流和功率都为零，这时电源的电动势全部降到内阻上。短路时电源所产生的电能全被内阻消耗。

1.5　理　想　电　源

能够独立向外电路提供能量的电源称为**独立电源**。如蓄电池、发电机、稳压电源和信号源等。独立电源按照其特性的不同可以分为**电压源**和**电流源**。

理想电源是实际电源的理想化模型，本身的功率损耗可以不计。理想电源分为理想电压源和理想电流源两种。

1.5.1　理想电压源

理想电压源能向负载提供一个恒定值的电压——直流电压 U_s，对于交流电，恒压源的电压 u_s 按某一特定规律随时间变化，其幅值、频率不变（见第三章），因此又称为**恒压源**，如图 1-5-1 所示。恒压源有两个重要特点：一是恒压源两端的电压与流过电源的电

流无关；二是恒压源输出电流的大小取决于恒压源所连接的外电路。例如，恒压源空载时，输出电流为零，短路时输出电流为无穷大。外接电阻 R 时，输出电流为 $I=U/R$。

注意：

（1）恒压源不能短路。

（2）凡是与理想电压源并联的元件，两端电压都等于理想电压源的电压。

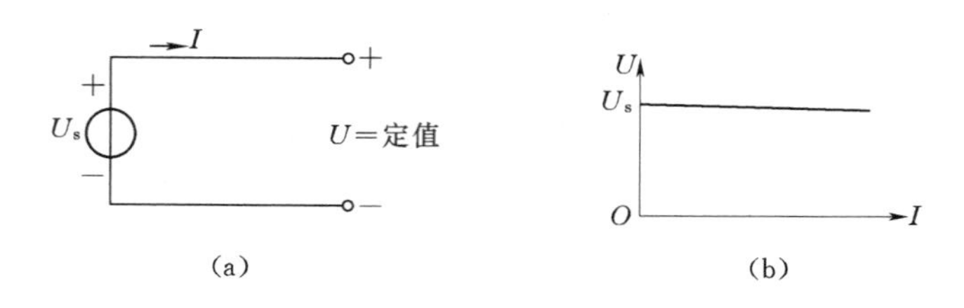

图 1-5-1 理想电压源

（a）图形符号；（b）伏安特性

1.5.2 理想电流源

理想电流源能向负载提供一个恒定值的电流——直流电流 I_s，对交流电，恒流源负载提供的交流电流 i_s 按某一特定规律随时间变化，其幅值、频率不变（见第 3 章），因此又称为**恒流源**。恒流源有两个重要特点：一是恒流源输出电流与恒流源的端电压无关；二是恒流源的端电压取决于与恒流源相连接的外电路，如图 1-5-2 所示。例如，当外电路空载时，$U\to\infty$；短路电，$U=0$。接有电阻 R 时，$U=IR$。

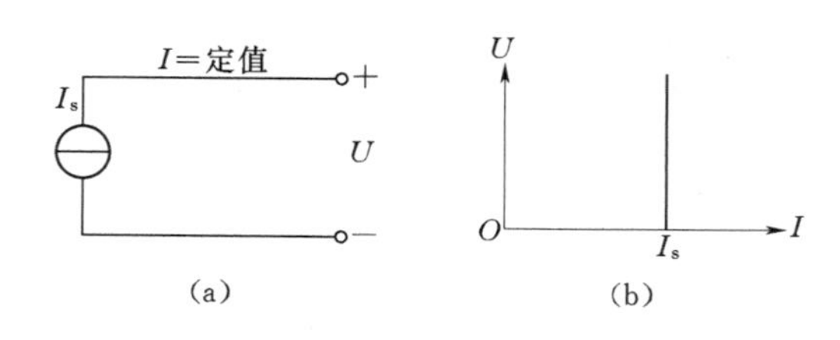

图 1-5-2 理想电流源

（a）图形符号；（b）伏安特性

注意：

（1）恒流源不能开路。

（2）凡是与理想电流源串联的元件，其电流都等于理想电流源的电流。

一个实际的电源一般不具有理想电源的特性，实际电源不仅产生电能，同时本身还要消耗电能，因此实际电源的电路模型通常由表征产生电能的电源元件和表征消耗电能的电阻元件组合而成。

电压源模型是用理想电压源与电阻串联来表示，可见，实际电压源的输出电压 U 与输出电流 I 有关。

电流源模型是用理想电流源与电阻并联来表示实际电源。实际电流源的输出电流 I 与电源端电压 U 有关。

1.5.3 电压源与电流源的等效变换

实际电源可以用电压源和电流源两种不同的电路模型来表示。如果不考虑实际电源的内部特性，而只考虑其外部特性，那么电压源和电流源具有相同的外特性，相互间是等效的，可以进行等效变换。如图 1－5－3 所示。

由图 1－5－3（a）可得

$$U = E - IR_0 \qquad (1-5-1)$$

由图 1－5－3（b）可得

$$I = I_s - \frac{U}{R'_0}$$

或

$$U = I_s R'_0 - IR'_0 \qquad (1-5-2)$$

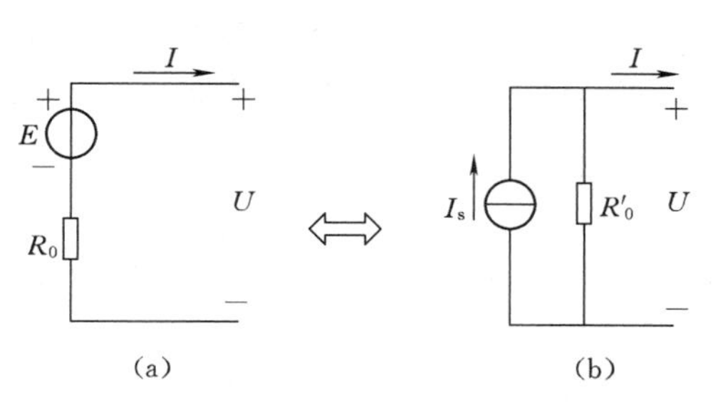

图 1－5－3　电压源与电流源的等效变换

比较式（1－5－1）和式（1－5－2）可知，只要满足

$$R_0 = R'_0 \qquad (1-5-3)$$

$$E = I_s R'_0 \quad 或 \quad I_s = \frac{E}{R'_0} \qquad (1-5-4)$$

则图 1－5－3 中两个电源的输出电压和输出电流分别相等，电压源和电流源对外电路是等效的。

电压源和电流源的等效关系只是对外电路而言的，也就是当它们接入相同的负载电阻时，电源两端的输出电压和输出电流各自相等。这时电源的输出功率也一定相等。至于电源的内部，则是不等效的。而且，在上述变换中应保持电压源极性和电流源方向在变换前后对外电路等效。

理想电压源和理想电流源本身之间没有等效关系。因为对理想电压源（$R_0 = 0$）而言，其短路电流为无穷大；对理想电流源（$R_0 = \infty$）而言，其开路电压为无穷大，都不是有限值，不具备等效变换的条件。但是可以将等效变换推广到理想电压源和某个电阻（不限于电源内阻）串联的电路，或理想电流源和某个电阻（不限于电源内阻）并联的电路。

电路中，只有电压相等的电压源才允许并联，只有电流相等的电流源才允许串联。

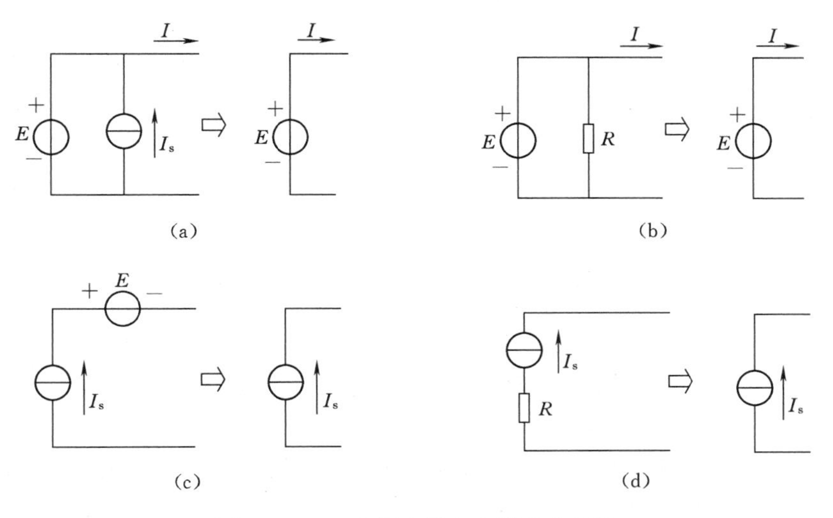

图 1－5－4　电源支路与电阻的串并联

理想电压源与任何一条支路（含电流源或电阻支路）并联后，其等效电源仍为电压源；而理想电流源与任何一条支路（含电压源或电阻支路）串联后，其等效电源仍为电流源。如图 1-5-4 所示。

*1.6 受 控 电 源

上面讨论的独立电源，其电压源的电压和电流源的电流不受电路中其他部分电压或电流的影响。电路中还有另外一种电源，其电压源的电压和电流源的电流，是受电路中其他部分的电压或电流控制的，这种电源称为**受控电源**。

受控电源有**受控电压源**和**受控电流源**之分。受控电压源和受控电流源又都可分为是受电压控制的还是受电流控制的两种。所以，受控电源可分为电压控制电压源（VCVS）、电流控制电压源（CCVS）、电压控制电流源（VCCS）、电流控制电流源（CCCS）四种类型。

四种理想受控电源的模型如图 1-6-1 所示，图中用菱形符号表示受控电源，以与独立电源区别。u_1、i_1 为控制量，μ、g、r、β 称为控制系数。其中：

VCVS 中，$\mu=\dfrac{u_2}{u_1}$称为电压放大倍数；

CCVS 中，$r=\dfrac{u_2}{i_1}$称为转移电阻；

VCCS 中，$g=\dfrac{i_2}{u_1}$称为转移电导；

CCCS 中，$\beta=\dfrac{i_2}{i_1}$称为电流放大倍数。

其中 μ 和 β 无量纲，g 具有电导的量纲，r 具有电阻的量纲。若控制系数为常数，控制量与被控制量成正比，这种受控源是线性的。

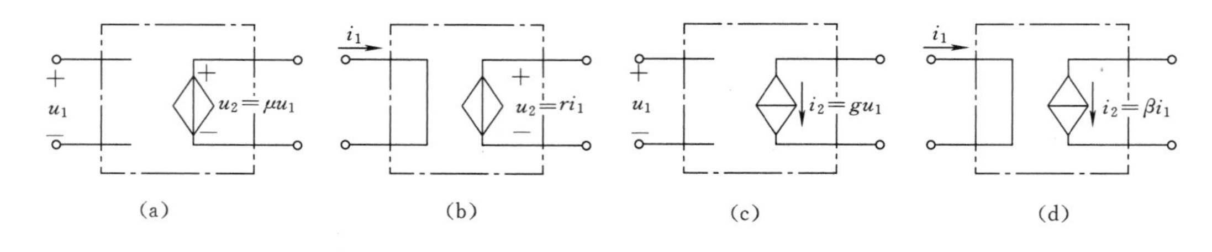

图 1-6-1 受控源

（a）VCVS；（b）CCVS；（c）VCCS；（d）CCCS

1.7 基 尔 霍 夫 定 律

在分析与计算电路的基本定律中，除欧姆定律外，还有**基尔霍夫定律**。它们揭示了电路基本物理量之间的关系，是电路分析计算的基础和依据。基尔霍夫定律又分为电流定律与电压定律。

首先结合图 1-7-1 所示电路，介绍几个电路术语。

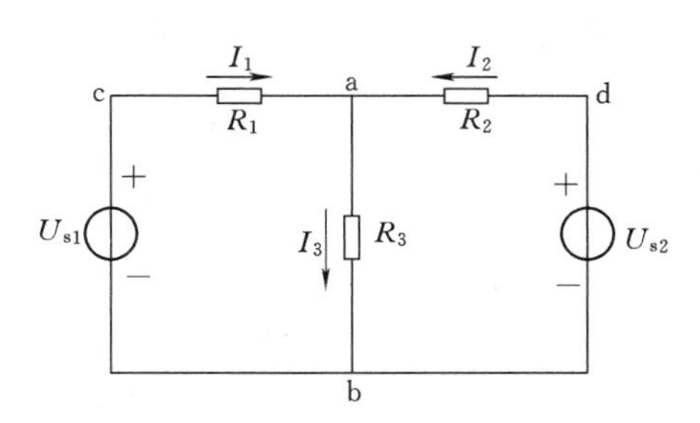

图 1-7-1 KCL 电路示例

支路：电路中通过同一电流的分支称为支路，图 1-7-1 中有 ab、adb、acb 三条支路。

节点：电路中三条或三条以上的支路相连接的点称为节点，图 1-7-1 中有 a 和 b 两个节点。

回路：电路中由支路构成的任何闭合路径称为回路，图 1-7-1 中有 adba、adbca、abca 三个回路。

网孔：内部不含支路的回路称为网孔，图 1-7-1 中有 adba 和 abca 两个网孔。

基尔霍夫定律包括基尔霍夫电流定律和基尔霍夫电压定律。电流定律作用于节点，电压定律作用于回路。

1.7.1 基尔霍夫电流定律

基尔霍夫电流定律又称**基尔霍夫第一定律**，简记为 KCL，它描述了电路中节点处各支路电流之间的约束关系，其表达式为

$$\sum I = 0 \tag{1-7-1}$$

即对电路中的任何一个节点，同一时刻的电流的代数和等于零。换句话说，对任一节点，在任一时刻，流出该节点的电流之和等于流入该节点的电流之和。电流定律体现的是电流的连续性。

KCL 运用在节点时，首先应指定每一支路电流的参考方向。根据各支路电流的参考方向，确定各电流的正负号。如果规定流入节点的电流取正号，那么流出节点的电流就取负号，反之亦然。图 1-7-1 所示电路中，对节点 a 可以写出

$$I_1 + I_2 - I_3 = 0$$

或写为

$$I_1 + I_2 = I_3$$

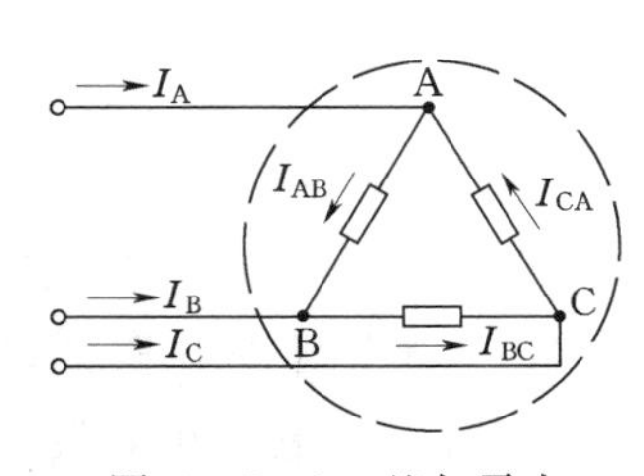

图 1-7-2 基尔霍夫电流定律的推广应用

应用 KCL 也可以由任一节点推广到任一闭合面，这一闭合面可称为**广义节点**。例如图 1-7-2 所示的电路中，闭合面 S 内有三个节点 A、B、C。根据电流的参考方向，对节点写出电流方程

$$I_A = I_{AB} - I_{CA}$$

$$I_B = I_{BC} - I_{AB}$$

$$I_C = I_{CA} - I_{BC}$$

将上面三个式子相加，则有

$$I_A + I_B + I_C = 0$$

或

$$\sum I = 0$$

可见，在任一瞬间，通过任一闭合面的电流的代数和也恒等于零。

【例 1-7-1】 在图1-7-2中，已知电流 $I_A = 3A$，$I_{AB} = -5A$，$I_{BC} = 8A$，求 I_B，I_C，I_{CA}。

［解］　根据图中标出的电流方向，应用基尔霍夫电流定律，分别由节点 A、B、C 求得

$$I_{CA}=I_{AB}-I_{A}=-5-3=-8(\mathrm{A})$$
$$I_{B}=I_{BC}-I_{AB}=8-(-5)=13(\mathrm{A})$$
$$I_{C}=I_{CA}-I_{BC}=-8-8=-16(\mathrm{A})$$

在求得 I_B 后，I_C 也可由广义节点，即

$$I_{C}=-I_{A}-I_{B}=-3-13=-16(\mathrm{A})$$

1.7.2　基尔霍夫电压定律

基尔霍夫电压定律又称基尔霍夫第二定律。简记为 KVL。它描述了一个回路中各支路电压或元件电压之间的约束关系。指出：对于电路中的任一回路，在任一时刻，按一定方向沿着回路循行一周，回路中所有支路电压或元件电压的代数和为零。其表达式为

$$\sum U=0 \tag{1-7-2}$$

KVL 运用在回路时，应首先设定回路的循行方向，并标出各支路或元件上电流、电压的参考方向。当回路内每段电压的参考方向与回路的循行方向一致时取正号，相反时取负号。

如对图 1-7-1 中 adbca 回路以顺时针方向为循行方向，应用 KVL，可以得出

$$U_{s2}-U_{2}+U_{1}-U_{s1}=0 \tag{1-7-3}$$

式（1-7-3）可写为

$$U_{s2}+U_{1}=U_{2}+U_{s1}$$

即对于电路中的任一回路，在任一时刻，按一定方向沿着回路循行一周，回路中所有电位升的代数和等于所有电位降的代数和，支路电压或元件电压的代数和为零。

如果各支路是由线性电阻和恒压源所构成，用电动势 E_1、E_2 代替 U_{s1}、U_{s2}，运用欧姆定律可以把基尔霍夫电压定律改写为

$$E_{2}-I_{2}R_{2}+I_{1}R_{1}-E_{1}=0$$

或

$$E_{1}-E_{2}=I_{1}R_{1}-I_{2}R_{2} \tag{1-7-4}$$

即

$$\sum E=\sum IR \tag{1-7-4'}$$

这是基尔霍夫电压定律在电路中的另一种表达式，即任一回路内，电阻上电压降的代数和等于电动势的代数和。其中，电流参考方向与回路循行方向一致时，该电流在电阻上所产生的电压降取正号，不一致时，取负号；凡电动势参考方向与循行方向一致者取正号，不一致者取负号。

KVL 定律是应用于一个闭合回路的，但也可以推广应用于假想回路或回路的一部分。例如，图 1-7-3 电路中，只要将 ab 间的电压作为电阻压降一样考虑进去，按图中选取回路方向，由式（1-7—4）可得

$$RI-U=-E$$

【例 1-7-2】　图1-7-4中，已知 $E_1=20\mathrm{V}$，$E_2=10\mathrm{V}$，$U_{ab}=4\mathrm{V}$，$U_{cd}=-6\mathrm{V}$，U_{ef}

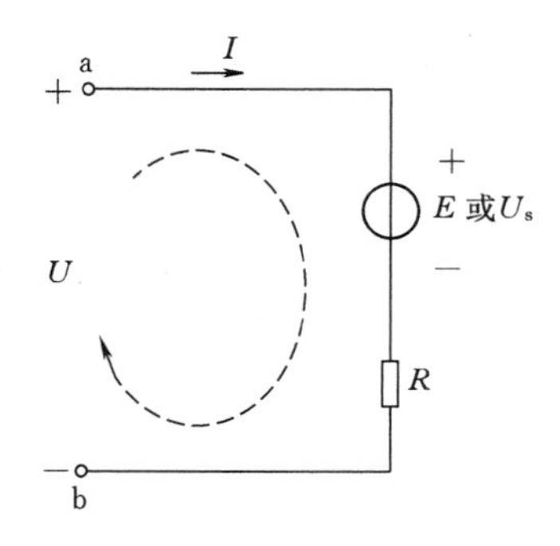

图 1-7-3　KVL 推广到一段电路

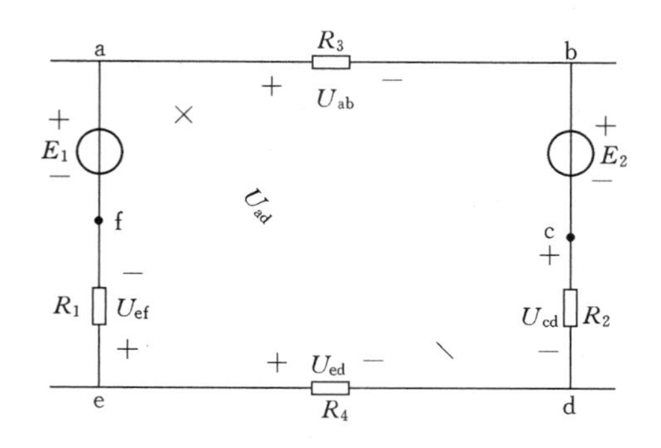

图 1-7-4　例 1-7-2 的电路

$=5$V。求 U_{ed}、U_{ad}。

［**解**］　由回路 abcdefa，根据 KVL 列方程

$$U_{ab}+U_{cd}-U_{ed}+U_{ef}=E_1-E_2$$

求得

$$\begin{aligned}U_{ed}&=U_{ab}+U_{cd}+U_{ef}-E_1+E_2\\&=4+(-6)+5-20+10\\&=-7(\text{V})\end{aligned}$$

由假想回路 abcda，根据 KVL 可得

$$U_{ab}+U_{cd}-U_{ad}=-E_2$$

则

$$U_{ad}=U_{ab}+U_{cd}+E_2=4+(-6)+10=8(\text{V})$$

［**分析**］　比较 KVL 两种形式（即$\sum U=0$ 和$\sum RI=\sum E$）中正负号的选取方法。

1.8　电路中电位的概念及计算

在电路分析中，特别是电子电路分析中，除了常用电压来讨论问题之外，还经常使用电位的概念来分析电路。

在电路中任选一点作为参考点，电路中某一点沿任一路径到参考点的电压降就叫做该点的**电位**。电位用 V 来表示，a 点的电位记作 V_a。参考点的电位称为**参考电位**。通常设参考电位为零，即零电位点。用接地符号“⊥”表示。所谓接地，并不一定真与大地相连。

参考点确定后，其他点的电位可与之比较，比它高的为正，比它低的为负，正的数值越高表示电位越高，负的数值越大表示电位越低。

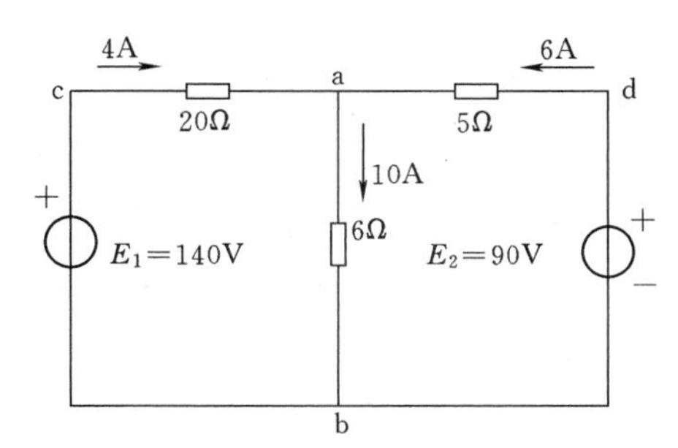

图 1-8-1　例 1-8-1 的电路

由于各点的电位是相对于参考点而言的，当参考点改变后，各点的电位也将发生改变，但任意两点间的电压值是不会随参考点的改变而改变。也就是说，电路中各点电位的高低是相对

的，而两点间的电压值是绝对的。因此在电路分析中，参考点确定之后就不应再改变。

【例 1－8－1】 在图1－8－1中分别以 a、b 点为参考电位，求其他各点的电位。

［**解**］ 由图可以得出

$$U_{ab}=6\times10=60V$$
$$U_{ca}=20\times4=80V$$
$$U_{da}=5\times6=30V$$
$$U_{cb}=140V$$
$$U_{db}=90V$$

在图 1－8－1 中，如果设 a 点为参考点，即 $V_a=0$，则可得出

$$V_b-V_a=U_{ba};V_b=U_{ba}=-60V$$
$$V_c-V_a=U_{ca};V_c=U_{ca}=+80V$$
$$V_d-V_a=U_{da};V_d=U_{da}=+30V$$

即 b 点的电位比 a 点低 60V，而 c 点和 d 点的电位比 a 点分别高 80V 和 30V。

如果设 b 点为参考点，即 $V_b=0$，则可得出

$$V_a=U_{ab}=+60V$$
$$V_c=U_{cb}=+140V$$
$$V_d=U_{db}=+90V$$

在电路分析中，特别是在电子电路中，运用电位的概念来分析计算，往往可以使问题简化。如图 1－8－1 可简化为图 1－8－2 所示的形式。不画电源，各端标以电位值。

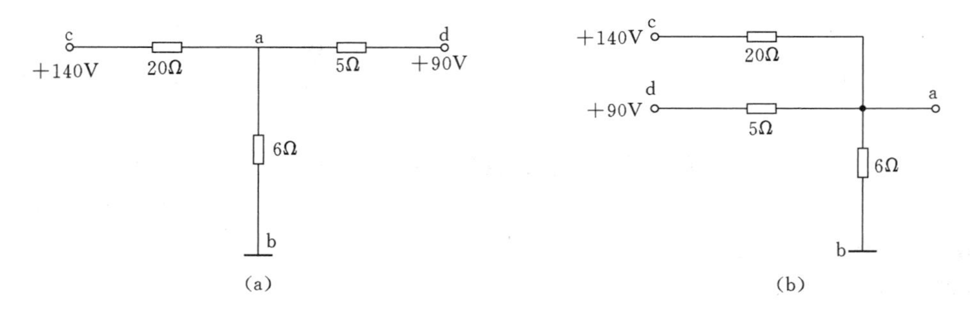

图 1－8－2 图 1－8－1 的简化电路

小 结

1. 电路的作用与组成，电路的一些基本概念。实际电路比较复杂，可将实际电路元件理想化，将其近似地看作理想电路元件。

2. 理想电路元件包括电阻、电感、电容、理想电压源、理想电流源等，是电路的基本模型，它们的变量之间的关系为：

电阻 R：$R=\frac{U}{I}$，$P=UI=RI^2$ 耗能元件；

电压源：$U=E-R_0I$（E 也可用 U_s 表示），$R_0=0$ 时为理想电压源；

电流源：$I=I_s-\frac{U}{R_0}$，$R_0=\infty$时为理想电流源。

3. 电路的基本定律：

基尔霍夫电流定律（KCL）　$\sum I=0$；

基尔霍夫电压定律（KVL）　$\sum U=0$；

欧姆定律　$R=U/I$。

4. 电压与电流的方向有实际方向与参考方向之分。参考方向可任选，实际方向与参考方向一致，取正；反之取负。选择电流、电压的参考方向是电路分析计算不可缺少的步骤。元件上或局部电路上电流、电压参考方向一致时称为关联的参考方向，不一致时称为非关联的参考方向。

5. 电路模型是实际电路结构及功能的抽象化表示，是各种理想化元件模型的组合。分析电路的关键是首先建立电路模型，然后再按照电路定律及规律进行分析计算。

6. 在分析电路时，电压源与电流源的等效变换可能带来很大方便。变换条件是电压源的短路电流对应电流源的电流，电流源的开路电压便是电压源的电动势，内阻数值相等。等效仍然是对外电路而言，对内部电路不等效。

7. 电路中某点的电位就是该点与参考点之间的电压，只有参考点选定之后，各点电位才能有确定的数值。

习　　题

1-1　现有100W、220V的灯100只，平均每天使用3h，计算每月消耗多少电能？（一个月按30天计算）

1-2　一个220V、25W的灯泡，如果接在110V的电源上，这时它消耗的功率是多少？（假定灯泡电阻是线性的）

1-3　电路如图1-1所示，已知$U_{AB}=110$V，求I和R。

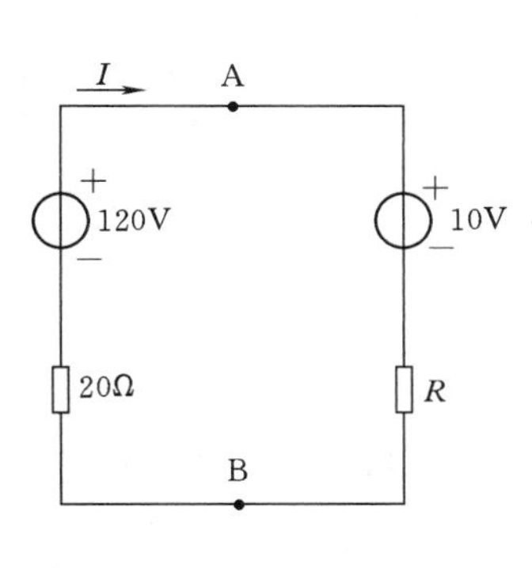

图1-1　题1-3电路

1-4　一只220V、20W的白炽灯L_1与一只220V、40W的白炽灯L_2并联接于220V的电源上，哪个亮？为什么？若串联呢？

1-5　额定值为1W 100Ω的碳膜电阻，在使用时电流和电压不得超过多大数值？

1-6　有一台直流发电机，其铭牌上标有40kW，230V，174A。试问什么是发电机的空载运行、轻载运行、满载运行和过载运行？负载的大小，一般指什么而言？

1-7　一个电热器从220V的电源取用的功率为1000W，如将它接到110V的电源上，则取用的功率为多少？该电热器与另一具完全相同的电热器串联后接至220V电源，则两电热器共取用功率多少？

1-8　求图1-2所示电路中各元件的电流、电压和功率。

1-9　在图1-3所示电路中，求R_x、I_x、U_x。

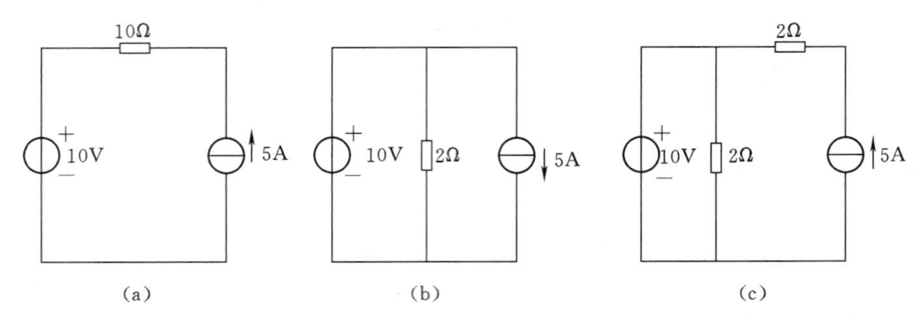

图 1-2　题 1-8 电路

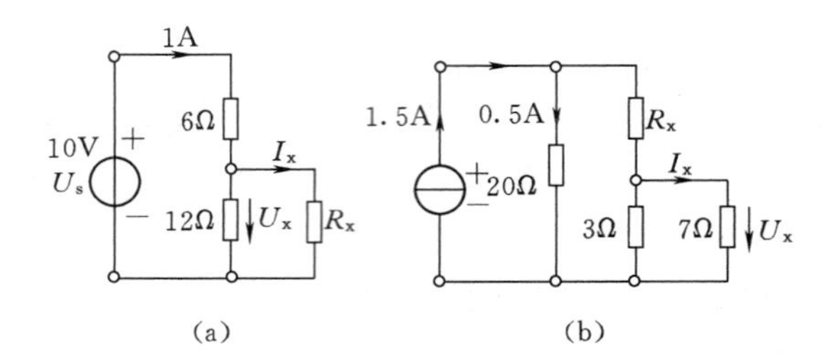

图 1-3　题 1-9 电路

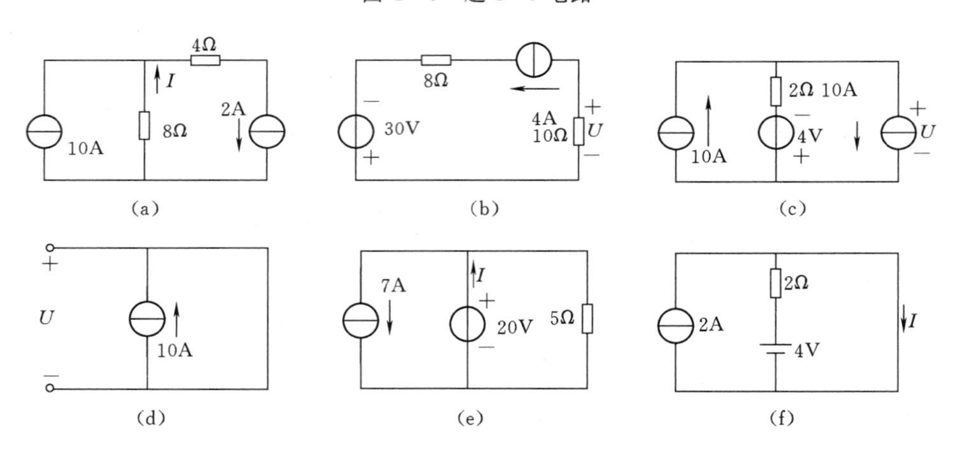

图 1-4　题 1-10 电路

1-10　求图 1-4 所示电路中，U 和 I 各为多少？

1-11　图 1-5 中电路元件上的电流和电压取关联参考方向。

(1) 已知 $U_1=1\text{V}$，$U_3=2\text{V}$，$U_4=4\text{V}$，$U_s=8\text{V}$，求 U_2、U_5、U_6。

(2) 已知 $I_1=10\text{A}$，$I_2=4\text{A}$，$I_5=6\text{A}$，求 I_3、I_4、I_6。

1-12　试求图 1-6 所示电路中的 V_a。

1-13　求图 1-7 所示支路中的 U_{ab}。

1-14　图 1-8 所示电路中，要使 U_s 所在支路电流为零，U_s 应为多少？

1-15　求图 1-9 所示电路中各支路电流。

1-16　图 1-10 所示电路中，已知 $U_1=1\text{V}$，试求电阻 R。

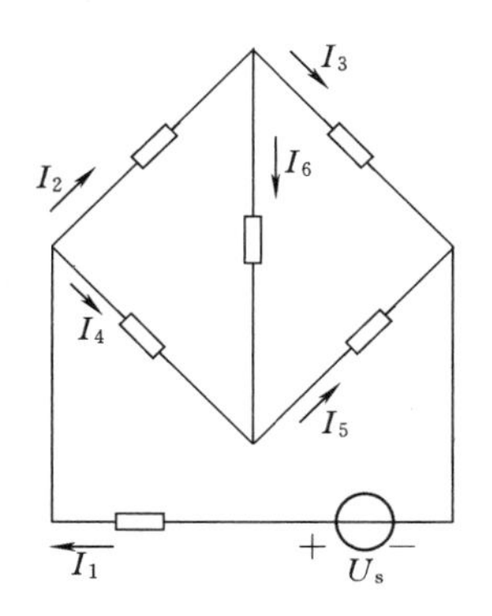

图 1-5　题 1-11 电路

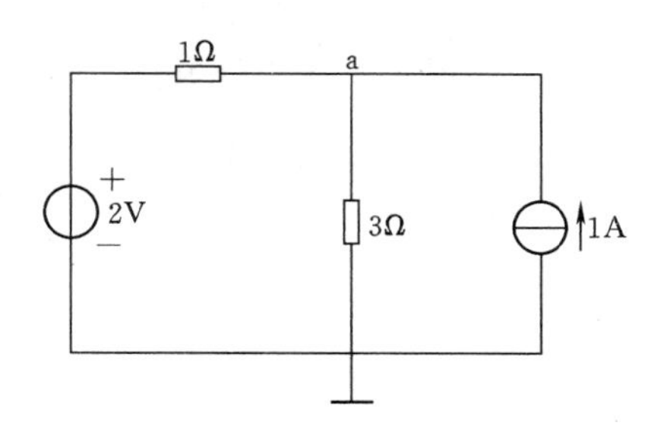

图 1-6　题 1-12 电路

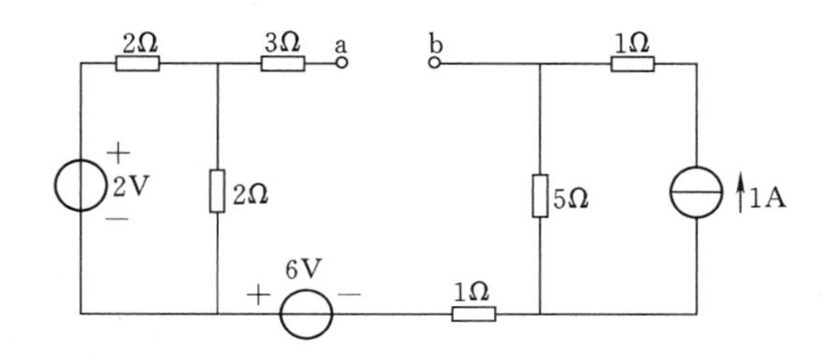

图 1-7　题 1-13 电路

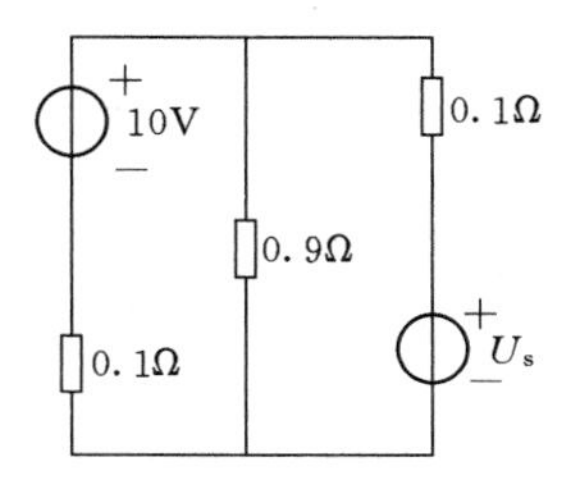

图 1-8　题 1-14 电路

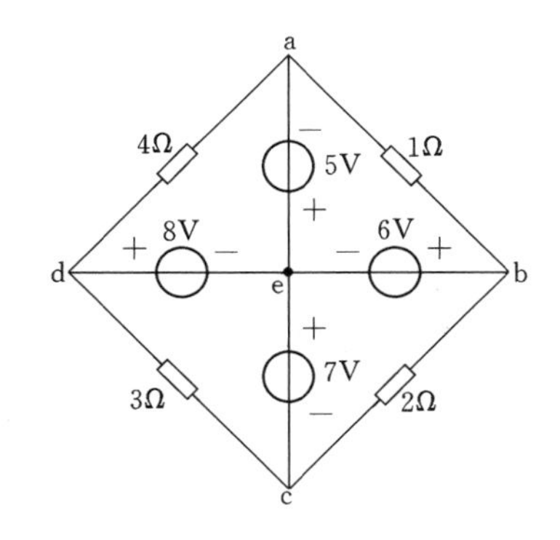

图 1-9　题 1-15 电路

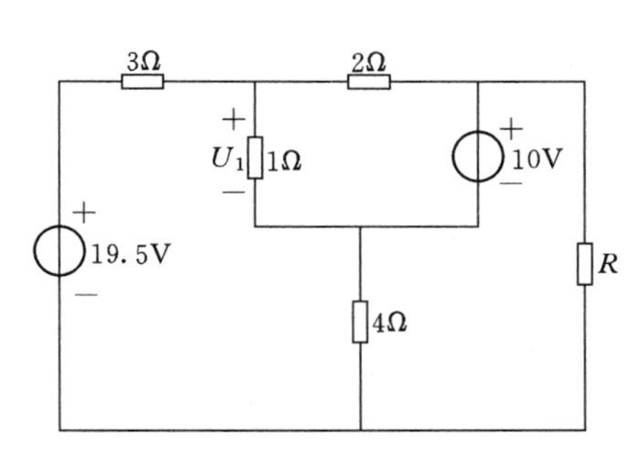

图 1-10　题 1-16 电路

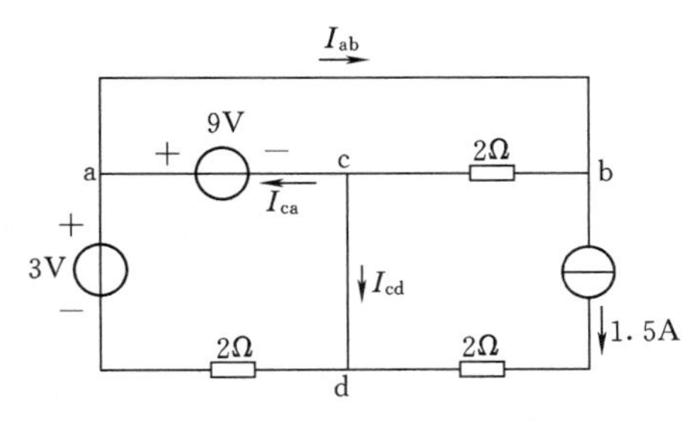

图 1-11　题 1-17 电路

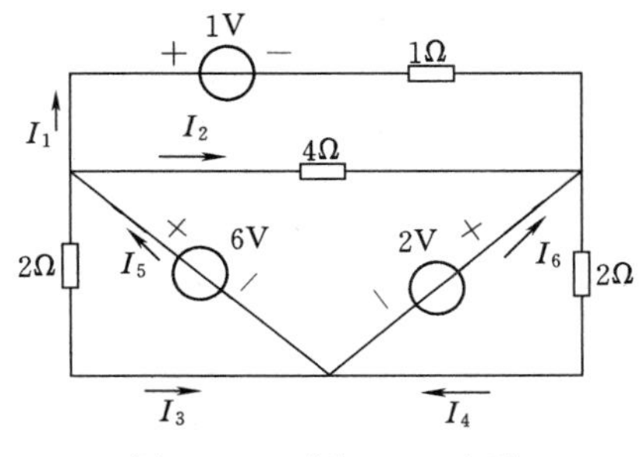

图 1-12　题 1-18 电路

1－17　在图 1－11 所示电路中求 I_{ab}、I_{cd}、I_{ca}。

1－18　在图 1－12 所示电路中求各支路电流。

1－19　求图 1－13 所示电路中，A、B 两点的电位，将 AB 连一直线或通过一个电阻连接，对电路工作有无影响？

1－20　求图 1－14 所示电路中，开关 S 断开和合上两种情况下 A 点的电位。

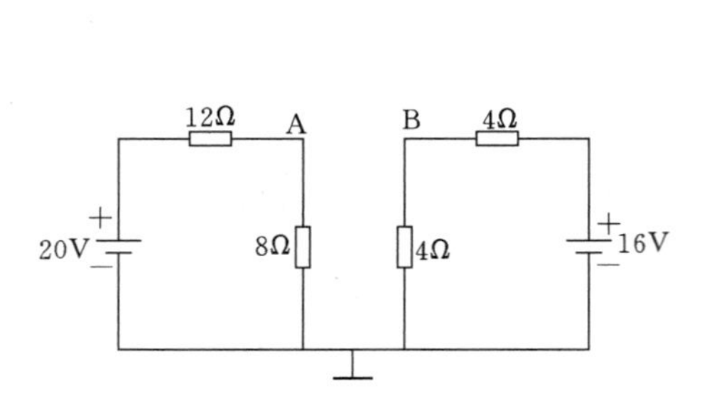

图 1－13　题 1－19 电路

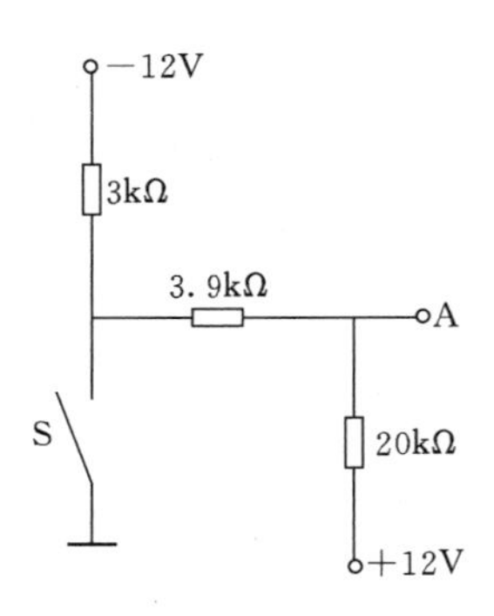

图 1－14　题 1－20 电路

第2章　电路的分析方法

一般来说，分析和计算电路的基本定律是欧姆定律、基尔霍夫定律以及焦耳定律。但对于结构复杂的电路，计算起来往往极为繁琐。因此，要根据电路的结构特点去寻找简便的分析和计算方法。在本章中以电阻电路为例讨论几种常用的电路分析方法，其中如等效变换、支路电流法、叠加原理、戴维南定理、节点电压法及非线性电阻电路的图解法等，都是分析电路的基本原理和方法，同样适用于分析交流电路。

2.1　简单电阻电路的等效变换

2.1.1　电阻的串联

电路中有两个或更多个电阻一个接一个地首尾顺序相连，形成电阻的**串联电路**。电阻串联时，各电阻中通过同一电流。

图2-1-1（a）所示是两个电阻串联，电流为I。

根据基尔霍夫定律有：

$$U = U_1 + U_2 = (R_1 + R_2)I$$

若令

$$R = R_1 + R_2 \tag{2-1-1}$$

则有

$$U = RI$$

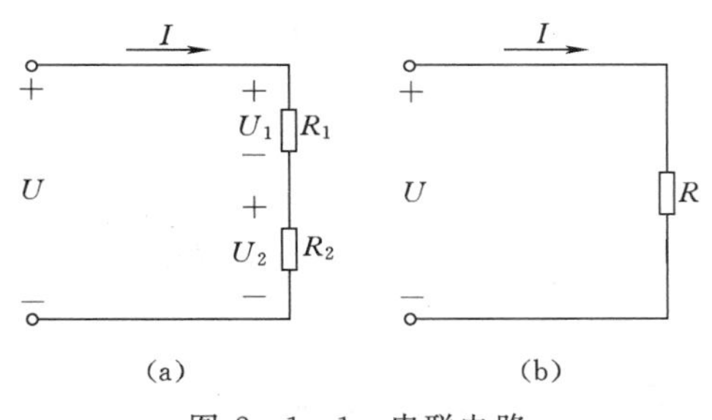

图2-1-1　串联电路

（a）电阻的串联；（b）等效电阻

由此可见，可用图2-1-1（b）所示的电路来等效该串联电路而不影响该电路其他部分的电压和电流。

串联电阻用一个电阻等效的条件是在同一电压U的作用下电流I保持不变。等效电阻等于各个串联电阻之和。

两个串联电阻上的电压分别为

$$\left.\begin{aligned} U_1 = R_1 I = \frac{R_1}{R_1 + R_2}U \\ U_2 = R_2 I = \frac{R_2}{R_1 + R_2}U \end{aligned}\right\} \tag{2-1-2}$$

可见，串联电阻上电压的分配与该电阻成正比，这一关系称为**分压公式**。当其中某个电阻较其他电阻小很多时，在它两端的电压也较其他电阻上的电压低很多，因此，这个电阻的分压作用常可忽略不计。

同理，多个电阻R_1，R_2，…，R_n相串联，可得总等效电阻为

$$R = \sum_{j=1}^{n} R_j = R_1 + R_2 + \cdots + R_n$$

电阻串联的应用很多。譬如在负载的额定电压低于电源电压的情况下，通常需要与负载串联一个电阻，以降落一部分电压。如果需要调节电路中的电流时，一般也可以在电路中串联一个变阻器来进行调节。另外，改变串联电阻的大小以得到不同的输出电压，这也是常见的。

【例 2-1-1】 图2-1-2所示电路中，$U_s=100\text{V}$，$R_1=30\Omega$，$R_2=10\Omega$，$R_3=10\Omega$，计算电压 U_1、U_2。

［解］ 从电路可知，R_1、R_2、R_3 三个电阻相串联，U_1 是 R_2+R_3 上的电压，U_2 是 R_2 上的电压，根据分压公式可得

$$U_1 = \frac{R_3+R_2}{R_1+R_2+R_3}U_s = \frac{20}{30+10+10}\times 100 = 40(\text{V})$$

$$U_2 = \frac{R_3}{R_1+R_2+R_3}U_s = \frac{10}{30+10+10}\times 100 = 20(\text{V})$$

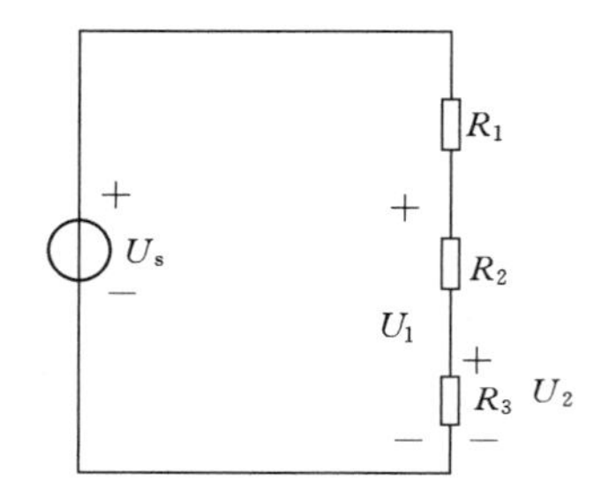

图 2-1-2 例 2-1-1 的图

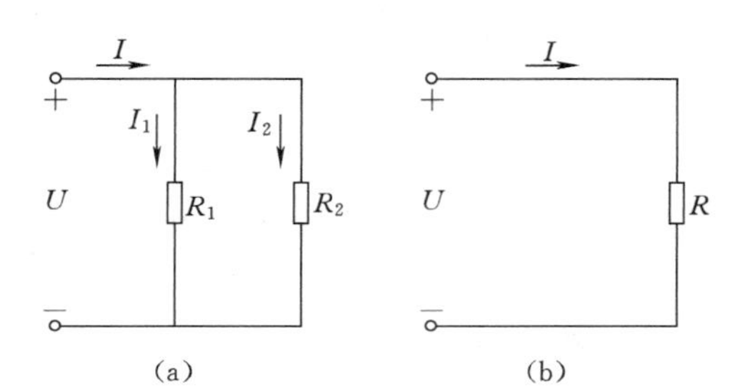

图 2-1-3 电阻并联

(a) 电阻的并联；(b) 等效电阻

2.1.2 电阻的并联

如果电路中有两个或更多个电阻连接在两个公共的节点之间，则这样的连接法就称为电阻的并联。并联的各个电阻（支路）上受到同一电压，如图 2-1-3（a）。

两个并联电阻也可用一个等效电阻 R 来代替，如图 2-1-3（b）。等效电阻的倒数等于各个并联电阻的倒数之和，即

$$\frac{1}{R} = \frac{1}{R_1} + \frac{1}{R_2} \tag{2-1-3}$$

两个并联电阻上的电流分别为

$$\left.\begin{aligned} I_1 &= \frac{U}{R_1} = \frac{RI}{R_1} = \frac{R_2}{R_1+R_2}I \\ I_2 &= \frac{U}{R_2} = \frac{RI}{R_2} = \frac{R_1}{R_1+R_2}I \end{aligned}\right\} \tag{2-1-4}$$

可见，并联电阻上电流的分配与电阻成反比，称为**分流公式**。当其中某个电阻较其他电阻大很多时，通过它的电流就较其他电阻上的电流小很多，因此，这个电阻的分流作用

常可忽略不计。

并联电阻用电导表示，在分析计算多支路并联电路时可以简便些。

式（2－1－3）可写成

$$G = G_1 + G_2 \tag{2-1-5}$$

工农业生产和日常生活中，一般负载都是并联运行的。负载并联运行时，它们处于同一电压之下，任何一个负载的工作情况基本上不受其他负载的影响。

并联的负载电阻愈多（负载增加），则总电阻愈小，电路中总电流和总功率也就愈大。但是每个负载的电流和功率却没有变动。

2.1.3 电阻的混联

电阻的混联是指既含电阻的串联又含电阻并联的电阻电路。如果这样的电路可以通过串并联关系来简化成为一个电阻，则该电路称为**简单电阻电路**（否则为**复杂电阻电路**）。

【例2－1－2】 在图2－1－4所示的电路中，$U_s=15\text{V}$，$R_1=R_2=R_3=5\Omega$，$R_4=10\Omega$，计算电流 I。

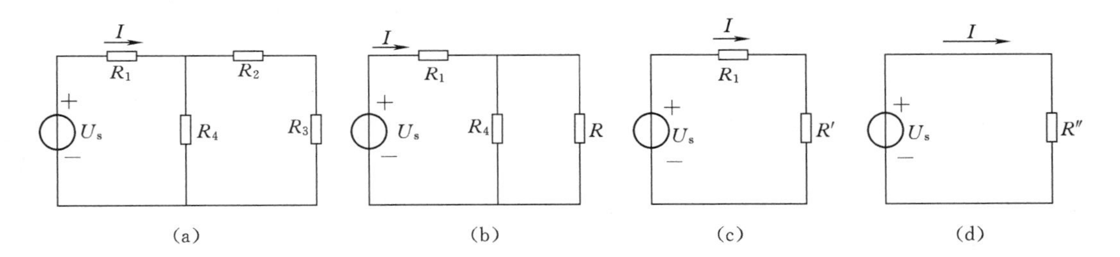

图2－1－4 例2－1－2的电路

［解］ 通过电阻等效变换，将图2－1－4（a）所示电路依次化为图（2－1－4）（b）、（c）、（d）。

在图2－1－4（a）中，R_2、R_3 串联，所以，图2－1－4（b）中等效电阻 R 为

$$R = R_2 + R_3 = 5 + 5 = 10(\Omega)$$

在图2－1－4（b）中，R、R_4 并联，所以，图2－1－4（c）中等效电阻 R' 为

$$R' = \frac{RR_4}{R+R_4} = \frac{10\times 10}{10+10} = 5(\Omega)$$

在图2－1－4（c）中，R' 与 R_1 串联，所以，图2－1－4（d）中等效电阻 R'' 为

$$R'' = R' + R_1 = 5 + 5 = 10(\Omega)$$

所以，电流为

$$I = \frac{U_s}{R''} = \frac{15}{10} = 1.5(\text{A})$$

【例2－1－3】 计算图2－1－5（a）所示电阻电路的等效电阻 R，并求电流 I 和 I_5。

［解］（1）分析电路特征：从电路结构入手，根据电阻串联与并联的特征，看清哪些电阻是串联的，哪些是并联的，先进行简化。在图2－1－5（a）中：

R_1 与 R_2 并联，得 $R_{12}=1\Omega$。

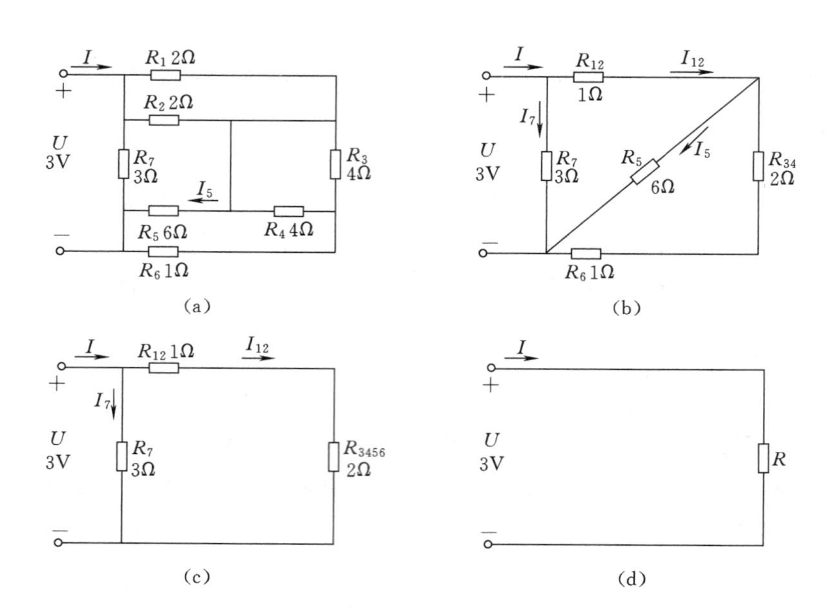

图 2-1-5　例 2-1-3 的电路

R_3 与 R_4 并联，得　$R_{34}=2\Omega$。

固而简化为图 2-1-5（b）所示的电路，在图中，R_{34} 与 R_6 串联，而后再与 R_5 并联，得 $R_{3456}=2\Omega$，再简化为图 2-1-5（c）所示的电路，由此最后简化为图 2-1-5（d）所示的电路，等效电阻

$$R=\frac{(1+2)\times 3}{1+2+3}=1.5(\Omega)$$

（2）由图 2-1-5（d）得出

$$I=\frac{U}{R}=\frac{3}{1.5}=2(\text{A})$$

（3）电阻串联起分压作用，电阻并联起分流作用。因为在图 2-1-5（c）中

$$I_7=\frac{U}{R_7}=\frac{3}{3}=1(\text{A})\quad I_{12}=I-I_7=2-1=1(\text{A})$$

所以，在图 2-1-5（b）中根据分流公式可得

$$I_5=\frac{R_{34}+R_6}{R_{34}+R_6+R_5}I_{12}=\frac{2+1}{2+1+6}\times 1=\frac{1}{3}(\text{A})$$

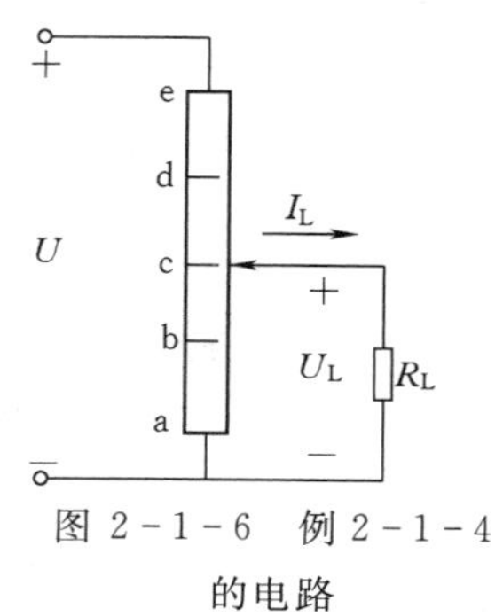

图 2-1-6　例 2-1-4 的电路

【例 2-1-4】　图2-1-6所示的是用变阻器调节负载电阻 R_L 两端电压的分压电路。$R_L=50\Omega$，电源电压 $U=220V$，中间环节是变阻器。变阻器的规格是 100Ω3A。现把它平分为四段，在图上用 a、b、c、d、e 等点标出。试求滑动触点分别在 a、c、d、e 四点时，负载和变阻器各段所通过的电流及负载电压，并就流过变阻器的电流与其额定电流比较来说明使用时的安全问题。

[解]　滑动触点在不同的位置实际表示变阻器的部分电

阻与负载电阻并联，再与变阻器的其余电阻串联，所以

(1) 滑动触点在 a 点时

$$U_L = 0, I_L = 0$$

$$I_{ea} = \frac{U}{R_{ea}} = \frac{220}{100} = 2.2(\text{A})$$

(2) 滑动触点在 c 点

等效电阻 R'为 R_{ca}与 R_L 并联，再与 R_{ec}串联，即

$$R' = \frac{R_{ca}R_L}{R_{ca}+R_L} + R_{ec} = \frac{50\times50}{50+50} + 50 = 25 + 50 = 75(\Omega)$$

$$I_{ec} = \frac{U}{R'} = \frac{220}{75} = 2.93(\text{A})$$

$$I_L = I_{ca} = \frac{2.93}{2} = 1.47(\text{A}) \quad (\text{因为两支路电阻相等})$$

$$U_L = R_L I_L = 50\times1.47 = 73.5(\text{V})$$

注意，这时滑动触点虽然在变阻器的中点，但是输出电压不等于电源电压的一半(110V)，而是 73.5V。

(3) 滑动触点在 d 点时

$$R' = \frac{R_{da}R_L}{R_{da}+R_L} + R_{ed} = \frac{75\times50}{75+50} + 25 = 30 + 25 = 55(\Omega)$$

$$I_{ed} = \frac{U}{R'} = \frac{220}{55} = 4(\text{A})$$

$$I_L = \frac{R_{da}}{R_{da}+R_L}I_{ed} = \frac{75}{75+50}\times4 = 2.4(\text{A})$$

$$I_{da} = \frac{R_L}{R_{da}+R_L}I_{ed} = \frac{50}{75+50}\times4 = 1.6(\text{A})$$

$$U_L = R_L I_L = 50\times2.4 = 120(\text{V})$$

因 $I_{ed}=4\text{A}>3\text{A}$，ed 段电阻有被烧毁的危险。

(4) 滑动触点在 e 点时

$$I_{ea} = \frac{U}{R_{ea}} = \frac{220}{100} = 2.2(\text{A})$$

$$I_L = \frac{U}{R_L} = \frac{220}{50} = 4.4(\text{A})$$

$$U_L = U = 220(\text{V})$$

2.2 电阻星形、三角形连接的等效变换

在一些电路中，常遇到电阻既非串联，又非并联，不能用电阻串、并联来化简的情况，这时常常通过电阻的 Y—△变换使电路简化。

图 2-2-1 (a) 所示的三个电阻连接成 Y 形（星形），图 2-2-1 (b) 所示的三个电阻连接成三角形（△形），通过适当的电阻变换可以使两电路在外部等效。

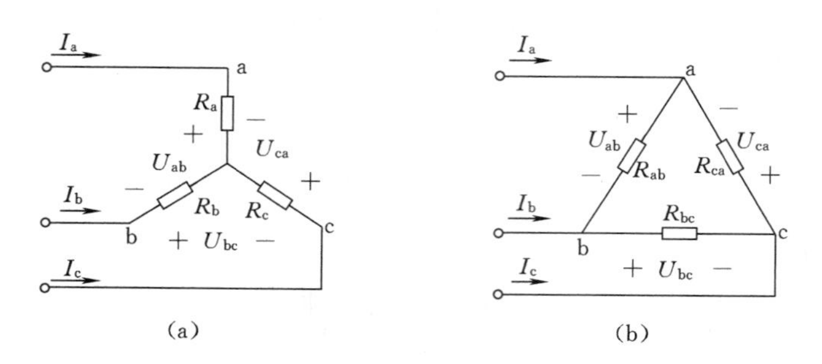

图 2-2-1　电阻 Y—△等效变换

Y 连接的电阻与△形连接的电阻等效变换的条件是：对应端（如 a，b，c）流入或流出的电流（如 I_a、I_b、I_c）一一相等，对应端间的电压（如 U_{ab}、U_{bc}、U_{ca}）也一一相等，如图 2-2-1 所示。当满足这样的等效条件后，在 Y 形和△形两种接法中，对应的任意两端间的等效电阻也必然相等。设某一对应端（例如 c 端）开路时，其他两端（a 和 b）间的等效电阻为

$$R_a + R_b = \frac{R_{ab}(R_{bc} + R_{ca})}{R_{ab} + R_{bc} + R_{ca}}$$

同理

$$R_b + R_c = \frac{R_{bc}(R_{ca} + R_{ab})}{R_{ab} + R_{bc} + R_{ca}}$$

$$R_c + R_a = \frac{R_{ca}(R_{ab} + R_{bc})}{R_{ab} + R_{bc} + R_{ca}}$$

解上列三式，可得出：

将 Y 形连接等效变换为△形连接时

$$\left.\begin{aligned} R_{ab} &= \frac{R_aR_b + R_bR_c + R_cR_a}{R_c} \\ R_{bc} &= \frac{R_aR_b + R_bR_c + R_cR_a}{R_a} \\ R_{ca} &= \frac{R_aR_b + R_bR_c + R_cR_a}{R_b} \end{aligned}\right\} \tag{2-2-1}$$

将△形连接等效变换为 Y 形连接时

$$\left.\begin{aligned} R_a &= \frac{R_{ab}R_{ca}}{R_{ab} + R_{bc} + R_{ca}} \\ R_b &= \frac{R_{bc}R_{ab}}{R_{ab} + R_{bc} + R_{ca}} \\ R_c &= \frac{R_{ca}R_{bc}}{R_{ab} + R_{bc} + R_{ca}} \end{aligned}\right\} \tag{2-2-2}$$

特例：当 $R_a = R_b = R_c = R_Y$，即电阻的 Y 形连接在对称的情况时，由式（2-2-1）可见

$$R_{ab} = R_{bc} = R_{ca} = R_{\triangle} = 3R_Y \tag{2-2-3}$$

即变换所得的△形连接也是对称的，但每边的电阻是原 Y 形连接时的 3 倍。反之亦然

$$R_Y = \frac{1}{3}R_\triangle$$

【例 2-2-1】 图2-2-2（a）所示电路中的电流 I_1。

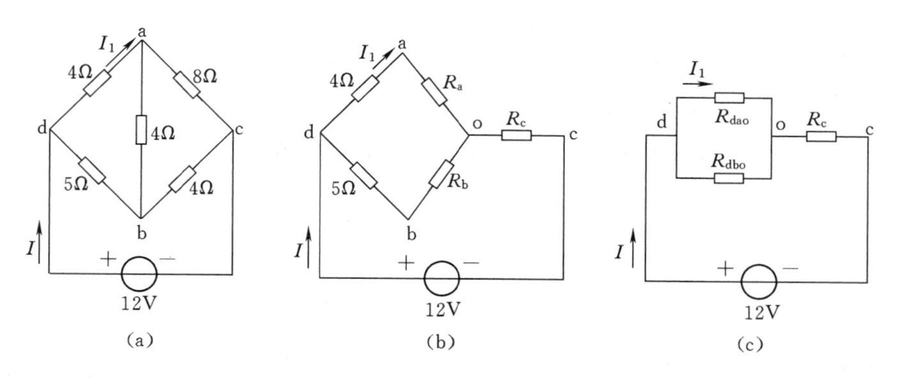

图 2-2-2 例 2-2-1 的电路（Y—△等效变换）

［解］ 将连成△形 abc 的电阻变换为 Y 形连接的等效电阻，其电路如图 2-2-2（b）所示。应用式（2-2-2），得

$$R_a = \frac{4\times 8}{4+4+8} = 2(\Omega)$$

$$R_b = \frac{4\times 4}{4+4+8} = 1(\Omega)$$

$$R_c = \frac{8\times 4}{4+4+8} = 2(\Omega)$$

将图 2-2-2（b）化简为图 2-2-2（c）的电路，其中

$$R_{dao} = 4+2 = 6(\Omega)$$

$$R_{dbo} = 5+1 = 6(\Omega)$$

于是

$$I = \frac{12}{\frac{6\times 6}{6+6}+2} = 2.4(A)$$

$$I_1 = 2.4\times\frac{1}{2} = 1.2(A)$$

2.3 支路电流法

支路电流法是以支路电流为未知量，直接利用基尔霍夫电流定律和基尔霍夫电压定律分别对电路中的节点和回路列出独立方程。并使独立方程数与支路电流数相等，通过解方程组得到支路电流，进而求出电路中的其他物理量。支路电流法是求解复杂电路最基本、最直接的方法。

对于一个 n 个节点、b 条支路的电路，可以列出（$n-1$）个独立的 KCL 方程，$b-$（$n-1$）个独立的 KVL 方程。因而一共可列出（$n-1$）+［$b-$（$n-1$）］$=b$ 个独立方程，所以能求解 b 条支路的电流。

下面以图 2-3-1 所示的电路为例来说明支路电流法的解题步骤。

（1）确定待求支路电流数，标出支路电流的参考方向。

图 2-3-1 所示电路中，支路数 $b=3$，有 3 个待求支路电流 I_1、I_2、I_3，在图中分别标出各电流的参考方向。

（2）根据基尔霍夫电流定律（KCL）列出独立节点电流方程。

图 2-3-1 所示电路有两个节点，能列出两个节点电流方程。

对于节点 a 应用 KCL 列出

$$I_1 + I_2 - I_3 = 0 \quad 或 \quad I_1 + I_2 = I_3 \tag{2-3-1}$$

对于节点 b 应用 KCL 列出

$$I_3 - I_1 - I_2 = 0 \quad 或 \quad I_3 = I_1 + I_2 \tag{2-3-2}$$

显然，式（2-3-1）和式（2-3-2）完全相同，故其中只有一个方程是独立的。因此，对于具有两个节点的电路，应用基尔霍夫电流定律只能列出一个独立节点电流方程。

（3）根据基尔霍夫电压定律（KVL）列出独立回路电压方程。

图 2-3-1 所示电路有 3 个回路（两个网孔），应用 KVL 能列出 2 个独立回路电压方程，即

$$U_{s1} = R_1 I_1 + I_3 R_3 \tag{2-3-3}$$

$$U_{s2} = R_2 I_2 + R_3 I_3 \tag{2-3-4}$$

根据图中的大回路还可以列出 KVL 方程

$$U_{s1} - U_{s2} = R_1 I_1 - R_2 I_2$$

显然，这一回路方程可以由式（2-3-3）和式（2-3-4）推导而得，因而只有 2 个是独立的。

在选择回路时，若包含有其他回路电压方程未用过的新支路，则列出的方程是独立的。简单而稳妥的办法是按网孔（单孔回路）列电压方程。

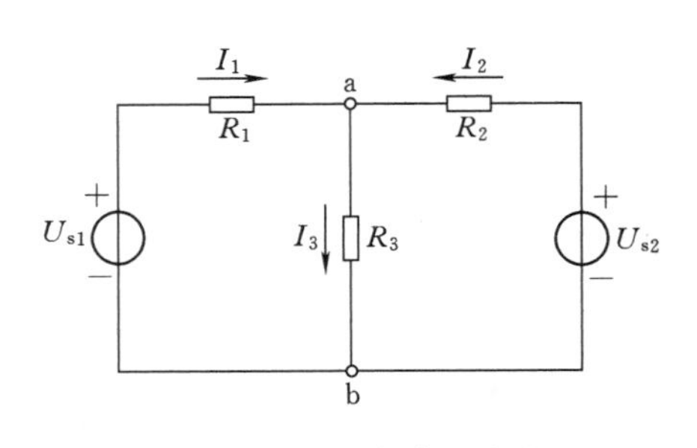

图 2-3-1 支路电流法

在列回路电压方程时应注意，当电路中存在理想电流源时，可设电流源的端电压为未知量列入相应的电压方程，或避开电流源所在支路列回路电压方程。（如果电路中含有受控源时，应将受控源的控制量用支路电流表示，暂时将受控源视为独立电源。）

（4）求解联立独立方程组，得到待求支路电流。

【例 2-3-1】 在图2-3-1所示的电路中，设 $U_{s1}=140\text{V}$，$U_{s2}=90\text{V}$，$R_1=20\Omega$，$R_2=5\Omega$，$R_3=6\Omega$，试求各支路电流。

［**解**］ 应用基尔霍夫电流定律和电压定律列出方程，并将已知数据代入，即得

$$\begin{cases} I_1 + I_2 - I_3 = 0 \\ 140 = 20I_1 + 6I_3 \\ 90 = 5I_2 + 6I_3 \end{cases}$$

解之，得

$$I_1 = 4\ \text{A}$$
$$I_2 = 6\ \text{A}$$
$$I_3 = 10\ \text{A}$$

解出的结果是否正确，有必要时可以验算。一般验算方法有下列两种：

(1) 选用求解时未用过的回路，应用基尔霍夫电压定律进行验算，在本例中，可对外围回路列出

$$U_{s1} - U_{s2} = R_1 I_1 - R_2 I_2$$

代入已知数据，得

$$140 - 90 = 20 \times 4 - 5 \times 6$$
$$50\text{V} = 50\text{V}$$

(2) 用电路中功率平衡关系进行验算

$$U_{s1} I_1 + U_{s2} I_2 = R_1 I_1^2 + R_2 I_2^2 + R_3 I_3^2$$
$$140 \times 4 + 90 \times 6 = 20 \times 4^2 + 5 \times 6^2 + 6 \times 10^2$$
$$560 + 540 = 320 + 180 + 600$$
$$1100\text{W} = 1100\text{W}$$

即两个电源产生的功率等于各个电阻上损耗的功率。

【例 2-3-2】 图示电路中，$I_s = 8\text{A}$，$U_s = 10\text{V}$，计算各支路电流。

[解] 图 2-3-2 中，支路数 $b=5$，节点数 $n=3$，由于 I_s 所在的支路电流等于电流源 I_s 的电流值，且为已知量，所以应用基尔霍夫定律可列出下列 4 个方程：

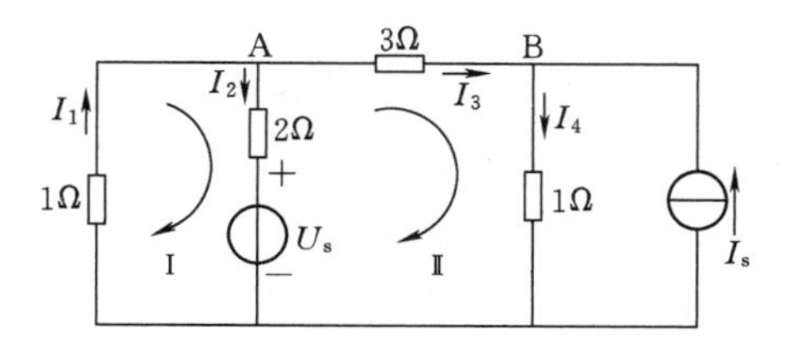

图 2-3-2　例 2-3-2 的电路

节点 A：$I_1 + I_2 - I_3 = 0$

节点 B：$I_3 - I_4 + I_s = 0$

回路Ⅰ：$1I_1 - 2I_2 = -10$

回路Ⅱ：$2I_2 + 3I_3 + 1I_4 = 10$

解之得：$I_1 = -4\text{A}$，$I_2 = 3\text{A}$，$I_3 = -1\text{A}$，$I_4 = 7\text{A}$

2.4　节点电压法

一般复杂电路，均可采用支路电流法求解，但对于支路数或回路数较多、而节点数较少的电路，节点电压法求解则较为简便。

节点间的电压称为**节点电压**。**节点电压法**以电路中节点电压为未知变量来列方程，先求出节点电压，然后计算各支路电流。运用该方法首先要在电路中任意选定一个参考节点，则待求节点电压就是其余节点至参考节点之间的电压。然后列出节点电压方程并求解，得出节点电压。最后由节点电压求出各支路电流。这种方法特别适用于计算具有两个

节点的电路。

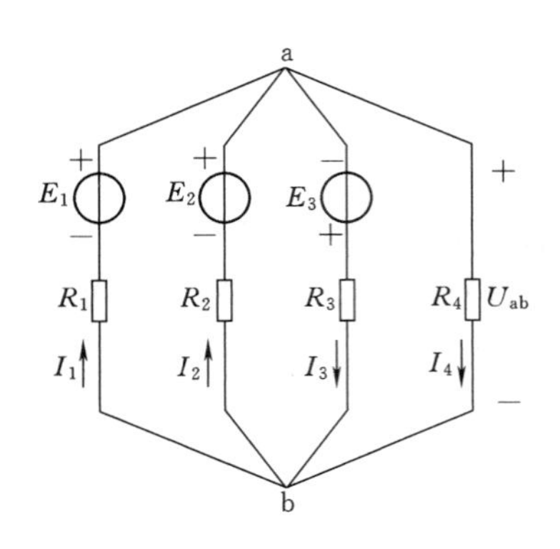

图 2-4-1　节点电压法例图

现以图 2-4-1 所示电路为例说明节点电压法的具体步骤。图 2-4-1 所示的电路中，只有两个节点，设其中一个节点（如 b 节点）为参考点，节点 a 到节点 b 的电压 U_{ab} 为未知变量。

应用基尔霍夫电压定律列方程，将各支路电流用节点电压表示

$$U_{ab}=E_1-I_1R_1, I_1=\frac{E_1-U_{ab}}{R_1} \quad (2-4-1)$$

$$U_{ab}=E_2-I_2R_2, I_2=\frac{E_2-U_{ab}}{R_2} \quad (2-4-2)$$

$$U_{ab}=-E_3+I_3R_3, I_3=\frac{E_3+U_{ab}}{R_3} \quad (2-4-3)$$

$$U_{ab}=I_4R_4, I_4=\frac{U_{ab}}{R_4} \quad (2-4-4)$$

对于节点 a 应用基尔霍夫电流定律可得

$$I_1+I_2-I_3-I_4=0 \quad (2-4-5)$$

将式（2-4-1）～式（2-4-4）代入式（2-4-5），经整理得

$$U_{ab}=\frac{\frac{E_1}{R_1}+\frac{E_2}{R_2}-\frac{E_3}{R_3}}{\frac{1}{R_1}+\frac{1}{R_2}+\frac{1}{R_3}+\frac{1}{R_4}}=\frac{\sum\frac{E}{R}}{\sum\frac{1}{R}} \quad (2-4-6)$$

式（2-4-6）为具有两个节点电路的节点电压公式，此公式又称**弥尔曼定理**。公式中，分母各项均为正值，分别为各支路的电导；分子各项为含源支路电流的代数和，可正可负，其正负可根据电动势和节点电压的参考方向是否相同来决定。

节点电压公式也可表述为：在仅有两个节点电路中，两节点间的电压等于流入节点的电流源的电流的代数和与并在两节点间所有电导之和的比。

【例 2-4-1】　用节点电压法计算例2-3-1中各支路电流。

［**解**］　根据式（2-4-6）弥尔曼定理，有

$$U_{ab}=\frac{\frac{U_{s1}}{R_1}+\frac{U_{s2}}{R_2}}{\frac{1}{R_1}+\frac{1}{R_2}+\frac{1}{R_3}}=\frac{\frac{140}{20}+\frac{90}{5}}{\frac{1}{20}+\frac{1}{5}+\frac{1}{6}}=60(\text{V})$$

由节点电压 U_{ab} 可计算出各支路电流

$$I_1=\frac{U_{s1}-U_{ab}}{R_1}=\frac{140-60}{20}=4(\text{A})$$

$$I_2=\frac{U_{s2}-U_{ab}}{R_2}=\frac{90-60}{5}=6(\text{A})$$

$$I_3=\frac{U_{ab}}{R_3}=\frac{60}{6}=10(\text{A})$$

可见，用节点电压法求解所得结果与例 2－3－1 用支路电流法结果相同。

【例 2－4－2】 求图 2－4－2 所示电路的 U_{A0}、I_{A0}

［解］ 图 2－4－2 的电路也只有两个节点：A 和参考点 0。U_{A0} 即为节点电压或 A 点的电位 V_A。

$$U_{A0}=\frac{-\frac{4}{2}+\frac{6}{3}-\frac{8}{4}}{\frac{1}{2}+\frac{1}{3}+\frac{1}{4}+\frac{1}{4}}=-1.5(\mathrm{V})$$

$$I_{A0}=-\frac{1.5}{4}=-0.375(\mathrm{A})$$

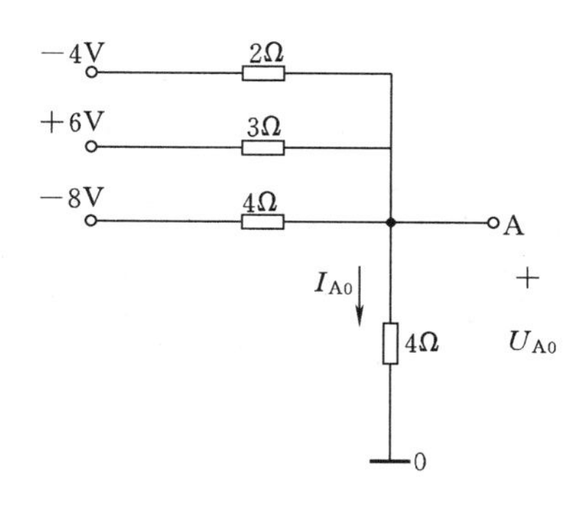

图 2－4－2　例 2－4－2 的电路

2.5 叠 加 原 理

叠加原理是线性电路的一个重要定理，应用这一定理常常使线性电路的分析变得十分方便。**叠加原理**的文字表述是：在多个独立电源共同作用的线性电路中，任一支路中的电流（或电压）等于各个独立电源分别单独作用时在该支路中产生的电流（或电压）的代数和。

所谓**线性电路**，就是由线性元件组成并满足线性性质的电路。所谓各个电源分别单独作用，是指当某一个电源起作用时，将其他独立电源的作用视为零：对于理想电压源来说，电压为零，相当于将该理想电压源去掉，该位置短路；对于理想电流源来说，电流为零，相当于将该理想电流源去掉，该位置开路。

应用叠加原理分析计算电路时，应保持电路的结构不变，即在考虑某一电源单独作用时，将其他电源的作用视为零，而电源的内阻应保留。

用叠加原理计算复杂电路，就是把一个多电源的复杂电路化为几个单电源电路来进行计算。下面以图 2－5－1 所示电路为例说明叠加原理。

图 2－5－1（a）所示电路中有两个电源共同作用，根据叠加原理可以分为（b）和（c）两个分电路。由图 2－5－1（b）求出 I'_1、I'_2、I'_3，由图 2－5－1（c）求出 I''_1、I''_2、I''_3，则原电路中的各支路电流可表示为

$$I_1=I'_1-I''_1 \qquad (2-5-1)$$

$$I_2=-I'_2+I''_2 \qquad (2-5-2)$$

$$I_3=I'_3+I''_3 \qquad (2-5-3)$$

图 2－5－1（b）中的 I'_2 及图 2－5－1（c）中的 I''_1 分别与图 2－5－1（a）中的 I_2 及 I_1 参考方向相反，故它们在式（2－5－1）和式（2－5－2）中取负号。

【例 2－5－1】 用叠加原理计算例2－3－1，即计算图 2－5－1（a）中各支路的电流。

［解］ 图 2－5－1（a）所示电路的电流可以看成是由图 2－5－1（b）和图 2－5－1（c）所示两个电路的电流叠加起来的。

在图 2－5－1（b）中

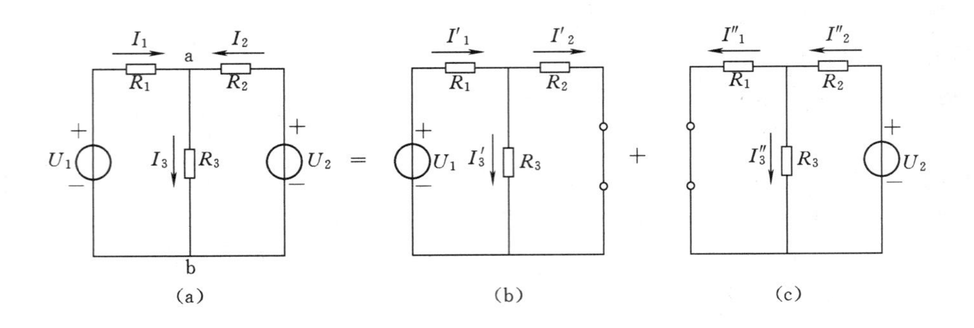

图 2-5-1　叠加原理电路

(a) 电路图；(b) U_1 单独作用；(c) U_2 单独作用

$$I'_1=\frac{U_1}{R_1+\dfrac{R_2R_3}{R_2+R_3}}=\frac{140}{20+\dfrac{5\times 6}{5+6}}=6.16(\mathrm{A})$$

$$I'_2=\frac{R_3}{R_2+R_3}I'_1=\frac{6}{5+6}\times 6.16=3.36(\mathrm{A})$$

$$I'_3=\frac{R_2}{R_2+R_3}I'_1=\frac{5}{5+6}\times 6.16=2.80(\mathrm{A})$$

在图 2-5-1 (c) 中

$$I''_1=\frac{R_3}{R_1+R_3}I''_2=\frac{6}{20+6}\times 9.36=2.16(\mathrm{A})$$

$$I''_2=\frac{U_2}{R_2+\dfrac{R_1R_3}{R_1+R_3}}=\frac{90}{5+\dfrac{20\times 6}{20+6}}=9.36(\mathrm{A})$$

$$I''_3=\frac{R_1}{R_1+R_3}I''_2=\frac{20}{20+6}\times 9.36=7.20(\mathrm{A})$$

所以

$$I_1=I'_1-I''_1=6.16-2.16=4.0(\mathrm{A})$$
$$I_2=I''_2-I'_2=9.36-3.36=6.0(\mathrm{A})$$
$$I_3=I'_3+I''_3=2.80+7.20=10.0(\mathrm{A})$$

计算结果与用支路电流法求出的结果一致。

*【例 2-5-2】　用叠加原理求图2-5-2 (a) 所示电路中的电压 U_{ab}。

[解]　先将图 2-5-2 (a) 分解成图 2-5-2 (b) 和图 2-5-2 (c) 所示的两个分电路。

当电压源单独作用时，将电流源视为开路，电路如图 2-5-2 (b) 所示。从而得出

$$U'_{ab}=\frac{6}{3+\dfrac{3\times(1+2)}{3+(1+2)}}\times\frac{1+2}{3+(1+2)}\times 3=2(\mathrm{V})$$

当电流源单独作用时，将电压源视为短路，电路如图 2-5-2 (c) 所示。从而得出

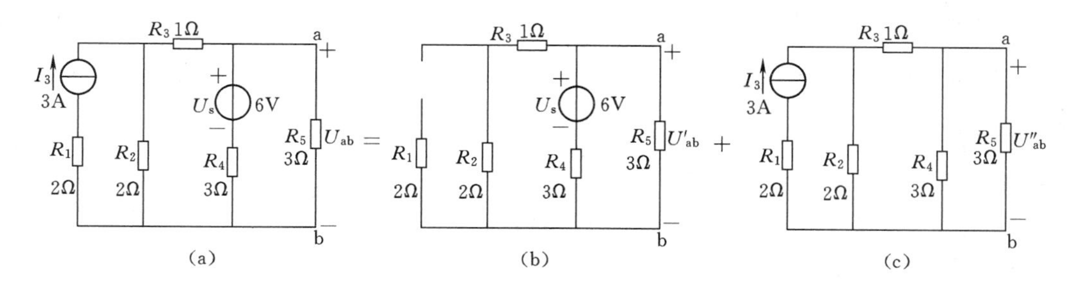

图 2-5-2　例 2-5-2 的电路

(a) 电路图；(b) 电压源单独作用；(c) 电位源单独作用

$$U''_{ab}=\left[\frac{2}{2+\left(1+\frac{3\times 3}{3+3}\right)}\times 3\right]\times\frac{3\times 3}{3+3}=2(\mathrm{V})$$

所以当两个电源共同作用时，所求电压为

$$U_{ab}=U'_{ab}+U''_{ab}=2+2=4(\mathrm{V})$$

应用叠加原理时应注意：

(1) 叠加原理只适用于线性电路，而不适用于非线性电路，因为在非线性电路中各物理量之间不是线性关系。

(2) 叠加原理只适用于在线性电路中计算电流和电压，不能用来计算功率，因为功率是电流或电压的二次函数，不存在线性关系。如以图 2-5-1 (a) 中电阻 R_3 上的功率为例，显然

$$P_3=R_3I_3^2=R_3(I'_3+I''_3)^2\neq R_3I'^2_3+R_3I''^2_3$$

(3) 如果电路中含有线性受控源，不能将其看作是独立电源，应把受控源保留在电路中，而不能将其视为短路或开路。

(4) 在计算含有多个电源的电路时可以用叠加原理，但由于分解后电路数目较多，使得计算量较大。叠加原理一般用于分析电路中某一电源的影响。

2.6　等效电源定理（戴维南定理与诺顿定理）

在实际计算中，有时不需要求出复杂电路中每条支路的电流和电压，而只需要求出其中某一条支路的电流或电压。如果采用前面介绍的几种方法进行分析计算，就引入了一些不必要的电流，为计算简便，这时可以将这条待求支路划出，视为外电路，剩余的电路就变为具有两个出线端的部分电路，即二端网络。二端网络按其内部是否含有电源，分为有源二端网络和无源二端网络。

任何线性有源二端网络，无论它的内部结构多么复杂，就其对外电路的作用来说，都只相当于一个电源，可以用一个等效电源来代替。由于实际电源有电压源和电流源两种形式，所以有源线性二端网络可以等效为电压源，也可以等效为电流源，前者称为戴维南定

理，后者则称为诺顿定理。

2.6.1 戴维南定理

戴维南定理指出：任何一个线性有源二端网络（常用 N 表示）都可以用一个电动势为 E 的理想电压源与内阻为 R_0 的电阻串联的等效电压源代替，如图 2-6-1 所示，等效电压源的电动势 E 就是有源二端网络的开路电压 U_{oc}，等效电压源的内阻 R_0 就是有源二端网络除去电源（理想电压源短路、理想电流源开路）后两端之间的等效电阻。

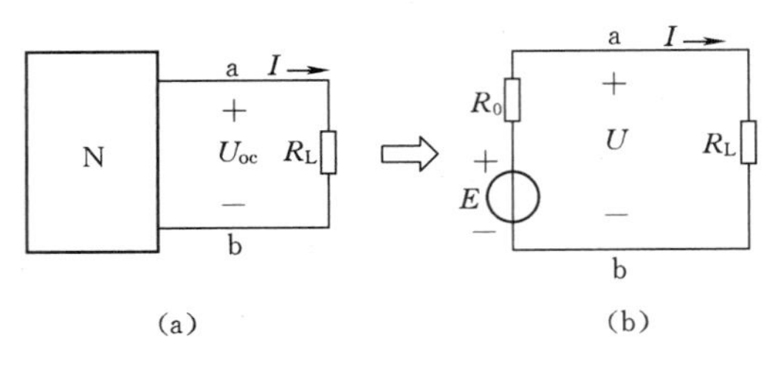

图 2-6-1　戴维南定理

在电路分析中，若只需计算某一支路的电流和电压，应用戴维南定理就十分方便。只要将该支路划出，其余电路变为一个有源二端网络，根据戴维南定理将其等效为一个电压源，如图 2-6-1（b）所示。只要求出等效电压源的电动势 E 和内阻 R_0，则待求支路电流即为

$$I = \frac{E}{R_0 + R_L} \tag{2-6-1}$$

【例 2-6-1】　用戴维南定理计算例2-3-1中的支路电流 I_3。

［**解**］　将图 2-3-1 的电路重画于图 2-6-2（a），可化为图 2-6-2（b）所示的等效电路。

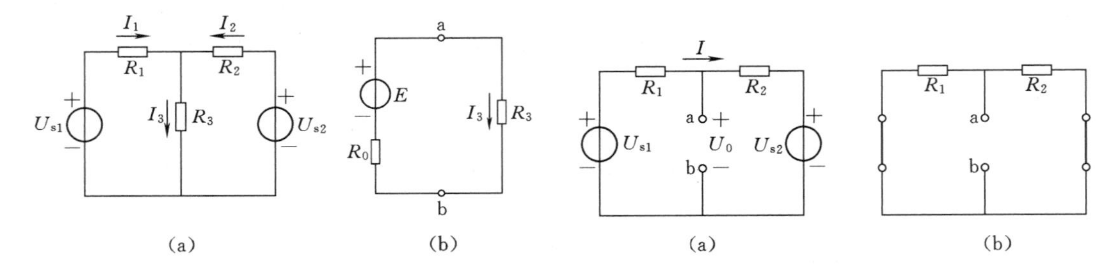

图 2-6-2　例 2-6-1 的图

图 2-6-3　计算等效电源的 E 和 R_0 的电路

等效电源的电动势 E 可由图 2-6-3（a）求得

$$I = \frac{U_{s1} - U_{s2}}{R_1 + R_2} = \frac{140 - 90}{20 + 5} = 2(\text{A})$$

于是

$$E = U_0 = U_{s1} - R_1 I = 140 - 20 \times 2 = 100(\text{V})$$ 把 E_1 改为 U_{s1}

或

$$E = U_0 = U_{s2} + R_2 I = 90 + 5 \times 2 = 100(\text{V})$$ 与上同

等效电源的内阻 R_0 可由图 2-6-3（b）求得。对 a、b 两端讲，R_1 和 R_2 并联，因此

$$R_0 = \frac{R_1 R_2}{R_1 + R_2} = \frac{20 \times 5}{20 + 5} = 4(\Omega)$$

而后由图 2-6-2（b）求出

$$I_3 = \frac{E}{R_0 + R_3} = \frac{100}{4 + 6} = 10(\text{A})$$

2.6.2 诺顿定理

诺顿定理指出：任何一个有源线性二端网络（N）都可以用一个电流为 I_s、内阻为 R_0 的等效电流源代替。如图 2－6－4 所示。等效电流源的电流就是有源二端网络的短路电流 I_s，等效电流源的内阻 R_0 就是有源二端网络除去电源后两端之间的等效电阻。诺顿定理是等效电源定理的另一种形式。

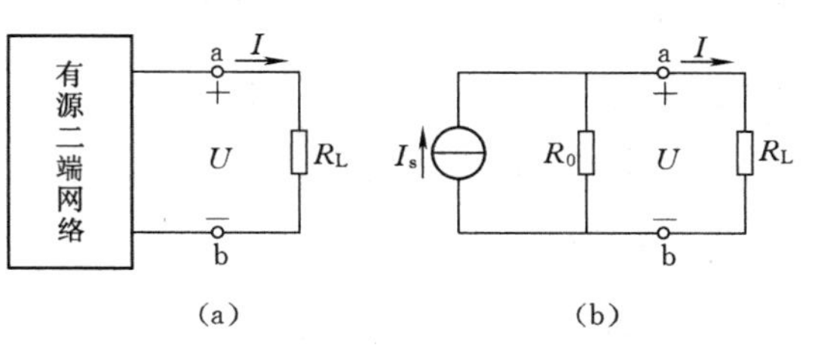

图 2－6－4　诺顿定理

等效电源的电流 I_s 和内阻 R_0 确定后，由图 2－6－4（b）可得待求支路电流

$$I = \frac{R_0}{R_0 + R_L} I_s \qquad (2-6-2)$$

【例 2－6－2】　用诺顿定理计算例2－3－1中的支路电流 I_3。

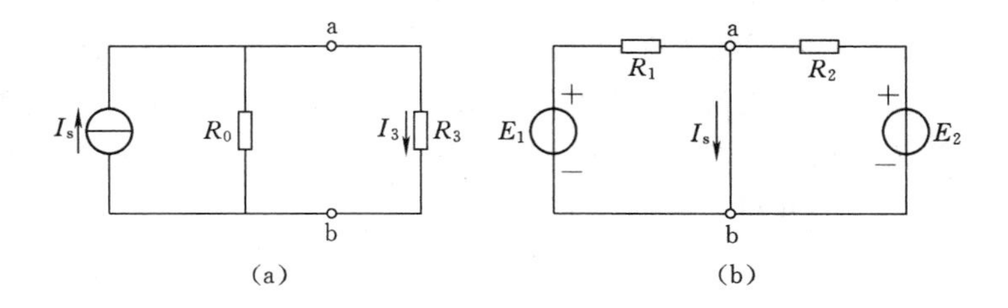

图 2－6－5　例 2－6－2 的电路

（a）等效电路；（b）求 I_s 的电路

［解］　图 2－3－1 的电路可化为图 2－6－5（a）所示的等效电路。等效电源的电流 I_s 可由图 2－6－5（b）求得

$$I_s = \frac{U_{s1}}{R_1} + \frac{U_{s2}}{R_2} = \frac{140}{20} + \frac{90}{5} = 25(\text{A})$$

等效电源的内阻 R_0 同例 2－6－1 一样，可由图 2－6－3（b）求得

$$R_0 = 4(\Omega)$$

于是

$$I_3 = \frac{R_0}{R_0 + R_3} I_s = \frac{4}{4+6} \times 25 = 10(\text{A})$$

*2.7　非 线 性 电 阻

前面我们分析的电阻的阻值均被认为是常数，电阻两端的电压和通过它的电流成正比，其伏安特性是一条通过坐标原点的直线，如图 2－7－1（a），即所谓**线性电阻**。

非线性电阻的电阻值不是常数，随电压或电流值的变化而变化，电压与电流不成正比，伏安特性不服从欧姆定律，伏安特性也不是通过坐标原点的直线，可通过实验方法测得。

非线性电阻元件在生产技术中应用很广，诸如半导体二极管、晶体三极管等半导体器件的伏安特性都是非线性的。图 2－7－1（b）就是半导体二极管的伏安特性。

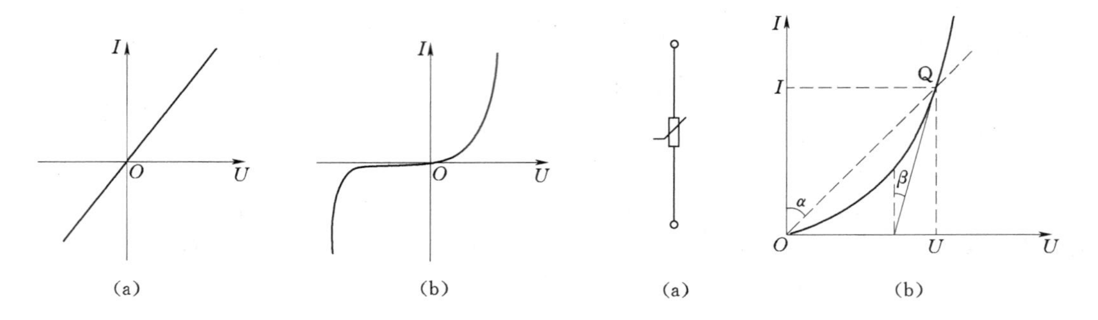

图 2－7－1　电阻元件的伏安特性

（a）线性电阻；（b）非线性电阻

图 2－7－2　静态电阻和动态电阻

（a）图形符号；（b）伏安特性

非线性电阻的图形符号如图 2－7－2（a）所示。

当非线性电阻在直流电压和直流电流下工作时，只要知道了伏安特性，就可以由已知的电压 U 从伏安特性上查出电流 I，或者反过来，由电流 I 查出电压 U，这时在伏安特性上得到的点 Q 称为**工作点**［图 2－7－2（b）］。在工作点处的电压与电流之比，称为**静态电阻**，由图 2－7－2（b）可知

$$R = \frac{U}{I} = \tan\alpha$$

如果作用在非线性电阻上的电压和电流除了直流成分之外，还有一个比较小的交变成分，那么非线性电阻应在由直流成分所确定的工作点 Q 附近的一段特性曲线上工作。在 Q 点附近的电压的微小增量与电流的微小增量之比称为**动态电阻**，即

$$r = \frac{\mathrm{d}U}{\mathrm{d}I} = \tan\beta$$

动态电阻也称交流电阻，其值等于 $\tan\beta$，β 是 Q 点的切线与纵坐标的夹角。可见，对非线性电阻来说，对应于任何一个工作点 Q，都有两个表征其特性的电阻值，即静态电阻和动态电阻。它们各有其应用的范围。静态电阻应用在电压和电流为直流的情况下；动态电阻应用在电压和电流有微小变化的情况下。两者的数值不是常数，都与 Q 点的位置有关，而且两者一般是不相等的。

含有非线性电阻的电路称为非线性电阻电路。非线性电阻电路的分析方法仍采用 KVL、KVL 方程及元件的伏安特性，在进行分析时一般采用图解分析法。（有兴趣的读者可参见有关文献）。

当电路中只含有一个非线性电阻时，可将它单独从电路中提出来，剩下的电路就是一个线性有源二端网络。利用戴维南定理，这个线性有源二端网络可以用一个等效电压源来代替，电路便可简化成图 2－7－3（a）所示。

电压源的输出电压和输出电流的关系为

$$U = U_s - R_0 I$$

这是一条直线，称为**负载线**。在横坐标上的截距为 U_s，在纵坐标上的截距为 U_s/R_0，斜率为 $-1/R_0$，因此，可以作出该直线。

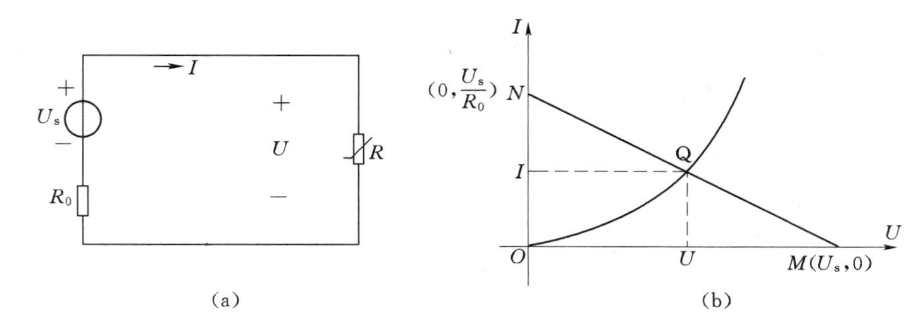

图 2-7-3 图解分析法

(a) 电路图；(b) 图解法

电路的左边为直线方程，右边为非线性电阻的伏安特性，两条曲线的交点 Q，既表示非线性电阻上电流与电压的关系，也表示左边电路中电流与电压的关系。

小　　结

1. 只有一个电源作用的电阻串、并联电路，可用电阻串、并联化简的办法，化简成一个等效电阻和电源组成的单回路，这种电路又称简单电路。反之，不能用串、并联等效变换化简为单回路者则称为复杂电路。简单电路的计算步骤是：首先将电阻逐步化简成一个总的等效电阻，算出总电流（或总电压），然后用分压、分流的办法逐步计算出化简前原电路中各电阻的电流和电压，再计算出功率。

2. 在电路分析中一些不能用简单串并联进行简化的电路，常用 Y—Δ 等效变换来简化电路结构，使计算能够实现。

3. 支路电流法是基尔霍夫定律的直接应用。其基本步骤是首先选定电流的参考方向，若有 b 个支路、N 个节点时，应列出 $N-1$ 个节点方程和 $b-N+1$ 个回路方程而后联立求解。

4. 叠加原理阐明了线性电路的两个重要性质，即比例性和叠加性。用叠加原理解题的工作量并不少，这里侧重点在于理解它是研究线性问题时普遍适用的方法，可以用来分析、说明许多问题，计算时要正确处理不作用的电源（即电压源短路、电流源开路、内阻保留），同时注意叠加是代数和。

5. 戴维南定理说明一个含源二端网络可以用一个电压源等效替代，该电压源的电动势等于网络的开路电压，而等效内阻等于网络内部电源不起作用时从端口上看进去的等效电阻。该电压源又称戴维南等效电路，用该定理求解电路的关键是求出戴维南等效电路。所谓等效是对网络外部电路而言的，内部是不等效的。诺顿定理是戴维南定理的推论。

6. 在分析电路时，电压源与电流源的等效变换可能带来很大方便。等效仍然是对外电路而言，对内部电路不等效。

7. 节点电压法是选定一个零电位参考点后，把其余节点电位当作直接求解量。

8. 非线性电阻的电阻值不是常数，随电压或电流值的变化而变化，电压与电流不成正比，伏安特性不服从欧姆定律，一般用图解分析法求解。

习　　题

2－1　求图 2－1 中的等效电阻 R_{ab}。

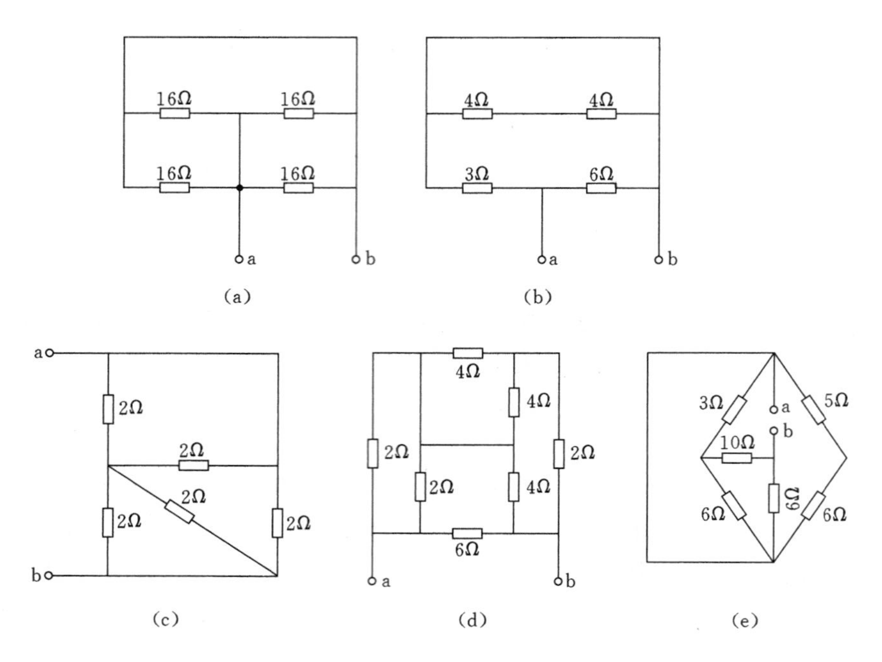

图 2－1　习题 2－1 图

2－2　电阻 R_1、R_2 串联后接在 36V 的电源上，电流为 4A，将电阻 R_1、R_2 改为并联后接在同一电源上，电流为 18A，试求：

（1）电阻 R_1、R_2 的值；

（2）并联时每个电阻吸收的功率是串联时每个电阻吸收功率的几倍。

2－3　如图 2－2 所示，试求电路中的开路电压 U_{ab}。

2－4　电路如图 2－3 所示，试求：

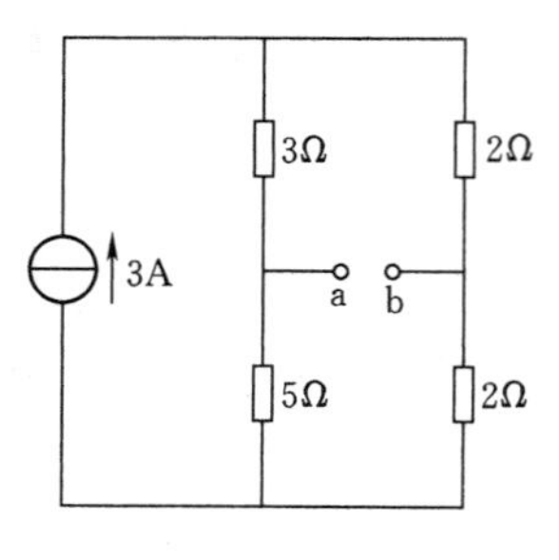

图 2－2　习题 2－3 图

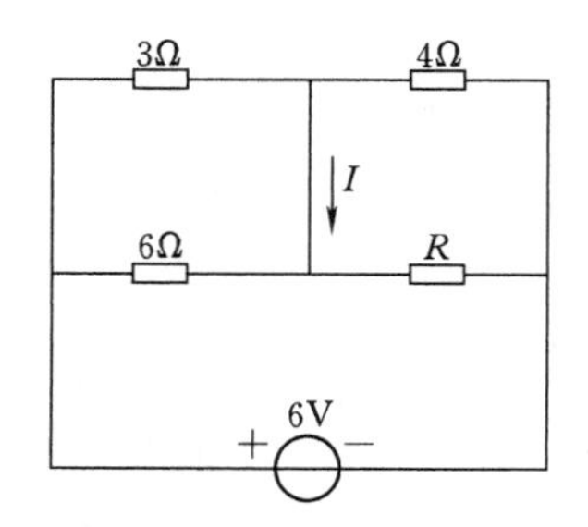

图 2－3　习题 2－4 图

（1）$R=0$ 时的电流 I；

（2）$I=0$ 时的电流 R；

（3）$R=\infty$ 时的电流 I。

2－5　通常电灯开得愈多，总负载电阻愈大还是愈小？

*2－6　求图 2－4 中的等效电阻 R_{ab}。

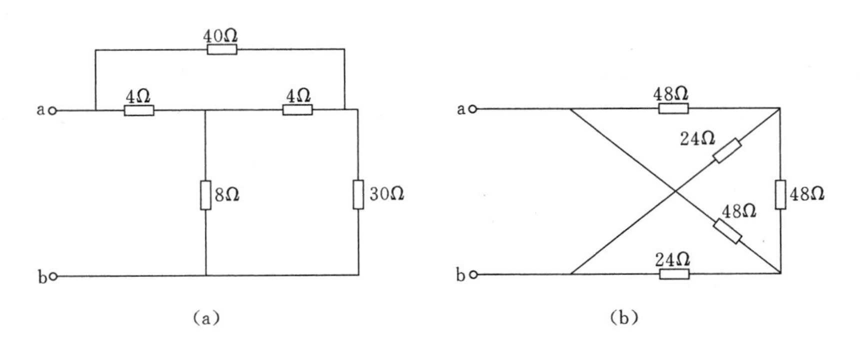

图 2－4　习题 2－6 图

*2－7　求图 2－5 所示电路中的电流 I。

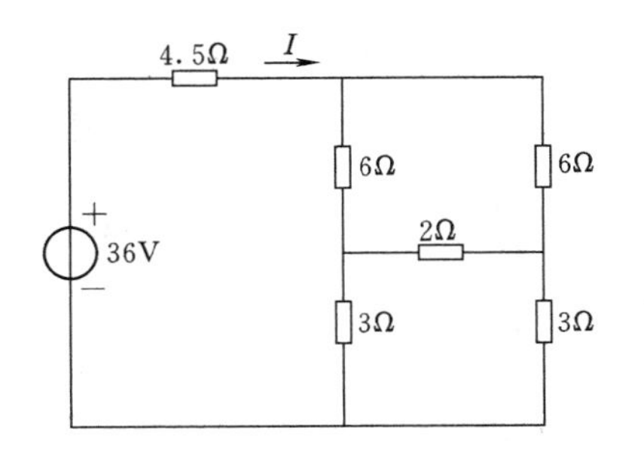

图 2－5　习题 2－7 图

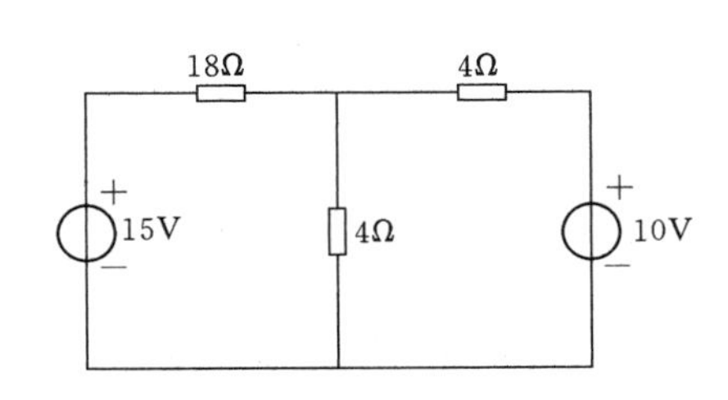

图 2－6　习题 2－8 图

2－8　用支路电流法求图 2－6 所示电路中各支路的电流。

2－9　用支路电流法求图 2－7 所示电路中各支路的电流及电流源的电压 U。

2－10　试用支路电流法或节点电压法求图 2－8 所示电路中的各支路电流，并求三个电源的输出功率和负载电阻 R_L 取用的功率。0.8Ω 和 0.4Ω 分别为两个电压源的内阻。

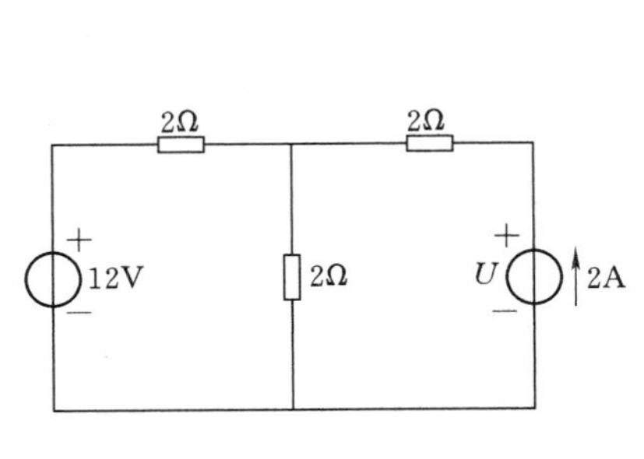

图 2－7　习题 2－9 图

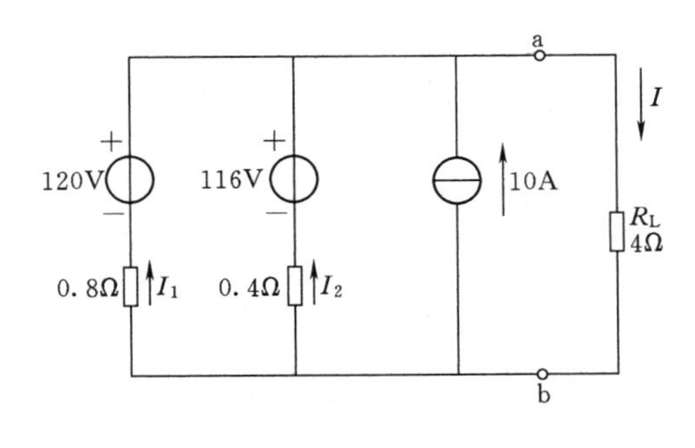

图 2－8　习题 2－10 图

2－11　用节点电压法求图 2－9 中节点的电压。

2－12　用节点电压法求图 2－10 所示电路中在 S 打开与合上两种情况下的各支路中

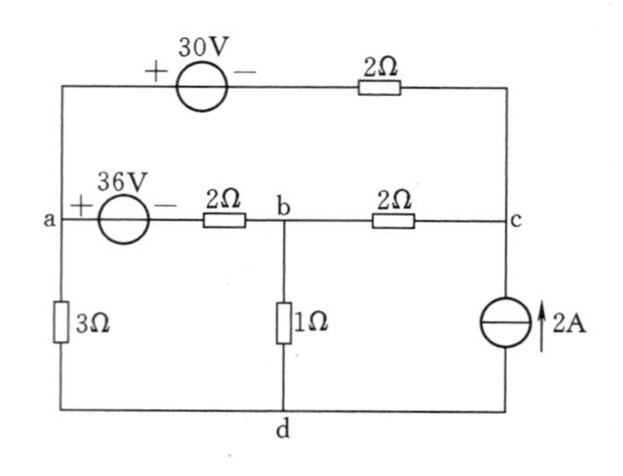

图 2-9　习题 2-11 图

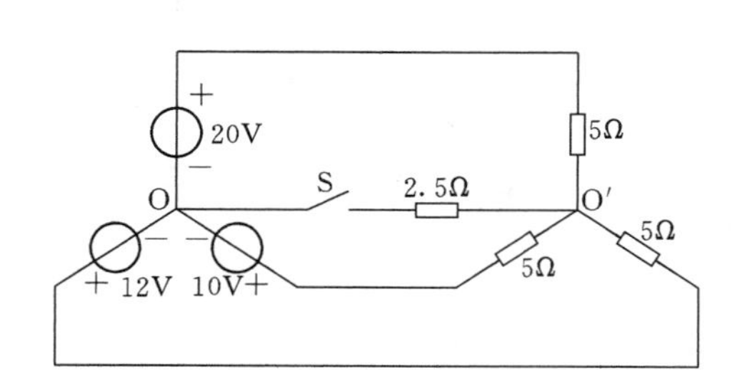

图 2-10　习题 2-12 图

的电流。

2-13　用叠加定理求图 2-11 所示电路中电流 I 和电压 U。

2-14　用叠加定理求图 2-12 所示电路中电压 U。

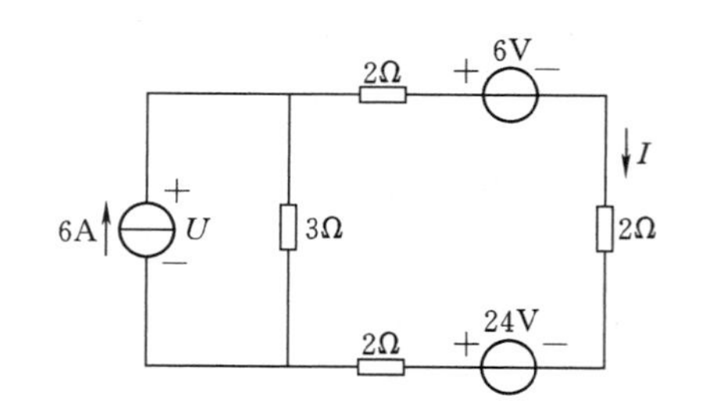

图 2-11　习题 2-13 图

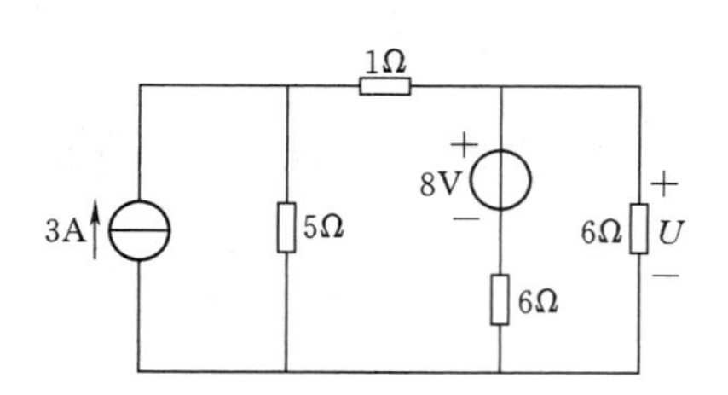

图 2-12　习题 2-14 图

2-15　用叠加定理求图 2-13 所示电路中各支路电流。

2-16　用叠加定理求图 2-14 所示电路中各支路电流和各元件上的电压。

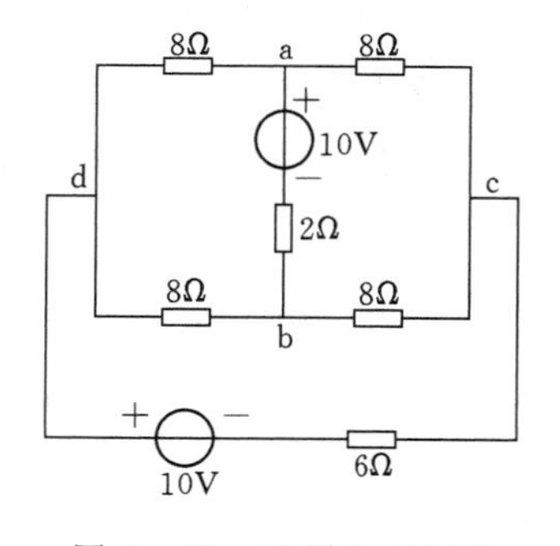

图 2-13　习题 2-15 图

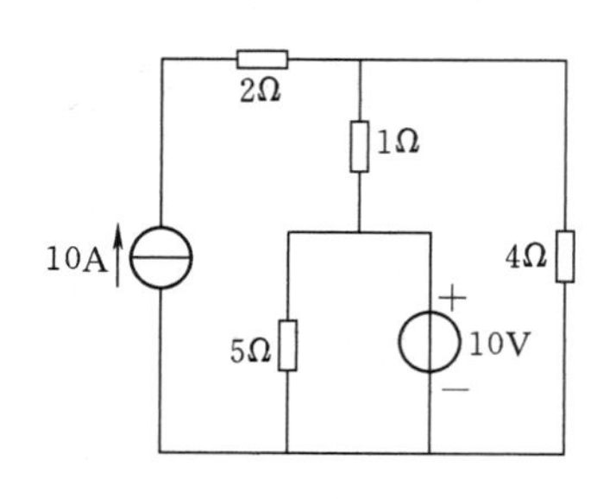

图 2-14　习题 2-16 图

2-17　用戴维南定理求图 2-15 所示电路中 10Ω 电阻的电流 I。

2-18　用戴维南定理求图 2-16 所示电路中 20Ω 电阻的电流 I。

2-19　求图 2-17 所示电路的戴维南等效电路。

2-20　用戴维南定理求图 2-18 所示二端网络端口 a、b 的等效电路。

2-21　用戴维南定理和诺顿定理分别计算图 2-19 所示电路中电阻 R_1 上的电流。

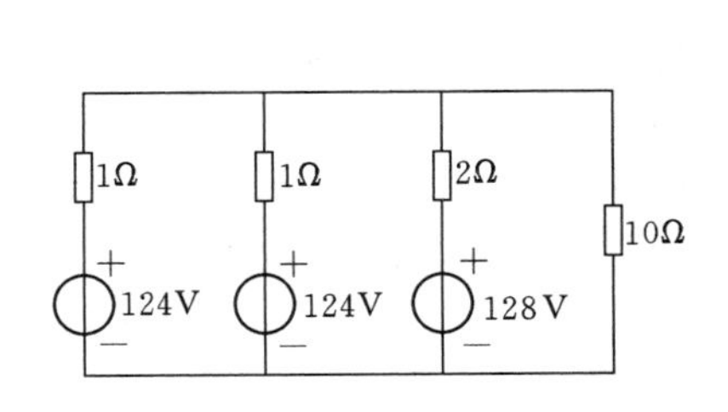

图 2-15　习题 2-17 图

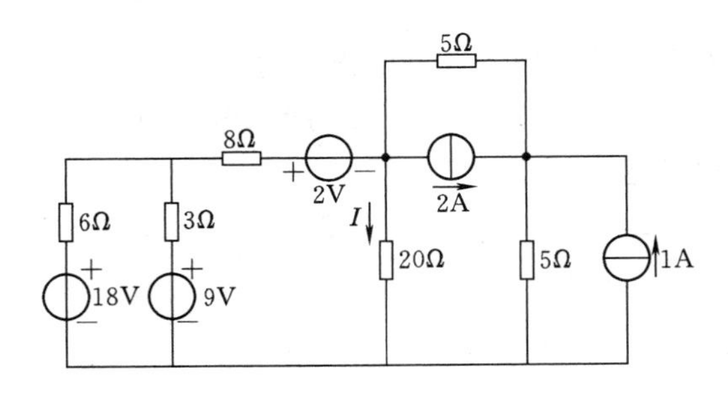

图 2-16　习题 2-18 图

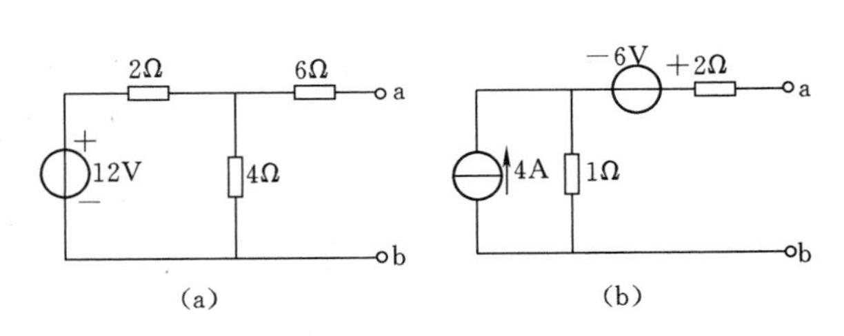

图 2-17　习题 2-19 图

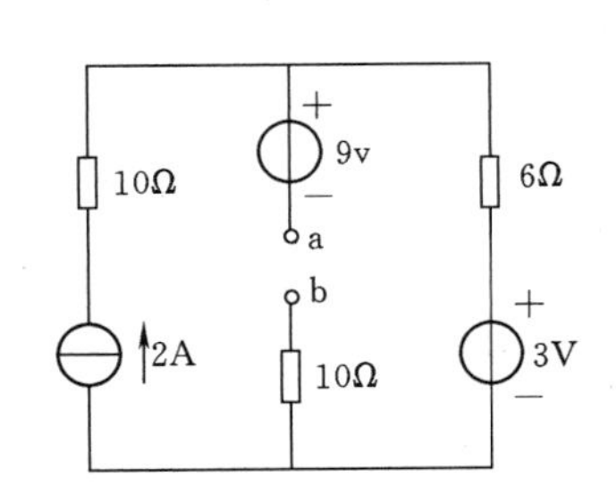

图 2-18　习题 2-20 图

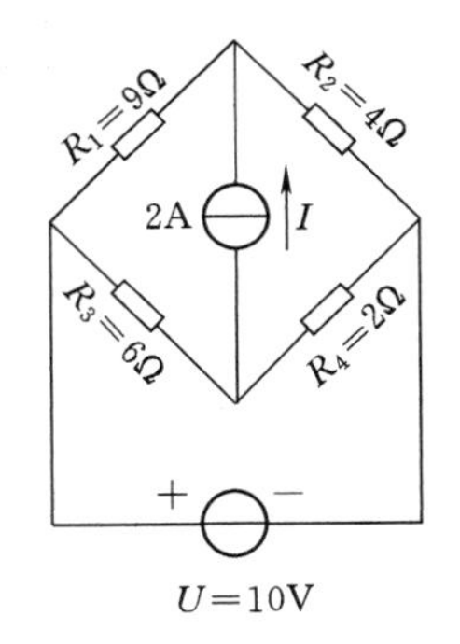

图 2-19　习题 2-21 图

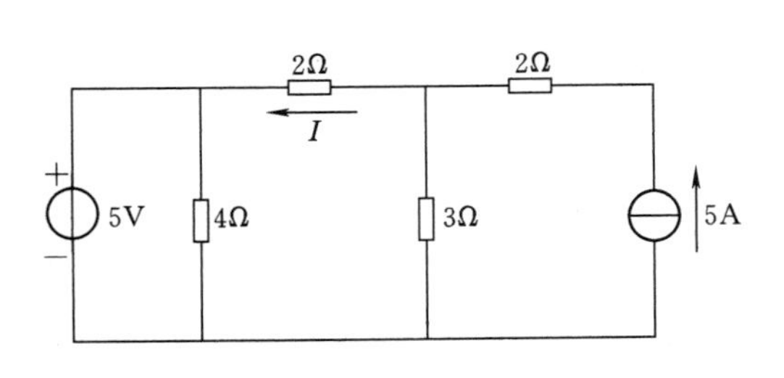

图 2-20　习题 2-22 图

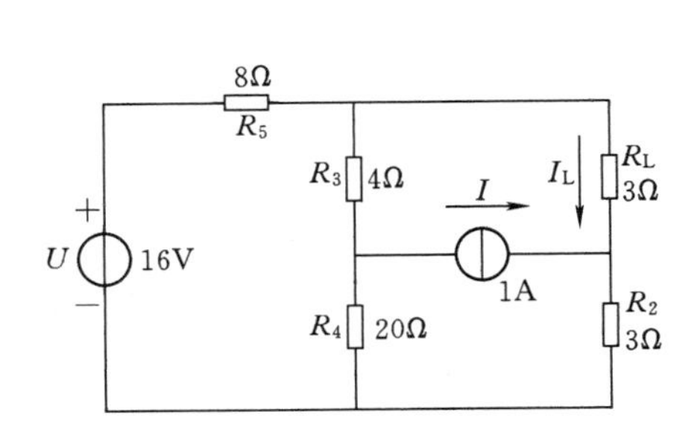

图 2-21　习题 2-23 图

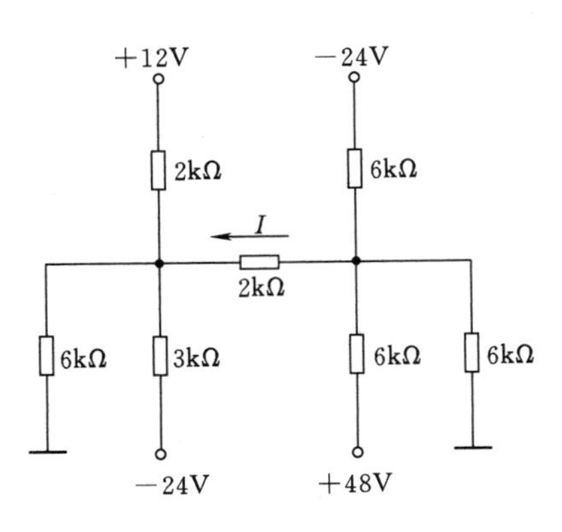

图 2-22　习题 2-24 图

2-22　在图 2-20 中，(1) 试求电流 I；(2) 计算理想电压源和理想电流源的功率，并说明是取用的还是发出的功率。

2-23　计算图 2-21 所示电路中电阻 R_L 上的电流 I_L：(1) 用戴维南定理；(2) 用诺顿定理。

2-24　求电路如图 2-24 所示中的电流 I。

第3章 正弦交流电路

正弦交流电是工农业生产和日常生活中所使用电能的主要形式，比直流电具有更为广泛的应用。这主要因为：从电能的产生、输送和使用上，交流电都比直流电优越。交流发电机比直流发电机结构简单、效率高、价格低且维护方便。现代的电能几乎都是以交流的形式产生的。利用变压器可灵活地将交流电压升高或降低，因而又具有输送经济、控制方便和使用安全的特点。由于半导体整流技术的发展，在需要直流电的地方，可以通过整流设备把交流电变为直流电。因此，研究正弦交流电路更具有重要的现实意义，交流电路是电工学中很重要的一个部分。

对本章中讲述的交流电的基本概念、基本理论和基本分析方法，应能熟练掌握运用。交流电路的分析，主要是确定不同结构的交流电路中电压和电流之间的关系和功率。电路的基本分析方法对直流电路和交流电路都是适用的。但交流电是随时间变化的，交流电路中具有一些直流电路所没有的物理现象。因此在本章的学习中首先要建立交流的概念。

3.1 正弦交流电的基本概念

直流电路中的电压和电流的大小和方向是不随时间变化的，其波形是一条直线。如图3－1－1所示。

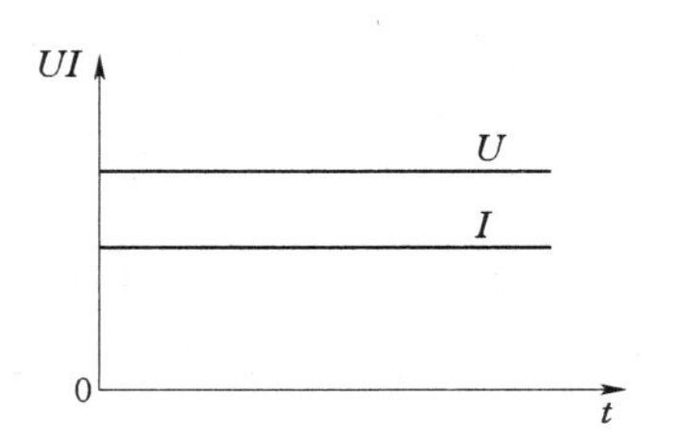

图 3－1－1 直流电的波形

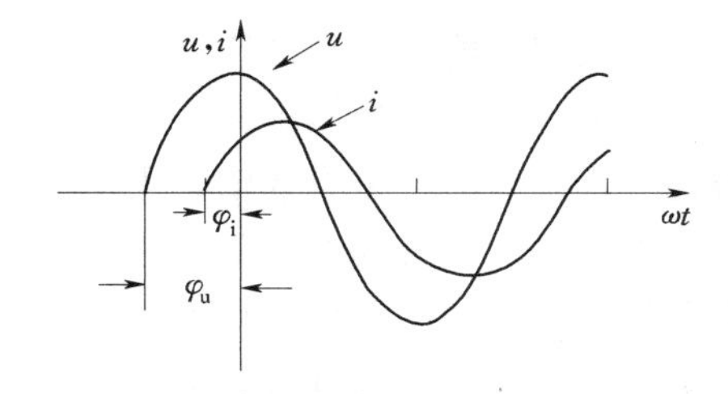

图 3－1－2 交流电的波形

正弦交流电路简称**交流电路**，其电压和电流在大小和方向上是随着时间作周期性变化的，其波形如图3－1－2所示，正弦电压和电流等物理量都称为**正弦量**，其表达式为

$$u = U_m \sin(\omega t + \varphi_u) \qquad (3-1-1)$$

$$i = I_m \sin(\omega t + \varphi_i) \qquad (3-1-2)$$

其中 u 和 i 表示正弦量在任一瞬间的数值，称为**瞬时值**；U_m、I_m 表示正弦量在变化过程中出现的最大瞬时值，称为**幅值**或**最大值**；ω 称为**角频率**；φ_u、φ_i 称为**初相位**。幅值、角频率、初相位反映了正弦量的大小、快慢和初始值等正弦特征，这三者一定，则正弦交流电与时间的函数关系也就一定。所以，幅值、角频率、初相位称为**正弦量的三要素**。

3.1.1 频率与周期

正弦量变化一次所需的时间（s）称为**周期** T，每秒内变化的次数称为**频率** f，它的单位是赫［兹］（Hz）。

频率与周期互为倒数，即

$$f=\frac{1}{T} \tag{3-1-3}$$

在我国和大多数国家都采用50Hz作为电力标准频率（有些国家如美国、日本等采用60Hz）。这种频率在工业上应用广泛，习惯上也称为**工频**。通常的交流电动机和照明负载都用这种频率。

正弦量变化的快慢除用周期和频率表示外，还可用角频率 ω 来表示。因为一周期内经历了 2π 弧度，所以角频率为

$$\omega=\frac{2\pi}{T}=2\pi f \tag{3-1-4}$$

它的单位是弧度每秒（rad/s）。

可见，周期、频率、角频率均是反映正弦量的快慢的，只要知道其中之一，则其余均可求出。在绘制正弦量波形时，可用 t 作横坐标，也可用 ωt 作横坐标。

【例3-1-1】 已知 $f=50\text{Hz}$，试求 T 和 ω。

［**解**］

$$T=\frac{1}{f}=\frac{1}{50}=0.02(\text{s})$$

$$\omega=2\pi f=2\times3.14\times50=314(\text{rad/s})$$

3.1.2 交流电幅值和有效值

上面提到正弦量在任一瞬间的数值称为瞬时值，瞬时值中最大的值称为幅值或最大值。瞬时值和幅值都是表征正弦量大小的物理量，但是瞬时值是变化的，不能直接表示正弦量的大小，而幅值虽然是一个定值，但在一个周期内只出现两次，也不能直接表示正弦量的大小，因而通常用有效值来表示正弦量的大小。

有效值是从电流热效应的角度规定的。设一个交流电流 i 和某个直流电流 I 分别通过阻值相同的电阻 R，并且在相同的时间内（如一个周期 T）产生的热量相等，则这个直流电流 I 的数值叫做交流电流 i 的有效值，按此定义，有

$$\int_0^T Ri^2\,\mathrm{d}t=RI^2T$$

即

$$I=\sqrt{\frac{1}{T}\int_0^T i^2\,\mathrm{d}t} \tag{3-1-5}$$

对于正弦电流 $i=I_m\sin(\omega t+\varphi_i)$ 的有效值为

$$\begin{aligned}I&=\sqrt{\frac{1}{T}\int_0^T[I_m\sin(\omega t+\varphi_i)]^2\mathrm{d}t}\\&=\sqrt{\frac{1}{T}\,\frac{1}{2}I_m^2[1-2\cos2(\omega t+\varphi_i)]\mathrm{d}t}\\&=\frac{I_m}{\sqrt{2}}\end{aligned} \tag{3-1-6}$$

同理，正弦电压和正弦电动势的有效值

$$U=\frac{U_m}{\sqrt{2}}$$

有效值用大写字母表示。虽然与表示直流的字母相同，但物理含义不同。

通常说的交流电的大小都是指有效值。如交流电压 380V 或 220V，交流电流 5A。交流电压表和交流电流表的读数一般也是有效值。交流电机、变压器等设备的额定电压都是指有效值。

【例 3-1-2】 已知 $u=310\sin 314t$，试求有效值 U 和 $t=\frac{1}{600}$s 时的瞬时值。

[解]

$$U=\frac{U_m}{\sqrt{2}}=\frac{310}{\sqrt{2}}=220(\text{V})$$

$$u=U_m\sin 2\pi ft=310\sin\frac{100\pi}{600}=310\sin\frac{\pi}{6}=155(\text{V})$$

【例 3-1-3】 有一耐压为250V 的电容器，能否用在交流电压为 220V 的电路中？

[解] 电路中交流电压的最大值为

$$U_m=\sqrt{2}\times 220=311(\text{V})$$

由于超过了电容的耐压，因此该电容器不能用在 220V 的交流电路中。

3.1.3 相位、初相位和相位差

在正弦量的表达式 $u=U_m\sin(\omega t+\varphi_u)$，$i=I_m\sin(\omega t+\varphi_i)$ 中，$\omega t+\varphi_u$ 和 $\omega t+\varphi_i$ 是随时间变化的电角度，称为正弦量的**相位**或**相位角**，它反映了正弦量的变化过程。相位的单位是弧度，也可用度。

$t=0$ 时的相位叫做正弦量的**初相位**或初相位角。初相位确定了正弦量在 $t=0$ 时刻的值，即初始值。初相位与计时起点的选择有关，计时起点不同，正弦量的初始值也就不同。原则上，计时起点是任意选取的，在同一个交流电路中进行分析计算时，电压 u 和电流 i 电动势 e 的计时起点必须相同。两个同频率正弦量的相位之差称为**相位差**。用 φ 表示。如图 3-1-3 所示。

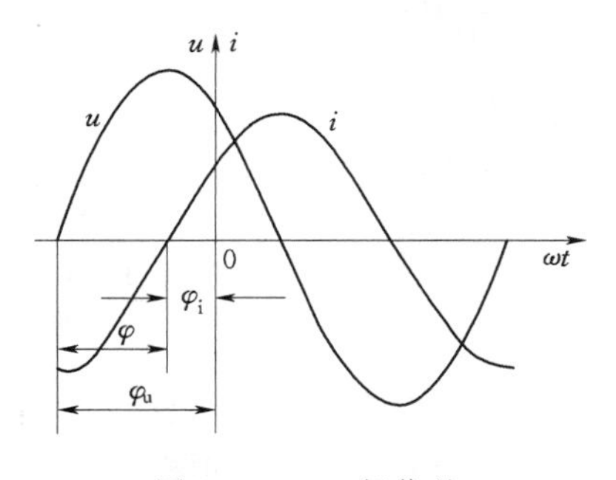

图 3-1-3　相位差

图 3-1-3 中两正弦量的相位差为

$$\varphi=(\omega t+\varphi_u)-(\omega t+\varphi_i)=\varphi_u-\varphi_i \qquad (3-1-7)$$

当两个同频率正弦量计时起点改变时，正弦量的相位和初相位跟着改变，但两者之间的相位差保持不变。

图 3-1-3 所示的电压 u 和电流 i 的初相位不同，这种情况叫做**不同相**。当 $\varphi>0$ 时，在相位上电压超前电流 φ 角；当 $\varphi<0$ 时，电压滞后电流 φ 角；当 $\varphi=0$ 时，称 u 与 i **同相**；当 $\varphi=\pm 180°$时，称 u 与 i **反相**（如图 3-1-4 所示）。

应当注意，只有同频率的正弦量才可以比较相位。

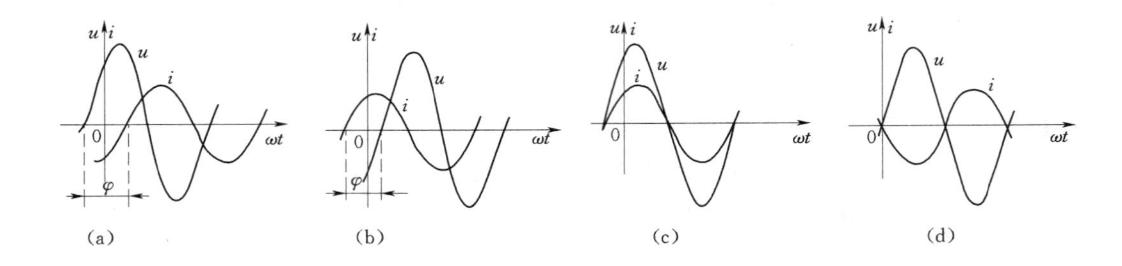

图 3-1-4　同频正弦量的相位关系

(a) $0°<\varphi<180°$；(b) $-180°<\varphi<0°$；(c) $\varphi=0°$；(d) $\varphi=180°$

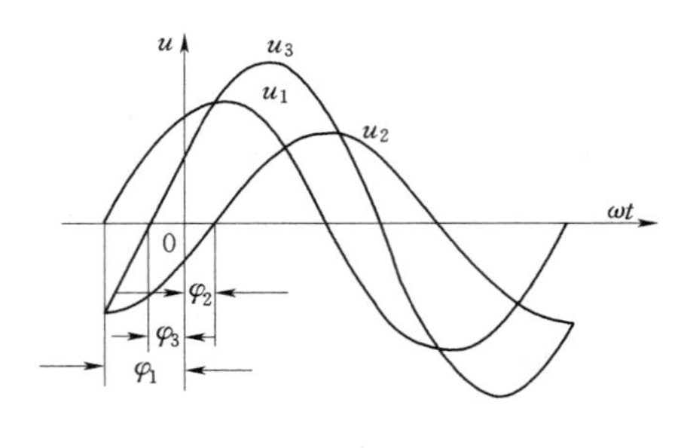

图 3-1-5　例 3-1-4 的波形

【例 3-1-4】　已知电压 $u_1=14\sin(\omega t+60°)$ V，$u_2=10\sin(\omega t-30°)$ V，$u_3=18\sin(\omega t+30°)$ V，试画出它们的波形并比较它们的相位关系。

［**解**］　电压 u_1，u_2，u_3，是同频率的正弦量，它们的波形图如图 3-1-5 所示，其中

$$\varphi_1=60°;\quad \varphi_2=-30°;\quad \varphi_3=30°$$

u_1 与 u_2 的相位差为

$$\varphi_1-\varphi_2=60°-(-30°)=90°$$

u_1 超前 u_2 90°。

u_1 与 u_3 的相位差为

$$\varphi_1-\varphi_3=60°-30°=30°$$

u_1 超前 u_3 30°。

u_2 与 u_3 的相位差为

$$\varphi_2-\varphi_3=-30°-30°=-60°$$

u_2 滞后 u_3 60°。

3.2　正弦交流电的表示法

正弦量有多种表示方法，前面介绍了三角函数表示法，如式（3-1-1）、式（3-1-2）和波形图表示法（如图 3-1-2）。

三角函数表示法和波形图表示法能完整和准确地表示正弦量的特征，而且波形图表示法能直观地表示正弦量的变化过程，特别是便于比较几个正弦量之间的相位关系。在分析正弦交流电路时，如果用三角函数式进行计算，虽然运算结果准确，但计算过程非常繁琐；用正弦波形合成的方法，既繁琐也不准确。为了方便地分析计算正弦交流电路，引入正弦量的另一种表示法——相量表示法。

正弦量的相量表示法的基础是复数，即用复数来表示正弦量，它简化了正弦量之间的运算问题，是分析正弦交流电路的有利工具。

正弦量由幅值、角频率、初相位三要素来确定。而平面坐标内的一个旋转矢量可以表

示出正弦量的三要素，因此旋转矢量可以表示正弦量。

设一旋转矢量 A 的长度等于正弦量的幅值 U_m，其初始位置（$t=0$ 时的位置）与横轴正方向之间的夹角等于正弦量的初相位 φ，并以正弦量的角频率 ω 的角速度作逆时针旋转，则这样一个旋转矢量任一时刻在纵轴上的投影就是相应正弦量的该时刻的瞬时值。例如图 3-2-1 中用旋转矢量表示正弦量 $u=U_m\sin(\omega t+\varphi)$ 时，在 $t=0$ 时，$u(0)=U_m\sin\varphi$；在 $t=t_1$ 时，$u(t_1)=U_m\sin(\omega t_1+\varphi)$。可见，任何一个正弦量都可以用一个相应的旋转矢量来表示。

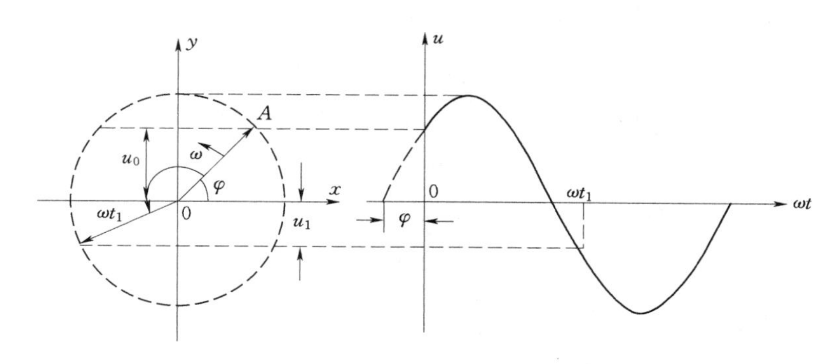

图 3-2-1　用正波形和旋转有向线段来表正弦量

在数学上，矢量可以用复数来表示，因而矢量表示的正弦量也可用复数来表示。这时直角坐标要改为**复数坐标**，横轴为实轴，单位为+1，纵轴为虚轴，单位为+j。实轴与虚轴所构成的平面称为复平面。

复平面内有一矢量 A，其实部为 a，虚部为 b。如图 3-2-2 所示。于是有向线段 A 可用下面复数式表示。

$$A=a+\mathrm{j}b \tag{3-2-1}$$

由图可见

$$r=|A|=\sqrt{a^2+b^2} \tag{3-2-2}$$

$$\varphi=\mathrm{tg}^{-1}\frac{b}{a} \tag{3-2-3}$$

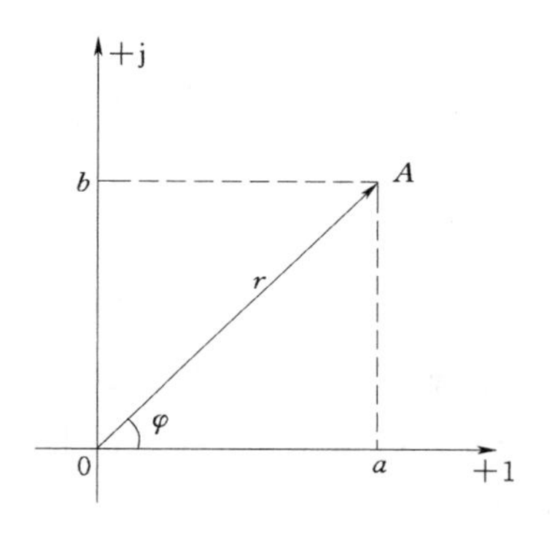

图 3-2-2　有向线段的复数表示

r 表示复数的大小，称为复数的**模**，φ 表示复数与实轴正方向间的夹角，称为复数的**幅角**。由于 $a=r\cos\varphi$，$b=r\sin\varphi$，所以，可以写出复数形式的三角函数式

$$A=r\cos\varphi+\mathrm{j}r\sin\varphi \tag{3-2-4}$$

根据欧拉公式

$$\mathrm{e}^{\mathrm{j}\varphi}=\cos\varphi+\mathrm{j}\sin\varphi$$

可得到复数形式的指数式

$$A=r\mathrm{e}^{\mathrm{j}\varphi} \tag{3-2-5}$$

和极坐标式

$$A=r\underline{/\varphi} \tag{3-2-6}$$

这几种复数形式是可以相互转换的，复数的加减运算可用三角函数式，乘除运算可用指数式或极坐标式。

复数具有模和幅角两个要素，它可以与正弦量的幅值（有效值）和初相位相对应，而确定一个正弦量需要幅值、角频率、初相位三个要素，由于在线性电路中，如果电路的激励都是频率相同的正弦量，则电路中各部分的响应也都是与激励同频率的正弦量，所以这里将频率作为已知量来看待，只需确定它们的幅值（有效值）和初相位两个量。

为了把表示正弦量的复数与其他复数区别开来，把表示正弦量的复数称为**相量**，并在大写字母上打“•”。这样，表示正弦电压 $u=U_m\sin(\omega t+\varphi)$ 的相量为

$$\dot{U}_m = U_m(\cos\varphi + j\sin\varphi) = U_m e^{j\varphi} = U_m \angle \varphi \qquad (3-2-7)$$

这里 U_m 为电压的幅值相量，实际应用中，交流电的大小多用有效值来表示，则正弦量可用**有效值相量**表示为

$$\dot{U} = U(\cos\varphi + j\sin\varphi) = Ue^{j\varphi} = U \angle \varphi \qquad (3-2-8)$$

注意：相量只是表示正弦量，而不等于正弦量。

按照各个正弦量的大小和相位关系用初始位置的矢量在复平面上画出的图形称为相量图，如图 3-2-3。习惯上，在画相量图时，不再画出复平面而将相量图简化成图 3-2-4 所示。

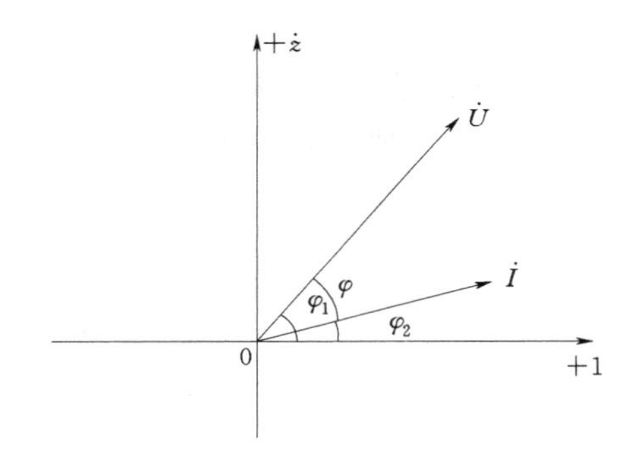

图 3-2-3　相量图

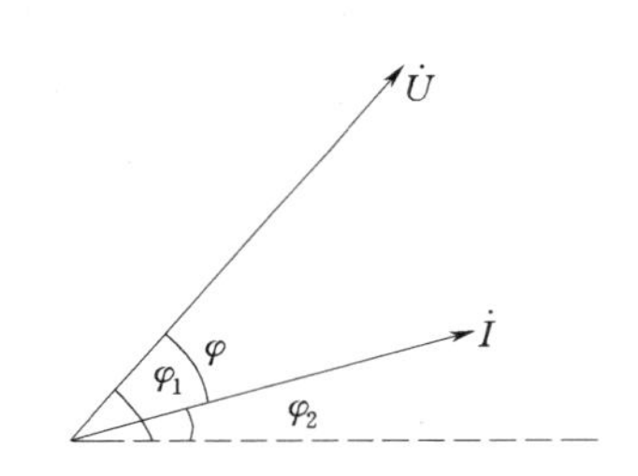

图 3-2-4　相量图习惯表示法

注意：只有正弦周期量才能用相量表示，相量不能表示非正弦周期量。只有同频率的正弦量才能画在同一相量图上，不同频率的正弦量不能画在一个相量图上，否则就无法比较和计算。

在相量表达式中，常会遇到相量乘 j 或−j，例如 $j\dot{I}$，$-j\dot{I}$。

由于

$$e^{\pm j90^\circ} = \cos 90^\circ \pm j\sin 90^\circ = \pm j$$

即

$$j\dot{I} = e^{90^\circ} Ie^{j\varphi} = Ie^{j(\varphi+90^\circ)}, \quad -j\dot{I} = e^{-90^\circ} Ie^{j\varphi} = Ie^{j(\varphi-90^\circ)}$$

所以任何相量乘上+j 后，相当于把相量逆时针旋转 90°；相量乘上−j 后，相当于把相量顺时针旋转 90°（如图 3-2-5 所示）。所以 j 称为旋转 90°的算子。

同理，$e^{j\omega t}$就是一个**旋转因子**，任一相量乘上它，就表示该相量以角速度 ω 沿逆时针方向在复平面中旋转。

$$\dot{I}_m e^{j\omega t} = I_m e^{j\varphi} e^{j\omega t} = I_m e^{j(\omega t+\varphi)} = I_m \cos(\omega t + \varphi) + jI_m \sin(\omega t + \varphi) \quad (3-2-9)$$

从这一表达式中也可看出，相量不等于正弦量，正弦量只是相量表达式中的虚部。因此，相量只是正弦量的一种表示方法，并且只有正弦量可用相量表示。

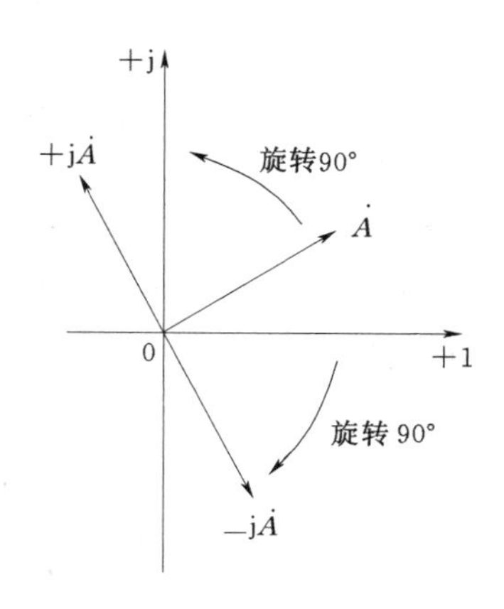

图 3－2－5　相量乘±j

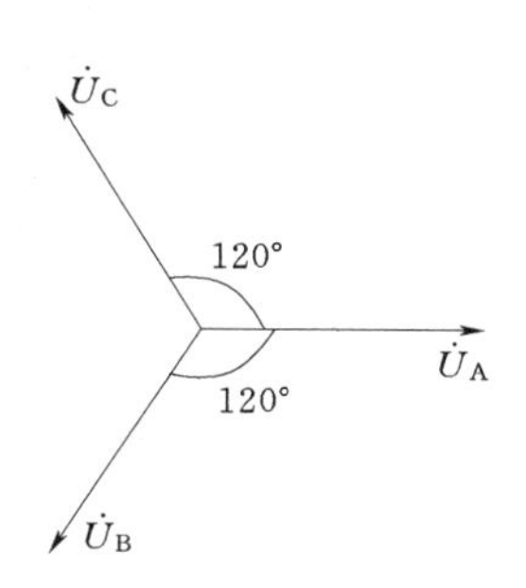

图 3－2－6　例 3－2－1 的图

【例 3－2－1】　试写出表示 $u_A = 220\sqrt{2}\sin 314t$V，$u_B = 220\sqrt{2}\sin(314t - 120°)$ V 和 $u_C = 220\sqrt{2}\sin(314t + 120°)$ V 的相量，并画出相量图。

［解］　分别用有效值相量 $\dot{U}_A$、$\dot{U}_B$、$\dot{U}_C$，表示正弦电压 u_A、u_B 和 u_C，则

$$\dot{U}_A = 220\angle 0° = 220(\text{V})$$

$$\dot{U}_B = 220\angle -120° = 220\left(-\frac{1}{2} - j\frac{\sqrt{3}}{2}\right)(\text{V})$$

$$\dot{U}_C = 220\angle 120° = 220\left(-\frac{1}{2} + j\frac{\sqrt{3}}{2}\right)(\text{V})$$

相量图如图 3－2－6 所示。

3.3　电感元件与电容元件

3.3.1　电感元件

电感元件简称为**电感**，是表征电路中磁场能存储这一物理性质的理想元件，电感元件的符号如图 3－3－1 所示。

电流产生磁场，与线圈交链的磁通称为**磁链**。对于电感元件，在任一时刻它的磁链 ψ 与它的电流 I 之间的关系称为**韦安特性**。如果一个电感元件的韦安特性曲线在 $I-\psi$ 平面上是一条通过原点的直线，则称该电感元件为**线性电感元件**，如空心线圈的电感就是线性

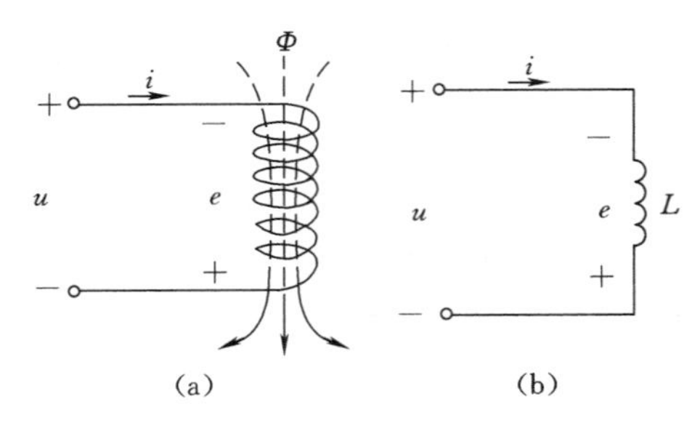

图 3-3-1 电感元件
(a) 电感器；(b) 理想电感元件

电感。如果一个电感元件的韦安特性曲线不是 $I-\psi$ 平面上一条通过原点的直线，则称该电感元件为**非线性电感元件**。例如铁心线圈的电感就是非线性电感。

线性电感元件韦安特性的数学表达式为

$$\psi = Li \tag{3-3-1}$$

式中 L 为元件的电感，单位为 H（亨利）。辅助单位有毫亨（mH），微亨（μH）。$1\text{mH}=10^{-3}\text{H}$，$1\mu\text{H}=10^{-6}\text{H}$。

当通过电感元件的电流发生变化时，磁链也相应发生变化，此时电感线圈内将产生**感应电动势** e，e 的大小等于磁链的变化率。通常规定感应电动势 e 的参考方向与磁链的参考方向符合右手螺旋定则，在此规定下，便可得到自感电动势的表达式

$$e=-\frac{\mathrm{d}\psi}{\mathrm{d}t}=-L\frac{\mathrm{d}i}{\mathrm{d}t} \tag{3-3-2}$$

根据 KVL

$$u+e=0$$

因此电感线圈两端的电压为

$$u=-e=L\frac{\mathrm{d}i}{\mathrm{d}t} \tag{3-3-3}$$

式（3-3-3）表明，在任一时刻电感元件的电压取决于该时刻电流的变化率。对于恒定电流，电感元件的端电压为零，所以电感元件对直流电路而言相当于短路。

线圈的电感与线圈的尺寸、匝数以及附近的介质的导磁性能等有关。例如，有一密绕的长线圈，其横截面积为 S（m^2），长度为 l（m），匝数为 N，介质的磁导率为 μ（H/m），则其电感 L（H）为

$$L=\frac{\mu SN^2}{l} \tag{3-3-4}$$

当电感元件上初始电流为零时，由式（3-3-3）可知

$$i=\frac{1}{L}\int_0^t u\mathrm{d}t \tag{3-3-5}$$

电感元件是一个储能元件。当流过电感元件的电流为 i 时，它所储存的磁场能（量）为

$$W=\frac{1}{2}Li^2 \tag{3-3-6}$$

【例 3-3-1】 有一电感元件，$L=0.2\text{H}$，通过的电流 i 的波形如图 3-3-2 上方所示，求电感元件中产生的自感电动势 e_L 和两端电压 u 的波形。

［解］ 当 $0\leqslant t\leqslant 4\text{ms}$ 时，$i=t\text{mA}$。所以

$$e_\text{L}=-L\frac{\mathrm{d}i}{\mathrm{d}t}=-0.2\text{V}$$

$$u=-e_\text{L}=0.2\text{V}$$

当 4ms≤t≤6ms 时，$i=$（$-2t+12$）mA，所以

$$e_L=-L\frac{di}{dt}=[-0.2\times(-2)]=0.4(V)$$

$$u=-e_L=-0.4(V)$$

e_L 和 u 的波形如图 3-3-2 所示。由图可见：

（1）电流正值增大时，e_L 为负，电流正值减小时，e_L 为正。

（2）电流的变化率$\left(\frac{di}{dt}\right)$小，则 e_L 也小，电流的变化率大，则 e_L 也大。

（3）电感元件两端电压 u 和其中电流 i 的波形是不一样的。

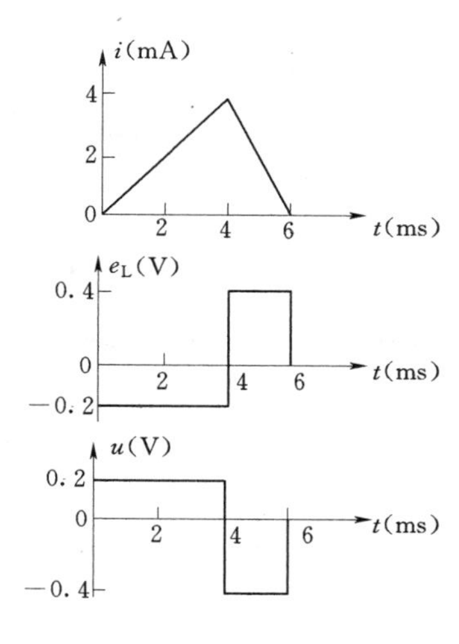

图 3-3-2　例 3-3-1 的图

3.3.2　电容元件

电容元件简称为**电容**，是用来表征电路中电场能存储这一物理性质的理想元件。在两片金属极板中间隔以电介质就构成了一个简单电容器。如果忽略了中间介质的漏电现象，可看作一理想电容元件。电容元件的符号如图 3-3-3 所示。

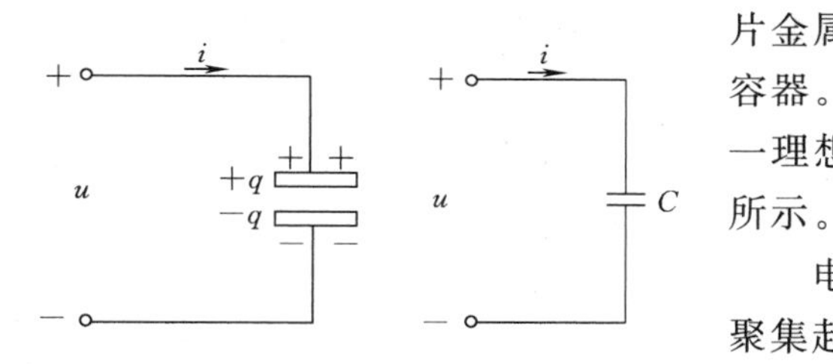

图 3-3-3　电容元件

（a）电容器；（b）理想电容元件

电容元件与电源接通后，它的两个极板上各聚集起等量的异性电荷 q，在极板间的电介质中建立电场，两极间产生电压 u。在任一时刻电容元件所储存的电荷与其端电压之间的关系称为**库伏特性**。对于线性电容元件，其库伏特性曲线在 u—q 平面上为一条通过原点的直线。线性电容元件库伏特性的数学表达式为

$$q=Cu \tag{3-3-7}$$

式（3-3-7）中 C 为元件的电容，是一个与电荷、电压无关的常数，单位为 F（法拉）。由于法拉的单位太大，实用中常采用 μF（微法）或 pF（皮法），$1F=10^6\mu F=10^{12}pF$。

电容元件的特性，是由库伏特性描述的。但在电路分析中，更感兴趣的是电容元件的伏安特性关系。当电容元件两端的电压发生变化时，所储存的电荷也相应地变化，这时将有电荷在电路中流动而形成电流。

在电容的电压和电流为关联参考方向时，由电流的定义

$$i=\frac{dq}{dt}=C\frac{du}{dt} \tag{3-3-8}$$

式（3-3-8）表明，在任一时刻流过线性电容元件的电流与其端电压对时间的变化率成正比。对于恒定电压，电容的电流为零。所以电容元件对直流电路而言相当于开路。

当电容元件上的初始电压为零时，则有

$$u=\frac{1}{C}\int_0^t i\,dt \tag{3-3-9}$$

电容元件是一个储能元件，当电容的两端电压为 u 时，它所储存的电场能（量）为

$$W = \frac{1}{2}Cu^2 \tag{3-3-10}$$

电容串联时［见图 3-3-4（a）］，其等效电容为

$$\frac{1}{C} = \frac{1}{C_1} + \frac{1}{C_2} \quad 或 \quad C = \frac{C_1 C_2}{C_1 + C_2} \tag{3-3-11}$$

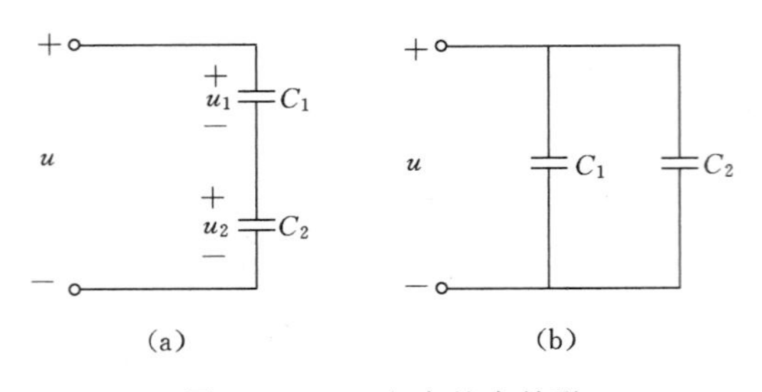

图 3-3-4　电容的串并联

（a）电容串联；（b）电容并联

各电容上电压分配关系为

$$\left.\begin{aligned} u_1 &= \frac{C_2}{C_1 + C_2}u \\ u_2 &= \frac{C_1}{C_1 + C_2}u \end{aligned}\right\} \tag{3-3-12}$$

电容并联时［见图 3-3-4（b）］，其等效电容为

$$C = C_1 + C_2 \tag{3-3-13}$$

3.4　纯电阻、纯电感、纯电容单相正弦交流电路

电阻元件、电感元件与电容元件都是组成电路模型的理想元件。前两章所讨论的是电阻电路，只引入了电阻元件。今后所讨论的各种电路中，除电阻元件外，还有电感元件和电容元件。

在直流电路和交流电路中所发生的现象有着显著的不同。在直流电路中，当所加电压和电路参数不变时，电路中的电流、功率以及电场和磁场中所储存的能量也都不变化，直流电路稳定状态下，电感元件可视作短路，电容元件可视作开路。但是在交流电路中则不然，由于所加电压是随时间而交变的，因此电路中的电流、功率以及电场和磁场中所储存的能量也都是随时间而变化的。所以在交流电路中，电感元件中的感应电动势和电容元件中的电流均不等于零。

3.4.1　纯电阻交流电路

一、电压和电流的关系

图 3-4-1（a）是一个线性电阻元件的交流电路，电压与电流的参考方向如图。为分析方便，设电流为参考正弦量。即设

$$i = I_m \sin\omega t$$

则有

$$u = Ri = RI_m \sin\omega t = U_m \sin\omega t$$

比较上面两式可见，电阻上的电流 i 与它两端的电压 u 有如下关系：①电流是正弦量时，电压也是正弦量；②电压与电流频率相同；③电压与电流相位相同，如图 3-4-1（b）所示；④电压和电流间的大小关系为

$$U_m = RI_m ; U = RI \quad 或 \quad \frac{U_m}{I_m} = \frac{U}{I} = R \tag{3-4-1}$$

若用相量表示，则有

$$\dot{U} = Ue^{j0^\circ}; \dot{I} = Ie^{j0^\circ}$$

$$\dot{U} = R\dot{I}; \dot{U}_m = R\dot{I}_m \tag{3-4-2}$$

上两式就是电阻元件伏安关系的相量形式，其相量图如图 3-4-1（c）所示。

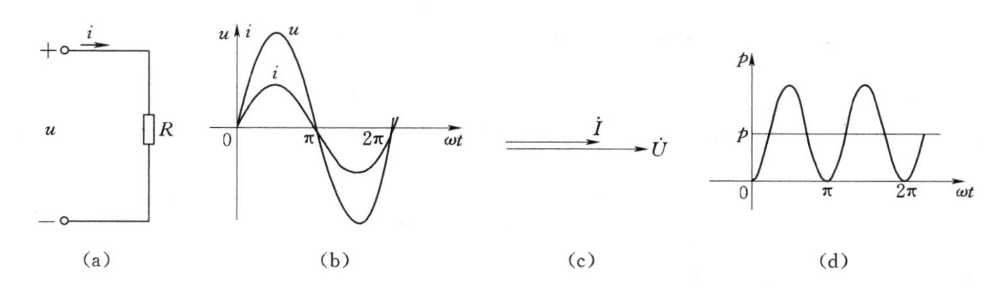

图 3-4-1　纯电阻电路

（a）电路图；（b）电压和电流的波形；（c）相量图；（d）功率的波形

二、功率

在任一瞬间，电压瞬时值与电流瞬时值的乘积称为**瞬时功率**，用小写字母 p 表示。电阻所消耗（吸收）的瞬时功率

$$\begin{aligned} p &= ui = U_m \sin\omega t I_m \sin\omega t \\ &= UI(1-\cos 2\omega t) \end{aligned} \tag{3-4-3}$$

由此可见，电阻元件的瞬时功率由两部分组成，第一部分是常数 UI，第二部分是幅值为 UI，并以 2ω 的角频率随时间变化的交变量 $UI\cos 2\omega t$。瞬时功率 p 的波形如图 3-4-1（d）所示。

除了过零点外，其余时间的瞬时功率 p 均为正值，即 $p \geqslant 0$，这说明电阻元件从电源取用电能，所以电阻元件是耗能元件。

工程上常用瞬时功率在一个周期内的平均值表示电路所消耗的功率，称为**平均功率**，用大写字母 P 表示。即

$$\begin{aligned} P &= \frac{1}{T}\int_0^T p\mathrm{d}t = \frac{1}{T}\int_0^T UI(1-\cos 2\omega t)\mathrm{d}t \\ &= UI = RI^2 = \frac{U^2}{R} \end{aligned} \tag{3-4-4}$$

通常电气设备所标的功率都是平均功率。由于平均功率反映了电路实际消耗的功率，所以又称为**有功功率**。

【例 3-4-1】　交流电压 $u=311\sin\omega t$V，作用在 10Ω 电阻两端，u、i 为关联参考方向，试写出电流的瞬时值表达式，其平均功率为多少？

［**解**］　电压有效值　$U = \dfrac{U_m}{\sqrt{2}} = \dfrac{311}{\sqrt{2}} = 220(\text{V})$

电流有效值　$I = \dfrac{U}{R} = \dfrac{220}{10} = 22(\text{A})$

纯电阻电路中，电压与电流同相位。

$$i = 22\sqrt{2}\sin\omega t \text{(A)}$$

其平均功率为 $P=UI=220\times 22=4840$ （W）

3.4.2 纯电感交流电路

一、电压与电流的关系

图 3-4-2（a）所示为一电感元件的交流电路。设电流为参考正弦量，即

$$i = I_m \sin\omega t$$

则有

$$u = L\frac{d(I_m \sin\omega t)}{dt} = \omega L I_m \cos\omega t$$

$$=\omega L I_m \sin(\omega t + 90°) = U_m \sin(\omega t + 90°) \quad (3-4-5)$$

可见：(1) 电压和电流是同频率的正弦量，其波形如图 3-4-2（b）所示；(2) 电压超前电流 90°；(3) 大小关系

$$U_m = \omega L I_m = X_L I_m \quad 或 \quad \frac{U_m}{I_m} = \frac{U}{I} = \omega L = X_L \quad (3-4-6)$$

ωL 称为**感抗**，单位为 Ω（欧姆），用 X_L表示。即

$$X_L = \omega L = 2\pi f L \quad (3-4-7)$$

感抗 X_L 与电感 L、频率 f 成正比，频率愈高，感抗愈大。在极端情况下，若 $f\to\infty$，则 $X_L\to\infty$，电感可视为开路；而对于直流电，由于 $f=0$，故 $X_L=0$，电感可视为短路。

注意，感抗是电感上电压与电流的幅值或有效值之比，而不是瞬时值之比，这与电阻电路不同。若用相量表示电感电压与电流的关系，则有

$$\dot{U} = j\omega L\dot{I} = jX_L\dot{I} \quad (3-4-8a)$$

$$\dot{U}_m = j\omega L\dot{I}_m \quad (3-4-8b)$$

电压和电流的相量图如图 3-4-2（c）所示。

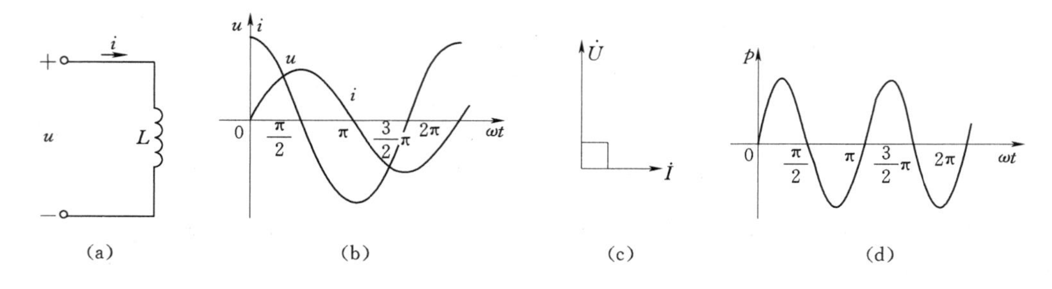

图 3-4-2 纯电感电路

(a) 电路图；(b) 电压和电流的波形；(c) 相量图；(d) 功率的波形

二、功率

电感电路吸收的瞬时功率为

$$p = ui = U_m \sin(\omega t + 90°) I_m \sin\omega t$$

$$=U_m I_m \sin\omega t \cos\omega t$$

$$=\frac{1}{2}U_m I_m \sin 2\omega t$$

$$=UI\sin 2\omega t \tag{3-4-9}$$

由此可见，瞬时功率是一个以 2ω 的角频率随时间变化的交变量。其波形图如图 3－4－2（d）所示。由图 3－4－2（b）、（d）可看出，在第一个和第三个 1/4 周期内，p 为正值（u 和 i 负相同），电感元件从电源取用电能并转换为磁场能量储存于其磁场中；第二个和第四个 1/4 周期内，p 为负值（u 和 i 一正一负），电感元件将储存的磁场能量转换为电能送还电源。由于是纯电感电路，因而没有能量消耗，这一点也可由平均功率得以验证。

$$P=\frac{1}{T}\int_0^T p\mathrm{d}t=\frac{1}{T}\int_0^T UI\sin 2\omega t\,\mathrm{d}t=0 \tag{3-4-10}$$

所以，电感在电路中不消耗功率，它只与电源间有能量的互换。这种能量互换的规模，用无功功率 Q 来衡量，它规定为瞬时功率的幅值即

$$Q=UI=I^2X_L=\frac{U^2}{X_L} \tag{3-4-11}$$

无功功率的量纲与有功功率相同，但意义不同，有功功率是实际消耗的功率。无功功率是电感与电源之间交换的功率。为了区别起见，其单位不用 W（瓦），而用 var（无功伏安）。简称乏。

【例 3－4－2】 一个0.35H 的电感接于电源电压为 $u=310\sin(314t+30°)$ V 的电路中，求：X_L、Q、i 和 $\dot{I}$。

［解］

$$X_L=2\pi fL=314\times 0.35=110(\Omega)$$

$$U=\frac{U_m}{\sqrt{2}}=\frac{310}{\sqrt{2}}=220(\mathrm{V})$$

$$\dot{I}=\frac{\dot{U}}{\mathrm{j}X_L}=\frac{220\angle 30°}{110\angle 90°}=2\angle -60°$$

$$i=2\sqrt{2}\sin(314t-60°)\mathrm{A}$$

$$Q=I^2X_L=2^2\times 110=440(\mathrm{var})$$

3.4.3 纯电容交流电路

一、电压和电流关系

图 3－4－3（a）所示为一电容元件的交流电路。在图示的关联参考方向下，即

$$i=C\frac{\mathrm{d}u}{\mathrm{d}t} \tag{3-4-12}$$

设电压为参考正弦量，即

$$u=U_m\sin\omega t$$

则有

$$i=C\frac{\mathrm{d}(U_m\sin\omega t)}{\mathrm{d}t}=\omega CU_m\cos\omega t$$

$$=\omega CU_m\sin(\omega t+90°)=I_m\sin(\omega t+90°) \tag{3-4-13}$$

可见：

（1）电压是正弦量时，电流也是正弦量；

（2）电流和电压同频率；

（3）相位上电流超前电压 90°，其波形如图 3-4-3（b）所示；

（4）电压与电流的数值关系

$$I_m = \omega C U_m \quad 或 \quad \frac{U_m}{I_m} = \frac{U}{I} = \frac{1}{\omega C} = X_C \tag{3-4-14}$$

X_C 称之为容抗，单位为 Ω（欧姆），即

$$X_C = \frac{1}{\omega C} = \frac{1}{2\pi f C} \tag{3-4-15}$$

容抗 X_C 与电容 C、频率 f 成反比，频率愈高，容抗愈小，若 $f \to \infty$，则 $X_C = 0$，电容可视为短路。反之，$f \to 0$，$X_C \to \infty$，所以对于直流电，电容可视为开路。

同样要注意的是，容抗只是电容电压与电流的幅值或有效值之比，而不是瞬时值之比。

若用相量表示电容的电压与电流的关系，则有

$$\dot{U} = -\mathrm{j} X_C \dot{I} = -\mathrm{j}\frac{\dot{I}}{\omega C} = \frac{\dot{I}}{\mathrm{j}\omega C}$$

同理，$\dot{U}_m = -\mathrm{j} X_C \dot{I}_m$。

电压和电流的相量图如图 3-4-3（c）所示。

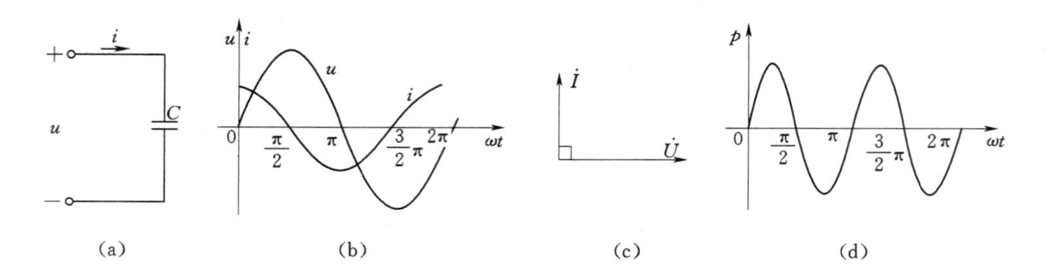

图 3-4-3　纯电感电路

（a）电路图；（b）电压和电流的波形；（c）相量图；（d）功率的波形

二、功率

电容电路吸收的瞬时功率为

$$\begin{aligned} p &= ui = U_m \sin\omega t \, I_m \sin(\omega t + 90°) \\ &= U_m I_m \sin\omega t \cos\omega t \\ &= \frac{1}{2} U_m I_m \sin 2\omega t \\ &= UI \sin 2\omega t \end{aligned} \tag{3-4-16}$$

可见，瞬时功率也是以 2ω 为角频率随时间而变化的交变量。其波形如图 3-4-3（d）所示。由图 3-4-3（b）、（d）可看出，在第一个和第三个 1/4 周期内，p 为正值（u

和 i 的正负相同)，电容元件从电源取用电能并转换为电场能量储存于其电场中；在第二个和第四个 1/4 周期内，p 为负值（u 和 i 一正一负)，电容元件将储存的电场能量转换为电能送还电源。

平均功率

$$P=\frac{1}{T}\int_0^T p\mathrm{d}t=\frac{1}{T}\int_0^T UI\sin 2\omega t\,\mathrm{d}t=0 \tag{3-4-17}$$

可见，电容元件与电感元件一样也是不消耗功率。只与电源间有能量的互换。

电容元件电路的无功功率为

$$Q=-UI=-X_C I^2=-\frac{U^2}{X_C} \tag{3-4-18}$$

由此可见，在同一电路中，电容性电路无功功率取负值，电感性电路无功功率取正值。

【例 3-4-3】 有一纯电容元件 $C=20\mu F$ 接在 $f=50Hz$，$U=220V$ 的交流电源上，试求：容抗 X_C、电流 I 和无功功率 Q。

$$X_C=\frac{1}{2\pi fC}=\frac{1}{2\times 3.14\times 50\times 20\times 10^{-6}}=159(\Omega)$$

$$I=\frac{U}{X_C}=\frac{220}{159}=1.38(A)$$

$$Q=-UI=-220\times 1.38=-304(var)$$

为了便于比较，表 3-4-1 中列出三种基本电路的电压、电流和功率的关系。

表 3-4-1　纯电阻、纯电感、纯电容电路的电压、电流和功率关系

类　别	纯电阻电路	纯电感电路	纯电容电路
阻　抗	R	$X_L=\omega L$	$X_C=\frac{1}{\omega C}$
伏安特性	$u=Ri$	$u=L\frac{di}{dt}$	$i=C\frac{du}{dt}$
有效值	$U=RI$	$U=X_L I$	$U=X_C I$
相量式	$\dot{U}=R\dot{I}$	$\dot{U}=jX_L\dot{I}$	$\dot{U}=-jX_C\dot{I}$
相位关系	电压与电流同相	电压超前于电流 90°	电压滞后于电流 90°
有功功率	$P=UI$	$P=0$	$P=0$
无功功率	$Q=0$	$Q=UI$	$Q=-UI$

3.5　RLC 串联交流电路

3.5.1　电压、电流关系

电阻、电感与电容元件串联的交流电路如图 3-5-1 (a) 所示。电路的各元件通过同一电流。电流与各个电压的参考方向如图中所示。

根据基尔霍夫电压定律可列出

$$u = u_R + u_L + u_C = Ri + L\frac{di}{dt} + \frac{1}{C}\int i dt \tag{3-5-1}$$

选取电流为参考正弦量

$$i = I_m \sin\omega t$$

则

$$u_R = U_{Rm}\sin\omega t$$

$$u_L = U_{Lm}\sin(\omega t + 90^\circ)$$

$$u_C = U_{Cm}\sin(\omega t - 90^\circ)$$

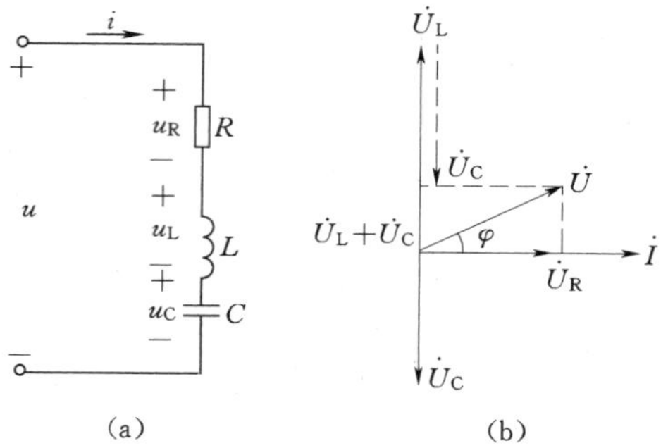

(a)　　(b)

图 3-5-1　RLC 串联电路

同频率的正弦量相加，仍是同频率的正弦量，所以，电源电压为

$$u = u_R + u_L + u_C = U_m \sin(\omega t + \varphi) \tag{3-5-2}$$

$$\begin{aligned}\dot{U} &= \dot{U}_R + \dot{U}_L + \dot{U}_C \\ &= R\dot{I} + jX_L\dot{I} - jX_C\dot{I} \\ &= [R + j(X_L - X_C)]\dot{I} \\ &= (R + jX)\dot{I} \\ &= Z\dot{I}\end{aligned} \tag{3-5-3}$$

对应

$$\begin{aligned}U &= \sqrt{U_R^2 + (U_L - U_C)^2} \\ &= \sqrt{(RI)^2 + (X_L I - X_C I)^2} \\ &= I\sqrt{R^2 + (X_L - X_C)^2}\end{aligned}$$

也可写为

$$\frac{U}{I} = \sqrt{R^2 + (X_L - X_C)^2} \tag{3-5-4}$$

其中

$$Z = R + jX = R + j(X_L - X_C)$$

式（3-5-3）和式（3-5-4）形式上与直流电路的欧姆定律相似，因而可看作欧姆定律在交流电路中的相量表达式。其中 Z 称为**阻抗**（复数阻抗），其实部 R 为电阻，虚部 X 为电抗。阻抗的单位为 Ω（欧姆），它是一个复数，但不表示正弦量，用不加点的大写字母 Z 来表示，阻抗的模 $|Z|$ 称为**阻抗模**。幅角 φ 称为**阻抗角**。它们分别为

$$|Z| = \sqrt{R^2 + X^2} = \sqrt{R^2 + (X_L - X_C)^2} = \sqrt{R^2 + \left(\omega L - \frac{1}{\omega C}\right)^2} \tag{3-5-5}$$

$$\varphi = \text{tg}^{-1}\frac{X}{R} = \text{tg}^{-1}\frac{X_L - X_C}{R} \tag{3-5-6}$$

可见：(1) $|Z|$ 与 R、X 之间有直角三角形的关系。如图 3-5-2 所示，称为**阻抗三角形**。

(2) 阻抗模反映了电压与电流的大小关系，为电压与电流的有效值之比。

(3) 阻抗角反映了电压与电流之间的相位关系，为电压与电流之间的相位差。φ 角的大小由电路参数所决定。

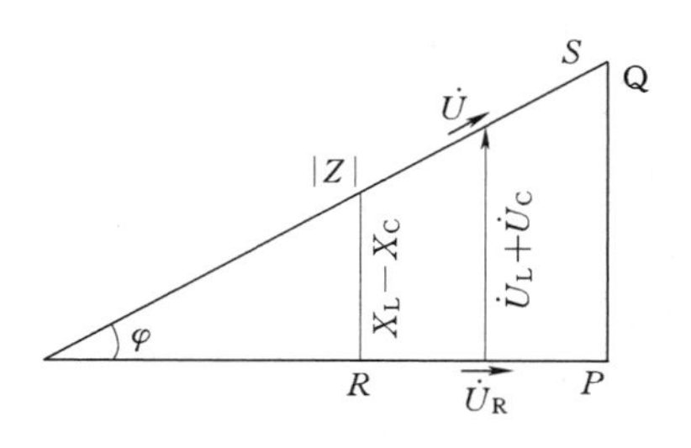

图 3-5-2 阻抗、电压、功率三角形

(4) 当 $X_L>X_C$ 时，$X>0$，$\varphi>0$，电压超前于电流 φ 角，电路呈电感性；当 $X_L<X_C$ 时，$X<0$，$\varphi<0$，电压滞后于电流 φ 角，电路呈电容性；当 $X_L=X_C$ 时，$X=0$，$\varphi=0$，电压与电流同相位，电路呈纯电阻性状态，这一特别现象称为串联谐振。关于串联谐振的问题将在本章第八节介绍。

R、L、C 串联电路的电压与电流的关系除了用上述相量式计算外，还可用相量图来计算。

对串联电路而言，由于电流流过整个电路与各元件发生联系，是公共正弦量，所以选取电流相量为参考相量。根据各相量与参考相量的关系画出相量图，相量 $\dot{U}_R$、$\dot{U}_C$、$\dot{U}_L$ 相加即可得出电源电压 u 的相量 $\dot{U}$，如图 3-5-1 (b)。由电压相量 $\dot{U}$、$\dot{U}_R$ 和 $(\dot{U}_L+\dot{U}_C)$ 所组成的直角三角形，叫做**电压三角形**。由该三角形可以方便地找出电压电流的相位关系和有效值的大小关系。

3.5.2 RLC 串联电路的功率

对 R、L、C 串联交流电路而言，$i=I_m\sin\omega t$，$u=U_m\sin(\omega t+\varphi)$。电路的瞬时功率为

$$p=ui=U_mI_m\sin(\omega t+\varphi)\sin\omega t=UI\cos\varphi-UI\cos(2\omega t+\varphi) \quad (3-5-7)$$

电路的平均功率（即有功功率）为

$$P=\frac{1}{T}\int_0^T p\mathrm{d}t=\frac{1}{T}\int_0^T[UI\cos\varphi-UI\cos(2\omega t+\varphi)]\mathrm{d}t$$

$$=UI\cos\varphi \quad (3-5-8)$$

可见，RLC 串联电路实际上只有电阻元件消耗功率，电路有功功率是

$$P=P_R=U_RI$$

由电压三角形得出

$$U_R=U\cos\varphi$$

即有

$$P=UI\cos\varphi$$

由此可见，R、L、C 串联交流电路的有功功率与电阻元件电路的有功功率不同，它不仅与电压、电流有效值的乘积有关，而且与电压电流相位差的余弦有关。$\cos\varphi$ 叫做交流电路的**功率因数**。

电感、电容元件不耗能，却储存或放出能量，与电源之间进行能量的互换。

电压 $\dot{U}_C$ 和 $\dot{U}_L$ 相位相反表明，电感元件吸收能量时，电容元件恰好放出能量；电感元件放出能量时，电容元件恰好吸收能量。所以电感元件的无功功率 Q_L 与电容元件的无

功功率 Q_C 的符号相反。因此 R、L、C 串联电路的无功功率为

$$Q = Q_L - Q_C = U_L I - U_C I = (U_L - U_C) I$$

由电压三角形得到

$$U_L - U_C = U\sin\varphi$$

所以

$$Q = UI\sin\varphi \tag{3-5-9}$$

正弦交流电路中电压与电流有效值的乘积，一般情况下不等于有功功率 P 和无功功率 Q，把它们的乘积叫做**视在功率**，用 S 表示。视在功率的单位用 V·A（伏安）或 (kV·A)表示。

交流电气设备是按照规定的额定电压 U_N 和额定电流 I_N 来设计和使用的，两者的乘积叫额定视在功率。通常也称之为**额定容量**。

$$S_N = U_N I_N$$

有功功率 P、无功功率 Q 和视在功率 S 之间的关系也可用功率三角形来表示。如图 3-5-2所示。

$$S = \sqrt{P^2 + Q^2}$$

$$P = UI\cos\varphi = S\cos\varphi$$

$$Q = UI\sin\varphi = S\sin\varphi$$

可见

$$\varphi = \mathrm{tg}^{-1}\frac{Q}{P} = \mathrm{tg}^{-1}\frac{(U_L - U_C)I}{U_R I} = \mathrm{tg}^{-1}\frac{U_L - U_C}{U_R} = \mathrm{tg}^{-1}\frac{X_L - X_C}{R}$$

因此，对 R、L、C 串联电路而言，其功率三角形、电压三角形、阻抗三角形是相似三角形。

【例 3-5-1】 在电阻、电感、电容元件相串联的电路中，已知 $R=30\Omega$，$L=127\text{mH}$，$C=40\mu\text{F}$，电源电压 $u=220\sqrt{2}\sin(314t+20°)$ V。

（1）求感抗、容抗和阻抗模；

（2）求电流的有效值 I 与瞬时值 i 的表示式；

（3）求各部分电压的有效值与瞬时值的表示式；

（4）作相量图；

（5）求功率 P 和 Q。

[解] （1） $X_L = \omega L = 314 \times 127 \times 10^{-3} = 40(\Omega)$

$$X_C = \frac{1}{\omega C} = \frac{1}{314 \times (40 \times 10^{-6})} = 80(\Omega)$$

$$|Z| = \sqrt{R^2 + (X_L - X_C)^2} = \sqrt{30^2 + (40-80)^2} = 50(\Omega)$$

（2）

$$I = \frac{U}{|Z|} = \frac{220}{50} = 4.4(\text{A})$$

$$\varphi = \arctan\frac{X_L - X_C}{R} = \arctan\frac{40-80}{30} = -53°(\text{电容性})$$

$$i = 4.4\sqrt{2}\sin(314t + 20° + 53°) = 4.4\sqrt{2}\sin(314t + 73°)(\text{A})$$

(3) $U_R = RI = 30 \times 4.4 = 132(\text{V})$

$$u_R = 132\sqrt{2}\sin(314t + 73°)(\text{V})$$

$$U_L = X_L I = 40 \times 4.4 = 176(\text{V})$$

$$u_L = 176\sqrt{2}\sin(314t + 73° + 90°) = 176\sqrt{2}\sin(314t + 163°)(\text{V})$$

$$U_C = X_C I = 80 \times 4.4 = 352(\text{V})$$

$$u_C = 352\sqrt{2}\sin(314t + 73° - 90°) = 352\sqrt{2}\sin(314t - 17°)(\text{V})$$

显然 $$U \neq U_R + U_L + U_C$$

(4) 相量图如图 3-5-3 所示。

(5) $P = UI\cos\varphi = 220 \times 4.4\cos(-53°) = 220 \times 4.4 \times 0.6 = 580.8(\text{W})$

$$Q = UI\sin\varphi = 220 \times 4.4\sin(-53°)$$
$$= 220 \times 4.4 \times (-0.8) = -774.4\text{var}(电容性)$$

【例 3-5-2】 R、C 串联电路中，外加交流电压的频率为 1000Hz，$U=10\text{V}$，$C=1\mu\text{F}$，$R=100\Omega$。求：电流及电容与电阻上的电压。

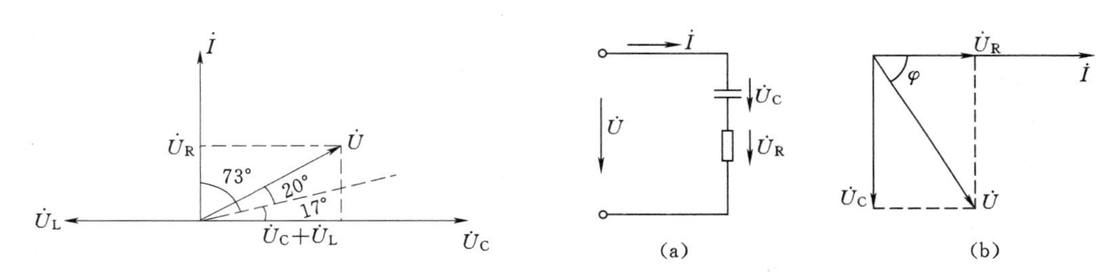

图 3-5-3 例 3-5-1 的图

图 3-5-4 例 3-5-2 的图
(a) 电路；(b) 相量图

[解] 以电流 $\dot{I}$ 为参考相量，画出相量图如图 3-5-4。

$$X_C = \frac{1}{\omega C} = \frac{1}{2 \times 3.14 \times 10^3 \times 1 \times 10^{-6}} = 159(\Omega)$$

$$U = \sqrt{U_R^2 + U_C^2} = \sqrt{(RI)^2 + (X_C I)^2} = \sqrt{R^2 + X_C^2}I$$

$$I = \frac{U}{\sqrt{R^2 + X_C^2}} = \frac{10}{\sqrt{100^2 + 159^2}} = 0.0532(\text{A})$$

$$U_R = RI = 100 \times 0.0532 = 5.32(\text{V})$$

$$U_C = X_C I = 159 \times 0.0532 = 8.47(\text{V})$$

3.5.3 复阻抗的串联

图 3-5-5 为两个复阻抗串联电路。由基尔霍夫电压定律得到

$$\dot{U} = \dot{U}_1 + \dot{U}_2 = Z_1\dot{I} + Z_2\dot{I}$$

$$(Z_1 + Z_2)\dot{I} = Z\dot{I}$$

$$Z = Z_1 + Z_2 = (R_1 + R_2) + \text{j}(X_1 + X_2)$$

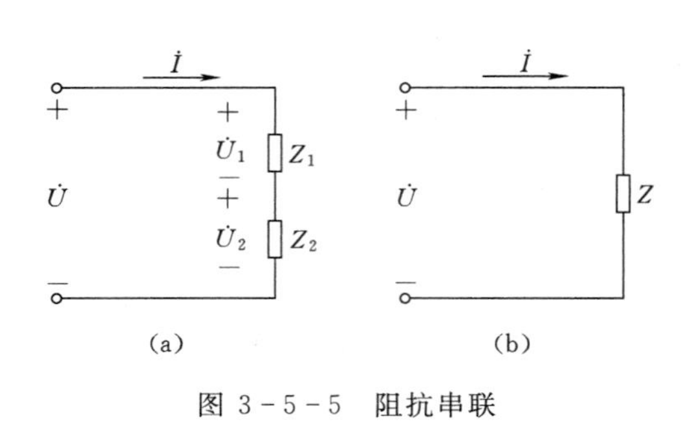

图 3-5-5　阻抗串联

由此可见，多个复阻抗串联，其总复阻抗等于各个串联复阻抗之和。

$$Z=\sum_{k=1}^{n}Z_k=\sum_{k=1}^{n}R_k+j\sum_{k=1}^{n}X_k=|Z|e^{j\varphi}$$

其中

$$|Z|=\sqrt{(\sum_{k=1}^{n}R_k)^2+(\sum_{k=1}^{n}X_k)^2}$$

$$\varphi=tg^{-1}\frac{\sum_{k=1}^{n}X_k}{\sum_{k=1}^{n}R_k}$$

但要注意：阻抗串联，只能阻抗相加，一般情况下，阻抗模不能直接相加。即

$$Z=Z_1+Z_2$$

$$|Z|\neq|Z_1|+|Z_2|$$

【例 3-5-3】　两个阻抗 $Z_1=6.16+j9\Omega$ 和 $Z_2=2.5-j4\Omega$，它们串联接在 $\dot{U}=220\angle 30^\circ$ V 的电源上（参考图 3-5-5）。试用相量计算电路中的电流 $\dot{I}$ 和各个阻抗上的电压，并作相量图。

［解］ $Z=Z_1+Z_2=\sum R_k+j\sum X_k$

$$=(6.16+2.5)+j(9-4)=8.66+j5=10\angle 30^\circ\ \Omega$$

$$\dot{I}=\frac{\dot{U}}{Z}=\frac{220\angle 30^\circ}{10\angle 30^\circ}=22\angle 0^\circ$$

$$\dot{U}_1=Z_1\dot{I}=(6.16+j9)22=10.9\angle 55.6^\circ\times 22=239.8\angle 55.6^\circ\ (V)$$

$$\dot{U}_2=Z_2\dot{I}=(2.5-j4)22=4.71\angle -58^\circ\times 22=103.6\angle -58^\circ\ (V)$$

可用 $\dot{U}=\dot{U}_1+\dot{U}_2$ 验算。电流与电压的相量图如图 3-5-6 所示。

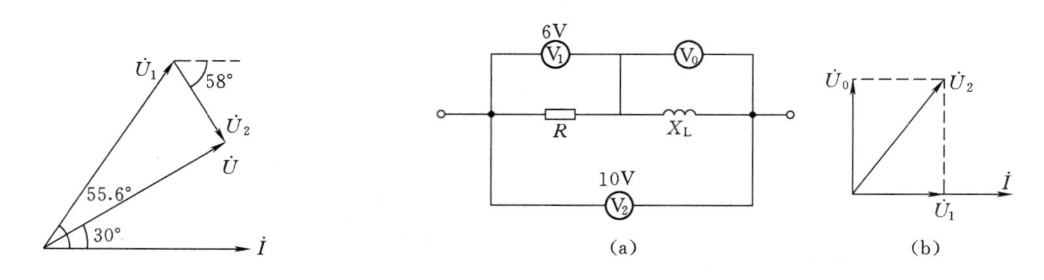

图 3-5-6　例 3-5-3 的图

图 3-5-7　例 3-5-4 的图
（a）电路；（b）相量图

【例 3-5-4】　图3-5-7（a）所示电路中，已知电压表 V_1 和 V_2 的读数（为正弦量的有效值），试求电压表 V_0 的读数。

［解］　电路中流过电阻和电感的电流为同一电流，故以该电流 $\dot{I}$ 为参考相量，作出相量图如图 3－5－7（b）所示。由电压三角形得到

$$U_0 = \sqrt{U_2^2 - U_1^2} = 8\text{V}$$

3.6　并联交流电路

在并联交流电路中，只要求出各支路的电流，根据基尔霍夫电流定律可求出它的总电流，图 3－6－1 中

$$\dot{I} = \dot{I}_1 + \dot{I}_2 = \frac{\dot{U}}{Z_1} + \frac{\dot{U}}{Z_2} = \dot{U}\left(\frac{1}{Z_1} + \frac{1}{Z_2}\right) \tag{3-6-1}$$

两个并联的阻抗也可用一个等效阻抗 Z 来代替。根据图 3－6－1（b）所示的等效电路可写出

$$\dot{I} = \frac{\dot{U}}{Z}$$

比较上列两式，则得

$$\frac{1}{Z} = \frac{1}{Z_1} + \frac{1}{Z_2} \quad 或 \quad Z = \frac{Z_1 Z_2}{Z_1 + Z_2} \tag{3-6-2}$$

注意：一般 $I \neq I_1 + I_2$，即 $\frac{U}{|Z|} \neq \frac{U}{|Z_1|} + \frac{U}{|Z_2|}$，所以

$$\frac{1}{|Z|} \neq \frac{1}{|Z_1|} + \frac{1}{|Z_2|}$$

由此可见，n 个复阻抗并联，只有等效阻抗的倒数才等于各个并联阻抗的倒数之和。即

$$\frac{1}{Z} = \Sigma \frac{1}{Z_k}$$

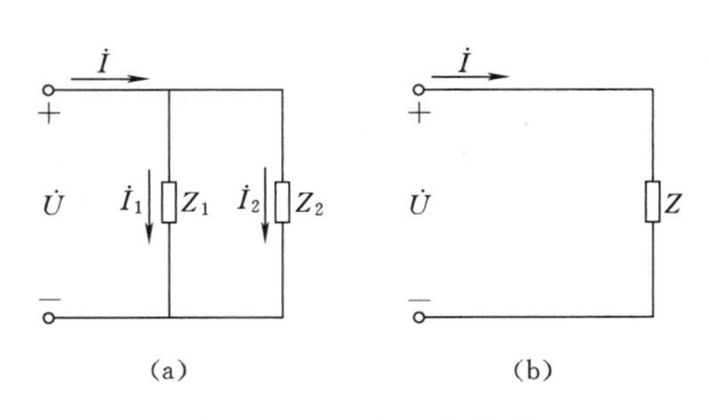

图 3－6－1　复阻抗并联

（a）阻抗的并联；（b）等效电路

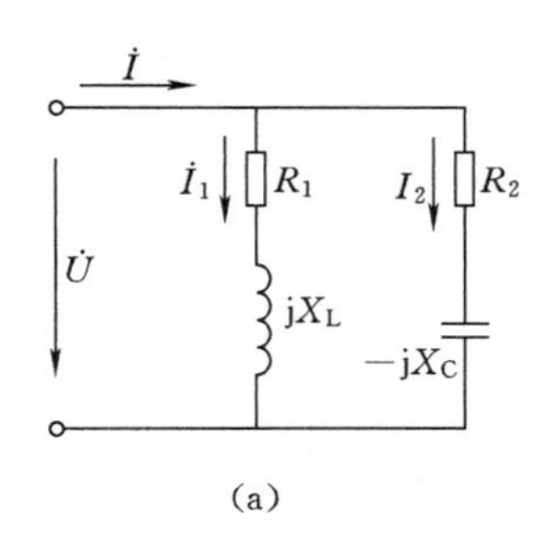

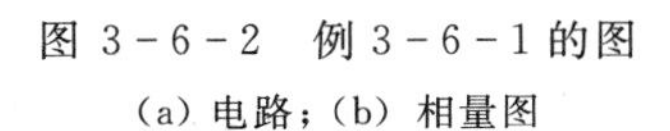

图 3－6－2　例 3－6－1 的图

（a）电路；（b）相量图

【例 3－6－1】　在图3－6－2（a）中，$R_1 = 3\Omega$，$X_L = 4\Omega$，$R_2 = 8\Omega$，$X_C = 6\Omega$，$\dot{U} = 220\angle 0°$。试计算：（1）电路中总的复阻抗；

（2）电流 $\dot{I}_1$，$\dot{I}_2$ 和 $\dot{I}$；

(3) 作相量图。

[解]　(1)

RL 支路：　$Z_1=3+\mathrm{j}4\Omega=5\angle 53^\circ\ \Omega$

RC 支路：　$Z_2=8-\mathrm{j}6\Omega=10\angle -37^\circ\Omega$

总的复阻抗：

$$Z=\frac{Z_1Z_2}{Z_1+Z_2}=\frac{5\angle 53^\circ\times 10\angle -37^\circ}{3+\mathrm{j}4+8-\mathrm{j}6}=\frac{50\angle 16^\circ}{11-\mathrm{j}2}=\frac{50\angle 16^\circ}{11.8\angle -10.5^\circ}$$
$$=4.47\angle 26.5^\circ(\Omega)$$

(2)
$$\dot I_1=\frac{\dot U}{Z_1}=\frac{220\angle 0^\circ}{5\angle 53^\circ}=44\angle -53^\circ(\mathrm{A})$$

$$\dot I_2=\frac{\dot U}{Z_2}=\frac{220\angle 0^\circ}{10\angle -37^\circ}=22\angle 37^\circ(\mathrm{A})$$

$$\dot I=\frac{\dot U}{Z}=\frac{220\angle 0^\circ}{4.47\angle 26.5^\circ}=49.2\angle -26.5^\circ(\mathrm{A})$$

可用 $\dot I=\dot I_1+\dot I_2$ 验算。

电压与电流的相量图如图 3－6－2（b）所示。

【例 3－6－2】　在图3－6－3（a）的电路中，$U=100\mathrm{V}$，$f=50\mathrm{Hz}$，$I=I_1=I_2=10\mathrm{A}$，且整个电路的功率因数为 1。试求阻抗 Z_1 和 Z_2，设 Z_1 为电感性，Z_2 为电容性。

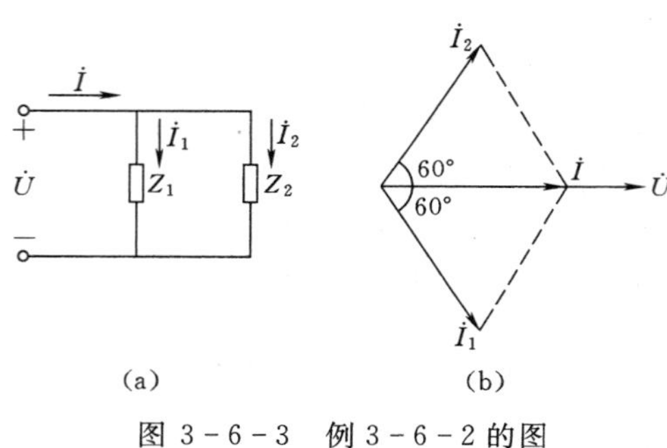

图 3－6－3　例 3－6－2 的图
（a）电路；（b）相量图

[解]　设 $\dot U=100\angle 0^\circ$，因为电路的功率因数为 1，即 $\dot U$ 与 $\dot I$ 同相，所以 $\dot I=10\angle 0^\circ$

又因 $\dot I=\dot I_2+\dot I_2$，$I=I_1=I_2$，所以电流相量图为一正三角形，如图 3－6－3（b）所示，则

$$\dot I_1=10\angle -60^\circ,\dot I_2=10\angle 60^\circ$$

$$Z_1=\frac{\dot U}{\dot I_1}=\frac{100\angle 0^\circ}{10\angle -60^\circ}=10\angle 60^\circ\ \Omega$$

$$Z_2=\frac{\dot U}{\dot I_2}=\frac{100\angle 0^\circ}{10\angle 60^\circ}=10\angle -60^\circ\ \Omega$$

3.7　正弦电路的功率因数

交流电路中的有功功率不但与电源电压 U、总电流 I 的乘积有关，还与电压与电流间的相位差有关，即

$$P=UI\cos\varphi$$

在交流电路中，有功功率与视在功率的比值称为电路的功率因数

即
$$\lambda = \frac{P}{S} = \frac{P}{UI} = \cos\varphi \quad (3-7-1)$$

在工农业生产和日常生活中大量使用的是可以等效看成由电阻串联电感组成的电感性负载（如异步电动机、日光灯等），它们除消耗有功功率之外，还取用大量的无功功率，所以功率因数较低。功率因数是一项重要的力能经济指标，当电路的功率因数太低时，会引起下述两方面的问题。

（1）降低了电源设备的利用率　电源设备的额定容量为 $S_N = U_N I_N$，所输出的有功功率为 $P = UI\cos\varphi$，显然功率因数 $\cos\varphi$ 愈高，电源输出的有功功率愈大，设备容量的利用率愈高。

（2）增加了供电设备和输电线路上的功率损耗　由 $I = \frac{P}{U\cos\varphi}$ 可知，电流 I 与功率因数 $\cos\varphi$ 成反比，若线路上的电阻为 r，则线路上的功率损耗为

$$\Delta P = I^2 r = \left(\frac{P}{U\cos\varphi}\right)^2 r = \frac{P^2}{U^2} r \frac{1}{\cos^2\varphi} \quad (3-7-2)$$

功率损耗 ΔP 与功率因数 $\cos\varphi$ 的平方成反比，在 P 和 U 一定的情况下，功率因数 $\cos\varphi$ 越低，电流 I 就越大，功率损耗也就越大。

由此可见，提高功率因数能使电源设备的容量得到充分利用，减小功率损耗。

电感性负载的功率因数较低，是由于负载本身需要一定的无功功率，即电源与负载间存在能量的互换。因而可以采取措施减少这种能量的互换，以达到提高电路功率因数的目的。例如在生产中负载转速要求恒定的条件下，可采用过励的同步电动机来拖动（吸收有功但发出电感性无功），可以提高电路的功率因数；而通常人们最常用的方法是给电感性负载并联合适的电容器，利用电容性无功功率来补偿原有负载取用的电感性无功功率，使负载所需的无功功率不再全部来自电源，减少电源与负载间的能量互换，使电路的总无功功率减小，从而提高电路的功率因数。

如图 3－7－1 所示，在并联电容前，电路总电流就是负载电流 $\dot{I}_1$，电路的功率因数就是负载的功率因数 $\cos\varphi_1$，并联电容后，电路总电流 $\dot{I} = \dot{I}_1 + \dot{I}_C$，电路的功率因数为 $\cos\varphi$。可见，并联电容后，电路总电流减小，且 $\varphi < \varphi_1$，使 $\cos\varphi > \cos\varphi_1$，电路的功率因数提高了。

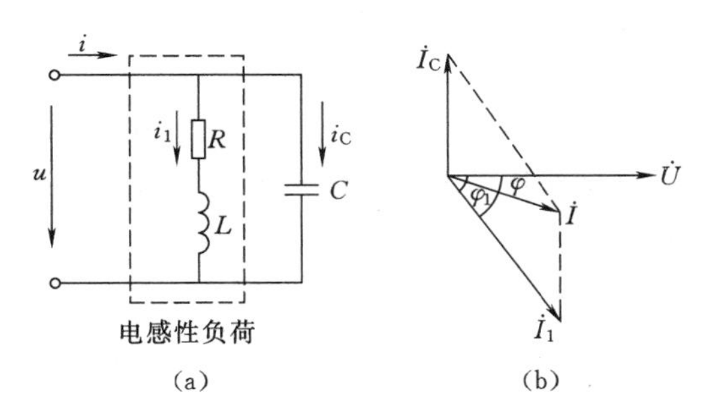

图 3－7－1　功率因数的提高

(a) 电路图；(b) 相量图

并联电容后，整个电路的功率因数提高了，但电感性负载的本身功率因数没有改变，即负载的工作状态没有发生任何变化，电路的有功功率并没有改变，因为电容器是不消耗功率的。由相量图可知

$$I_C = I_1 \sin\varphi_1 - I\sin\varphi$$

$$=\left(\frac{P}{U\cos\varphi_1}\right)\sin\varphi_1-\left(\frac{P}{U\cos\varphi}\right)\sin\varphi$$

$$=\frac{P}{U}(\text{tg}\varphi_1-\text{tg}\varphi)$$

由 $I_C=\frac{U}{X_C}=U\omega C$，即 $U\omega C=\frac{P}{U}(\text{tg}\varphi_1-\text{tg}\varphi)$ 得

$$C=\frac{P}{\omega U^2}(\text{tg}\varphi_1-\text{tg}\varphi)=\frac{P}{2\pi fU^2}(\text{tg}\varphi_1-\text{tg}\varphi) \tag{3-7-3}$$

【例 3-7-1】 有一电感性负载，其功率 $P=10\text{kW}$，功率因数 $\cos\varphi_1=0.6$，接在电压 $U=220\text{V}$ 的电源上，电源频率 $f=50\text{Hz}$。

（1）如要将功率因数提高到 $\cos\varphi=0.95$，试求与负载并联的电容器的电容值和电容器并联前后的线路电流。

（2）如要将功率因数从 0.95 再提高到 1，试问并联电容器的电容值还需增加多少？

［**解**］（1）$\cos\varphi_1=0.6$，即 $\varphi_1=53°$

$$\cos\varphi=0.95，即\ \varphi=18°$$

因此所需电容值为

$$C=\frac{10\times10^3}{2\pi\times50\times220^2}(\text{tg}53°-\text{tg}18°)=656(\mu\text{F})$$

电容器并联前的线路电流（即负载电流）为

$$I_1=\frac{P}{U\cos\varphi_1}=\frac{10\times10^3}{220\times0.6}=75.6(\text{A})$$

电容器并联后的线路电流为

$$I=\frac{P}{U\cos\varphi}=\frac{10\times10^3}{220\times0.95}=47.8(\text{A})$$

（2）如要将功率因数由 0.95 再提高到 1，则需要增加的电容值为

$$C=\frac{10\times10^3}{2\pi\times50\times220^2}(\tan18°-\tan0°)=213.6(\mu\text{F})$$

此时线路电流为

$$I=\frac{P}{U\cos\varphi}=\frac{10\times10^3}{220\times1}=45.45(\text{A})$$

可见在功率因数已经接近 1 时再继续提高，则所需的电容值是很大的，而电流却减小很有限，因此一般不必提高到 1，更不能过补偿。

*3.8 交流电路中的谐振

在交流电路中，如果含有电感和电容元件，则电路两端的电压和电路中电流一般是不同相的。如果调节电路参数或电源的频率，使它们同相时，则称电路发生了谐振现象。谐振现象在电工与电子技术中有很大的应用价值（如高频淬火、收音机、电视机等），但谐振又有可能破坏系统的正常工作（或产生过高的电压或电流使电路器件损坏等），因此对谐振现象的研究有实际意义。按发生谐振的电路的不同，可分为串联谐振和并联谐振。

3.8.1 串联谐振

一、串联谐振、串联谐振的条件

在图 3-8-1（a）所示的 RLC 串联电路中，若 $X_L=X_C$ 时，则 $\varphi=\mathrm{tg}^{-1}\dfrac{X_L-X_C}{R}=0$。电路两端电压与电流同相，电路呈电阻性，也就是电路发生谐振现象，并称为**串联谐振**。可见，串联谐振的基本条件是 $X_L=X_C$。即

$$\omega L=\frac{1}{\omega C} \qquad (3-8-1)$$

改变频率 f（即改变 ω）、电容 C、或电感 L，均可满足上式，使电路产生谐振。

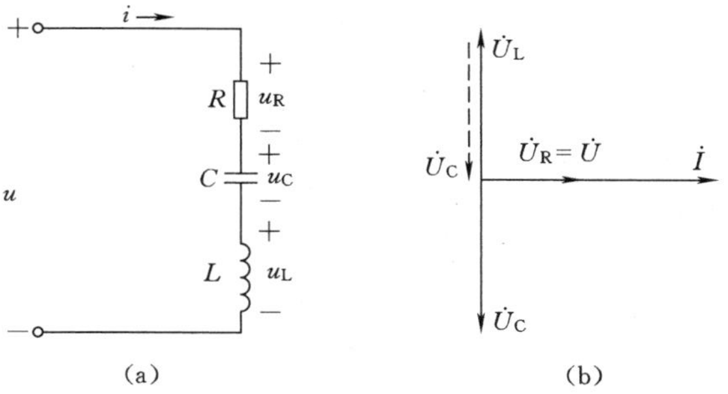

图 3-8-1 串联谐振

（a）电路图；（b）相量图

谐振角频率为

$$\omega_0=\frac{1}{\sqrt{LC}} \qquad (3-8-2)$$

谐振频率为

$$f_0=\frac{1}{2\pi\sqrt{LC}} \qquad (3-8-3)$$

二、串联谐振的特征

（1）电压与电流同相位，电路呈电阻性。

（2）电路阻抗模，$|Z|=\sqrt{R^2+(X_L-X_C)^2}=R$ 具有最小值。在电压一定时，电流达到最大值 $I=I_0=\dfrac{U}{R}$。

（3）谐振时，电感端电压 $\dot{U}_L$ 与电容端电压 $\dot{U}_C$ 大小相等，相位相反，互相抵消。电阻电压 $\dot{U}_R$ 就等于电源电压 $\dot{U}$，此时，电源不再向它们提供无功功率，能量互换只发生在电感与电容之间。

把谐振时 U_L 或 U_C 与 U 的比值称为电路的**品质因数**（或 Q 值），用 Q 表示，即

$$Q=\frac{U_L}{U}=\frac{U_C}{U}=\frac{\omega_0 L}{R}=\frac{1}{\omega_0 CR} \qquad (3-8-4)$$

在 $X_L=X_C>R$ 即 $Q>1$ 时，电感或电容上的电压将大于电源电压，例如 $Q=100$，$U=6$V，则谐振时电容或电感上的电压将达 600V。这种特性是 RLC 串联谐振电路所特有的，因此串联谐振又叫**电压谐振**。

三、串联谐振利弊

电压过高会击穿电感线圈和电容器的绝缘层，因此电力工程上应避免发生串联谐振。

在无线电技术中常利用串联谐振，通常情况下，串联谐振电路实际上由电感线圈和电容器组成，电路的电阻就是电感线圈的电阻，满足 $X_L\gg X_R$，电路的品质因数 Q 的数值比较高，

一般可达几十到几百范围内。当电路发生谐振时，线圈与电容器上的电压是电源电压的 Q 倍。

例如在接收机里，天线收到各种不同频率的信号，调节可变电容器如图 3－8－2，来选择所需频率的信号，使电路在该频率上谐振，电流最大，U_C 最高，而其他频率的信号未达到谐振状态，电流极小，这样就完成了选择信号和抑制干扰的作用。

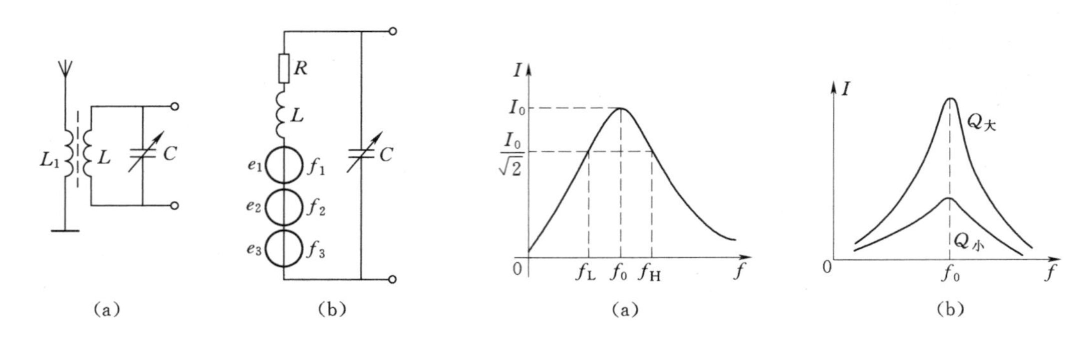

图 3－8－2　收音机的输入谐振电路
（b）电路图；（b）等效电路

图 3－8－3　通频带宽度

四、电流谐振曲线与通频带

串联谐振电路中电流随频率变化的曲线称为**电流谐振曲线**，如图 3－8－3 所示。在谐振点，电路的电流最大，$I=I_0$；偏离谐振点，$I<I_0$；当电路的电流为 $I=\frac{I_0}{\sqrt{2}}$时，谐振曲线所对应的上下限频率 f_H 和 f_L 之间的范围称为电路的**通频带** f_{BW}。

$$f_{BW}=f_H-f_L$$

通频带宽度愈小，谐振曲线越尖锐，电路对频率的选择性越好。

【例 3－8－1】　某收音机的输入电路如图3－2－2（a)所示，线圈 L 的电感 $L=0.3\text{mH}$，电阻 $R=16\Omega$。今欲收听 640kHz 某电台的广播，应将可变电容 C 调到多少皮法？如在调谐回路中感应出电压 $U=2\mu\text{V}$，试求这时回路中该信号的电流多大，并在线圈（或电容）两端得出多大电压？

［解］　根据 $f=\frac{1}{2\pi\sqrt{LC}}$可得

$$640\times10^3=\frac{1}{2\times3.14\sqrt{0.3\times10^{-3}C}}$$

由此算出 $C=204\text{pF}$

这时
$$I=\frac{U}{R}=\frac{2\times10^{-6}}{16}=0.13\ (\mu\text{A})$$

$$X_C=X_L=2\pi fL=2\times3.14\times640\times10^3\times0.3\times10^{-3}=1200(\Omega)$$
$$U_C\approx U_L=X_LI=1200\times0.13\times10^{-6}=156\times10^{-6}\ \text{V}=156\mu\text{V}$$

3.8.2　并联谐振

图 3－8－4 是电感线圈和电容器并联的电路。其中 L 是线圈的电感，R 是线圈的电

阻。电路的等效阻抗为

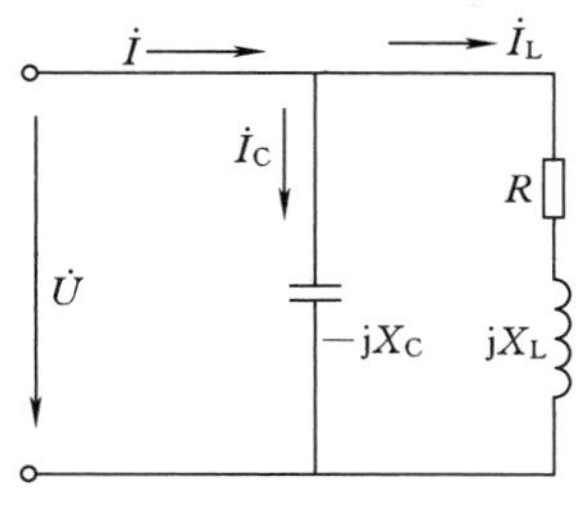

图 3-8-4 并联谐振

$$Z=\frac{\frac{1}{j\omega C}(R+j\omega L)}{\frac{1}{j\omega C}+(R+j\omega L)}=\frac{R+j\omega L}{1+j\omega RC-\omega^2 LC} \tag{3-8-5}$$

通常情况下线圈的电阻很小，谐振时满足 $\omega L\gg R$，因此上式可写为

$$Z\approx\frac{j\omega L}{1+j\omega RC-\omega^2 LC}=\frac{1}{\frac{RC}{L}+j\left(\omega C-\frac{1}{\omega L}\right)} \tag{3-8-6}$$

谐振时 $\omega C-\frac{1}{\omega L}=0$。

则
$$\omega_0\approx\frac{1}{\sqrt{LC}}\text{或}f=f_0\approx\frac{1}{2\pi\sqrt{LC}} \tag{3-8-7}$$

并联谐振时电路有以下主要特点：

(1) 电压与电流同相位，电路呈电阻性。

(2) 电路阻抗模具有最大值。

$$|Z_0|=\frac{1}{\frac{RC}{L}}=\frac{L}{RC}$$

在电压一定时，电流达到最小值

$$I=I_0=\frac{U}{\frac{L}{RC}}=\frac{U}{|Z_0|} \tag{3-8-8}$$

(3) 谐振时，电感支路的无功电流与电容支路的无功电流大小相等，相位相反。若 $2\pi f_0 L\gg R$，谐振时各并联支路的电流为

$$I_L=\frac{U}{\sqrt{R^2+(2\pi f_0 L)^2}}\approx\frac{U}{2\pi f_0 L}$$

$$I_C=\frac{U}{\frac{1}{2\pi f_0 C}}$$

$I_L\approx I_C\gg I_0$，电感支路和电容支路中的电流将远大于电路总电流，因而，并联谐振也称为**电流谐振**。

电路谐振时 I_C 或 I_L 与总电流 I_0 的比值称为电路的**品质因数**。

$$Q=\frac{I_L}{I_0}=\frac{2\pi f_0 L}{R}=\frac{\omega_0 L}{R}=\frac{1}{\omega_0 CR} \tag{3-8-9}$$

即在谐振时，支路电流 I_L 或 I_C 是总电流 I_0 的 Q 倍。在电子技术中，并联谐振电路同样有着广泛的应用。

【例 3-8-2】 图3-8-4所示的并联电路中，$L=0.25\text{mH}$，$R=25\Omega$，$C=85\text{pF}$，试求谐振角频率 ω_0、品质因数 Q 和谐振时电路的阻抗模 $|Z_0|$。

[解]

$$\omega_0 \approx \sqrt{\frac{1}{LC}} = \sqrt{\frac{1}{0.25\times10^{-3}\times85\times10^{-12}}}$$

$$= \sqrt{4.7\times10^{13}} = 6.86\times10^{6}(\text{rad/s})$$

$$f_0 = \frac{\omega_0}{2\pi} = \frac{6.86\times10^{6}}{2\pi} = 1100(\text{kHz})$$

$$Q = \frac{\omega_0 L}{R} = \frac{6.86\times10^{6}\times0.25\times10^{-3}}{25} = 68.6$$

$$|Z_0| = \frac{L}{RC} = \frac{0.25\times10^{-3}}{25\times85\times10^{-12}} = 117(\text{k}\Omega)$$

小　　结

1. 正弦交流电是指大小和方向都随时间按正弦规律变化的电动势、电压和电流。最大值、角频率和初相角称为正弦量的三要素。

正弦交流量的大小通常用有效值表示。最大值与有效值的关系为：$U_m=\sqrt{2}U$，$I_m=\sqrt{2}I$。

角频率与频率、周期的关系为：$\omega=2\pi f=\frac{2\pi}{T}$。

同频率正弦量的相位关系用相位差 φ 表示。

2. 正弦量除用正弦函数表示外，还能用波形图、旋转矢量表示。

3. 电阻、电感、电容是交流电路的三个基本参数，其电路基本性质如下：

纯电阻　$u=ir$；　i 与 u 同相。

纯电感　$u=L\frac{\mathrm{d}i}{\mathrm{d}t}$，$u$ 超前 i 90°。

纯电容　$i=C\frac{\mathrm{d}u}{\mathrm{d}t}$，$i$ 超前 u 90°。

4. 在正弦交流电路中，P，Q，S 三者的物理意义完全不同，其单位分别用 W（瓦特）、var（乏）和 VA（伏安）表示，计算公式为 $P=UI\cos\varphi$，$Q=UI\sin\varphi$，$S=UI$。

5. 阻抗三角形、电压三角形、功率三角形分别描述了它们之间的相应的关系，它们是相似三角形。

6. 电阻、电感、电容串联谐振时阻抗最小，电流最大，电感电压和电容电压相等且高出总电压。串联谐振频率 $f_0=\frac{1}{2\pi\sqrt{LC}}$。

7. 功率因数是企业用电技术的经济指标之一，提高功率因数充分利用电源设备，减少线路电压损失和能量损耗。提高感性负载功率因数的方法是可在负载两端并容性负载进行无功补偿。

$$C = \frac{P}{\omega U^2}(\text{tg}\varphi_1 - \text{tg}\varphi) = \frac{P}{2\pi f U^2}(\text{tg}\varphi_1 - \text{tg}\varphi)$$

习　　题

3-1　已知两正弦电流 $i_1=2\sin 314t\text{A}$，$i_2=\sqrt{2}\sin\left(314t-\frac{\pi}{4}\right)\text{A}$。

（1）在同一坐标上绘出它们的波形图；

（2）求其各自的最大值、有效值、角频率、频率、周期和初相角；

（3）说明它们间的相位差，哪个超前，哪个滞后。

3-2　已知工频电源 $U=220\text{V}$，设在瞬时值 u 为 $+150\text{V}$ 时开始作用于电路，试写出该电压的瞬时值表达式。并画出波形图。

3-3　如果两个同频率的正弦电流在某一瞬时都是 5A，两者是否一定同相？其幅值是否也一定相等？

3-4　写出下列正弦电压的相量（用直角坐标式表示）：

（1）$u=10\sqrt{2}\sin\omega t\text{V}$；

（2）$u=10\sqrt{2}\sin\left(\omega t+\frac{\pi}{2}\right)\text{V}$；

（3）$u=10\sqrt{2}\sin\left(\omega t-\frac{\pi}{2}\right)\text{V}$；

（4）$u=10\sqrt{2}\sin\left(\omega t-\frac{3\pi}{4}\right)\text{V}$。

3-5　指出下列各式的错误：

（1）$i=5\sin(\omega t-30°)=5e^{-j30°}$（A）；

（2）$U=100e^{j45°}=100\sqrt{2}\sin(\omega t+45°)$（V）；

（3）$i=10\sin\omega t$；

（4）$I=10\angle 30°\text{A}$；

（5）$\dot{I}=20e^{20°}\text{A}$。

3-6　已知两正弦电流 $i_1=8\sin(\omega t+60°)\text{A}$ 和 $i_2=6\sin(\omega t-30°)\text{A}$，试用复数计算电流 $i=i_1+i_2$，并画出相量图。

3-7　已知正弦量 $\dot{U}=220e^{j30°}$ 和 $\dot{I}=-4-j3\text{A}$，试分别用三角函数式、正弦波形及相量图表示它们。如 $\dot{I}=4-j3\text{A}$，则又如何？

3-8　在图 3-1 所示的四个电路中，试分别确定电路中的电压及电流的分配。

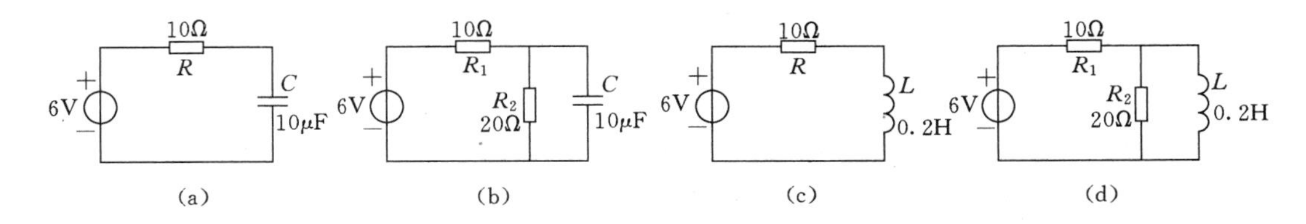

图 3-1　题 3-8 图

3-9　绕线电阻是用电阻丝绕制而成的，它除具有电阻外，一般还有电感。有时我们需要一个无电感的绕线电阻，试问是如何绕制的？

3-10　在图 3-2 所示的各电路图中，除 A_0 和 V_0 外，其余电流表和电压表的读数在图上都已标出（都是正弦量的有效值），试求电流表 A_0 或电压表 V_0 的读数。

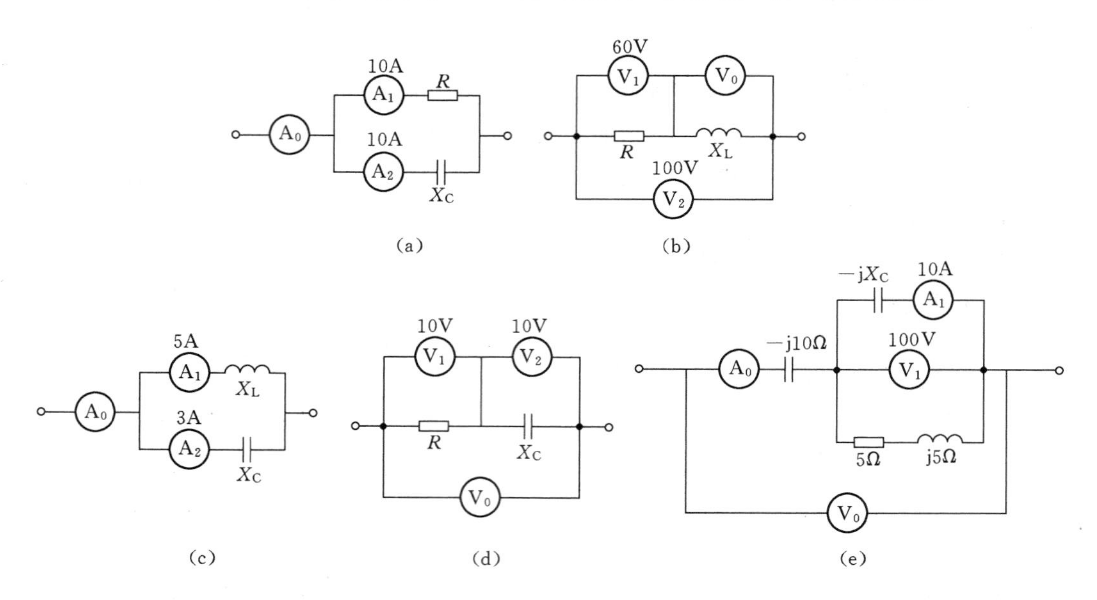

图 3-2　题 3-10 图

3-11　RL 串联电路的阻抗 $Z=4+\mathrm{j}3\Omega$，试问该电路的电阻和感抗各为多少？并求电路的功率因数和电压与电流间的相位差。

3-12　有一 RLC 串联的交流电路，已知 $R=X_L=X_C=10\Omega$，$I=1\mathrm{A}$，试求其两端的电压 U。

3-13　有一 RC 串联电路，已知 $R=4\Omega$，$X_C=3\Omega$，电源电压 $\dot{U}=100\angle 0^\circ\ \mathrm{V}$，试求电流 $\dot{I}$。

3-14　图 3-3 所示电路中，$U=220\mathrm{V}$，S 闭合时，$U_R=80\mathrm{V}$，$P=320\mathrm{W}$；S 断开时，$P=405\mathrm{W}$，电路为电感性，求 R、X_L、X_C。

3-15　图 3-4 所示电路中，$U=100\mathrm{V}$，$I_C=I_R=10\mathrm{A}$，$\dot{U}$ 与 $\dot{I}$ 同相位，试求 I、R、X_L、X_C。

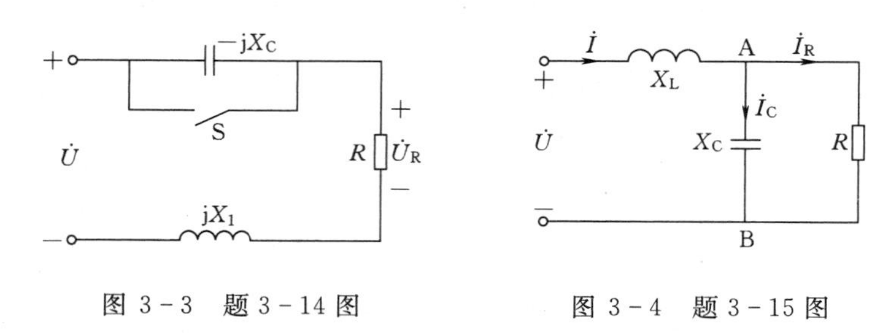

图 3-3　题 3-14 图　　　　图 3-4　题 3-15 图

3-16　有一 CJ0—10A 交流接触器，其线圈数据为 380V，30mA，50Hz，线圈电阻

1.6kΩ，试求线圈电感。

3－17　一个线圈接在 $U=120\text{V}$ 的直流电源上，$I=20\text{A}$，若接在 $f=50\text{Hz}$，$U=220\text{V}$ 的交流电源上，则 $I=28.2\text{A}$。试求线圈的电阻 R 和电感 L。

3－18　有一 JZ7 型中间继电器，其线圈数据为 380V50Hz，线圈电阻 2kΩ，线圈电感 43.3H，试求线圈电流及功率因数。

3－19　日光灯管与镇流器串联接到交流电压上，可看作为 RL 串联电路。如已知某灯管的等效电阻 $R_1=280\Omega$，镇流器的电阻和电感分别为 $R_2=20\Omega$ 和 $L=1.65\text{H}$，电源电压 $U=220\text{V}$，电源频率为 50Hz。试求电路中的电流和灯管两端与镇流器上的电压。这两个电压加起来是否等于 220V？

3－20　一无源二端网络（图 3－5）输入端的电压和电流为 $u=220\sqrt{2}\sin(314t+20°)\text{V}$，$u=4.4\sqrt{2}\sin(314t-33°)\text{A}$。试求此二端网络由两个元件串联的等效电路和元件的参数值，并求二端网络的功率因数及输入的有功功率和无功功率。

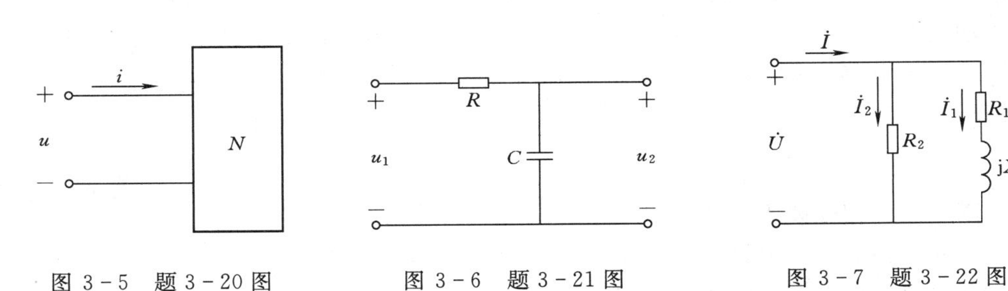

图 3－5　题 3－20 图　　图 3－6　题 3－21 图　　图 3－7　题 3－22 图

3－21　图 3－6 是一移相电路，已知 $R=100\Omega$，输入信号频率为 500Hz。如要求输出电压 u_2 与输入电压 u_1 间的相位差为 45°，试求电容值。

3－22　在图 3－7 中，已知 $U=220\text{V}$，$R_1=10\Omega$，$X_1=10\sqrt{3}\Omega$，$R_2=20\Omega$ 试求各个电流和平均功率。

3－23　在图 3－8 中，已知 $R_1=3\Omega$，$X_1=4\Omega$，$R_2=8\Omega$，$X_2=6\Omega$，$u=220\sqrt{2}\sin314t\text{V}$，试求 i_1、i_2 和 i。

3－24　在图 3－9 中，已知 $U=200\text{V}$，$R=22\Omega$，$X_L=22\Omega$，$X_C=11\Omega$，试求电流 I_R、I_L、I_C 及 I。

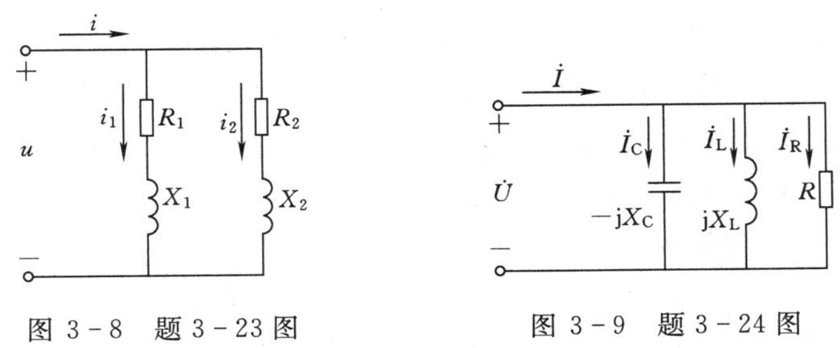

图 3－8　题 3－23 图　　图 3－9　题 3－24 图

3－25　求图 3－10 所示电路的阻抗 Z_{ab}。

3－26　在图 3－11 所示的电路中，已知 $\dot{U}_C=1\angle 0°$，求 $\dot{U}$。

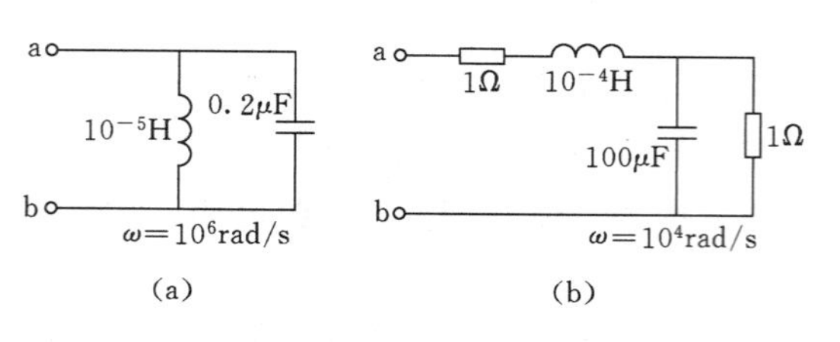

图 3-10　题 3-25 图

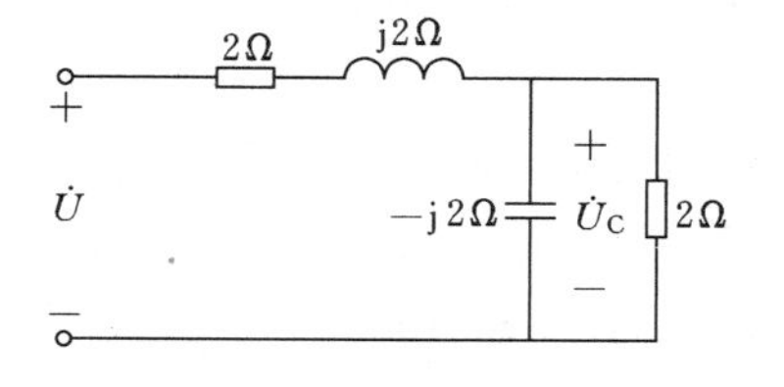

图 3-11　题 3-26 图

3-27　今有 40W 的日光灯一个，使用时灯管与镇流器（可近似地把镇流器看作纯电感）串联在电压为 220V，频率为 50Hz 的电源上。已知灯管工作时属于纯电阻负载，灯管两端的电压等于 110V，试求镇流器的感抗与电感。这时电路的功率因数等于多少？若将功率因数提高到 0.8，问应并联多大电容。

3-28　有一电动机，其输入功率为 1.21kW，接在 50Hz220V 的交流电源上，通入电动机的电流为 11A，试计算电动机的功率因数。如果要把电路的功率因数提高到 0.91，应该和电动机并联多大电容的电容器？并联电容器后，电动机的功率因数、电动机中的电流、线路电流及电路的有功功率和无功功率有无改变？

3-29　在图 3-12 中，$U=220$V，$f=50$Hz，$R_1=10\Omega$，$X_1=10\sqrt{3}\Omega$，$R_2=5\Omega$，$X_2=5\sqrt{3}\Omega$。

(1) 求电流表的读数 I 和电路功率因数 $\cos\varphi_1$。

(2) 欲使电路的功率因数提高到 0.866，则需要并联多大电容？

(3) 并联电容后电流表的读数为多少？

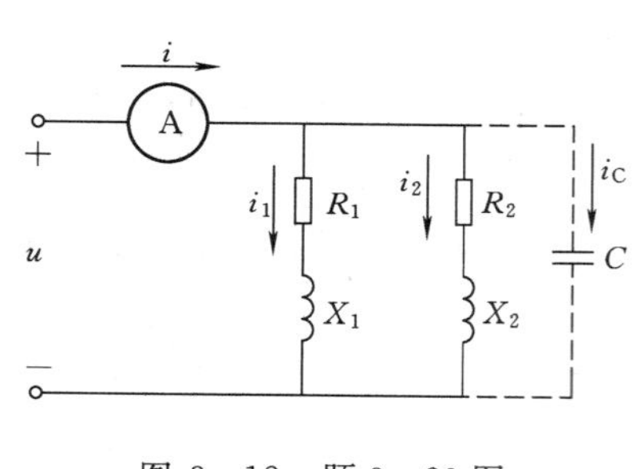

图 3-12　题 3-29 图

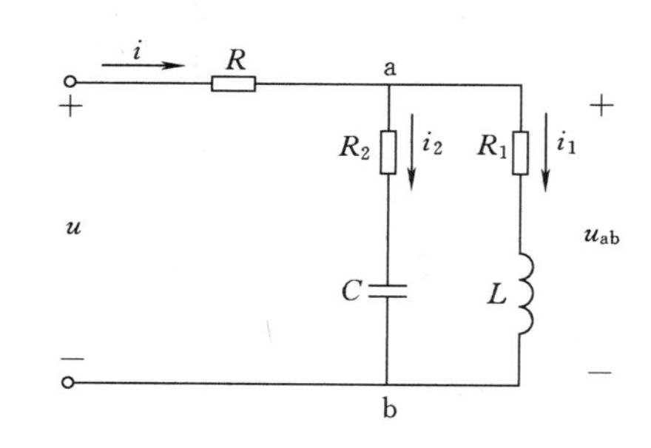

图 3-13　题 3-30 图

3-30　电路如图 3-13 所示，已知 $R=R_1=R_2=10\Omega$，$L=31.8$mH，$C=318\mu$F，$f=50$Hz，$U=10$V，试求并联支路端电压 U_{ab} 及电路的 P、Q、S 及 $\cos\varphi$。

3-31　某电源经输电线向某一感性负载供电，已知负载 $R=4\Omega$，$X_L=10\Omega$，输电线电阻 $R'=0.5\Omega$。若测得负载两端电压为 220V。

(1) 求输电线的功率损失 P_1；

(2) 给负载两端并一 $X_C=25\Omega$ 的电容器，线路的功率损失又为多少？

(3) 如果每日用电 8 小时，每年按 365 日计算，并联电容器后一年可节约电能多少 kW·h？

3-32　欲用频率为 50Hz、额定电压为 220V、额定容量为 9.6kVA 的正弦交流电源供电给额定功率为4.5kW、额定电压为220V、功率因数为0.5的感性负载。问：(1)该电源供出的电流是否超过其额定电流？(2)若将电路的功率因数提高到0.9，应并联多大电容？

3-33　上题并联电容后，还可接入多少盏220V、40W的白炽灯才能充分发挥电源的能力？

3-34　有一220V600W的电炉，不得不用在380V的电源上。欲使电炉的电压保持在220V的额定值。(1)应和它串联多大的电阻？(2)应和它串联感抗为多大的电感线圈(其电阻可忽略不计)？(3)从效率和功率因数上比较上述两法。串联电容器是否也可以？

3-35　某收音机输入电路的电感约为0.3mH，可变电容器的调节范围为25～360pF。试问能否满足收听中波段535～1605kHz的要求。

3-36　有一RLC串联电路，$R=500\Omega$，$L=60\text{mH}$，$C=0.053\mu\text{F}$。试计算电路的谐振频率、通频带宽度$\Delta f=f_2-f_1$及谐振时的阻抗。

3-37　有一RLC串联电路，它在电源频率f为500Hz时发生谐振。谐振时电流I为0.2A，容抗X_C为314Ω，并测得电容电压U_C为电源电压U的20倍。试求该电路的电阻R和电感L。

第4章　三相交流电路

电力工业中，电能的产生、传输和分配大多采用三相正弦交流电形式。由三相正弦交流电源供电的电路称为三相电路。

三相电路与单相电路相比有一系列优点，如：①制造三相交流电机比制造同容量的单相电机节省材料，成本低，而且三相电机工作性能好，效率高；②三相输电最经济；③对称三相交流电路的瞬时功率不随时间而变化，与其平均功率相等。

本章主要讨论三相正弦交流电源的产生、电源的连接、负载的连接、三相电路的分析以及三相电路的功率等问题。

4.1　三相交流电源

4.1.1　三相正弦交流电的产生

三相正弦交流电是三相交流发电机产生的。三相交流发电机主要由**定子**（不转动部分）和**转子**（转动部分）两部分组成，其结构示意图如图4－1－1所示。定子包括机座、定子铁心、定子绕组等几部分。定子铁心固定在机座内，内圆上冲有均匀分布的槽，槽内对称地嵌放三组完全相同的绕组，每一组称为一相，三相绕组在空间位置上互差120°。图中，三相绕组的首、末端分别用A、X，B、Y，C、Z表示，绕组AX、BY、CZ简称A相绕组、B相绕组、C相绕组。

磁极是转动的，又称为转子。磁极上绕有励磁绕组，由直流电流励磁，选择合适的磁极形状和励磁绕组的布置，可使空气隙中的磁感应强度按正弦规律分布。

当发电机正常运转时，定子三相绕组依次被磁力线切割，产生频率相同、幅值相等、相位互差120°的正弦感应电动势 e_A、e_B 和 e_C，电动势的参考方向为末端指向始端。若转子顺时针转动，磁力线依次切割A、B、C三相绕组，三相绕组的电动势每隔120°依次出现最大值 E_m。如以 e_A 为参考正弦量，则三相电动势的表达式为

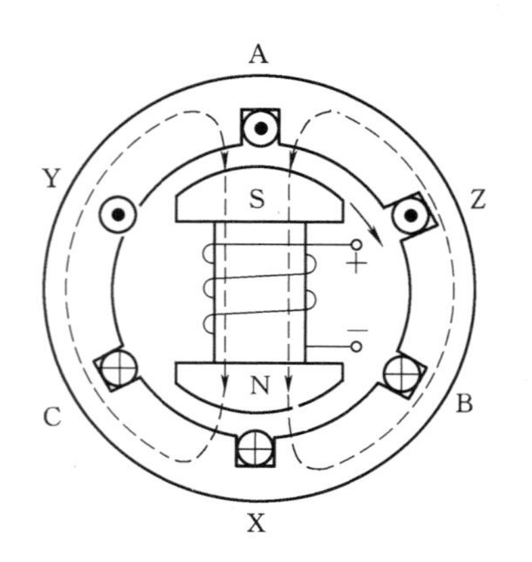

图4－1－1　三相交流发电机原理图

$$\left.\begin{aligned} e_A &= E_m\sin\omega t \\ e_B &= E_m\sin(\omega t-120^\circ) \\ e_C &= E_m\sin(\omega t-240^\circ)=E_m\sin(\omega t+120^\circ) \end{aligned}\right\} \tag{4-1-1}$$

它们的相量表达式为

$$\left.\begin{aligned} \dot{E}_A &= E_m\angle 0^\circ \\ \dot{E}_B &= E_m\angle -120^\circ \\ \dot{E}_C &= E_m\angle 120^\circ \end{aligned}\right\} \tag{4-1-2}$$

它们的相量图和正弦波形如图 4-1-2 所示。

把幅值相等、频率相同、相位互差 120°的电动势称为对称三相电动势。三相电动势出现正向最大值的先后顺序称为三相电源的相序，显然这里的相序是 A→B→C。对称三相电动势的瞬时值或相量之和为零，即

$$\left.\begin{aligned} e_A + e_B + e_C = 0 \\ \dot{E}_A + \dot{E}_B + \dot{E}_C = 0 \end{aligned}\right\} \quad (4-1-3)$$

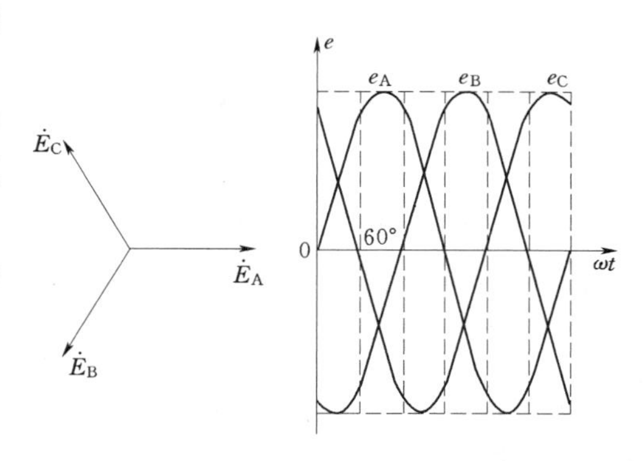

图 4-1-2　三相电势的相量图与波形图

4.1.2　三相电源的连接

三相发电机对外供电时，其三相绕组有两种接线方式，即星形（Y）接法和三角形（△）接法。在 380V/220V 的低压供电系统中，通常主要采用星形接法。如图 4-1-3 所示。星形连接时，三个绕组的末端 X、Y、Z 连接在一起，即图中的 N 点，这一点称为**中点或零点**，三个绕组的始端 A、B、C 为端点。从中点引出的导线称为**中线**或**零线**，中线通常与大地相连，故也称**地线**。从端点引出的导线称为相线，俗称火线。

就供电方式而言，引出三根相线和一根中线的星形接法称为三相四线制；引出三根相线的星形接法称为**三相三线制**。

三相四线制供电方式可以向用户提供两种电压。一种是每相绕组两端的电压，即每根相线与中线之间的电压，称为**相电压**，如图 4-1-3 中的 u_A、u_B 和 u_C，其有效值分别用 U_A、U_B 和 U_C 表示；另一种是每两相绕组始端之间的电压，即相线与相线之间的电压称为**线电压**，如图 4-1-3 中的 u_{AB}、u_{BC}、u_{CA}。由基尔霍夫电压定律可得

$$\left.\begin{aligned} u_{AB} &= u_A - u_B \\ u_{BC} &= u_B - u_C \\ u_{CA} &= u_C - u_A \end{aligned}\right\} \quad (4-1-4)$$

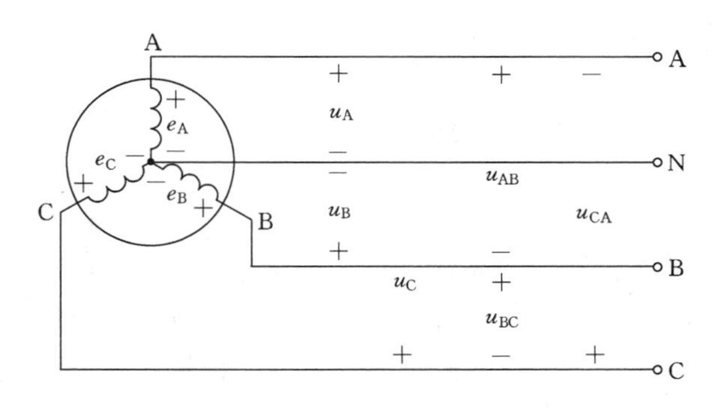

图 4-1-3　发电机的星形连接

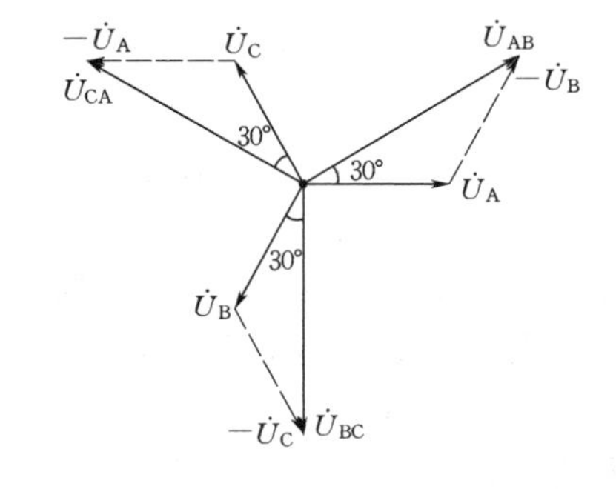

图 4-1-4　发电机绕组星形连接时，相电压和线电压的相量图

因为各个电压都是同频率的正弦量，则用相量表示。

$$\left.\begin{aligned}\dot{U}_{AB} &= \dot{U}_A - \dot{U}_B \\ \dot{U}_{BC} &= \dot{U}_B - \dot{U}_C \\ \dot{U}_{CA} &= \dot{U}_C - \dot{U}_A\end{aligned}\right\} \tag{4-1-5}$$

因为三相绕组的电动势是对称的，所以三相绕组的相电压也是对称的，其有效值用U_P来表示，即$U_A = U_B = U_C = U_P$，以$\dot{U}_A$为参考相量，则

$$\dot{U}_A = U_A \angle 0^\circ, \dot{U}_B = U_B \angle -120^\circ, \dot{U}_C = U_C \angle 120^\circ$$

画出各电压的相量如图4-1-4所示。由图可知，线电压也是对称的，其有效值用U_l来表示。即

$$U_{AB} = U_{BC} = U_{CA} = U_l$$

线电压与相电压的大小关系由相量图很容易求得

$$\frac{1}{2}U_{AB} = U_A \cos 30^\circ = \frac{\sqrt{3}}{2}U_A$$

$$U_{AB} = \sqrt{3}U_A$$

即

$$U_l = \sqrt{3}U_P \tag{4-1-6}$$

线电压与相电压的关系也可用相量相加表示，如

$$\left.\begin{aligned}\dot{U}_{AB} &= \dot{U}_A - \dot{U}_B = U\angle 0^\circ - U\angle -120^\circ = \sqrt{3}U\angle 30^\circ \\ \dot{U}_{BC} &= \dot{U}_B - \dot{U}_C = U\angle -120^\circ - U\angle 120^\circ = \sqrt{3}U\angle -90^\circ \\ \dot{U}_{CA} &= \dot{U}_C - \dot{U}_A = U\angle 120^\circ - U\angle 0^\circ = \sqrt{3}U\angle 150^\circ\end{aligned}\right\} \tag{4-1-7}$$

或

$$\left.\begin{aligned}\dot{U}_{AB} &= \sqrt{3}\dot{U}_A \angle 30^\circ \\ \dot{U}_{BC} &= \sqrt{3}\dot{U}_B \angle 30^\circ \\ \dot{U}_{CA} &= \sqrt{3}\dot{U}_C \angle 30^\circ\end{aligned}\right\}$$

我国通用的低压供电线路的相电压$U_P = 220\text{V}$，线电压$U_l = \sqrt{3}U_P = 380\text{V}$。

三相三线制供电时，不引出中线，故只能提供一种电压，即线电压。

4.2 三相负载的连接

由三相电源供电的负载称为**三相负载**。当各相负载的阻抗模与阻抗角均相等时，称为**对称三相负载**，如三相交流电动机，否则称为**不对称三相负载**，很多负载如电灯、家用电器由单相电源供电即可，但为使三相电源供电均衡，许多这样的负载实际上大致平均分配到三相电源的三个相上，如图4-2-1所示，这类负载三相阻抗一般不可能相等，属于不对称三相负载。

三相负载的连接也有星形和三角形两种方式，负载采用哪一种连接方式，应根据电源电压和负载额定电压的大小来决定。原则上，应使负载承受的电源电压等于负载的额定电压。

三相电动机的三个接线端总与电源的三根相线相连，但电动机本身的三个绕组可以接成星形或三角形，其连接方式标在铭牌上，如 380V、Y 接法或 380V、△接法。

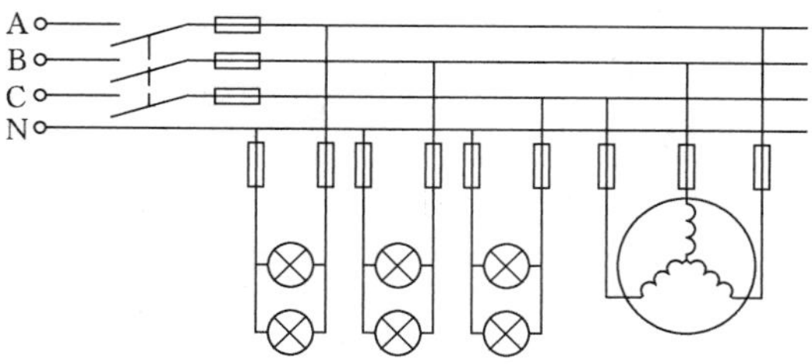

图 4－2－1　负载的连接

4.2.1　三相负载的星形连接

采用星形三相四线制连接时，三相负载的三个末端连接在一起，接到电源的中线上，三相负载的三个始端分别接到电源的三根相线上，如图 4－2－2 所示。

可见，这种接法时，每相负载上的电压就是电源的相电压。电路中流过每相负载的电流叫做相电流 I_{P}，流过相线的电流叫做线电流 I_{l}。显然，负载星形连接时，线电流等于相电流，即

$$I_{\mathrm{l}} = I_{\mathrm{P}}$$

以电源相电压 $\dot{U}_{\mathrm{A}}$ 为参考正弦量，则每相负载中的电流

$$\left.\begin{aligned}
\dot{I}_{\mathrm{A}} &= \frac{\dot{U}_{\mathrm{A}}}{Z_{\mathrm{A}}} = \frac{U_{\mathrm{A}}\angle 0^\circ}{|Z_{\mathrm{A}}|\angle\varphi_{\mathrm{A}}} = I_{\mathrm{A}}\angle -\varphi_{\mathrm{A}} \\
\dot{I}_{\mathrm{B}} &= \frac{\dot{U}_{\mathrm{B}}}{Z_{\mathrm{B}}} = \frac{U_{\mathrm{B}}\angle -120^\circ}{|Z_{\mathrm{B}}|\angle\varphi_{\mathrm{B}}} = I_{\mathrm{B}}\angle -120^\circ-\varphi_{\mathrm{B}} \\
\dot{I}_{\mathrm{C}} &= \frac{\dot{U}_{\mathrm{C}}}{Z_{\mathrm{C}}} = \frac{U_{\mathrm{C}}\angle 120^\circ}{|Z_{\mathrm{C}}|\angle\varphi_{\mathrm{C}}} = I_{\mathrm{C}}\angle 120^\circ-\varphi_{\mathrm{C}}
\end{aligned}\right\} \tag{4-2-1}$$

式中每相负载中的电流有效值为

$$I_{\mathrm{A}} = \frac{U_{\mathrm{A}}}{|Z_{\mathrm{A}}|}, I_{\mathrm{B}} = \frac{U_{\mathrm{B}}}{|Z_{\mathrm{B}}|}, I_{\mathrm{C}} = \frac{U_{\mathrm{C}}}{|Z_{\mathrm{C}}|} \tag{4-2-2}$$

各相负载的电压与电流之间的相位差分别为

$$\varphi_{\mathrm{A}} = \arctan\frac{X_{\mathrm{A}}}{R_{\mathrm{A}}}, \varphi_{\mathrm{B}} = \arctan\frac{X_{\mathrm{B}}}{R_{\mathrm{B}}}, \varphi_{\mathrm{C}} = \arctan\frac{X_{\mathrm{C}}}{R_{\mathrm{C}}} \tag{4-2-3}$$

其中 R_{A}、R_{B} 和 R_{C} 为各相负载的等效电阻，X_{A}、X_{B} 和 X_{C} 为各相负载的等效电抗。
中线的电流为

$$\dot{I}_{\mathrm{N}} = \dot{I}_{\mathrm{A}} + \dot{I}_{\mathrm{B}} + \dot{I}_{\mathrm{C}} \tag{4-2-4}$$

一、对称三相负载的星形连接

所谓负载对称，就是指各相阻抗相等，即

$$Z_{\mathrm{A}} = Z_{\mathrm{B}} = Z_{\mathrm{C}} = Z$$

其阻抗模和相位角分别相等。因为负载相电压是对称的，所以负载电流也是对称的。

$$I_{\mathrm{A}} = I_{\mathrm{B}} = I_{\mathrm{C}} = I_{\mathrm{P}} = \frac{U_{\mathrm{P}}}{|Z|}$$

$$\varphi_{\mathrm{A}} = \varphi_{\mathrm{B}} = \varphi_{\mathrm{C}} = \varphi = \arctan\frac{X}{R}$$

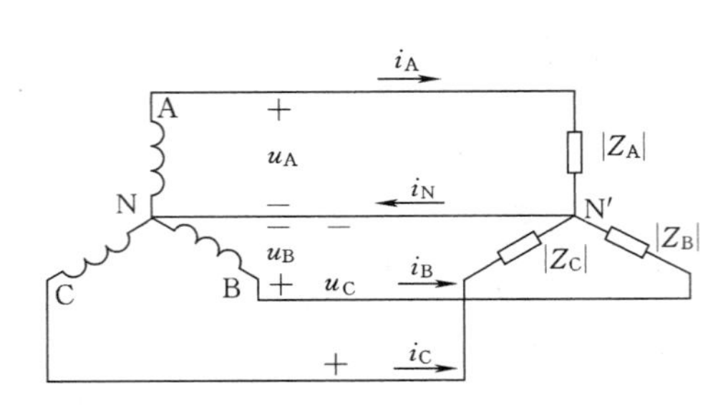

图 4-2-2　负载星形连接的三相四线制电路

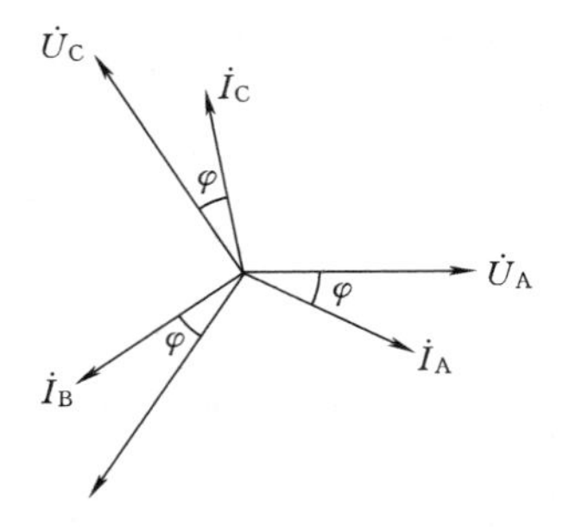

图 4-2-3　对称负载 Y 形连接时电压、电流相量图

因此，这时中性线电流等于零，即

$$\dot{I}_N = \dot{I}_A + \dot{I}_B + \dot{I}_C = 0$$

电压和电流的相量图如图 4-2-3 所示。

既然对称三相负载星形连接时，中线中没有电流通过，中线也就可以省去，而变成三相三线制电路。由于工农业生产上的三相负载（如三相电动机，三相电炉等）一般都是对称的，所以三相三线制在生产上得到广泛的应用。

【例 4-2-1】　有一星形连接的对称三相负载，每相阻抗为 $Z=45\angle 30^\circ\Omega$，电源电压对称，设 $u_{AB}=380\sqrt{2}\sin(\omega t+30^\circ)$，求各个相电流的三角函数式。

［解］　因为电源与负载均对称，所以各相电流也对称，只需计算一相电流，另外两相电流也就知道了，现计算 A 相。

有效值大小：线电压是相电压的$\sqrt{3}$倍，则相电压

$$U_A = U_{AB}/\sqrt{3} = 380/\sqrt{3} = 220\ (\mathrm{V})$$

相位：$\dot{U}_A$ 比 $\dot{U}_{AB}$滞后 30°，则

$$u = 220\sqrt{2}\sin\omega t \quad \mathrm{V}$$

$$\dot{I}_A = \frac{\dot{U}_A}{Z_A} = \frac{220\angle 0^\circ}{45\angle 30^\circ} = 4.9\angle -30^\circ$$

A 相电流的瞬时值表达式为

$$i_A = 4.9\sqrt{2}\sin(\omega t - 30^\circ) \quad \mathrm{A}$$

根据对称关系可直接得到其他两相电流

$$i_B = 4.9\sqrt{2}\sin(\omega t - 120^\circ - 30^\circ) = 4.9\sqrt{2}\sin(\omega t - 150^\circ) \quad \mathrm{A}$$

$$i_C = 4.9\sqrt{2}\sin(\omega t + 120^\circ - 30^\circ) = 4.9\sqrt{2}\sin(\omega t + 90^\circ) \quad \mathrm{A}$$

二、不对称三相负载的星形连接

当负载不对称时，即使电源电压对称，负载电流也不对称，这时中性线电流不等于零，中性线不能省。

【例 4-2-2】　图4-2-4电路中，电源电压对称，每相电压 $U_P=220\mathrm{V}$，负载为电灯组，在额定电压下其电阻分别为 $R_A=5\Omega$，$R_B=10\Omega$，$R_C=20\Omega$。试求负载相电压、负

载电流及中性线电流（电灯的额定电压为220V）。

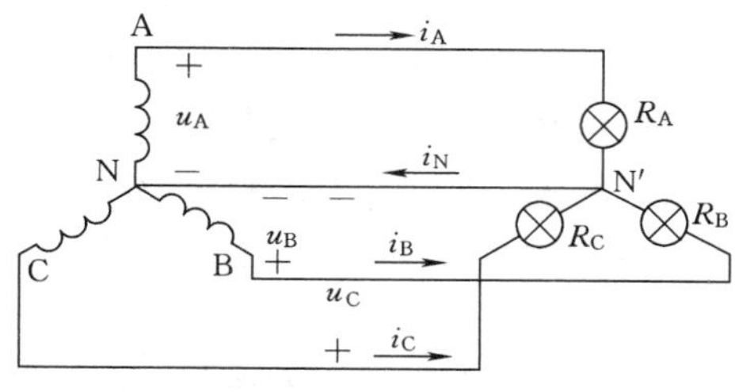

图 4-2-4 例 4-2-2 图

［解］ 在负载不对称而有中性线（其上电压降可忽略不计）的情况下，负载相电压和电源相电压相等，也是对称的，其有效值为 220V。

$$\dot{I}_A=\frac{\dot{U}_A}{R_A}=\frac{220\angle 0^\circ}{5}=44\angle 0^\circ\ (\mathrm{A})$$

$$\dot{I}_B=\frac{\dot{U}_B}{R_B}=\frac{220\angle -120^\circ}{10}=22\angle -120^\circ\ (\mathrm{A})$$

$$\dot{I}_C=\frac{\dot{U}_C}{R_C}=\frac{220\angle 120^\circ}{20}=11\angle 120^\circ\ (\mathrm{A})$$

根据图中电流的参考方向，中性线电流

$$\begin{aligned}\dot{I}_N&=\dot{I}_A+\dot{I}_B+\dot{I}_C=44\angle 0^\circ+22\angle -120^\circ+11\angle 120^\circ\\&=44+(-11-j18.9)+(-5.5+j9.45)\\&=27.5-j9.45\\&=29.1\angle -19^\circ\ (\mathrm{A})\end{aligned}$$

【例 4-2-3】 上例中，求下列情况下各相负载上的电压：

（1）A 相短路时；

（2）A 相短路而中性线又断开时［见图 4-2-5（a）］；

（3）A 相断开时；

（4）A 相断开而中性线也断开时［见图 4-2-5（b）］。

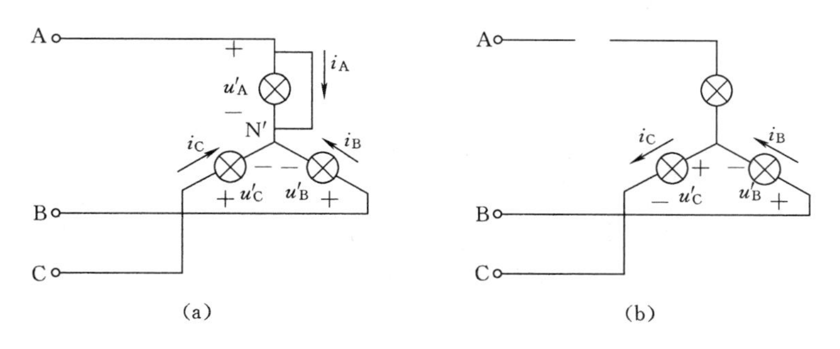

图 4-2-5 例 4-2-3 电路

［解］ （1）此时 A 相短路电流很大，将 A 相中的熔断器熔断，而 B 相和 C 相未受影响，其相电压仍为 220V。

（2）此时负载中性点 N′即为 A，A 相负载电压为零；B、C 相的相电压上升为线电压，即由 220V 变为 380V。在这种情况下，B 相与 C 相的电灯组上所加的电压都大大超过电灯的额定电压（220V），这是不容许的。

（3）A 相负载电压为零（因为没有电流）；B 相和 C 相未受影响。

（4）这时电路已成为单相电路，即 B 相的电灯组和 C 相的电灯组串联，接在线电压 $U_{BC}=380V$ 的电源上，两相电流相同。至于两相电压如何分配，决定于两相的电灯组电阻，根据串联电路分压公式计算。如果 B 相的电阻比 C 相的电阻小，则其相电压低于电灯的额定电压，灯光很暗。而 C 相的电压可能高于电灯的额定电压，会发生负载被烧毁现象，使 B 相负载也不能工作。因此，这也是不容许的。

通过以上的分析可知：

①负载不对称而又没有中线时，负载的相电压就不对称。有的相电压过高，有的相电压过低，因此不能正常工作，甚至会造成事故，所以三相负载的相电压必须对称；

②中线的作用就在于使星形连接的不对称负载的相电压对称，因此不对称负载时不能没有中线，而且中线不能接入熔断器和开关；

③ 对照明负载或其他单相负载而言，其功率和用电时间不可能完全相同，故照明电路必须用三相四线制。

4.2.2 三相负载的三角形连接

三角形连接就是把三相负载依次首尾相连接，然后将三个连接点分别接到三相电源的三根相线上，如图 4－2－6 所示。显然，这种连接方法只能是三相三线制。

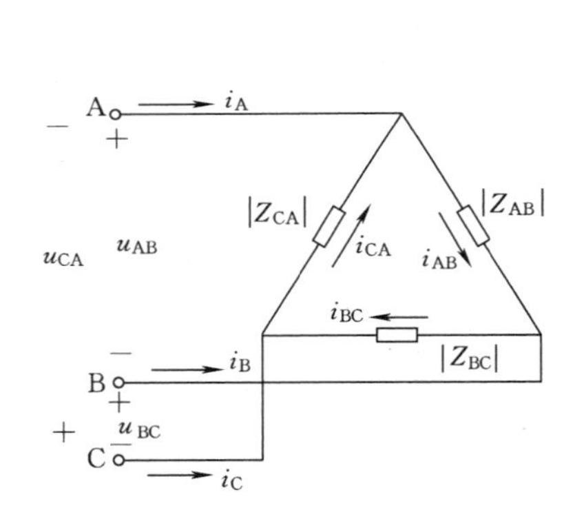

图 4－2－6　负载三角形连接电路

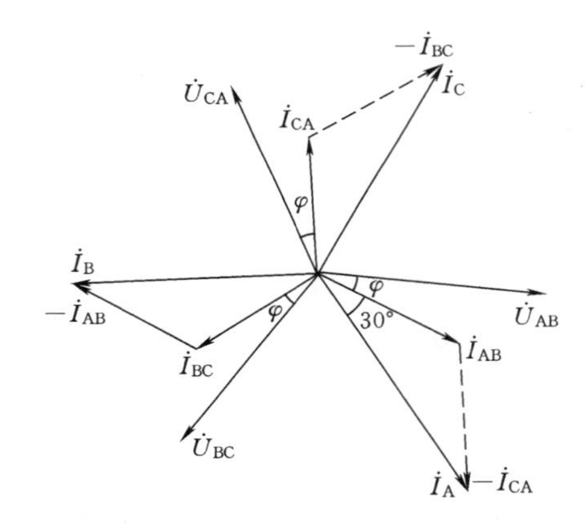

图 4－2－7　负载三角形连接相量图

由图可见，负载三角形连接时，每相负载上的相电压就是电源相应的线电压。因此，不论负载对称与否，它们的相电压总是对称的。即

$$U_{AB}=U_{BC}=U_{CA}=U_1=U_P$$

负载三角形连接时，相电流不等于线电流，负载中的相电流为

$$\dot{I}_{AB}=\frac{\dot{U}_{AB}}{Z_{AB}},\quad \dot{I}_{BC}=\frac{\dot{U}_{BC}}{Z_{BC}},\quad \dot{I}_{CA}=\frac{\dot{U}_{CA}}{Z_{CA}}$$

如果负载对称，即 $Z_{AB}=Z_{BC}=Z_{CA}=Z=|Z|\angle\varphi$ 时，因为线电压是对称的，相电压等于线电压，则相电流也是对称的，其相量如图 4－2－7 所示。

由基尔霍夫定律可知线电流为

$$\left.\begin{aligned}\dot{I}_A &= \dot{I}_{AB} - \dot{I}_{CA} \\ \dot{I}_B &= \dot{I}_{BC} - \dot{I}_{AB} \\ \dot{I}_C &= \dot{I}_{CA} - \dot{I}_{BC}\end{aligned}\right\}$$

相电流对称，则线电流也是对称的。由图 4-2-6 可得

$$\left.\begin{aligned}\dot{I}_A &= \sqrt{3}\dot{I}_{AB}\underline{/-30^\circ} \\ \dot{I}_B &= \sqrt{3}\dot{I}_{BC}\underline{/-30^\circ} \\ \dot{I}_C &= \sqrt{3}\dot{I}_{CA}\underline{/-30^\circ}\end{aligned}\right\}$$

线电流是相电流的$\sqrt{3}$倍，即 $I_l=\sqrt{3}I_P$，相位比相应的相电流滞后 30°。

【例 4-2-4】 图4-2-8中，电源为星形连接，相电压 $U_{PS}=220V$，负载为三角形连接的对称负载，$|Z|=19\Omega$，求负载的相电压和相电流，电源的线电压和线电流。

［**解**］ 电源为星形连接，故其线电压为

$$U_{lS}=\sqrt{3}U_{PS}=\sqrt{3}\times 220=380\ (V)$$

负载为三角形接法，其相电压等于电源线电压，则负载相电流为

$$I_P=\frac{U_{lS}}{|Z|}=\frac{380}{19}=20\ (A)$$

线电流为

$$I_l=\sqrt{3}I_P=\sqrt{3}\times 20=34.6\ (A)$$

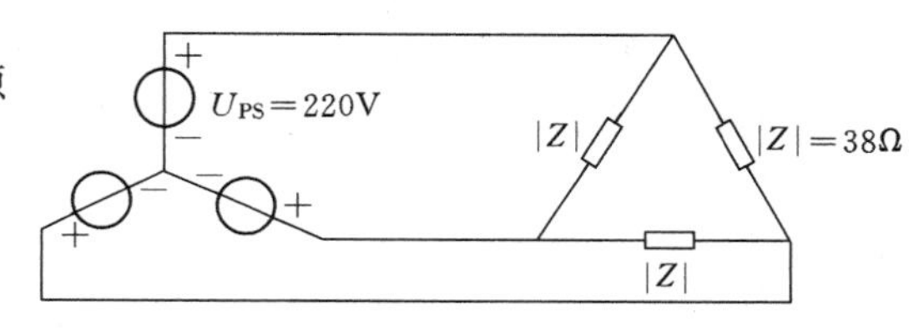

图 4-2-8 例 4-2-4 电路

【例 4-2-5】 线电压 U_l 为 380V 的三相电源上接有两组对称三相负载：一组是三角形连接的电感性负载，每相阻抗 $Z_\Delta=36.3\underline{/37^\circ}$；另一组是星形连接的电阻性负载，每相电阻 $R_Y=10\Omega$，如图 4-2-9 所示。试求：(1) 各组负载的相电流；(2) 电路线电流。

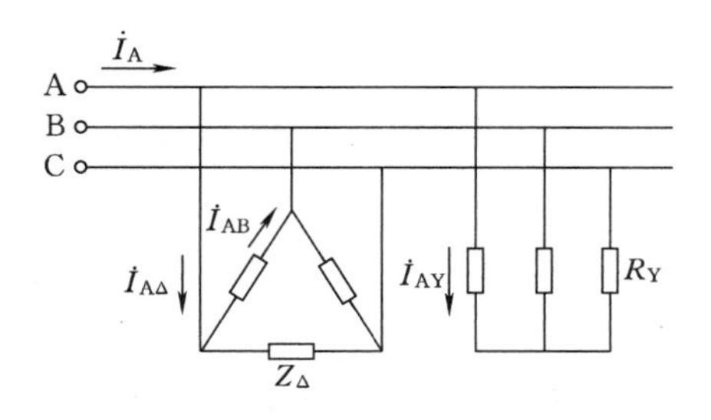

图 4-2-9 例 4-2-5 图

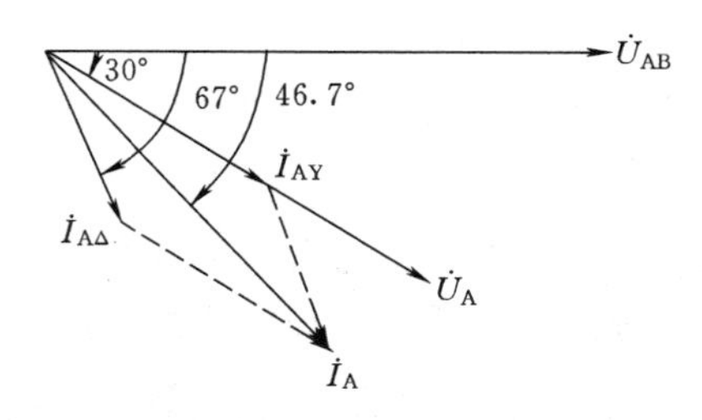

图 4-2-10 例 4-2-5 的相量图

［**解**］ 设线电压 $\dot{U}_{AB}=380\underline{/0^\circ}$ V，对三角形连接负载，相电压 $\dot{U}_P=\dot{U}_l=380\underline{/0^\circ}$ V。对星形连接负载，相电压 $\dot{U}_A=220\underline{/-30^\circ}$V。

(1) 由于三相负载对称，所以计算一相即可，其他两相可以推知。

对于三角形连接的负载，其相电流为

$$\dot{I}_{AB\Delta}=\frac{\dot{U}_{AB}}{Z_\Delta}=\frac{380\underline{/0^\circ}}{36.3\underline{/37^\circ}}=10.47\underline{/-37^\circ}\ (A)$$

对于星形连接的负载，其相电流即为线电流

$$\dot{I}_{AY}=\frac{\dot{U}_A}{R_Y}=\frac{220\angle-30^\circ}{10}=22\angle-30^\circ\ (A$$

（2）三角形连接的电感性负载的线电流

$$\dot{I}_{A\Delta}=10.47\sqrt{3}\angle-37^\circ-30^\circ=18.13\angle-67^\circ\ (A)$$

总的线电流为两组负载线电流之和（相量和）

$$\dot{I}_A=\dot{I}_{A\Delta}+\dot{I}_{AY}=18.13\angle-67^\circ+22\angle-30^\circ=38\angle-46.7^\circ\ (A)$$

注意：$\dot{I}_{A\Delta}$与$\dot{I}_{AY}$相位不同，不能错误地把22A和18.13A作数量相加作为电路线电流，两者相量相加。一相电压与电流的相量图如图4-2-10所示。

负载对称，电路线电流也是对称的。

4.3 三 相 功 率

三相负载和三相电源，不论采用三角形连接还是星形连接，也不论负载是否对称，三相电路的有功功率等于各相有功功率之和，即

$$P=P_A+P_B+P_C=U_AI_A\cos\varphi_A+U_BI_B\cos\varphi_B+U_CI_C\cos\varphi_C \tag{4-3-1}$$

如果负载对称，则有

$$P=3U_PI_P\cos\varphi \tag{4-3-2}$$

式中U_P和I_P为相电压与相电流的有效值，φ是相电压U_P与相电流I_P之间的相位差。

当对称负载星形连接时

$$U_P=\frac{U_l}{\sqrt{3}},\ I_P=I_l \tag{4-3-3}$$

当对称负载是三角形连接时

$$U_P=U_l,\ I_P=\frac{I_l}{\sqrt{3}} \tag{4-3-4}$$

将上述关系式代入式（4-3-2），可见无论对称负载为星形连接还是三角形连接，总有

$$P=\sqrt{3}U_lI_l\cos\varphi \tag{4-3-5}$$

应注意：上式中的φ角仍为相电压与相电流之间的相位差。

同理可得三相无功功率和视在功率

$$Q=3U_PI_P\sin\varphi=\sqrt{3}U_lI_l\sin\varphi \tag{4-3-6}$$

$$S=3U_PI_P=\sqrt{3}U_lI_l \tag{4-3-7}$$

【例4-3-1】 有一对称负载，每相等效电阻为$R=6\Omega$，等效感抗为$X_L=8\Omega$，接于线电压为380V的三相电源上，试求：（1）当负载星形连接时，消耗的功率是多少？（2）若负载为三角形连接时，消耗的功率又为多少？

［**解**］ （1）负载星形连接时

$$I_l=I_P=\frac{U_P}{|Z|}=\frac{\frac{U_l}{\sqrt{3}}}{\sqrt{R^2+X_L^2}}=\frac{\frac{380}{\sqrt{3}}}{\sqrt{6^2+8^2}}=22\ (A)$$

由阻抗三角形

$$\cos\varphi = \frac{R}{|Z|} = \frac{6}{\sqrt{6^2 + 8^2}} = 0.6$$

$$P = \sqrt{3}U_l I_l \cos\varphi \approx 8.7\text{kW}$$

（2）负载三角形连接时

$$I_P = \frac{U_P}{|Z|} = \frac{380}{\sqrt{6^2 + 8^2}} = 38\ (\text{A})$$

$$I_l = \sqrt{3}I_P = \sqrt{3} \times 38 = 65.8\ (\text{A})$$

$$\cos\varphi = \frac{R}{|Z|} = \frac{6}{\sqrt{6^2 + 8^2}} = 0.6$$

$$P = \sqrt{3}U_l I_l \cos\varphi \approx \sqrt{3} \times 380 \times 65.8 \approx 26\ (\text{kW})$$

【例 4-3-2】 例4-2-5中求三相有功功率。

［解］ 由例 4-2-5 有，线电压 $\dot{U}_{AB}=380\angle 0^\circ$ V，

三角形连接的负载，线电流 $\dot{I}_{A\Delta}=18.13\angle -67^\circ$ A

星形连接的负载，线电流 $\dot{I}_{AY}=22\angle -30^\circ$ A

则

$$\begin{aligned} P &= P_\Delta + P_Y = \sqrt{3}U_l I_{A\Delta}\cos\varphi_\Delta + \sqrt{3}U_l I_{AY} \\ &= \sqrt{3} \times 380 \times 18.13 \times 0.8 + \sqrt{3} \times 380 \times 22 \\ &= 9546 + 14480 = 24026(\text{W}) = 24\text{kW} \end{aligned}$$

注意：虽然由例 4-2-5 有总电流为 $\dot{I}_A=\dot{I}_{A\Delta}+\dot{I}_{AY}=38\angle -46.7^\circ$ A，但不能写成

$$P = \sqrt{3}U_l I_A \cos\varphi = \sqrt{3} \times 380 \times 38 \times \cos(-46.7^\circ) = 17150(\text{W}) = 17.15(\text{kW}) \neq 24\text{kW}$$

因为在式 $P=\sqrt{3}U_l I_l\cos\varphi$ 中，φ 仍为相电压与相电流之间的夹角。

小　　结

1. 幅值相等、频率相同、相位彼此相差 120°的三相电动势被称为三相对称电动势。三相电源分星形连接和三角形连接两种。当电源以三相四线制供电，可为负载提供两种电源电压，即线电压 U_l 和相电压 U_p。

2. 我国低压系统普遍使用 380/220V 系统的三相四线制电源，可向用户提供 380V 的线电压和 220V 的相电压。

3. 三相负载可接成星形或三角形，分对称负载和不对称负载。

4. 对称三相负载电路中的三相电压和三相电流均完全对称，因此计算时只需计算其中一相即可，其余两相由对称关系直接得出。

对称三相电路中线电压与相电压、线电流与相电流之间的关系是：

（1）负载星形连接时，$U_l=\sqrt{3}U_P$，$I_l=I_P$，线电压超前对应相电压 30°；

（2）负载三角形连接时，$U_l=U_P$，$I_l=\sqrt{3}I_P$，线电流滞后对应相电流 30°。

注意：不对称时 $I_l \neq \sqrt{3} I_P$。

对称三相电路的功率，无论负载是星形接法还是三角形接法，均有

$$\begin{cases} P = \sqrt{3} U_l I_l \cos\varphi \\ Q = \sqrt{3} U_l I_l \sin\varphi , \\ S = \sqrt{3} U_l I_l \end{cases} \quad \begin{cases} P = 3 U_P I_P \cos\varphi \\ Q = 3 U_P I_P \sin\varphi \\ S = 3 U_P I_P \end{cases}$$

其中 φ 为每相的功率因数，是相电压与相电流之间的夹角。

5. 负载不对称的星形连接必须要有中线，中线作用在于保证负载的相电压仍然对称；电路中的每相电流单独计算，负载不对称的三角形连接因负载相电压等于电源线电压，负载能正常工作。

6. 不对称三相电路中三相电流不对称，每相功率要分别计算。各相功率之和为三相功率。

习　　题

4-1　有一电源和负载都是星形连接的对称三相电路，已知电源相电压为 220V，负载每相阻抗模为 10Ω，试求负载的相电流、线电流，电源的相电流、线电流。(不计线路阻抗)

4-2　有一电源和负载都是三角形连接的对称三相电路，已知电源相电压为 220V，负载每相阻抗模为 10Ω，试求负载的相电流、线电流，电源的相电流、线电流。(不计线路阻抗)

4-3　有一三相对称负载，其每相的电阻 $R=8\Omega$，感抗 $X_L=6\Omega$。如果将负载连成星形接于线电压 $U_l=380V$ 的三相电源上，试求相电压、相电流及线电流。

4-4　某幢楼房有三层，计划在每层安装 10 盏 220V、100W 的白炽灯，用 380V 的三相四线制电源供电。(1) 画出合理的电路图。(2) 若所有白炽灯同时点燃，求线电流和中性线电流。(3) 如果只有第一层和第二层点燃，求中性线电流？

4-5　用线电压为 380V 的三相四线制电源给照明电路供电。白炽灯的额定值为 220V、100W，若 A、B 相各接 10 盏，C 相接 20 盏。(1) 求各相的相电流和线电流、中性线电流；(2) 画出电压、电流相量图。

4-6　同上题。(1) 若 L1 相输电线断开，求各相负载的电压和电流；(2) 若 L1 相输电线和中性线都断开，再求各相电压和电流，并分析各相负载的工作情况。

4-7　一个三相电阻炉，每相电阻为 10Ω，接在线电压为 380V 的三相四线制供电线路中。试分别求电炉接成 Y 或 Δ 时的线电流和消耗的功率。

4-8　额定功率为 2.4kW，功率因数为 0.6 的三相对称感性负载，由线电压为 380V 的三相电源供电，负载接法为△。问：(1) 负载的额定电压为多少？(2) 求负载的相电流和线电流。(3) 各相负载的复阻抗。

4-9　△接法的三相对称电路，已知线电压为 380V，每相负载的电阻 $R=24\Omega$，感抗 $X_L=18\Omega$。求负载的线电流，并画出各线电压、线电流的相量图。

4-10　某额定电压为 380/220V 的三相异步电动机，接法为 Y/△。(1) 试分析两种接法下的相电流之比、线电流之比和有功功率之比。(2) 通过分析，可得出什么结论？

4－11　在图 4－1 所示的电路中，三相四线制电源电压为 380/220V，接有对称星形连接的白炽灯负载，其总功率为 180W。此外，在 C 相上接有额定电压为 220V，功率为 40W 功率因数 $\cos\varphi=0.5$ 的日光灯一支。试求电流 $\dot{I}_A$、$\dot{I}_B$、$\dot{I}_C$ 及 $\dot{I}_N$。设 $\dot{U}_A=220\angle 0^\circ$ V。

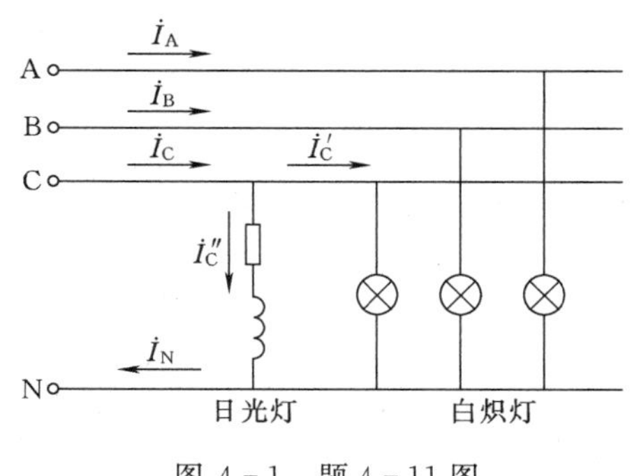

图 4－1　题 4－11 图

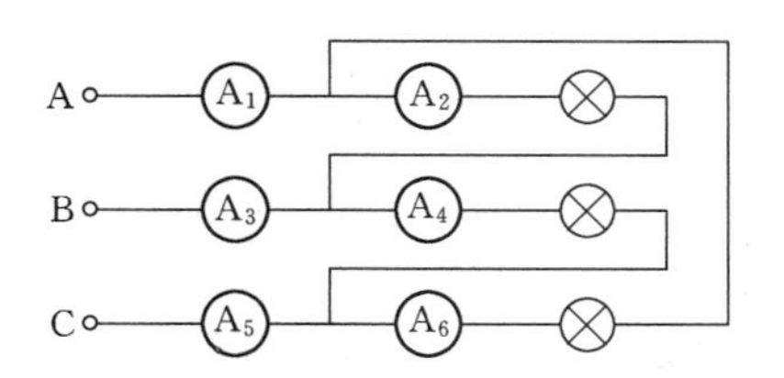

图 4－2　题 4－12 图

4－12　三相试验电路如图 4－2 所示，今测得电源线电压为 220V。(1) 若各相负载均为 2 盏 220V、100W 的白炽灯，各电流表的读数如何？(2) 若 A、B、C 各相负载分别为 2、4、6 盏 220V、100W 的白炽灯又如何？画出各相电流及线电流的相量图。

4－13　如上题，若 A 相线不慎断开，试分别计算以上两种情况下各相负载的电压。

*4－14　一台 380V，△接法的三相异步电动机，运行时测得输入功率为 50kW，功率因数为 0.7。为了使功率因数提高到 0.9，采用一组△接的电容器进行功率补偿，问：(1) 每相电容器的电容值是多少？耐压能力为多大？(2) 电路提高功率因数后线电流为多大？

*4－15　试画出上题电路图。若每相电容为 150μF，电路的功率因数提高到了多少？

4－16　一台额定相电压为 380V，额定功率为 4kW，功率因数为 0.84，效率为 0.89 的三相异步电动机，由线电压为 380V 的三相四线制电源供电。问：(1) 电动机绕组应如何连接？(2) 若在 B 相线和中性线间再接一个 220V、6kW 的单相电阻炉，试画出电路图，并计算 B 相输电线电流及中性线电流。

4－17　在线电压为 380V 的三相电源上，接两组电阻性对称负载，如图 4－3 所示，试求线路电流 I。

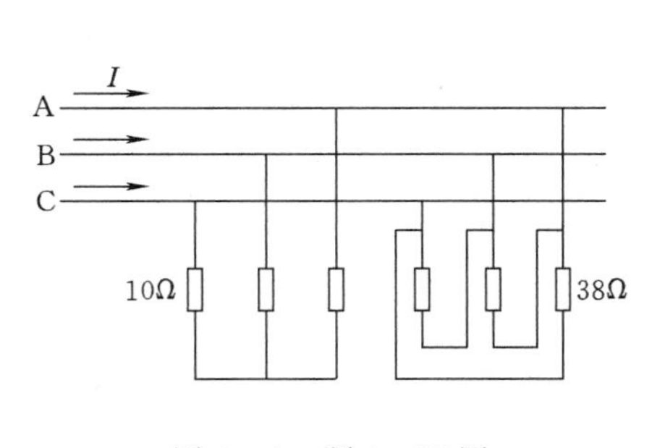

图 4－3　题 4－17 图

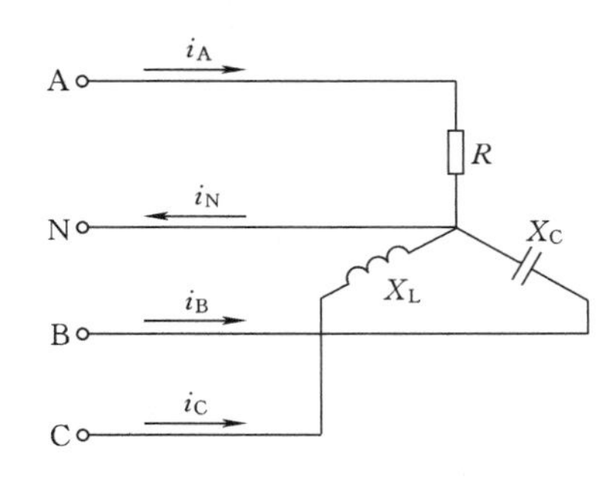

图 4－4　题 4－19 图

4－18　有一三相异步电动机，其绕组连成三角形，接在线电压 $U_l=380$V 的电源上，从电源所取用的功率 $P_1=11.43\text{kW}$，功率因数 $\cos\varphi=0.87$，试求电动机的相电流和线电流。

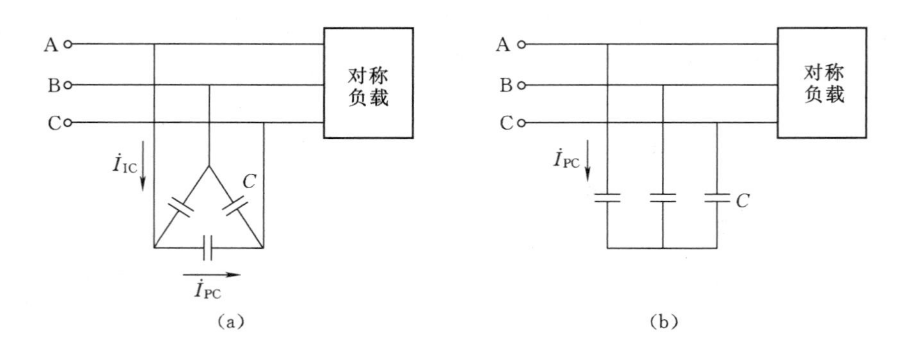

图 4-5　题 4-20 图

4-19　在图 4-4 中，电源线电压 $U_l=380\text{V}$。(1) 如果图中各相负载的阻抗都等于 10Ω，是否可以说负载是对称的？(2) 试求各相电流，并用电压与电流的相量图计算中性线电流。(3) 试求三相平均功率 P。

4-20　在图 4-5 所示电路中，电源线电压 $U_l=380\text{V}$，频率 $f=50\text{Hz}$，对称电感性负载的功率 $P=10\text{kW}$，功率因数 $\cos\varphi=0.5$。为了将线路功率因数提高到 $\cos\varphi=0.9$，试问在两图中每相并联的补偿电容器的电容值各为多少？采用哪种连接（三角形或星形）方式较好？（提示，每相电容 $C=\dfrac{P\ (\tan\varphi_1-\tan\varphi)}{3\omega U^2}$，式中 P 为三相功率，U 为每相电容上所加电压）

第5章 电路的过渡过程

本章首先介绍电路的瞬态过程的概念及其产生的原因，讨论具有储能元件——电容C和电感L的电路，重点分析RC和RL一阶线性电路的瞬态过程。介绍零输入响应、零状态响应、暂态响应、稳态响应、全响应等重要概念。电路分析方法以三要素法为主。

5.1 稳态与暂态

前面各章讨论分析的是直流或周期电流的电路，当激励源的值为恒定或作周期性变化时，电路中的电压和电流等物理量也都是恒定或按周期性规律变化。电路的这种工作状态称为稳定状态，简称**稳态**。

自然界中的事物，从一种稳定状态转变为另外一种稳定状态需要一定的时间，如电动机从静止状态到某一恒定转速要经历一定的时间，即能量不能突变。**过渡过程**就是从一种稳定状态转变到另一种稳定状态的中间过程。

对于电路，如果其工作条件发生改变时，例如电路的接通、断开以及电路的参数、结构、电源的突然改变等，电路将从一种稳定状态变化到另一种稳定状态。这种变化不是瞬时完成，需要一定的时间，这段时间称为**过渡过程**。因为电路的过渡过程往往为时短暂，所以也称为**暂态过程**（简称**暂态**）或瞬态过程（简称瞬态）。电路的接通、断开以及电路的参数、结构、电源的突然改变称为**换路**。

然而，并不是所有的电路在换路时都产生过渡过程。例如，在纯电阻电路中，电路换路时，电路中的电压、电流等物理量不需要经过时间就能达到新的稳定状态，没有过渡过程。换路只是产生过渡过程的外因，产生过渡过程的内因是电路中存在**储能元件**——电感和电容，储能元件中的能量不能跃变。能量的积累或衰减都需要一定的时间，否则意味着无穷大功率的存在，即$\frac{\mathrm{d}W}{\mathrm{d}t}=\infty$。显然，无穷大的功率是不存在的。

当换路时，电能不能跃变，这反映在电容元件上的电压不能跃变；磁能不能跃变，这反映在电感元件上的电流不能跃变，它们都是时间的连续函数。

电路中的过渡过程一般来说是很短暂的，如几秒甚至若干微秒或纳秒。但是分析过渡过程却十分重要。一方面，可用一些特定的过渡过程来解决某些技术问题，如用电路的过渡过程可以实现振荡信号的产生、信号波形的变换、电子继电器的延时动作、晶闸管的触发控制、电动机利用加速电容起动等；另一方面，过渡过程中还可能出现不利于电路工作的情况，例如某些电路在接通或断开时会产生过高的电压和过大的电流，这种电压和电流称之为**过电压**和**过电流**。过电压可能击穿电气设备的绝缘，过电流可能产生过大的机械力或引起电气设备和器件的局部过热，从而使其遭受机械损坏和热损坏。

对电路的过渡过程进行分析，就是要研究在过渡过程中，电路各部分电压、电流随时间变化的规律，以及与电路参数的关系。

5.2 换路定律与电流电压的初值

上面已提到，产生过渡过程的内因是电路中储能元件（电感和电容）中的能量不能跃变，只能逐渐变化，因而电容元件上的电压 u_C 和电感元件上的电流 i_L 不能跃变，它们都是时间的连续函数。

设换路发生在 $t=0$ 时刻，用 $t=0_-$ 表示换路前的终了瞬间，$t=0_+$ 表示换路后的初始瞬间，那么从 $t=0_-$ 到 $t=0_+$ 即换路前后瞬间，电感元件中的电流和电容元件两端的电压应该分别相等，这就是换路定律。如果用 $u_C(0_-)$ 和 $u_C(0_+)$ 分别表示换路前后瞬间电容元件两端的电压，$i_L(0_-)$ 和 $i_L(0_+)$ 分别表示换路前后瞬间电感元件中的电流，则换路定律可用如下数学表达式表示

$$\left.\begin{aligned} i_L(0_-) &= i_L(0_+) \\ u_C(0_-) &= u_C(0_+) \end{aligned}\right\} \tag{5-2-1}$$

换路定律反映了换路时电路中的能量守恒关系，它仅适用于换路瞬间。且只对 u_C 和 i_L 具有约束作用，电路中其他电压、电流不受换路定律约束，因此可以发生跃变。

在分析电路的过渡过程时，常常要确定电路的初始值。电路过渡过程的初始瞬间是 $t=0_+$ 时刻。根据换路定律可确定 $t=0_+$ 时电路中的电压值和电流值，即过渡过程的初始值。确定各个电压和电流初始值的方法是：先由换路前（$t=0_-$）的电路求出 u_C（0_-）和 i_L（0_-），再根据换路定律确定换路后电容电压的初始值 u_C（0_+）和电感电流的初始值 i_L（0_+），然后由换路后（$t=0_+$）的电路再求出其他电压和电流的初始值。

【例 5-2-1】 电路如图5-2-1所示。$t=0$ 时开关 S 由 b 点投向 a 点。已知 $U_s=12V$，$R_1=2\Omega$，$R_2=6\Omega$，$R_3=3\Omega$，换路前电路已处于稳态。求换路瞬间各元件上的电压和电流。

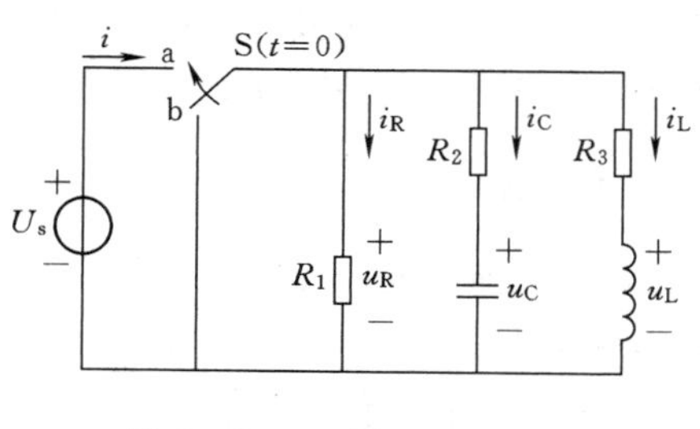

图 5-2-1 例 5-2-1 图

［解］ 已知换路前开关位于 b 点且电路已处于稳态，故电容元件两端的电压、电感元件中的电流为零，即

$$u_C(0_-)=0,\ i_L(0_-)=0$$

电容中的电流、电感两端的电压为

$$i_C(0_-)=0,\ u_L(0_-)=0$$

电阻元件上的电流、电压分别为

$$i_R(0_-)=0,\ u_R(0_-)=0$$

在 $t=0$ 时刻，开关 S 由 b 点投向 a 点，这时电路与直流电源接通。根据换路定律可得

$$u_C(0_+)=u_C(0_-)=0$$

$$i_L(0_+)=i_L(0_-)=0$$

由换路后电路可得

$$i_C(0_+) = \frac{U_s - u_C(0_+)}{R_2} = \frac{12-0}{6} = 2\ (A)$$

$$u_L(0_-) = U_s - i_L(0_+)R_3 = 12 - 0 = 12\ (V)$$

$$u_R(0_+) = U_s = 12V$$

$$i_R(0_+) = \frac{U_s}{R_1} = \frac{12}{2} = 6\ (A)$$

【例 5-2-2】 确定图 5-2-2 所示电路中各个电压和电流的初始值。设换路前电路处于稳态。

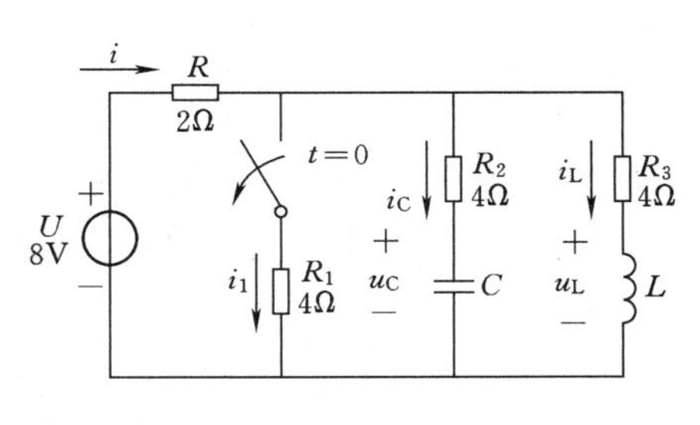

图 5-2-2　例 5-2-2　电路

[解]　先由 $t=0_-$ 的电路［见图 5-2-3 (a)］，电容元件视作开路，电感元件视作短路，根据并联电路分流关系求得

$$i_L(0_-) = \frac{R_1}{R_1+R_3} \times \frac{U}{R + \frac{R_1R_3}{R_1+R_3}}$$

$$= \frac{4}{4+4} \times \frac{8}{2+\frac{4\times 4}{4+4}} = 1\ (A)$$

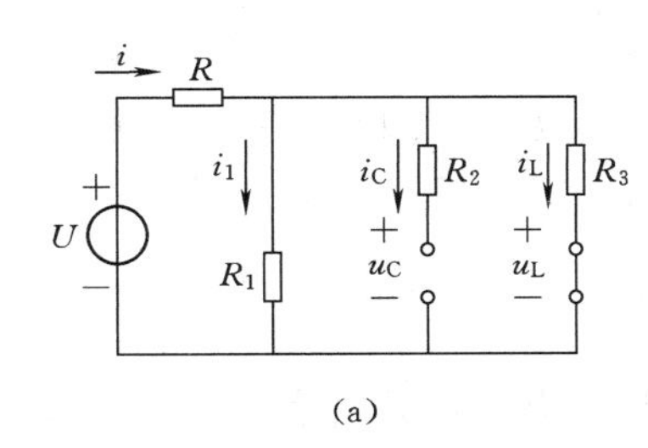

(a)

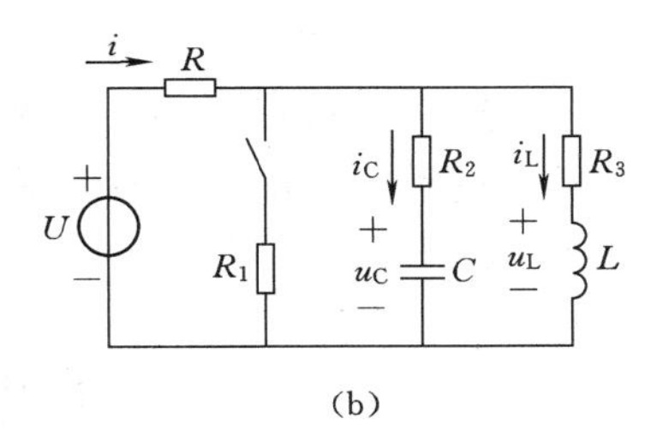

(b)

图 5-2-3　例 5-2-2　求解的电路

(a) $t=0_-$；(b) $t=0_+$

$$u_C(0_-) = R_3 i_L(0_-) = 4 \times 1 = 4\ (V)$$

在 $t=0_+$ 的电路中，

$$u_C(0_+) = u_C(0_-) = 4\ V$$

$$i_L(0_+) = i_L(0_-) = 1A$$

于是由图 5-2-3 (b) 可列出

$$\begin{cases} U = Ri(0_+) + R_2 i_C(0_+) + u_C(0_+) \\ i(0_+) = i_C(0_+) + i_L(0_+) \end{cases}$$

即

$$\begin{cases} 8 = 2i(0_+) + 4i_C(0_+) + 4 \\ i(0_+) = i_C(0_+) + 1 \end{cases}$$

解之得

$$i_C(0_+) = \frac{1}{3}A,\ i(0_+) = 1\frac{1}{3}A$$

并可得出

$$u_L(0_+) = R_2 i_C(0_+) + u_C(0_+) - R_3 i_L(0_+)$$
$$= 4 \times \frac{1}{3} + 4 - 4 \times 1 = 1\frac{1}{3}\ (\mathrm{V})$$

由上可知，u_C (0_-) $=u_C$ (0_+)，不能跃变；而 i_C (0_-) $=0$，i_C (0_+) $=\frac{1}{3}$A，是可以跃变的。i_L (0_-) $=i_L$ (0_+)，不能跃变；而 u_L (0_-) $=0$，u_L (0_+) $=1\frac{1}{3}$V，是可以跃变的。此外，i (0_-) $=2$A，而 i (0_+) $=1\frac{1}{3}$A，也是可以跃变的。

因此，计算 $t=0_+$ 时电压和电流的初始值，只需计算 $t=0_-$ 时的 i_L (0_-) 和 $u_C=$ (0_-)，因为它们不能跃变，即为初始值，而 $t=0_-$ 时的其余电压和电流都与初始值无关，不必去求。

现将换路瞬间电路各元件电流、电压变化规律总结如下：

(1) 在直流电路中，若在换路前电路已处于稳态，则电容中的电流为零，相当于开路；电感两端电压为零，相当于短路。

(2) 换路瞬间电容两端的电压不能跃变，但其中的电流可以跃变；电感中的电流不能跃变，但其端电压可以跃变；电阻元件中的电流和端电压均可以跃变。

(3) 储能元件没有初始储能时，即 $u_C(0_-)=0$、$i_L(0_+)=0$ 时，换路后的瞬间，电容元件相当于短路，电感元件相当于开路；当储能元件有初始储能时，即 $u_C(0_-)=U_0$，$i_L(0_+)=I_0$ 时，换路后的瞬间，电容元件可看成一个电压为 U_0 的恒压源，电感元件可看成一个电流为 I_0 的恒流源。

5.3 一阶 RC 电路的过渡过程

分析过渡过程的基本方法是经典法，即利用欧姆定律和基尔霍夫定律列出微分方程，根据已知条件求解。由于电路的激励和响应都是时间的函数，所以这种分析也是时域分析。

只含有一个元件或可等效为一个储能元件的电路，其过渡过程可以用一阶微分方程描述，这种电路称为**一阶电路**。

5.3.1 一阶 RC 电路过渡过程的微分方程和三要素公式

图 5-3-1 是一个 RC 电路。设在 $t=0$ 时开关 S 闭合，则可利用基尔霍夫定律列出开关 S 闭合后过渡过程的回路电压方程

$$iR + u_C = U_s \qquad (5-3-1)$$

由于电容上的电流为

$$i = C\frac{\mathrm{d}u_C}{\mathrm{d}t}$$

所以有

$$RC\frac{\mathrm{d}u_C}{\mathrm{d}t} + u_C = U_s \qquad (5-3-2)$$

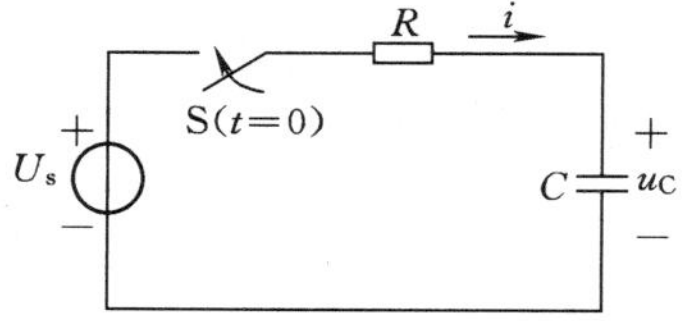

图 5-3-1 一阶 RC 电路

式（5－3－2）是一阶常系数非齐次线性微分方程。解此方程可以得到电容电压 u_C。

从数学分析可知，式（5－3－2）的解（全解）由特解 u'_C 和通解 u''_C 两部分构成，即

$$u_C = u'_C + u''_C \tag{5-3-3}$$

因为特解是满足式（5－3－2）的任何一个解，通常取电路的稳态值作为特解，所以特解也称为**稳态分量**（又称强制分量），它由电路变化过程结束以后的值来确定，即

$$u'_C = u_C(t)\Big|_{t=\infty} = u_C(\infty) \tag{5-3-4}$$

u''_C 为式（5－3－2）对应的齐次方程

$$RC\frac{du_C}{dt} + u_C = 0 \tag{5-3-5}$$

的通解，其解的形式是

$$u''_C = Ae^{pt} \tag{5-3-6}$$

其中 A 为待定系数，p 为齐次方程对应的特征方程 $RCp+1=0$ 的根，即

$$p = -\frac{1}{RC} = -\frac{1}{\tau} \tag{5-3-7}$$

式（5－3－7）中，$\tau=RC$ 称为 RC 电路的**时间常数**，单位为秒。可见 u''_C 是一个时间的指数函数，从电路来看，它只是在变化过程中出现的，所以通常称 u''_C 为暂态分量（又称自由分量）。

因此，式（5－3－2）的全解为

$$u_C(t) = u'_C + u''_C = u_C(\infty) + Ae^{-\frac{t}{\tau}} \tag{5-3-7a}$$

式（5－3－7）中常数 A 可由初始值来确定。由换路定律可求出 $u_C(0_+)$，在 $t=0_+$ 时

$$u_C(0_+) = u_C(\infty) + A$$

得

$$A = u_C(0_+) - u_C(\infty) \tag{5-3-8}$$

将式（5－3－8）代入式（5－3－7a）可得

$$u_C(t) = u_C(\infty) + [u_C(0_+) - u_C(\infty)]e^{-\frac{t}{\tau}} \tag{5-3-9}$$

式（5－3－9）为求一阶 RC 电路过渡过程中电容电压的通式。从式（5－3－9）可以看出，只要知道 $u_C(0_+)$，$u_C(\infty)$ 和 τ 这三个要素，就能够方便地得出 $u_C(t)$。这种利用三要素来得出一阶线性微分方程全解的方法即所谓的**三要素法**。而前述通过微分方程求解的方法一般称作**经典法**。

一阶 RC 电路中其他支路电压或电流也具有和式（5－3－9）相同的形式。可将（5－3－9）改写成如下的一般形式

$$f(t) = f(\infty) + [f(0_+) - f(\infty)]e^{-\frac{t}{\tau}} \tag{5-3-10}$$

因此，只要求出初始值 $f(0_+)$、稳态值 $f(\infty)$ 和时间常数 τ 这三个要素，就可利用式（5－3－10）得出所求物理量的全解。式（5－3－10）为分析一阶电路的**三要素公式**。

【例 5－3－1】 电路如图5－3－2（a）所示。已知 $U_s=12\text{V}$，$R_1=3\text{k}\Omega$，$R_2=6\text{k}\Omega$，$C=20\mu\text{F}$，$t=0$ 时开关闭合。换路前电路已处于稳态。求换路后电容上的电压 u_C。

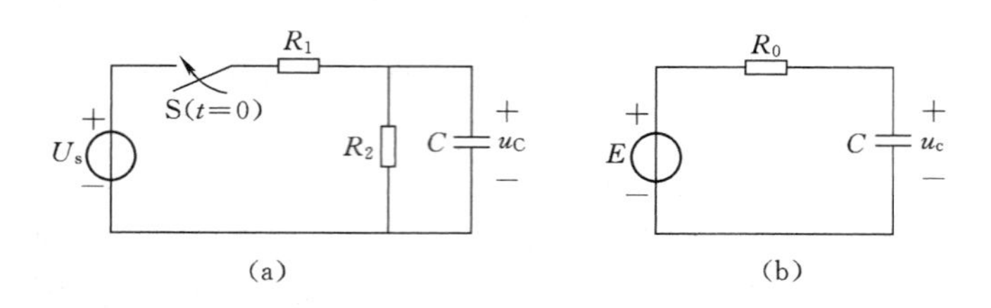

图 5-3-2　例 5-3-1 图

［解］　本题采用三要素法来求解。由已知条件，换路前电路已处于稳态，故

$$u_C(0_-)=0$$

根据换路定律，可得电容上电压的初始值

$$u_C(0_+)=u_C(0_-)=0$$

换路后达到稳态时

$$u_C(\infty)=\frac{R_2}{R_1+R_2}U_s=\frac{6}{3+6}\times 12=8\ (\mathrm{V})$$

电阻 R_1 和 R_2 都在换路后的电路中，因此时间常数与 R_1 和 R_2 都有关。可用戴维南定理把电容 C 以外的有源二端网络化为一个等效电压源，则图 5-3-2（a）所示电路等效成图 5-3-2（b）所示电路，其中等效电阻为

$$R_0=\frac{R_1R_2}{R_1+R_2}=\frac{3\times 6}{3+6}=2\ (\mathrm{k\Omega})$$

等效电动势［即 $u_C(\infty)$］为

$$E=\frac{R_2}{R_1+R_2}U_s=\frac{6}{3+6}\times 12=8\ (\mathrm{V})$$

由图 5-3-2（b）得出时间常数 $\tau=R_0C=2\times 10^3\times 20\times 10^{-6}=40\times 10^{-3}$（s）

从而可用三要素法得

$$\begin{aligned}u_C(t)&=u_C(\infty)+[u_C(0_+)-u_C(\infty)]\mathrm{e}^{-\frac{t}{\tau}}\\&=8+(0-8)\mathrm{e}^{-\frac{t}{40\times 10^{-3}}}\\&=8(1-\mathrm{e}^{-25t})\ (\mathrm{V})\end{aligned}$$

【例 5-3-2】　在图5-3-3中，开关长期合在位置 1 上，如在 $t=0$ 时把它合到位置 2 后，试求电容元件上的电压 u_C。已知 $R_1=1\mathrm{k\Omega}$，$R_2=2\mathrm{k\Omega}$，$C=3\mu\mathrm{F}$，电压源 $U_1=3\mathrm{V}$ 和 $U_2=5\mathrm{V}$。

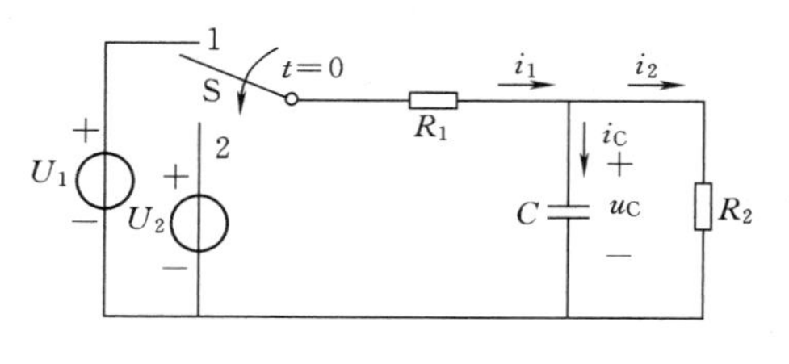

图 5-3-3　例 5-3-2 图

［解］　（1）确定 u_C 的初始值

$$u_C(0_+)=u_C(0_-)=\frac{U_1R_2}{R_1+R_2}=\frac{3\times(2\times 10^3)}{(1+2)\times 10^3}=2\ (\mathrm{V})$$

（2）确定 u_C 的稳态值

$$u_C(\infty)=\frac{U_2R_2}{R_1+R_2}=\frac{5\times(2\times 10^3)}{(1+2)\times 10^3}=\frac{10}{3}\ (\mathrm{V})$$

(3) 确定电路的时间常数

等效电阻为换路后从电容两端看进去的电阻（理想电压源短路，理想电流源开路）。

$$\tau = \frac{R_1 R_2}{R_1 + R_2} C = \frac{1 \times 2}{1+2} \times 10^3 \times 3 \times 10^{-6} = 2 \times 10^{-3} (\mathrm{s})$$

于是根据三要素公式可写出

$$u_C = \frac{10}{3} + \left(2 - \frac{10}{3}\right) e^{-\frac{t}{2\times 10^{-3}}} = \frac{10}{3} - \frac{4}{3} e^{-500t} (\mathrm{V})$$

在用三要素法求解一阶 RC 电路时应注意以下几点：

①根据换路定律，换路前后瞬间电容上的电压保持不变。因此，电容上电压的初始值 $u_C(0_+)$应由换路前瞬间的值 $u_C(0_-)$来确定。其他物理量的初始值则由 $u_C(0_+)$求出。

②电容上电压的稳态值 $u_C(\infty)$由换路后到达稳态时的电路求得。对于直流信号来说，稳态时电容相当于开路。

③在一阶 RC 电路中，时间常数 $\tau=RC$，但是其中的电阻 R 和电容 C 是指换路后如图 5-3-1 所示标准形式电路中的等效值。如果换路后的电路中含有多个电阻或电容，应采用适当的方法化简，求出等效电阻、电容，然后计算时间常数。

5.3.2　一阶 RC 电路过渡过程的分析

在电路分析中，通常将电路从电源（包括信号源）输入的信号统称为**激励**。激励有时又称输入。电路在外部激励作用下，或者在内部储能的作用下所产生的电压或电流称为**响应**。

响应有时又称输出。按照产生响应的原因，可将响应分为**零输入响应**、**零状态响应**和**全响应**。下面分别对一阶 RC 电路的零输入响应、零状态响应和全响应予以讨论。

一、RC 电路零输入响应

所谓 RC 电路的零输入，是指无电源激励，输入信号为零。在此条件下，由电容元件的初始状态 u_C (0_+) 所产生的电路的响应，称为零输入响应。

分析 RC 电路的零输入响应，实际上就是分析它的放电过程。图 5-3-4 (a) 是一 RC 串联电路。在换路前，开关 S 是合在位置 a 上的，电源对电容元件充电，在 $t=0$ 时将开关从位置 a 合到位置 b，使电路脱离电源，输入信号为零。此时，电容元件已储有能量，其上电压的初始值 u_C (0_+) $=U_0$，于是电容元件经过电阻 R 开始放电。

换路后达到稳态时，电容放电结束，$u_C(\infty)=0$。电路的时间常数 $\tau=RC$。根据三要

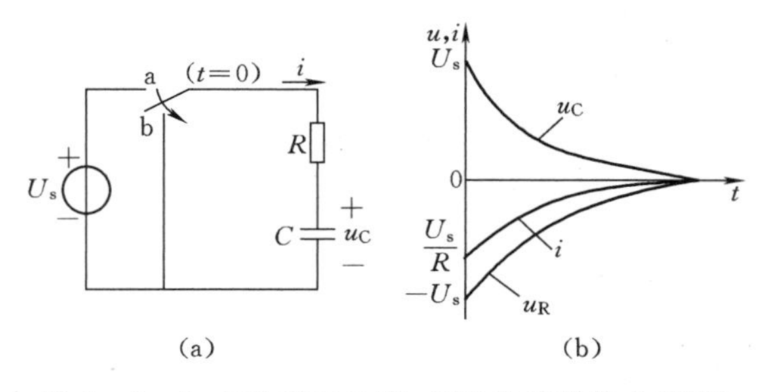

图 5-3-4　RC 放电电路（RC 电路零输入响应）

素公式，可求出电容两端电压的零输入响应

$$\begin{aligned}u_C(t)&=u_C(\infty)+[u_C(0_+)-u_C(\infty)]e^{-\frac{t}{\tau}}\\&=0+(U_s-0)e^{-\frac{t}{RC}}\\&=U_s e^{-\frac{t}{RC}}\end{aligned}\tag{5-3-11}$$

电容放电电流

$$i=C\frac{du_C}{dt}=-\frac{U_s}{R}e^{-\frac{t}{RC}}\tag{5-3-12}$$

电阻两端的电压

$$u_R(t)=Ri=-U_s e^{-\frac{t}{RC}}\tag{5-3-13}$$

u_C、u_R 和 i 随时间变化的曲线如图 5-3-4（b）所示。u_C、u_R、i 随时间按指数规律逐渐衰减至零。

当 $t=\tau$ 时，则

$$u_C=U_s e^{-1}=\frac{U_s}{2.718}=(36.8\%)U_s\tag{5-3-14}$$

可见时间常数 τ 等于电压 u_C 衰减到初始值 U_s 的 36.8%所需的时间。从理论上讲，电路只有经过 $t=\infty$ 的时间才能达到稳定。但是，由于指数曲线开始变化较快，而后逐渐缓慢。实际上经过 $t=5\tau$ 的时间，就足可认为达到稳定状态了。这时

$$u_C=U_s e^{-5}=0.007U_s=(0.7\%)U_s$$

时间常数 τ 愈大，u_C 衰减（电容器放电）愈慢。因为在一定初始电压 U_s 下，电容 C 愈大，则储存的电荷愈多，而电阻 R 愈大，则放电电流愈小。这都促使放电变慢。因此，改变 R 或 C 的数值，也就是改变电路的时间常数，就可以改变电容器放电的快慢。

【例 5-3-3】 在图5-3-5中，开关长期合在位置 1 上，如在 $t=0$ 时把它合到位置 2 后，试求电容器上电压 u_C 及放电电流 i。已知 $R_1=1\text{k}\Omega$，$R_2=2\text{k}\Omega$，$R_3=3\text{k}\Omega$，$C=1\mu\text{F}$，电流源 $I=3\text{mA}$。

[解] 在 $t=0_-$ 时，$u_C(0_-)=R_2I=2\times10^3\times3\times10^{-3}=6$（V）

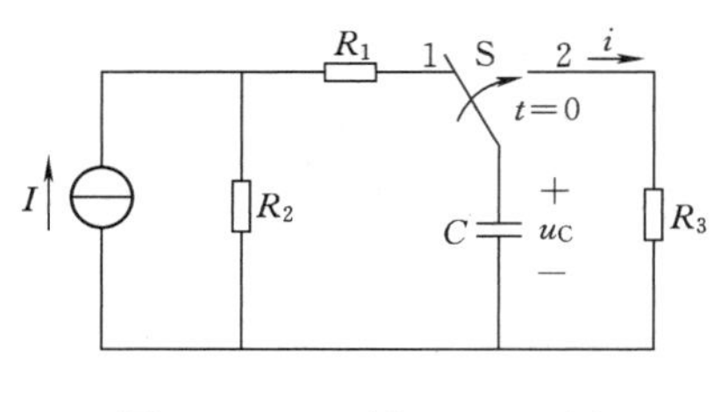

图 5-3-5 例 5-3-3 图

如果 i 和 u_C 的参考方向像图中所标的那样，则 $t\geqslant0$ 时

$$R_3 i-u_C=0$$

$$i=-C\frac{du_C}{dt}$$

由此得

$$R_3C\frac{du_C}{dt}+u_C=0$$

于是得

$$u_C=Ae^{-\frac{1}{R_3C}t}=6e^{-\frac{1}{3\times10^{-3}}t}=6e^{-3.3\times10^2t}(\text{V})$$

而电流

$$i=-C\frac{du_C}{dt}=2\times10^{-3}e^{-\frac{1}{3\times10^{-3}}t}A=2e^{-3.3\times10^2t}(\text{mA})$$

式中

$$\tau = R_3C = 3\times10^3\times1\times10^{-6} = 3\times10^{-3}(\mathrm{s})$$

本题如果直接用三要素公式：

由 $u_C(0_+)=u_C(0_-)=R_2I=2\times10^3\times3\times10^{-3}=6\mathrm{V}$，$u_C(\infty)=0$，$\tau=R_3C=3\times10^{-3}\mathrm{s}$

得

$$u_C(t)=u_C(\infty)+[u_C(0_+)-u_C(\infty)]e^{-\frac{t}{\tau}}$$

$$=0+[6-0]e^{-\frac{t}{3\times10^{-3}}}=6e^{-3.3\times10^2t}(\mathrm{V})$$

显然要简单得多。

二、RC 电路零状态响应

零状态响应是指电路没有初始储能，仅由外界激励产生的响应。RC 电路的零状态响应，实际上就是它的充电过程。

电路如图 5－3－6（a）所示。开关 S 闭合前，电容器中无初始储能，即 $u_C(0_-)=0$，这种情况称为电路的零初始状态，简称零状态。$t=0$ 时开关 S 闭合，直流电源与 RC 电路接通并通过电阻 R 对电容 C 充电。这时电路中发生的暂态过程称为零状态响应。当开关闭合后达到稳态时，电路充电结束，$u_C(\infty)=U_s$。电路的时间常数 $\tau=RC$。研究零状态响应就是研究电路接通后 u_C、u_R、i 随时间变化的规律。

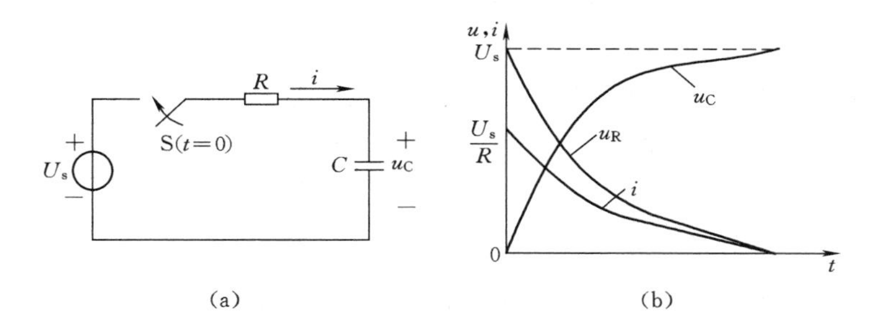

图 5－3－6　RC 电路的零状态响应

根据三要素公式，可求出电容两端电压的零状态响应

$$u_C(t)=u_C(\infty)+[u_C(0_+)-u_C(\infty)]e^{-\frac{t}{\tau}}$$

$$=U_s+(0-U_s)e^{-\frac{t}{RC}}$$

$$=U_s(1-e^{-\frac{t}{RC}}) \tag{5-3-15}$$

电容充电电流

$$i=C\frac{du_C}{dt}=\frac{U_s}{R}e^{-\frac{t}{RC}} \tag{5-3-16}$$

电阻两端的电压

$$u_R(t)=Ri=U_se^{-\frac{t}{RC}} \tag{5-3-17}$$

u_C、u_R、i 随时间变化的曲线如图 5－3－6（b）所示。u_C 随时间按指数规律逐渐增大，最后趋于电源电压 U_s，而 u_R 和 i 均随时间按指数规律逐渐衰减至零。

三、全响应

所谓 RC 电路的**全响应**，是指电源激励和电容元件的初始状态 $u_C(0_+)$ 均不为零时电路的响应，也就是零输入响应与零状态响应两者的叠加。

在图 5-3-7（a）所示电路中，开关 S 处于位置 a 时，电容充电到 U_0，即 $u_C(0_-)=U_0$。当 $t=0$ 时，将开关 S 投向位置 b，RC 电路与 U_0 断开，同时接通激励源 U_s，该电路的响应是由储能元件和激励 U_s 共同作用的结果，因此称为电路的全响应。换路后到达稳态时 $u_C(\infty)=U_s$。电路的时间常数 $\tau=RC$。

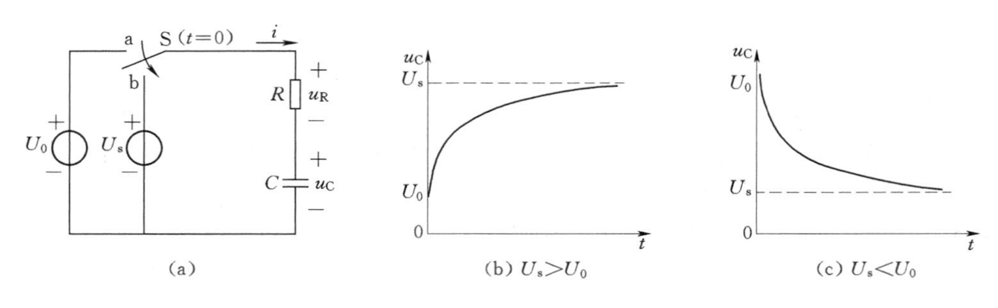

图 5-3-7　RC 电路的全响应

根据三要素公式，可求出电容两端电压的全响应

$$u_C(t)=u_C(\infty)+[u_C(0_+)-u_C(\infty)]e^{-\frac{t}{\tau}}$$

$$=U_s+(U_0-U_s)e^{-\frac{t}{RC}} \qquad (5-3-18)$$

式中第一项是**稳态分量**，第二项是**暂态分量**。于是

全响应 ＝ 稳态分量 ＋ 暂态分量

上式还可以写成如下形式

$$u_C(t)=U_s(1-e^{-\frac{t}{RC}})+U_0e^{-\frac{t}{RC}} \qquad (5-3-19)$$

此式前一项是零状态响应，后一项是零输入响应。可见，一阶电路的全响应是零状态响应和零输入响应的叠加，即

全响应 ＝ 零状态响应 ＋ 零输入响应

这是叠加定理在电路暂态分析中的体现。u_C 随时间的变化曲线如图 5-3-7（b）和图 5-3-7（c）所示。当 $U_s>U_0$ 时，电容充电，u_C 随时间按指数规律由 U_0 增加到 U_s；当 $U_s<U_0$ 时，电容放电，u_C 随时间按指数规律由 U_0 衰减到 U_s。

5.4　RC 微分电路和积分电路

在电子电路中，经常会用到如图 5-4-1 所示的矩形脉冲电压，t_P 为脉冲宽度，U 为脉冲幅度，T 为脉冲周期。当矩形脉冲电压作用于 RC 电路时，若选取不同的时间常数和输出端，将产生不同的输出波形，从而构成输出电压和输入电压之间的特定关系，即微分关系和积分关系。

本节所讲的微分电路与积分电路虽然实质上都是指电容元件充放电的 RC 电路，但与上一节所讲的电路不同，这里是矩形脉冲激励，并且可以选取不同的电路的时间常数而构成输出电压波形和输入电压波形之间的特定（微分或积分）的关系。

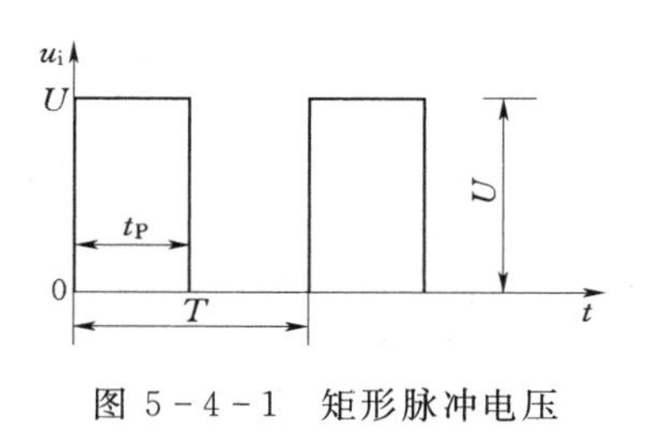

图 5-4-1　矩形脉冲电压

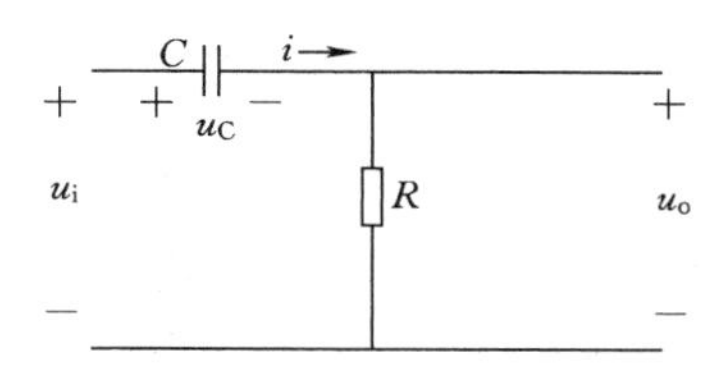

图 5-4-2　RC 微分电路

5.4.1　微分电路

首先分析图 5-4-2 所示 RC 串联电路。输入电压 u_i 为矩形脉冲，脉冲宽度为 t_P，脉冲幅度为 U_s。电阻 R 两端电压为输出电压，即 $u_o(t)=u_R(t)$。

在 $0\leqslant t\leqslant t_P$ 时，输入矩形脉冲由零跃变到 U_s 时，电容器充电；在 $t\geqslant t_P$ 时，输入矩形脉冲由 U_s 跃变到零时，电容器经电阻 R 放电。$u_i(t)$ 和 $u_o(t)$ 波形如图 5-4-3 所示。

电压 $u_o(t)$ 的波形同电路的时间常数 τ、脉冲宽度 t_P 的大小有关。当 t_P 一定时，改变 τ 和 t_P 的比值，电容元件充放电的快慢就不同，输出电压 u_2 的波形也就不同（图 5-4-3）。

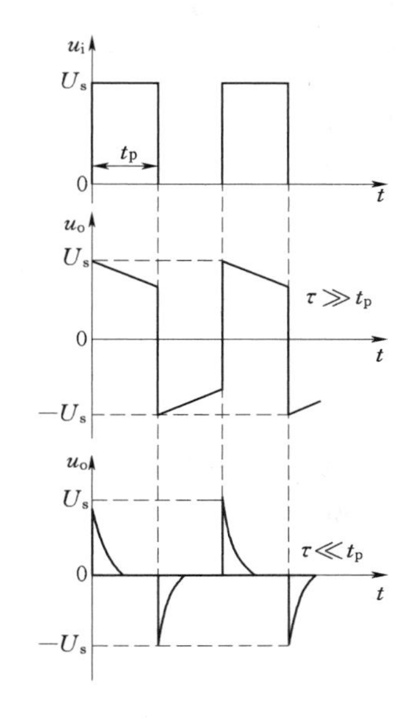

图 5-4-3　RC 微分电路的波形

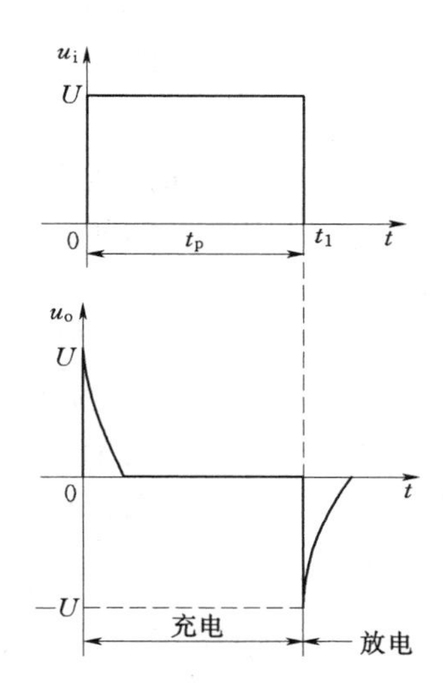

图 5-4-4　例 5-4-1
输入输出电压波形

在图 5-4-2 中，设输入矩形脉冲 u_i 的幅度为 $U=6$V。当 $\tau=10t_P$ 和 $t=t_1=t_p$ 时

$$u_o=Ue^{-\frac{t}{\tau}}=6e^{-0.1}=6\times0.905=5.43\ (\text{V})$$

当电路的时间常数很小，使 $\tau\ll t_P$ 时，电容器充放电速度很快。充电时，u_C 很快增长到 U_s，输出电压 u_o 很快衰减至零，这样在电阻两端就输出一个正尖脉冲；放电时，u_C 很快由 U_s 衰减至零，输出电压 u_o 也由 $-U_s$ 很快衰减至零，这样在电阻两端就输出一个负

尖脉冲。除去电容充电和放电这段极短的时间外，可以认为电容上的电压接近输入电压，即

$$u_i = u_C + u_R \approx u_C$$

此时输出电压

$$u_o(t) = iR = RC\frac{du_t}{dt} \approx RC\frac{du_i}{dt} \quad (5-4-1)$$

上式说明输出电压 u_o 与输入电压 u_i 成微分关系，所以该电路称为微分电路。

【例 5-4-1】 在图5-4-2的电路中，$R=20\text{k}\Omega$，$C=100\text{pF}$。输入信号电压 u_1 是单个矩形脉冲（图 5-4-4），其幅值 $U=6\text{V}$，脉冲宽度 $t_P=50\mu\text{s}$。试分析并作出输出电压 u_2 的波形（设电容元件原先未储能）。

［解］ $\tau=RC=20\times10^3\times100\times10^{-12}=2\times10^{-6}\text{s}=2\mu\text{s}$

$$\tau/t_P=1/25,\ \tau\ll t_p$$

在 $t=0$ 时，u_i 从零突然上升到 6V，即 $u_i=U=6\text{V}$，开始对电容元件充电。由于电容元件两端电压不能跃变，在这瞬间它相当于短路（$u_C=0$），所以 $u_o=U=6\text{V}$。因为 $\tau\ll t_p$，相对于 t_P 而言，充电很快，u_C 很快增长到 U 值；与此同时，u_o 很快衰减到零值。这样，在电阻两端就输出一个正尖脉冲（图 5-4-4）。u_o 的表达式为

$$u_o = Ue^{-\frac{t}{\tau}} = 6e^{-\frac{t}{2\times10^{-6}}}\text{V}$$

在 $t=t_1$ 时，u_i 突然下降到零（这时输入端不是开路，而是短路），也由于 u_C 不能跃变，所以在这瞬间，$u_o=-u_C=-U=-6\text{V}$，极性与前相反。而后电容元件经电阻很快放电，u_o 很快衰减到零。这样，就输出一个负尖脉冲。u_o 的表达式为

$$u_o = -Ue^{-\frac{t}{\tau}} = -6e^{-\frac{t}{2\times10^{-6}}}\text{V}$$

比较上例中 u_i 和 u_o 的波形，可见到：

(1) 在 u_i 的上升跃变部分（从零跃变到 6V），$u_o=U=6\text{V}$，此时正值最大；

(2) 在 u_i 的平直部分，$u_o\approx0$；

(3) 在 u_i 的下降跃变部分（从 6V 跃变到零），$u_o=-U=-6\text{V}$，此时负值最大。

所以输出电压 u_o 与输入电压 u_i 近于成微分关系。

RC 串联电路成为微分电路的必要条件是：①$\tau\ll t_P$；②从电阻两端输出。

在电子技术中，常应用微分电路把矩形脉冲变成尖脉冲作为触发信号，用来触发触发器、晶闸管等。

5.4.2 积分电路

微分电路和积分电路是矛盾的两个方面。如果将图 5-4-2 所示电路中电阻和电容的位置对调，则变为如图 5-4-5 所示的积分电路，虽然仍为 RC 串联电路，但此时电容两端电压为电路的输出电压，即 $u_o(t)=u_C(t)$。电路的输入电压 u_i 为矩形脉冲，脉冲宽度为 t_P，脉冲幅度为 U_s。

在输入矩形脉冲由零跃变到 U_s 时，电容器充电；在输入矩形脉冲由 U_s 跃变到零时，电容器经电阻 R 放电。当电路的时间常数很大，使 $\tau\gg t_P$ 时，电容器充放电速度很缓慢。充电时，u_C 增长缓慢，还未增长到 U_s，输入脉冲又由 U_s 跃变到零，电容器经电阻 R 放

电，u_C 缓慢减小。这样在电容两端就输出一个锯齿波信号。$u_i(t)$ 和 $u_o(t)$ 波形如图 5-4-6 所示。时间常数越大，充放电越缓慢，所得锯齿波电压的线性就越好。

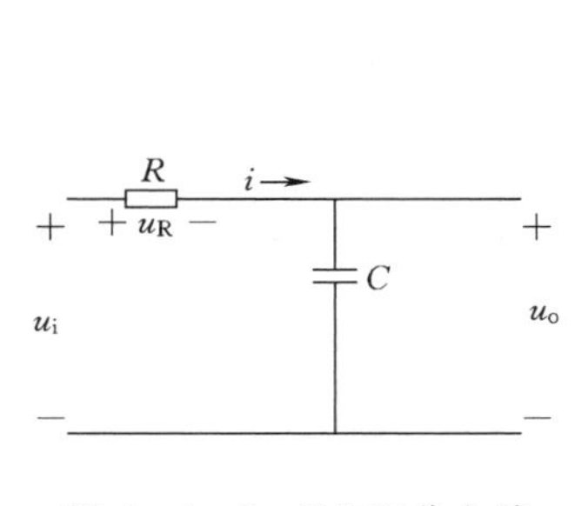

图 5-4-5 RC 积分电路

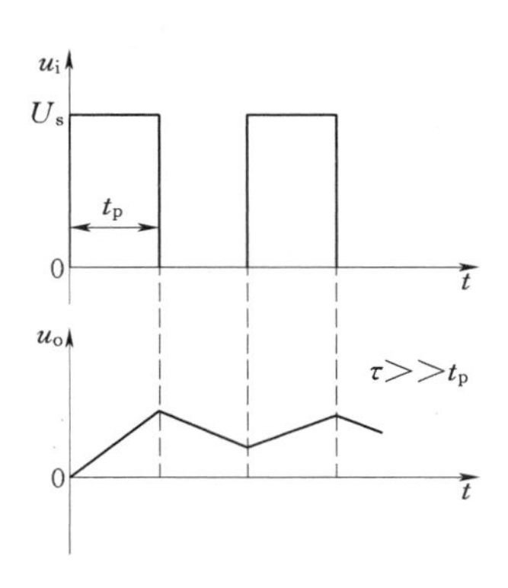

图 5-4-6 RC 积分电路波形

由于 $\tau \gg t_P$，电容器充放电速度缓慢，电容上的电压很小，可以认为电阻上的电压接近输入电压，即

$$u_i = u_C + u_R \approx u_R = iR$$

此时输出电压

$$u_o(t) = u_C(t) = \frac{1}{C}\int i\mathrm{d}t = \frac{1}{RC}\int u_i\mathrm{d}t$$

输出电压 u_o 与输入电压 u_i 成积分关系，所以该电路称为**积分电路**。

与微分电路相反，RC 串联电路成为积分电路的必要条件是：①$\tau \gg t_P$；②从电容两端输出。

在电子技术中，常应用积分电路把矩形脉冲变换成锯齿波，作为扫描信号。

5.5 一阶 RL 电路的过渡过程

RL 串联电路是一种常用电路，一个线圈或工作在不饱和状态下的电磁元件都可等值为 RL 的串联电路。如电动机励磁绕阻、电磁铁、继电器线圈等。

本节分析一阶 RL 电路的过渡过程。

5.5.1 一阶 RL 电路的零状态响应

图 5-5-1 (a) 所示电路是一个 RL 串联电路。换路前电感中的电流为零，即 $i_L(0_-)=0$。设在 $t=0$ 时开关 S 闭合，则换路后 RL 电路与直流电源接通，此时实为输入一阶跃电压 u。在换路前电感元件未储有能量，$i(0_-)=i(0_+)=0$，即电路处于零状态，电路中电流、电压的响应是零状态响应。

根据基尔霍夫定律可列出开关 S 闭合后暂态过程的回路电压方程

$$iR + u_L = U_s$$

由于电感上的电压为

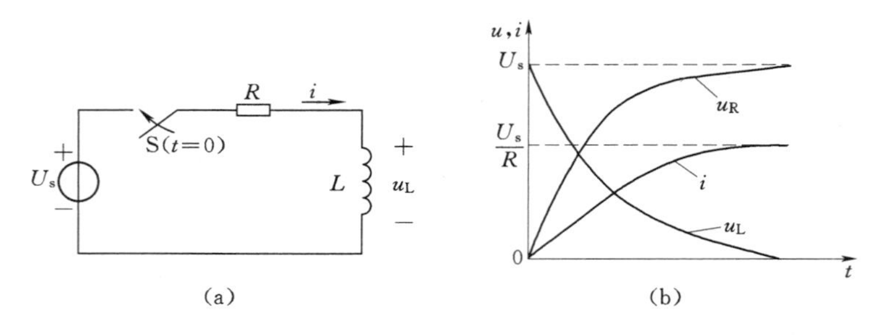

图 5-5-1 一阶 RL 串联电路零状态响应

$$u_L = L\frac{di}{dt}$$

所以有

$$iR + L\frac{di}{dt} = U_s$$

或

$$\frac{L}{R}\frac{di}{dt} + i = \frac{U_s}{R} \tag{5-5-1}$$

式（5-5-1）是一阶常系数非齐次线性微分方程，可以得出式（5-5-1）的解为

$$i(t) = i(\infty) + [i(0_+) - i(\infty)]e^{-\frac{t}{\tau}} \tag{5-5-2}$$

式中，$i(0_+)=0$，是电感上电流的初始值；$i(\infty)=\frac{U_s}{R}$，是换路后到达稳态时电感上的电流；$\tau=\frac{L}{R}$具有时间的量纲(秒)，是一阶 RL 电路的**时间常数**。所以

$$\begin{aligned} i(t) &= \frac{U_s}{R} + \left(0 - \frac{U_s}{R}\right)e^{-\frac{t}{\tau}} \\ &= \frac{U_s}{R}(1 - e^{-t(\frac{R}{L})}) \end{aligned} \tag{5-5-3}$$

该电路也可以利用三要素来求解。计算步骤和方法与 RC 电路相同。利用三要素来分析一阶 RL 电路的过渡过程时，应注意 $\tau=\frac{L}{R}$，其中的电阻 R 和电感 L 也是换路后如图 5-5-1所示标准形式电路中的等效值。如果换路后的电路中含有多个电阻或电感，应采用适当的方法化简，求出等效电阻、电感，然后计算时间常数。

由式（5-5-3）可以得出电感和电阻上的电压分别为

$$u_L(t) = L\frac{di}{dt} = U_s e^{-\frac{t}{\tau}} \tag{5-5-4}$$

$$u_R(t) = iR = U_s(1 - e^{-\frac{t}{\tau}}) \tag{5-5-5}$$

式中，$i(t)$，$u_R(t)$，$u_L(t)$ 曲线如图 5-5-1（b）所示。$i(t)$，$u_R(t)$，$u_L(t)$ 随时间按指数规律变化。

RL 电路的时间常数 $\tau=\frac{L}{R}$，与 RC 电路的时间常数意义相似，RL 电路过渡过程的长短同样取决于τ的大小。τ越大，过渡过程越长；τ越小，过渡过程越短。一般认为换路后（3～5）τ时RL电路的过渡过程已经结束。

在稳态时，电感元件相当于短路，其上电压为零。

【例5-5-1】 在图5-5-2（a）中，$R_1=R_2=1\text{k}\Omega$，$L_1=15\text{mH}$，$L_2=L_3=10\text{mH}$，电流源$I=10\text{mA}$。当开关闭合后（$t\geqslant0$）求电流i（设线圈间无互感）。

［解］ 电感L_2和L_3并联后再与L_1串联，其等效电感为

$$L=L_1+\frac{L_2L_3}{L_2+L_3}=15+\frac{(10\times10)\times10^{-6}}{(10+10)\times10^{-6}}=20\times10^{-3}(\text{mH})$$

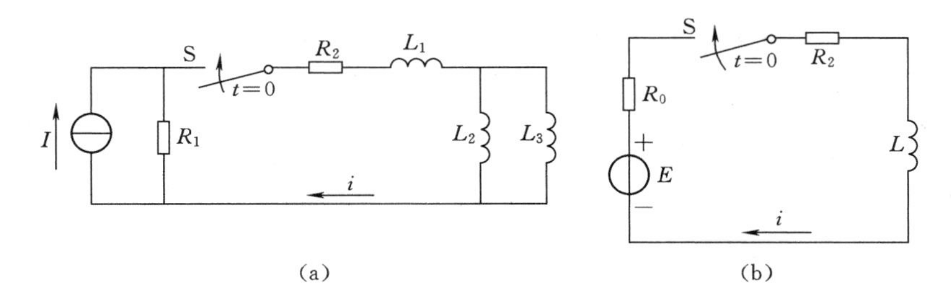

图5-5-2 例5-5-1图

（a）例5-5-1的电路；（b）等效电路

应用戴维南定理将理想电流源I与电阻R_1并联的电源化为电动势为E的理想电压源与内阻R_0串联的等效电源，其中

$$E=R_1I=1\times10^3\times10\times10^{-3}=10\ (\text{V})$$

$$R_0=R_1=1000\Omega=1\text{k}\Omega$$

等效电路如图5-5-2（b）所示。由等效电路可得出电路的时间常数

$$\tau=\frac{L}{R_0+R_2}=\frac{20\times10^{-3}}{2\times10^3}=10\times10^{-6}(\mu\text{s})$$

于是

$$i=\frac{E}{R_0+R_2}(1-\text{e}^{-\frac{t}{\tau}})=\frac{10}{(1+1)\times10^3}(1-\text{e}^{-\frac{t}{10\times10^{-6}}})=5(1-\text{e}^{-10^5t})\ (\text{mA})$$

5.5.2 一阶RL电路的零输入响应

在图5-5-3所示电路中，换路前开关S置于位置1，RL电路已与直流电源接通，故$i_L\ (0_-)\ =\frac{U_s}{R}$，这时电感中具有初始储能。设在$t=0$时，将开关S投向位置2，电感$L$经电阻（$R+R_1$）形成一回路。在电感初始储能的作用下产生过渡过程，直到储能全部消耗在电阻上为止，电路中电流、电压的响应是零输入响应。换路后到达稳态时$i_L\ (\infty)=0$，电路的时间常数$\tau=\frac{L}{R+R_1}$。用三要素法可得电感上的电流为

$$\begin{aligned}i_L(t)&=i_L(\infty)+[i_L(0_+)-i_L(\infty)]\text{e}^{-\frac{t}{\tau}}\\&=\frac{U_s}{R}\text{e}^{-\frac{-R+R_1}{L}t}\end{aligned}$$

$$= I_{L0} e^{-\frac{t}{\tau}} \tag{5-5-6}$$

式中，$I_{L0}=\dfrac{U_s}{R}$。

电感 L 上的电压为

$$u_L(t) = L\frac{di}{dt} = -\frac{R+R_1}{R}U_s e^{-\frac{R+R_1}{L}t} = U_0 e^{-\frac{t}{\tau}} \tag{5-5-7}$$

式中，$U_0=-\dfrac{R+R_1}{R}U_s$。

i_L、u_L 随时间变化的曲线见图 5－5－3（b）。

下面分析具有初始储能的 RL 电路零输入响应的两种特例：RL 电路的短路与断路。

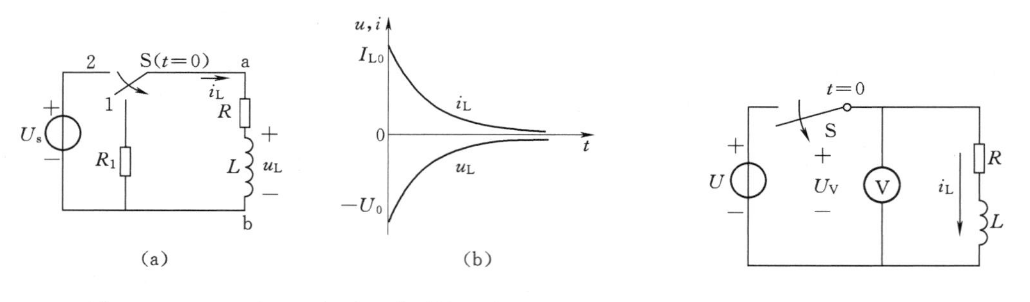

图 5－5－3　一阶 RL 串联电路零输入响应

图 5－5－4　电感线圈对并联电压表的过电压伤害

（1）RL 电路的短路。在图 5－5－3（a）所示电路中，如果电路中电阻 R_1 为零，即 $R_1=0$，那么换路后 RL 电路被短接，于是

$$i_L(t) = \frac{U_s}{R}e^{-\left(\frac{R}{L}\right)t} \tag{5-5-8}$$

实际上 a、b 两点之间是一电感线圈，等效成一电阻 R 与电感 L 串联的支路；电阻 R 为线圈的电阻，数值很小。所以电路的时间常数 $\tau=\dfrac{L}{R}$ 很大，i_L 衰减缓慢，即过渡过程缓慢。为加快过渡，通常接电阻 R_1，一般取 $R_1=R$。

（2）RL 电路的断路。在图 5－5－3（a）所示电路中，如果电路中电阻 $R_1\to\infty$，那么换路后 RL 电路被断开，换路后瞬间电感线圈两端电压为

$$u_L(0_+) = -\frac{R+R_1}{R}U_s \to \infty \tag{5-5-9}$$

这样在开关的触头之间产生很高的电压（过电压），开关之间的空气将发生电离而形成电弧，致使开关被烧坏。同时，过电压也可能将电感线圈的绝缘层击穿。

如果在线圈两端原来并联有电压表（其内阻很大），如图 5－5－4 所示，则在开关断开前必须将它去掉，以免引起过电压而损坏电压表。

为避免过电压造成的损害，可在线圈两端并接一个低值电阻（称泄放电阻），加速线圈放电的过程。如图 5－5－5（a）所示。也可用二极管代替电阻提供放电回路，如图 5－5－5（b）所示。或在线圈两端并联电容，以吸收一部分电感释放的能量，如图 5－5－5（c）

所示。

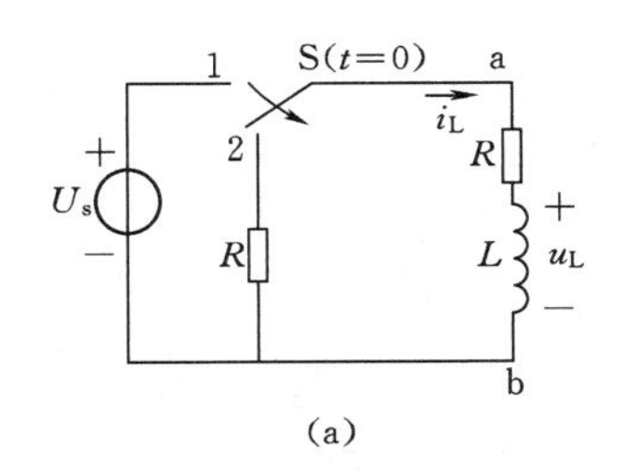

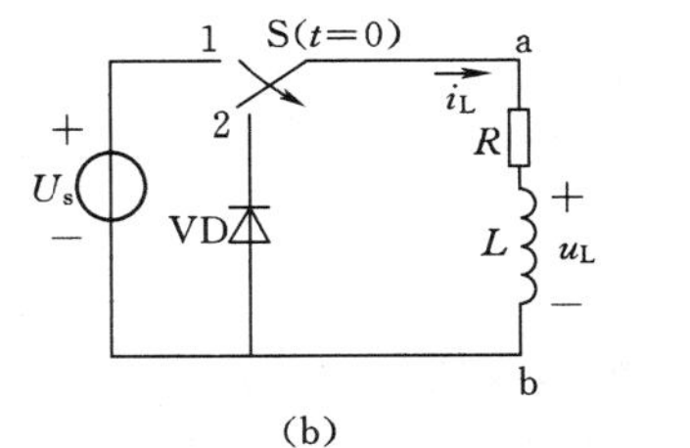

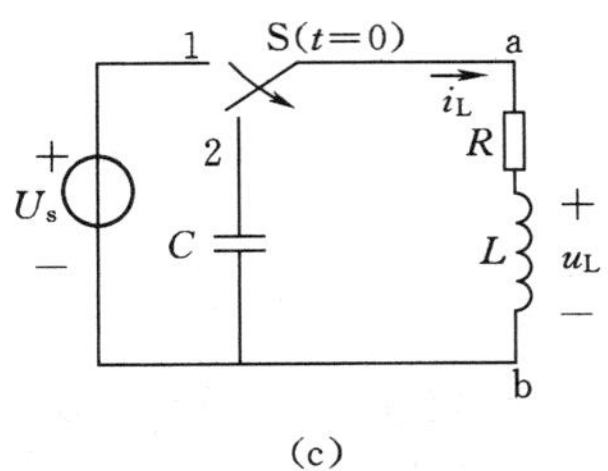

图 5-5-5　避免过电压的 RL 电路

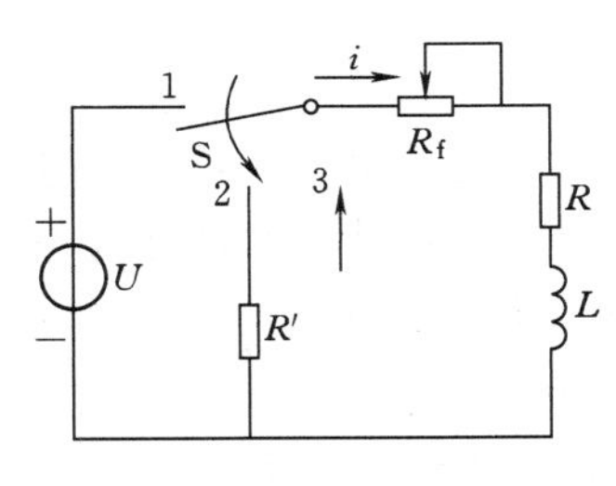

图 5-5-6　例 5-5-2 图

【例 5-5-2】　在图5-5-6中，RL 是发电机的励磁线圈，其电感较大。R_f 是调节励磁电流用的。当将电源开关断开时，为了不至由于励磁线圈所储的磁能消失过快而烧坏开关触点，往往用一个泄放电阻 R' 与线圈连接。开关接通 R' 的同时将电源断开。经过一定时间后，再将开关扳到 3 的位置，使电路完全断开。

已知 $U=220$V，$L=10$H，$R=80\Omega$，$R_f=30\Omega$。如在电路已到达稳定状态时，开关断开电源而与 R' 接通。

(1) 设 $R'=1000\Omega$，试求当开关接通 R' 的瞬间线圈两端的电压 u_{RL}。

(2) 在 (1) 中如果不使电压 u_{RL} 超过 220V，则泄放电阻 R' 应选多少欧姆？

(3) 根据 (2) 中所选用的电阻 R'，试求开关接通 R' 后经过多长时间，线圈才能将所储的磁能放出 95%？

(4) 写出 (3) 中 u_{RL} 随时间变化的表示式。

[**解**]　在换路前，线圈中电流为

$$I=\frac{U}{R+R_f}=\frac{220}{80+30}=2\ (\text{A})$$

(1) 在 $t=0$ 时线圈两端的电压即为电阻 R_f 和 R' 上电压降之和，其绝对值为

$$u_{RL}(0)=(R_f+R')I=(30+1000)\times 2=2060\ (\text{V})$$

(2) 如果不使 u_{RL} (0) 超过 220V，则 $(30+R')\times 2\leqslant 220$

即

$$R'\leqslant 80\Omega$$

(3) 求当磁能已放出 95% 时的电流

$$\frac{1}{2}Li^2=(1-0.95)\frac{1}{2}LI^2$$

$$\frac{1}{2}\times 10i^2=0.05\times\frac{1}{2}\times 10\times 2^2$$

$$i=0.466\text{A}$$

求所经过的时间

$$i=Ie^{-\frac{R+R_f+R'}{L}t}=2e^{-19t}$$

$$0.446=2e^{-19t}$$

$$t = 0.078\text{s}$$

(4)
$$u_{RL} = -i(R_f + R')$$

若按 $R' = 80\Omega$ 计算

$$u_{RL} = -(30 + 80) \times 2e^{-19t} = -220e^{-19t}(\text{V})$$

小　　结

1. 电路从一个稳态到另一个稳态的过程，称为暂态过程。产生暂态过程的内部原因是有储能元件，外因是换路。引起电路稳定状态改变的电路变化，称为换路。

2. 换路定理：设 $t=0$ 时电路发生换路，则有：

对于电容有 $u_C(0_+) = u_C(0_-)$ 电容电压不能跃变；

对于电感有 $i_L(0_+) = i_L(0_-)$ 电感电流不能跃变。

3. 初始值的确定：利用换路定理，求出 $t=0_+$ 时的电容电压、电感电流，再利用电路的基本定律，求出电路中其他变量的初始值。电路在发生换路时，如初始值和稳态值不相等，电路就会发生瞬态过程，电压和电流按指数规律由初始值过渡到稳态值，根据初始值和稳态值差值大小的不同，它们可以是指数增长也可以是指数衰减。

4. 全响应既可以看作为零输入响应与零状态响应之和，又可以看作为稳态分量和暂态分量之和，这两种方式仅是分析方法的不同，所反映的物理意义是一样的。

5. 瞬态过程进行的快慢与时间常数 τ 有关，τ 大，瞬态过程慢，τ 小，瞬态过程快。

RC 电路：
$$\tau = RC$$

RL 电路：
$$\tau = \frac{L}{R}$$

6. 工程上求解一阶电路常用三要素法：一阶线性电路的瞬态过程的一般形式为

$$f(t) = f(\infty) + [f(0_+) - f(\infty)]e^{-\frac{t}{\tau}}$$

式中 $f(t)$ 为待求量，$f(\infty)$ 为待求量的稳态值，$f(0_+)$ 为待求量的初始值，τ 是电路的时间常数。

7. 微分和积分电路，都是 RC 的实际应用电路，由于时间常数的不同，它们在电路中所起的作用也不同。

*8. 在时间域内求解电路的过渡过程的方法称为电路的时域分析法。在时域中借助微分方程分析电路的瞬态过程的方法称为经典法。利用经典法求解电路的瞬态过程的一般步骤是：

(1) 利用基尔霍夫定律列出换路后待求量的微分方程。

(2) 求待求量的稳态分量。

(3) 求待求量的暂态分量。

(4) 确定积分常数。

(5) 确定时间常数，从而得到待求量的完全解。

习　　题

5-1　在图 5-1 电路中，开关 S 闭合前电路已处于稳态，试确定 S 闭合后电压 u_C 和

电流 i_C、i_1、i_2 的初始值和稳态值。

5-2　在图 5-2 电路中，开关 S 闭合前电路已处于稳态，试确定 S 闭合后电压 u_L 和电流 i_L、i_1、i_2 的初始值和稳态值。

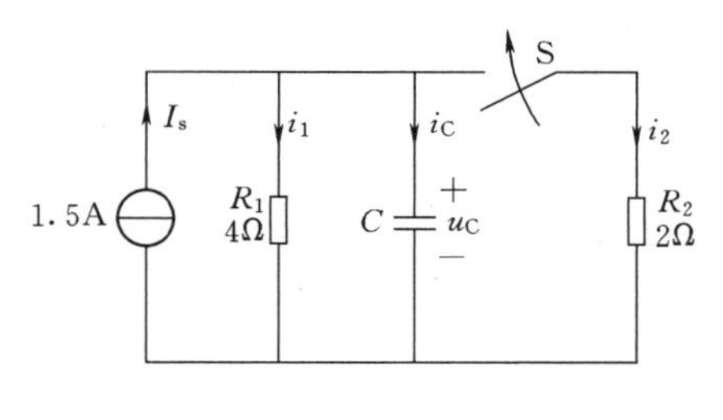

图 5-1　题 5-1 图

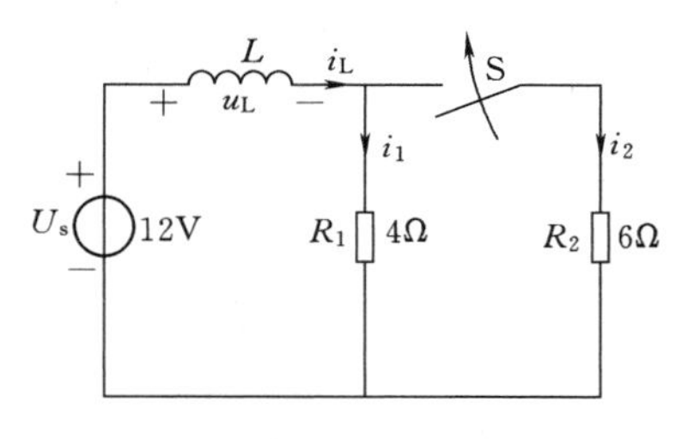

图 5-2　题 5-2 图

5-3　在图 5-3 中，已知 $R=2\Omega$，电压表的内阻为 2.5kΩ，电源电压 $U=4$V。试求开关 S 断开瞬间电压表两端的电压。(换路前电路已处于稳态)。

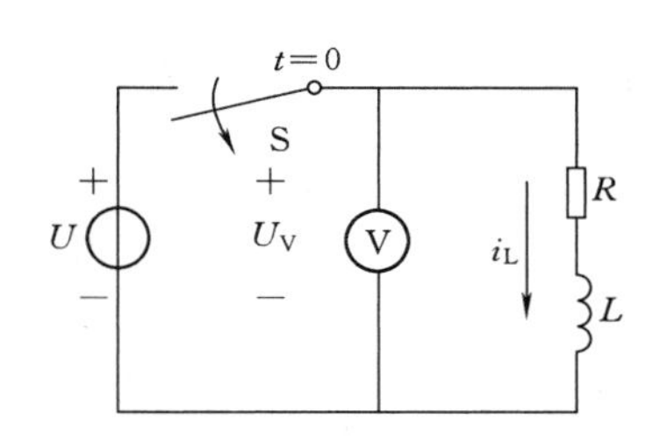

图 5-3　题 5-3 图

5-4　图 5-4 所示各电路在换路前都处于稳态，试求换路后电流 i 的初始值 $i(0_+)$ 和稳态值 $i(\infty)$。

5-5　在图 5-5 中，$I=10$mA，$R_1=3$kΩ，$R_2=3$kΩ，$R_3=6$kΩ，$C=2\mu$F，在开关 S 闭合前电路已处于稳态。求在 $t\geqslant 0$ 时 u_C 和 i_1，并作出它们随时间的变化曲线。

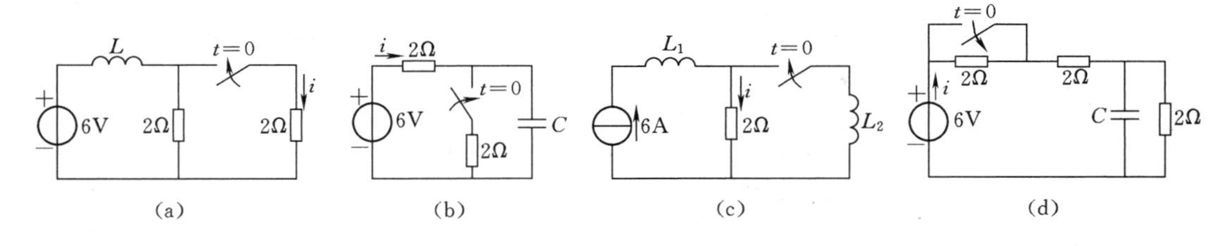

图 5-4　题 5-4 图

5-6　电路如图 5-6 所示，在开关 S 闭合前电路已处于稳态，求开关闭合后的电压 u_C。

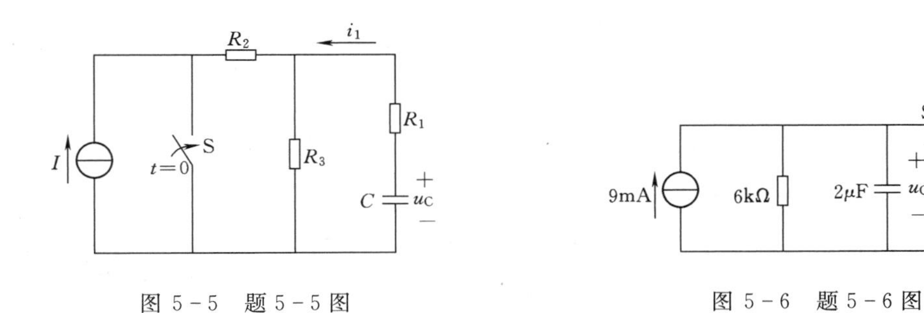

图 5-5　题 5-5 图　　　　图 5-6　题 5-6 图

5-7　在图 5-7 中，$R_1=2$kΩ，$R_2=1$kΩ，$C=3\mu$F，$I=1$mA。开关长时间闭合，当

将开关断开后，试求电流源两端的电压。

5－8　在图5－8（a）的电路中，u为一阶跃电压，如图5－8（b）所示，试求i_3和u_C。设u_C（0_-）＝1V。

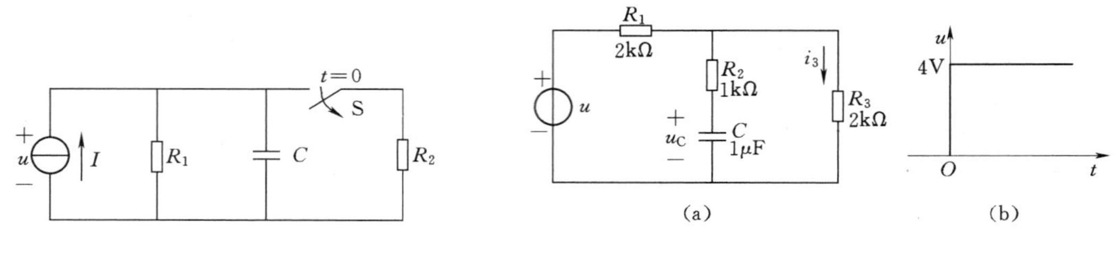

图5－7　题5－7图　　　　图5－8　题5－8图

5－9　电路如图5－9所示。已知U_s＝100V，$R_1=R_2=R_3=4\Omega$，C＝0.25F，换路前电路已处于稳态。求开关S（t）断开后的$u_C(t)$和$i_C(t)$，并作出它们随时间变化的曲线。

5－10　电路如图5－10所示。求$u_L(t)$和$i_L(t)$，并作出它们随时间变化的曲线。

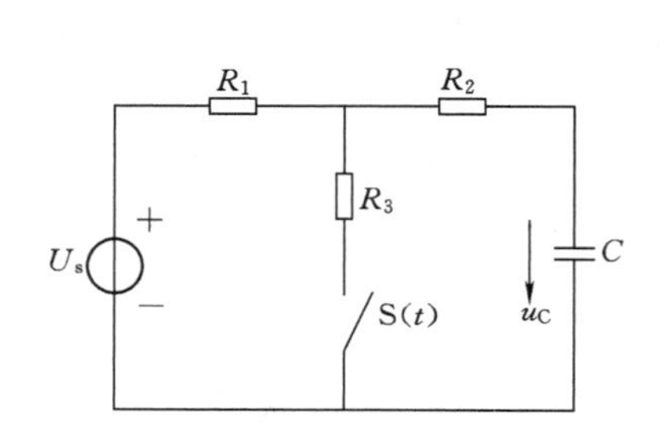

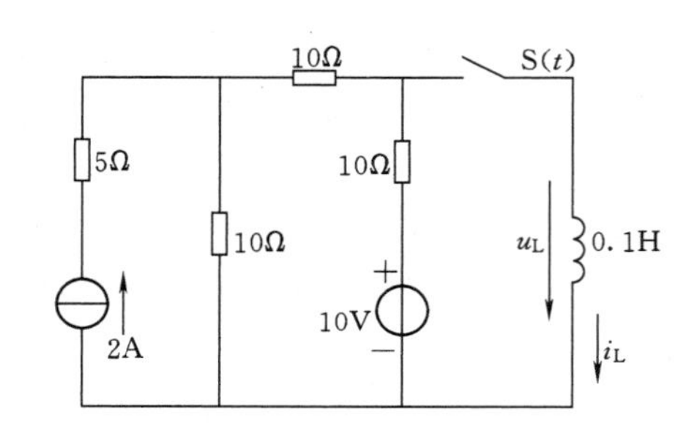

图5－9　题5－9图　　　　图5－10　题5－10图

5－11　有一RC电路如图5－11（a）所示，其输入电压如图5－11（b）所示。设脉冲宽度$T=RC$。试求负脉冲的幅度U_-等于多大才能在$t=2T$时使$u_C=0$。设u_C（0）＝0。

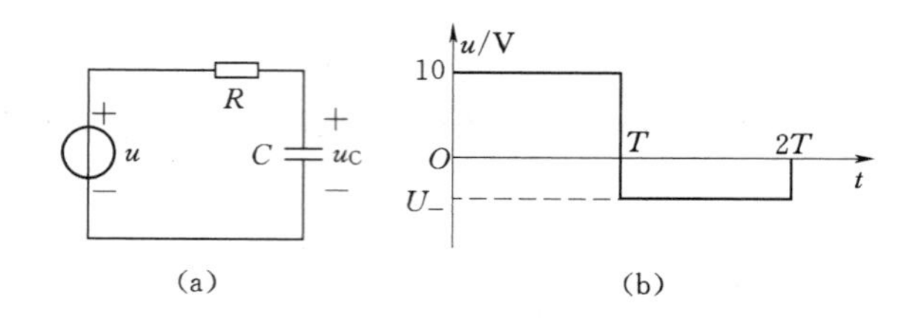

图5－11　题5－11图

5－12　在图5－12中，开关S先合在位置1，电路处于稳态。t＝0时，将开关从位置1合到位置2，试求$t=\tau$时u_C之值。在$t=\tau$时，又将开关合到位置1，试求$t=2\times10^{-2}$s时u_C之值。此时再将开关合到2，作出u_C的变化曲线。充电电路和放电电路的时间常数是否相等？

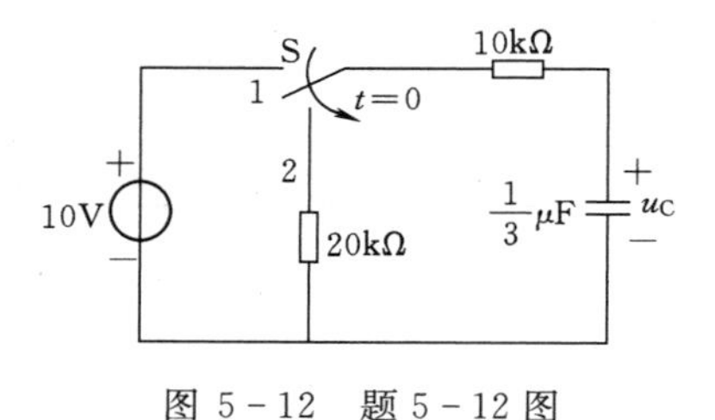

图5－12　题5－12图

5－13　在图 5－13 中，$R_1=2\Omega$，$R_2=1\Omega$，$L_1=0.01\text{H}$，$L_2=0.02\text{H}$，$E=6\text{V}$。

（1）试求 S_1 闭合后电路中电流 i_1 和 i_2 的变化规律；

（2）当 S_1 闭合后电路到达稳定状态时再闭合 S_2，试求 i_1 和 i_2 的变化规律。

5－14　电路如图 5－14 所示，在换路前已处于稳态。当将开关从 1 的位置合到 2 的位置后，试求 i_L 和 i，并作出它们的变化曲线。

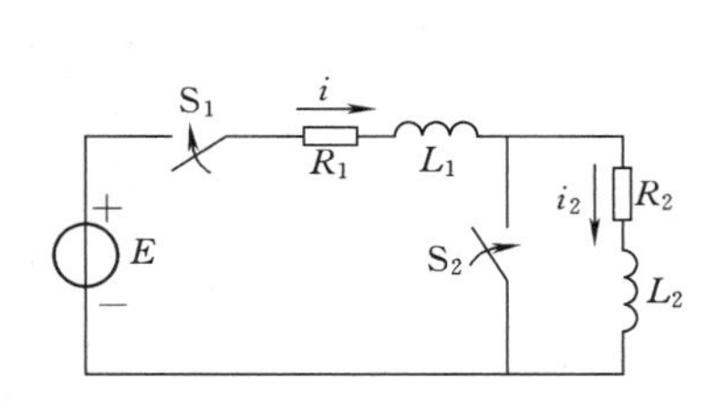

图 5－13　题 5－13 图

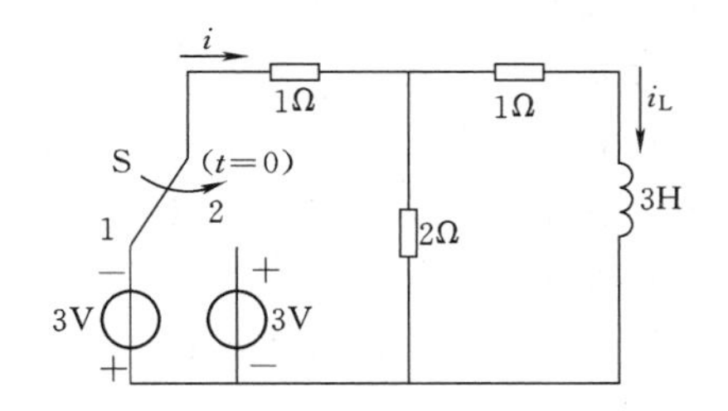

图 5－14　题 5－14 图

5－15　直流电动机的励磁绕组可等效为图 5－15 所示的电路中 RL 中联支路，$t=0$ 时开关 S 断开，求：（1）要使电源断开瞬间绕组上的电压不超过 250V，应并联多大的泄放电阻 R_1？（2）开关断开后多长时间才能使电流衰减到初值的 5%？

5－16　电路如图 5－16 所示。已知 $U_s=12\text{V}$，$R_1=R_2=R_3=4\text{k}\Omega$，$L=5\text{H}$，在换路前电路已处于稳态。$t=0$ 时开关闭合，求换路后电路上的电流 i 和电感上的电流 i_L。

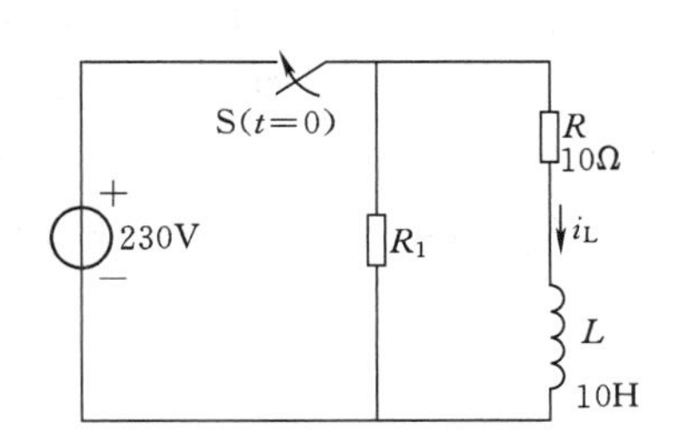

图 5－15　题 5－15 图

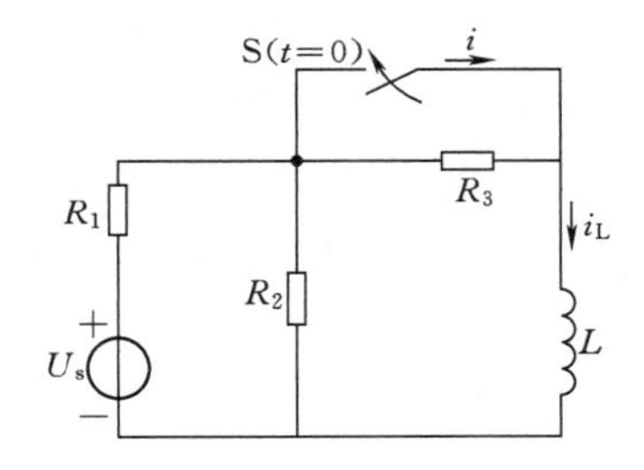

图 5－16　题 5－16 图

第6章 变　压　器

变压器是一种可以改变交变电压的静止电器，它可以把一种交流电压的电能转变成频率相同的另一种交流电压的电能。变压器不仅具有变换电压，还具有变换电流和变换阻抗的多种功能，因而它在电力系统的输电、配电方面以及电子技术、测试技术等方面得到广泛应用。学习变压器不仅要掌握电路的基本理论，还要具备磁路的基本知识。因此，本章先介绍磁路和铁心线圈电路，再讨论变压器的原理、特性、应用等，最后介绍三相变压器、自耦变压器、电流互感器和电压互感器等内容。

6.1 磁　　路

6.1.1 磁场的基本物理量

磁场是由电流产生的，通常人们采用**磁场线（磁力线）**来形象地描绘磁场。磁场线是闭合的曲线，磁场线的方向与产生该磁场的电流的方向符合右手螺旋定则。磁场线上任一点的切线方向即为该点磁场的方向，磁场线的疏密程度反映了该处磁场的强弱。若磁场线是一组间距相等的平行线时，这样的磁场称为**均匀磁场**。习惯上，人们常用磁通 Φ 这一物理量来表示通过某一面积的磁场线的总数。在对磁场进行分析和计算时，除磁通外还常常应用磁感应强度、磁场强度两个基本物理量。另外，一般用磁导率描述材料导磁性能的强弱。

磁场的基本物理量可见表 6-1-1。

表 6-1-1　　　　磁场的基本物理量

物理量		意　　义	SI 制单位	
名称	符号		单位	代号
磁感应强度（磁密）	B	表示空间某点磁场强弱与方向的物理量，是矢量。它与产生它的电流之间的方向关系可用右手螺旋定则来确定。其大小可用 $B=\frac{F}{LI}$ 来衡量	特斯拉 简称“特”（韦/米²）	T
磁通量（磁通）	Φ	表示穿过某一截面 S 的磁感应强度矢量的通量或者说穿过该截面的磁力线总数，在均匀磁场内 $\Phi=BS$	韦伯（伏·秒）	Wb
磁场强度	H	表示磁场中与介质无关的磁力大小和方向，它可定义为介质中某点的磁感应强度 B 与介质磁导率 μ 之比，即 $H=B/\mu$	安/米	A/m
磁导率（导磁系数）	μ	表示物质的导磁性能，在真空中的导磁系数为 μ_0，即 $\mu_0=4\pi\times10^{-7}$	亨/米	H/m

注意：磁场强度也是个矢量，H 的方向与 B 的方向相同，在数值上不相等。H 与 B 的主要区别是：H 代表电流本身所产生的磁场的强弱，它反映了电流的励磁能力，其大小只与产生该磁场的电流大小成正比，与介质的性质无关；B 代表电流所产生的以及介质被磁化后所产生的总磁场的强弱，其大小不仅与电流的大小有关，而且还与介质的性质有关。H 相当于激励，B 相当于响应。因而两者之比 $\left(\mu=\dfrac{B}{H}\right)$ 反映了介质（物质）的导磁性质。

*6.1.2 磁性物质的磁性能

自然界的物质按磁导率的不同，大体上可分为两大类：磁性物质和非磁性物质。

非磁性物质或称**非铁磁物质**，其磁导率 μ 近似等于真空的磁导率 μ_0。

磁性物质或称**铁磁物质**，其磁性能归纳起来主要有以下几点。

一、高导磁性

磁性物质的 $\mu \gg \mu_0$，两者之比可达数百至数万。例如铸钢的 μ 约为 μ_0 的 1000 倍，硅钢片的 μ 约为 μ_0 的 6000～7000 倍，玻莫合金的 μ 可比 μ_0 大几万倍。

磁性物质的这一性质被广泛地应用于变压器和电机中。变压器和电机都是利用磁场来实现能量转换的装置。它们的磁场除某些微型电机是用永久磁铁产生的以外，在大多数情况下，磁场都是由通过线圈的电流来产生的，而这些线圈都是绕在磁性材料(称为铁心)上的。采用铁心的结果，在同样的电流下，铁心中的 B 和 Φ 将大大增加，而且比铁心外的 B 和 Φ 大得多。这样，一方面可以利用较小的电流产生较强的磁场；另一方面，可以使绝大部分磁通集中在由磁性物质所限定的空间内。于是，如图 6－1－1 所示，电流通过线圈时所产生的磁通可以分为以下两部分：大部分经铁心而闭合的磁通 Φ 称为**主磁通**；小部分经空气等非磁性物质而闭合的磁通 Φ_σ 称为**漏磁通**。大量磁通集中通过的路径，即主磁通通过的路径称为**磁路**。在这种情况下，研究电流与它所产生磁场的问题便可简化为磁路的分析和计算了。

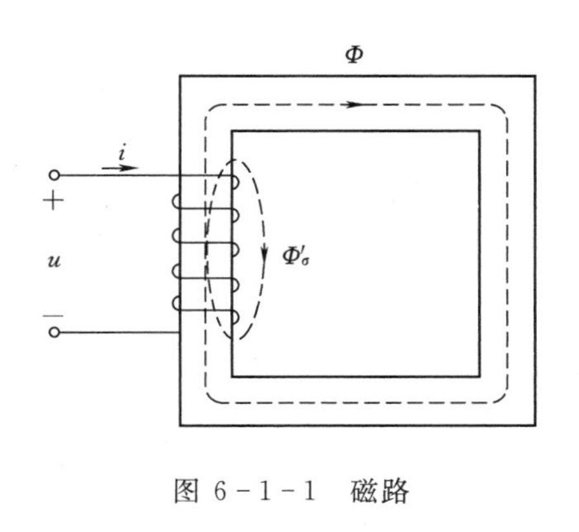

图 6－1－1 磁路

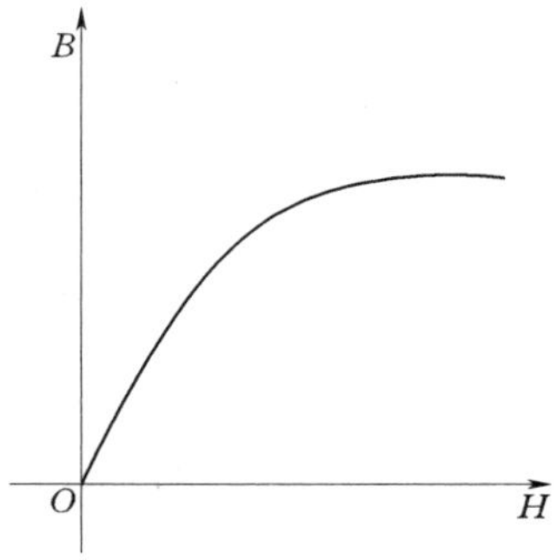

图 6－1－2 磁化曲线

二、磁饱和性

磁性物质的磁导率 μ 不但远大于 μ_0，而且不是常数，即 B 与 H 不成正比。两者的关系一般很难用准确的数学式来表达，都是用实验方法测绘出来的，称为 ***B*－*H* 曲线**或**磁化**

曲线。

当磁场强度 H 由零逐渐上升时，磁感应强度 B 从零增加的过程如图 6－1－2 所示。这条 $B-H$ 曲线称为初始磁化曲线或起始磁化曲线。在 H 比较小时，B 差不多与 H 成正比地增加；当 H 增加到一定值后，B 的增加缓慢下来，到后来随着 H 的继续增加，B 却增加得很少。这种现象称为磁饱和现象。磁饱和现象的存在使得磁路问题的分析成为非线性问题，因而要比线性电路的分析复杂。

三、磁滞性

磁性物质都具有保留其磁性的倾向，因而 B 的变化总是滞后于 H 的变化，这种现象称为**磁滞**现象。当线圈中通入交流电流时，如果开始时铁心中的 B 随 H 从零沿初始磁化曲线增加，最后，随着与电流成正比的 H 的反复交变，B 将沿着图 6－1－3 所示的称为**磁滞回线**的闭合曲线变化。

当 H 降为零时，铁心的磁性并未消失，它所保留的磁感应强度 B_r，称为**剩磁**强度。永久磁铁的磁性就是由 B_r 产生的。当 H 反方向增加至 $-H_c$ 值时，铁心中的剩余磁性才能完全消失，使 $B=0$ 的 H 值称为**矫顽磁力**（H_c）。

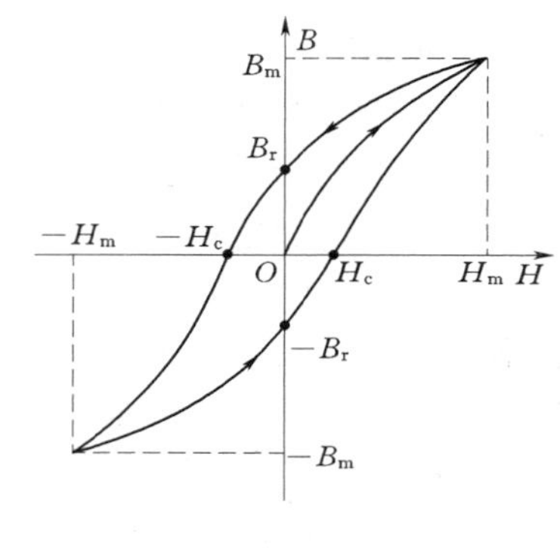

图 6－1－3　磁滞回线

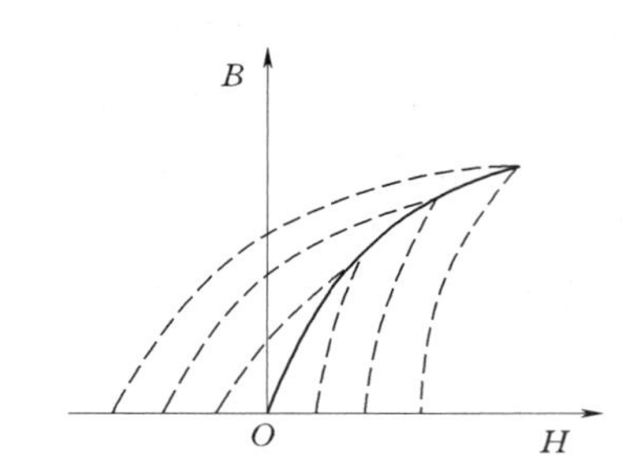

图 6－1－4　基本磁化曲线

选取不同值的一系列 H_m 多次交变磁化，可得到一系列磁滞回线，如图 6－1－4 所示。由这些磁滞回线的正顶点与原点连成的曲线称为**基本磁化曲线**或**标准磁化曲线**，通常都是用它来表征物质的磁化特性，是分析计算磁路的依据。

按磁滞回线的不同，磁性物质又可分为硬磁物质、软磁物质和矩磁物质三种。

硬磁物质的磁滞回线很宽，B_r 和 H_c 都很大，如钴钢、铝镍钴合金和钕铁硼合金等。常用来制造永久磁铁。

软磁物质的磁滞回线很窄，B_r 和 H_c 都很小，如软铁、硅钢、坡莫合金和铁氧体等。常用来制造变压器、电机和接触器等的铁心。

矩磁物质的磁滞回线接近矩形，B_r 大、H_c 小，如镁锰铁氧体（磁性陶瓷）和某些铁镍合金等。常用在电子技术和计算机技术中。

6.1.3　磁路欧姆定律

图 6－1－5 所示磁路是由铁心和空气隙两部分组成。设铁心部分各处材料相同、截面

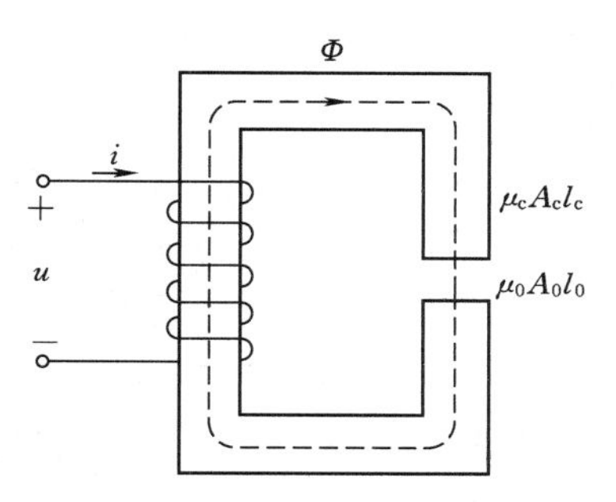

图 6-1-5　磁路欧姆定律

积相等，用 A_c 表示，它的平均长度即中心线的长度为 l_c；空气隙部分的磁路截面积为 A_0，长度为 l_0。由于磁场线是连续的，通过该磁路各截面积的磁通 Φ 相同，而且磁场线分布是均匀的。铁心和空气隙两部分的磁感应强度和磁场强度的数值分别为

$$B_c = \frac{\Phi}{A_c},\ B_0 = \frac{\Phi}{A_0}$$

$$H_c = \frac{B_c}{\mu_c} = \frac{\Phi}{\mu_c A_c},\ H_0 = \frac{B_0}{\mu_0} = \frac{\Phi}{\mu_0 A_0}$$

在物理学中已学过的全电流定律是：在磁路中，沿任一闭合路径，磁场强度的线积分等于与该闭合路径交链的电流的代数和。用公式表示即

$$\oint H \mathrm{d}l = \sum I \tag{6-1-1}$$

当电流的方向与闭合路径的积分方向符合右手螺旋定则时，电流前取正号，反之取负号。将此定律应用于图 6-1-5 所示磁路，取其中心线处的磁场线回路为积分回路。由于中心线上各点的 H 方向与 l 方向一致，铁心中各点的 H_c 是相同的，空气隙中各点的 H_0 也是相同的，故有

$$\oint H \mathrm{d}l = H_c l_c + H_0 l_0 = \left(\frac{l_c}{\mu_c A_c} + \frac{l_0}{\mu_0 A_0}\right)\Phi$$

令

$$R_{mc} = \frac{l_c}{\mu_c A_c},\ R_{m0} = \frac{l_0}{\mu_0 A_0}$$

$$R_m = R_{mc} + R_{m0} = \frac{l_c}{\mu_c A_c} + \frac{l_0}{\mu_0 A_0}$$

R_{mc}、R_{m0}、R_m 分别称为铁心的**磁阻**、空气隙的磁阻和磁路的磁阻。

而式（6-1-1）右边的 $\sum I$ 等于线圈的匝数 N 与电流 I 的乘积，即

$$\sum I = NI$$

NI 称为磁路的**磁动势**（用 F 表示）。因此

$$R_m \Phi = NI = F$$

或者写成

$$\Phi = \frac{F}{R_m} = \frac{NI}{R_m}$$

此式称为**磁路欧姆定律**。

由于 $\mu_0 \ll \mu_c$，l_0 尽管很小，R_{m0} 仍然可以比 R_{mc} 大得多。因此，当磁路中有空气隙存在时，磁路的磁阻及 R_m 将显著增加，若磁动势 NI 一定，则磁路中的磁通 Φ 将减小。反之，若要保持磁路中的磁通一定，则磁动势就应增加。

6.1.4　磁路与电路对照

磁路和电路有很多相似之处，磁路与电路的对照关系如图 6-1-6 所示。

但分析与处理磁路比电路难得多，例如：

（1）在处理电路时一般不涉及电场问题，而在处理磁路时离不开磁场的概念。例如在讨论电机时，常常要分析电机磁路的气隙中磁感应强度的分布情况。

（2）在处理电路时一般可以不考虑漏电流（因为导体的电导率比周围介质的电导率大得多），但在处理磁路时一般都要考虑漏磁通（因为磁路材料的磁导率比周围介质的磁导率大得不太多）。

（3）磁路的欧姆定律与电路的欧姆定律只是在形式上相似（见上面对照表）。由于 μ 不是常数，所以不能直接应用磁路的欧姆定律来计算，它只能用于定性分析。

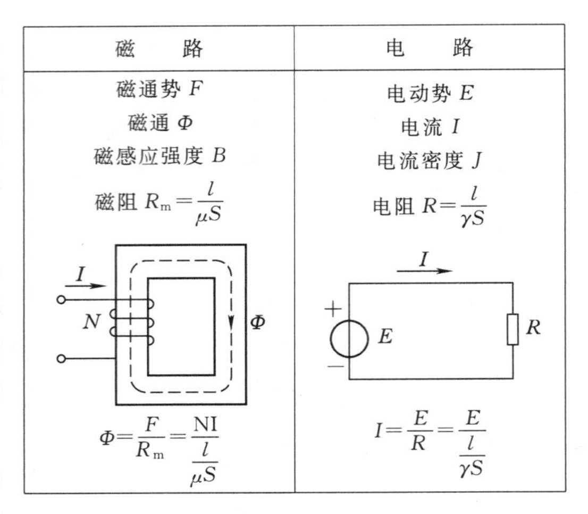

磁　　路	电　　路
磁通势 F 磁通 Φ 磁感应强度 B 磁阻 $R_m=\frac{l}{\mu S}$	电动势 E 电流 I 电流密度 J 电阻 $R=\frac{l}{\gamma S}$
$\Phi=\frac{F}{R_m}=\frac{NI}{\frac{l}{\mu S}}$	$I=\frac{E}{R}=\frac{E}{\frac{l}{\gamma S}}$

图 6-1-6　磁路与电路的对照关系

（4）在电路中，当 $E=0$ 时，$I=0$；但在磁路中，由于有剩磁，当 $F=0$ 时，$\Phi\neq0$。

6.2　铁心线圈电路

当线圈中没有磁性物质即为非铁心线圈时，其电感为一常数，即为**线性电感**。若线圈的电阻可忽略不计，则该线圈在电路中便可用理想电感元件来代替；若线圈的电阻不可忽略，则该线圈可看成是电阻与线性电感串联的电路。

如果线圈中有磁性物质，线圈的电感值会大大增加，但不是常数，即铁心线圈的电感为非线性电感，不能用理想电感元件来代替它。

6.2.1　直流铁心线圈电路

当铁心线圈中通入恒定直流电流时，产生的是不随时间变化的恒定磁通，在稳定状态，不会在线圈中产生感应电动势。换句话说，线圈的电感虽然是非线性的，但在直流电路中电感相当于短路，线圈的电流 I 只与线圈的电压 U 和电阻 R 有关，即

$$I=\frac{U}{R}$$

线圈消耗的功率也只有线圈电阻消耗的功率，即

$$P=UI=RI^2$$

6.2.2　交流铁心线圈电路

一、电磁关系

图 6-2-1 是交流铁心线圈电路，线圈的匝数为 N。当在线圈两端加上交流电压 u 时，就有交流电流 i 通过，磁动势 NI 产生的磁通绝大部分通过铁心而闭合，这部分磁通为主磁通或工作磁通 Φ。此外还有很少的部分磁通经过空气或其他导磁物质而闭合，这部分磁通为漏磁通 Φ_σ，由于电流 i 是交变的，主磁通 Φ 和漏磁通 Φ_σ 也是交变的，这两个磁通在

线圈中产生两个感应电动势：主磁电动势 e，漏磁电动势 e_σ，其电磁关系表示如下

$$u \to i \to iN \to \begin{cases} \Phi \to e = -N\dfrac{d\Phi}{dt} \\ \Phi_\sigma \to e_\sigma = -N\dfrac{d\Phi_\sigma}{dt} = -L_\sigma\dfrac{di}{dt} \end{cases}$$

因为漏磁通 Φ_σ 的磁路大部分在空气中，空气的磁导率为常数，励磁电流 i 与漏磁通 Φ_σ 成正比，与励磁线圈的漏磁通相对应的**漏电感** $L_\sigma = N\Phi_\sigma / I =$ 常数，由漏磁通产生的感应电动势

$$e_\sigma = -L_\sigma(di/dt)$$

$$\dot{E}_\sigma = -j\dot{I}X_\sigma \quad (X_\sigma = 2\pi L_\sigma)$$

而主磁通 Φ 主要经过由铁磁材料组成的磁路，其磁导率不是常数，铁心线圈中的电流 i 和主磁通 Φ 不成正比（见图 6-1-2），因而具有铁心线圈的电感 L 不是一个常数，故主磁电动势不能用 $e = -Ldi/dt$ 来计算。

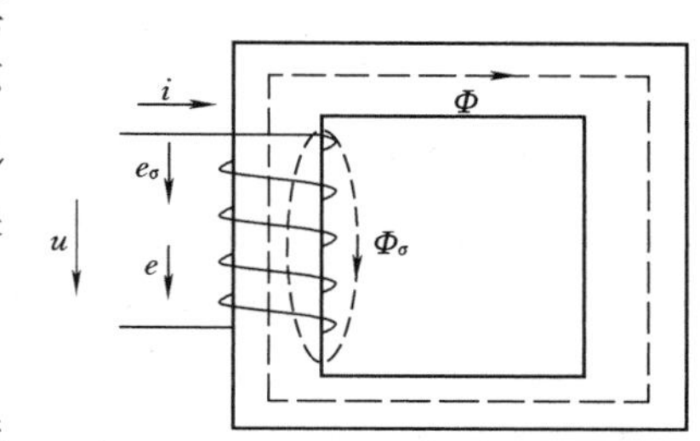

图 6-2-1　交流铁心线圈电路

二、电压与电流关系

根据基尔霍夫电压定律，图 6-2-1 所示交流铁心线圈电路的电压电流关系为

$$u + e + e_\sigma = iR$$

式中　R 为铁心线圈的内阻。

或
$$u = iR + (-e_\sigma) + (-e) = u_R + u_\sigma + u' \qquad (6-2-1)$$

式中，电源电压 u 可分为三个分量，u_R 是线圈电阻上压降，$u_\sigma = -e_\sigma$ 是平衡漏磁通电动势的电压分量，$u' = -e$ 是与主磁电动势相平衡的电压分量。

当 u 为正弦电压时磁通 Φ 可视为是正弦量（设计变压器等铁心线圈时，应使主磁通 Φ 尽可能为正弦），由于铁心磁饱和的影响，电流 i 不是正弦量，但在工程上常用等效正弦电流来代替一个非正弦的周期电流，即式（6-2-1）中各量可视作正弦量，式（6-2-1）可用相量表示为

$$\dot{U} = R\dot{I} + (-\dot{E}_\sigma) + (-\dot{E}) = R\dot{I} + jX_\sigma\dot{I} + (-\dot{E}) \qquad (6-2-2)$$

设主磁通 $\Phi = \Phi_m \sin\omega t$，则

$$e = -N\left(\frac{d\Phi}{dt}\right) = -\frac{Nd(\Phi_m \sin\omega t)}{dt} = -N\omega\Phi_m\cos\omega t$$

$$= 2\pi fN\Phi_m\sin\left(\omega t - \frac{\pi}{2}\right) = E_m\sin\left(\omega t - \frac{\pi}{2}\right) \qquad (6-2-3)$$

式中感应电势的最大值

$$E_m = 2\pi fN\Phi_m \qquad (6-2-4)$$

有效值

$$E = \frac{E_m}{\sqrt{2}} = \frac{2\pi fN\Phi_m}{\sqrt{2}} = 4.44fN\Phi_m \qquad (6-2-5)$$

通常由于铁心线圈的电阻 R 和漏感抗 X_σ 很小，因式（6-2-2）可简化成

$$\dot{U}=-\dot{E} \quad U \cong E=4.44 f N \Phi_{\mathrm{m}} \tag{6-2-6}$$

自此可得

$$\Phi_{\mathrm{m}} \cong \frac{U}{4.44 f N} \tag{6-2-7}$$

这说明，当外加电压及其频率不变时，且线圈匝数 N 一定，则主磁通的最大值几乎是不变的（恒磁通原理）。这是学习变压器及交流电动机的重要概念，希望读者能牢记掌握。

三、功率关系

交流铁心线圈中，功率损耗有铜损和铁损两方面。

（1）**铜损** ΔP_{Cu}，是线圈上消耗的功率。

（2）**铁损** ΔP_{Fe}，是由于铁心在交变磁化下产生的功率损耗，铁心中的损耗称为铁损，铁损是由铁磁物质的磁滞和涡流现象产生的。

1）**磁滞损耗** ΔP_{h}。由于磁滞所产生的铁损称为磁滞损耗，而交变磁化一周在铁心的单位体积内所产生的磁滞损耗能量与磁滞回线所包围的面积成正比，为了减小磁滞损耗，应选用磁滞回线狭小的导磁材料。变压器及交流电机铁心所用的硅钢片具有狭小的磁滞回线，其磁滞损耗小。

2）**涡流损耗** Δp_{e}。在交流铁心线圈中，交变的磁通不仅在线圈中会产生感应电动势，在铁心中也产生感应电动势和感应电流，这种感应电流具有水旋涡的形式，称为**涡流**，如图 6-2-2（a）所示。它使铁心发热引起的能量损耗称为涡流损耗 Δp_{e}。为减小涡流，多数交流电器设备的铁心都采用硅钢片叠成，如图 6-2-2（b）所示。硅钢片表面涂有绝缘漆，片与片之间相互绝缘，用硅钢片叠起来制成的铁心，能把涡流限制在许多狭长的截面之中，同时硅钢片具有较大的电阻率，因而限制了涡流的大小，降低了能量的损耗。鉴于以上原因，变压器等交流电气设备的铁心都是用 0.5mm、0.35mm、0.27mm、0.22mm 厚的彼此绝缘的硅钢片叠成。

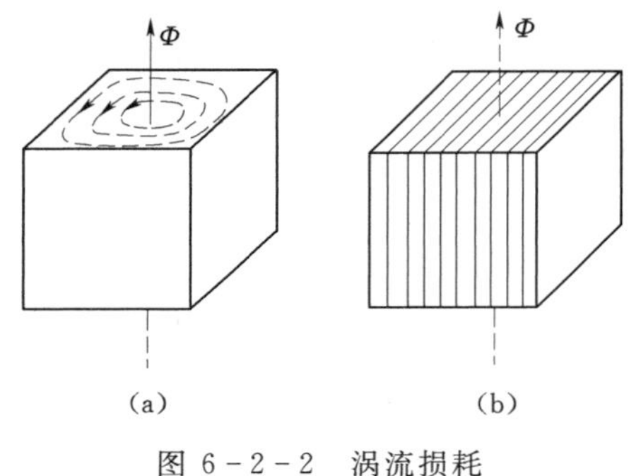

图 6-2-2　涡流损耗

（a）涡流；（b）硅钢片叠成的铁心

综上所述，交流铁心线圈的功率损耗（有功功率）为

$$\Delta P=\Delta P_{\mathrm{Cu}}+\Delta P_{\mathrm{Fe}}=I^{2} R+\Delta P_{\mathrm{h}}+\Delta P_{\mathrm{e}} \tag{6-2-8}$$

铁损和铜损都要从电源吸取能量，并转化为热能而使铁心发热，因此，大容量的变压器需要采取各种相应的冷却措施。

6.3　变压器分类与结构

变压器是一种可以改变交变电压的静止电器，它可以把一种交流电压的电能转变成频率相同的另一种交流电压的电能。变压器不仅具有变换电压、还具有变换电流和变换阻抗的多种功能，因而它在电力系统的输电、配电方面以及电子技术、测试技术等方面得到广泛的应用。

6.3.1 变压器的类别

变压器的类型很多，通常变压器可按用途、结构、相数或冷却方式分类。

按用途分：有电力变压器、专用电源变压器、调压变压器、测量变压器、试验变压器、安全变压器等。

按结构形式分：按铁心结构形式分心式和壳式两种；按线圈绕组形式可分为：双绕组、三绕组、多绕组变压器以及单绕组变压器（自耦变压器）。

按相数不同可分为：单相变压器、三相变压器和多相变压器。

按冷却方式可分为：空气自冷式（干式）、油浸自冷式、油浸风冷式变压器等。

本章中仅介绍中小型变压器的有关原理和应用。

6.3.2 变压器的基本构造

变压器由铁心和绕在铁心上的线圈（又叫绕组）组成。

一、铁心

铁心的作用是构成磁路，是用导磁性能好的铁磁材料制成，即用很小的励磁电流产生很强的磁场，以减小变压器体积，通常用硅钢片叠成，可减小铁心损耗。按铁心的构造，变压器可分为心式和壳式两种，如图 6-3-1 所示。

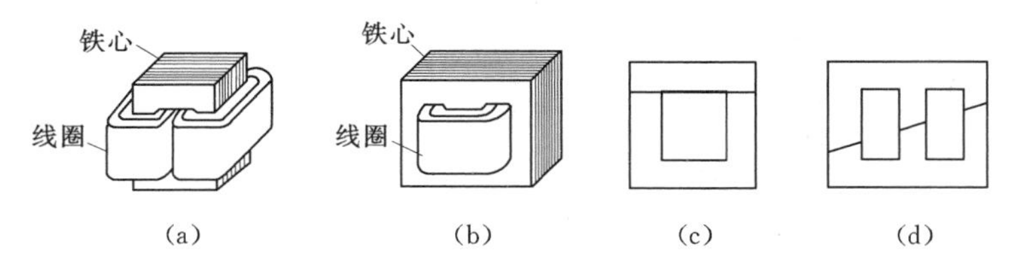

图 6-3-1 交流心线圈电路

(a) 心式；(b) 壳式；(c) 心式铁心符号；(d) 壳式铁心符号

心式变压器的绕组包在铁心外面，制造工艺比较简单。**壳式变压器**的铁心大部分在绕组外面，散热性能较好，但制造工艺较复杂。

二、绕组

变压器的原、副边绕组由导线绕制而成，为防止变压器内部短路，在绕组与绕组之间、绕组与铁心之间，以及每一绕组的各层之间都必须衬好绝缘。一般小功率变压器绕组多用高强度漆包线绕成，大功率变压器的绕组可以采用有绝缘的扁形铜线或铝线制成，线圈的形式与变压器的结构有关。

三、冷却系统

图 6-3-2 油浸自冷式变压器

变压器工作时，由于存在铜损和铁损，使变压器发热，为防止变压器工作温度过高而损坏，必须采取冷却散热措施。小型变压器大多采用空气自冷式，在空气中自然冷却。大型变压器通常采用油冷式，把变压器的铁心和绕组全部浸在变压器油（一种矿物油）中，油箱外表装有钢管制成的散热器，靠近铁心处的油受热流动上升，与散热管中的冷油形成自然循环，将变压器内部热量散发出去。这种变压器称为油浸自冷式变压器。图 6-3-2 就是采用这种冷却方式的三相变压器。此外大型电力变压器还有其他一些更有效的冷却措施。

6.4 变压器的工作原理

变压器的原理图如图 6-4-1 所示，为分析问题的方便，把两个绕组分别画在闭合铁心的两边（实际变压器两个绕组一般套在同一铁心柱上），其中接电源的为**原边绕组**（一次绕组），匝数为 N_1，接负载的绕组称为**副边绕组**（二次绕组），匝数为 N_2。图中 u_1 的正方向任取，原边电流 i_1 方向与 u_1 正方向关联一致，磁通 Φ 和 i_1 的取向符合右手螺旋定则，原副边电动势 e 的正方向与磁通 Φ 的方向符合右手螺旋关系。

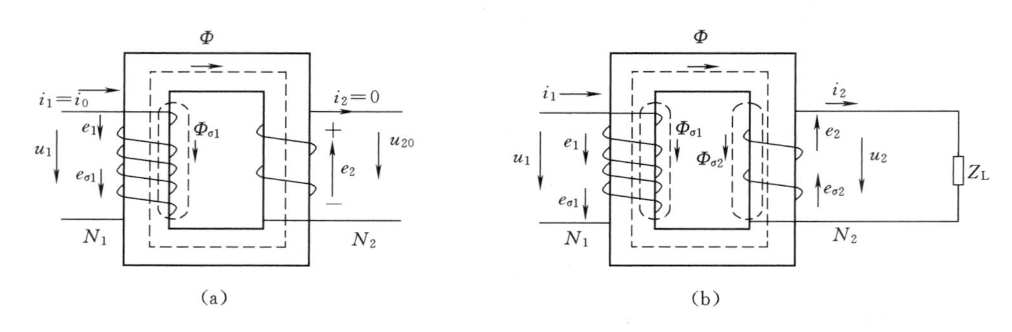

图 6-4-1 变压器原理图

(a) 空载；(b) 有载

6.4.1 变压器空载运行

一、电磁关系

变压器空载是指其原边绕组接入额定的交流电压 u_1，副边绕组开路，如图 6-4-1 (a) 所示。原边绕组在电源电压 u_1 的作用下，产生空载电流 $i_1=i_{10}$（i_{10} 又称**励磁电流**），铁心中的磁动势 $i_{10}N_1$ 产生主磁通 Φ 和漏磁通 $\Phi_{\sigma1}$，由于磁通 Φ 是交变的，主磁通 Φ 在变压器的原副边绕组里产生感应电动势 e_1（反电动势）和 e_2（电源电动势），因副边绕组电流 $I_2=0$，空载下副边的端电压 $U_{20}=E_2$，漏磁通 $\Phi_{\sigma1}$ 产生的漏磁通感应电动势为 $e_{\sigma1}$。以上各物理量之间的相互关系可表示为

$$u \rightarrow i_{10} \rightarrow i_{10}N \rightarrow \begin{cases} \Phi \rightarrow \begin{cases} e_1 = -N_1\dfrac{\mathrm{d}\Phi}{\mathrm{d}t} \\ e_2 = -N_2\dfrac{\mathrm{d}\Phi}{\mathrm{d}t} \rightarrow u_{20} = e \end{cases} \\ \Phi_\sigma \rightarrow e_\sigma = -N\dfrac{\mathrm{d}\Phi_\sigma}{\mathrm{d}t} = -L_\sigma\dfrac{\mathrm{d}i}{\mathrm{d}t} \end{cases}$$

设主磁通 $$\Phi=\Phi_m\sin\omega t$$

则 $$e_1=-E_{m1}\sin\left(\omega t-\frac{\pi}{2}\right),\ e_2=-E_{m2}\sin\left(\omega t-\frac{\pi}{2}\right)$$

由式（6-2-5）得

$$\left.\begin{aligned}E_1&=4.44fN_1\Phi_m\\E_2&=4.44fN_2\Phi_m\end{aligned}\right\}\tag{6-4-1}$$

二、变比、电压变换作用

在忽略原绕组 R_1 和漏电抗 $X_{\sigma1}$，根据式（6-2-6）有 $\dot{U}_1\cong\dot{E}_1$

有效值 $U_1\approx E_1=4.44fN_1\Phi_m$

对于副边：因 $I_2=0$ 有 $U_{20}=E_2$

其有效值关系 $U_{20}=E_2=4.44fN_2\Phi_m$

所以

$$\frac{U_1}{U_{20}}\cong\frac{E_1}{E_2}=\frac{4.44fN_1\Phi_m}{4.44fN_2\Phi_m}=\frac{N_1}{N_2}=k\tag{6-4-2}$$

式中 k——变压器的**变比**。

变压器在空载运行时，原、副边电压之比近似等于原、副绕组的匝数比，当 N_1 与 N_2 不同时，变压器可将某一电压的交流电转换成同频率的另一电压的交流电。电能自原绕组输入，通过电磁感应的形式传递到副绕组。

6.4.2 变压器的负载运行

一、电磁关系

图 6-4-1（b）为变压器带负载时的电路，变压器在有载情况下运行，原、副绕组中将分别有电流 i_1 和 i_2 通过，此时原绕组电流 i_1 比空载电流 i_{10} 大得多，而副绕组电流 i_2 的大小及相位由电压 u_2 和负载阻抗 Z_L 决定。副绕组的磁动势 N_2i_2 也产生磁通，其绝大部分也通过铁心而闭合。此时铁心中的主磁通 Φ 是由原、副绕组的磁动势共同产生的合成磁通。主磁通 Φ 穿过原、副绕组在其中产生的感应电动势分别为 e_1 和 e_2。原副绕组的磁动势 N_1i_1，N_2i_2 还分别产生漏磁通 $\Phi_{\sigma1}$ 和 $\Phi_{\sigma2}$，并分别在各自的绕组中产生漏磁电动势 $e_{\sigma1}$ 和 $e_{\sigma2}$。

其电磁关系可表示如下。

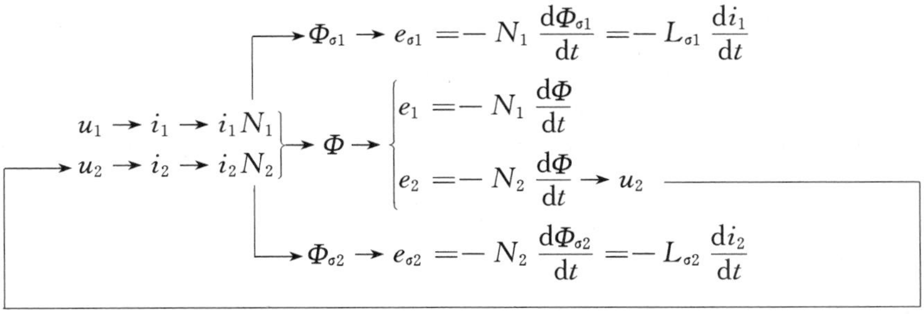

$$\Phi_{\sigma1}\rightarrow e_{\sigma1}=-N_1\frac{d\Phi_{\sigma1}}{dt}=-L_{\sigma1}\frac{di_1}{dt}$$

$$\left.\begin{aligned}u_1\rightarrow i_1\rightarrow i_1N_1\\u_2\rightarrow i_2\rightarrow i_2N_2\end{aligned}\right\}\rightarrow\Phi\rightarrow\begin{cases}e_1=-N_1\dfrac{d\Phi}{dt}\\e_2=-N_2\dfrac{d\Phi}{dt}\rightarrow u_2\end{cases}$$

$$\Phi_{\sigma2}\rightarrow e_{\sigma2}=-N_2\frac{d\Phi_{\sigma2}}{dt}=-L_{\sigma2}\frac{di_2}{dt}$$

二、平衡方程

1. 电压平衡方程

由图 6-4-1（b）得原边电压方程

$$u_1 = -e_1 + L_{\sigma1}\frac{\mathrm{d}i_1}{\mathrm{d}t} + R_1 i_1 \tag{6-4-3}$$

相量式

$$\dot{U}_1 = -\dot{E}_1 + \mathrm{j}X_{\sigma1}\dot{I}_1 + R_1\dot{I}_1 \tag{6-4-4}$$

副边电压方程

$$e_2 = R_2 i_2 + L_{\sigma2}\frac{\mathrm{d}i_2}{\mathrm{d}t} + u_2 \tag{6-4-5}$$

相量式

$$\dot{E}_2 = \dot{U}_2 + (R_2 + \mathrm{j}X_{\sigma2})\dot{I}_2 \tag{6-4-6}$$

式（6-4-6）中 R_2 和 $X_{\sigma2} = 2\pi f L_{\sigma2}$ 分别为副绕组的电阻和漏电抗，U_2 为副绕组端电压。

2. 电流平衡方程（磁动势平衡方程）

当变压器带负载运行时，由电流 i_2 所建立的磁动势 i_2N_2 与 i_1N_1 作用在同一铁心的磁路上，根据楞次定律 i_2N_2 产生的磁通将力图削弱主磁通 Φ_m（去磁作用），由恒磁通原理 $U_1 \approx E_1 = 4.44fN_1\Phi_m$ 可知，无论变压器有无负载，只要电源电压有效值 U_1 和频率 f 不变，主磁通最大值 Φ_m 应基本上保持不变，即铁心中主磁通的最大值 Φ_m 在变压器空载及有载时基本是不变的，所以变压器有载运行时产生主磁通的合成磁电势（$\dot{I}_1N_1 + \dot{I}_2N_2$）与变压器空载时的磁动势 $N_1\dot{I}_{10}$ 所产生的磁通相等，因而可得磁动势平衡方程式

$$i_1N_1 + i_2N_2 = i_{10}N_1 \tag{6-4-7}$$

相量式

$$\dot{I}_1N_1 + \dot{I}_2N_2 = \dot{I}_{10}N_1 \tag{6-4-8}$$

式（6-4-8）可写成

$$\dot{I} = \dot{I}_{10} + \left(-\frac{N_2}{N_1}\right)\dot{I}_2 \tag{6-4-9}$$

式（6-4-9）表明变压器带负载运行后，原边电流由两部分组成，一部分是产生主磁通的励磁电流 $\dot{I}_{10}$，另一部分是克服副边负载电流对主磁通引起反应的负载分量 $\left(-\frac{N_2}{N_1}\right)\dot{I}_2$

在额定负载下，原边励磁电流分量很小，它只有原边正常额定电流 I_{1N} 的 2%～10%，（大容量电力变压器更小）。在研究原副边电流的数量关系时，可将 I_{10} 忽略，于是有 $\dot{I}_1N_1 \approx -\dot{I}_2N_2$，其有效值

$$I_1N_1 = I_2N_2$$

即

$$\frac{I_1}{I_2} = \frac{N_2}{N_1} = \frac{1}{k} \tag{6-4-10}$$

式（6-4-10）说明在变压器匝数比固定不变时，I_1 与 I_2 成比例，即变压器的原绕

组电流 I_1 是由副绕组电流 I_2 的大小来决定的。但必须指出式（6-4-10）只有当 I_2 较大（$I_1 \gg I_{10}$）时才能成立，在变压器轻载时该式不成立，此时 I_2 必须通过磁动势平衡方程式进行计算。

三、变压器的作用

变压器主要有变换电压、变换电流、变换阻抗三种作用。

1. 变换电压

在变压器原方电势平衡方程（6-4-4）中，忽略原绕组电阻和漏感抗压降（R_1 和 $X_{\sigma 1}$ 较小）有 $\dot{U}_1 \approx -\dot{E}_1$，有效值 $\dot{U}_1 \approx E_1 = 4.44 f N_1 \Phi_m$。

副边电压方程（6-4-6）中忽略副绕组电阻和漏感抗压降（因 R_2、$X_{\sigma 2}$ 较小），有 $\dot{E}_2 \approx \dot{U}_2$，有效值 $U_2 \approx E_2 = 4.44 f N_2 \Phi_m$。

其原副边有效值关系为 $U_2 \approx E_2$，$U_1 \approx E_1$，原副边电压之比为

$$\frac{U_1}{U_2} \approx \frac{E_1}{E_2} = \frac{4.44 f N_1 \Phi_m}{4.44 f N_2 \Phi_m} = k \tag{6-4-11}$$

即变压比 k 是原、副边匝数之比。

空载时有

$$k = \frac{E_1}{E_2} \approx \frac{U_1}{U_{20}} = \frac{N_1}{N_2}$$

通常定义变压器的变比是空载时原边电压与副边电压之比，它只与原、副边匝数的多少有关，可以用改变匝数比来改变电压的大小，$k>1$ 为**降压变压器**，$k<1$ 为**升压变压器**。

需要指出，这里的副边电压是指空载时的电压 U_{20}，不是带负载运行时的电压 U_2，这是因为变压器的空载电压 U_{20} 是固定的值，而负载电压 U_2 是随负载变化，不是恒定的。

2. 变换电流

变压器在额定负载情况下（$I_1 \gg I_{10}$），由式（4-6-10）可知 $I_1/I_2 = N_2/N_1 = 1/k$ 或 $I_2 = nI_1$，即原、副边的电流与匝数成反比。

变压器既可变电压，也可变电流，故变压器也可以说是变流器。上面已提到当变压器空载或轻载时，这种电流变换关系不成立。

3. 变换阻抗

电子技术中，为了使负载获得较大的功率输出，往往对负载阻抗有一定要求，但是负载的阻抗是一定的，不能随便改变，因此常用变压器来改变阻抗，实现阻抗变换，以达到匹配。

图 6-4-2 为理想变压器示意图，其内部阻抗均忽略，当副边绕组接入负载阻抗为 Z_L 时，有 $Z_L = \frac{\dot{U}_2}{\dot{I}_2}$，但从变压器原边看入的阻抗是

$$Z'_L = \frac{\dot{U}_1}{\dot{I}_1} = \frac{k\dot{U}_2}{\frac{1}{k}\dot{I}_2} = k^2 Z_L \tag{6-4-12}$$

式中，Z'_L 叫做负载阻抗 Z_L 在变压器原边的等效阻抗，它等于实际负载阻抗的 k^2 倍。即从原边往负载一侧看去，相当于在原边一侧接了一个阻抗 Z'。如图 6－4－2 所示，只需调整变压器原、副边匝数比，就可以将副边阻抗等效变为原边所需的阻抗值，而且负载性质不变，这种做法通常称为**阻抗匹配**。

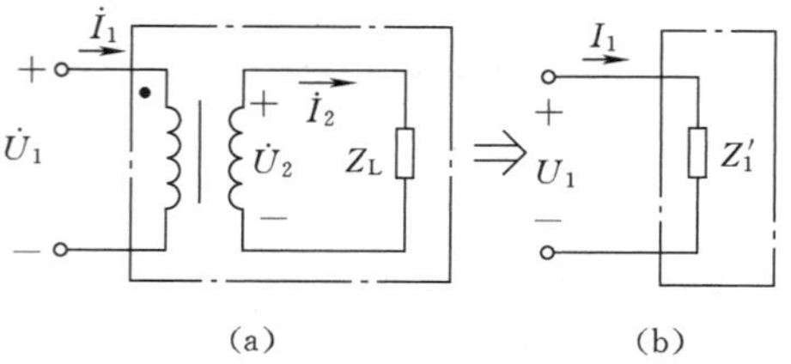

(a)　　(b)

图 6－4－2　变压器变换阻抗作用

【例 6－4－1】　一只电阻为8Ω 的扬声器（喇叭），需要把电阻提高到 800Ω 才可以接入半导体收音机的输出端，问应该利用变比为多大的变压器才能实现这一阻抗匹配。

［**解**］　由式（6－4－12）求得

$$k=\sqrt{\frac{R'_L}{R_L}}=\sqrt{\frac{800}{8}}=10$$

6.5　变压器的外特性及技术参数

6.5.1　变压器的外特性和电压调整率

由式（6－4－4）和式（6－4－6）可知，当变压器带负载运行而且电源电压 U_1 不变时，负载电流 i_2 增加，原、副绕组中的电流以及它们的内部阻抗压降都要增加，因而副边绕组的端电压 U_2 会在电源电压 U_1 和负载的功率因数不变的情况下变化。副边电压 U_2 随 I_2 的变化关系为 $U_2=f(I_2)$，称为变压器的**外特性**，如图 6－5－1 所示。

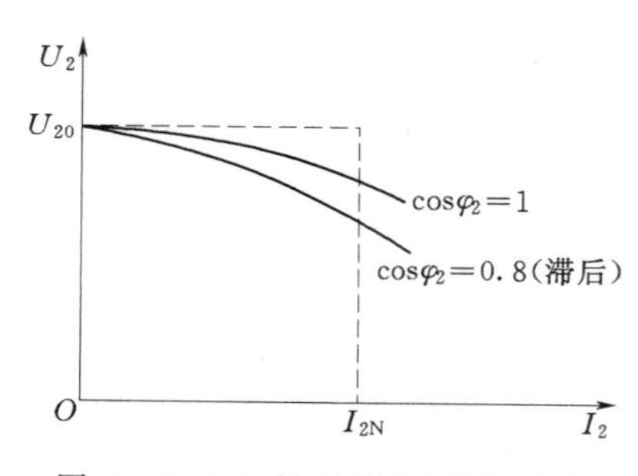

图 6－5－1　变压器的电压调整率

对电阻性或电感性负载来说，变压器的外特性是一条稍微向下倾斜的曲线。变压器外特性的变化情况可用电压调整率来表示，将变压器从空载到额定负载（$I_2=I_{2N}$即副边电流等于额定电流）运行，副边电压的变化量 ΔU 与空载时的副边电压 U_{20} 的比值，称为变压器的**电压调整率**，即

$$\Delta U\%=\frac{U_{20}-U}{U_{20}}\times 100\% \qquad (6-5-1)$$

一般变压器中的绕组电阻及漏感抗较小，电压调整率不大，为 5%左右。

6.5.2　变压器的效率

变压器的功率损耗有两部分，铜损与铁损。铜损是原、副绕组中的电流在绕组电阻上产生的损耗，铜损与负载大小（正比于电流平方）有关，即

$$P_{Cu}=R_1I_1^2+R_2I_2^2$$

铁损是交变的主磁通在铁心中产生的磁滞损耗及涡流损耗，由于变压器工作时，主磁

通基本上不变，所以铁损的大小与负载大小无关。

变压器的效率为

$$\eta=\frac{P_2}{P_1}\times100\%=\frac{P_2}{P_2+\Delta P_{Fe}+\Delta P_{Cu}}\times100\%$$

$$=\frac{U_2I_2\cos\varphi_2}{U_1I_1\cos\varphi_1}\times100\% \tag{6-5-2}$$

式中 P_2 为变压器输出的有功功率，P_1 为输入的有功功率。由于变压器的铜损、铁损较小，效率很高，可达 95%以上，通常变压器在满载的 60%～80%时效率最高，但任何变压器在轻载时效率都较低。

【例 6-5-1】 一变压器容量为10kV·A，铁损为 300W，满载时铜损为 400W，求该变压器在满载情况下向功率因数为 0.8 的负载供电时输入和输出的有功功率及效率。

［解］ 忽略电压变化率，则

$$P_2=S_N\cos\varphi_2=10\times10^3\times0.8=8\times10^3\text{（W）}=8\text{kW}$$

$$P=P_{Cu}+P_{Fe}=(300+400)=700\text{（W）}=0.7\text{kW}$$

$$P_1=P_2+P=(8000+700)=8700\text{（W）}=8.7\text{kW}$$

$$\eta=\frac{P_2}{P_1}\times100\%=\frac{8}{8.7}\times100\%=92\%$$

6.5.3 变压器的技术数据

1. 额定容量 S_N

S_N 是指副边输出的额定视在功率，它表示变压器在额定工作条件下输出最大电功率的能力，单位以 V·A（伏安）或 kV·A（千伏安）表示。

单相变压器 $S_N=U_{2N}I_{2N}$

三相变压器 $S_N=\sqrt{3}U_{2N}I_{2N}$

应指出：变压器副边输出的有功功率 P_2 并不等于 S_N，P_2 还与功率因数有关。

2. 额定电压 U_{1N}、U_{2N}

U_{1N}是指应加在原绕组上电源电压或输入电压。

U_{2N}是指原边施加 U_{1N}时副边绕组的开路电压。

U_{1N}、U_{2N}对三相变压器指线电压。变压器带负载运行时因有内阻抗压降，变压器副边的输出额定电压应比负载所需的额定电压高 5%～10%。

3. 额定电流 I_{1N}、I_{2N}

原、副边额定电流 I_{1N}、I_{2N}是指变压器在正常运行时允许通过的最大电流、它可以根据变压器额定容量和额定电压算出，在三相变压器中额定电流是指线电流。I_{1N}、I_{2N}是根据绝缘材料允许的温度而规定的，使用时不能超过额定电流值。

4. 额定频率 f_N

铭牌上注明的频率即为变压器的额定频率，额定频率不同的电源变压器，一般不能换用（我国电力变压器的额定频率均为 50Hz）。

6.6 三相变压器与自耦变压器

6.6.1 三相变压器

变换三相电压可采用三相变压器或三单相变压器组。

三单相变压器组是用三台同样的单相变压器组成，根据电源电压和各原绕组的额定电压，可把原绕组和副绕组接成星形或三角形。

使用最广泛的是用三相变压器来变换三相电压，图 6－6－1 是心式三相变压器的原理图。AX、BY、CZ 分别为三个相的高压绕组，ax、by、cz 是三个相的低压绕组，三相变压器的每一相，都相当于一个单独的单相变压器，三相变压器的原、副边绕组可接成星形或三角形。三相电力变压器按我国国家标准规定有以下五种标准连接方式；Y，yn、Y，d、YN，d、Y，y、YN，y，大写字母表示三相高压绕组的接法，小写字母表示三相低压绕组的接法，星形接法分三线和四线两种，YN 表示三相绕组接成星形并有中线。三角形接法用 D 表示。其中 Y，yn、Y，d、YN，d 三种接法应用最多，图 6－6－2 表示三相变压器绕组的连接。

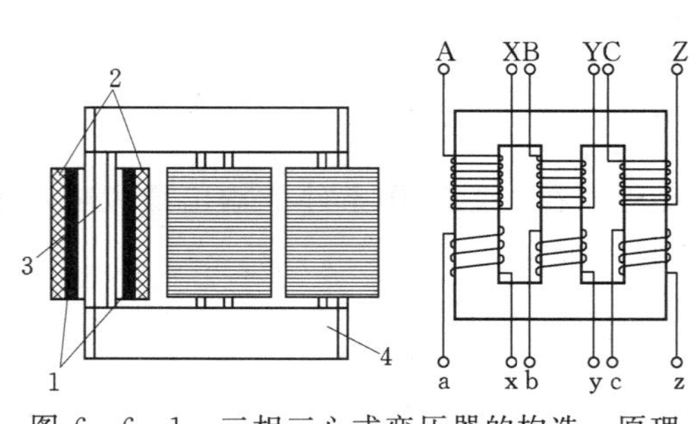

图 6－6－1　三相三心式变压器的构造、原理

1—低压绕组；2—高压绕组；3—铁心柱；4—磁轭

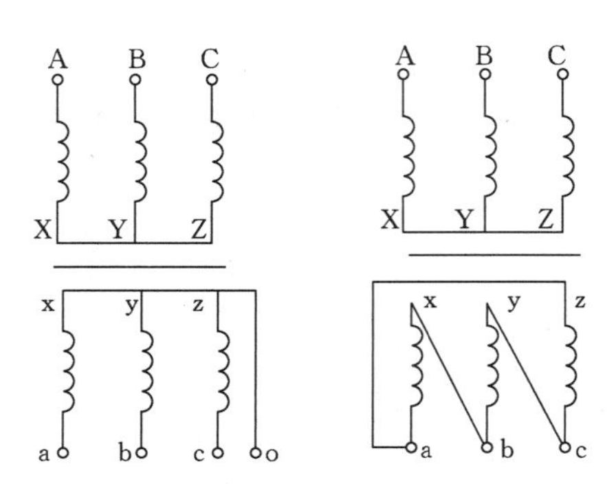

图 6－6－2　三相变压器绕组连接

6.6.2 自耦变压器

自耦变压器只有一个绕组（单相变压器），低压绕组是高压绕组的一部分。实验室中常用自耦变压器来平滑地变换交流电压。电路原理图如图 6－6－3 所示。副绕组匝数一般可调，其工作原理与普通双绕组变压器相同。原、副边绕组电压之比

$$\frac{U_1}{U_2}=\frac{N_1}{N_2}=k$$

电流之比为

$$\frac{I_1}{I_2}=\frac{N_2}{N_1}=\frac{1}{k}$$

单相自耦变压器，其副绕组抽头往往做成能沿线圈自由滑动的触头形式，以达到平滑均匀地调节电压的目的，故又称作自耦调压器，其外形和电路如图 6－6－4 所示。自耦变

压器使用中应注意以下几点：

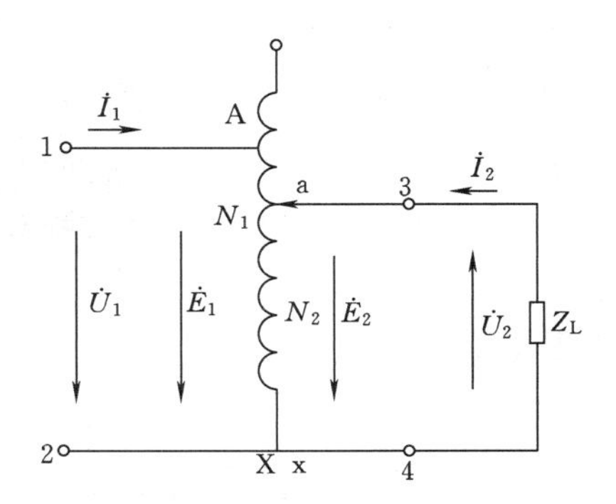

图 6-6-3　自耦变压器原理

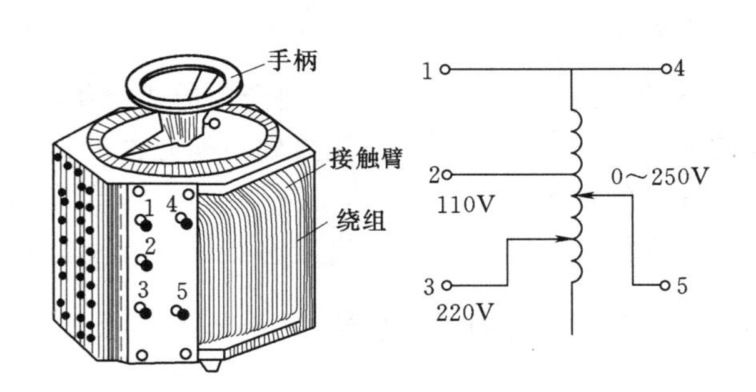

图 6-6-4　自耦调压器外形和电路

（1）因自耦变压器的原、副边之间有电的直接联系，当原边一侧的火线和地线接颠倒后，不论触点在哪个位置上，副边都出现一个对地有高电压的电位，或当原边接地端发生断线故障，副边也会出现一个对地的高电压，从而造成人身事故，如图 6-6-5 所示。因此工作人员即使在副边操作时，也应按自耦变压器原边高压进行安全保护。

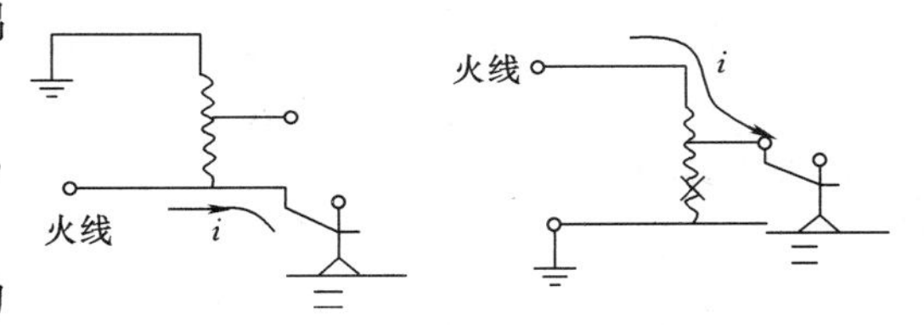

图 6-6-5　自耦变压器的可能事故

（2）自耦变压器的原边和副边不可接错，否则可能造成电源短路或烧坏变压器。

（3）在使用自耦变压器时，副边绕组的输出电压位置应从零开始逐渐调到负载所需电压值。

6.7　互　感　器

6.7.1　电流互感器

电流互感器是根据变压器原理制成的，主要是用来扩大测量交流电流的量程。

通常电流表的量程有限（5A 或 1A），当要测量交流电路的大电流时，可采用电流互感器，另外为了使测量仪表与高压电路隔离，以保证人身与设备安全，也可采用电流互感器。

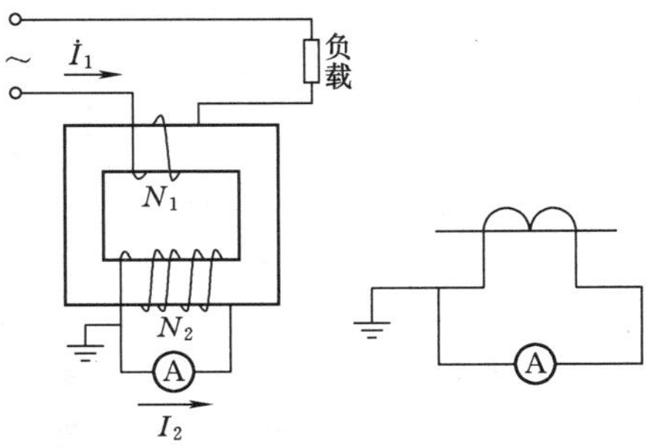

电流互感器的接线图及其符号如图 6-7-1 所示；原绕组的匝数很少，串接在被测电路中。副绕组的匝数很多，它与电流表或其他仪表及继电器的电流线圈相连接。

图 6-7-1　电流互感器

根据变压器原理有

$$\frac{I_1}{I_2}=\frac{N_2}{N_1}=k_i \quad I_1=\left(\frac{N_2}{N_1}\right)I_2=k_iI_2$$

式中 k_i 为电流互感器的变换系数。

在使用电流互感器时，副边绕组不允许断开，副方也不串接保险丝，这与普通变压器不同，因它的原绕组是与负载串联的，其电流 $\dot{I}_1$ 决定于负载，而不决定副边电流 $\dot{I}_2$。若当副绕组断开，副绕组的电流和磁动势立即消失，不能对原绕组的磁动势起去磁作用，由于 $\dot{I}_1$ 未变，此时铁心内的磁通全由原边绕组的磁动势 $\dot{I}_1 N_1$ 产生，铁心内磁通大大增加，铁损大大增加，致使铁心发热到不能允许的程度。另一方面副边绕组的感应电动势将提高到危险的程度。

为使用安全起见，电流互感器的铁心及副绕组一端应该接地。

6.7.2 电压互感器

因电压表的量程有限，当要测量交流电路的高电压时，可采用电压互感器。电压互感器是一种匝数比较大的仪用变压器（如图 6－7－2 所示），它在低压侧进行测量，使测量端与高电压隔离，测量出的电压值乘以变比 n 便得到高压测电压 U_1，通常电压互感器副边电压额定值为 100V。在使用电压互感器时，其副边线圈严禁短路，否则会产生很大的短路电流烧坏电压互感器，因而，其原副边都应具有短路保护。另为安全起见，电压互感器的铁心，金属外壳及副绕组一端都必须可靠接地。

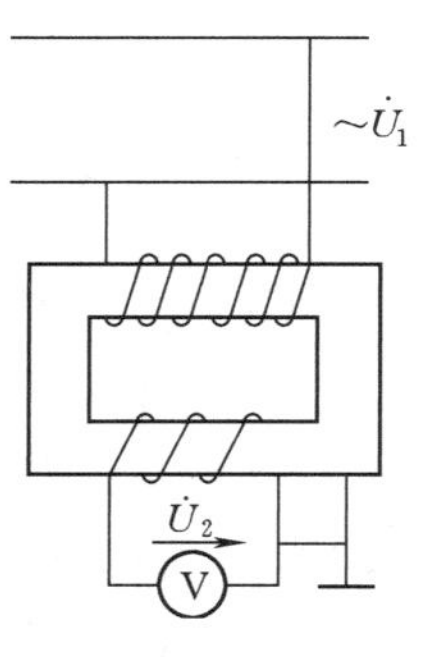

图 6－7－2　电压互感器

小　　结

1. 使磁通集中通过的闭合路径，称为磁路。

2. 磁性物质具有导磁性，其磁导率不是常数。

3. 磁路中很多参量在电路中都有相应的参量对应，如磁路中的磁动势、磁压、磁通和磁阻与电路中的电动势、电压、电流和电阻相对应，磁路的欧姆定律和基尔霍夫定律的表达式为

$$\Phi=\frac{F}{R_m},\sum\Phi=0,\sum Hl=\sum IN$$

4. 交流铁心线圈接通正弦电压时，铁心磁通与电压之间的关系为 $U=4.44fN\Phi_m$，当外加电压一定时，磁通的幅值基本不变。当磁路气隙改变时，磁阻改变，励磁电流改变。

5. 变压器利用电磁感应原理实现不同回路间交流能量或信号的传送。

6. 变压器具有变压、变流、变阻抗的作用，其中

变换电压
$$k=\frac{E_1}{E_2}\approx\frac{U_1}{U_{20}}=\frac{N_1}{N_2}$$

变换电流 变压器在额定负载情况下

$$(I_1\gg I_{10})\quad \frac{I_1}{I_2}=\frac{N_2}{N_1}=\frac{1}{k}$$

变换阻抗 电子技术中，常用变压器来实现阻抗变换，以达到匹配 $Z'_L=k^2Z_L$。

7. 副边电压 U_2 随 I_2 的变化关系为 $U_2=f(I_2)$ 称为变压器的外特性，对电阻性或电感性负载来说，变压器的外特性是一条稍微向下倾斜的曲线。变压器外特性的变化情况可

用电压调整率来表示，即

$$\Delta U\% = \frac{U_{20} - U}{U_{20}} \times 100\%$$

8. 交流铁心线圈的功率损耗包括铜损耗和铁损耗，铜损与负载大小（正比于电流平方）有关，铁损与负载大小无关。变压器的效率为

$$\eta = \frac{P_2}{P_1} \times 100\%$$

9. 变换三相电压可采用三相变压器或三单相变压器组。

自耦变压器只有一个绕组，低压绕组是高压绕组的一部分，实验室中常用自耦变压器来平滑地变换交流电压。使用中特别要注意安全。

10. 电流互感器主要是用来扩大测量交流电流的量程。电压互感器主要是用来扩大测量交流电压的量程。另为了使测量仪表与高压电路断开，以保证人身与设备安全，也可采用互感器。

习　　题

6-1　有一交流铁心线圈，$N_1=400$，接在220V、50Hz的正弦交流电源上，如此铁心上再绕一个匝数$N=200$的线圈，当此线圈开路时，其两端的电压为多少？

6-2　为什么说变压器一、二次绕组电流与匝数成反比，只有在满载和接近满载时才成立？空载时为什么不成立？

6-3　满载时变压器的电流等于额定电流，这时的二次侧电压是否也等于额定电压？

6-4　收音机中的变压器，一次绕组为1200匝，接在220V交流电源上后，得到5V、6.3V和350V三种输出电压。求三个二次绕组的匝数。

6-5　已知变压器的二次绕组有400匝。一次绕组和二次绕组的额定电压为220/55V。求一次绕组的匝数。

6-6　已知某单相变压器$S_N=50$kVA，$U_{1N}/U_{2N}=6600/230$V，空载电流为额定电流的3%，铁损耗为500W，满载铜损耗为1450W。向功率因数为0.85的负载供电时，满载时的二次侧电压为220V。求：(1) 一、二次绕组的额定电流；(2) 空载时的功率因数；(3) 电压变化率；(4) 满载时的效率。

6-7　某单相变压器的容量为10kVA，额定电压为3300/220V。如果向220V、60W的白炽灯供电，白炽灯能装多少盏？如果是向220V、40W、功率因数为0.5的日光灯供电，日光灯能装多少盏？

6-8　某50kVA、6600/220V单相变压器，若忽略电压变化率和空载电流。求：

(1) 负载是220V、40W，功率因数为0.5的440盏日光灯时，变压器一、二次绕组的电流是多少？

(2) 上述负载是否已使变压器满载？若未满载，还能接入多少盏220V、40W、功率因数为1的白炽灯？

6-9　某收音机的输出变压器，一次绕组的匝数为230，二次绕组的匝数为80，原配接8Ω的扬声器，现改用4Ω的扬声器。问二次绕组的匝数应改为多少？

6-10　一自耦变压器，一次绕组的匝数 $N_1=1000$，接到220V交流电源上，二次绕组的匝数 $N_2=500$，接到 $R=4\Omega$，$X_L=3\Omega$ 的感性负载上。忽略漏阻抗的电压降。求：(1) 二次侧电压 U_2；(2) 输出电流 I_2；(3) 输出的有功功率 P_2。

6-11　某三相变压器 $S_N=50$kVA，$U_{1N}/U_{2N}=10000/400$V，Y，yn连接。求高、低压绕组的额定电流。

6-12　某三相变压器的容量为800kVA，Y，d连接，额定电压为35/10.5 kV。求高压绕组和低压绕组的额定相电压、相电流和线电流。

6-13　某三相变压器的容量为75kVA，以400V的线电压供电给三相对称负载。设负载为星型连接，每相电阻为2Ω，感抗为1.5Ω。问此变压器能否负担上述负载?

6-14　有一台三相变压器 $S_N=180$kVA，$U_{1N}=6.3$kV，$U_{2N}=0.4$kV，负载的功率因数为0.8（电感性），电压变化率为4.5%，求满载时的输出功率。

第7章　电　动　机

电机是实现电能与机械能相互转换的机电设备。将机械能转换成电能的电机称为发电机，将电能转换成机械能的电机称为电动机。

电动机可分为直流电动机和交流电动机两大类。直流电动机的特点是调速性能好，起动转矩大，适用于对调速性能要求高，或需要起动转矩大的生产机械，如：起重机、电力机车、大型龙门刨床、轧钢机等。直流电动机需要由直流电源供电。

交流电动机有同步电动机和异步电动机两种。同步电动机的特点是转速恒定，其转速与交流电源的频率同步，不受电源电压和负载变化的影响。同步电动机另一特点是运行功率因数可调。因此同步电动机适用于需要转速恒定，功率较大，长期工作的生产机械，如：通风机、水泵等。直流电动机和同步电动机的结构都比较复杂，运行和维护工作量大。

异步电动机又称为感应电动机，它具有结构简单、制造容易、价格低廉、维护方便等优点，因此，大多数生产机械都采用异步电动机拖动，尤其是三相异步电动机使用最为广泛。近年来，随着交流变频调速技术的不断发展，使得异步电动机的调速性能有了很大提高，完全可以和直流电动机相媲美。据统计，目前在电力拖动中90%以上采用的是异步电动机，在电力系统总负荷中，三相异步电动机占50%以上。因此，本章重点介绍三相异步电动机，主要包括三相异步电动机的结构、原理、机械特征、起动与调速以及电机的选择等方面内容。对同步电动机、单相异步电动机仅作简单介绍。

7.1　三相异步电动机的基本结构

三相异步电动机主要由两个基本部分组成：固定不动的定子和可以转动的转子。图7－1－1是三相异步电动机的部件图。

7.1.1　定子

三相异步电动机的定子由机座、定子铁心、定子绕组和端盖等组成。机座是用铸铁或铸钢制成的。定子铁心由彼此绝缘的硅钢片［图7－1－2（a)］叠成圆筒形，装在机座内。铁心内壁有许多均匀分布的槽，槽内嵌放着由绝缘导线制成的三相绕组AX、BY、CZ（或 U_1U_2，V_1V_2，W_1W_2），其轴线在空间互差120°。A、B、C是它们的首端，X、Y、Z是它们的末端。三相绕组的6个出线端都引到机座外侧接线盒内的接线柱上。接线柱的布置如图7－1－3（a）所示。

三相异步电动机有两种连接方式，图7－1－3（b）是定子三相绕组连接成星形的方法，图7－1－3（c）是连接成三角形的方法。

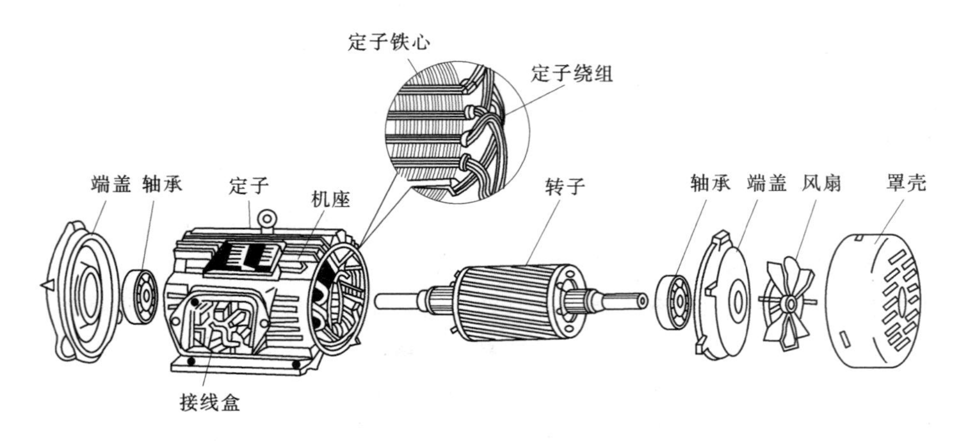

图 7-1-1　三相笼式异步电动机的结构（部件图）

7.1.2　转子

三相异步电动机的转子是异步电动机的旋转部分。主要由转子铁心、转子绕组、转轴和风扇等组成。转子铁心由彼此绝缘的硅钢片［图 7-1-2（b）］叠成圆筒形，固定在转轴上，铁心外表面有许多均匀分布的槽，槽内嵌放着转子绕组。按转子绕组构造的不同，三相异步电动机又分为笼式（又称为鼠笼式）和绕线式两种。

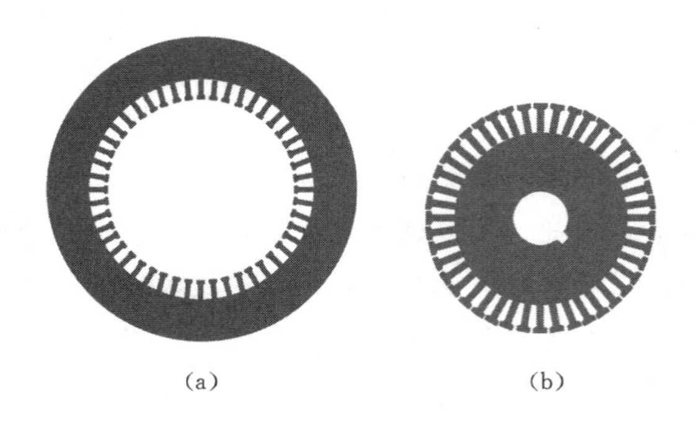

图 7-1-2　三相笼式异步电动机的定转子硅钢片
（a）定子；（b）转子

鼠笼式转子绕组是由安放在转子槽内

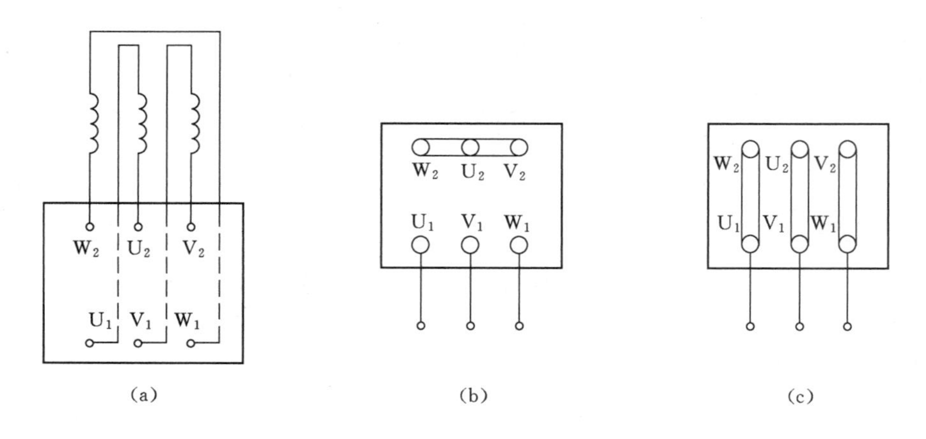

图 7-1-3　接线柱的连接
（a）内部连接；（b）星形连接；（c）三角形连接

的裸导体和短路环连接而成。如果把转子铁心去掉，裸导体的形状好像一个“鼠笼”，故称鼠笼式转子。额定功率在 100kW 以上的笼式异步电动机，转子铁心槽内嵌放的是铜条，铜条的两端各用一个铜环焊接起来，形成闭合回路（图 7-1-4）。100kW 以下的笼式异步电动机，转子绕组以及作冷却用的风扇则常用铝一起铸成（图 7-1-5）。

笼式异步电动机的构造简单、坚固耐用，所以应用最广泛。

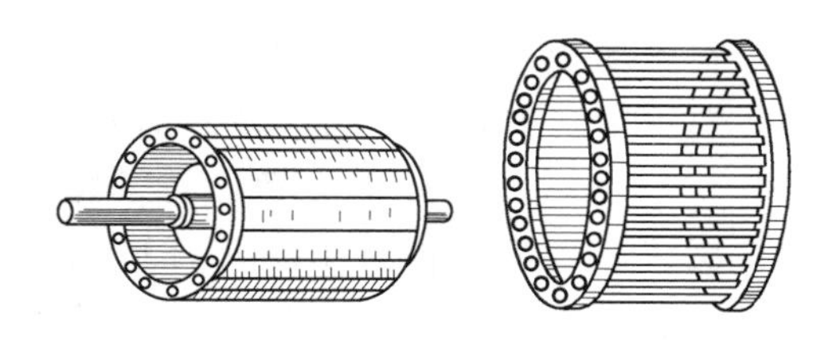

图 7-1-4　笼式转子

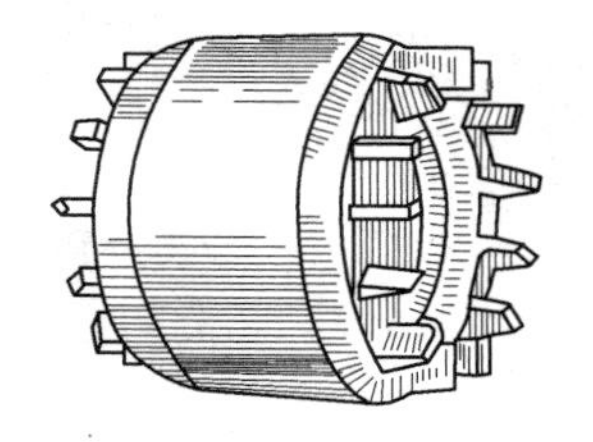

图 7-1-5　铸铝笼式转子

绕线式电动机的转子绕组和定子绕组相似，在转子铁心线槽内嵌放对称的三相绕组，作星形连接，三相绕组的首端从转子轴中引出，固定在轴上的三个相互绝缘的滑环上，然后经过电刷的滑动接触与外加变阻器相接，改变变阻器手柄的位置，可使绕线式三相绕组串联接入变阻器或使之短路，改善电动机的起动和调速性能。其结构如图 7-1-6 所示。

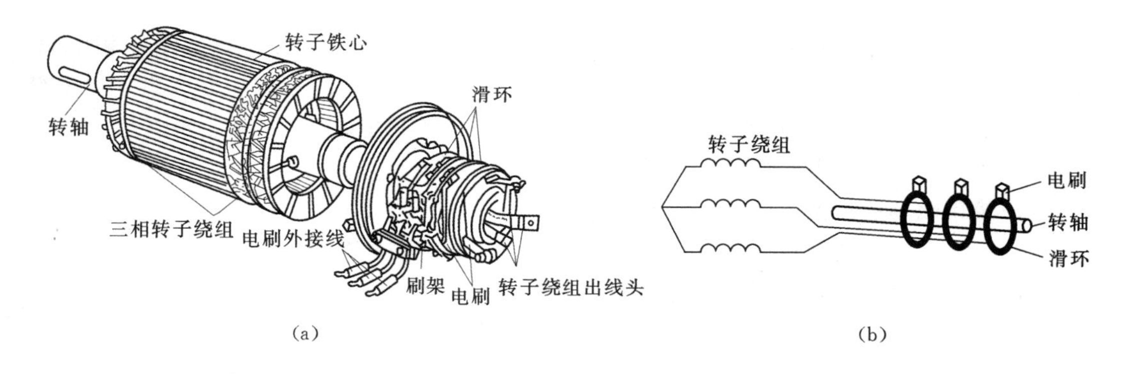

图 7-1-6　绕线式转子示意图

(a) 结构外形图；(b) 原理示意图

绕线式异步电动机的转子结构较复杂，价格较贵，一般用于对起动和调速性能有较高要求的场所。

7.2　三相异步电动机的工作原理

7.2.1　异步电动机的模型

在分析异步电动机原理之前，先来看图 7-2-1 (a) 所示的异步电动机的模型。该模型是由一个装有摇柄的可以旋转的马蹄形磁铁和一个放在其中可以自由转动的闭合导体（即转子）组成。磁铁与转子之间没有电气和机械的直接联系。当转动磁铁摇柄，即磁场 N、S 极受外力作用旋转时，处在这个旋转磁场中的闭合导体因切割磁力线而产生感应电动势，这个电动势的方向可以根据右手定则确定出来，由于转子各导体

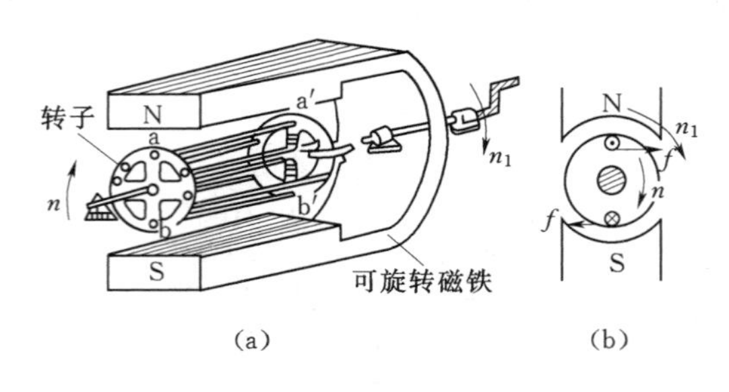

图 7-2-1　异步电动机转动原理示意图

两端已用金属环短路成闭合通路，在导体中有电动势就会有电流通过，如不考虑导体中电动势与电流之间的相位差，则可认为电流方向同于电动势方向，此感应电流在磁场中又受到安培力作用，受力方向用左手定则来确定。如模型的剖面图 7-2-1（b）所示。由分析可知，转子将随磁场的旋转而转动，且转子旋转方向与磁场旋转方向一致。若要改变转子旋转方向，只需改变旋转磁场的转动方向即可。

通过上述模型可知，转子之所以能转动，是因为处于旋转磁场中的闭合导体中产生感应电动势和电流，载流导体在磁场中受到电磁力作用的结果，这就是异步电动机的转动原理。

7.2.2　旋转磁场

实际的三相异步电动机工作时，定子三相绕组连接成星形或三角形，接至三相电源，三相电流通过三相绕组将会产生空间旋转磁场，在它的作用下，在转子上产生了电磁转矩，从而使转子拖动生产机械旋转，向生产机械输出机械功率。

因此研究三相异步电动机的原理首先要研究旋转磁场。

一、旋转磁场的产生

三相异步电动机的旋转磁场是由三相电流通过三相绕组产生的。

在图 7-2-2 所示的三相对称绕组中通入对称三相交流电

$$i_A = I_m \sin\omega t \text{ A}$$
$$i_B = I_m \sin(\omega t - 120°) \text{ A}$$
$$i_C = I_m \sin(\omega t + 120°) \text{ A}$$

三相交流电波形图如图 7-2-3 所示。为了确定某一瞬时电流在绕组中的流向，假定当电流为正（正半波）时，电流在绕组中从首端流向末端，在图上首端用符号“⊗”表示流进纸面，末端用符号“⊙”表示流出纸面，当电流为负值时（即负半波），则反之。电流流经导线所建立的磁场方向由右手螺旋定则来确定。由图 7-2-2 可知，通过三相定子绕组的电流大小和方向都是随时间变化的，任一瞬间在空间的合成磁场都等于各个电流分别产生的磁场的总和。

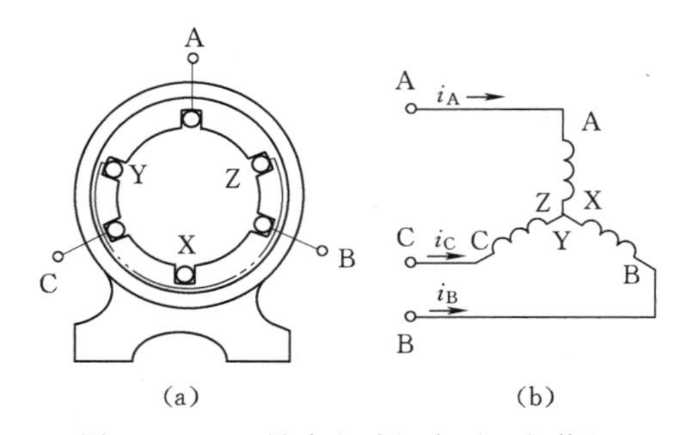

图 7-2-2　异步电动机定子三相绕组

在图 7-2-3 的电流波形上取均匀时间间隔，$\omega t_1=0°$、$\omega t_2=120°$、$\omega t_3=240°$、$\omega t_4=360°$四个瞬间，再根据电流流向的假定，将每一个时间的三个电流在各自绕组导体的流向，标志在定子绕组图中。例如在 $\omega t=0$ 时，$i_A=0$，i_B 为负值，电流从 B 相绕组末端 Y

流向首端 B，末端 Y 以⊗表示，首端 B 以⊙表示。同样 i_C 为正，电流从 C 相绕组首端 C 流进，末端 Z 流出。三相绕组中电流产生合成磁场方向用右手螺旋法则确定，磁力线是从上向下，上面是 N 极，下面是 S 极，产生磁场的磁极数等于 2（极对数是 1），如图 7-2-3（a）所示。

当 $\omega t=120°$时，i_A 为正、$i_B=0$、i_C 为负，由图 7-2-3（b）可知，此时合成磁场较 $\omega t=0$ 沿顺时针方向在空间旋转了 120°，同理可得出 $\omega t=240°$的合成磁场方向。如图 7-2-3（c）此时合成磁场方向比 $\omega t=0°$时又顺时针旋转了 120°，当 $\omega t=360°$时，图 7-2-3（d）是 $\omega t=0$ 时的再现。由此可见，当正弦电流变化了 360°电角度（即一个周期）时，磁场在空间也正好旋转了一周，由三相电流所产生的合成磁场在空间是不断旋转的，这就形成了**旋转磁场**。在磁极数为 2（磁场对数为 1）时，旋转磁场速度大小 $n_0=60f_1=3000$ r/min，f_1 为电流频率。

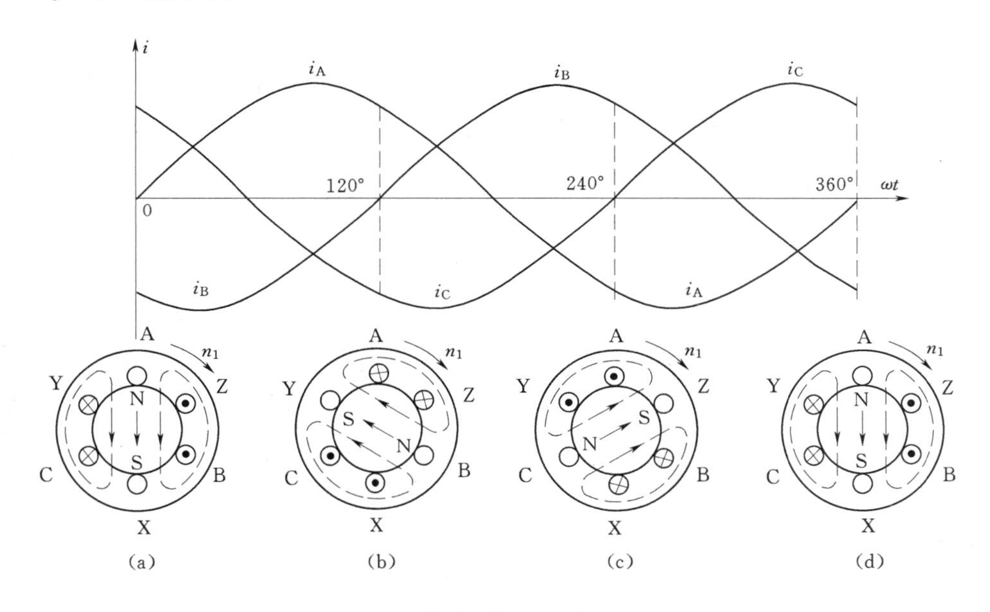

图 7-2-3　旋转磁场的形成（2 极电机）

二、旋转磁场的转向

由图 7-2-3 可以看出，旋转磁场是沿着 A→B→C 方向旋转的（顺时针方向），即与三相绕组中的三相电流的相序 $i_A \to i_B \to i_C$ 是一致的。所以要改变旋转磁场的转向，就必须改变三相绕组中电流的相序。即如图 7-2-4 所示，把三相绕组接到电源去的三根导线中的任意两根对调一下位置，例如将 B 和 C 对调，利用前述分析方法可以证明，这时旋转磁场的转向变为逆时针方向，如图 7-2-5 所示。

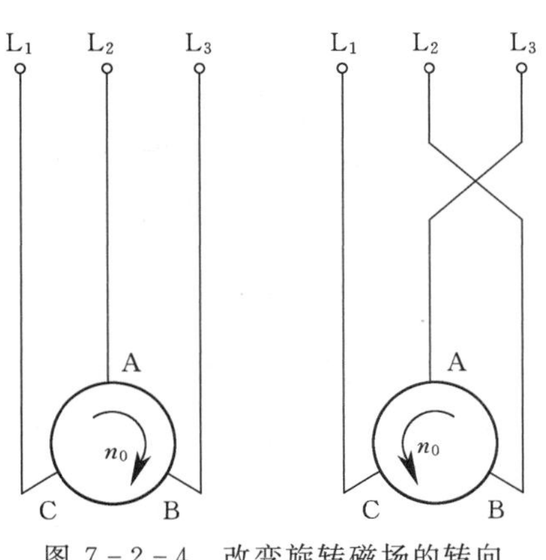

图 7-2-4　改变旋转磁场的转向

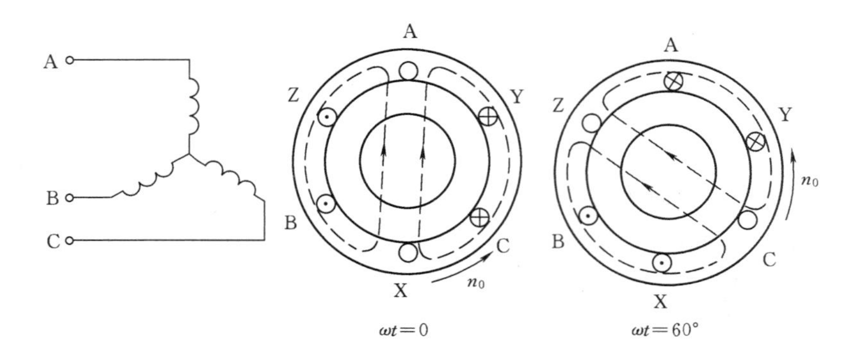

图 7-2-5　旋转磁场的反向

三、极数

上面的电机产生两极旋转磁场（极对数 $p=1$），旋转磁场的极数与绕组的安排有关，如果像图 7-2-6 所示那样，将每相绕组都改用两个线圈串联组成，采用与前面同样的分析方法，可以得到如图 7-2-7 所示的四极旋转磁场（极对数 $p=2$）。当电流变化了 360°时，旋转磁场在空间旋转了 180°，比二极旋转磁场的转速慢了一半。

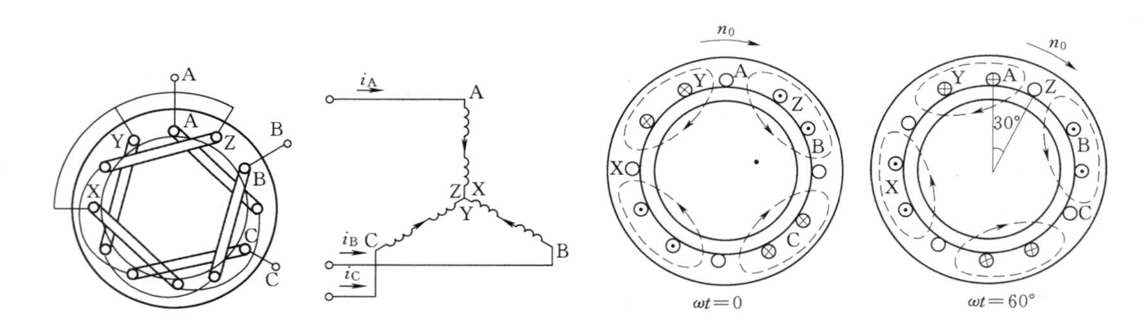

图 7-2-6　产生四极旋转磁场的定子绕组

图 7-2-7　图 7-2-6 所示定子绕组产生的旋转磁场（4 极）

四、旋转磁场的转速

旋转磁场的转速称为同步转速，用 n_0 表示。如前所述，对于两个磁极（即一对磁极，$p=1$）的旋转磁场，当电流变化了一个周期时，磁场在空间也转了一周。如果电流的频率为 f_1，则同步转速 $n_0=60f_1$（r/min）；对于四个磁极（$p=2$）的旋转磁场，$n_0=\frac{60f_1}{2}$（r/min）。依次类推，如果旋转磁场具有 p 对磁极，则同步转速应为

$$n_0=\frac{60f_1}{p} \tag{7-2-1}$$

在我国，工频交流电 $f_1=50\text{Hz}$，不同极对数时的同步转速见表 7-2-1。

表 7-2-1　　极对数与同步转速的关系

极对数 p	1	2	3	4	5	6
同步转速 n_0（r/min）	3000	1500	1000	750	600	500

7.2.3　电动机的转动原理

一、电磁转矩的产生

图 7-2-8 是说明三相异步电动机工作原理的示意图。为了能形象的说明问题，图中将定子三相绕组通入三相电流后产生的旋转磁场用一对旋转的磁极 N、S 来表示，转子中只画出两根导条。旋转磁场以同步转速 n_0 顺时针方向旋转，与转子导条间有相对运动，于是，转子绕组切割磁场线而产生感应电动势，且在闭合的转子绕组中产生感应电流。它们的方向可以用右手定则判断，在 N 极下，是穿出纸面的（用⊙表示），在 S 极下，是进入纸面的（用⊗表示）。

转子电流与旋转磁场相互作用而产生电磁力 F，其方向可用左手定则判断，如图中的小箭头所示。这些电磁力在转子上形成了顺时针方向的转矩。由电磁力形成的转矩称为**电磁转矩**，它驱使转子沿着旋转磁场的转向旋转，在轴上输出机械功率。

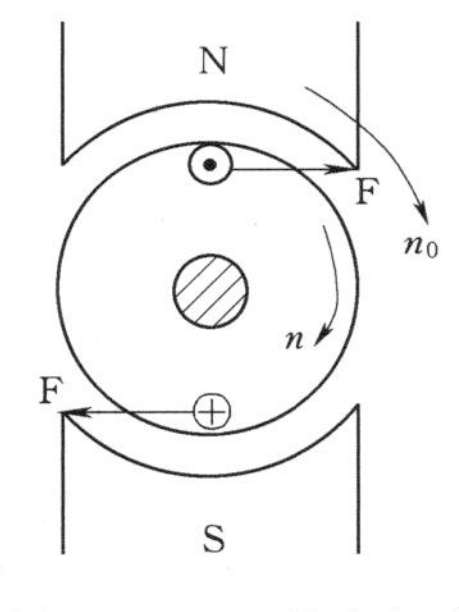

图 7-2-8　异步电动机转动原理图

二、电磁转矩平衡关系

电动机在工作时，施加在转子上的转矩，除电磁转矩 T 外，还有空载转矩 T_0（由风阻和轴承摩擦等形成的转矩）和负载转矩 T_L（生产机械的阻转矩）。电磁转矩 T 减去空载转矩 T_0 是电动机的输出转矩 T_2，即

$$T_2 = T - T_0 \tag{7-2-2}$$

电动机只有在 $T_2 = T_L$ 时，才能稳定运行。也就是说，电动机在稳定运行时，应满足下述的转矩平衡方程式

$$T = T_0 + T_L \tag{7-2-3}$$

电动机在稳定运行时，若 T_L 减小，则原来的平衡被打破。T_L 减小瞬间，$T_2 > T_L$，电动机加速，n 增加，相对切割速度减小，转子电流 I_2 减小，定子电流 I_1 也随之减小；I_2 减小又会使 T 减小，直到恢复 $T_2 = T_L$ 为止，电动机便在比原来高的转速和比原来小的电流下重新稳定运行。反之，当 T_L 增加时，T 相应增加，电动机将在比原来低的转速和比原来大的电流下重新稳定运行。

7.2.4　转差率

由于转子与旋转磁场之间有相对运动时，转子绕组才会切割磁场线而产生感应电动势和感应电流，才能产生电磁转矩，所以转子的转速总是小于同步转速的，两者不可能相等，故称为**异步电动机**，又称**感应电动机**。转子转速 n 与同步转速 n_0 之差称**转差**，转差与同步转速 n_0 的比值称为**转差率**，用 s 表示，即

$$s = \frac{n_0 - n}{n_0} \tag{7-2-4}$$

因此转子转速（习惯上称为电机的转速）为

$$n = (1 - s)n_0 \tag{7-2-5}$$

转差率是分析异步电动机工作情况的重要参数。当电动机接通电源而尚未转动时（即起动瞬间），$n=0$，$s=1$；当转子转速等于同步转速时（这种状态称为理想空载），$n=n_0$，$s=0$。所以异步电动机在正常工作时，$n_0>n>0$，$0<s<1$。一般异步电动机的转差率都很小，大型异步电动机的额定转差率（额定转速对应的转差率）甚至在1%左右。

以上分析说明，从电磁关系来看，异步电动机和变压器相似，定子绕组相当于一次绕组，从电源取用电流和功率；转子绕组相当于二次绕组，通过电磁感应产生电动势和电流。因此，电动机的定子电流和转子电流之间也应满足相应的磁动势平衡方程式的关系，转子电流增加时，定子电流也会相应增加。与变压器不同的是，异步电动机的转子在电磁转矩的驱动下是旋转的。旋转磁场与定、转子绕组的相对运动速度不同，因此定、转子绕组中的电动势和电流的频率也就不同，它们分别为

$$f_1 = \frac{pn_0}{60} \tag{7-2-6}$$

$$f_2 = \frac{p(n_0 - n)}{60} = \frac{n_0 - n}{n_0} \times \frac{pn_0}{60} = sf_1 \tag{7-2-7}$$

可见，转子电流的频率 f_2 与转差率 s 成正比，即与转子转速有关。

7.2.5 功率关系

1. 电动机输出的机械功率

$$P_2 = T_2\omega = \frac{2\pi}{60}T_2 n \tag{7-2-8}$$

式中，ω 是转子的旋转角速度，单位是 rad/s（弧度/秒），T_2 的单位是 N・m（牛・米），n 的单位是 r/min（转/分），P_2 的单位为 W（瓦）。

2. 三相异步电动机从电源输入的有功功率

$$P_1 = \sqrt{3}U_{11}I_{11}\lambda = 3U_{1P}I_{1P}\cos\varphi \tag{7-2-9}$$

式中 U_{11} 和 I_{11} 是定子绕组的线电压和线电流，U_{1P} 和 I_{1P} 是定子绕组的相电压和相电流；三相异步电动机是电感性负载，定子相电流滞后于相电压一个 φ 角，$\cos\varphi$ 是三相异步电动机的功率因数。

3. P_1 与 P_2 之差是电动机的功率损耗为

$$\sum p = P_1 - P_2$$

4. 三相异步电动机的效率

$$\eta = \frac{P_2}{P_1} \times 100\% \tag{7-2-10}$$

【例 7-2-1】 一台三相异步电动机，已知额定转速 $n_N=1430$r/min，电源频率为50Hz，求电动机的同步转速，磁极对数及额定转差率 S_N 各是多少？

[解] 异步电动机在额定运行情况下，转子转速略低于旋转磁场的同步转速，与电

机额定转速1430r/min接近的同步转速是1500r/min。该电动机同步转速为1500r/min，磁极对数 $p=2$，额定转差率

$$s_{N}=\frac{1500-1430}{1500}=4.67\%$$

【例7-2-2】 某三相异步电动机，极对数 $p=2$，定子绕组三角形连接，接于50Hz、380V的三相电源上工作，当负载转矩 $T_{L}=91N \cdot m$ 时，测得 $I_{11}=30A$，$P_{1}=16kW$，$n=1470r/min$，求该电动机带此负载运行时的 s、P_{2}、η 和功率因数 λ。

[解]

$$n_{0}=\frac{60f_{1}}{p}=\frac{60\times 50}{2}=1500\ (r/min)$$

$$s=\frac{n_{0}-n}{n_{0}}=\frac{1500-1470}{1500}=0.02$$

$$P_{2}=\frac{2\pi}{60}T_{2}n=\frac{2\pi}{60}T_{L}n=\frac{2\times 3.14}{60}\times 91\times 1470=14\times 10^{3}(W)=14kW$$

$$\eta=\frac{P_{2}}{P_{1}}\times 100\%=\frac{14}{16}\times 100\%=87.5\%$$

$$\lambda=\cos\varphi=\frac{P_{1}}{\sqrt{3}U_{11}I_{11}}=\frac{16\times 10^{3}}{\sqrt{3}\times 380\times 30}=0.81$$

7.3 三相异步电动机的机械特性

7.3.1 电磁转矩表达式

电磁转矩是转子中各个载流导体在旋转磁场作用下产生的电磁力对转轴形成的转矩的总和。它由旋转磁场的每极磁通 Φ 与转子电流 I_{2} 相互作用而产生的，由于转子绕组中不但有电阻而且有电感存在，可以推得异步电动机电磁转矩与转差率 s、电源电压 U_{1} 及转子电阻和感抗之间的关系式为（见本章附录）

$$T=K_{T}\Phi I_{2}\cos\varphi_{2}=K\frac{U_{1}^{2}}{f_{1}}\times\frac{sR_{2}}{R_{2}^{2}+(sX_{20})^{2}} \tag{7-3-1}$$

由上式可知，电磁转矩 T 除与转差率 s 有关外，还与电源电压 U_{1}、电源频率 f_{1}、转子绕组阻抗参数有关。由于与电源电压 U_{1} 的平方成正比，所以电源电压的波动对电动机的转矩及运行将产生很大的影响。

当定子电压 U_{1}、频率 f_{1} 等保持不变时，三相异步电动机的 T 与 s 之间的关系 $T=f(s)$ 称为转矩特性，n 与 T 之间的关系 $n=f(T)$ 称为机械特性。有时也统称为机械特性。

如果定子电压和频率都保持为额定值，而且若是绕线式异步电动机，则其转子电路中不另外串联电阻或电抗，这时的转矩特性和机械特性称为固有转矩特性和固有**机械特性**，简称**固有特性**，否则称为**人为特性**。

7.3.2 固有特性

三相异步电动机的固有特性如图7-3-1所示。在转矩特性的OM段和机械特性的

n_0M 段，s 增加时，T 增加，n 减小；在转矩特性的 MS 段和机械特性的 MS 段，s 增加时，T 减小，n 减小。

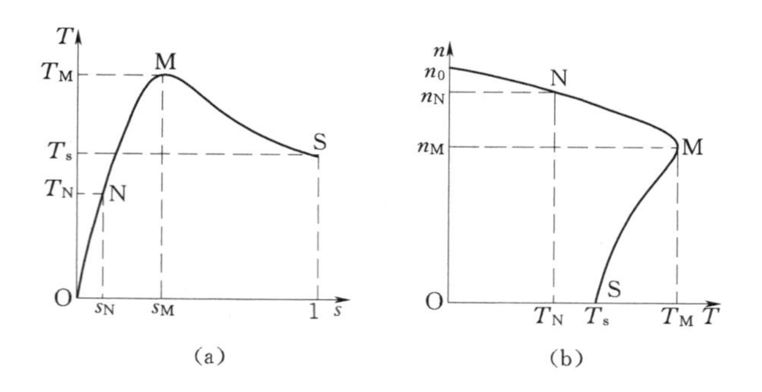

图 7-3-1　固有特性

(a) 转矩特性；(b) 机械特性

固有特性上的 N、M、S、n_0 四个特殊的工作点代表了三相异步电动机的如下四个重要的工作状态。

一、额定状态

这是电动机的电压、电流、功率和转速等都等于额定值时的状态，工作点在特性曲线上的 N 点，约在 OM 段或 n_0M 段的中间附近。这时的转差率 s_N、转速 n_N 和转矩 T_N 分别称为额定转差率、额定转速和额定转矩，忽略 T_0，则 $T_2=T_N$，

由式（7-2-7）可知，T_N 可用下式求得

$$T_N=\frac{P_N}{\omega_N}=\frac{60}{2\pi}\frac{P_N}{n_N}=9.55\frac{P_N}{n_N} \tag{7-3-2a}$$

式（7-3-2a）中，P_N 的单位为瓦（W），n_N 的单位为转每分（r/min），T_N 的单位为牛米（N·m）。当功率用 kW 为单位时

$$T_N=\frac{P_N}{\omega_N}=\frac{60}{2\pi}\frac{P_N}{n_N}=9550\frac{P_N}{n_N} \tag{7-3-2b}$$

额定状态说明了电动机的长期运行能力。因为，若 $T>T_N$，则电流和功率都会超过额定值，电动机处于过载状态。长期过载运行，电动机的温度会超过允许值，这将会降低电动机的使用寿命，甚至很快烧坏，这是不允许的。因此，长期运行时电动机的工作范围应在固有转矩特性的 ON 段和固有机械特性的 n_0N 段。国产异步电动机的 n_N 非常接近又略小于 n_0，$s_N=0.01\sim0.09$，因此，工作在上述区段，T 增加时，n 下降不多。像这种转矩增加时，转速下降不多的机械特性称为**硬特性**。

二、临界状态（最大转矩点）

这是电动机的电磁转矩等于最大值时的状态，工作点在特性曲线上的 M 点。这时的电磁转矩 T_M 称为**最大转矩**，转差率 s_M 和转速 n_M 称为**临界转差率**和临界转速。临界转差率（证明从略）

$$s_M\approx\frac{R_2}{X_{20}} \tag{7-3-3}$$

式（7-3-3）中 R_2 和 X_{20} 是转子每相绕组的电阻和转子静止不动时的漏电抗。由于转子电流频率 f_2 是随 s 变化的 [$f_2=sf_1$]，所以转子的漏电抗也是随 s 变化的

$$X_2 = 2\pi f_2 L_2 = 2\pi s f_1 L_2 = s(2\pi f_1 L_2) = sX_{20}$$

只有在转子静止不动时的漏电抗才是一个固定的数值。

把式（7-3-3）代入式（7-3-1）得最大转矩

$$T_{max} = K\frac{U_1^2}{2f_1 X_{20}} \quad (7-3-4)$$

临界状态说明了电动机的短时过载能力。因为电动机虽然不允许长期过载运行，但是只要是过载时间很短，电动机的温度还没有超过允许值，就停止工作或负载又减小了，在这种情况下，从发热的角度看，电动机短时过载是允许的。

可是，过载时，负载转矩却必须小于最大转矩，不然电动机带不动负载，转速会越来越低，直到停转，出现**“堵转”**现象。堵转时，$s=1$，转子与旋转磁场的相对运动速度大，因而电流要比额定电流大得多，时间一长，电动机会严重过热，甚至烧坏。因此，通常用最大转矩 T_M 和额定转矩 T_N 的比值来说明异步电动机的短时过载能力，用 K_M 表示，即

$$K_M = \frac{T_M}{T_N} \quad (7-3-5)$$

一般三相异步电动机的 $K_M=1.8\sim2.2$。

三、起动状态

这是电动机刚接通电源、转子尚未转动时的工作状态，工作点在特性曲线上的 S 点。这时的转差率 $s=1$，转速 $n=0$，对应的电磁转矩 T_s（或 T_{st}）称为**起动转矩**，将 $s=1$ 代入式（7-3-1）得

$$T_s = K\frac{U_1^2}{f_1} \times \frac{R_2}{R_2^2 + X_{20}^2}$$

起动时定子线电流用 I_s（或 I_{st}）表示，称为**起动电流**。

起动状态说明了电动机的直接起动能力。因为只有在 $T_s > T_L$ 时，电动机才能起动起来。T_s 大，电动机才能重载起动；T_s 小，电动机只能轻载、甚至空载起动。因此，通常用起动转矩 T_s 和额定转矩 T_N 的比值来说明异步电动机的直接起动能力，用 K_s 表示，即

$$K_s = \frac{T_s}{T_N} \quad (7-3-6)$$

直接起动时，起动电流远大于额定电流，这也是直接起动时应予考虑的问题。电动机的起动电流 I_s 与额定电流 I_N 的比值用 K_I 表示，即

$$K_I = \frac{I_s}{I_N} \quad (7-3-7)$$

一般三相异步电动机的 $K_s=1.6\sim2.2$，$K_I=5.5\sim7.0$。

【例 7-3-1】 某三相异步电动机，额定功率 $P_N=45$kW，额定转速 $n_N=2970$ r/min，$f_1=50$Hz，$K_M=2.2$，$K_s=2.0$。若 $T_L=200$N·m，试问能否带此负载：(1) 长期运行；(2) 短时运行；(3) 直接起动。

[解] (1) 电动机的额定转矩

$$T_N = \frac{60}{2\pi}\frac{P_N}{n_N} = 9.55 \times \frac{45 \times 10^3}{2970} = 145\ (\mathrm{N \cdot m})$$

由于 $T_N < T_L$，故不能带此负载长期运行。

（2）电动机的最大转矩

$$T_M = K_M T_N = 2.2 \times 145 = 319\ (\mathrm{N \cdot m})$$

由于 $T_M > T_L$，故可以带此负载短时运行。

（3）电动机的起动转矩

$$T_s = K_s T_N = 2.0 \times 145 = 290\ (\mathrm{N \cdot m})$$

由于 $T_s > T_L$，故可以带此负载直接起动。

7.3.3　人为特性

一、定子电压降低时的人为特性

由于临界转差率和临界转速与电压无关，而转矩是正比于电压的平方的，因此，电压降低后的人为特性如图 7－3－2 所示。

二、转子电阻增加时的人为特性

由于临界转差率 s_M 正比于转子电阻 R_2，最大转矩 T_M 却与转子电阻 R_2 无关，因此，绕线式异步电动机在转子电路中串入电阻时的人为特性如图 7－3－3 所示。

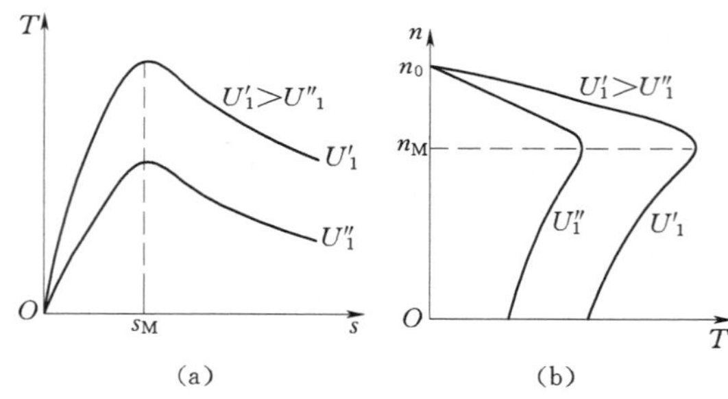

(a)　(b)

图 7－3－2　定子电压降低时的人为特性

（a）转矩特性；（b）机械特性

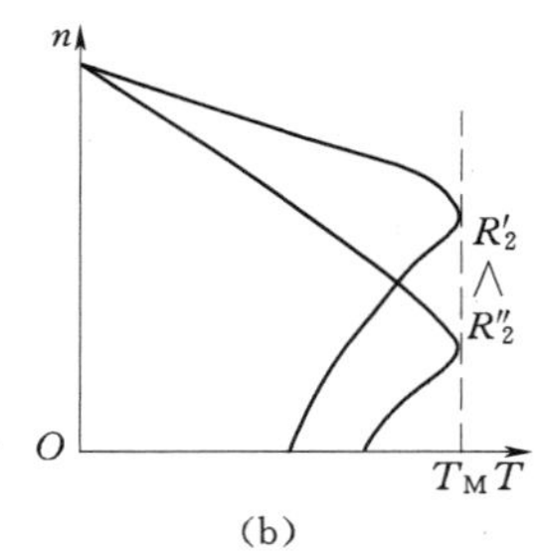

(a)　(b)

图 7－3－3　转子电阻增加时的人为特性

（a）转矩特性；（b）机械特性

转子电阻增加后，起动转矩 T_s 的大小则与 R_2 和 X_2 的相对大小有关，如图 7－3－4 所示。分析如下：

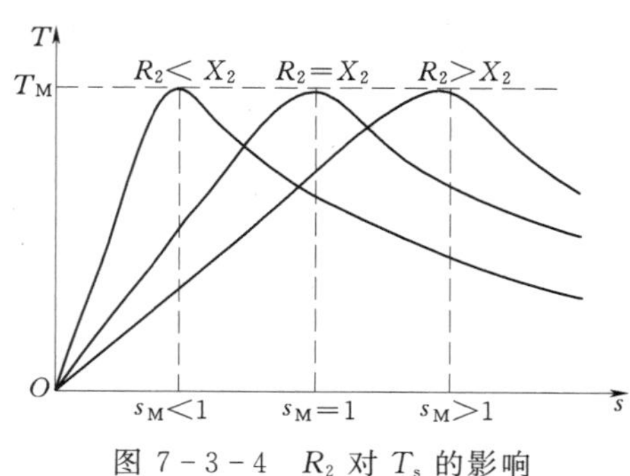

图 7－3－4　R_2 对 T_s 的影响

当 $R_2 < X_2$ 时，$s_M < 1$，R_2 增加时，T_s 增加；

当 $R_2 = X_2$ 时，$s_M = 1$，$T_s = T_M$，起动转矩最大；

当 $R_2 > X_2$ 时，$s_M > 1$，R_2 增加时，T_s 减小。

一般异步电动机的 $R_2 \ll X_2$，所以，在一定范围内，转子回路串适当大小的电阻，可以增加电机的起动转矩。

7.4 三相异步电动机的起动

电动机接通电源后，由静止状态加速到稳定运行的过程称为起动过程。

异步电动机起动瞬间，因 $n=0$、$s=1$，转子的感应电动势和转子电流都很大，故定子绕组中也随之出现很大的起动电流，$I_{st}=(4\sim7)I_N$，电动机的起动时间虽短，但这样大的起动电流会使输电线路上产生很大的电压降落，造成电网电压显著下降，致使接在同一电网之中的其他用电设备不能正常工作。另一方面，起动时，转子电流频率高，转子感抗大，转子功率因数很低，因而起动时电流很大，但转矩并不大。

总之，异步电动机起动时存在起动电流大，功率因数低，电磁转矩小的问题必须采用适当的起动方法加以解决。

7.4.1 鼠笼式电动机的起动

一、直接起动

直接起动又称全压起动，即起动时直接给电动机三相定子绕组加上额定电压，这种方法简单可靠，起动迅速，不需要专用的起动设备，是小功率异步电动机常常采用的起动方法。

由于电动机直接起动时的起动电流较大，因而只有在电网允许的条件下，电动机方可采用直接起动的方法，一般规定如下：

用户如有独立的电力变压器，对于起动频繁的电动机规定允许直接起动的电动机容量小于变压器容量的 20%，对于不频繁起动的电动机规定允许直接起动的电动机容量小于变压器容量的 30%；用户无独立变压器（与照明共用），电动机直接起动时所引起的电源电压下降不超过 5%，一般来说，30kW 以下的三相鼠笼式电动机都允许直接起动。

对于不允许采用直接起动的鼠笼式电动机，可采用降压起动的方法。

二、降压起动（减压起动）

在电动机起动时降低定子绕组上电压以减小起动电流，当起动过程结束后，再加全电压运行的方法叫做降压起动。采用降压起动，虽然减小了起动电流，由于异步电动机的电磁转矩与电压平方成正比，因而起动转矩显著减小，所以降压起动方法只适用于空载或轻载起动，在这里主要介绍下面两种降压起动的方法。

(1) 星形—三角形（Y—Δ）换接起动。对于在正常工作时定子绕组是接成三角形的鼠笼式电动机，则在起动时可将定子绕组联接成星形，待电动机转速接近额定值时，再换成三角形接法进入正常工作。采用这种 Y—Δ 换接起动法，起动时将定子绕组的电压降低到直接起动的$\frac{1}{\sqrt{3}}$，其起动电流将大大减小。图 7-4-1（a）和（b）分别为 Y—Δ 换接起动的原理图和星形—三角形起动器接线简图。在图 7-4-1（a）中当开关 Q_2 合向“Y 起动”位置时，电动机定子绕组接成星形，开始降压起动。待电动机转速增加到接近额定值时，再将 Q_2 合向“Δ 运转”位置，电动机定子绕组接成三角形，电动机进入全压正常运行。Y—Δ 换接起动常采用星形—三角形起动器来实现，其接线简图如图 7-4-1（b）所示。

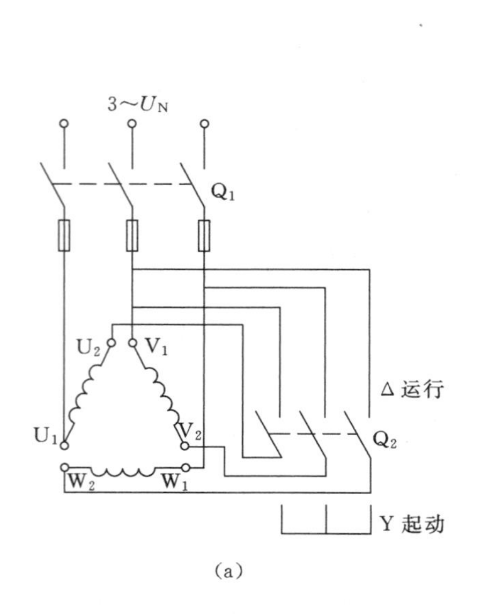

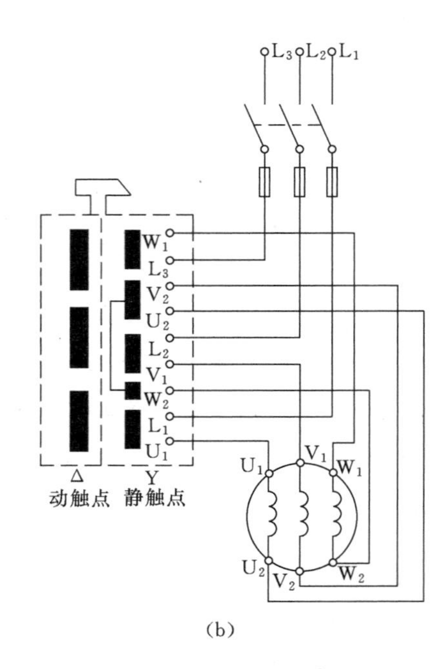

图 7-4-1　Y—Δ 起动

(a) Y—Δ 换接起动；(b) Y—Δ 起动线路图

星形—三角形起动（定子绕组接成星形）与直接起动（定子绕组接成三角形）相比，起动电流和起动转矩减小的程度分析如下。

设电源电压为 U_N，则它们的：

定子线电压
$$\frac{U_{1lY}}{U_{1l\Delta}}=\frac{U_N}{U_N}=1$$

定子相电压
$$\frac{U_{1pY}}{U_{1p\Delta}}=\frac{U_{1lY}/\sqrt{3}}{U_{1l\Delta}}=\frac{1}{\sqrt{3}}$$

起动相电流
$$\frac{I_{1pY}}{I_{1p\Delta}}=\frac{U_{1pY}}{U_{1p\Delta}}=\frac{1}{\sqrt{3}}$$

起动线电流
$$\frac{I_{sY}}{I_{s\Delta}}=\frac{I_{1pY}}{\sqrt{3}I_{1p\Delta}}=\frac{1}{3}$$

起动转矩
$$\frac{T_{sY}}{T_{s\Delta}}=\left(\frac{U_{1pY}}{U_{1p\Delta}}\right)^2=\frac{1}{3}$$

可见，起动电流和起动转矩都只有直接起动时的 1/3。

Y—Δ 起动方法设备简单，动作可靠，在允许轻载或空载起动的情况下，此方法得到广泛应用，但它仅适用于定子绕组是 Δ 接法的三相鼠笼式异步电动机。

（2）自耦减压起动。又称自耦变压器起动或补偿器起动。这种起动方法既适用于正常运行时连接成三角形的电动机，也适用于连接成星形的电动机。

起动时，先通过三相自耦变压器将电动机的定子电压降低，起动后再将电压恢复到额定值。图 7-4-2 是采用这种起动方法的电路。T_r 是一台三相自耦变压器，每相绕组备

有一个或多个抽头（图中为三个）。每个抽头的降压比为

$$K_A = \frac{U}{U_N}$$

抽头不同，降压比 K_A 也就不同，例如 K_A 为 0.5、0.65 和 0.8。起动时，先合上电源开关 Q_1，然后将开关 Q_2 合到“起动”位置，这时电源电压 U_N 加到三相自耦变压器的高压绕组上，异步电动机的定子绕组接到自耦变压器的低压绕组上，使电动机减压起动，待转速上升到接近正常转速时，再把 Q_2 合到“运行”位置，自耦变压器被切除，电动机改接至电源，在额定电压下运行。

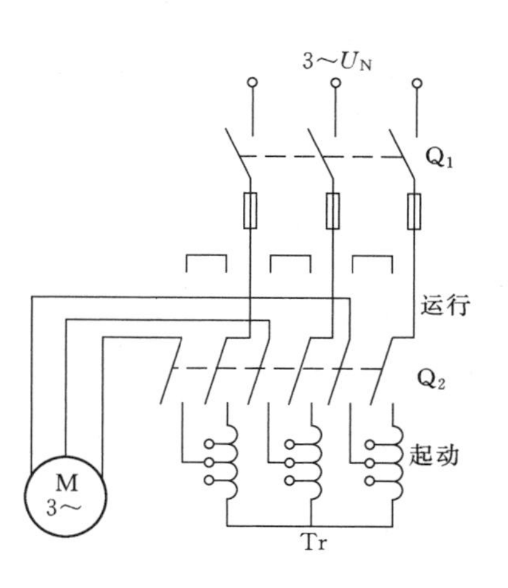

图 7-4-2　自耦变压器起动

自耦变压器起动与直接起动相比（定子绕组的接法相同），起动电流和起动转矩减小的程度分析如下。这里用下标 a 代表自耦变压器起动，下标 b 代表直接起动。则它们的：

定子线电压　$\frac{U_{1la}}{U_{1lb}} = \frac{U}{U_N} = K_A$

定子相电压　$\frac{U_{1pa}}{U_{1pb}} = \frac{U_{1la}}{U_{1lb}} = K_A$

电动机起动相电流　$\frac{I_{1pa}}{I_{1pb}} = \frac{U_{1pa}}{U_{1pb}} = K_A$

电动机起动线电流　$\frac{I_{sa}}{I_{sb}} = \frac{I_{1pa}}{I_{1pb}} = K_A$

电源供给线电流　$\frac{I_a}{I_b} = \frac{K_A I_{sa}}{I_{sb}} = K_A^2$

起动转矩　$\frac{T_{sa}}{T_{sb}} = \left(\frac{U_{1pa}}{U_{1pb}}\right)^2 = K_A^2$

可见，电动机本身的起动电流减小到直接起动时的 K_A 倍，但从电源取用的电流和起动转矩都减小到 K_A^2 倍。

【例 7-4-1】　一台 Y250M—6 型三相笼式异步电动机，$U_N=380V$，三角形连接，$P_N=37kW$，$n_N=985r/min$，$I_N=72A$，$K_s=1.8$，$K_I=7.5$。已知电动机起动时的负载转矩 $T_L=250N \cdot m$，从电源取用的电流不得超过 360A，试问：(1) 能否直接起动？(2) 能否采用星—三角起动？(3) 能否采用 $K_A=0.8$ 的自耦变压器起动？

［**解**］　(1) 能否直接起动电动机的额定转矩为

$$T_N = \frac{60}{2\pi} \times \frac{P_N}{n_N} = \frac{60}{2 \times 3.14} \times \frac{37 \times 10^3}{985} = 359\ (N \cdot m)$$

直接起动时的起动转矩和起动电流为

$$T_s = K_s T_N = 1.8 \times 359 = 646\ (N \cdot m)$$

$$I_s = K_I I_N = 6.5 \times 72 = 468\ (A)$$

由于 $I_s > 360A$，所以不能直接起动。

(2) 能否采用星形—三角形起动。

星形—三角形起动时的起动转矩和起动电流为

$$T_{sY}=\frac{1}{3}T_s=\frac{1}{3}\times 646=215\ (\text{N}\cdot\text{m})$$

$$I_{sY}=\frac{1}{3}I_s=\frac{1}{3}\times 468=156\ (\text{A})$$

由于 $T_{sY}<T_L$，所以不能采用星形—三角形起动。

(3) 能否采用自耦变压器起动。

采用 $K_A=0.8$ 的自耦变压器起动时起动转矩和从电源取用的电流为

$$T_{sa}=K_A^2T_s=0.8^2\times 646=413\ (\text{N}\cdot\text{m})$$

$$I_a=K_A^2I_s=0.8^2\times 468=300\ (\text{A})$$

由于 $T_{sa}>T_L$，$I_a<360\text{A}$，故可以采用自耦变压器起动。

鼠笼式异步电动机在不能采用直接起动而采用降压起动时，虽减小了起动电流，但起动转矩也减小，它的起动性能不理想，仅适用于空载或轻载起动的场合。对于必须要重载起动（如起重用电动机）即要求起动电流小、起动转矩大的场合，可采用绕线式电动机。

7.4.2 绕线式异步电动机的起动

一、转子电路串联电阻起动

将绕线式电动机的转子绕组电路外接可变起动电阻 R_{st}（三相电阻采用星形接法），构成转子闭合电路，如图 7-4-3 所示。绕线式异步电动机起动时，先将转子电路起动变阻器的电阻调到最大值，然后合上电源开关，三相定子绕组加入额定电压 U_1，转子便开始转动，再逐步减小变阻器的电阻，当电动机转速不断上升到接近额定转速值时，外接变阻器的电阻应全部从转子电路中切除，使转子绕组被短接。

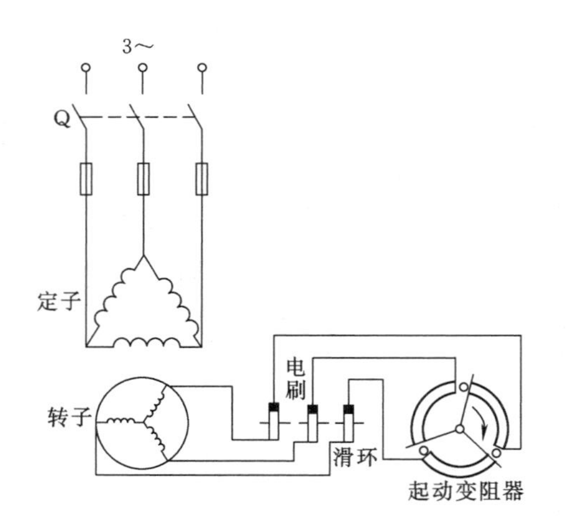

图 7-4-3 绕线式电动机转子绕组外接电阻起动

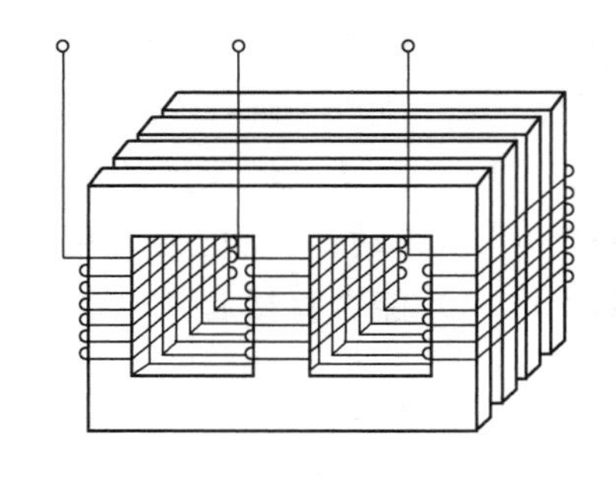

图 7-4-4 频敏变阻器

由前面对电动机机械特性讨论可知，当绕线式电机转子电路串电阻起动时，如电阻值选择的合适不仅可减小起动电流 I_{st} 提高 $\cos\varphi$、还可增大起动转矩，因而绕线式异步电动机起动性能好，适用于重载起动，故在起动次数频繁，需要大的起动转矩的生产机械，如卷扬机、锻压机、起重机、转炉中常采用绕线式异步电动机。

二、转子电路串联频敏变阻器起动

图 7-4-4 是频敏变阻器的结构示意图。它实际上是一个三相铁心线圈，铁心一般用 30～50mm 厚的普通铸铁或钢板制成，以增大铁损耗。三相线圈接成星形串联在转子电路中。

电动机起动时，转子电流频率最高 $f_2=f_1$，频敏变阻器铁损很大，等效电阻就很大，线圈的电抗也较大，相当于转子电路中串联了较大的起动电阻和一定的电抗。随着转速的升高，f_2 逐渐降低（$f_2=sf_1$），等效电阻和电抗都随之自动减小。起动结束后，可将频敏变阻器短接。

这种起动方法，设备简单，运行可靠，维护方便，起动平稳，目前应用很普遍。

7.5 三相异步电动机的调速

许多生产机械，为了提高生产率，保证加工质量，常常要求电动机在不同的转速下工作，这就需要能够人为地调节电动机的转速。

电动机在额定电流时所能得到的最高转速与最低转速之比称为**调速范围**，例如 4∶1，10∶1 等。如果转速只能跳跃式的调节，这种调速称为**有级调速**；如果在一定范围内转速可以连续调节则这种调速称为**无级调速**。无级调速的平滑性好。

由异步电动机转子转速公式

$$n=(1-s)n_0=(1-s)\frac{60f_1}{p}$$

可知，改变电动机的转速有三种可能方法，即改变电源频率 f_1，极对数 p 和转差率 s。

7.5.1 变频调速（改变电源频率 f_1）

我国电网提供的都是 50Hz 的工频交流电，因此，变频调速需要配备将 50Hz 工频交流电变换为频率、电压可调的专用电源，一般变频器的频率调节范围一般在 0.5～320Hz，变频调速可使鼠笼式异步电动机在较宽的范围内实现平滑的无级调速，随着变频技术的发展，鼠笼式电动机的变频调速将得到广泛的应用。

7.5.2 变极调速

变极调速是通过改变电动机旋转磁场的极对数来改变电动机的转速，若极对数 P 减小一半，旋转磁场的转速 n_0 提高一倍，转子转速 n 也将近提高一倍。

一台电动机，当定子每相的两组绕组串接时，产生合成旋转磁场极对数 $p=2$、$n_0=1500$ r/min，若将两组绕组改成反并联接法，则合成旋转磁场极对数 $p=1$，$n_0=3000$ r/min，见图 7-5-1。

改变定子绕组的接法只能使极对数成对的变化，这种调速方法只能是有级调速。这种可改变极对数的鼠笼式异步电动机称为多速电动机。

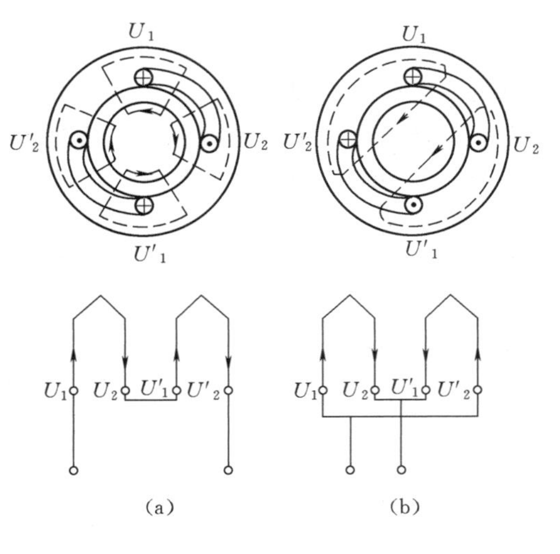

图 7-5-1 变极调速

7.5.3 改变转差率调速

在绕线式异步电动机转子电路中接入调速电阻器（见图 7-4-3），在改变外接电阻的大小时，可平滑调速，如当调速电阻 R 增大，转差率 s 增大，转速将下降，这种调速方法设备简单，但由于调速电阻的接入不仅要消耗电能，而且使机械特性变软，故只能用于调速时间不长、调速范围要求较小的起重设备中。

另外，从定子电压降低时的人为特性（见图 7-3-2）知道，改变定子电压可以改变电动机的机械特性，从而在不改变负载的情况下得到不同的转速。电压越低，转速越小。这种调速方法调速范围不大，效率不高，只能用在功率不大的生产机械中。

7.6 三相异步电动机的额定值与选择

7.6.1 三相异步电动机的额定值

（1）额定功率 P_N。电动机在额定运行时，轴上输出的机械功率。

（2）额定电压 U_N。电动机在正常运行时，定子三相绕组应加的线电压。它与定子绕组的连接方式有对应的关系。Y 系列电动机的额定电压一般为 380V，$P_N \leqslant 3$kW 时为星形连接，$P_N \geqslant 4$kW 时为三角形连接。有些小容量电动机，U_N 为 380/660V，连接方式为 Δ/Y，这表示：电源电压为 380V 时，三角形连接；电源电压为 660V 时，星形连接。

（3）额定电流 I_N。指电动机在额定运行时，定子三相绕组的线电流，也就是电动机在长期运行时所允许的定子线电流。如定子绕组有两种连接方式，则铭牌上标出两种额定电流。例如：380/660V，Δ/Y，2/1.15A。

（4）额定频率 f_N。电动机在正常工作时，定子三相绕组所加交流电压的频率。

（5）额定转速 n_N。电动机在额定运行时的转子转速。国产异步电动机的额定转速非常接近而又略小于同步转速，$s_N = 0.01 \sim 0.09$。

（6）额定功率因数 λ_N。电动机在额定运行时的功率因数，即 $\lambda_N = \cos\varphi_N$。额定功率因数 λ_N 和额定效率 η_N 是三相异步电动机的重要技术经济指标。电动机在额定状态或接近额定状态运行时，λ 和 η 比较高，而在轻载或空载下运行时，λ 和 η 都很低，这是不经济的。所以，在选用电动机时，额定功率要选得合适，应使它等于或略大于负载所需要的 P_2 值，尽量避免用大容量的电动机带小的负载运行，即要防止“大马拉小车”的现象。

（7）绝缘等级。绝缘等级是指电动机中所用绝缘材料的耐热等级，它决定电动机允许的最高工作温度。目前，一般电动机采用E级绝缘，Y系列电动机采用B级绝缘，它们允许的最高温度分别为120℃和130℃。

另外，绕线式异步电动机的铭牌上，除了上述额定数据外，还标有转子绕组的额定电流和转子绕组开路时的额定线电压。

还有η_N、K_M、K_S和K_I等都是电动机的重要技术数据，它们可以从产品目录或电工手册中查到。

【例7-6-1】 Y180M—2型三相异步电动机，$P_N=22\text{kW}$，$U_N=380\text{V}$，三角形连接，$I_N=42.2\text{A}$，$\lambda_N=0.89$，$f_N=50\text{Hz}$，$n_N=2940\text{r/min}$。求额定运行时的：（1）转差率；（2）定子绕组的相电流；（3）输入有功功率；（4）效率。

［解］ （1）由型号知该电动机的磁极数$2p=2$，即$p=1$，可以从n_N直接得知$n_0=3000\text{r/min}$。故

$$s_N=\frac{n_0-n_N}{n_0}=\frac{3000-2940}{3000}=0.02$$

（2）由于定子三相绕组为三角形连接，故定子相电流

$$I_{1p}=\frac{I_N}{\sqrt{3}}=\frac{42.2}{\sqrt{3}}=24.4\ (\text{A})$$

（3）输入有功功率

$$P_{1N}=\sqrt{3}U_N I_N\lambda_N=\sqrt{3}\times380\times42.2\times0.89=24.7\times10^3(\text{W})=24.7\text{kW}$$

（4）效率

$$\eta_N=\frac{P_N}{P_{1N}}\times100\%=\frac{22}{24.7}\times100\%=89\%$$

7.6.2 三相异步电动机的选择

三相异步电动机应用十分广泛，选择电动机应以实用、经济、安全为原则，根据生产机械的需要，正确选择。电动机的选择包括种类、型式、电压、转速和功率的选择，最重要的是功率选择，现对一些选择原则作简要介绍。

一、功率的选择

要为某一生产机械选配一台电动机，首先要考虑电动机的功率需要多大。合理选择电动机的功率具有重大的经济意义。

如果电动机的功率选大了，虽然能保证正常运行，但是不经济。因为这不仅使设备投资增加和电动机未被充分利用，而且由于电动机经常不是在满载下运行，它的效率和功率因数也不高。若电动机的功率选小了，就不能保证电动机和生产机械的正常进行，不能充分发挥生产机械的效能，并使电动机由于过载而过早地损坏。所以选择电动机的功率是由生产机械所需的功率确定的。

电动机的工作方式分连续、短时、断续等八类。选择电动机的功率要根据不同的工作制采用不同的计算方法，原则是使电动机尽量工作于额定温升情况下。不能“大马拉小车”，也不能长期处于过载运行状态。

（1）连续运行电动机功率的选择。对于连续运行、恒定负载的生产机械，可先算出生产机械的功率，所选电动机的额定功率等于或稍大于生产机械的功率即可。

$$P_N = \frac{P_L}{\eta_1 \eta_2}$$

式中 P_L——生产机械的负载功率；

η_1——生产机械的效率；

η_2——电动机与生产机械间传动装置的传动效率。

（2）短时运行电动机功率的选择。短时运行是指运行时间很短，停歇时间很长，且能使电机温升降为零的运行方式。如闸门电动机、机床中的夹紧电动机等。有专为短时运行而设计生产的电动机，其铭牌上所标的额定功率和一定的标准持续时间相对应。当实际工作时间与上述标准运行时间相接近时，可按实际负载功率选用额定功率与之相近的电动机。如果没有合适的专为短时运行设计的电动机，可选用连续运行的电动机。由于发热惯性，在短时运行时可以容许过载。工作时间越短，则过载可以越大。但电动机的过载是受到限制的。因此，通常是根据过载系数来选择短时运行电动机的功率。

所选电动机的功率≥生产机械所要求的功率。

二、种类的选择

（1）对于无特殊调速要求的，应首先选用构造简单，性能优良，价格便宜，维修方便的鼠笼式异步电动机。

（2）要求启动转矩大，且启动较频繁，又有一定调速要求的，可选用绕线式异步电动机。

三、结构型式的选择

生产机械的种类繁多，它们的工作环境也不尽相同。如果电动机在潮湿或含有酸性气体的环境中工作，则绕组的绝缘很快受到侵蚀。如果在灰尘很多的环境中工作，则电动机很容易脏污，致使散热条件恶化。因此，有必要生产各种结构型式的电动机，以保证在不同的工作环境中能安全可靠地运行。

根据周围使用的环境不同，可按以下原则选择：

（1）有爆炸性、可燃性气体的场合，应选用防爆式。

（2）少尘、无腐蚀性气体的场合则选用防护式。

（3）多尘、潮湿或有腐蚀性气体的场合要选用封闭式。

四、转速的选择

电动机的额定转速是根据生产机械的要求而选定的，型式和功率相同时，高速电机的尺寸小，价格便宜，所以选用高速电动机再另配减速器比较合适。

异步电动机通常采用4个极的，即同步转速 $n_0=1500\text{r/min}$ 的。

五、电压等级的选择

当电动机的类型和容量选定以后，电压等级也基本确定了，只要与供电电压一致即可。Y系列鼠笼式异步电动机的额定电压只有380V一个等级，只有大、中型异步电动机才使用3000V和6000V的电压。

7.7 单相异步电动机

7.7.1 脉振磁场

单相异步电动机的定子绕组是单相绕组，转子为笼式。工作时，定子绕组接在单相交流电源上。单相电流通过单相绕组产生方位不变（与绕组轴线一致）而大小和方向随时间作正弦规律变化的交变磁场，称为**脉振磁场**。它在定、转子之间的空气隙中近似按正弦规律分布。

脉振磁场可以分解为两个幅值相等、转速相同、转向相反的旋转磁场（证明略）。

7.7.2 工作原理

上述两个旋转磁场分别对转子产生方向相反的电磁转矩 T_1 和 T_2。

当转子静止不动时，$n=0$，两个旋转磁场与转子之间的相对运动速度相等，它们与转子之间的转差率 $s_1=s_2$，因而 $T_1=T_2$，合成转矩 $T=0$。即单相异步电动机没有起动转矩，不能自行起动。

当转子已经沿顺时针方向旋转时，转差率

$$s_1=\frac{n_0-n}{n_0}<1$$

$$s_2=\frac{n_0+n}{n_0}>1$$

由图 7-7-1（a）可知，$T_1>T_2$，$T=T_1-T_2\neq0$，电动机仍能继续顺时针运行。

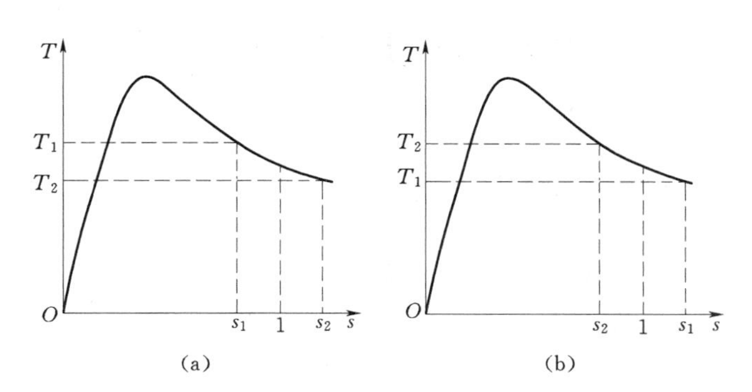

图 7-7-1 单相异步电动机的运行转矩

（a）转子顺时针方向旋转；（b）转子反时针方向旋转

当转子已经反时针方向旋转时，转差率

$$s_1=\frac{n_0+n}{n_0}>1$$

$$s_2=\frac{n_0-n}{n_0}<1$$

由图 7-7-2（b）可知，$T_1<T_2$，$T=T_2-T_1\neq0$，电动机仍能继续反时针运行。

可见，单相异步电动机虽无起动转矩，却有运行转矩。只要能解决其起动问题，便可以带负载运行。

三相异步电动机接至电源的三根导线中若有一根断线，电动机便处于单相状态。因而，如果是起动时断线，电动机将无法起动，时间一长，会因电流过大而烧坏；如果是运行中断线，电动机仍可继续运行，但电流相应增大，故负载一般不能超过额定负载的 30%。

7.7.3 起动方法

单相异步电动机的起动方法有两相起动和罩极起动两种，这里主要介绍电容式两相起动法。

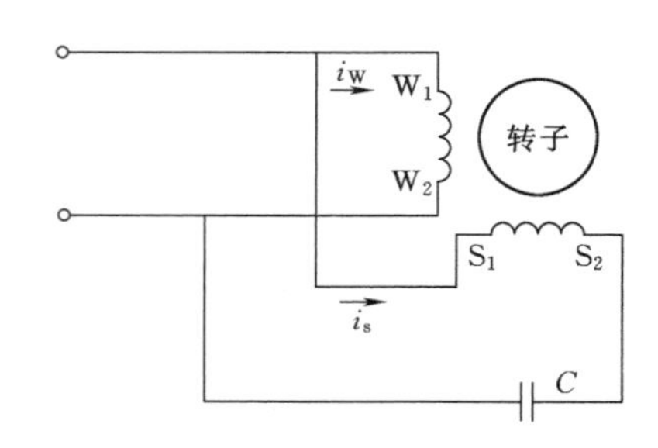

图 7-7-2 单相电容异步电动机

这种电动机定子上装有两个轴线在空间互差 90°的两相绕组。W_1W_2 称为**工作绕组**，S_1S_2 称为**起动绕组**。起动绕组串联一电容器后与工作绕组一起并联接于单相交流电源上（图 7-7-2），电容的作用是使 i_s 与 i_W 之间的相位差等于或接近 90°。相位相差 90°的两相电流，通过轴线在空间互差 90°的两相绕组，与三相电流通过三相绕组一样产生旋转磁场，从而产生起动转矩使电动机起动。

将两个绕组中的任何一个绕组接电源的两端对调一下位置，即可改变两相电流的相序，旋转磁场的转向便会改变，从而可以改变转子的转向。

7.8 同步电动机

三相同步电动机在结构上与三相同步发电机相同，原理图如图 7-8-1 所示。工作时，与三相异步电动机一样，定子绕组连接成星形或三角形后，接到三相电源上。三相电流通过三相绕组产生旋转磁场。转子励磁绕组通以直流励磁电流，使转子形成磁极。只要其极对数与旋转磁场的极对数相同，旋转磁场必定能牵引着转子以相同的转速一起转动，故转子的转速等于同步转速，即：

$$n = n_0 = \frac{60f_1}{p} \tag{7-8-1}$$

只要负载转矩不超过电动机的最大转矩，转子的转速总是等于同步转速的，故三相同步电动机的机械特性如图 7-8-2 所示，为绝对硬特性。

三相同步电动机的一个非常重要的特点是：通过改变转子励磁电流的大小，可以调节电动机的功率因数。因为在定子电压和负载转矩不变的情况下，改变励磁电流的大小，会引起转子磁通和定子绕组中感应电动势的变化，从而引起定子电流和功率因数等一系列的相应变化。当励磁电流为某一值时，定子相电流与相电压相位相同，电动机呈电阻性，功率因数等于 1，这时的励磁状态称为**正常励磁**。当励磁电流小于正常励磁电流时，相电流

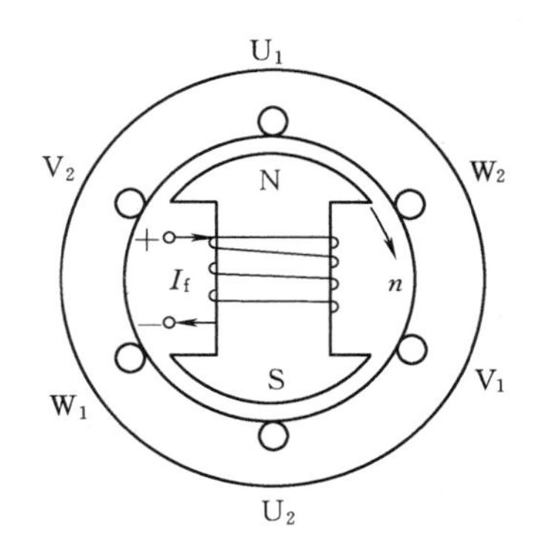

图 7-8-1 三相同步电动机的原理图

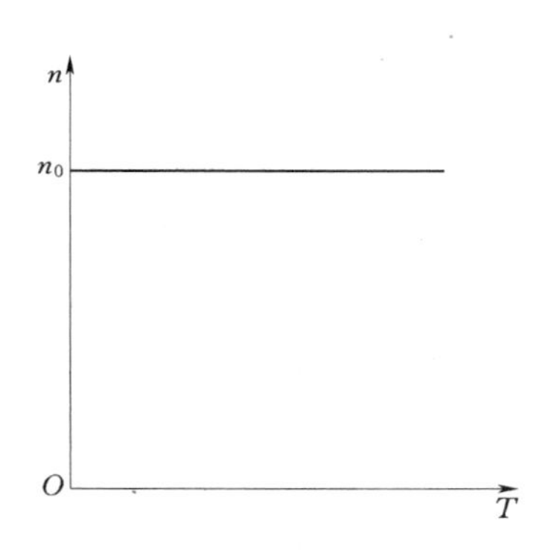

图 7-8-2 三相同步电动机的机械特性

滞后于相电压，电动机呈电感性，这种励磁状称为**欠励磁**。励磁电流越小，相电流滞后于相电压的角度越大，功率因数（电感性）越小。当励磁电流大于正常励磁电流时，相电流超前于相电压，电动机呈电容性，这种励磁状态称为**过励磁**。励磁电流越大，相电流超前于相电压的角度越大，功率因数（电容性）越小。正是由于三相同步电动机具有这种借改变励磁电流来调整功率因数的特性，所以一般都让它在过励状态下运行，赖以改善接有电感性负载的供电系统的功率因数。有种专供改善电力网功率因数用的同步补偿机，就是在过励状态下空载运行的三相同步电动机。

小　　结

1. 三相异步电动机是应用最广泛的一种电机，按转子结构不同分为笼型和绕线型两种。笼型结构简单、维护方便，应用最为广泛。绕线型可外接变阻器，起动、调速性能好。

2. 给三相异步电动机定子绕组通以三相正弦交流电将产生旋转磁场，由电磁感应作用，驱使转子沿旋转磁场方向转动。

旋转磁场转速
$$n_0=\frac{60f_1}{p}$$

n_0又称同步转速，旋转磁场方向与三相定子电流的相序一致，将三根电源线中的任意两根对调可使电动机反转。

转子转速 $n=(1-s)n_0<n_0$，即存在转差，这是异步电动机转动的必要条件。

转差率为
$$s=\frac{n_0-n}{n_0}$$

转差率是分析异步电动机的重要参数，一般异步电动机的转差率均很小。

3. 三相异步电动机产生电磁转矩必须具备三个条件：旋转磁场、转子绕组与旋转磁场间有相对运动（即“异步”）、转子绕组闭合。

4. 三相异步电动机的额定转矩
$$T_N=9550\frac{P_N}{n_N}$$

过载能力
$$K_m=\frac{T_M}{T_N}$$

起动能力 $K_S = \dfrac{T_S}{T_N}$

三相异步电动机的转矩 $T = K\dfrac{U_1^2}{f_1} \times \dfrac{sR_2}{R_2^2 + (sX_{20})^2} \propto U_1^2$

笼型异步电动机具有硬机械特性，负载变化时转速变化不大。

5. 三相异步电动机直接起动时起动电流较大，为额定电流的5～7倍，为了减小对电网的冲击，功率较大的笼型电动机应采用降压起动措施。

正常工作定子绕组为△形连接的电动机，可以采用Y/△转换起动法，Y/△转换起动法的起动电流和起动转矩均为直接起动的1/3。

自耦降压起动对异步电动机定子绕组的接法没有限制，且有不同的电压抽头供用户选择，当自耦变压器的降压比为 K（$K<1$）时，其起动电流和起动转矩均为直接起动时的 K^2。

绕线型异步电动机可采用在转子回路中串电阻起动的方法减小起动电流。

6. 三相笼型异步电动机常采用变极和变频两种方法调速，绕线型的电动机可采用改变转差率的方法调速。变极调速为有级调速，变频和改变转差率为无级调速。

7. 三相异步电动机的额定电压、电流都为额定线值，功率 P_N 为满载时轴上输出的机械功率。

8. 单相异步电动机的结构，原理与三相异步机基本相同，只是产生旋转磁场的方法有所不同。电容分相式电动机可通过调换电容器与电动机两个定子绕组的串联位置来改变旋转方向。

9. 三相同步电动机两个特点：转速恒定；功率因数可调（通过改变转子励磁电流可以调节电动机的功率因数）。

习　　题

7-1　某三相异步电动机，定子电压的频率 $f_1=50\text{Hz}$，极对数 $p=1$，转差率 $s=0.015$。求同步转速 n_0、转子转速 n 和转子电流频率 f_2。

7-2　已知Y100L1—4型异步电动机的某些额定技术数据如下：

2.2kW	380V	Y接法
1420r/min	$\cos\varphi=0.82$	$\eta=81\%$

试计算：(1) 相电流和线电流的额定值及额定负载时的转矩；(2) 额定转差率及额定负载时的转子电流频率。设电源频率为50Hz。

7-3　某三相异步电动机，$p=1$，$f_1=50\text{Hz}$，$s=0.02$，$P_2=30\text{kW}$，$T_0=0.51\text{N}\cdot\text{m}$。求：(1) 同步转速；(2) 转子转速；(3) 输出转矩；(4) 电磁转矩。

7-4　一台4个磁极的三相异步电动机，定子电压380V，频率50Hz，三角形连接。在负载转矩 $T_L=133\text{N}\cdot\text{m}$ 时，定子线电流为47.5A，总损耗为5kW，转速为1440r/min。求：(1) 同步转速；(2) 转差率；(3) 功率因数；(4) 效率。

7-5　某三相异步电动机，定子电压380V，三角形连接。当负载转矩为51.6N·m时，转子转速为740r/min，效率为80%，功率因数为0.8。求：(1) 输出功率；(2) 输入功率；(3) 定子线电流和相电流。

7-6　某三相异步电动机，$P_N=30kW$，$n_N=980r/min$，$K_M=2.2$，$K_S=2.0$。求：(1) $U_{11}=U_N$ 时的 T_M 和 T_S；(2) $U_{11}=0.8U_N$ 时的 T_M 和 T_S。

7-7　有 Y112M—2 型和 Y160M1—8 型异步电动机各一台，额定功率都是 4kW，但前者额定转速为 2890r/min，后者为 720r/min。试比较它们的额定转矩，并由此说明电动机的极数、转速及转矩三者之间的大小关系。

7-8　已知 Y132S—4 型三相异步电动机的额定技术数据如下：

功率	转速	电压	效率	功率因数	I_{st}/I_N	T_{st}/T_N	T_{max}/T_N
5.5kW	1440r/min	380V	85.5%	0.84	7	2.2	2.2

电源频率为 50Hz。试求额定状态下的转差率 s_N，电流 I_N 和转矩 T_N，以及起动电流 I_{st}，起动转矩 T_{st}，最大转矩 T_{max}。

7-9　下面是 Y180L—4 型三相笼式异步电动机的技术数据：

功率	转速	电压	额定电流	效率	功率因数	I_{st}/I_N	T_{st}/T_N	T_{max}/T_N
5.5kW	1440r/min	380V	42.5A	85.5%	0.84	7	2.2	2.2

试求：(1) 额定转差率；(2) 额定转矩；(3) 额定输入功率；(4) 最大转矩；(5) 起动转矩；(6) 起动电流。

7-10　一台 JSl—4 型三相异步电动机，$P_N=4.5kW$，$U_N=220/380V$，$\eta_N=85\%$。$\lambda_N=0.85$。试求电源电压为 380V 和 220V 两种情况下，定子绕组的连接方法和额定电流的大小。

7-11　某三相异步电动机，$P_N=11kW$，$U_N=380V$，$n_N=2900r/min$，$\lambda_N=0.88$，$\eta_N=85.5\%$。试问：(1) $T_L=40N \cdot m$ 时，电动机是否过载？(2) $I_{11}=10A$ 时，电动机是否过载？

7-12　Y180L—6 型电动机的额定功率为 15kW，额定转速为 970r/min，频率为 50Hz，最大转矩为 295.36N·m。试求电动机的过载系数 λ。

7-13　Y160M2—2 型三相异步电动机，$P_N=15kW$，$U_N=380V$，三角形连接，$n_N=2930r/min$，$\eta_N=88.2\%$，$\lambda_N=0.88$。$K_I=7$，$K_s=2$，$K_M=2.2$，起动电流不允许超过 150A。若 $T_L=60N \cdot m$，试问能否带此负载：(1) 长期运行；(2) 短时运行；(3) 直接起动。

7-14　某三相异步电动机，$P_N=30kW$，$U_N=380V$，三角形连接，$I_N=63A$，$n_N=740r/min$，$K_s=1.8$，$K_I=6$，$T_L=0.9T_N$，由 $S_N=200kVA$ 的三相变压器供电。电动机起动时，要求从变压器取用的电流不得超过变压器的额定电流。试问：(1) 能否直接起动？(2) 能否星—三角起动？(3) 能否选用 $K_A=0.8$ 的自耦变压器起动？

7-15　某三相异步电动机，$P_N=5.5kW$，$U_N=380V$，三角形连接，$I_N=11.1A$，$n_N=2900r/min$。$K_I=7.0$，$K_s=2.0$。由于起动频繁，要求起动时电动机的电流不得超过额定电流的 3 倍。若 $T_L=10N \cdot m$，试问可否采用：(1) 直接起动；(2) 星—三角起动；

（3）K_A＝0.5 的自耦变压器起动。

7－16　某四极三相异步电动机的额定功率为 30kW，额定电压为 380V，三角形接法，频率为 50Hz。在额定负载下运行时，其转差率为 0.02，效率为 90%，线电流为 57.5A，试求：（1）转子旋转磁场对转子的转速；（2）额定转矩；（3）电动机的功率因数。

7－17　有一带负载起动的短时运行的三相异步电动机，折算到轴上的转矩为 130N·m，转速为 730r/min，试求电动机的功率。取过载系数 $\lambda=2$。

附录　异步电动机转矩公式（7－3－1）的推导

异步电动机与变压器原理相似，转子等效电路如图 7－A－1 所示，

1. 定子绕组电势

定子每相绕组电压为 U_1 时，有

$$E_1 = U_1 = 4.44 f_1 N_1 \Phi_m \tag{7-A-1}$$

式中　Φ_m 是通过每相绕组的磁通最大值，在数值上等于旋转磁场的每极磁通。

$$\Phi_m = \frac{U_1}{4.44 f_1 N_1} \tag{7-A-2}$$

2. 转子电动势

转子空载电势　$E_{20}=4.44 f_{20} N_2 \Phi_m = 4.44 f_1 N_2 \Phi_m$，$f_{20}=f_1$

转子转动时在任意转差率 s 下

$$E_2 = 4.44 f_2 N_2 \Phi = 4.44 s f_{20} N_2 \Phi_m = sE_{20} \tag{7-A-3}$$

3. 转子阻抗 Z_2

在任意转速下，转子感抗

$$X_2 = 2\pi f_2 L = 2\pi f_1 L s = sX_{20} \tag{7-A-4}$$

转子阻抗值

$$|Z_2| = \sqrt{R_2 + (sX_{20})^2} \tag{7-A-5}$$

式中　R_2 为转子绕组电阻。

4. 转子电流 I_2 及转子电路功率因数 $\cos\varphi_2$

由转子等效电路（见图 7－A－1）可求得

$$I_2 = \frac{sE_{20}}{\sqrt{R_2 + (sX_{20})}} \tag{7-A-6}$$

$$\cos\varphi_2 = \frac{R_2}{\sqrt{R_2 + (sX_{20})}} \tag{7-A-7}$$

5. 电磁转矩

电磁转矩是由旋转磁场的每极磁通 Φ 与转子电流 I_2 相互作用而产生的，由于转子绕组中不但有电阻而且有电感存在，使转子电流滞后于感应电动势一个相位角 φ_2，当电动机的电磁转矩对外作机械功时，它输出有功功率，因而只有转子电流有功分量 $I_2\cos\varphi_2$ 与旋转磁场 Φ 相互作用才产生电磁转矩。所以，异步电动机电磁转矩为

$$T = K_T \Phi I_2 \cos\varphi_2 \tag{7-A-8}$$

式中 K_T 是一常数，它与电动机的结构有关。将式（7－A－2）、式（7－A－6）及式（7－A－7）代入式（7－A－8）中，可得转矩与转差率 s、电源电压 U_1 及转子电阻和感抗之间的关系式

$$T = K\frac{U_1^2}{f_1} \times \frac{sR_2}{R_2^2 + (sX_{20})^2} \tag{7-A-9}$$

由式（7－A－9）可知，电磁转矩 T 与电源电压 U_1 的平方成正比，所以电源电压的波动对电动机的转矩及运行将产生很大的影响。

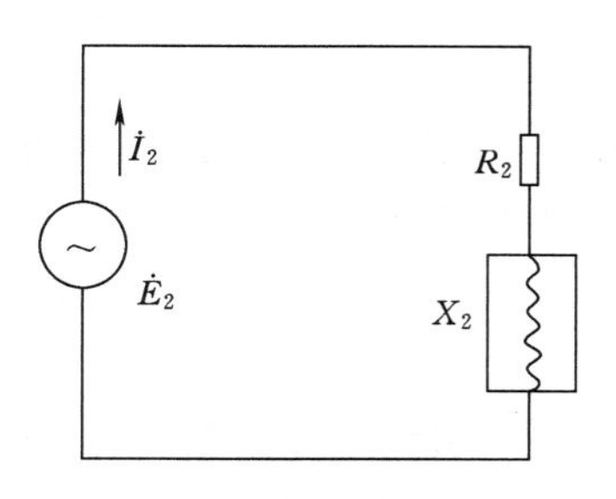

图 7－A－1　转子等效电路

第8章　电　气　控　制

现代生产中广泛采用自动控制系统。本章讨论利用接触器和继电器等低压控制电路来实现电气自动控制。先介绍最常用的有触点低压电器，然后着重分析三相异步电动机的各种控制电路。

8.1　常用低压控制电器

低压控制电器（简称**低压电器**）泛指工作电压1200V以下的电器设备，用来对力能电路进行通断控制、保护和调节。低压控制电器通常分为如下几类：

（1）开关电器：包括刀闸开关、转换开关、自动开关等。

（2）主令电器：包括按钮、行程开关和接近开关等。

（3）执行电器：包括接触器和各类继电器。

（4）保护电器：包括熔断器、漏电保护器和各种过载、过电压、过电流、短路等保护电器。

实际的一些电器兼有保护功能，便于安装和使用。例如，在刀闸开关中一般都配有熔断器，自动开关则兼有短路、过载、失压等保护功能。

8.1.1　开关电器与熔断器

一、刀开关（闸刀开关、刀闸开关）(QS)

刀开关又称闸刀开关，其主要部件是刀片（动触点）和刀座（静触点）。刀开关的种类很多，按刀片数量的不同，刀开关分为单极（单刀）、双极（双刀）和三极（三刀）三种，如图8－1－1所示。常见的胶盖瓷底三刀开关的结构如图8－1－2所示。刀片和刀座安装在瓷质底板上，并用胶木盖罩住。胶木盖有利于熄灭断开电感性电路时产生的电弧，并可保障操作人员的安全。常用的国产HK2系列胶盖瓷底刀开关，额定电压有220V（双刀）和380V（三刀）两种，额定电流有10A、15A、30A和60A四种。

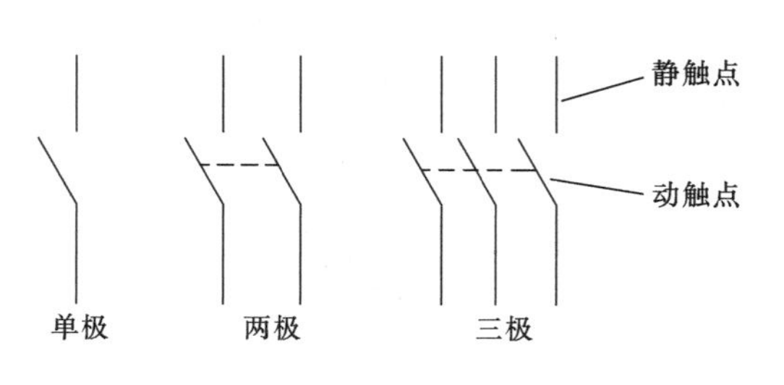

图8－1－1　刀开关示意图

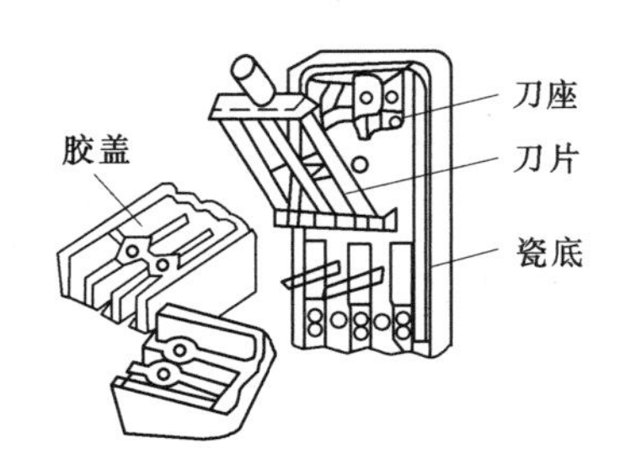

图8－1－2　HP三极刀开关结构

对带熔丝的闸刀开关，为保证拉开闸刀切断电源后，刀片和熔丝不带电，安装时电源线应接在静触头上方，负荷线应接在刀片下侧熔丝的另一端。闸刀开关即使不带熔丝，为了安全起见，安装时也应将电源线接在静触头上方。

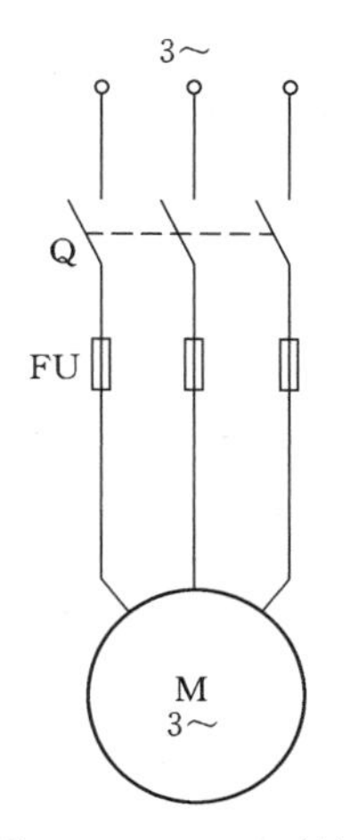

图 8-1-3　刀开关直接控制小型电动机起停电路

闸刀开关一般不宜在负载下切断电源，常用作电源的隔离开关，便于对负载端的设备进行检修。对于功率较小的负载电路，也可作为电源开关，直接接通或断开电源。

图 8-1-3 是利用刀开关对小型三相笼式异步电动机实现起停操作的手动控制电路。图中 Q 是刀开关，M 是电动机，FU 是后面即将介绍的熔断器。在这种手动控制电路中，电动机的容量不得超过 7.5kW，而且刀开关的额定电流应大于电动机额定电流的 3 倍。

二、转换开关（SR）

转换开关又叫组合开关，它由若干个分别装于数层绝缘垫板上的动触片和静触片（刀片）组成，动触片装在附有手柄的转轴上，随转轴旋转而改变通断位置。其结构如图 8-1-4 所示。

组合开关随着转动手柄停留的位置不同，它可以同时接通一部分电路和断开另一部分电路。

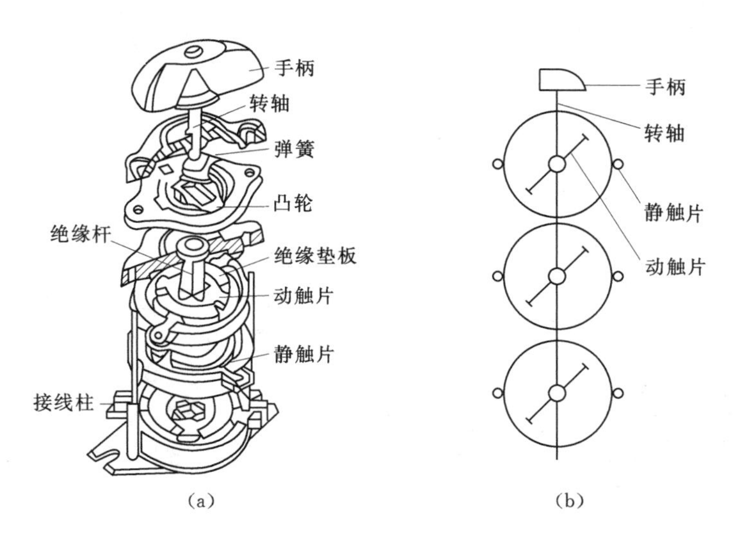

图 8-1-4　组合开关

(a) 结构图；(b) 示意图

三、自动开关

自动开关又称自动空气断路器（空气开关），它兼有刀开关和熔断器的作用，是常用的一种低压保护电器，可实现短路、过载和失压（欠压）保护。

图 8-1-5 是自动开关的原理图，当操作手柄扳到合闸位置时主触点闭合，负载接通电源，触点连杆被锁钩锁住，使触点保持闭合状态。

自动开关的保护装置由过流脱扣器和欠压脱扣器组成，它们都是电磁铁。在正常工作

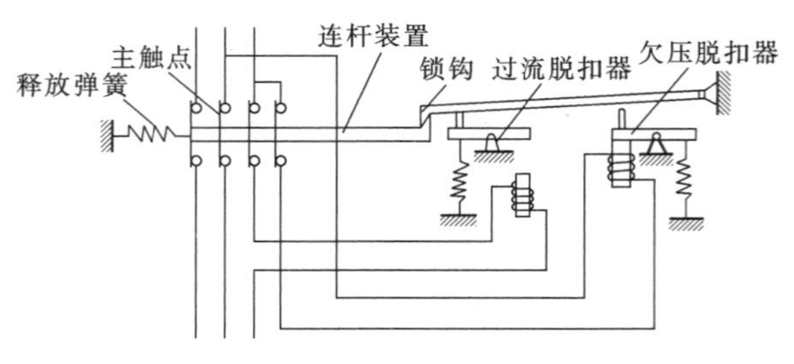

图 8-1-5 自动开关（自动空气断路器）原理图

情况下，过流脱扣器的衔铁是释放着的，一旦发生严重过载或短路故障时，与主电路串联的过流脱扣器电磁铁线圈的电流迅速增加，由此产生的较强电磁吸力将衔铁往下吸而顶开锁扣，使主触点断开而切断电路。自动开关的动作电流值可以通过调节脱扣器的反力弹簧来进行整定。欠压脱扣器在正常工作时，吸住衔铁，主触点闭合，一旦电压严重下降或断电时，衔铁就被释放而使主触点断开，当电源电压恢复正常必须重新合闸后才能工作，实现了失压保护。

四、熔断器（FU）

熔断器是最简单而且是最有效的保护电器。熔断器中的熔体俗称保险丝或熔丝，一般为熔点较低的铅锡合金丝，它串接在被保护的电路中，当电路发生短路时，过大的短路电流使熔丝熔断，从而切断电源。常用的熔断器有插入式、螺旋式、管式和填料式四种，如图 8-1-6 所示。

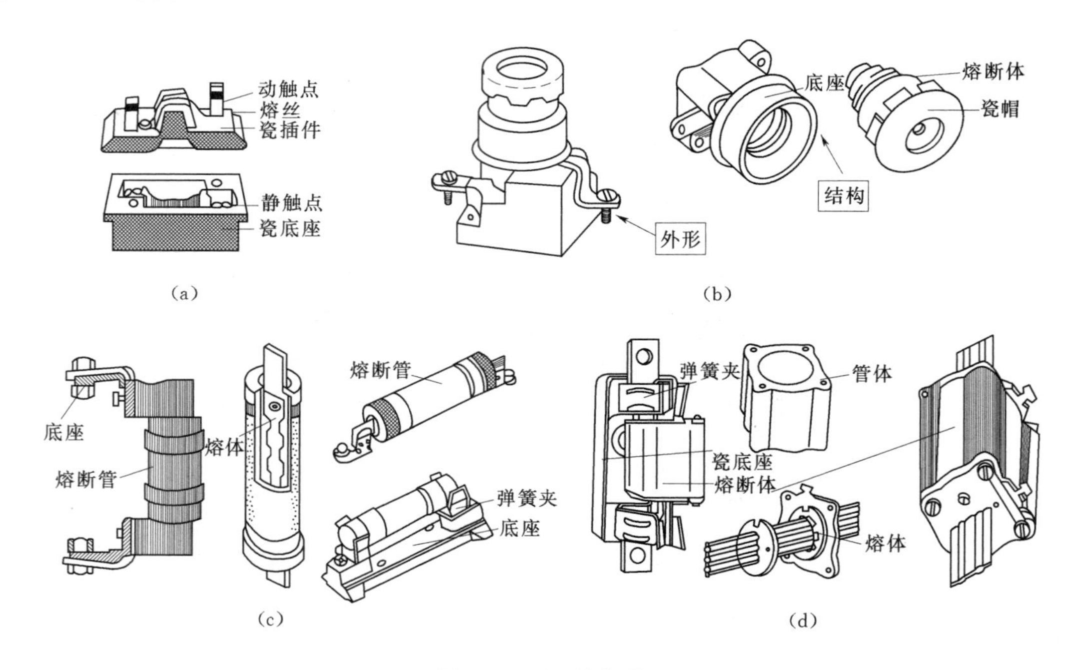

图 8-1-6 熔断器

(a) 插入式熔断器；(b) 螺旋式熔断器；(c) 管式熔断器；(d) 填料式熔断器

熔体的额定电流有 4A、6A、10A、15A、20A、25A、35A、60A、80A、100A、125A、160A、200A、225A、260A、300A、430A、500A 和 600A 等。选择熔断器，主要是确定熔体的额定电流，具体方法如下：

在无冲击电流的电路，如照明电路中，熔体的额定电流 I_{FN} 应等于或稍大于电路正常工作时的最大电流 I，即

$$I_{FN} \geqslant I \tag{8-1-1}$$

在有冲击电流的电路，如笼式异步电动机的控制电路中，起动电流为额定电流的5.5～7倍，为了保证既能使电动机起动，又能发挥熔体的短路保护作用，熔体的额定电流可按下式估算

$$I_{FN} \geqslant (1.5 \sim 3) I_{MN} \tag{8-1-2}$$

式中 I_{MN}为电动机的额定电流。电动机起动时间长或起动频繁时，I_{MN}前面的系数可取较大的值，否则可取较小值。有时也可按下式计算确定

$$I_{FN} \geqslant \frac{I_{st}}{2.5} \quad (I_{st}\text{ 为电动机的起动电流})$$

若是几台电动机合用的总熔断器，熔体的额定电流可取

$$I_{FN} \geqslant (1.5 \sim 3) I_{Mm} + \sum I_{MN} \tag{8-1-3}$$

式中 I_{Mm}——容量最大的电动机的额定电流；

$\sum I_{MN}$——其余电动机的额定电流之算术和。

8.1.2 主令电器

主令电器作用是接通和分断控制电路，发出操作指令。常用的主令电器有按钮、行程开关。

一、按钮（SB）

按钮的结构图如图8-1-7所示，由按钮的剖面图可见，当按下按钮时，下面一对原来断开的静触点被动触点接通，以接通某一控制电路，而上面一对静触点则被断开，以断开另一条控制电路。对于未动作前的状态称为**常态**，原来就接通的触点称为**常闭触点**（动断），原来就断开的触点，称为**常开触点**（动合），它们的符号如图8-1-7（c）所示，具有常开触点和常闭触点的按钮称**复合按钮**。

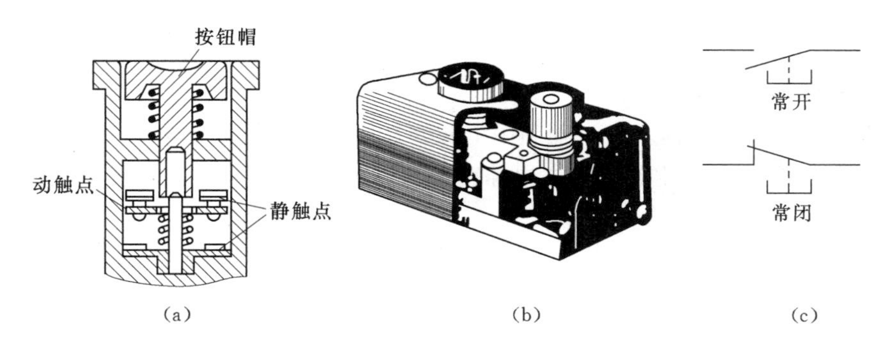

图8-1-7 按钮

(a) 按钮剖面图；(b) 复合按钮；(c) 符号

按钮触点的接触面积都很小，额定电流通常不超过5A。按钮可用于短时接通或切断小电流的控制电路，但它与闸刀开关的作用不同。闸刀开关一旦接通电路，必须在人手拉开刀闸开关后，电路才断开。而按钮接通电路后，人手松开，触点恢复原状（常开触点），电流不再通过触点，故利用按钮可以起发出“接通”和“断开”指令信号的作用。有的按

钮还装有信号灯，以显示电路的工作状态。

二、行程开关（ST）

行程开关也称为位置开关，它是反映生产机械运动部件行进位置的主令电器。行程开关广泛用于起重机、机床、生产线等设备的行程控制、限位控制和程序控制中的位置检测。行程开关的种类很多，主要分为机械式和电子式两大类。

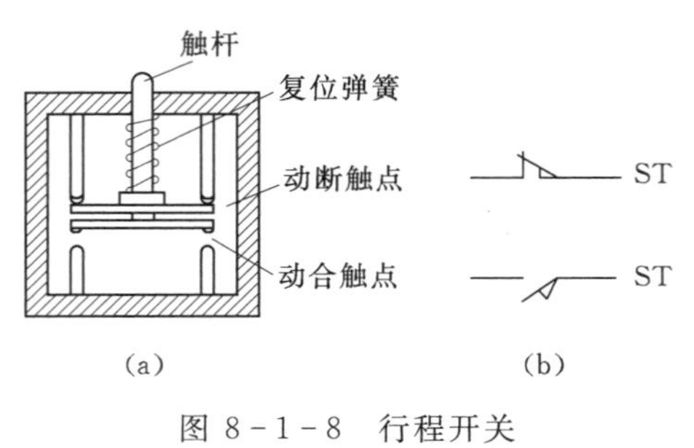

图 8-1-8　行程开关

机械式行程开关有直动式、滚轮式和微动式等。图 8-1-8（a）所示为直动式结构图，行程开关的符号如图 8-1-8（b）所示。当运动部件压下触杆时，行程开关动作；运动部件离开触杆时，行程开关恢复常态。根据行程开关的不同状态，发出不同的指令。例如：自动生产线上根据事先编排好的加工程序，被加工部件传送到一定工位时，会接触到相应的行程开关，程序自动进入这一加工工序。

微动开关也是一种常用的机械式行程开关，其特点为体积小，推杆行程短。当推杆压下到一定位置时，动触点突然跳动，瞬间断开动断触点，接通动合触点。

电子式接近开关也可作为位置检测开关，它采用对某种物理量敏感的半导体传感器，配合放大电路、开关电路组成，具有工作可靠，精度高、动作快，无电弧、寿命长的优点。工作时当运动部件到达预定工位，靠近接近开关的传感器时，传感器的参数值发生变化，使电子开关电路导通（或关断）输出相应的切换命令（信号），进入相应的操作程序。

接近开关的种类很多，常见的有光电式，电磁式，电容式等。接近开关广泛用于机床限位、检测、计数、测速、测液位及自动保护等方面，电容式接近开关还适用于多种非金属材料，如橡胶、塑料、纸张、液体、木材及人体检测。

8.1.3　执行电器

一、交流接触器（KM）

从原理上来说，接触器就是一种利用电磁铁作用力操作的电磁开关，依靠电磁力它可以带动触点直接接通或断开电动机主电路。电磁铁励磁电流为交流的接触器称为交流接触器。

交流接触器的结构、符号如图 8-1-9 所示。

交流接触器主要由电磁铁和触点组两部分组成。电磁铁由铁心（静铁心）、衔铁（动铁心）和线圈组成。当线圈通电后，电磁铁吸合而带动触点闭合或断开，当线圈断电时，触点位置复原，因此接触器可以看作是一个电磁开关，接触器的触点按线圈未通电时状态的不同可分为常开触点和常闭触点。**常开触点**在线圈未通电时是断开的，线圈通电后闭合（动合），**常闭触点**在线圈未通电时是闭合的，线圈通电后即断开（动断）。根据触点允许通过的电流大小，又分为主触点和辅助触点，**主触点**的接触面积大，并有灭弧装置，允许通过较大的电流，用来接通电动机的电源电路。**辅助触点**只能通过小电流（小于 5A），接在控制电路中实现各种控制作用。

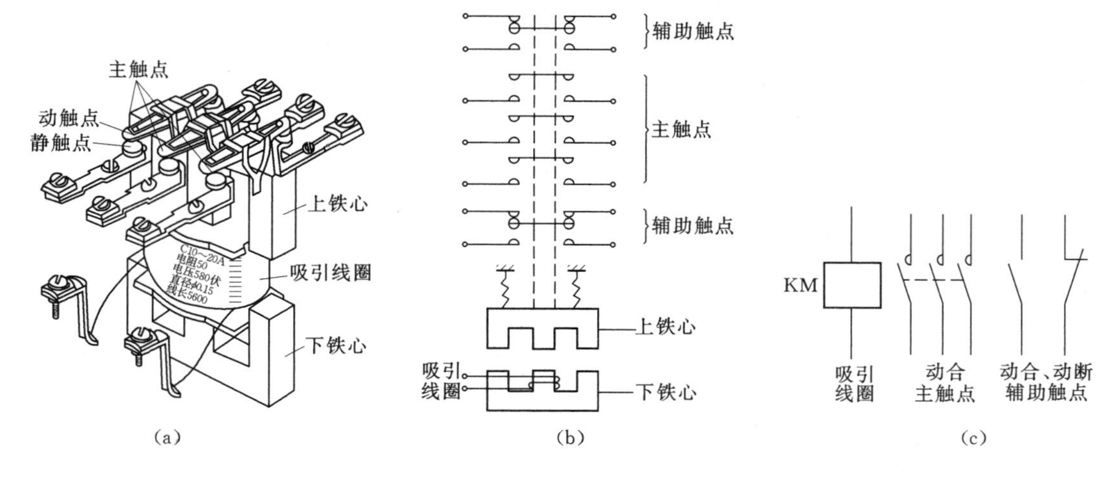

图 8-1-9　交流接触器

(a) 结构图；(b) 原理图；(c) 符号

交流接触器通常有三对常开主触点和二对常开辅助触点及二对常闭辅助触点。接触器线圈的额定电压常有380V、220V、127V、36V四个等级，主触点的额定电流有5A、10A、20A、40A、60A、100A、150A等，辅助触点的额定电流为5A。在选用交流接触器时，应注意线圈的额定电压、触点的额定电流和触点的数量。

二、继电器

继电器是用于控制电路和保护电路的一种电器，它主要用来传递信号、并不直接去操纵主电路，继电器类型很多，作用原理也不相同，但都是在某种物理量如电压、电流、温度、压力、速度及行程等的作用下而动作的，当这些物理量达到某一预定数值时，继电器就开始工作，带动触点接通或切断控制电路，从而实现对主电路的控制和保护。

按作用原理分，继电器可以分为电磁继电器、热继电器、电子继电器等，按触点动作时间快慢又可分为瞬时继电器和延时继电器。**瞬时继电器**是在信号输入的瞬时，触点动作，而**延时继电器**的延时触点是在信号输入后，经过一段时间，触点才开始动作。

1. 中间继电器（KA）

中间继电器是利用电磁铁的动作原理制成的电磁继电器，其结构和交流接触器基本相同，但触点容量小，所以在电路中的作用不同。接触器主要用来接通和断开主电路，而中间继电器具有多对触点，通常用来传递信号，把信号同时传给多个有关控制元件或辅助电路，也可直接用来控制小容量电动机或其他电气执行元件。中间继电器触点的额定电流比较小，一般不超过5A。

在选用中间继电器时，主要是考虑电压等级和触点（常开及常闭触点）的数量。

2. 时间继电器（KT）

时间继电器是一种具有延时作用，可用于按照所需时间的次序或间隔来接通或断开控制电路的一种控制电器。时间继电器的种类很多，如有空气阻尼型、电动型和电子型等。在这里主要介绍在交流电路中较常用的空气式时间继电器。它主要是利用空气阻尼原理制成，时间继电器可分为通电延时型和断电延时型两种类型。图8-1-10是通电延时的空气阻尼式时间继电器结构示意图。

空气式时间继电器由电磁系统、延时机构和触点等部分组成，其触点可分为瞬时动作和延时动作两种。

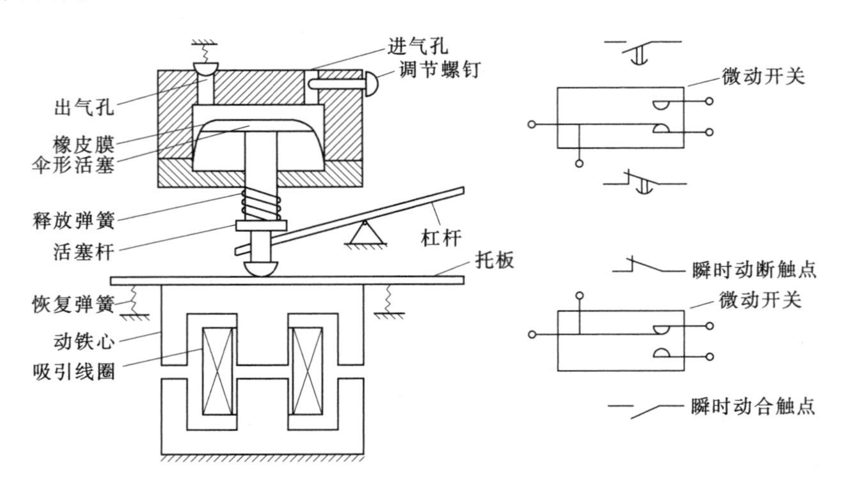

图 8-1-10　时间继电器

当线圈通电后，衔铁和托板立即被吸下，使微动开关 1 中的各触点瞬时动作，但是活塞杆和压杆不能跟着衔铁一起下落，因为活塞杆的上端连着气室中的橡皮膜，当活塞杆在释放弹簧作用下开始向下运动时，橡皮膜随之向下凹，使上气室的气体变得稀薄，而使活塞杆受到阻尼而缓慢下降。经过一段时间后，活塞杆下降到一定位置，通过杠杆推动延时触点动作，使微动开关 2 的动断触点断开，动合触点闭合，从线圈通电到延时触点动作，这一段时间就是时间继电器的延时时间，通过调节螺钉改变空气室进气孔的气隙大小可改变延时时间的长短。

时间继电器也可做成断电延时型的，只要把铁心倒过来即可。

KT

继电器线圈

瞬时动合触点

瞬时动断触点

延时闭合动合触点

延时断开动合触点

延时闭合动断触点

延时断开动断触点

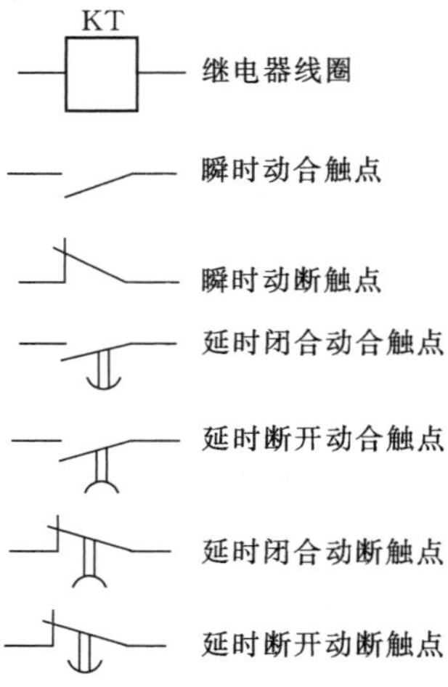

图 8-1-11　时间继电器的图形符号

图 8-1-11 为时间继电器的图形符号。

3. 热继电器（FR）

电动机不允许长期过载运行，但又具有一定的短时过载能力。因此，当电动机过载时间不长，温度未超过允许值时，应允许电动机继续运行，但是当电动机的温度一旦超过允许值，就应立即将电动机的电源自动切断。这样，既达到保护电动机不受过热的危害，又可以充分发挥它的短时过载能力。

由于熔断器熔体的熔断电流大于其额定电流，而在三相笼式异步电动机的控制电路中，所选熔体的额定电流又远大于电动机的额定电流。因此，熔断器通常只能作短路保护，不能用作过载保护。由于断路器的过流保护特性与电动机所需要的过载保护特性不一定匹配，所以一般也不能作电动机的过载保护。目前常用的过载保护电器是热继电器。

热继电器是根据电流的热效应原理制成的，图 8-1-12

(a)、(b) 分别是热继电器的外形图和原理图。

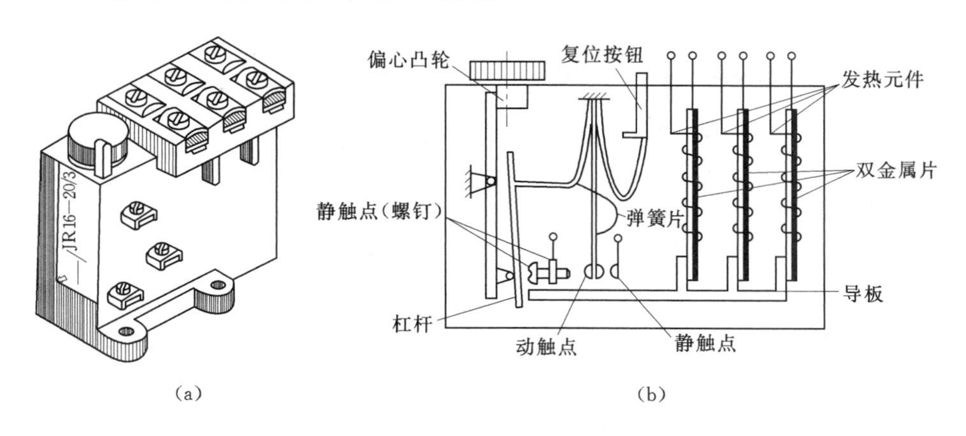

图 8-1-12 热继电器

(a) 外形图;(b) 原理图

热继电器主要由发热元件、双金属片和触点三部分组成,其中发热元件由一段电阻不大的电阻丝或电阻片构成,直接接在电动机的主电路中,双金属片由两个热膨胀系数不同的金属片辗压而成,上层的金属片热膨胀系数小,下层金属片热膨胀系数大,双金属片紧贴发热元件,当主电路中电流超过容许值,而使双金属片受热时,便向上弯曲而脱扣,在弹簧的拉力作用下扣板向左移动,将接在电动机控制电路中的常闭触点断开,接触器线圈断电,从而切断主电路保护电动机。如果要热继电器复位,需按下复位按钮。

由于热惯性,当负载过流时,热继电器需一段时间才动作。这样既可以发挥电动机的短时过载能力,又能保护电动机不致因过载时间长而出现的过热危险。由于同一原因,发热元件通过较大电流甚至短路时,热继电器不会立即动作。因此热继电器只能作为电动机长期过载保护,不能作为短路保护。

通常用的热继电器有 JR0、JR10 及 JR16 系列,热继电器的主要技术数据是整定电流,即当热元件中通过的电流超过此值的 20%时,热继电器应当在 20min 内动作,因而应根据整定电流选用热继电器,整定电流与电动机的额定电流基本上一致。

8.2 三相异步电动机直接起动—停止控制电路

一般控制系统,根据生产工艺要求不同,控制电路也不完全相同。但它们都是由若干基本电路和一些保护措施组成。为了画图和读图方便,控制电路图中的各个电器应该用国家标准规定的图形符号表示,并标以规定的文字符号。同一电器的各个部分可以分开来画在不同地方,但必须标以同一文字符号。表 8-2-1 给出了国家标准规定的部分电机和电器的图形符号。这些图形符号在不会引起错误理解的情况下可以旋转或取其镜像形态。表 8-2-2 给出了国家标准规定的部分基本文字符号。文字符号不够用时,还可以加上相应的辅助文字符号。例如,起动加 st,停止加 stp 等。

表 8-2-1　　部分电机和电器的图形符号

名称		符号
三相笼式异步电动机		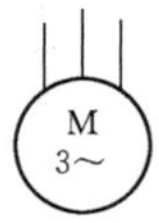
刀开关		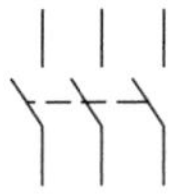
断路器		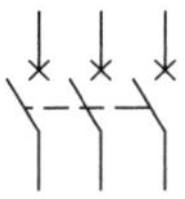
按钮	动合	
按钮	动断	
按钮	复合	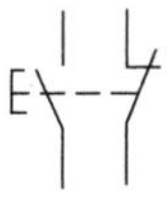
熔断器		
热继电器	发热元件	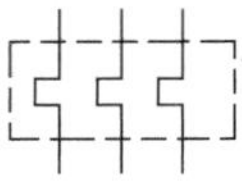
热继电器	动断触点	
接触器	线圈	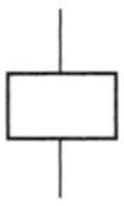
接触器	动合主触点	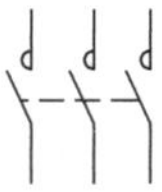
接触器	动合辅助触点	
接触器	动断辅助触点	
行程开关	动合触点	
行程开关	动断触点	
时间继电器	线圈	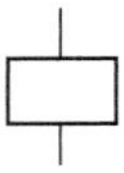
时间继电器	瞬时动作动合触点	
时间继电器	瞬时动作动断触点	
时间继电器	延时闭合动合触点	
时间继电器	延时闭合动断触点	
时间继电器	延时断开动合触点	
时间继电器	延时断开动断触点	

表 8-2-2　　部分常用基本文字符号

设备、装置和元器件种类	基本文字符号	
	单字母	双字母
电阻器	R	
电容器	C	
电感器	L	
变压器	Tr	
电动机	M	
发电机	G	
电力电路开关器件	Q	

设备、装置和元器件种类		基本文字符号	
		单字母	双字母
控制、信号电路的开关器件	控制开关	S	SA
	按钮开关		SB
	行程开关		ST
保护器件	熔断器	F	FU
	热继电器		FR
接触器	接触器	K	KM
继电器	时间继电器		KT

8.2.1 三相异步电动机点动控制电路

点动控制常用于吊车、机床立柱、横梁的位置移位，刀架，刀具的调整等。图 8-2-1 所示为一种三相异步电动机的点动控制电路，它由闸刀开关 QS、熔断器 FU、接触器 KM 等组成，与电动机和电源相连的部分，即流过负载电流的电路叫做**主电路**，用于控制电动机运行的部分电路如按钮、接触器线圈，热继电器常闭辅助触点组成的支路叫做**控制电路**。在图 8-2-1 所示电路中左边为主电路，右边点划线框内为控制电路。

工作时，首先合上刀开关 QS，这时电动机不会运转。当按下按钮 SB 时，接触器线圈 KM 通电产生电磁力，KM 的三个动合主触点吸合，使电动机与三相电源接通，起动运转。松开按钮 SB，接触器 KM 的线圈断电失磁，主触点断开恢复常态，电动机断电停止运转。这就实现了电动机的点动控制。

8.2.2 三相异步电动机直接起动—停止控制电路

图 8-2-2 为三相异步电动机直接起动—停止的控制电路。

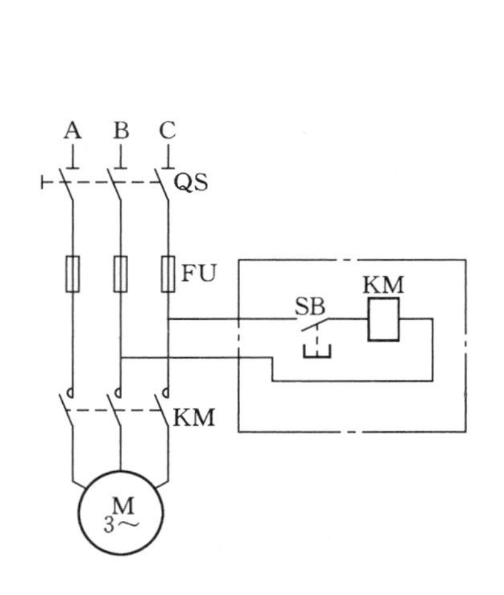

图 8-2-1 三相异步电动机点动控制电路

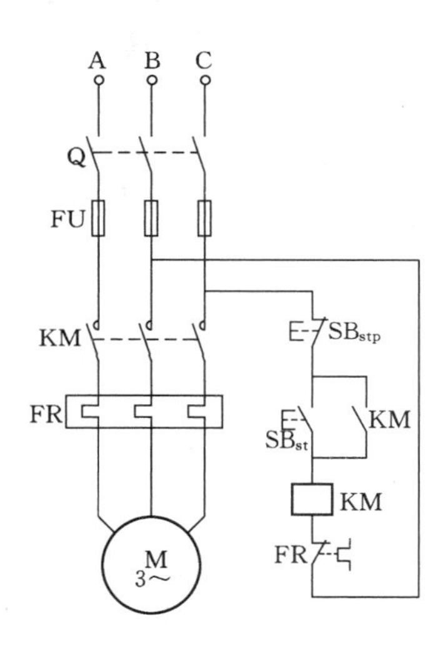

图 8-2-2 直接起动—停止控制电路

先将闸刀开关 Q 闭合，按下起动按钮 SB_{st}，接触器线圈 KM 通电，主触点闭合，电动机接通电源运转，与此同时并联在起动按钮 SB_{st} 上的辅助触点闭合，这样即使松开按钮 SB_{st}，接触器线圈仍然通电，从而保持电动机持续运转，这种依靠接触器自身辅助常开触点而使线圈保持通电的作用称为“**自锁**”，起自锁作用的辅助触点称作自锁触点。

按下停止按钮 SB_{stp}，接触器线圈 KM 断电，接触器所有触点复位，主触点断开将主电路电源切断，电动机停止运转。

电路的操作和动作过程可简要表示如下：

按 SB_{st}→KM 线圈通电─┬→KM 主触点闭合→M 起动运转
　　　　　　　　　　　　└→KM 动合辅助触点闭合→实现自锁

按 SB_{stp}→KM 线圈断电─┬→KM 主触点断合→M 停止运转
　　　　　　　　　　　　　└→KM 动合辅助触点断开→撤销自锁

为确保电动机正常运行，三相异步电动机起动—停止控制电路还具有短路保护、过载保护和欠压保护等功能。

(1) 短路保护。熔断器 FU 在电路中起短路保护作用，当电路一旦发生短路事故时，立即熔断从而切断电路。

(2) 过载保护。热继电器 FR 起着过载保护作用，当电动机在运行过程中长期过载或电源发生断电故障使电动机电流过载时，热继电器 FR 动作使控制电路断开，接触器 KM 因线圈断电而释放，使电动机停转，从而实现了过载保护。

(3) 失压保护和欠压保护。当电动机运行时，由于外界原因突然断电后又重新供电，电动机将自起动会造成各种可能的人身或设备事故，对于这种情况应有失压保护或零压保护。

当电源电压过低，如低于额定电压的 70%以下，电动机处于低压运行，这时定子绕组流过很大的电流，在这种情况下应有欠压保护。失压保护和欠压保护是靠接触器本身的电磁机构来实现的，当电源因某种原因失压或严重欠压时，接触器因其线圈电流过小，接触器的衔铁自行释放，电动机停转。如电源电压恢复正常供电，接触器线圈不能自行通电，必须重新按下起动按钮 SB_{st}，电动机才会起动，从而实现了失压（零压）和欠压保护。

8.3 三相异步电动机正、反转控制电路

在生产过程中，许多生产设备要求能够实现可逆运行，例如机床的进刀、退刀，卷扬机提升设备，电动闸门等，都要求电动机能正、反转控制。

若要改变三相异步电动机的旋转方向，只需将接到电动机三相电源中的任意两相对调即可，电路中需用两个接触器 KM_F 和 KM_R 分别实现电动机的正转和反转。

三相异步电动机正反转控制电路如图 8-3-1 (a) 所示。当按下正转起动按钮 SB_{stF} 时，KM_F 吸合，电源经主电路按 A、B、C 相序向电动机供电，电动机正转运行。

需电动机反转时，先按下停止按钮 SB_{stP}，再按下反转起动按钮 $SB_{st\,R}$，KM_R 吸合，电源经主电路按 C、B、A 相序向电动机供电，电动机反转运行。

为防止 KM_F 和 KM_R 同时吸合造成电源短路，在控制电路中将两个接触器的常闭辅助触点（动断触点）KM_P 和 KM_R 串接到对方接触器的控制电路中，即当一个接触器线圈通电时，用其动断触点切断了另一个电路，使另一个接触器线圈不能通电，这种相互制约的作用称为**联锁**或**互锁**，实现联锁作用的触点称为联锁触点，使用联锁控制后，可以保证两个接触器 KM_F 和 KM_R 在任何情况下都不会同时吸合。

三相异步电动机正反转控制电路的操作和动作如下。

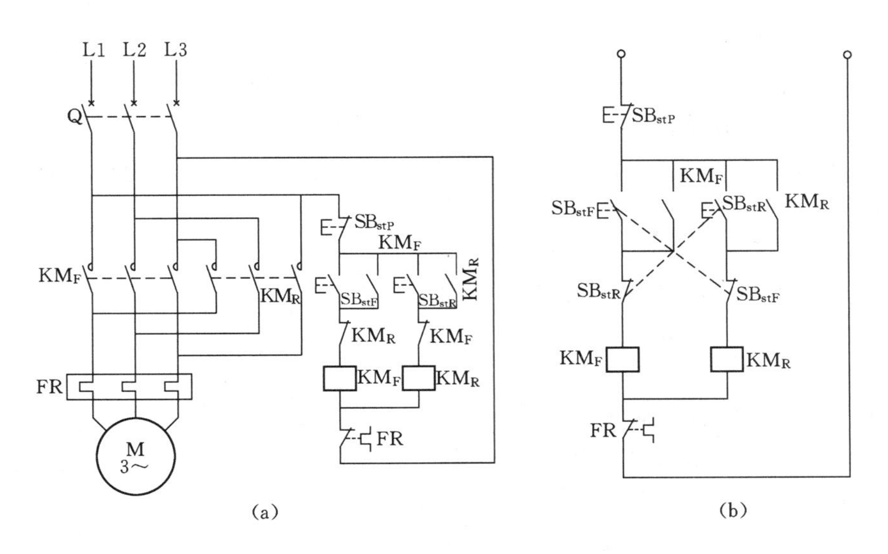

图 8-3-1　三相异步电动机正反转控制电路

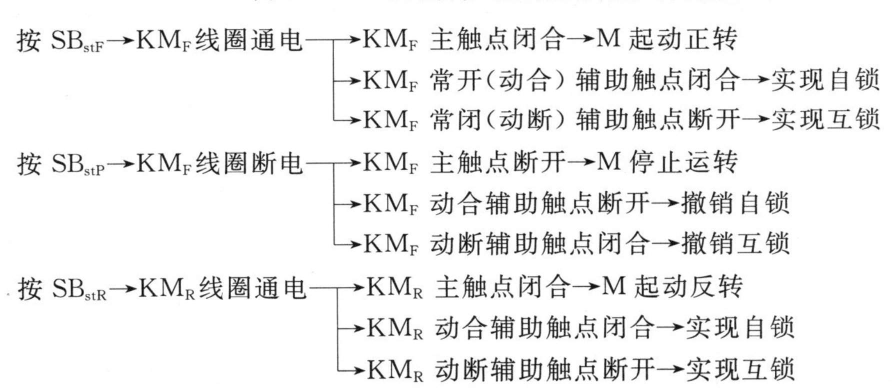

除了利用接触器的动断触点进行电气互锁外，还可以利用复合按钮通过触点动作的先后不同进行机械互锁。图 8-3-1（b）就是这种控制电路的辅助电路（主电路与图 8-3-1（a）相同，从略）。每一个复合按钮都有一副动合触点和一副动断触点。两个起动按钮的动断触点分别与对方的接触器线圈串联。当按下正转起动按钮 SB_{stF}时，它的动断触点先断开反转接触器的线圈电路；当按下反转起动按钮 SB_{stR}时，它的动断触点先断开正转接触器的线圈电路。因此，采用这种复合按钮，在改变电动机转向时可以不必先按停止按钮，只要按下相应的另一起动按钮即可。如果是两种互锁方式同时采用的双重互锁，相互制约更为可靠。

在正反转控制电路中，短路保护、过载保护和失压（欠压）保护所用的电器和保护原理都与起停自动控制电路（参见图 8-2-2）相同，读者可自行分析。

8.4　顺　序　控　制

在生产过程中，经常要求几台电动机配合工作或是一台电动机有规则地完成多个动作，如：机床主轴电动机必须在油泵电动机起动后才能起动，又如对一台机床的进刀、退刀、工件夹具松开以及自动停车等等工序要求按一定顺序来完成，这些要求反映了几台电动机或几个动作之间的逻辑关系和顺序关系，按照上述要求实现的控制叫做顺序控制。

例如在图 8-4-1 所示的控制电路中，两台异步电动机 M_1 和 M_2 的由两套按钮和接触器分别实现起动和停止控制，要求该电路可实现 M_1 先起动后 M_2 才能起动，M_2 停车后 M_1 才能停车的顺序控制要求。

为了确保 M_1 在 M_2 之前起动，在 KM_2 线圈电路中串入了 KM_1 的动合辅助触点，它们工作过程如下：当按下起动按钮 SB_{st1} 时，接触器 KM_1 线圈通电，电动机 M_1 起动，与此同时控制电路中的两个动合辅助触点 KM_1 闭合，一个形成自锁，一个为接触器 KM_2 的线圈通电准备好通路，再按下起动按钮 SB_{st2}，电动机 M_2 方可起动运转。如果不先按下 SB_{st1}，线圈 KM_1 不通电，动合触点 KM_1 不闭合，即使按下 SB_{st2}，线圈 KM_2 也不能通电，所以电动机 M_2 不能先于 M_1 起动，也不能单独起动。

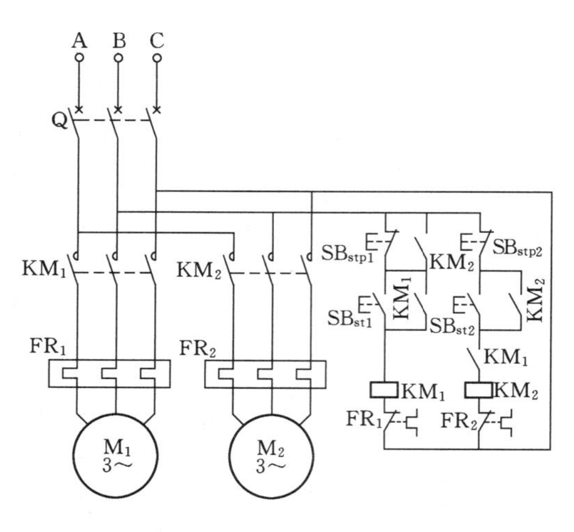

图 8-4-1　顺序联锁控制电路

为了确保 M_2 在 M_1 之前停车的顺序，在停止按钮 SB_{stP1} 的两端并联了一个 KM_2 的动合触点，只有当 KM_2 断电后，M_2 停止运转，动合触点断开，按下 SB_{stP1} 才能使 KM_1 线圈断电，M_1 才能停止运转。

该电路的保护与前两节的电路相同。

8.5　时间控制异步电动机星—三角起动控制电路

根据延时的要求，对电动机按一定时间间隔进行控制的方式叫做**时间控制**，利用时间继电器延时触点组成的电路可以实现时间控制。例如三相笼式异步电动机的星—三角减压起动，起动时定子三相绕组连接成星形，经过一段时间，转速上升到接近正常转速时换接成三角形，像这一类的时间控制可以利用时间继电器来实现。

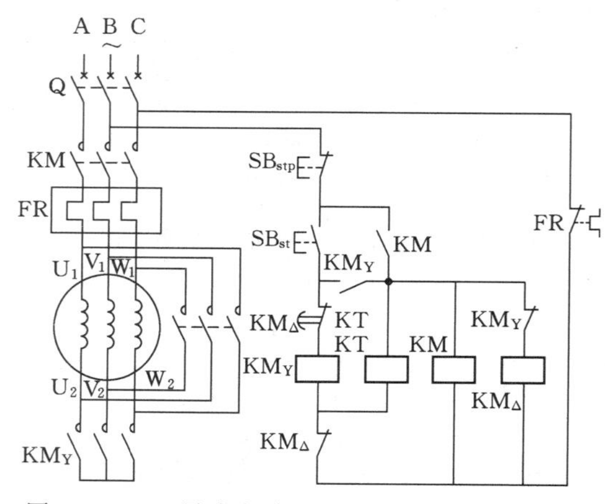

图 8-5-1　异步电动机星—三角起动控制电路

图 8-5-1 是三相笼式异步电动机星—三角起动的控制电路。为了实现由星形到三角形的延时转换，采用了时间继电器 KT 延时断开的动断触点。控制电路的动作过程如下：

按下起动按钮 SB_{st}，接触器 KM_Y 线圈通电，KM_Y 主触点闭合，使电动机接成 Y 形。KM_Y 的动断辅助触点断开，切断了

$KM_{\triangle}$的线圈电路，实现互锁。KM_Y的动合辅助触点闭合，使接触器 KM 和时间继电器 KT 的线圈通电，KM 的主触点闭合，使电动机在星形接法下起动。同时，KM 的动合辅助触点闭合，把起动按钮 SB_{st}短接，实现自锁。

经过一定延时后，时间继电器 KT 延时断开的动断触点断开，使接触器 KM_Y线圈断电，KM_Y各触点恢复常态。使接触器 $KM_{\triangle}$ 的线圈通电，$KM_{\triangle}$ 的主触点闭合，电动机便改接成三角形正常运行。同时，接触器 $KM_{\triangle}$ 的动断辅助触点断开，切断了 KM_Y和 KT 的线圈电路，实现互锁。

8.6 行 程 控 制

在生产过程中，若需要控制某些机械的行程和位置时，可以利用行程开关来实现行程控制。如机床工作台的往复循环运动。

一、行程开关

行程开关又称限位开关，它的种类甚多，但动作原理大致相同。图 8－6－1 是比较典型的几种行程开关。其中图 8－6－1（a）称为微动开关，其工作原理类似按钮。行程开关是由装在运动部件上的挡板来撞动的，当压下微动开关的触杆到一定距离时，弹簧 1 使动触点瞬时向上动作，于是动断触点断开，动合触点闭合，而触点的切换速度不受触杆下压速度的影响。当外力除去后，触杆在弹簧 2 的作用下迅速复位，动合和动断触点立即恢复原状。

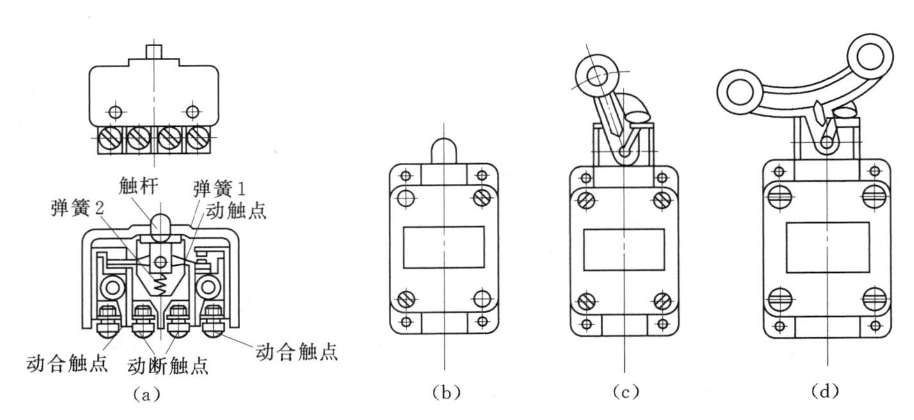

图 8－6－1　行程开关

（a）微动开关；（b）传动杆式；（c）单滚轮式；（d）双滚轮式

其他几种行程开关则是利用不同的推杆机构来推动装设在密封外壳中的开关。其中，传动杆式和单滚轮式能自动复位，双滚轮式则不能自动复位，它是依靠外力从两个方向来回撞击滚轮，使其触点不断改变状态。近年来，为了提高行程开关的使用寿命和操作频率，已开始采用晶体管无触点行程开关（又称接近开关）。

二、控制电路

用行程开关控制的机床工作台作往复运动的控制电路如图 8－6－2 所示，图中行程开

关 ST_1、ST_2分别装在工作台的原位和终点，ST_3、ST_4是极限位置保护用的行程开关。设接触器 KM_F吸合时，电动机正向起动，电动机带动工作台向右移动，而接触器 KM_R吸合时，电动机反向起动，电动机带动工作台向左移动。电路的工作过程如下：

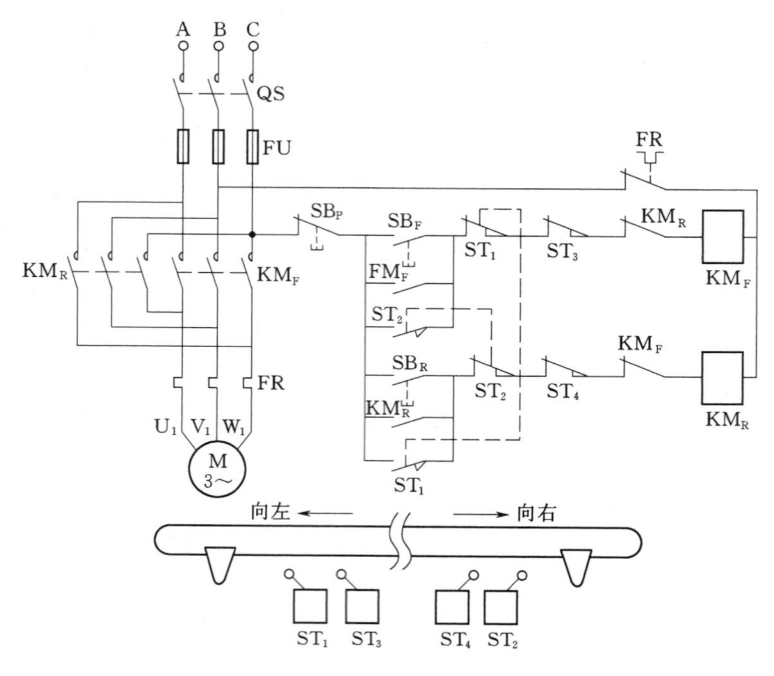

图 8-6-2 自动往返行程控制

按下起动按钮 SB_F，KM_F线圈通电，电动机正转起动，带动工作台右移，移动至预定位置，安装在工作台左端的挡板撞击行程开关 ST_1，动断触点断开，KM_F线圈断电，电动机停止转动，与此同时，行程开关 ST_1的动合触点闭合，接触器 KM_R线圈通电，电动机反向起动，工作台向左移动，行程开关 ST_1自动复位。当工作台左移到另一预定位置时，工作台右端的挡板撞击行程开关 ST_2，ST_2的动断触点断开，接触器 KM_R线圈断电，电动机停转，与此同时，行程开关 ST_2的动合触点闭合，接触器 KM_F线圈通电，电动机正转，工作台右移，在行程开关周期性的切换中，电动机便周期性的正转与反转带动工作台周期性左右往返移动。直到按下停止按钮 SB_P电动机才停止转动。

*8.7 可编程序控制器（PLC）简介

可编程控制器诞生于 1969 年，早期的可编程序控制器主要用于开关逻辑控制（即离散控制），当时称为可编程序逻辑控制器（Programmable Logic Controller），简称 PLC。开关逻辑控制是 PLC 的最基本功能，可用来代替继电器控制。1980 年可编程序控制器（Programmable Controller）被美国电器制造商协会正式命名，简称 PC，为避免与个人计算机 PC（Personal Computer）混淆，仍简称 PLC。

PLC 作为工业控制专用计算机，可与工控机，可编程计算机控制器，集散控制系统等组成各种自动控制系统和装置。它以功能强、通用性强、使用灵活、方便，高可靠性、抗干扰能力强、编程简单等一系列优点，在工业上得到日益广泛的应用。

本节中将对 PLC 的组成、工作原理、指令等作一些简单介绍。

8.7.1 PLC 的组成

对于应用 PLC 的初学者，PLC 可以看作是由普通继电器、定时器（时间继电器）、计数器等组成装置，并可选择其中的部分组成控制电路。

一般来说，PLC 由三个部分组成，即输入部分、逻辑部分和输出部分如图 8－7－1 所示。

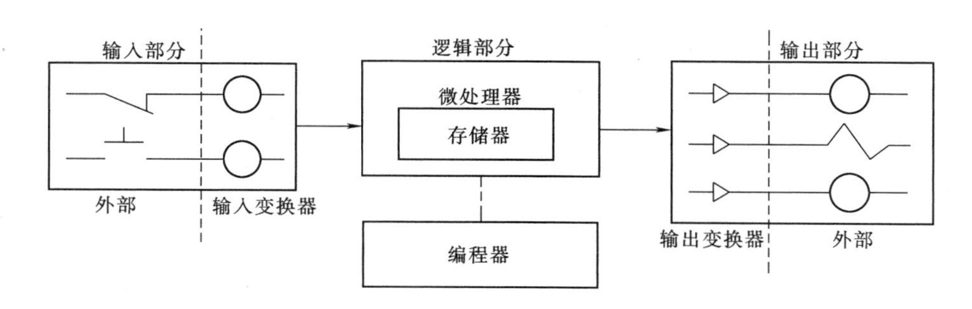

图 8－7－1　PLC 控制系统的组成

一、输入部分

由输入接线端子和输入继电器（用 X 表示）线圈组成，负责收集并储存被控对象实际运行的数据和信息。对应于继电接触器控制系统中来自控制对象上的各种开关信息，或操作台上的操作命令，如控制按钮、控制开关、限位开关、传感器、光电管产生的输入控制信号等。为了将不同的电压或电流形式的信号源转换成微处理器所能接受的低电平信号，需加入变换器。

二、逻辑部分

处理由输入部分所取得的信息，并判断哪些功能需作为输出。对应于继电接触器控制系统中按照被控制对象实际要求动作的各种继电器控制线路，其逻辑编程已固定在线路之中。由输入继电器（用 X 表示），输出继电器（Y），辅助继电器（M），定时器（T）和计数器（C）等组成。

三、输出部分

对应于继电接触器控制系统中诸多电磁阀线圈，接通电机的各种接触器和信号指示灯等。为将微处理器控制的信号转换为控制设备所需的电压或电流信号，对输出部分也需加变换器。它由输出接线端子和各输出继电器组成。

由于继电接触器控制系统中的逻辑部分是由许多继电器按某一种固定方式接好的线路，程序不能灵活变更；而 PLC 采用大规模集成电路的微处理器和存储器来代替继电器逻辑部分，通过编程，可以灵活地改变其控制程序，就相当于改变了继电器控制线路的接线。因而，**编程器**是 PLC 不可缺少的外围设备，用于手持编程，用户用它实现程序的输入、检查、修改、调试或监视 PLC 的工作情况，除手持编程器外也可将 PLC 与计算机连接，并利用专用的工具软件实现编程或监控。

对使用者来说，在编程时，可以不考虑微处理器及存储器内部的复杂结构，也不必使用各种计算机使用的语言，而是把PLC看成内部由许多“软继电器”组成，提供给使用者按设计继电器控制线路形式进行编程。

因此初学者可以对应继电接触控制形式，很容易地掌握PLC，而不需要很深的计算机知识。

8.7.2 PLC的工作方式

PLC采用“顺序扫描，不断循环”的工作方式，PLC在运行时是靠执行用户的程序来实现控制要求的。其扫描过程可分为输入采样、程序执行和输出刷新三个阶段并进行周而复始的循环，PLC扫描工作方式如图8-7-2所示。PLC在输入采样阶段是以扫描方式按顺序读取所有输入端（包括未接线的）的状态，并将其存入各对应的输入状态寄存器中，随后关闭输入端口，进入程序执行阶段，在此阶段，PLC按用户程序指令存放的先后顺序扫描，根据输入状态及其他参数执行程序，将执行结果存入（写入）输出状态寄存器中。然后进入到输出刷新阶段，当所有指令执行完毕后，将输出状态寄存器中所有状态送到输出锁存电路以驱动输出变换器输出给执行机构。

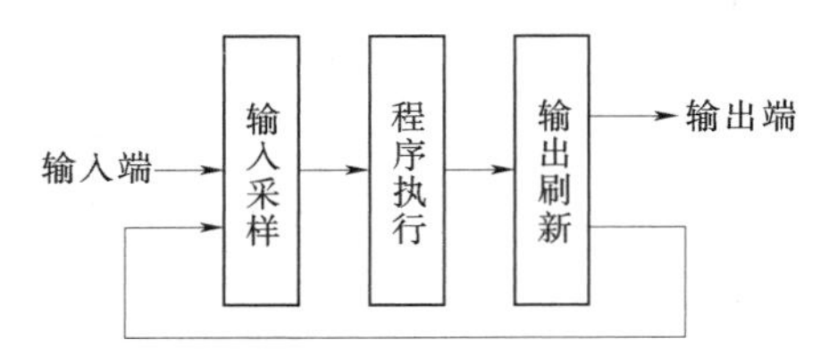

图8-7-2 PLC扫描工作方式

PLC完成这三个阶段所需用的时间就是一个扫描周期。

8.7.3 PLC的梯形图及基本指令

一、梯形图

PLC通常不采用一般微机的编程语言，大多采用梯形图编程，它是在继电接触器控制电路的基础上演变而来的，由于它直观易懂，为电气技术人员所熟悉而得到广泛应用。

梯形图由两平行竖线和与它们分别相连的多个阶层构成，整个图形呈阶梯形，两侧的竖线类似于继电接触器控制电路中的电源线，称为**母线**。每个阶层由多种编程元素串并联而成。在编程元素中，用图8-7-3所示符号分别表示继电器常开触点、继电器常闭触点、接触器线圈。

图8-7-3 PLC常用符号

梯形图从上到下，从左到右按行绘制，左侧安排输入触点或辅助继电器（M）、定时器（T）、计数器（C）等的触点，且让并联触点多的支路靠近左侧母线。输出元素，例如输出继电器线圈必须画在最右侧且与右侧母线相连。每个编程元素（触点和线圈）都对应有一个编号，不同的PLC机型其编号方法不一。

输入继电器只供PLC接受外部输入信号，不能由内部其他继电器的触点驱动。因此，梯形图中只出现输入继电器的触点，而不出现输入继电器的线圈。输入继电器的触点就代表了相应的输入信号。

输出继电器供PLC作输出控制用，但也提供了多副供内部使用的触点。在梯形图中只出现输出继电器的线圈和供内部使用的触点。输出继电器线圈的状态就代表了相应的输出信号。

继电器的内部触点数量一般可以无限引用，既可动合，也可动断。

用三菱系列 PLC 控制的三相鼠笼式异步电动机直接起动的梯形图如图 8－7－4 所示，图 8－7－4（a）中 X_0、X_1分别代表 PLC 输入继电器的常开和常闭触点，它们分别相当于用继电接触器直接控制鼠笼电动机开停电路，与图 8－7－4（b）中的起动按钮和停止按钮对应；Y_{30}表示输出继电器线圈和常开触点与图 8－7－4（b）中的接触器 KM 相对应。用 PLC 控制时，起动按钮 SB_1和停止按钮 SB_2是它的外部输入设备，而继电器 KM 线圈为外部输出设备，热继电器 FR 的常闭触点应与之串联。PLC 外部接线图如图 8－7－4（c）所示，COM 为输入和输出两边各自的公共端子，输入边的直流电源 E 通常是 PLC 内部提供的，输出边的交流电源是外接的。

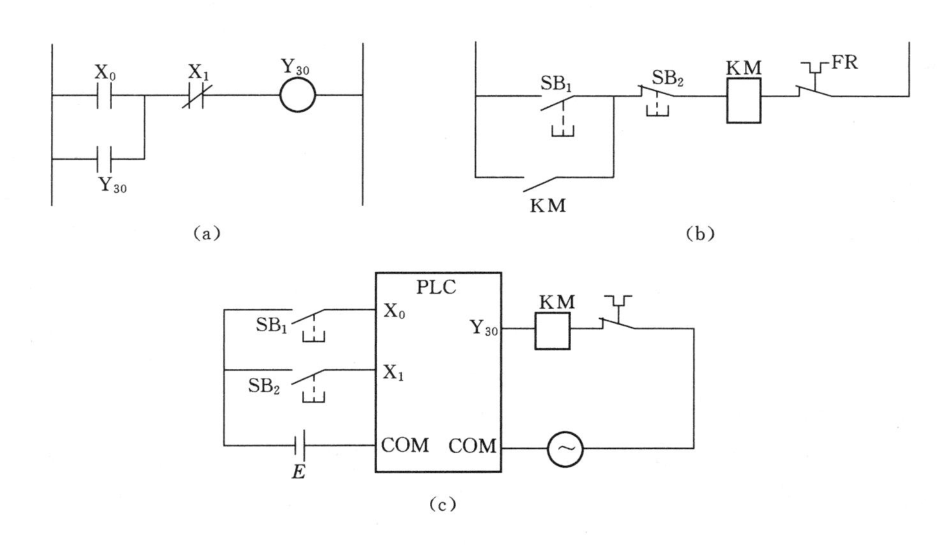

图 8－7－4 异步电动机直接起动控制

（a）PLC 控制；（b）继电器接触器控制；（c）用 PLC 控制异步电动机直接起动外部接线图

在 8－7－4（c）中 SB_2（对应图 8－7－4（b）中停止按钮），接的是常开形式，因为在梯形图中，用的是常闭触点 X_1，当 SB_2断开时，所对应的输入继电器断开，常闭触点 X_1仍闭合。当 SB_2按下时，对应的输入继电器接通，则常闭触点 X_1断开，即起着停止作用。PLC 输入设备的触点通常尽可能的接成常开形式，以便使梯形图和继电器接触器控制电路一一对应。

二、语句表与基本指令

语句表（Statement List）是用指令的助记符来进行编程的。虽然 PLC 生产厂家众多，但其梯形图基本相同或相似，因而其逻辑指令也基本相同或相似，仅仅所使用的符号有所差异，语句表使用的助记符各不相同，学习这一部分最好结合自己的机型进行。这里以 F 系列机型的 PLC 为例来加以说明，它的基本指令比较简单，指令的助记符和内容列在表 8－7－1 中。

表 8-7-1　　F 系列 PLC 基本指令

指令种类	助记符号	内　　容
触点指令	LD	动合触点与左侧母线相连或处于支路的起始位置
	LDI	动断触点与左侧母线相连或处于支路的起始位置
	AND	动合触点与前面部分的串联
	ANI	动断触点与前面部分的串联
	OR	动合触点与前面部分的并联
	ORI	动断触点与前面部分的并联
连续指令	ORB	串联触点组之间的并联
	ANB	并联触点组之间的串联
输出指令	OUT	驱动线圈的指令，可用于输出继电器、辅助继电器、定时器、计数器等
	RST	计数器和移位寄存器的复位指令
	RLS	脉冲产生指令
	SFT	移位寄存器的移位指令
特殊指令	NOP	空操作指令
	END	程序结束指令

LD 和 LDI 是触点与左侧母线连接的指令，还可以与 ORB 或 ANB 配合用于支路的开始。

AND、ANI、OR、ORI 是用于串联或并联一个触点的指令。若是两个或两个以上触点串联而成的串联触点组进行并联时，在每个串联触点组的起点用 LD 或 LDI 开始，而在每次并联一个串联触点组后加指令 ORB，或者先把所有要并联的串联触点组连续写出来，而后连续使用与并联次数相同个数的 ORB 指令。但这时该指令最多连续使用 7 次。ORB 是一条独立指令，后面不带元件号。

若是两个或两个以上触点并联而成的并联触点组进行串联时，在每个并联触点组的起点用 LD 或 LDI 开始，而在每次串联一个并联触点组后加指令 ANB，或者先把所有要串联的并联触点组连续写出，而后连续使用与串联次数相同个数的 ANB 指令。但最多连续使用 7 次。ANB 也是一条独立指令，后面不带元件号。

OUT 是驱动线圈的指令，可重复使用。

PLC 中的**定时器**可作时间继电器使用，定时器的数量和编号视机型不同而不同，每个定时器提供多副动合和动断触点。延时时间为 0.1～99s，以 0.1s 为一个单位。延时时间可由程序设定。定时器线圈通电，计时开始，延时时间到，动合触点闭合，动断触点断开；定时器线圈断电，定时器复位，动合触点断开，动断触点闭合。定时器的延时时间（时间设定值）以单位时间数 K 表示，例如 K_{30}，则实际延时时间为 $30\times0.1=3$（s）。

在梯形图 8-7-5 中，定时器的线圈除标以定时器的编号 T_{50} 外，还要标上时间设定值 $K=30$。在相应的语句表中，在 OUT T_{50} 之后还要加上常数 K_{30}。该图中的 X_0 闭合时，定时器线圈通电，计时开始，3s 后，定时器 T_{50} 的动合触点闭合，动断触点断开；X_0 断电时，T_{50}线圈断电，定时器复位。

语句表通常是根据梯形图来编写的，图 8－7－5 相应的语句表如下。

LD　　　X_0

OUT　　T_{50}

　　　　K_{30}

LD　　　T_{50}

OUT　　Y_{30}

LDI　　　T_{50}

OUT　　Y_{31}

END

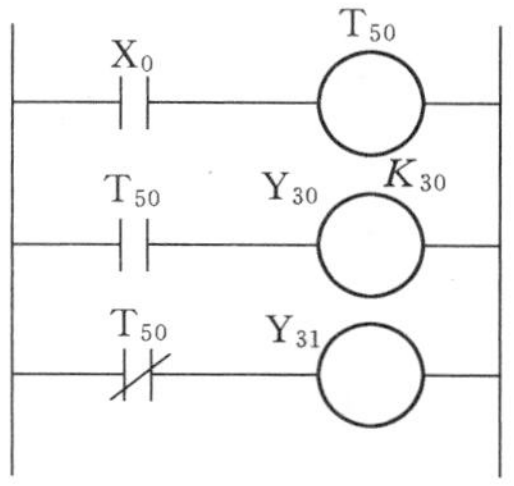

图 8－7－5　定时器应用

受篇幅所限，PLC 的其他功能和指令就不介绍了，读者可查阅有关机型的用户手册。

8.7.4　应用实例

现在用两个实例来说明 PLC 控制及其编程方法。

1．利用 PLC 实现电动机正反转控制

图 8－7－6 是利用 PLC 实现电动机正反转控制的等效电路。图 8－7－7 是外部接线图和 I/O 分配表。由图 8－7－6 可知，改用 PLC 控制时，需要四个输入点、两个输出点，其分配方案和外部接线图如图 8－7－7 所示。图 8－7－8 给出了相应的梯形图。

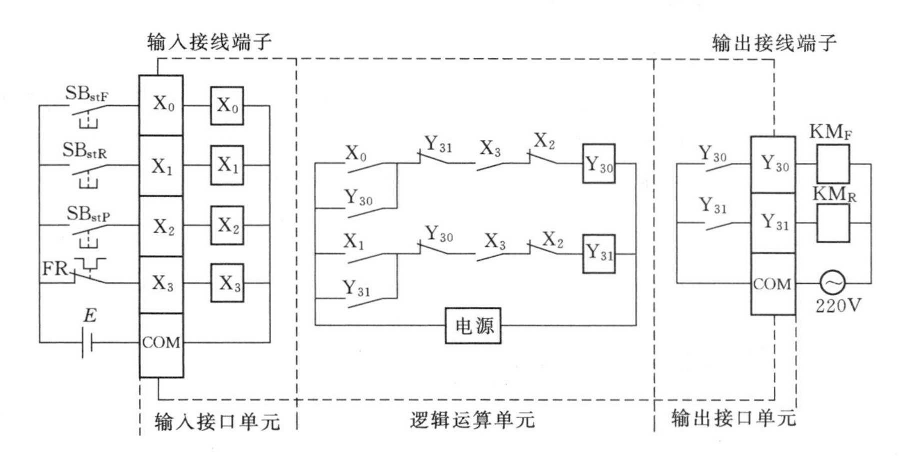

图 8－7－6　电动机正反转控制 PLC 等效电路

语句表如下：

LD　　　X_0

OR　　　Y_{30}

ANI　　　Y_{31}

AND　　X_3

ANI　　　X_2

```
OUT    Y30
LD     X1
OR     Y31
ANI    Y30
AND    X3
ANI    X2
OUT    Y31
END
```

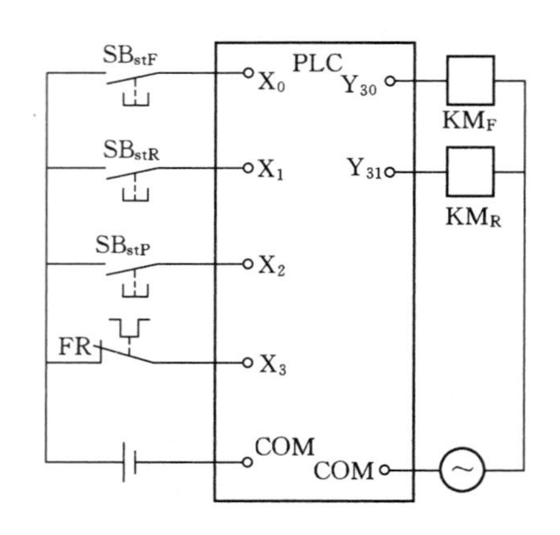

图 8-7-7　外部接线图

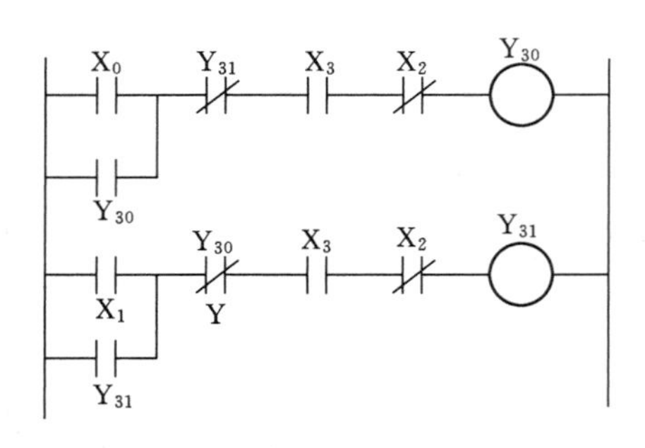

图 8-7-8　梯形图

2. 利用 PLC 控制三相笼式电动机星—三角起动

图 8-7-9（a）所示为三相笼式电动机星—三角起动控制电路改用 PLC 控制的电路，由图 8-5-1 可知，改用 PLC 控制时，需要三个输入点、三个输出点，其分配方案和外部接线图如图 8-7-9（a）所示。根据星—三角起动的控制要求，画出梯形图如图 8-7-9（b）所示。

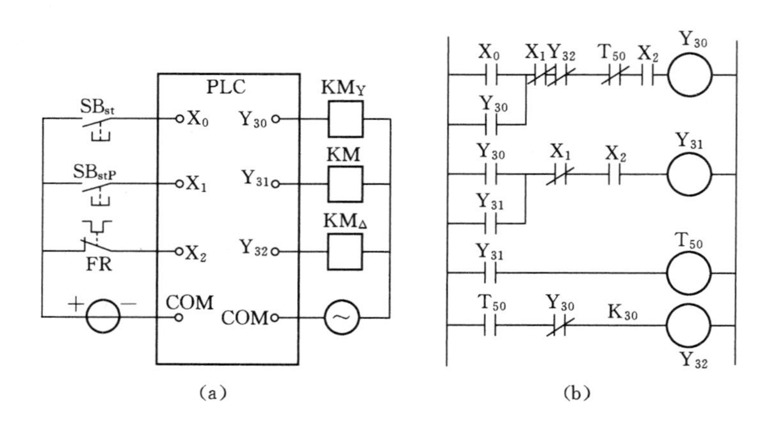

图 8-7-9　电动机星—三角起动 PLC 控制等效电路

（a）外部接线图；（b）梯形图

由梯形图写出语句表如下：

LD X_0
OR Y_{30}
ANI X_1
ANI Y_{32}
ANI T_{50}
AND X_2
OUT Y_{30}
LD Y_{30}
OR Y_{31}
ANI X_1
AND X_2
OUT Y_{31}
LD Y_{31}
OUT T_{50}
K_{30}
LD T_{50}
ANI Y_{30}
OUT Y_{32}
END

小　结

1. 电气自动控制是自动控制中实现最方便、应用最广泛的一种。

2. 继电接触控制是采用继电器、接触器及按钮等电器实现对控制对象的自动控制。接触器是用来控制电动机或其他用电设备主电路通断的电器；继电器和按钮则是控制接触器吸引线圈或其他控制回路通断的电器。

3. 继电接触控制的基本电路有点动、自锁、互锁和联锁控制电路。行程控制用来控制工作过程中工件或设备的位置和行程。时间控制用来控制工作过程时间间隔的长短。

4. 熔断器用来实现短路保护和严重过载保护。热继电器用来实现电动机过载保护，接触器还有失（欠）压保护功能。

5. 可编程控制器（PLC）实质上是一种面向工业控制的计算机系统。PLC 采用编程的软件逻辑代替继电器控制的硬接线逻辑，具有功能齐全，灵活性好，通用性强等优点。

习　题

8-1　某生产机械采用 Y112M—4 型三相异步电动机拖动，起动不频繁，用熔断器作短路保护，试选择熔体的额定电流（已知电动机的 $I_N=8.8A$）。

8-2　设计一台三相异步电动机既能点动又能连续工作的继电接触器控制电路。

8-3　设计一个甲、乙两地对一台三相异步机进行起动、停止控制的电路。要求有短路、过载和失压保护。

8-4　设计两台三相异步电动机（M_1、M_2）联锁控制电路，要求：M_1起动后，M_2才能起动；M_2停车后，M_1才能停车。

8-5　设计两台三相异步电动机联锁控制电路。要求：M_1先起动，经一定延时 M_2才能自行起动；M_2起动后经一定延时 M_1自行停车。

8-6　设计两台三相异步电动机联锁控制电路。要求：M_1起动后经一定延时 M_2自动起动；M_2起动后，M_1立即停车。

8-7　试设计一个传送带控制电路。要求：把货物从始发地送到目的地后自动停车；延时 1 分钟后自动返回始发地停车。

*8-8　用 PLC 实现题 8-4 的设计，要求画出 PLC 外部输入、输出硬件接线；画出梯形图，写出语句表程序。

*8-9　用 PLC 实现题 8-4 的设计，要求题 8-8。

*8-10　用 PLC 实现题 8-5 的设计，要求题 8-8。

*8-11　用 PLC 实现题 8-7 的设计，要求题 8-8。

第9章 电 气 设 备

发电厂和变电所的电气回路通常分为一次回路和二次回路。一次回路是由发、变、输、配、用电系统中的主设备，如发电机、变压器、开关电器、互感器、母线等组成的高压强电回路。构成电气一次回路的电气设备称为一次设备。变压器、电动机已分别在本书的第6章、第7章介绍过，本章将介绍其余的一次设备。

对电气一次回路的工作进行监察、测量、控制和保护的电气回路称为二次回路。构成二次回路的电器和控制电缆称为二次设备。二次设备的元件很多，二次回路也比较复杂，这也超出本书范围。

在电能的发、变、输、配、用等环节中，用电设备主要为低压设备，在第8章也已作了介绍。本章着重讨论在发电厂变电所的高压电气设备。在此之前，有必要对电力系统做一简要介绍。

9.1 电力系统的概述

9.1.1 电力系统的构成

电能从生产到供给用户使用，一般要经过发电、变电、输电、配电和用电几个环节（图9-1-1）。由发电机、输配电线路、变配电所及各种用户用电设备连接起来所构成的整体，被称为**电力系统**。

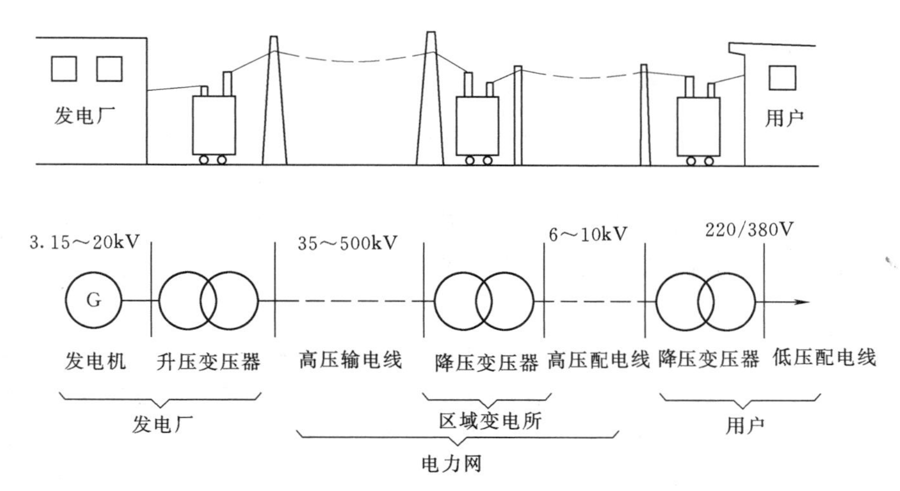

图9-1-1 从发电厂到用户的送电过程示意图（单线图）

电力系统再加上发电厂的动力部分（火电厂的锅炉、汽轮机、热力管网等；水电厂的水库、水轮机、压力管道等）又构成了**动力系统**。

图 9-1-2 为大型电力系统的系统图（单线图）。

在电力系统中，由各种不同电压等级的电力线路和变配电所构成的网络，称为**电力网**，简称**电网**。

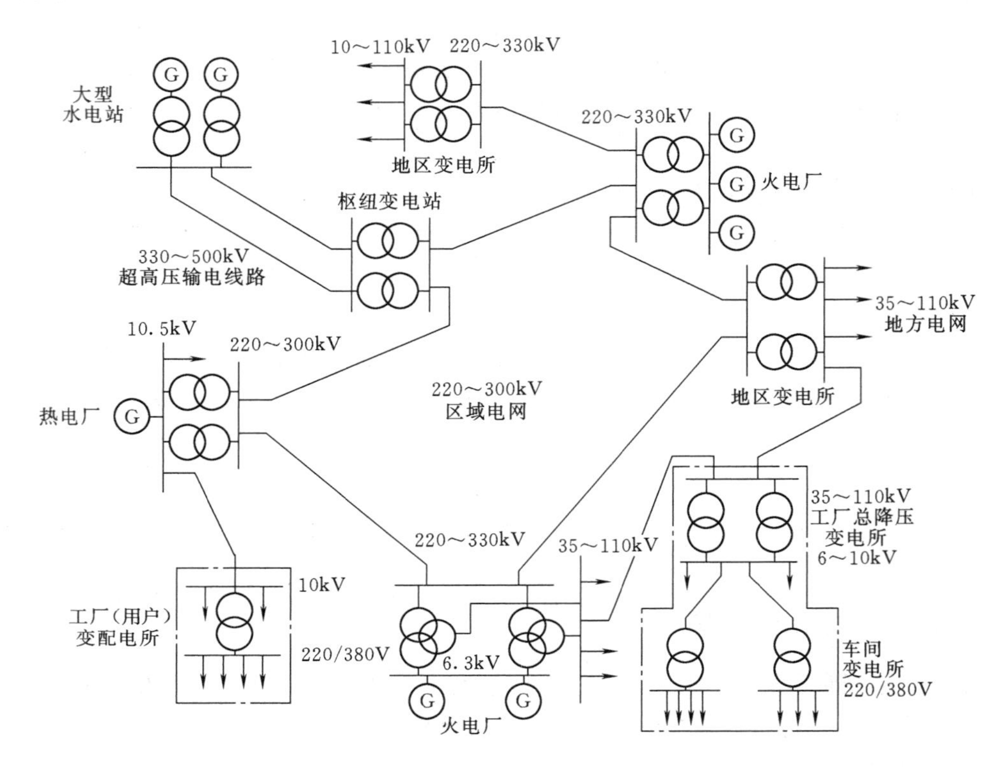

图 9-1-2 大型电力系统的系统图（单线图）

9.1.2 各种发电厂简介

生产电能的工厂称为发电厂。按使用能源种类的不同，发电厂有许多种。

1. 火力发电厂

火力发电厂以煤、石油、天然气等为燃料。发电厂的锅炉将水加热成高温高压蒸汽，驱动汽轮机带动发电机高速旋转发出电力。我国目前电力生产大部分是靠火力发电厂。

2. 热电厂

如果在发电的同时，将一部分做过功的蒸汽从汽轮机抽出用管道输给附近需要热蒸汽的工厂（如纺织厂等）或居民使用，这样的火力发电厂称为**热电厂**。普通火力发电厂（也称凝汽式火电厂）热能利用率仅为 40%左右，而热电厂的热能利用率则可提高到 60%～70%以上。这种热电联产的综合效益可节约燃料 20%～25%，因此应在具备条件的地方优先采用。

3. 燃气轮机发电厂

燃气轮机发电厂也属于火力发电厂的一种，但它不是以水蒸气作为推动汽轮发电机组的工质，而是燃料（油或天然气）燃烧所产生的高温气体直接冲动燃气轮机的转子旋转。燃气轮机发电厂建设工期短，开停机灵活方便，便于电网调度控制，宜于承担高峰负荷而作为电力系统中的调峰电厂。

4. 核电厂

利用原子核裂变产生的高热将水加热为水蒸气驱动汽轮发电机发电的电厂称为核电厂（或原子能发电厂）。核电厂造价较高，但用于燃料的费用低，每年消耗的核燃料可能仅几吨，而相同容量的燃煤发电厂却要消耗煤几百万吨（1kg 铀 235 约折合 2860t 标准煤）。因此，核电厂特别适于建在工业发达而能源（煤、石油）缺乏的地区。

5. 水力发电厂

利用自然界江河水流的落差，通过筑坝等方法提高水位，使水的位能释放驱动水轮发电机组发电的电厂，称为水力发电厂（简称水电厂）。水电厂一般只能建在远离负荷中心的江河峡谷，其建设周期长，投资也较大。但它不需燃料，发电成本低（仅为火电厂的1/4～1/3），能量转换效率高，又没有污染，开机停机都十分灵活方便，特别宜于担任系统的调频调峰及事故备用。因此，从环境保护和可持续发展角度，应大力开发水电。

6. 其他能源的发电厂

利用风力、地热、太阳能、潮汐和海洋能发电的发电厂也在研究和发展，一般容量都不大，多为试验性质。但新能源的利用是一项重要的战略性课题，在未来的社会发展中会起到重要的作用。

9.1.3 电力网

电力网是连接发电厂和用户的中间环节。一般分成**输电网**和**配电网**两部分。

输电网一般是由 220kV 及以上电压等级的输电线路和与之相连的变电所组成，是电力系统的主干部分。它的作用是将电能输送到距离较远的各地区配电网或直接送给大型工厂企业。目前，我国的几大电网已经初步建成了以 500kV 超高压输电线路为骨干的主网架。

配电网是由 110kV 及以下电压等级的配电线路（110kV 和 35kV 为高压配电，10kV 为中压配电，380/220V 为低压配电）和配电变压器组成，其作用是将电能分配到各类用户。

一、电力网的接线方式

电力网的接线方式可分为无备用方式和有备用方式两大类。

（1）无备用方式。仅用一回电源线向用户供电属于无备用方式。其特点是电网结构简单，运行方便，投资较少，但供电可靠性较低。广泛使用的断路器自动重合闸装置和线路故障带电作业检修，对这种接线，供电可靠性较低的缺点有所弥补。无备用接线适宜向一般用户供电。图 9－1－3 为无备用接线方式。

（2）有备用方式。凡用户能从两回或两回以上线路得到供电的电网属于有备用方式。这种接线供电可靠性高，但运行控制较复杂，适用于对重要用户的供电。图 9－1－4 为有备用接线方式。

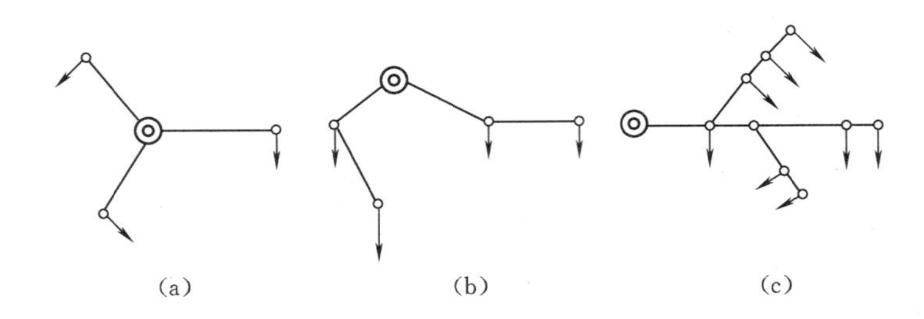

图 9-1-3　无备用接线方式

(a) 放射式；(b) 干线式；(c) 树枝式

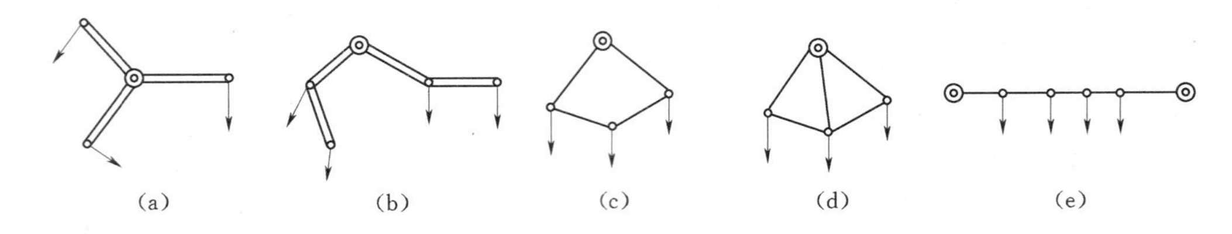

图 9-1-4　有备用接线方式

(a) 双回路放射式；(b) 双回路干线式；(c) 单环式；(d) 双环式；(e) 两端供电式

二、变（配）电所的类型和作用

变（配）电所是连接电力系统的中心环节，是汇集电源、升降电压、分配电能的枢纽。变电所通常由主变压器、高低压配电装置、主控室及其他辅助设施组成。变电所各种类型及作用见表 9-1-1。

表 9-1-1　　变电所的类型和作用

类型		作用和特点
按作用分	升压变电所	一般设于发电厂内或电厂附近，发电机电压经升压变压器升高后，由高压输电线路将电能送出，与电力系统相连
	降压变电所	一般位于负荷中心或网络中心，一方面连接电力系统各部分，同时将电压降低，供给地区负荷用电
	开关站（开闭所）	仅连接电力系统中的各部分，可以进行输电线路的断开或接入，而无变压器进行电压变换，一般是为了电力系统的稳定而设置的
按所处地位分	枢纽变电所	位于电力系统中汇集多个大电源和多条重要线路的枢纽点，在电力系统中具有极为重要的地位。高压侧多为 330～500kV，其高压侧各线路之间往往有巨大的交换功率
	地区变电所	是供电给一个地区的主要供电点。一般从 2～3 个输电线路受电，受电电压通常为 110～220kV，供电给中、低压下一级变电所
	工厂企业变电所	专供某工厂企业用电的降压变电所，受电电压可以是 220kV、110kV 或 35kV 及 10kV，因工厂大小而异
	终端变电所	由 1～2 条线路受电，处于电网的终端的降压变电所，终端变电所的接线较简单

9.1.4 用户与用电负荷分级

电力用户从电力系统中取用的用电功率，称为用户的用电负荷。

用电设备所消耗的功率分为有功功率和无功功率。因此，用户的用电负荷又分为有功负荷（以千瓦计）和无功负荷（以千乏计）。

按用户用电负荷的重要程度，一般将负荷分为三级：

(1) 一级负荷。如果用户供电突然中断，将会导致人身伤亡或重大设备损坏等严重事故，以及国民经济的关键企业的大量减产，造成巨大的损失或政治影响，这样的负荷称为一级负荷。例如炼钢厂、电解铝工厂及矿井用电等。

(2) 二级负荷。停电后将引起某些生产设备的损坏、部分产品的报废或造成大量减产，以及城市秩序混乱等，这类负荷属于二级负荷。如纺织厂、造纸厂等许多企业和城市公用事业用电等。

(3) 三级负荷。凡不属于一、二级负荷的，都列为三级负荷。如工厂附属车间等。

对于一级负荷，应有两个以上独立的电源供电。任一电源故障时，都不致中断供电。有时还有备用的柴油发电机组。

对于二级负荷，一般也应尽量由不同的变压器或两个母线段上取得两路电源。

对于三级负荷，则一般以单回路供电。

9.1.5 电力系统的电压等级

我国国家标准规定的三相交流电网和电力设备的额定电压（线电压，下同），如表 9-1-2 所示。

表 9-1-2　　我国三相交流电网和电力设备的额定电压　　单位：kV

分类	电网和用电设备额定电压	交流发电机额定电压	电力变压器额定电压	
			一次绕组	二次绕组
低压	0.22 0.38 0.66	0.23 0.40 0.69	0.22 0.38 0.66	0.23 0.40 0.69
高压	3 6 10 — — 35 110 220 330 500	3.15 6.3 10.5 13.8，15.75 18，20	3 及 3.15 6 及 6.3 10 及 10.5 13.8，15.75 18，20 35 110 220 330 500	3.15 及 3.3 6.3 及 6.6 10.5 及 11 38.5 121 242 363 525

1. 电网的额定电压

电网的额定电压也就是电力线路以及与之相连的变电所汇流母线的额定电压。

2. 用电设备的额定电压

用电设备的额定电压规定与同级电网的额定电压相同。实际运行中，用电设备的电压允许有±5%的变动范围，而供电线路由于流通电流后产生电压降，故线路首端电压高些，末端电压低些，接于不同地点的用电设备所受电压也有所不同，两者刚好是适应的。

3. 发电机的额定电压

发电机的额定电压规定比同级电网额定电压高5%。这是考虑到电力线路允许有10%的电压损耗，线路末端允许比电网额定电压低5%，两者刚好适应。

4. 电力变压器的额定电压

(1) 电力变压器一次绕组的额定电压。当变压器直接与发电机相连时，变压器一次绕组的额定电压应当与发电机额定电压相同；当变压器不是与发电机直接相连，而是接于某一电力线路的末端时，则变压器一次绕组的额定电压应当与该线路额定电压相同。

(2) 电力变压器二次绕组的额定电压。当变压器二次绕组供电给较长的高压输电线路时，其额定电压应比相应线路额定电压高10%；而当供电给较短的输电线路时，其额定电压可以只比相应线路额定电压高5%。

9.2 发电厂变电所的主电气设备

9.2.1 发电厂、变电所的主要电气设备

在发电厂和变电所中，根据电能生产、转换和分配等各环节的需要，配置了各种电气设备。根据它们在运行中所起的作用不同，通常将它们分为电气一次设备和电气二次设备。

一、电气一次设备及其作用

直接参与生产、变换、传输、分配和消耗电能的设备称为电气一次设备，主要有：

(1) 进行电能生产和变换的设备，如发电机、电动机、变压器等。

(2) 接通、断开电路的开关电器，如断路器、隔离开关、自动空气开关、接触器、熔断器等。

(3) 限制过电流或过电压的设备，如限流电抗器、避雷器等。

(4) 将电路中的电压和电流降低，供测量仪表和继电保护装置使用的变换设备，如电压互感器、电流互感器。

(5) 载流导体及其绝缘设备，如母线、电力电缆、绝缘子、穿墙套管等。

(6) 为电气设备正常运行及人员、设备安全而采取的相应措施，如接地装置等。

二、电气二次设备及其作用

为了保证电气一次设备的正常运行，对其运行状态进行测量、监视、控制、调节、保护等的设备称为电气二次设备，主要有：

(1) 各种测量表计，如电流表、电压表、有功功率表、无功功率表、功率因数表等。

(2) 各种继电保护及自动装置。

(3) 直流电源设备，如蓄电池、浮充电装置等。

三、关于开关电器的电弧

如果开关电器内的电弧长久不熄，就会烧损触头和触头附近的绝缘，并延长断路的时间，甚至会使油断路器的绝缘油强烈分解产生大量的气体，从而引起油断路器的爆炸。因此，用以断开电路的开关电器都备有专门的灭弧装置。断路器断开的电流大、负担重，灭弧装置最完善。负荷开关和刀开关工作负担相对较轻，灭弧的措施也比较简单。

9.2.2 断路器

断路器是开关设备中最主要的设备，它用于直接开断故障电流，直接开合电动机、变压器的回路。

一、主要参数

（1）额定电压（V）是指开关正常工作的线电压（有效值）。

（2）最高工作电压（V）是指开关可以长期使用的最高工作的线电压（有效值）。

（3）额定电流（A）在规定的正常工作条件下，可以通过的长期的工作电流（有效值）。

（4）额定开断电流（A）开关在规定条件下能正常开断的电流。

（5）遮断容量（或断流容量）（MVA）开关在短路情况下可断开的最大容量。

（6）动稳定电流（kA）开关在规定条件下可承受的峰值电流，主要反映承受短路时电动力的能力。

（7）热稳定电流（kA/s）开关在规定条件下短时间内能通过的电流。

（8）固有分闸时间（s）从接到指令起到主回路触点刚脱离电接触为止的时间。

（9）固有合闸时间（s）从接到指令起到各相触头均接触时为止的时间。

二、高压断路器的灭弧介质

下面从性能和应用方面对各种灭弧介质作一简单的介绍，有关交流电弧的灭弧原理可参考其他专业书籍。

（1）油。这是一种较普遍采用的介质，既作为灭弧用，又作为绝缘介质用。但额定电流及开断能力不能很大，其中少油断路器应用最多。

（2）压缩空气。这是用高压空气以高速气流来灭弧。额定电流和开断能力较大。但需要配备空压机系统。

（3）真空。这是利用弧柱区和真空的压力差使弧柱等离子体向空间迅速扩散，从而有利于介质绝缘强度的迅速恢复。用于35kV及以下变电所及频繁操作的场合。

（4）六氟化硫（SF_6）气体。这是目前最理想的灭弧介质，它是利用几个至十几个压力以高速气流灭弧，由于其电弧压降小，电弧能量也小，易于灭弧。其额定电流和开断能力大，在国内外已较普遍采用。

（5）固体产气。这是利用固体产气物质（如有机玻璃聚氯乙烯硬塑料等），在电弧高温作用下分解出气体进行灭弧，但额定电流及开断能力小。较多使用于农村电网。

（6）磁吹。这是利用开断电流本身产生的磁场，将电弧吹入灭弧片的狭缝内使之拉长冷却直至熄弧。灭弧介质是大气。适合于20kV以下户内频繁操作场所。

三、主要分类及主要特点

表 9-2-1 为断路器的分类和特点。

表 9-2-1　　　　高压断路器分类与其主要特点

类　别	结　构　特　点	技术性能特点	运行维护特点	常用型号举例
多油式断路器	以油作为灭弧介质和绝缘介质；触头系统及灭弧室安置在接地的油箱中，结构简单，制造方便，易于加装单匝环形电流互感器及电容分压装置；耗钢、耗油量大；体积大；属自能式灭弧结构	额定电流不易做得大；灭弧装置简单，灭弧能力差；开断小电流时，燃弧时间较长；开断电路速度较慢；油量多，有发生火灾的可能性，目前国内只生产 35kV 电压级产品，可用于屋内或屋外	运行维护简单；噪声低；需配备一套油处理装置	DW—35 系列
少油式断路器	油量少，油主要用作灭弧介质，对地绝缘主要依靠固体介质，结构简单，制造方便；可配用电磁操动机构、液压操动机构或弹簧操动机构；采用积木式结构可制成各种电压等级产品	开断电流大，对 35kV 以下可采用加并联回路以提高额定电流，35kV 以上为积木式结构；全开断时间短；增加压油活塞装置加强机械油吹后，可开断空载长线	运行经验丰富，噪声低；油量少，易劣化，常需检修或换油；需要一套油处理装置，不宜频繁操作	SN_{10}—10 系列 SN_3—10/3000 SN_4—10/4000 SN_4—20G/8000 SW_6—220/1000
压缩空气断路器	结构较复杂，工艺和材料要求高；以压缩空气作为灭弧介质和操动介质以及弧隙绝缘介质；操动机构与断路器合为一体；体积和重量比较小	额定电流和开断能力：都可以做得较大，适于开断大容量电路，动作快，开断时间短	开断时噪声很大，维修周期长，无火灾危险，需要一套压缩空气装置作为气源；断路器价格较高	KW_4—110～330 KW_6—110～330
SF_6 断路器	结构简单，但工艺及密封要求严格，对材料要求高；体积小、重量轻；有屋外敞开式及屋内落地罐式之别，也用于 GIS 封闭式组合电器	额定电流和开断电流都可以做得很大；开断性能好，可适于各种工况开断；SF_6 气体灭弧、绝缘性能好，所以断口电压可做得较高；断口开距小	噪声低，维护工作量小，不检修间隔期长，运行稳定，安全可靠，寿命长，断路器价格目前较高	LN_2—10/600 LN_2—35/1250 LW—110～330 LW—500
真空断路器	体积小、重量轻；灭弧室工艺及材料要求高；以真空作为绝缘和灭弧介质；触头不易氧化	可连续多次操作，开断性能好；灭弧迅速、动作时间短；开断电流及断口电压不能做得很高，目前只生产 35kV 以下级；所谓真空，是指绝对压力低于 101.3kPa 的空间，断路器中要求的真空度为 133.3×10^{-4}Pa 以下	运行维护简单，灭弧室可更换而不需要检修，无火灾及爆炸危险，噪声低；可以频繁操作，因灭弧速度快，易发生截流过电压	ZN—10/600 ZN_{10}—10/2000 ZN—35/1250

四、结构与工作原理

断路器的形式很多，结构原理也不尽相同。这里仅以几种应用较广泛的断路器为例说明其结构和原理。

1. SN_{10}—10 型少油断路器

图 9－2－1 为 SN_{10}—10 型少油断路器的外形、结构及灭弧过程示意图。该断路器由支撑部分、传动机构和油箱三部分构成。支撑部分包括由角钢和钢板焊接而成的框架 12 和六个支持式绝缘子，主要使断路器整体固定；传动机构包括一系列的拐臂、轴、拉杆（板）构成。它是将主轴 14 的转动，转变成导电杆（活动触头）的上下位移，以满足分、合闸的需要；油箱主要作用是装油、安放灭弧室及形成油气分离室。

由图 9－2－1（a）可知，该断路器为三相分箱式，即每相一个油箱。断路器处于合闸位置时［图 9－2－1（b）］，电流由下出线座 5 经中间触头（紫铜滚轮触头 4）、导电杆 6、瓣形静触头 2 至上出线座 3 形成通路。

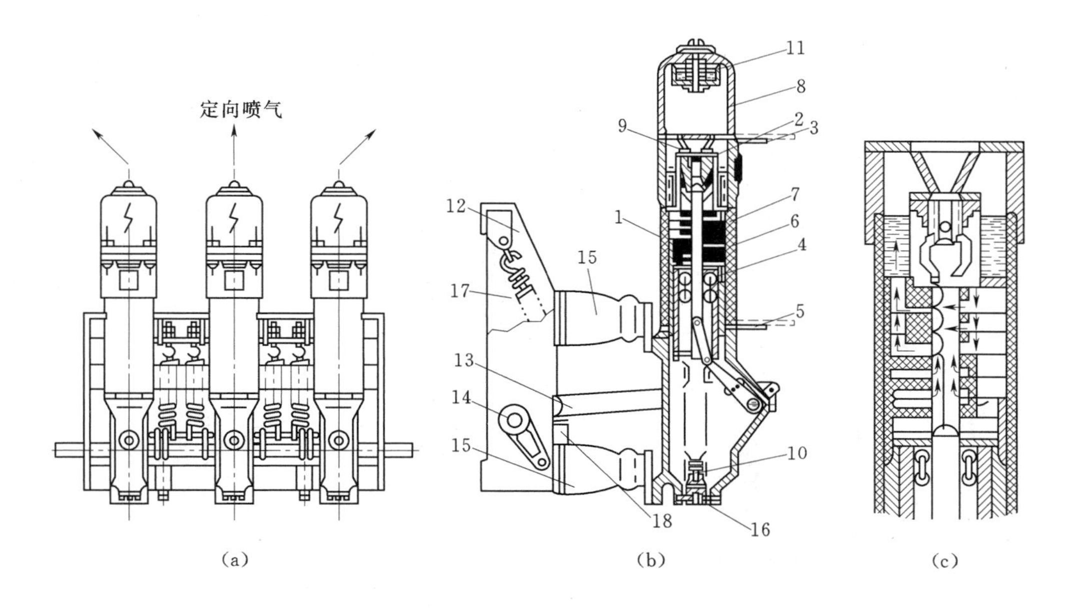

图 9－2－1　SN_{10}—10 型断路器外形、结构及灭弧过程示意图

（a）外形图，（b）结构图，（c）灭弧过程示意图

1—绝缘筒；2—瓣形静触头；3—上出线端；4—滚动触头；5—下出线端；6—导电杆；7—灭弧室；8—铝帽；9—小钢球；10—缓冲器；11—油气分离器；12—框架；13—绝缘拉杆；14—主轴；15—支持瓷瓶；16—放油螺母；17—分闸弹簧；18—合闸缓冲器

灭弧室的构造如图 9－2－1（c）所示。在灭弧室上部静触头的外面装有一绝缘罩筒，它将灭弧室上部空间分成内、外两个空间。内空间通过静触头座的中间通道与断路器顶部的空气腔相连，在静触座的中间通道内，装有小钢球 9，起单向阀作用。外空间直接与断路器的空气腔相通。灭弧室由六层不同形状、具有同一中心孔的灭弧片叠成，且上面三片每片有一横沟与中心孔相连，叠起后便形成不同水平面上且朝向不同的横吹通道，与断路器的空气腔相通。

分闸时，导电杆 6 向下移动，动、静触头分离，形成电弧，油遇热而分解，绝缘罩筒内压力迅速上升，小钢球受力而上升，单向阀关闭。绝缘罩内的油、气自绝缘罩下端口涌出纵吹电弧。当导电杆继续下移至灭弧片时，油流一方面涌进各横向通道形成横吹电弧，另一方面使油囊压力升高储能。电弧熄灭后，油囊内压释放，仍然形成横吹，并使新油充满弧隙。

由以上分析可见这种断路器在灭弧过程中形成纵、横联合吹弧，且在导电杆向下运动时，将下部冷油挤压向上冲涌弧隙，因而切断小电流时，灭弧效果仍不减弱。这种断路器应用很广泛。

SN_{10}—10 型断路器额定电压为 10kV，额定电流有 600A，1000A，1250A，2000A，3000A 几种，额定断流容量有 300、500、750、800MVA。

2. SW_6—220 型少油断路器

图 9-2-2 所示为 SW_6—220 少油断路器一相的外形及一个灭弧室的结构。

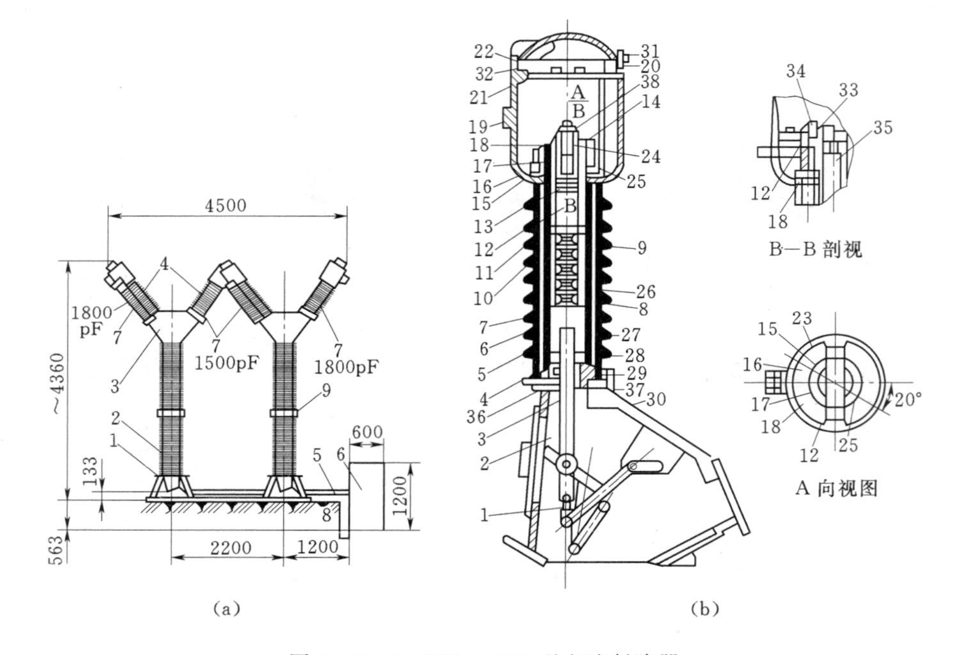

图 9-2-2 SW_6—220 型少油断路器

(a) 一相的外形尺寸（相间中心距为 3000mm）

1—座架；2—支持绝缘子；3—三角形机构箱；4—灭弧装置；5—传动拉杆；6—操动机构；7—均压电容器；8—支架；9—卡固法兰

(b) 灭弧室（断口）剖面图

1—直线机构；2—中间机构箱；3—导电杆；4—放油阀；5—玻璃钢管；6—下衬筒；7—调节垫；8—灭弧片；9—衬环；10—调节垫；11—上衬筒；12—静触头；13—压油活塞；14—密封垫；15—铝压圈；16—逆止阀；17—铁压圈；18—上法兰；19—接线板；20—上盖板；21—安全阀片；22—帽盖；23—铝帽；24—铜压圈；25—通气管；26—瓷套；27—中间触头；28—毛毡垫；29—下铝法兰；30—导电板；31—M10 螺丝；32—M12 螺母；33—导向件；34—M14 螺丝；35—压油活塞弹簧；36—M12 螺丝；37—胶垫；38—压油活塞装配

灭弧室由六块灭弧片和五块衬环相叠而成。由于衬环的作用，使灭弧片之间形成油囊。静触头空腔内装有压油活塞、弹簧及活塞杆。

分闸时，压油活塞在弹簧力的作用下，顺着动触头的移动方向而压油，绝缘油由设置好的油孔喷出。同时，动、静触头间形成电弧，使油汽化，形成气泡向上运动，导电杆向下运动。当导电杆的顶端（活动触头）遇油囊时，油被汽化，从而对电弧形成纵吹，使电弧冷却而熄灭。也恰是在分闸的一瞬，压油活塞移动形成油的有序流动，所以这种断路器既可断开小电流形成的较弱电弧，又可避免开断电容电流电弧重燃造成的过电压。

3. 真空断路器

真空断路器的结构如图 9-2-3 所示。真空灭弧室是一个密封件，室内有一对对接式动静触头，动端用波纹管密封。屏蔽罩用于吸附触头在燃弧时产生的金属蒸汽和带电粒子，并保护外壳的内表面不受污染，由无氧铜制成。触头一般用多元合金（如铜铋合金）制成。

灭弧室外壳用硬质玻璃或高氧化铝陶瓷制成，灭弧室不能拆开或换触头，有问题时就全部更换。

真空断路器在切断小电感电流时（如小容量高压电动机）会产生较高的操作过电压，应采取措施（如阻容保护回路）限制过电压。

操作机构一般采用电磁和电动储能弹簧机构或液压和电容器储能的电动机构。

4. SF_6 断路器

SF_6断路器近年来得到了广泛的采用，它具有开断能力强，断口电压较小，允许连续开断次数多，适于频繁操作，噪音小，无火灾危险等特点。其故障率是最低的。

SF_6 断路器的灭弧室是一种永久性的密封件，一般不用解体。其触头系统的寿命是相当长的，操作系统也比较可靠。

这种断路器的第二代产品用得较多，单压式结构在开断时利用压气罐与活塞相对运动压缩 SF_6产生气流而灭弧；而旋弧式结构比单压式更先进一步，它是靠电弧的高速旋转使SF_6冷却电弧而灭弧。

SF_6断路器有多种结构：如瓷瓶支持式、落地罐式和 SF_6高压旋弧磁力接触器等。

在图 9-2-4 表示瓷瓶支柱式 SF_6断路器，瓷瓶支柱式用于电压较高的场合（如最高工作电压为 72.5kV 以上），其灭弧室是压气式的，分闸时，压汽缸和动触头同时运动，将气体压缩。触头分离后，电弧被高速气流纵吹而灭弧。

现在已发展到第三代产品，称为自能膨胀式。这是利用电弧加热 SF_6断路器，使其压力升高而吹弧，从而取消了压汽缸。

9.2.3 隔离开关

隔离开关主要用来将高压配电装置中需要检修的部分与带电部分可靠地隔离，以保证检修工作的安全。隔离开关的触头全部敞露在空气中，用它能构成明显可见的绝缘间隔，检修人员靠视觉就可判断线路的状态。此外，隔离开关也用来进行电路的切换操作。如在双母线运行中，用隔离开关将出线从工作母线切换到备用母线上去等。

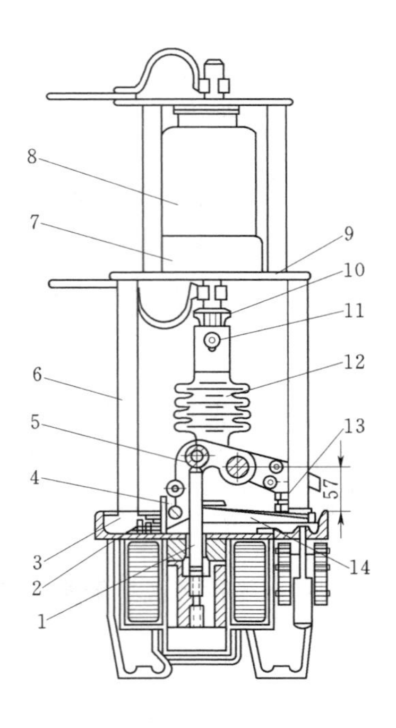

图 9-2-3 真空断路器结构

1—动铁心推杆；2—调节螺钉；3—底架；4—支架；5—扇形板；6—绝缘杆；7—绝缘碗；8—真空灭弧室；9—绝缘撑板；10—连接头；11—轴销；12—绝缘子；13—合闸限位螺钉；14—分闸跳板

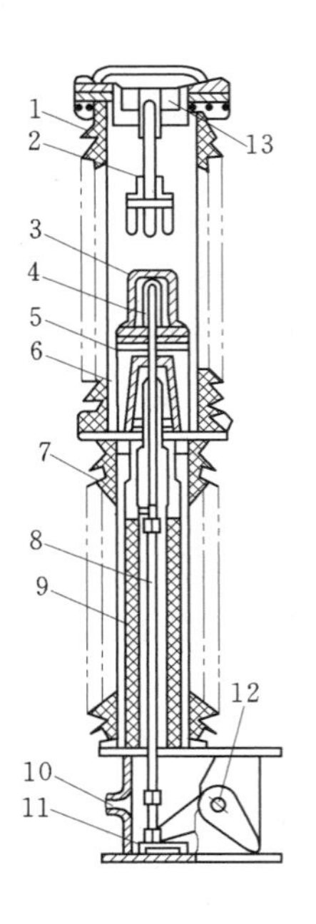

图 9-2-4 瓷瓶支持式 SF_6 断路器（户外）

1—灭弧室瓷套；2—静触头；3—喷口；4—动触头；5—汽缸；6—压气活塞；7—支柱瓷套；8—操作杆；9—绝缘套筒；10—充（放）气孔；11—缓冲定位装置；12—联动轴；13—过滤器

隔离开关没有灭弧装置，不能用来开断负荷电流和短路电流。否则，会在它的触头间形成电弧。这不仅会损坏隔离开关，而且能引起相间短路，甚至酿成人身事故。但运行经验证明，对某些电流很小、在隔离开关触头间不致产生很大电弧的设备，可用隔离开关直接操作，如电压互感器和避雷器、母线电容电流、励磁电流不超过 2A 的无负荷变压器和电容电流不超过 5A 的空载线路等。

隔离开关可从不同的角度分类。按安装地点可分为户内式与户外式；按绝缘支柱数目可分为单柱式、双柱式和三柱式等。图 9-2-5 为 110kV 隔离开关外形图。

9.2.4 高压熔断器

熔断器是最简单和最早采用的一种保护电器，在第八章已针对低压电器讨论过熔断器，这里主要讨论高压熔断器。

高压熔断器在网络过载或短路故障时能够单独地自动断开电路，这是利用低熔点的金属丝（片）的熔化而切断电路的。

一、限流式熔断器

这种熔断器被用于户内（见图9-2-6），熔丝装在充满石英砂的瓷管中，当短路电流通过熔丝熔断而产生电弧，它受到石英砂颗粒间狭沟的限制，弧柱直径很小，并且受到高的气压作用和石英砂的冷却作用，所以在电流还未达到短路电流的稳定值以前就将电弧熄灭，起到了限流的作用，故称为限流式熔断器。

当过载电流通过时，先在熔件上焊的小锡球处熔断以避免开断时过热；为限制过电压，采用变截面熔件使熔化时间延长。熔丝材料一般为紫铜。

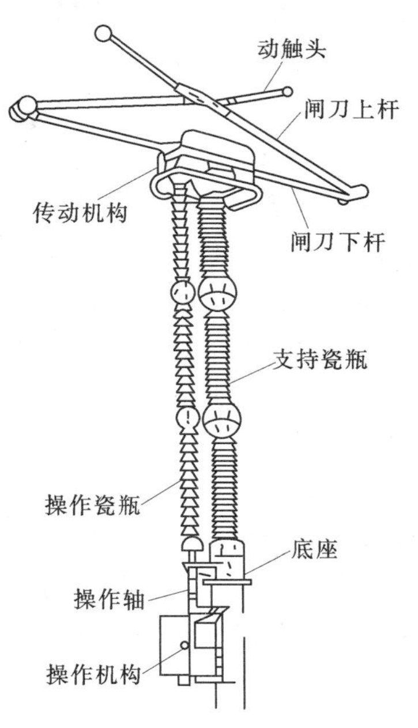

图9-2-5　隔离开关外形图

二、跌落式熔断器（跌落式开关）

这种熔断器广泛用于户外的3～10kV配电电网中（见图9-2-7），作为过载和短路保护用。当过负荷电流或短路电流使熔丝熔断时，在熔丝管内产生电弧，管的内层产气材料产生大量的气体而使压力升高喷出灭弧。同时熔丝断后使活动关节释放，从而熔丝管跌落形成了明显的断口。

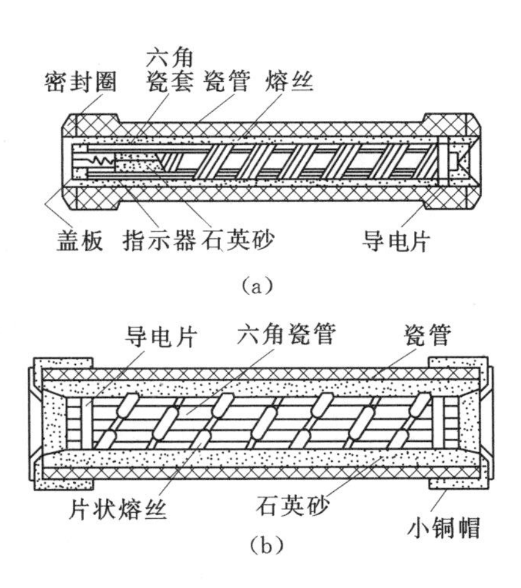

图9-2-6　限流式熔断器

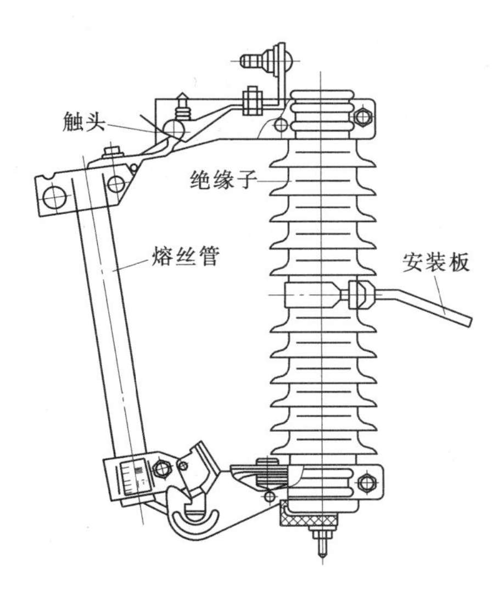

图9-2-7　跌落式熔断器

小　　结

由发电机、输配电线路、变配电所以及各种用户用电设备连接起来所构成的整体，被称为电力系统。

发电厂有多种，如火力发电厂、热电厂、燃气轮机发电厂、核电厂、水力发电厂等。

电力网是连接发电厂和用户的中间环节。一般分成输电网和配电网两部分。输电网一般是由220kV及以上电压等级的输电线路和与之相连的变电所组成，配电网是由110kV

及以下电压等级的配电线路和配电变压器组成。

按用户用电负荷的重要程度，一般将负荷分为三级：一级负荷、二级负荷、三级负荷。负荷重要程度不同，供电方式也有所区别。

在发电厂和变电所中，根据电能生产、转换和分配等各环节的需要，配置了各种电气设备。直接参与生产、变换、传输、分配和消耗电能的设备称为电气一次设备，主要有：进行电能生产和变换的设备（如发电机、电动机、变压器），接通、断开电路的开关电器（如断路器、隔离开关等），限制过电流或过电压的设备，电压互感器、电流互感器等。

用以断开电路的开关电器都备有专门的灭弧装置。

断路器是开关设备中最主要的设备，它用于直接开断故障电流，直接开合电动机、变压器的回路。

隔离开关主要用来将高压配电装置中需要检修的部分与带电部分可靠地隔离，形成明显可见的绝缘间隔，以保证检修工作的安全。

高压熔断器在网络过载或短路故障时能够单独地自动断开电路，它是利用低熔点的金属丝（片）的熔化而切断电路。

习　　题

9－1　简要说明电力系统的组成。

9－2　按用户用电负荷的重要程度，一般将负荷分为哪几种类型？

9－3　说明断路器隔离开关的主要区别。

9－4　断路器与隔离开关的操作原则是什么？

第 10 章　电工测量与仪表

电工测量是研究电学参量和磁学参量的测量方法及测量仪表的科学，广泛地应用在科学研究、工农业生产、工程建设、交通运输、通信广播、医疗卫生和日常生活等领域中。特别是在电力部门和使用电能生产的部门中需要测量电气设备的电压、电流和电功率等以监视生产设备的运行状态和计算电能耗量。

本章主要讨论主要电气参量的测量方法；各种电工测量仪表的结构形式、基本原理和使用方法。

10.1　电工仪表的基本知识

10.1.1　电工仪表的分类

电工仪表的分类方式很多，如：

(1) 按测试原理可分为：磁电系、电磁系、电动系、感应系、静电系、整流系、热电系、电子系等。

(2) 按测量对象可分为：电流表（安培表、毫安表、微安表)、电压表（伏特表、毫伏表等)、功率表（又称瓦特表)、电能表、欧姆表、高阻表（兆欧表)、相位表、频率表、万用表等。

(3) 按仪表工作电流的种类可分为：直流仪表、交流仪表、交直流两用表。

(4) 按仪表使用方式可分为：安装式仪表（板式仪表）和可携式仪表等。

(5) 按测量方法可分为：比较法仪表和直读法仪表两种。比较测量法是将被测量与同类的标准量相比较，从而得出被测量的数量。如电桥、电位差计等；直读法使用的仪表称为直读仪表。

10.1.2　准确度

准确度是电工测量仪表的主要特性之一。仪表的准确度与其误差有关。不管仪表制造得如何精确，仪表的读数和被测量的实际值之间总是有误差的。一种是**基本误差**，它是由于仪表本身结构的不精确所产生的，如刻度的不准确等。另外一种是**附加误差**，它是由于外界因素对仪表读数的影响所产生的，例如没有在正常工作条件下进行测量等。

仪表的准确度是根据仪表的相对额定误差来分级的。**相对额定误差**，就是指仪表在正常工作条件下进行测量可能产生的**最大基本误差 ΔA** 与仪表的**最大量程**（满偏值、满标值）A_m 之比，如以百分数表示，则为

$$\gamma = \frac{\Delta A}{A_m} \times 100\%$$

目前我国直读式电工测量仪表按照准确度分为0.1，0.2，0.5，1.0，1.5，2.5和5.0七级。这些数字就是表示仪表的相对额定误差的百分数。

例如有一准确度为2.5级的电压表，其最大量程为50V，则可能产生的最大基本误差为

$$\Delta U = \gamma \times U_{m} = \pm 2.5\% \times 50 = \pm 1.25 \text{ (V)}$$

在正常工作条件下，可以认为最大基本误差是不变的，所以被测量较满标值越小，则相对测量误差就越大。因此，在选用仪表的量程时，应使被测量的值越接近满标值越好。一般应使被测量的值超过仪表满标值的一半以上。

准确度等级较高（0.1，0.2，0.5级）的仪表常用来进行精密测量或校正其他仪表。

10.1.3 对电工指示仪表的主要技术要求

（1）足够的准确度。各种仪表的基本误差绝对值不应超过其准确度等级的百分值。例如：选用1.5级表，则最大误差的绝对值≤1.5%。

（2）合适的灵敏度。电工仪表的灵敏度是指仪表对被测量的反应能力。如果被测量变化ΔA时，指针偏转角度将产生一个变化量$\Delta\alpha$，灵敏度为

$$S = \Delta\alpha / \Delta A$$

一般来说，灵敏度越高，测量的准确度越高，但量限就越小；反之，灵敏度越低，准确度越低，量限越宽。

（3）仪表内阻影响小。仪表的内阻客观存在，测量时如不考虑其影响，有可能会对测量造成很大的误差。

【例10-1-1】 图10-1-1中，电源为25V，电阻R_1=1000Ω，R_2=1500Ω，则R_2上电压为15V，电流为10mA，如果用内阻为无穷大的电压表测其电压，其值为

$$U_{R2} = 25/(1000+1500) \times 1500 = 15 \text{ (V)}$$

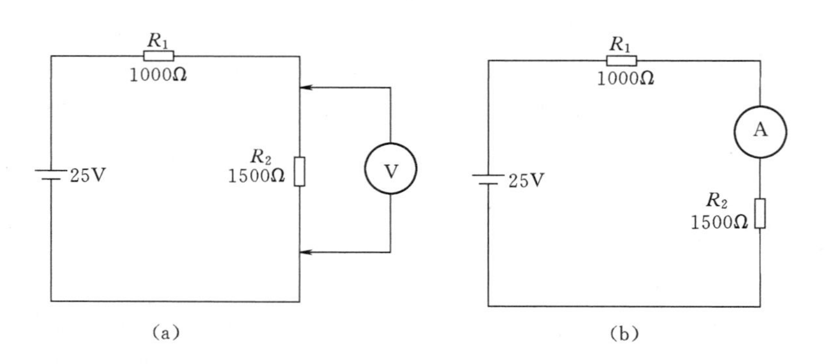

图10-1-1 仪表内阻对测量误差的影响

当电压表的内阻为500kΩ时，测量值为

$$U_{R2} = 25/(1000+1500 /\!/ 500000) \times (1500 /\!/ 500000) = 14.982 \text{ (V)}$$

当电压表的内阻为500Ω时，测量值为

$$U_{R2} = 25/(1000+1500 /\!/ 500) \times (1500 /\!/ 500) = 6.818 \text{ (V)}$$

如果用内阻为零的电流表测量，其值为

$$I = 25/(1000 + 1500) = 10\ (\text{mA})$$

如果用内阻为 0.1Ω 的电流表测量，电流示值为

$$I = 25/(1000 + 1500 + 0.1) = 9.9996\ (\text{mA})$$

如果用内阻为 1500Ω 的电流表测量，电流示值为

$$I = 25/(1000 + 1500 + 1500) = 6.25\ (\text{mA})$$

由此可见，电压表内阻过低、电流表内阻过大，其测量值将失去意义。

一般来说，测量电压时（电压表、功率表的电压线圈等），因其与被测电路是并联的，总是希望电压表内阻越大越好。一般应大于被测电阻的 100 倍以上；测量电流时（电流表、功率表的电流线圈等），因其与被测电路是串联的，总是希望电流表内阻越小越好。一般应小于被测支路电阻的 1/100。

(4) 仪表本身消耗功率应尽量小。一方面，减少对被测电路的影响，另一方面对本身需电源的仪表，可减小仪表的能量损耗，特别是电池供电的仪表。

(5) 良好的读数装置，刻度尽可能均匀。

除以上要求外，还要求仪表具有良好的阻尼，一定的过载能力、绝缘电阻、机械强度及使用方便等。

10.2 常用电工仪表的结构形式、工作原理、特点和主要用途

10.2.1 磁电系（永磁动圈式）仪表

一、结构

磁电系仪表的核心是磁电系测量机构，通常的磁电系测量机构由固定的磁路系统和可动线圈部分组成，结构如图 10-2-1 所示。

磁路系统包括永久磁铁、固定在磁铁两极的极掌和处于两极掌间的圆柱形铁心。圆柱形铁心固定在仪表支架上，使两个极掌与圆柱形铁心间的空气隙中形成均匀的辐射状磁场。可动部分由可动线圈、指针、平衡锤和游丝组成。

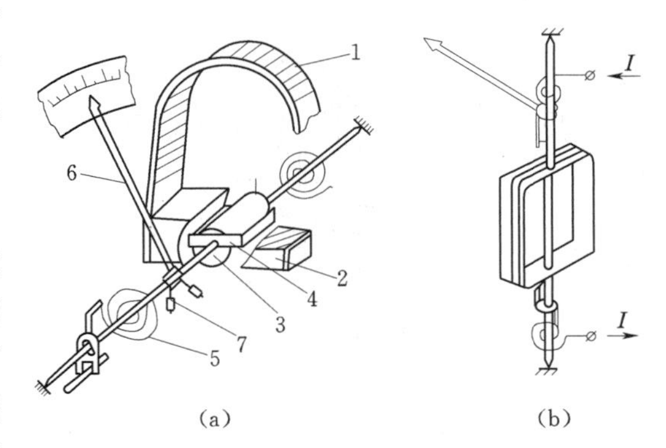

图 10-2-1 磁电系测量机构结构

(a) 测量机构；(b) 电流途径

1—永久磁铁；2—极掌；3—圆柱形铁心；4—可动线圈；5—游丝；6—指针；7—平衡锤

二、原理

当被测电流通过可动线圈时，载流线圈与气隙中的磁场（永久磁铁产生的）相互作用产生转动力矩，带动指针偏转。可动线圈的转动使游丝产生反作用力矩，当反作用力矩与转动力矩相等时，可动线圈将停留在某一位置，即能表示出被测量的值。

磁电系测量机构的转动力矩与被测电

流大小成正比，即：$T \propto I_X$；反作用力矩与游丝的变形即指针的偏转角成正比，即：$T_f \propto \alpha$。平衡时，$T = T_f$，$\alpha \propto I_X$，所以，指针偏转角与被测电流成正比。

三、特点

（1）优点：灵敏度高，准确度高，仪表面板刻度均匀，便于读数，内部功率消耗小，防外磁场能力强。

（2）缺点：过载能力小，本身只适用于直流。

四、主要应用范围

磁电系测量机构主要用于直流仪表，直流标准表，实验用仪表（直流）。如果把某种被测量通过测量线路按一定的关系变换为直流电流，就可构成不同功能、不同量限的各种仪表，如万用表等。另外磁电系测量机构配上相应的变换器，可以用于交流功率、频率、相位等参量的测量。配上热电偶可用于测量温度，配上应变片可用于测量拉力或压力。

10.2.2 电磁系测量机构

一、结构

电磁系测量机构分为固定部分与可动部分两部分。固定部分主要由固定线圈等组成，而可动部分主要由可动铁片、指针、阻尼片等组成。根据固定线圈与可动铁片间的相互关系，电磁系测量机构又可分为吸引型、排斥型和排斥一吸引型三种。

（1）吸引型。如图 10-2-2 所示，固定线圈 1 和偏心地装在转轴上的可动铁片 2 构成一个电磁系统，固定线圈是扁平的，中间有一条窄缝，可动铁片可转入此窄缝内。当电流流过线圈时，线圈附近产生磁场，使可动铁片磁化，结果对可动铁片产生吸引力，从而产生转动力矩，引起指针偏转。由于动铁片被磁化的极性取决于线圈两端的磁性，所以不论线圈中电流方向如何，线圈与动铁片之间的作用始终为吸引力。因此，指针的偏转方向与电流方向无关。这种吸引型测量机构可直接测量交流。吸引型磁电系测量机构的反作用力矩由游丝产生。

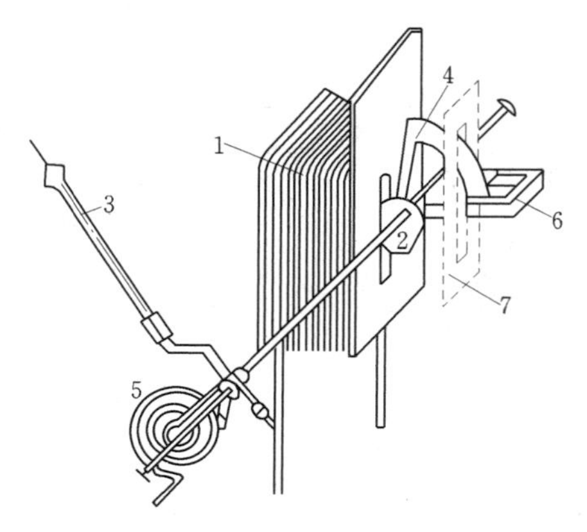

图 10-2-2 电磁系测量机构(一)吸引型

1—固定线圈；2—可动线圈；3—指针；4—阻尼片；5—游丝；6—永久磁铁；7—磁屏

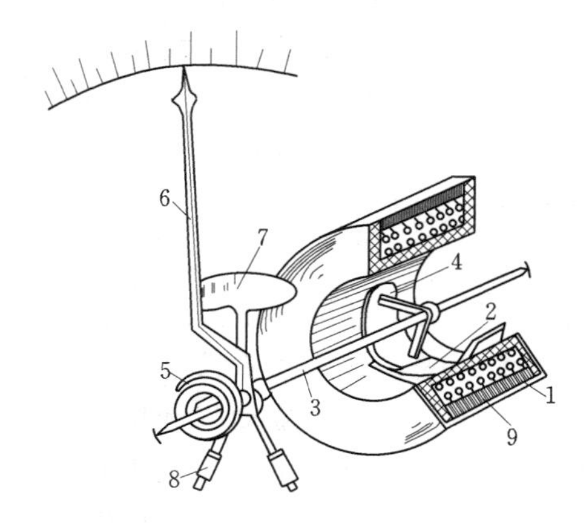

图 10-2-3 电磁系测量机构(二)排斥型

1—固定线圈；2—定铁片；3—转轴；4—动铁片；5—游丝；6—指针；7—阻尼片；8—平衡锤；9—磁屏蔽

（2）排斥型。如图 10－2－3 所示，其固定部分由圆形的固定线圈 1 和固定于线圈内壁的铁片 2 组成；可动部分由固定于转轴上的可动铁片 4、游丝 5、指针 6、阻尼片 7 和平衡锤 8 等组成。当线圈 1 通电后，内部产生磁场，定铁片与动铁片同时被磁化，而且极性相同，它们相互排斥而产生转动力矩。与吸引型测量机构类似，不论电流方向如何，动铁片与定铁片之间的相互作用始终是排斥力，所以指针偏转方向与电流方向无关。因此可直接用于交流电流测量。

排斥型测量机构的反作用力矩由游丝转动变形产生。

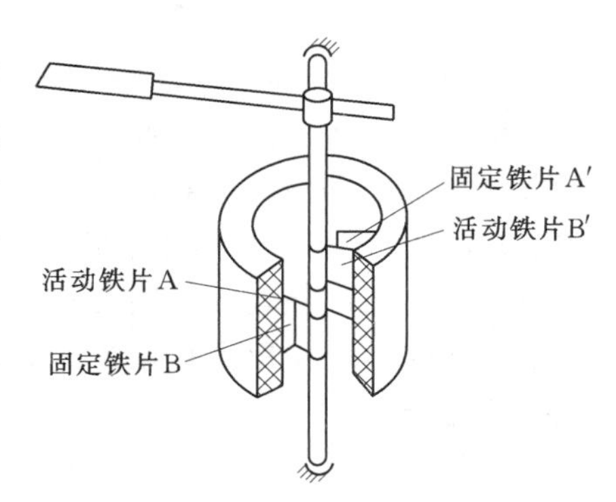

图 10－2－4　电磁系测量机构

（三）排斥吸引型

（3）排斥—吸引型。如图 10－2－4 所示，其固定线圈也是圆形的，其间有两组动铁片与定铁片，线圈通电后，两组铁片同时被磁化，铁片 A 与 B、A′与 B′之间因极性相同而相互排斥；而铁片 A 与 B′，A′与 B 之间因极性相异而相互吸引，这种结构中，转动力矩由吸引力与排斥力共同产生。排斥—吸引型电磁系测量机构有较大的转动力矩，因此，可以制成交流广角度指示仪表，但准确度不高，一般多用于安装式仪表中。

二、原理

电磁系测量机构的转动力矩与被测电流的平方有关，即

$$T = K_\alpha I^2$$

式中　K_α——与转角有关的变量。

反作用力矩由游丝产生，$T_f = D\alpha$

平衡时，$T = T_f$，从而指针偏转角与被测电流的平方有关（不一定是成正比，也不希望成正比）。所以电磁系测量机构刻度不均匀。

三、特点

（1）结构简单，过载能力强。

（2）能交直流两用，可以直接测交流，测直流时不存在极性问题。

（3）准确度较低。

（4）灵敏度较低。

（5）具有磁滞现象，使直流量的测量受到影响。

（6）工作频率范围不大，不适于高频电路测量，一般在 1000Hz 以下使用。

（7）易受外磁场影响。

四、应用

由于其结构简单，过载能力强，从而得到广泛应用。主要用于制成电流表、电压表，特别是安装式交流电流表，电压表。

10.2.3 电动式仪表

一、结构

磁电系测量机构的磁场由永久磁铁产生，如果用通有电流的固定线圈去代替永久磁铁，便构成了电动系仪表。电动系测量机构如图10-2-5所示，它有两个线圈，固定线圈（定圈）和可动线圈（动圈），定圈由两部分组成，并列放置，通电后其间产生较均匀的磁场；动圈与转轴相连接，放在定圈两部分之间。反作用力矩由游丝产生；阻尼力矩由空气阻尼器产生。

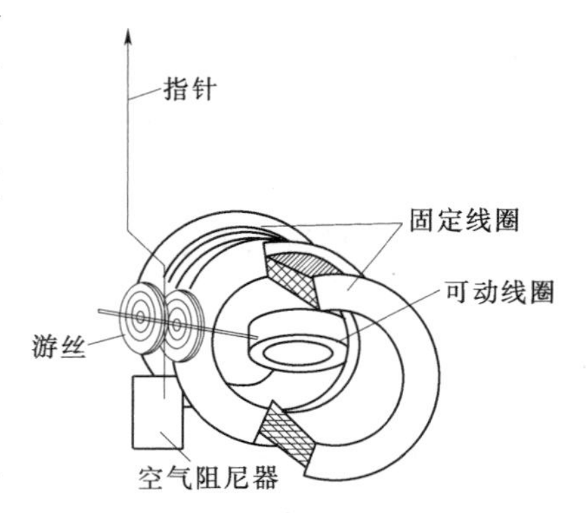

图10-2-5 电动系测量机构的结构示意图

二、原理

电动系仪表工作时，定圈与动圈中都必须通有电流，定圈中电流 I_1 产生磁场，磁场的强弱与 I_1 成正比，动圈电流 I_2 与该磁场作用形成转矩 M，其大小与 I_1、I_2 的乘积成正比。改变 I_1 与 I_2 之一的方向，转矩方向改变。但是，如果 I_1 与 I_2 的方向同时改变，则转矩方向不变。当测量交流时，$T \propto I_1 I_2 \cos\varphi$。反作用力矩由游丝产生，大小为 $T_f = D\alpha$。所以平衡时，$T = T_f$，有：

对直流电路测量 $\alpha \propto I_1 I_2$

对交流电路测量 $\alpha \propto I_1 I_2 \cos\varphi$

三、特点

电动式仪表的优点是：

（1）准确度高，基本不存在涡流和磁滞的影响。

（2）可交直流两用，特别是对非正弦电路，电动系仪表也同样适用。

（3）能构成多种参量的测量仪表，适应多种电参量的测量，如电压、电流、功率、频率、相位差等。

电动式仪表的缺点是：

（1）易受外磁场影响。

（2）仪表本身消耗功率大。

（3）过载能力小。

（4）电动系电流表电压表标尺刻度不均匀，但功率表标尺刻度均匀。

四、应用

电动式仪表一般用作实验室交直流两用仪表和作交流标准表；用于构成功率表、频率表、相位表等。

10.2.4 感应式仪表

一、结构

感应系仪表的结构如图10-2-6所示，主要由以下四部分组成：

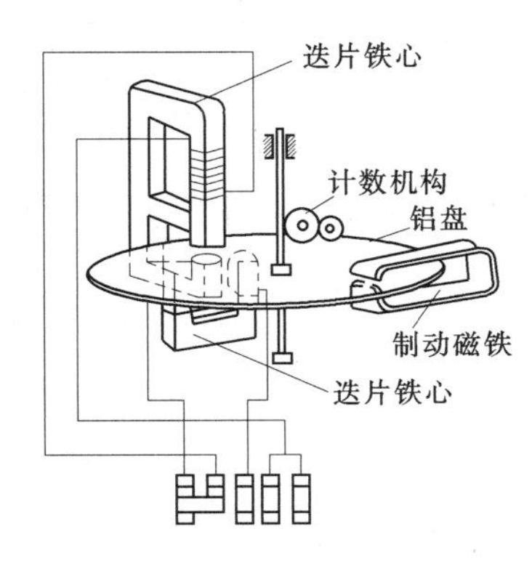

图 10-2-6　感应系测量机构

（1）驱动元件。由电流元件、电压元件组成，电流元件与电压元件均是由铁心和绕在其上的线圈构成。电流元件的线圈线径粗、匝数少、与负载串联；电压元件的线圈线径细，匝数多，与负载并联。

（2）转动部分。由铝质转盘、转轴构成。

（3）制动部分。由永久磁铁构成，在铝盘转动时产生制动转矩。

（4）积算机构。由蜗轮、蜗杆、齿轮等组成。用于计算铝盘在一定时间内转过的转数，以便达到累计电能的目的。

二、原理

当线圈通过交变电流时，转盘被感应产生涡流，这些涡流与交变磁通作用产生电磁力，该电磁力不作用于铝盘中心，从而形成转矩，引起可动部分转动。转矩 T 与被测电路的有功功率成正比，即

$$T = KI_1 I_2 \cos\varphi$$

铝盘转动时，切割永久磁铁产生的磁通，形成涡流，该涡流与永久磁铁相互作用，产生制动转矩 T_f，T_f 与铝盘转速成正比，即 $T_f = kn$。当铝盘不动时，制动转矩为零。当 $T = T_f$时，铝盘稳定在一定的转速下运转。

三、特点

（1）优点：转矩大，过载能力大，防外磁能力强，工艺简单，结构牢固造价低。

（2）缺点：精度低，仪表内部功率损耗大，只能用于一定频率的交流电路中。

四、应用

感应系仪表主要用于交流电能表。

10.2.5　静电式仪表

一、结构

静电式测量机构如图 10-2-7 所示，利用电容器两个极板间的静电作用力产生转矩。在仪表的转轴 8 上装有指针 1、游丝 2、阻尼片 3 以及可动电极 6 等。固定电极 5 和可动电极 6 构成一个可变电容器。

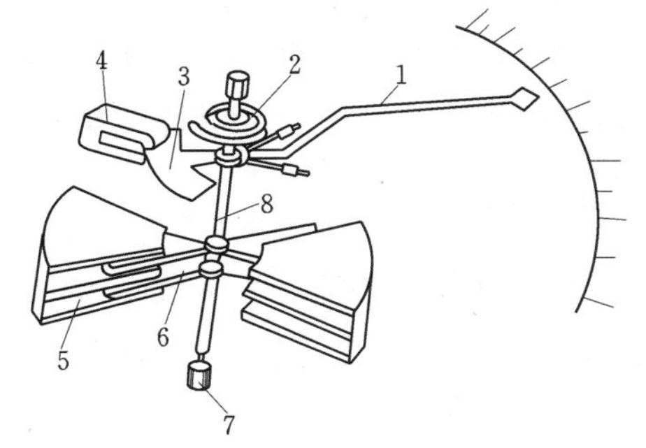

图 10-2-7　静电系测量机构

1—指针；2—游丝；3—阻尼片；4—阻尼磁铁；5—固定电极；6—可动电极；7—轴承；8—转轴

二、原理

对于直流：如果将被测直流电压引到两个电极上，极板间形成电场并产生静电作用力，从而使可动电极被吸引而产生偏转。被测电压越高，静电力产生的转矩就越大，可动部分的偏转角也越大。所以通过指针的偏转，在标度尺上可指示出被测电压值。

对于交流：静电系测量机构接入交流电压，两电极间的电荷符号总是交替变化，但某一瞬间，

两个极上的电荷总是异号的。所以两极间的静电作用力方向总是相吸的。因此静电系测量机构可以交直流两用。

三、特点

(1) 指针偏转角直接反应了被测电压的大小，无须经过电压电流变换，因此适用于制成电压表，特别是采取一定的结构后，可以直接接入高压电路。

(2) 几乎不消耗能量，对直流测量损耗更小。

(3) 灵敏度高。

(4) 主要缺点是转矩小，受外磁场影响大，仪表需静电屏蔽。

四、应用

主要用于科学实验中作精密测量和高电压测量。

10.2.6 流比计（比率计）

一、结构原理

在一根转轴上装有两个交叉的线圈，两线圈在磁场（磁电式流比计的磁场由永久磁铁产生，电动式流比计的磁场由另一个线圈产生）中所产生的力矩，使指针偏转，但这两力矩方向相反。当两力矩平衡时，偏转部分偏转角大小（即指示被测量的大小）取决于两动圈中电流的比值，故称为流比计。

二、特点与应用

这种仪表没有反作用弹簧，所以不用时指针可停在任意位置。它具有磁电式和电动式测量机构的某些优点，可制成多种仪表，如兆欧表、相位表、频率表等。其缺点主要是标度不均匀，过载能力差。

10.3 电流、电压的测量

10.3.1 电流的测量

测量直流电流通常都用磁电式电流表，测量交流电流主要采用电磁式电流计。电流表应串联在电路中，如图 10-3-1 (a) 所示，为了使电路的工作不因接入电流表而受影响，电流表的内阻必须很小。因此，如果不慎将电流表并联在电路的两端，则电流表将被烧毁，在使用时务需特别注意。

采用磁电式电流表测量直流电流时，因其测量机构（即表头）所允许通过的电流很小，不能直接测量较大的电流。为了扩大它的量程，应该在测量机构上并联一个称为**分流器**的低值电阻 R_A，如图 10-3-1 (b) 所示。这样，通过磁电式电流表的测量机构的电流 I_0 只是被测电流 I 的一部分，但两者有如下关系

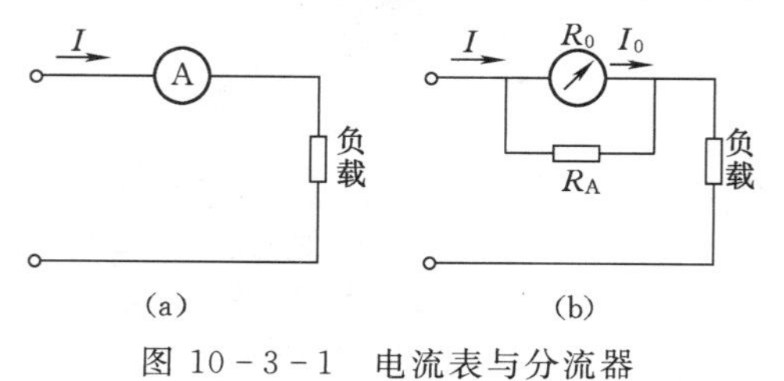

图 10-3-1 电流表与分流器

$$I_0 = \frac{R_A}{R_0 + R_A} I$$

即

$$R_A = \frac{R_0}{\frac{I}{I_0} - 1}$$

式中 R_0 是测量机构的电阻。由上式可知，需要扩大的量程越大，则分流器的电阻应越小。多量程电流表具有几个标有不同量程的接头，这些接头可分别与相应阻值的分流器并联。分流器一般放在仪表的内部，成为仪表的一部分，但较大电流的分流器常放在仪表的外部。

用电磁式电流表测量交流电流时，不用分流器来扩大量程。这是因为一方面电磁式电流表的线圈是固定的，可以允许通过较大电流；另一方面在测量交流电流时，由于电流的分配不仅与电阻有关，而且也与电感有关，因此分流器很难制得精确。如果要测量几百安培以上的交流电流时，则利用电流互感器来扩大量程。

10.3.2 电压的测量

测量直流电压常用磁电式电压表，测量交流电压常用电磁式电压表。电压表是用来测量电源、负载或某段电路两端的电压的，所以必须和它们并联，如图 10-3-2（a）所示。为了使电路工作不因接入电压表而受影响，电压表的内阻必须很高。而测量机构的电阻 R_0 是不大的，所以必须和它串联一个称为**倍压器**的高值电阻 R_V [图 10-3-2（b）]，这样就使电压表的量程扩大了。

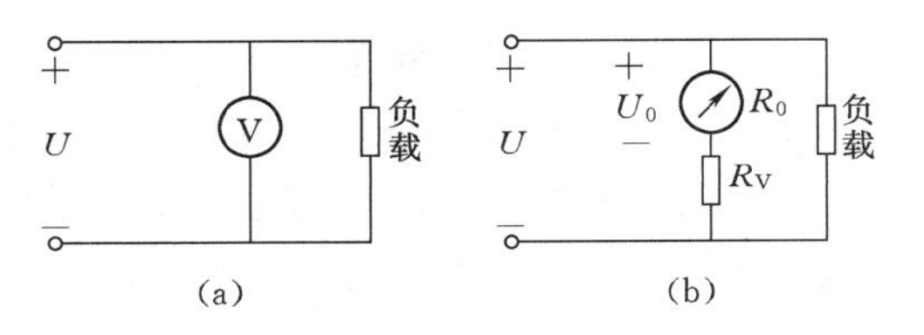

图 10-3-2 电流表与分流器

由图 10-3-2（b）可得

$$\frac{U}{U_0} = \frac{R_0 + R_V}{R_0}$$

即

$$R_V = R_0\left(\frac{U}{U_0 - 1}\right)$$

由上式可知，需要扩大的量程越大，则倍压器的电阻应越高，多量程电压表具有几个标有不同量程的接头，这些接头可分别与相应阻值的倍压器串联。电磁式电压表和磁电式电压表都须串联倍压器。

【例 10-3-1】 有一电压表，其量程为 50V，内阻为 2000Ω。今欲使其量程扩大到 300V，问还需串联多大电阻的倍压器？

[解]

$$R_V = 2000 \times \left(\frac{300}{50} - 1\right) = 10000\ (\Omega)$$

*10.3.3 特殊电流电压的测量

一、直流大电流的测量

直流大电流主要是用分流器法，即在被测电流回路中串联一个阻值很小的标准电阻

（分流器），然后测电阻上的电压。该方法精度可达0.5%，测量范围可达1万A。除此之外还有下列几种常见的测量方法。

（1）间接法。测量电路中某已知电阻上的压降，计算得到其电流值。该方法精度仅取决于所用的电压表，测量范围视所用的电压表的量程和电阻值而定。

（2）电流变换器法。采用电流变换器将大电流变成小电流，如LEM公司的霍尔电流变换器。该方法精度0.5%，测量范围可达1万A。

（3）互感器法。采用直流互感器以交流磁势平衡直流磁势，从而测量出直流大电流。该方法精度可达0.5%～1%，测量范围可达20万A。

（4）比较仪法。将被测电流产生的磁势与另一易于测量的直流磁势在铁心中进行比较。该方法精度可达0.00001%，测量范围可达2万A。

（5）磁位计法。将电流的变化转为磁通的变化，用磁通表测出磁通的变化量，进而确定电流。该方法精度可达0.5%，测量范围几乎不受限制。

（6）核磁共振法。通过测量被测电流所产生的磁感应强度，确定被测电流的大小。该方法精度可达0.05%，测量范围可达3.5万A。

二、交流大电流的测量

交流大电流测量主要有互感器法，除此之外常见的有以下几种测量方法。

（1）电流变换器法。采用电流变换器将大电流变成小电流，如LEM公司的霍尔电流变换器既可用于直流测量，又可用于交流测量。测量精度0.5%～1%，测量范围可达1万A。

（2）磁位计法。电流的变化使磁位计线圈里产生感应电势，经变换电路得到电流值。该方法精度0.5%，测量范围可达10万A。

（3）磁光效应法。利用法拉第磁光效应，通过对线性偏振光穿过磁场时，偏振方向旋转角度的测量来间接测得被测电流。精度1%～5%，测量范围2000A。

（4）无感电阻法。在线路中串入无感电阻，测其上的电压。

三、直流高电压测量

通常采用直流电压互感器，霍尔电压变换器，静电电压表以及附加电阻或电阻分压器的方法，也可采用高阻值电阻串直流毫安表的方法进行。

四、交流高电压测量

主要方法是采用电压互感器，除此之外，还可采用下列两种方法。

（1）测量球隙法。利用高压电场下空气间隙的放电电压与间隙距离的关系，通过间隙距离来测取电压。多用于直接测量超高压，精度可达±3%。

（2）静电电压表法。静电电压表用于测量高电压，其原理见本章第二节。其量程可达200～500kV。

（3）分压器法采用高阻值无感电阻串直流毫安表进行测量。

五、微弱电流电压测量

主要有检流计法，各种静电计法（如晶体管静电计，场效应静电计，磁调制式静电计，晶体管调制式静电计等）。

10.4 功率表、功率的测量

功率，在直流电路中能反映被测电路中电压和电流的乘积（$P=UI$）；在交流电路中，除反映电流与电压之乘积外，还能反映其功率因数。

用来测量功率的仪表必须具有两个线圈：一个用来反映负载电压，与负载并联，称为并联线圈或电压线圈；另一个用来反映负载电流，与负载串联，称为串联线圈或**电流线圈**。这样，电动式仪表可以用来测量功率，通常用的就是电动式功率表。

10.4.1 单相交流功率和直流功率的测量

图 10-4-1 是功率表的接线图。固定线圈的匝数较少，导线较粗，与负载串联，作为电流线圈。可动线圈的匝数较多，导线较细，与负载并联，作为电压线圈。

电动式功率表中指针的偏转角 α 与电路的平均功率 P 成正比。

如果将电动式功率表的两个线圈中的一个反接，指针就反向偏转，这样便不能读出功率的数值。因此，为了保证功率表正确连接，在两个线圈的始端标以“±”或“*”号，这两端均应连在电源的同一端（图 10-4-1）。

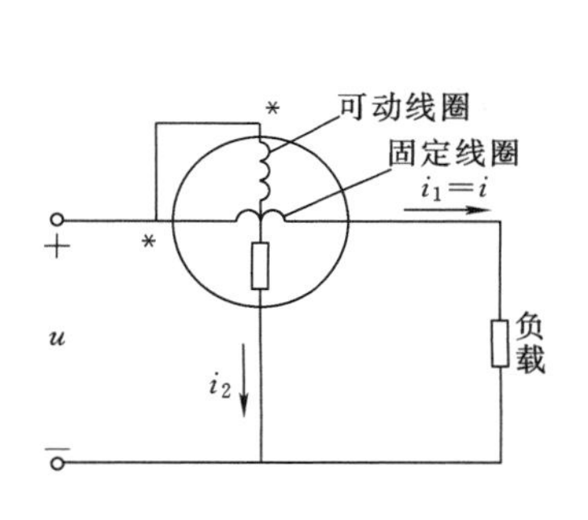

图 10-4-1 功率表的接线图

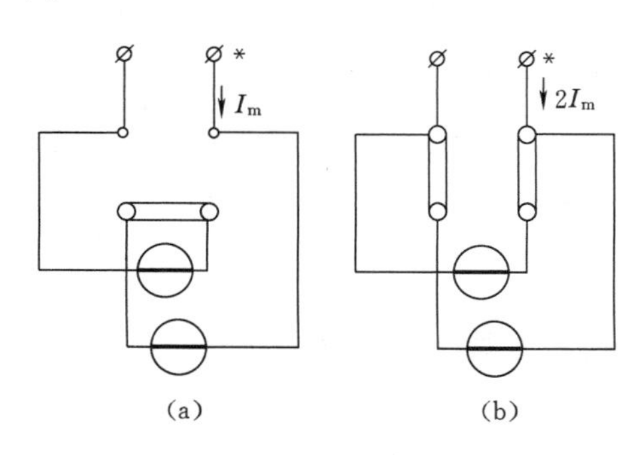

图 10-4-2 功率表电流量限的改变

功率表的电压线圈和电流线圈各有其量程。电流线圈常常是由两个相同的线圈组成，当两个线圈并联时，电流量程要比串联时大一倍（图 10-4-2）。改变电压量程的方法和电压表一样，即改变倍压器的电阻值（图 10-4-3）。

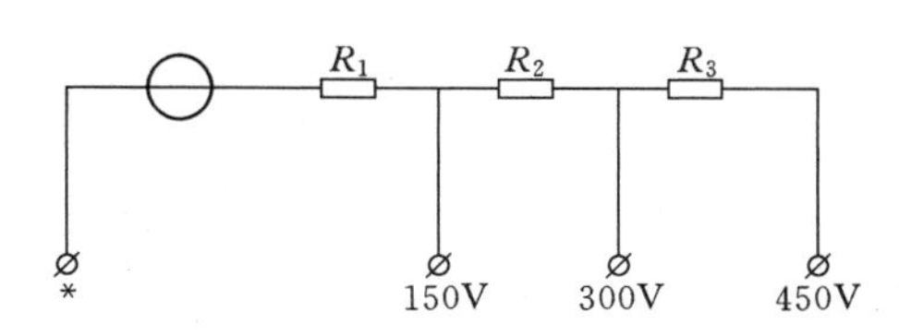

图 10-4-3 功率表电压量限的改变

同理，电动式功率表也可测量直流功率。

10.4.2 三相功率的测量

在三相三线制电路中，不论负载联成星形或三角形，也不论负载对称与否，都广泛采用**两功率表法**来测量三相功率。

图 10-4-4 所示的是负载联成星形的三相三线制电路，其三相瞬时功率为

$$p=p_A+p_B+p_C=u_Ai_A+u_Bi_B+u_Ci_C$$

因为 $i_A + i_B + i_C = 0$

所以

$$\begin{aligned} p &= u_A i_A + u_B i_B + u_C(-i_A - i_B) \\ &= (u_A - u_C) i_A + (u_B - u_C) i_B \\ &= u_{AC} i_A + u_{BC} i_B = p_1 + p_2 \end{aligned} \quad (10-4-1)$$

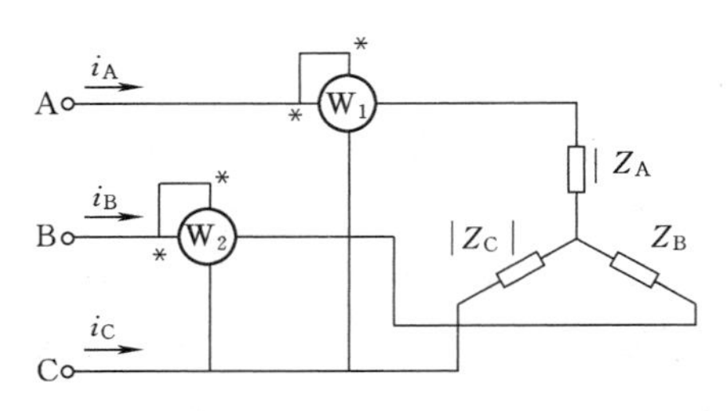

图 10-4-4　用两功率表法测量三相功率

由式（10-4-1）可知，三相功率可用两个功率表来测量。每个功率表的电流线圈中通过的是线电流，而电压线圈上所加的电压是线电压。两个电压线圈的一端都连在未串联电流线圈的一线上。应注意，两个功率表的电流线圈可以串联在任意两线中。

在图 10-4-4 中，第一个功率表 W_1 的读数为

$$P_1 = \frac{1}{T}\int_0^T u_{AC} i_A \mathrm{d}t = U_{AC} I_A \cos\alpha \quad (10-4-2)$$

式中 α 为 u_{AC} 和 i_A 之间的相位差。而第二个功率表 W_2 的读数为

$$P_2 = \frac{1}{T}\int_0^T u_{BC} i_B \mathrm{d}t = U_{BC} I_B \cos\beta \quad (10-4-3)$$

式中 β 为 u_{BC} 和 i_B 之间的相位差。

两功率表的读数 P_1 与 P_2 之和即为三相功率

$$P = P_1 + P_2 = U_{AC} I_A \cos\alpha + U_{BC} I_B \cos\beta \quad (10-4-4)$$

当负载对称时，两功率表的读数分别为

$$P_1 = U_{AC} I_A \cos\alpha = U_l I_l \cos(30° - \varphi)$$

$$P_2 = U_{BC} I_B \cos\beta = U_l I_l \cos(30° + \varphi)$$

因此，两功率表读数之和为

$$\begin{aligned} P &= P_1 + P_2 \\ &= U_l I_l \cos(30° - \varphi) + U_l I_l \cos(30° + \varphi) \\ &= \sqrt{3} U_l I_l \cos\varphi \end{aligned} \quad (10-4-5)$$

由式（10-4-5）可知，当相电流与相电压同相时，即 $\varphi = 0$，则 $P_1 = P_2$，即两个功率表的读数相等，当相电流比相电压滞后的角度 $\varphi > 60°$时，则 P_2 为负值，即第二个功率表的指针反向偏转，这样便不能读出功率的数值。因此，必须将该功率表的电流线圈反接。这时三相功率便等于第一个功率表的读数减去第二个功率表的读数，即

$$P = P_1 + (-P_2) = P_1 - P_2$$

由此可知，三相功率应是两个功率表读数的代数和，其中任意一个功率表的读数是没有意义的。

在实用上，常用一个三相功率表（或称二元功率表）代替两个单相功率表来测量三相功率，其原理与两功率表法相同，接线图见图 10-4-5。

对于三相四线制供电的负载，当三相负载对称时，可用一个单相功率表测量一相的功率，然后乘以 3 即得三相的功率。当三相负载不对称时，可用三个单相功率表来测量，其接线方法如图 10-4-6 所示，设三个功率表的读数分别为 P_1、P_2、P_3，则三相总功率为

$$P = P_1 + P_2 + P_3$$

实用上常用一个三元三相功率表来测量三相四线制电路的功率。

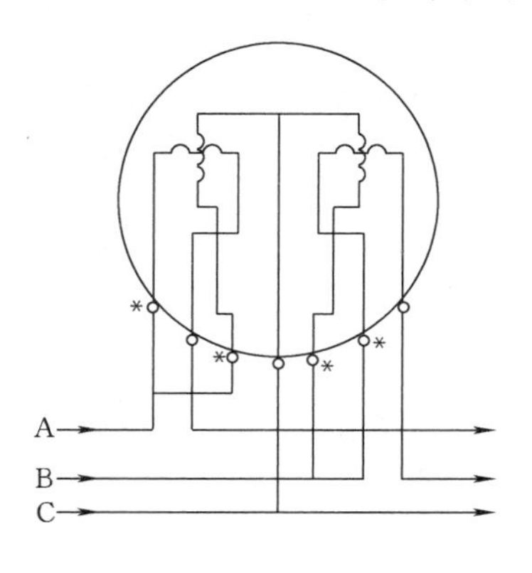

图 10-4-5　三相功率表的接线图

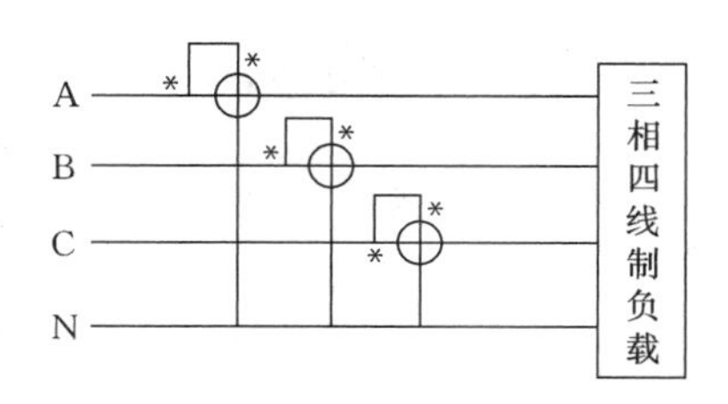

图 10-4-6　三相四线制负载功率测量

10.5　兆　欧　表

10.5.1　兆欧表的结构原理

兆欧表又叫摇表。检查电机、电器及线路的绝缘情况和测量高值电阻，常应用兆欧表。兆欧表是一种利用磁电式流比计的线路来测量高电阻的仪表，其构造如图 10-5-1 所示。在永久磁铁的磁极间放置着固定在同一轴上而相互垂直的两个线圈。一个线圈与电阻 R 串联，另一个线圈与被测电阻 R_x 串联，然后将两者并联于直流电源。电源安置在仪表内，是一手摇直流发电机，其端电压为 U。

在测量时两个线圈中通过的电流分别为

$$I_1 = \frac{U}{R_1 + R}$$

$$I_2 = \frac{U}{R_2 + R_x}$$

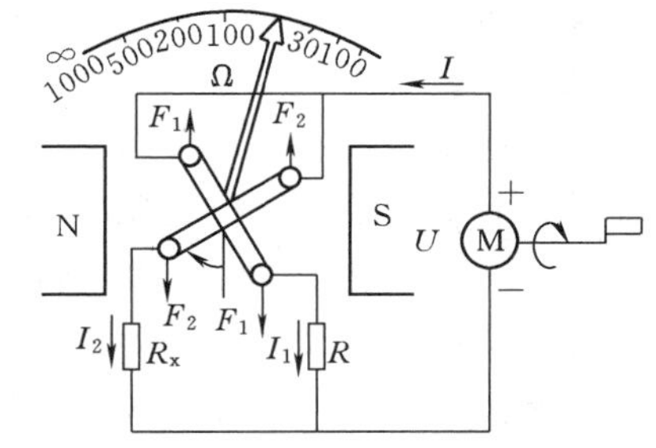

图 10-5-1　兆欧表的构造

式中 R_1 和 R_2 分别为两个线圈的电阻。两个通电线圈因受磁场的作用，产生两个方向相反的转矩

$$T_1 = k_1 I_1 f_1(\alpha)$$

$$T_2 = k_2 I_2 f_2(\alpha)$$

式中 $f_1(\alpha)$和 $f_2(\alpha)$分别为两个线圈所在处的磁感应强度与偏转角 α 之间的函数关系。因为磁场是不均匀的，所以这两函数关系并不相等。

仪表的可动部分在转矩的作用下发生偏转，直到两个线圈产生的转矩相平衡为止。这时 $T_1 = T_2$，即

$$\frac{I_1}{I_2} = \frac{k_2 f_2(\alpha)}{k_1 f_1(\alpha)} = f_3(\alpha)$$

或

$$\alpha = f\left(\frac{I_1}{I_2}\right) = f\left(\frac{R_2 + R_x}{R_1 + R}\right) = f'(R_x)$$

可见偏转角 α 与被测电阻 R_x 有一定的函数关系，因此，仪表的刻度尺就可以直接按电阻值分度。这种仪表的读数与电源电压 U 无关，所以手摇发电机转动的快慢不影响读数。

10.5.2 兆欧表的正确使用

一、兆欧表电压等级的选择

一般额定电压在500V以下的电气设备，要选用额定电压为500～1000V的兆欧表，额定电压在500V以上的电气设备应选用1000～2500V的兆欧表。特别注意不要用输出电压太高的兆欧表测量低压电气设备，否则有可能把被测设备损坏。

二、接线

兆欧表三个接线柱接法如下：

(1)“电路”(或线，或L)与被测物体上和大地绝缘的导体部分相接。

(2)“地”(或E)与被测物体的外壳或其他导体部分相连。

(3)“保护”(或屏，或G)只有在被测体表面漏电很严重的情况下才使用本端子。

三、测前检查

(1) 关于兆欧表。使用兆欧表前应对兆欧表进行一次开路和短路试验，检查仪表是否良好：即在未接被测设备时，摇动兆欧表到额定转速，指针应指到无穷大(∞)；然后将“线路”和“地”短接，缓慢摇动手柄，指针应指在零处。否则说明兆欧表有故障。

(2) 关于被测设备。测试前应将被测设备的电源切断，并接地短路放电2～3分钟；对含有大容量电感、电容等元件的电路也应先放电后测量。决不允许兆欧表测量带电设备的绝缘电阻。

四、测量

将手摇发电机手柄由慢到快地摇动，若发现指针指零，说明被测绝缘物有短路现象，应立即停止摇动手柄，以免兆欧表过热损坏；若指示正常，则应使转速平稳，且在额定的范围内(一般规定为120±20%V/min)，等指针稳定后再读数。

五、测试完毕处理

测试完毕后，当兆欧表没有停止转动或被测物没有放电前，不可用手去触及被测物的测量部分，也不可进行拆线工作。特别是测量有大电容的电气设备时，必须先将被测物对地短路放电，再停止手柄转动。这主要是为了防止电容放电损坏兆欧表。

10.6 钳形电流表

钳形电流表不需要断开被测电路就能进行电流测量，它准确度较低，但因为使用非常方便，所以在维护工作中得到广泛的应用。

10.6.1　结构原理

钳形电流表的外形及原理如图 10－6－1 所示。它由电流互感器和整流系电流表组成。电流互感器的铁心可以开合，当捏紧扳手时，铁心张开，让被测电流导线进入铁心中，然后放手松开扳手，使铁心闭合。这时通过电流的导线相当于电流互感器的初级线圈。次级线圈已在仪表内接好，通过整流电路与电流表连接。通过电流表指示出被测电流的大小。

交直流两用电流表外形与普通钳形电流表相同，但结构不同见图 10－6－2 所示，其测量机构采用电磁系测量机构，电流互感器没有二次线圈，而是将测量机构的活动部分放在钳形铁心缺口中间，工作原理与电磁系表相同，其可动部分的偏转方向与电流方向无关，所以可以测交直流电流。

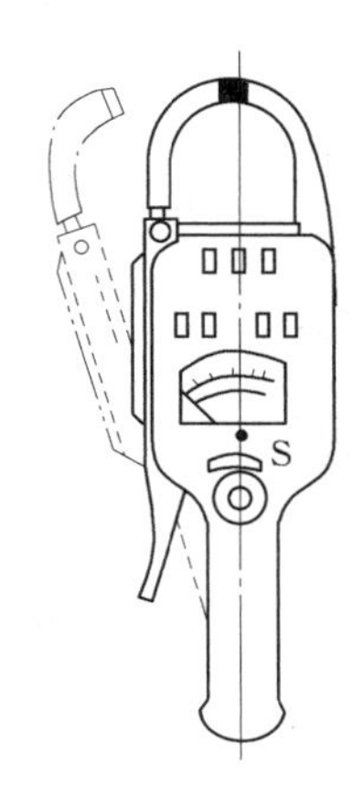

图 10－6－1　钳形电流表

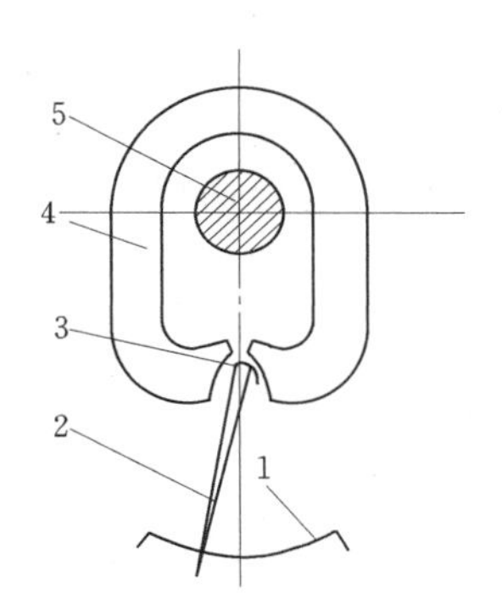

图 10－6－2　钳形交直电流表

1—刻度盘；2—指针；3—动铁片；
4—铁心磁路；5—被测载流导体

10.6.2　使用方法

（1）被测导线应放于钳口中央。

（2）测量前应先估计被测电流的大小，以选择合适的量程，或先用较大的量程试测，再选合适量程。

（3）如被测电流较小，可把被测导线在钳口内向同一方向多绕几匝，这时实际测量值为仪表示值除以所绕匝数。

（4）钳口接触处应保持清洁，平整，接触紧密，以减少磁路系统的磁阻，提高测量准确性。

10.7　万　用　表

万用电表（简称万用表），又称万能表、多用表、繁用表或复用表，是一种多功能，多量限便于携带的电工用表。一般的万用表可以用来测量直流电流、电压，交流电流、电压，电阻，电感，电容，音频电平等参数，有的万用表还可以用来测量晶体二极管、三极管参数。

万用表有磁电式和数字式两种。

10.7.1 磁电式万用表（指针万用表）

一、结构原理

磁电式万用表主要由表头、测量线路、转换开关等组成。

（1）表头及面板。万用表的表头通常选用高灵敏的磁电系测量机构。其满偏电流一般为几微安至几百微安。万用表的面板有多条标度尺，每一条标尺都对应某一被测量。外壳上有转换开关，接线插孔（或接线柱），调零旋钮等。图 10-7-1 是常用的 MF—30 型万用表的面板图。

（2）测量线路。一般万用表的测量线路由多量限的直流电流表、直流电压表、多量限整流式交流电流表、交流电压表以及多量限的欧姆表等几种测量线路组合而成。构成测量线路的主要元件是各种电阻和整流保护元件（如二极管）。

（3）转换开关。转换开关用来切换不同的测量线路，实现各种不同测量种类和量限的选择。

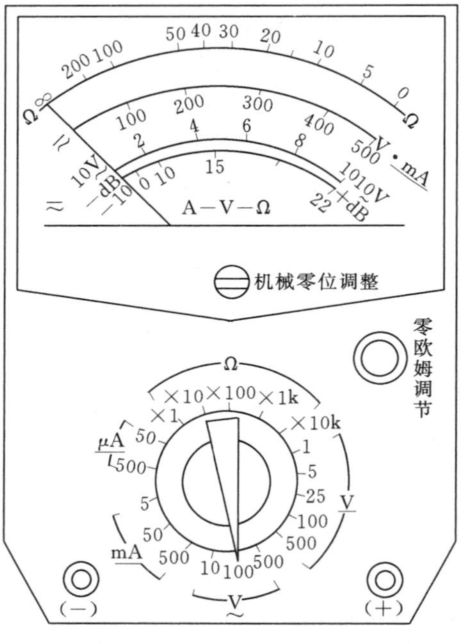

图 10-7-1 MF—30 型万用表的面板图

二、主要电参量的测量

（1）直流电流的测量。测量直流电流的原理电路如图 10-7-2 所示。改变转换开关的位置，就改变了分流器的电阻，从而也就改变了电流的量程。量程越大，分流器电阻越小。

（2）直流电压的测量。测量直流电压的原理电路如图 10-7-3 所示。R_{V1}，R_{V2}，…，用于扩大电压量程，该电阻也越大，量程越大。

（3）交流电压的测量测量。交流电压的原理电路如图 10-7-4 所示。磁电式仪表只能测量直流，如果要测量交流，则必须附有整流元件，即图中的半导体二极管 VD_1 和 VD_2。二极管只允许一个方向的电流通过，反方向的电流不能通过。至于量程的改变，则和测量直流电压时相同。

（4）电阻的测量。测量电阻的原理电路如图 10-7-5 所示。测量电阻时要接入电池，被测电阻也是接在“+”，“−”两端。被测电阻越小，即电流越大，因此指针的偏转角越大。测量前应先将“+”，“−”两端短接，看指针是否偏转最大而指在零（刻度的最右处），否则应转动零欧姆调节电位器（图中的 1.7kΩ 电阻）进行校正。

使用万用表时应注意转换开关的位置和量程，绝对不能在带电线路上测量电阻，用毕应将转换开关转到高电压挡。

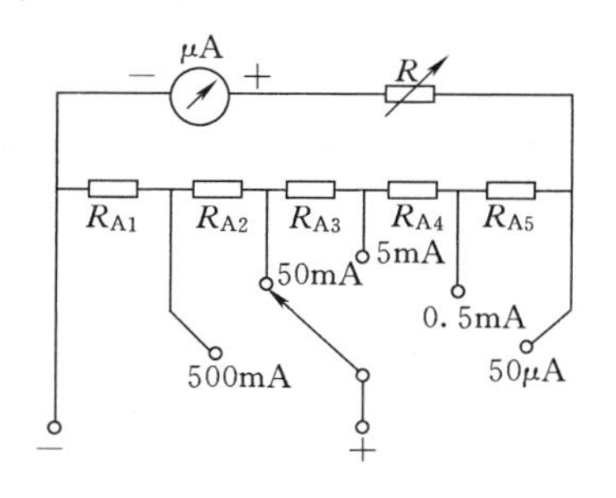

图 10-7-2　测量直流电流的原理电路

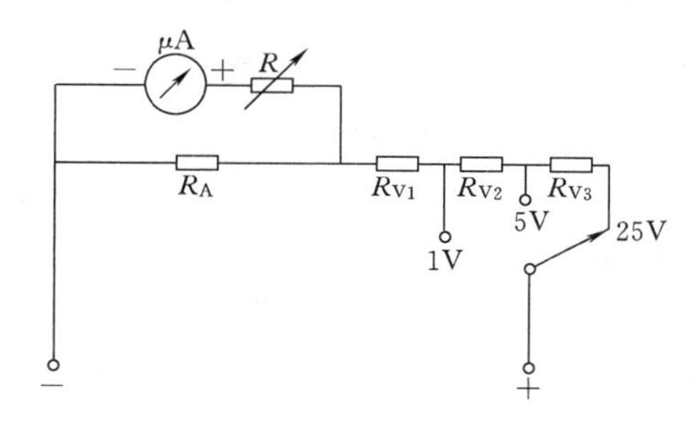

图 10-7-3　测量直流电压的原理电路

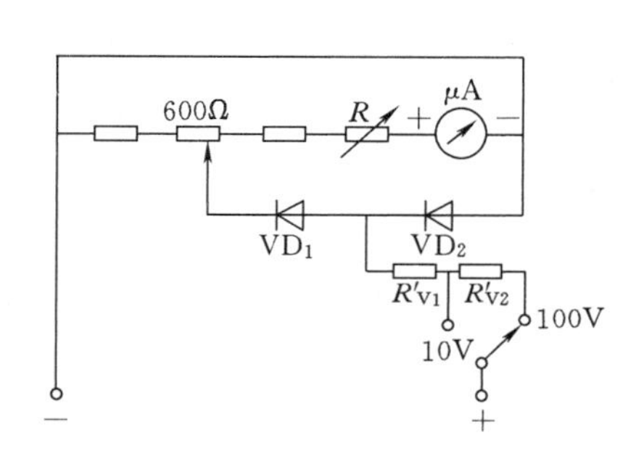

图 10-7-4　测量交流电压的原理电路

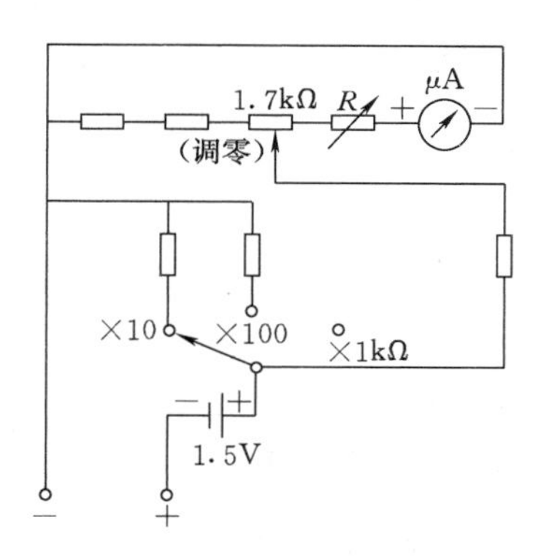

图 10-7-5　测量电阻的原理电路

10.7.2　数字式万用表

数字式万用表的基本测量一般是直流电压，被测量经转换器变为直流电压，再经量程选择后进入模数变换器，最后通过计数器、译码器显示被测数值。其结构原理图如图 10-7-6 所示。

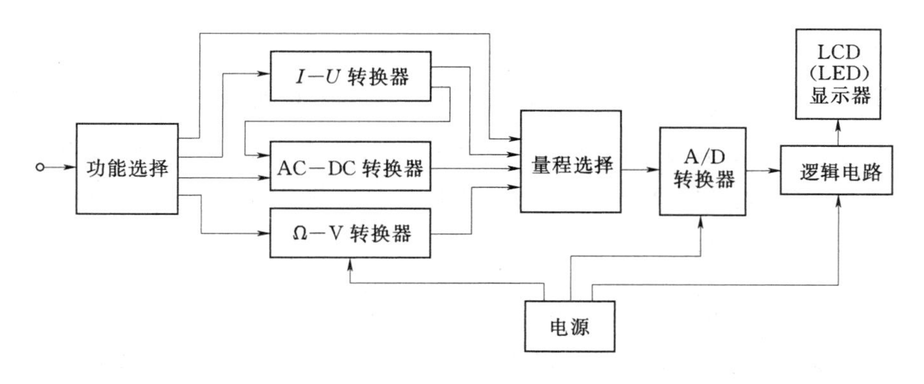

图 10-7-6　数字式万用表结构原理图

数字万用表通过测量被测电流流过分流电阻所产生的直流或交流电压的方法实现对直流电流和交流电流的测量。通过外加恒定电压（袖珍型万用表多采用干电池作电源），使一个恒定的电流流过被测电阻，然后测其两端的直流电压即可得到被测的电阻数值。有的数字万用表还具有测量三极管放大倍数和测量电容等功能，这些也是通过一定的转换电路实现的。

目前的袖珍型数字万用表多为液晶显示，在显示窗口上一般设有4位数字显示、交直流显示、单位显示、小数点显示和正负号显示等。有的数字万用表在窗口上还设有过载显示和电源显示等其他显示功能。

数字式万用表多采用面板结构，量程开关是数字式万用表面板上的中心部件，此开关有的用多位转换开关，有的用一排按键开关。量程开关可以选择各种测量功能和每种功能下的不同量程。

数字式万用表与指针式万用表相比具有读数直观、迅速准确，分辨率和灵敏度高，输入阻抗高，过载能力强等特点。有的数字式万用表内部附有微处理器，具有遥控、自动数据采集和处理、自动检测故障等功能，能进行测量结果的存储、误差分析计算和其他一些逻辑判断功能。

10.8 用电桥测量电阻、电容与电感

电桥是一种比较式仪表，在生产和科学研究中常用各种电桥来测量电路元件的电阻、电容和电感，它的准确度和灵敏度都较高。

10.8.1 直流电桥

最常用的是单臂直流电桥（惠斯登电桥），是用来测量中值（1Ω～0.1MΩ）电阻的，其电路如图10-8-1所示，当检流计G中无电流通过时，电桥达到平衡。电桥平衡的条件为“对臂电阻乘积相等”，即

$$R_1R_4 = R_2R_3 \tag{10-8-1}$$

设$R_1=R_x$为被测电阻，则

$$R_x = \frac{R_2}{R_4}R_3 \tag{10-8-2}$$

在实际测量中，将$\frac{R_2}{R_4}$做成一定的比例，称为电桥的**比例臂**（比臂、倍率臂），用10的整数幂表示。R_3为**比较臂**（较臂），一般用9×1Ω，9×10Ω，9×100Ω，9×1000Ω四个读数盘表示。测量时先将比例臂调到一定比值，而后再调节比较臂直到电桥平衡为止。

10.8.2 交流电桥

交流电桥的电路如图10-8-2所示。四个桥臂由阻抗Z_1、Z_2、Z_3和Z_4组成，交流电源一般是低频信号发生器，指零仪器是交流检流计或耳机。当电桥平衡时

$$Z_1Z_4 = Z_2Z_3 \tag{10-8-3}$$

将阻抗写成指数形式，则为

$$|Z_1|e^{j\varphi_1}|Z_4|e^{j\varphi_4} = |Z_2|e^{j\varphi_2}|Z_3|e^{j\varphi_3}$$

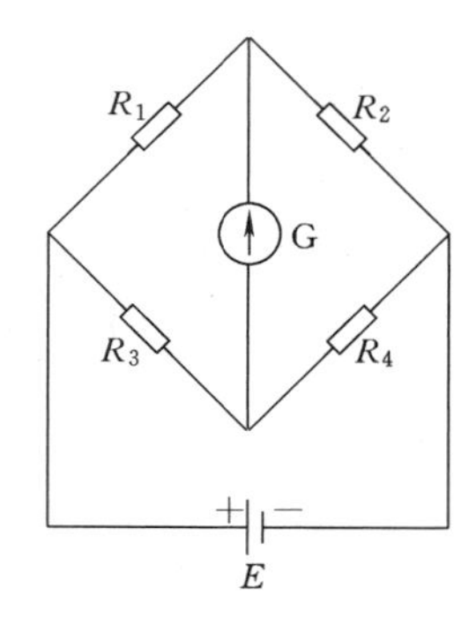

图 10-8-1　直流电桥的电路

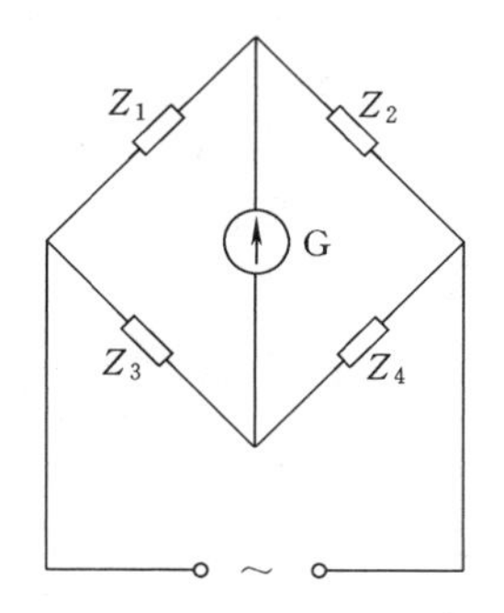

图 10-8-2　交流电桥的电路

或

$$|Z_1||Z_4|e^{j(\varphi_1+\varphi_4)}=|Z_2||Z_3|e^{j(\varphi_2+\varphi_3)}$$

由此得

$$|Z_1||Z_4|=|Z_2||Z_3| \tag{10-8-4}$$

$$\varphi_1+\varphi_4=\varphi_2+\varphi_3 \tag{10-8-5}$$

即交流电桥的平衡条件为：对臂阻抗的模乘积相等，对臂阻抗相角的和相等。

为了使调节平衡容易些，通常将两个桥臂设计为纯电阻。设 $\varphi_2=\varphi_4=0$，即 Z_2 和 Z_4 是纯电阻，则 $\varphi_1=\varphi_3$，即 Z_1 和 Z_3 必须同为电感性或电容性的。

设 $\varphi_2=\varphi_3=0$，即 Z_2 和 Z_3 是纯电阻，则 $\varphi_1=-\varphi_4$，即 Z_1、Z_4 中，一个是电感性的，而另一个是电容性的。

下面举例说明测量电感和电容的原理。

(1) 电容的测量。测量电容的电路如图 10-8-3 所示，电阻 R_2 和 R_4 作为两臂，被测电容器（C_x，R_x）作为一臂，无损耗的标准电容器（C_0）和标准电阻（R_0）串联后作为另一臂。

电桥平衡的条件为

$$\left(R_x-j\frac{1}{\omega C_X}\right)R_4=\left(R_0-j\frac{1}{\omega C_0}\right)R_2$$

由此得

$$R_x=\frac{R_2}{R_4}R_0$$

$$C_x=\frac{R_4}{R_2}C_0$$

为了要同时满足上两式的平衡关系，必须反复调节$\frac{R_2}{R_4}$和 R_0（或 C_0）直到平衡为止。

(2) 电感的测量。测量电感的电路如图 10-8-4 所示，R_x 和 L_x 是被测电感元件的电阻和电感。调节 R_2 和 R_0 使电桥平衡。电桥平衡的条件为

$$R_2R_3=(R_x+j\omega L_x)\left(R_0-j\frac{1}{\omega C_0}\right)$$

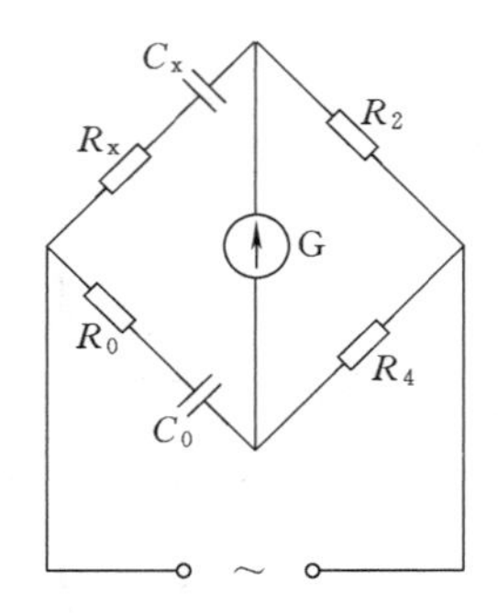

图 10-8-3 测量电容的电桥电路

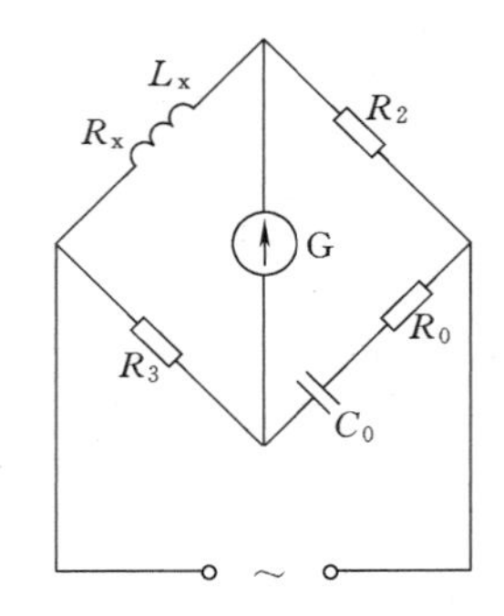

图 10-8-4 测量电感的电桥电路

由上式可得出

$$L_x = \frac{R_2 R_3 C_0}{1 + (\omega R_0 C_0)^2}$$

$$R_x = \frac{R_2 R_3 R_0 (\omega C_0)^2}{1 + (\omega R_0 C_0)^2}$$

小　　结

1. 仪表的种类很多，应根据要求选用。

2. 直读仪表的准确度用相对额定误差分级。仪表的准确度和选用仪表的量程共同决定测量结果可能出现的最大相对误差。

3. 磁电式仪表主要用于直流电路中测量电流和电压。

4. 电磁式仪表用于测量工频的交流电压、电流，也可以作为交直流两用的电压、电流表使用。

5. 电动式仪表主要用作功率表，也可制造高准确度的电压表、电流表。

6. 电磁式及电动式仪表在测量交流电流、电压时的读数均为有效值。

7. 二元三相瓦特表用于测量三相三线制电路；三元三相瓦特表用于测量三相四线制电路。

8. 兆欧表主要用于测量电气设备及线路的绝缘情况和测量高阻值电阻。

9. 钳形电流表不需要断开被测电路就能进行电流测量，使用方便，但准确度较低。

10. 万用表是一种多功能、多量限便于携带的电工用表。一般的万用表可以用来测量直流电流、电压，交流电流、电压，电阻，电感，电容，音频电平等参数，有的万用表还可以用来测量晶体二极管、三极管参数。

11. 电桥是一种比较式仪表，常用来测量电路元件的电阻、电容和电感，它的准确度和灵敏度都较高。

习　　题

10-1　某一电流表的量程为 5A，准确度等级是 0.5 级，用该表测量一个 2.5A 的电流，求测量结果的绝对误差、相对误差是多少？

10-2　为测量150V的电压，现实验室有0.2级0～300V和0.5级0～150V两只电压表，求两只电压表测量结果的相对误差分别是多少？若使测量准确些，应选用哪一只表？

10-3　用一量程为50V的电压表测量一负载电压，当读数为40V时的最大误差为±2.5%，则电压表的准确度为多少？

10-4　磁电式仪表的表头满量程为150μA，内阻为500Ω。

（1）用该表组成一个电压表时，若电压表的量程分别为100V和150V，求该电压表的测量电路及附加电阻的阻值。

（2）用该表组成一个量程为200mA、100mA和50mA的电流表，该用什么样的电路？电路的电阻各是多少？

10-5　测量交流电流或电压可以选用几种结构的指示仪表？

10-6　一毫安表的内阻为20Ω，满标值为12.5mA。如果把它改装成满标值为250V的电压表，问必须串多大的电阻？

10-7　图10-1是一电阻分压电路，用一内阻R_V为25kΩ、50kΩ、500kΩ的电压表测量时，其读数各为多少？由此得出什么结论？

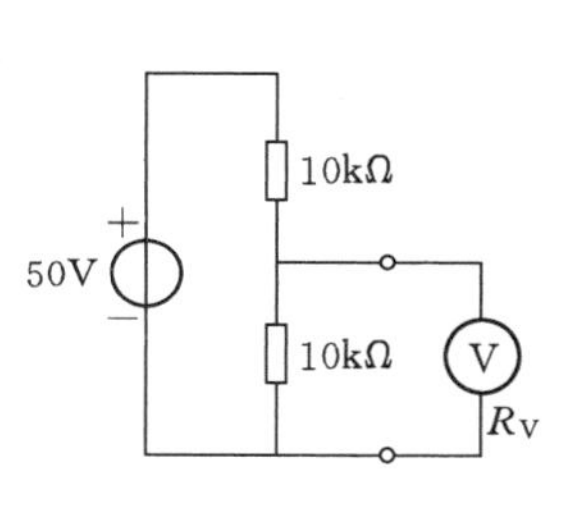

图10-1　习题10-7的图

10-8　图10-2是用伏安法测量电阻R的两种电路。因为电流表有内阻R_A，电压表有内阻R_V，所以两种测量方法都将引入误差。试分析它们的误差，并讨论这两种方法的适用条件（即适用于测量阻值大一点的还是小一点的电阻，可以减小误差?）。

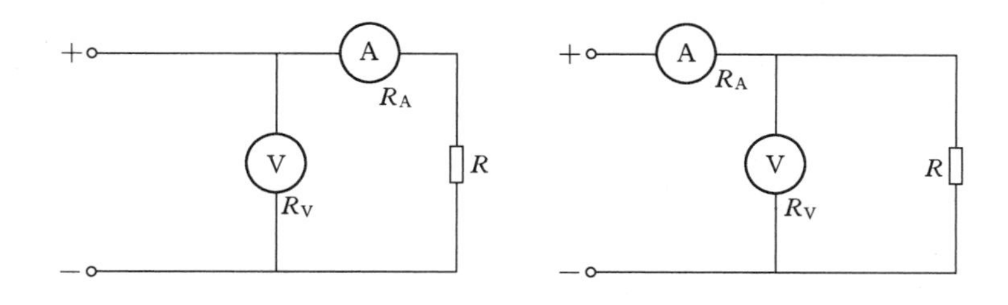

图10-2　习题10-8的图

10-9　图10-3是万用电表中直流毫安档的电路。表头内阻$R_0=280\Omega$，满标值电流$I_0=0.6$mA。今欲使其量程扩大为1mA，10mA及100mA，试求分流器电阻R_1，R_2及R_3。

10-10　如用上述万用电表测量直流电压，共有三档量程，即10V，100V及250V，试计算倍压器电阻R_4、R_5及R_6（图10-4）。

10-11　某车间有一三相异步电动机，电压为380V，电流为6.8A，功率为3kW，星形连接。试选择测量电动机的线电压，线电流及三相功率（用两功率表法）用的仪表（包括型式、量程、个数、准确度等），并画出测量接线图。

10-12　用两功率表法测量对称三相负载的功率，设电源线电压为380V，负载连成

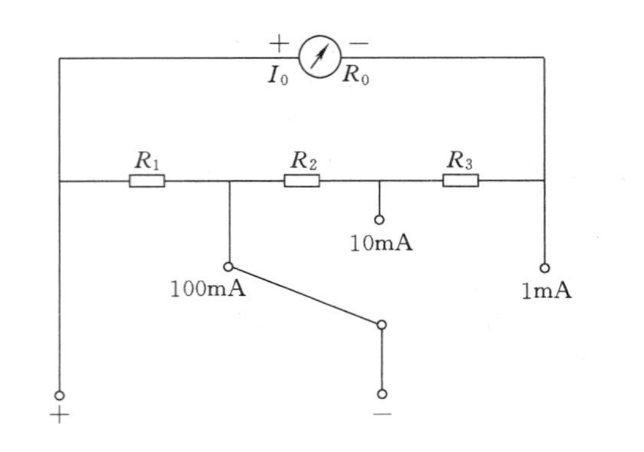

图 10-3　习题 10-9 的图

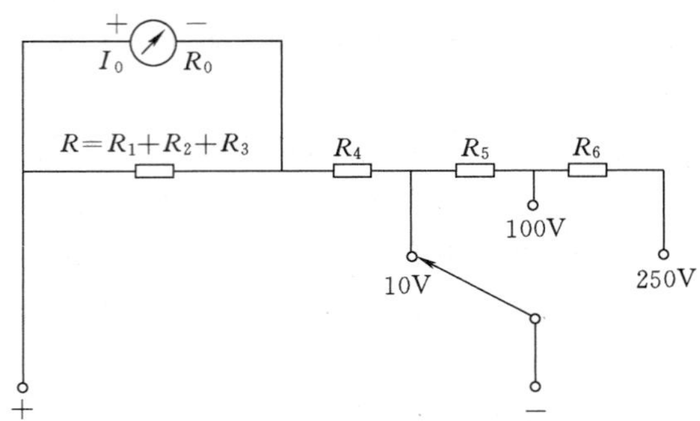

图 10-4　习题 10-10 的图

星形。负载阻抗 22Ω，功率因数 0.9，每个功率表的读数。

10-13　兆欧表测量电气设备绝缘电阻前后应注意什么事项？

第 11 章　安全用电与节约用电

安全用电是指在使用电气设备的过程中如何保证人身和设备的安全。电气事故多种多样，一般可分为人为事故和自然事故。人为事故是指违反安全操作规程而引起的人身和设备事故；自然事故是指非人为原因所引起的事故。多数事故是因为缺乏安全用电知识或电气设备的安装不符合安全要求以及没有推广安全工作制度造成的。因此，学习安全用电知识，建立完善的安全工作制度并严格遵守操作规程是做到安全用电的根本保证。

节约用电不但可缓解负荷不断增加引起的供电紧张，而且可节省资源。

11.1　安　全　用　电

11.1.1　电流对人体的作用

电流通过人体，可能造成对人体的伤害。伤害程度与电流的大小、电流流经人体的路径、持续的时间、电流的频率以及人体状况等因素有关。根据统计资料表明，通过人身的工频电流在 10mA 以下，或直流电流在 50mA 以下时，触电者感到神经刺激、肌肉痉挛、呼吸困难，但能自己摆脱电源。超过以上数值便不能自己脱险，呼吸麻痹，继而心脏停止跳动，有可能导致死亡。一般认为，人体可以忍耐的极限电流为 30mA。

通过人体的电流大小与人体电阻和施加于人体上的电压有关。人体的电阻愈大，通入的电流愈小，伤害程度也就愈轻。根据研究结果，当皮肤有完好的角质外层并且很干燥时，人体电阻为 $10^4 \sim 10^5\Omega$。当角质外层破坏时，则降到 $800 \sim 1000\Omega$。考虑到安全电流数值，一般在 50V 以下为安全电压，我国把 36V 的电压作为安全电压。如果在潮湿的场所，安全电压还要规定得低一些，通常是 24V 和 12 V。

电流通过时间的长短也有影响，电流通过人体的时间愈长，则伤害愈严重。

此外，电击后的伤害程度还与电流通过人体的路径以及与带电体接触的面积和压力等有关。

11.1.2　触电方式

一、两相触电

两相触电就是人体不同部位（如双手）同时触及两根相线，人体承受电源线电压，这是最为严重的触电形式。

二、单相触电

人体的某一部位触及一根相线或与相线相接的其他带电体上（漏电的电器外壳）就形成单相触电。单相触电的危险程度与电源中性点是否接地有关。

如图 11－1－1 所示，在三相电源中性点接地的情况下，通过人体的电流为

$$I_h = \frac{U_a}{R_h + R_I + R_0} \qquad (11-1-1)$$

式中 U_a——电源相电压；

R_h——人体电阻；

R_I——人与地面或其他接触面的绝缘电阻；

R_0——供电系统接地电阻。

一般情况，R_0 很小（为 4～20Ω），与 R_h、R_I 相比可以忽略，则有

$$I_h \approx \frac{U_a}{R_h + R_I}$$

可见，当 R_I 较大，例如在脚穿绝缘鞋，或踩在干燥木板上时，通过人体的电流就相对较小。相反，若赤足踩地或一手抓在暖气管等金属接地物，而另一手触及电源相线时，通过人体的电流就很大，危险性增加。

当三相电源的中性点不接地时，人体触及一根电源相线（如图 11-1-2 所示），通过人体的电流取决于人体电阻 R_h 与输电线对地绝缘阻抗 Z_j 的大小。如果输电线绝缘良好，绝缘电阻 R_j 较大，输电线不长，对地电容 C_j 不大，则阻抗 Z_j 较大，对人体的危险性就较小。若输电线较长，则对地电容 C_j 较大，阻抗 Z_j 降低，则触电后的危险性增大。

三、跨步电压触电

在高压输电线断线落地时，有强大电流流入大地，在接地点周围产生电压降。如图 11-1-3 所示。当人体接近接地点时，两脚之间承受**跨步电压**而触电，跨步电压的大小与人和接地点距离，两脚之间的跨距，接地电流大小等因素有关。

人体双脚跨步以 0.8m 计，在 10kV 高压线接地点 20m 以外，380V 火线接地点 5m 以外才是安全的。如误入危险区域，应双脚并拢或单脚跳离危险区，以免发生触电伤害。

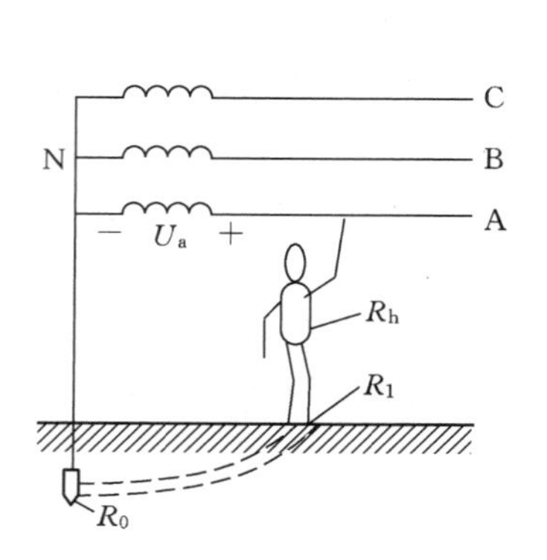

图 11-1-1 三相电源中性点接地系统单相触电

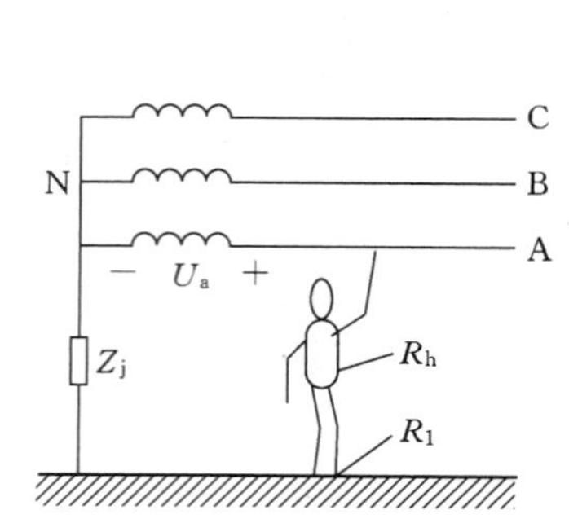

图 11-1-2 三相电源中性点不接地系统单相触电

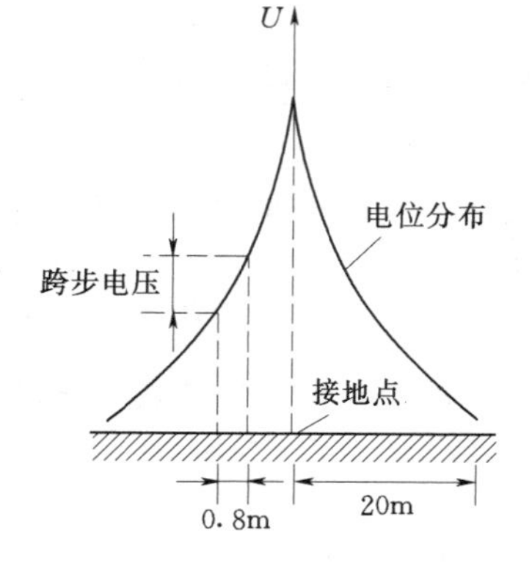

图 11-1-3 跨步电压触电

11.2 触电急救与防护措施

11.2.1 触电急救

发生触电事故，必须对触电者进行急救，延误救护对触电者的后果不堪设想。

急救的首要措施是迅速切断电源。若事故发生地离电源开关较远，应想方设法让触电者尽快脱离电源，救护人员应持绝缘物体，脚踩绝缘物将触电者与带电体分离。救护者千万不要随手直接接触触电者身体，以免自己也同样触电。

其次是检查触电者的受伤情况，当触电者有电伤出血等情况，但神志清楚，呼吸正常，可就地采取止血、包扎措施后，送医院治疗。如果触电者处于昏迷、虚脱、呼吸困难或假死等严重症状时，则有生命危险，应马上通知医生前来抢救，同时应立即就地对遇难者施行人工呼吸和心脏按摩（挤压）急救措施。经验表明，对触电者抢救越及时，效果就越好。

11.2.2 防护措施

发生触电事故的原因很多，但都是触电者接触到带电体引起的。因此，预防触电事故除加强安全教育外，必须有完善的保安措施，做到防患于未然。

（1）加强用电管理和安全教育，制定安全操作规程和电气设备的定期保养、维护制度。

（2）对高压系统应设围栏，挂明显的警告牌，非工作人员不得接近。工作人员对高压系统操作时需持有操作票，并有监护人员进行安全监护。

（3）严禁带电操作。如必须带电操作时，应采取必要的安全措施，正确使用安全工具。

（4）为了防止意外触电事故，对各种电器设备应采取保护接地、保护接零及安装漏电保护器等措施。

11.2.3 漏电保护器

在没有独立保护中性线的场所，建议安装漏电保护器。漏电保护器的工作原理如图 11-2-1 所示。

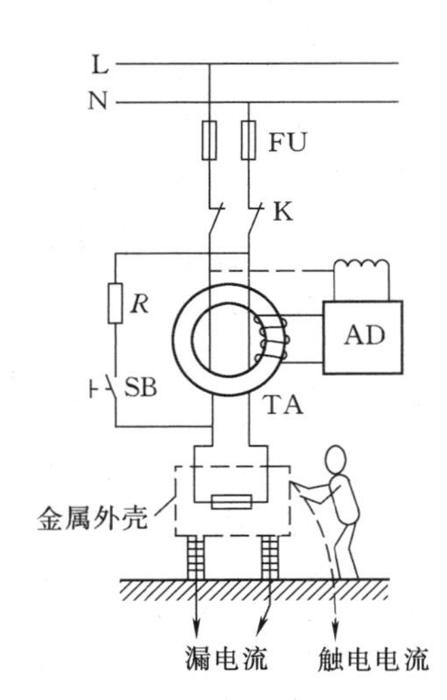

图 11-2-1　漏电保护器示意图
TA—电流互感器；AD—放大器；K—漏电脱扣器；R—试验电阻器；SB—试验按钮

在正常情况下，流经电源相线与中性线的电流大小相等，方向相反。因此，在环形铁心中的总磁动势为零，故电流互感器 TA 的副边绕组不会产生感应电动势，电源正常向负载供电。当负载外壳由于绝缘破坏而带电时，则可能产生对地漏电流或人触及负载外壳产生的触电电流，使得中线电流比相线电流小，环形铁心中的合成磁势不再为零，当漏电电流或触电电流超过一定数值时，（一般整定为 15～30mA），TA 副边绕组产生的感应电动势经放大器放大后，使脱扣器 K 动作，切断故障电路，起到保护作用。试验按钮 SB 和试验电阻器 *R* 是为了检查漏电保护器是否能可靠动作而设置的，借以模拟漏电故障动作情况。

11.3 接地和接零

正常情况下，一些电器设备（如电动机、家用电器等）的金属外壳是不带电的。但由于绝缘遭受破坏或老化失效导致外壳带电，这种情况下，人触及外壳就会触电。接地与接零技术是防止这类事故发生的有效保护措施。

接地的种类很多，这里主要介绍供电系统中的工作接地、保护接地和接零。

一、工作接地

在380V/220V三相四线制供电系统中，中性线连同变电所的变压器的外壳直接接地，称为**工作接地**。如图11-3-1所示。当某一相（如图中A）相对地发生短路故障时，这一相电流很大，将其熔断器熔断，而其他两相仍能正常供电，这对于照明电路非常重要。如果某局部线路上装有自动空气断路器，大电流将会使其迅速跳闸，切断电路，从而保证了人身的安全和整个低压系统工作的可靠性。

二、保护接地

将电气设备的金属外壳可靠地用金属导体与大地相连，称为**保护接地**，如图11-3-2所示。保护接地宜用于中性点不接地的三相三线制供电系统中。图11-3-2中PE为保护接地线，R_{ins}为中性点对地绝缘电阻，R_h为人体（包括鞋）电阻，一般$R_h>10^4\Omega$，R_g为保护接地电阻，根据安全规程要求，$R_g\leqslant 4\Omega$。

由于在一般情况下，$R_g\ll R_h$，故通过触电者身体的电流很小，得到保护。但如果没有设保护接地，则相当于中性点不接地的单相触电情况，危险性大大增加。可见，在中性点不接地的供电系统中，电器设备外壳均应装设良好的接地系统。

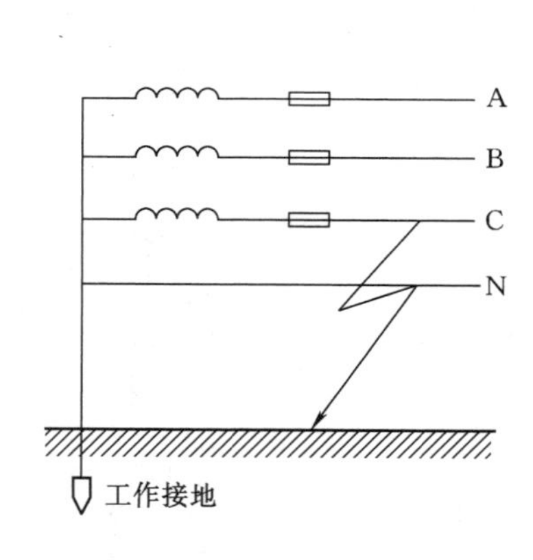

图11-3-1　工作接地

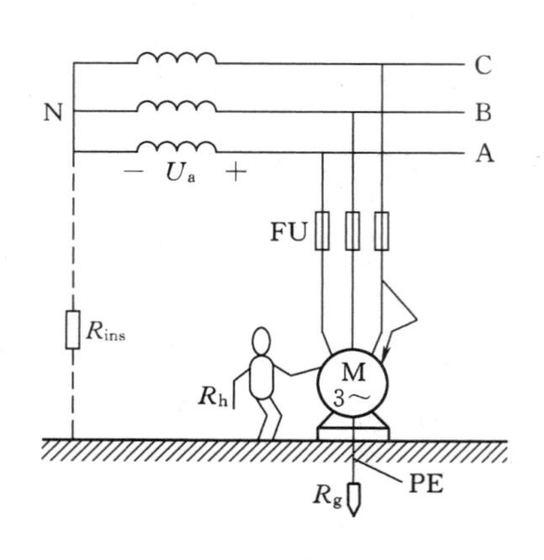

图11-3-2　保护接地

三、保护接零（接中）

在上述有工作接地的三相四线制低压供电系统中，将用电设备的金属外壳与中性线（零线）可靠地连接起来，称为**保护接零**，如图11-3-3所示，在保护接零用电系统中，若由于绝缘破损使某一相电源与设备外壳相连，将会发生该相电源短路，使熔断器等保护电器动作，保护了人身触及外壳时的安全。但是，如果三相负载不平衡，中性线上将有电流通过，存在中性线电压，给人以不安全感，故保护接零比较适合于对称负载系统

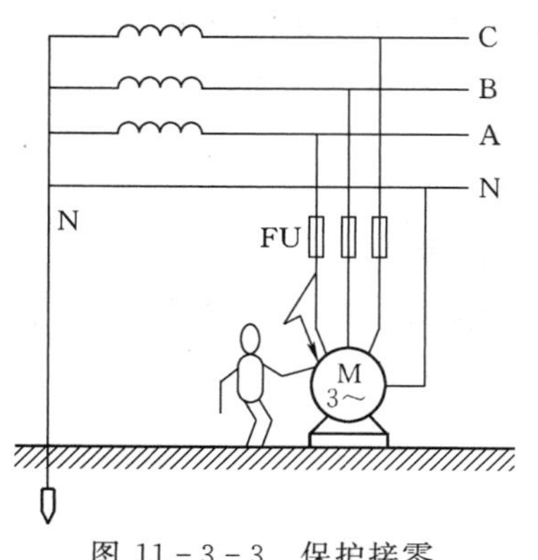

图11-3-3　保护接零

使用。

四、中性点接地系统中的两种不适合的接地形式

值得注意的是，中性点接地（工作接地）系统不能随便将电器外壳接地。（例如，将电器外壳与暖气管、水管相连）如图 11-3-4（a）所示，此种情况下，当发生一相绝缘破坏，例如 C 相连壳，则相电压 U_c 分别降在两个接地电阻 R_0、R_g 和大地电阻上。一般情况下，可设 R_0 与 R_g 近似相等，大地电阻可忽略不计，则电源中性点、中性线和电器外壳电压相等，约为$U_0/2$，当 $U_0=220$V，电器外壳电压为 110V，对人体有危害。

另外，还必须指出，在中性点接地系统中，也不允许保护接零和保护接地同时混用，如图 11-3-4（b）所示。这种情况下，一旦发生电源与设备外壳相连故障，不仅自己设备外壳电压升高为$U_0/2$，而且由于中性线电压升高，使中性线上其他设备电压也同时出现 $U_0/2$ 的电压，使触电事故的可能性范围扩大。

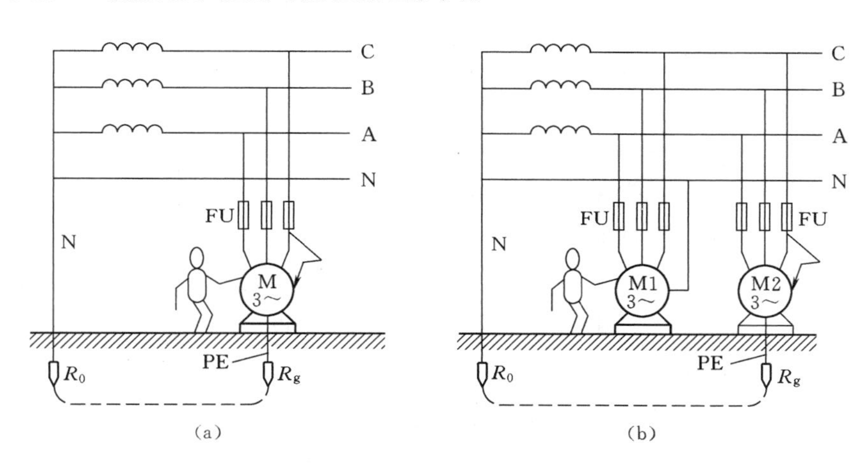

图 11-3-4 中性点接地系统中的两种不适合的接地形式

特殊需要的场合，一些小功率电子仪器采用金属外壳直接接地方式，起到屏蔽电磁干扰的作用。

五、保护接零与重复接地

在中性点接地系统中，除采用保护接零外，还要采用重复接地，就是将零线相隔一定距离多处进行接地，如图 11-3-5 所示。这样，在图中当零线在 X 处断开而电动机一相碰壳时：

（1）如无重复接地，人体触及外壳，相当于单相触电，是有危险的。

（2）如有重复接地，由于多处重复接地的接地电阻并联，使外壳对地电压大大降低，减小了危险程度。

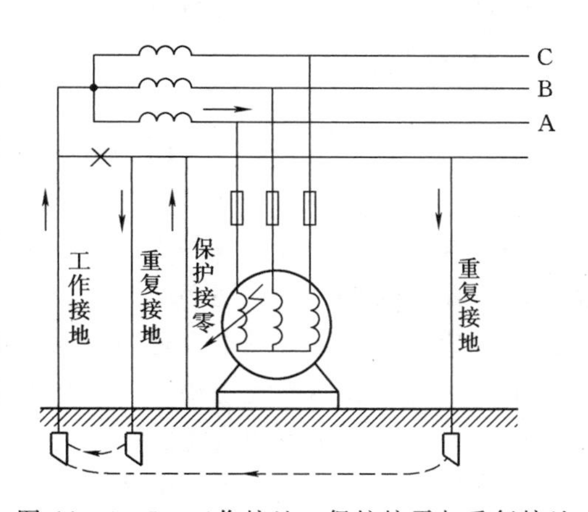

图 11-3-5 工作接地、保护接零与重复接地

六、民用单相供电的接地形式

普通民用供电均为工作接地的单相系统。

即为三相四线接地系统中的一根相线、一根工作中线，再加上一根专用保护地线组成，如图 11－3－6 所示。这种接地保护方式的安全性好，但投资较大。家用电器应采用将金属外壳与专用保护地线 PE（或 E）相连的保护接地方法，而决不能将外壳与工作中性线相连，这是因为，家庭居室的单相交流电源相线和工作中性线上均装有熔断器，一旦中性线上的熔断器熔断而相线上的熔断器完好时，电器外壳通过保护接线，负载与相线相连而带电，非常危险，如图 11－3－7 所示。

正确的家用电器接中保护如图 11－3－6 所示。在居室配电完好的情况下，预制的单相三孔插座已为用户提供了带有保护地线的单相电源，即中间较粗大的孔为保护接中，其余两端为电源线，各种电器的三端电源插头也是这样装配的（粗大的一端与电器外壳相接，其余两端为电源输入端），将它直接插入三孔插座即可。

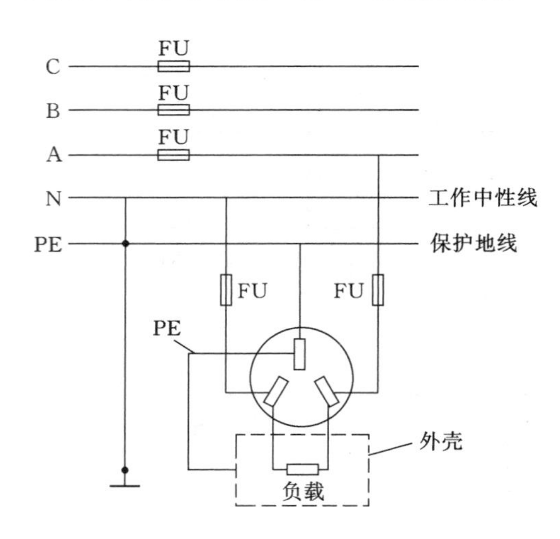

图 11－3－6　家用电器插座连接

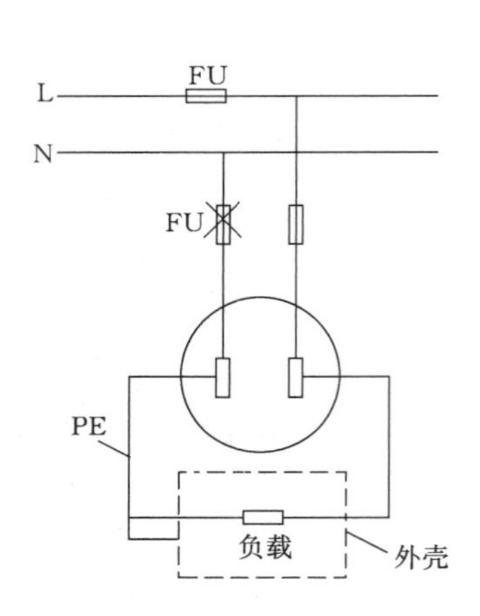

图 11－3－7　不应将外壳与中性线相连

若家用电器只有两根电源线，外壳没有引出线。这种情况的保护接中需另外用一根导线一端接在电器外壳上，另一端接到三线插座的中间线上，两根电源线接到三线插座的另外二线即可。千万不要随便将电器外壳与工作中性线连接或接到暖气、自来水管上。否则将带有事故隐患。

11.4　节　约　用　电

随着我国社会主义建设事业的发展，各方面的用电需要日益增长。为了满足这种需要，除了增加发电量外，还必须注意节约用电，使每一度电都能发挥它的最大效用，从而降低生产成本，节省对发电设备和用电设备的投资。另外节约用电可以节省资源。

节约用电的具体措施主要有下列几项：

（1）发挥用电设备的效能。电动机和变压器通常在接近额定负载时运行效率最高，轻载时效率较低。为此，必须正确选用它们的功率。

（2）提高线路和用电设备的功率因数。提高功率因数的目的在于发挥发电设备的潜力和减少输电线路的损失，对于工矿企业的功率因数一般要求达到0.9以上。关于提高功率因数的方法，请参阅本书第三章。

(3) 降低线路损失。要降低线路损失，除提高功率因数外，还必须合理选择导线截面，适当缩短大电流负载（例如电焊机）的连线，保持连接点的紧接，安排三相负载接近对称等。

(4) 技术革新。例如：电车上采用晶闸管调速比电阻调速可节电20%左右，采用节能灯后，耗电大、寿命短的白炽灯亦将被淘汰。

(5) 加强用电管理，特别是注意照明用电的节约。

小　结

1. 触电对人体的危害程度主要由通过人体的电流强度决定和通电时间决定，电流大小又取决于电压和电阻。我国规定的安全电压等级为48V、36V、24V、12V等几种。

2. 发现有人触电，应尽快使触电者脱离电源，就地采取急救措施，同时通知医护人员前来抢救。

3. 防止触电应采取有效的保护措施。在三相三线制中性点不接地低压系统中，采用保护接地，在三相四线制中性点接地的低压系统中，采用保护接零。没有独立保护中性线的场所，可安装漏电保护器。

4. 加强防范意识，建立完善的安全工作制度，严格遵守操作规程是做到安全用电的根本保证。

5. 增强节电意识。

习　题

11-1　为什么在中性点不接地系统中采用保护接地？

11-2　为什么在中性点接地的系统中不采用保护接地？

11-3　区别工作接地、保护接地和保护接零。

11-4　很多家用电器由单相交流电源供电，为什么其电源插头是三线的？怎样与家庭供电系统相连接？试画出正确使用的电路图。

11-5　为什么在中性点接地系统中，除采用保护接零外，还要采用重复接地？

第 12 章　半导体二极管和三极管

半导体二极管和三极管是最常用的半导体器件。它们的基本结构、工作原理、特性和参数是学习电子技术和分析电子电路必不可少的基础，而 PN 结又是构成各种半导体器件的共同基础。因此，本章从讨论半导体的导电特性和 PN 结的基本原理（特别是它的单向导电性）开始，然后介绍二极管和三极管，为以后的学习打下基础。

12.1　半导体的基本知识

物质按导电能力的不同，可分为导体、半导体和绝缘体三类。半导体的导电能力，介于导体和绝缘体之间，在常态下导电能力较弱，但在掺杂、受热或光照时，其导电能力明显增强。用于制造电子器件的半导体材料主要有硅、锗和砷化镓等。

12.1.1　本征半导体

本征半导体就是纯净的具有晶体结构的半导体。

在本征半导体中存在着两种载流子：带负电的自由电子和带正电的空穴，如图 12－1－1 所示，它们以电子—空穴对的形式存在。这是半导体区别于导体的重要特点。

在本征半导体中，两种载流子是成对出现的，两者数量相等。但温度对其影响很大，温度越高，载流子的数量越多。

在本征半导体中载流子总数很少，所以导电能力很差。

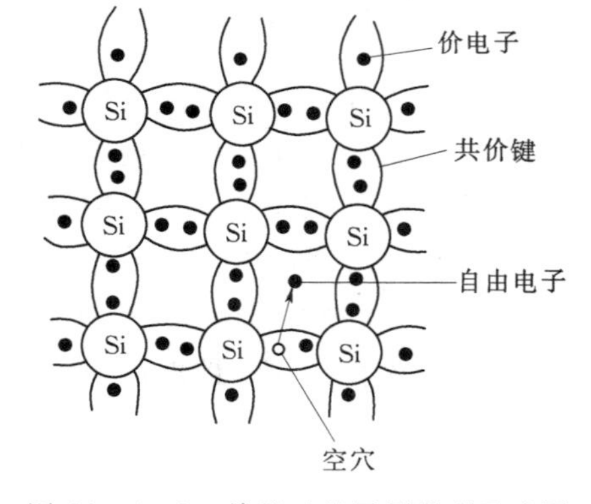

图 12－1－1　单晶硅的原子排列示意图

12.1.2　杂质半导体

杂质半导体就是在本征半导体中掺入微量杂质元素。这种过程称为掺杂。这样可以使半导体的导电能力有很大提高。

如果所掺杂质为三价元素，使得空穴的总数远大于自由电子，则空穴成为多数载流子，自由电子成为少数载流子，这种半导体主要靠空穴导电，称为空穴型半导体，简称 **P 型半导体**。

如果所掺杂质为五价元素，自由电子的总数将远大于空穴，则自由电子成为多数载流子，空穴成为少数载流子，这种半导体主要靠自由电子导电，称为电子型半导体，简称 **N 型半导体**。

杂质半导体中多数载流子的数量主要取决于掺杂的浓度，而少数载流子的数量则与温度有密切关系。温度越高，少数载流子越多。

所以，单个的P型或N型半导体与本征半导体相比，导电能力大大增强，并且与掺杂的浓度成正比。

12.1.3 PN结

1. PN结的形成

将一块半导体的两边分别做成P型半导体和N型半导体，其交接面处将形成PN结，如图12-1-2所示。由于P型区内空穴的浓度大，N型区内自由电子的浓度大，它们将越过交界面向对方区域扩散。这种多数载流子因浓度上的差异而形成的运动称为**扩散运动**。多数载流子扩散到对方区域后被复合而消失，但在交界面的两侧分别留下了不能移动的正负离子，呈现出一个空间电荷区。这个空间电荷区就称为PN结。由于PN结内的载流子因扩散和复合而消耗殆尽，故又称**耗尽层**。同时正、负离子将产生一个方向由N型区指向P型区的电场，称为**内电场**。内电场反过来对多数载流子的扩散运动又起着阻碍作用，同时，那些少数载流子在进入PN结内时，在内电场的作用下，必将会越过交界面向对方区域运动。这种少数载流子在内电扬作用下的运动称为**漂移运动**。在无外加电压的情况下，最终扩散运动和漂移运动达到了动态平衡，此时PN结的宽度保持稳定。

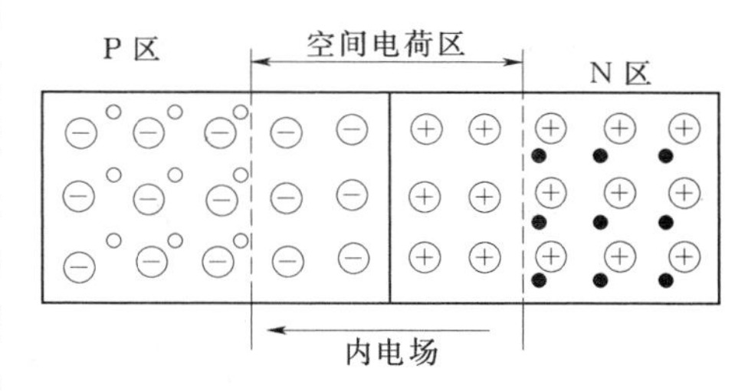

图12-1-2 PN结

PN结两边带有正、负电荷，这与电容两极板带电的情况相似。PN结的这种电容称为**结电容**。结电容的数值不大，只有几个皮法。工作频率不高时，容抗很大，可视为开路。

2. PN结的特性

PN结的特性主要是单向导电性。如果在PN结两端加上不同极性的电压，PN结便会呈现出不同的导电性能。PN结上外加电压的过程通常称为偏置，所加电压称为偏置电压。

（1）PN结外加正向电压。PN结外加正向电压称PN结正向偏置，是指将外部电源的正极接P型区域，负极按N型区域，如图12-1-3所示。这时，由于外加电压在PN结上所形成的外电场与内电场方向相反，内电场削弱，破坏了原来的平衡，使扩散运动强于漂移运动，外电场使得P型区的空穴和N型区的自由电子分别由两侧进入空间电荷区，从而抵消了部分空间电荷的作用，使空间电荷区变窄，这有利于扩散运动不断地进行。这样，多数载流子的扩散运动就形成较大的扩散电流。由于外部电源不断地向半导体提供电荷，使该电流得以维持。这时PN结所处的状态称为正向导通。此时，PN结呈现的正向电阻很小。

（2）PN结外加反向电压。PN结外加反向电压称PN结反向偏置，是指将外部电源的正极接N型区域，负极接P型区域，如图12-1-4所示。这时，由于外电场与内电场方向相同，同样也破坏了原来的平衡，使得PN结增厚，扩散运动几乎难以进行，漂移运动却被加强，从而形成反向的漂移电流。由于少数载流子的浓度很小，故反向电流很弱小。PN 结这时所处的状态称为反向截止。反向截止时，PN 结呈现的反向电阻很大。

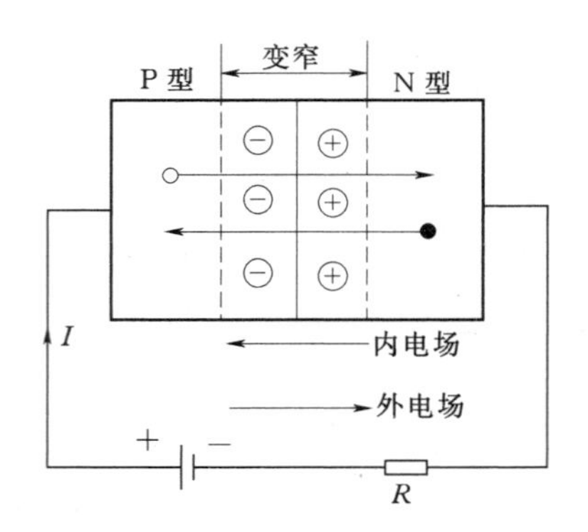

图 12-1-3　PN 结正向偏置

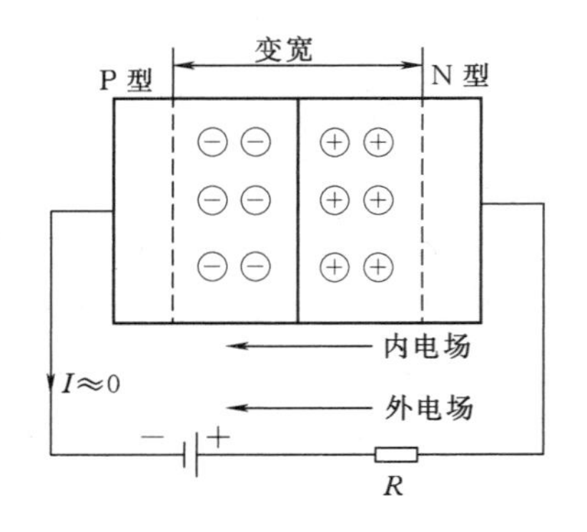

图 12-1-4　PN 结反向偏置

12.2　半导体二极管

12.2.1　结构

半导体二极管是在一个 PN 结两侧加上电极引线并加以封装而成，P 区一侧引出的电极称为阳极或正极，N 区一侧引出的电极称为阴极或负极，如图 12-2-1 所示 。

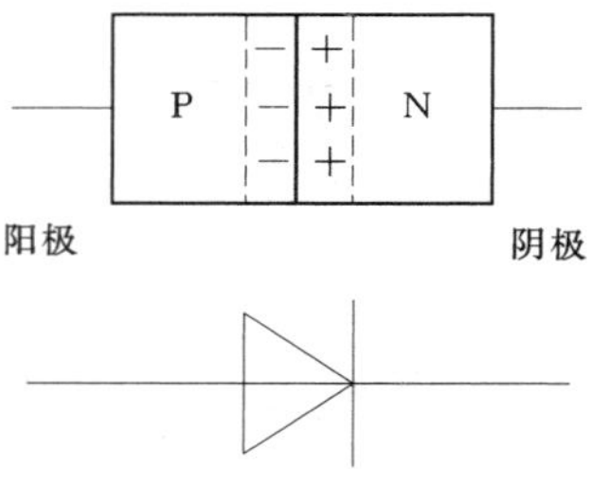

图 12-2-1　半导体二极管

按 PN 结的构成不同，二极管分为点接触型和面接触型两种。点接触型的二极管，PN 结的面积小，结电容小，只能通过较小的电流，但工作频率较高。可用于高频电路或小电流整流电路。面接触型的二极管，PN 结的面积大，结电容大，可以通过较大的电流，可用于低频电路或大电流整流电路。

按半导体材料的不同，二极管又可分为硅管（一般为面接触型）和锗管（一般为点接触型）两种。

按用途不同，二极管又可分为普通管、整流管和开关管等。

12.2.2　伏安特性

二极管的电流与电压之间的关系称为二极管的伏安特性，其伏安特性曲线如图 12-2-2 所示。它可以分为正向特性和反向特性两部分。

正向特性反映了二极管外加正向电压时电流与电压的关系。在正向电压很小时，由于外电场不足以克服内电场对多数载流子扩散运动的阻力，使得正向电流很小（曲线 OA 段）这时二极管并未真正导通，这一段所对应的电压称为二极管的死区电压，通常硅管约为 0.5V，锗管约为 0.2V。

当正向电压大于死区电压后，内电场被大大削弱，正向电流迅速增加，这时的二极管才真正开始导通，由于这一段特性很陡，在正常工作范围内，二极管两端的电压几乎恒定。硅管约为0.6～0.7V，锗管约为0.2～0.3V。

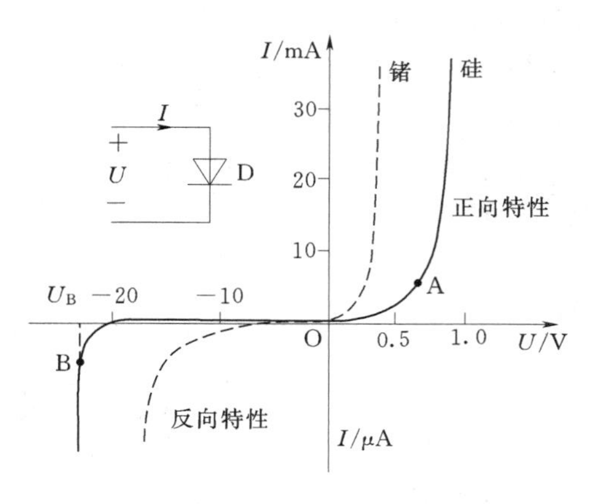

图 12-2-2　二极管的伏安特性

反向特性反映了二极管外加反向电压时电流与电压的关系。在反向电压不超过一定范围时（曲线OB段），少数载流子的漂移运动形成了很小的反向电流。由于漂移运动取决于少数载流子的浓度，所以反向电流几乎恒定，称其为反向饱和电流。一般硅管的反向饱和电流比锗管小，前者在几微安以下，后者则可达数百微安。

当外加反向电压过高，超过特性曲线上的B点对应的电压时，反向电流会突然急剧增加，这是因为外电场太强，将耗尽层结中的价电子拉出形成大量的自由电子和空穴，同时强电场又使电子运动速度增加，高速运动的电子与原子碰撞产生更多的自由电子和空穴，并引起连锁反应，由于PN结中载流子数量的大量增加而导致反向电流的剧增。这种现象称为反向击穿。B点对应的电压称为**反向击穿电压**。普通二极管长时间被击穿，其PN结的温度会急剧升高，将造成二极管永久性损坏。

12.2.3　主要参数

二极管的特性还可以用其参数来描述。主要参数有：

（1）最大整流电流 I_F。指二极管长时间使用时，允许通过二极管的最大正向电流的平均值。当实际电流超过该值时，二极管将因结温过高而损坏。大功率二极管在使用时，应按规定加装散热片才能正常工作。

（2）正向压降 U_F。指在二极管正向完全导通时，其两端的电压降。

（3）反向击穿电压 U_{BR}。指二极管被击穿时所施加的反向电压。

（4）最高反向工作电压 U_R。指保证二极管不被击穿所允许施加的最大反向电压，一般规定为反向击穿电压的1/2～1/3。

（5）反向饱和电流 I_{RM}。指二极管加上最高反向工作电压时的反向电流。所选用的二极管的反向电流愈小，则其单向导电性愈好。当温度升高时，反向电流会显著增加。

【例 12-2-1】　在图 12-2-3（a）所示电路中，已知 $u_i=2\sin\omega tV$，VD_1 和 VD_2 为

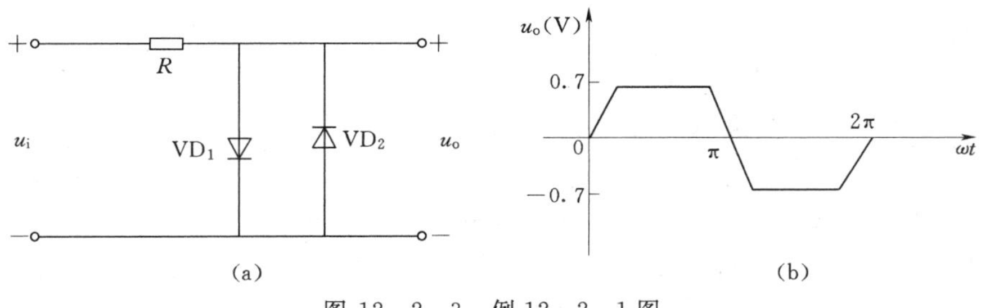

图 12-2-3　例 12-2-1 图

硅管，求输出电压 u_o 的波形。

[解]　设二极管的正向电压降 $U_D=0.7V$，在 u_i 的正半周内，VD_2 截止，当 $u_i<0.7V$ 时，VD_1 截止，$u_o=u_i$；当 $u_i>0.7V$ 时，VD_1 导通，$u_o=U_D=0.7V$。

在 u_i 的负半周内，VD_1 截止。当 $u_i>-0.7V$ 时，VD_2 截止，$u_o=u_i$。当 $u_i<-0.7V$ 时，VD_2 导通，$u_o=-0.7V$。可以得到输出电压 u_o 的波形如图 12-2-3（b）所示。

由于此电路可以将输出电压的大小限制在±0.7 V 的范围内，所以称这种电路为限幅电路。

12.3 稳压二极管

电源电压的波动和负载电流的变化，常会引起电路中电压的不稳定，引起电子设备、仪器仪表等电路的工作不正常，产生误差。为此，需要在电路中加上稳压电路。利用稳压二极管就可以组成稳压电路。

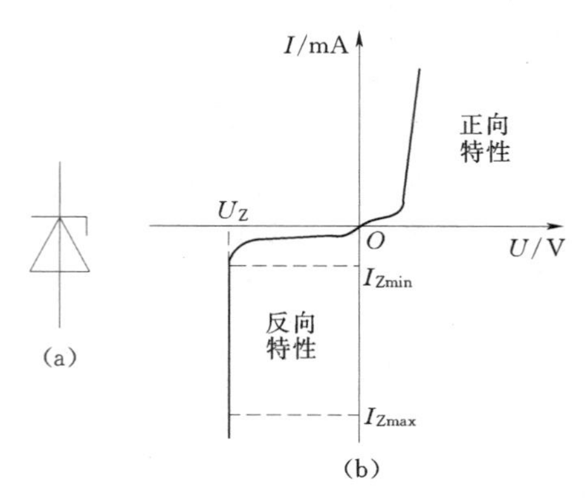

图 12-3-1　稳压管的图形符号和伏安特性
(a) 图形符号；(b) 伏安特性

稳压二极管简称稳压管，它是一种特殊的半导体硅二极管，具有稳定电压的作用。稳压管的符号和伏安特性如图 12-3-1 所示。

稳压管的伏安特性与普通二极管相似，但反向击穿电压小，且大小可以确定，稳压管应工作于反向击穿区。由于采取了特殊的设计和工艺，只要反向电流在一定范围内，PN 结的温度不会超过允许值，不会造成永久性击穿。

由于稳压管在反向击穿区的伏安特性十分陡峭，电流在较大范围内变化时，稳压管两端的电压变化很小，让稳压管工作在伏安特性的这一区域，就能起稳压作用。这时稳压管两端的电压 U_Z 称为稳定电压。由伏安特性可知，稳压管的稳压范围是在 $I_{Zmin}\sim I_{Zmax}$。如果电流小于最小稳定电流 I_{Zmin}，则电压不能稳定，如果电流大于最大稳定电流 I_{Zmax}，则稳压管由于管耗过大将会过热损坏。因此，使用时要根据电路的情况设计好外部电路，以保证稳压管工作在这一范围内。

典型稳压电路如图 12-3-2 所示，将稳压管与适当数值的限流电阻 R 相配合组成稳压管稳压电路。图中 U_i 为稳压电路的输入电压，U_o 为稳压电路的输出电压，也就是负载电阻 R_L 两端的电压，它等于稳压管的稳定电压 U_Z。由图 12-3-2 可知：

$$U_o=U_i-RI=U_i-R(I_Z+I_o)$$

当输入电压波动或者负载电流变化而引起 U_o 变化时，该电路的稳压过程如下：

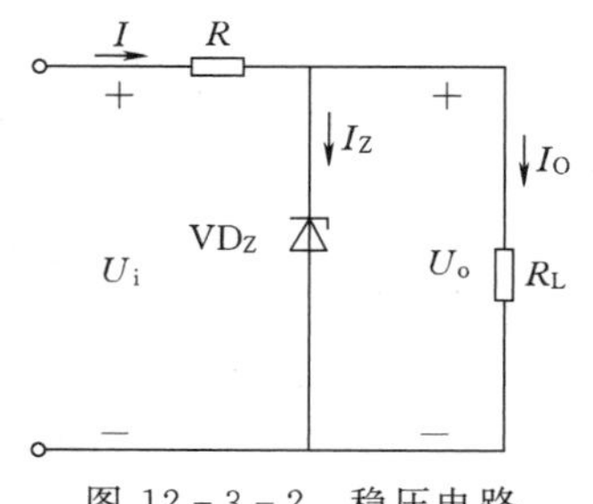

图 12-3-2　稳压电路

只要 U_o 略有增加，I_Z 便会显著增加，I 随之增加，RI 增加，使得 U_o 自动降低，即保持 U_o 近似不变。如果 U_o 降低，则稳压过程与上述相反，使得 U_o 自动增加，结果使 U_o

仍然保持近似不变。

12.4 半导体三极管

半导体三极管是最重要的一种半导体器件，它具有放大作用和开关作用，其工作特性可以通过伏安特性曲线和参数来分析研究。

12.4.1 基本结构

半导体三极管是在一块半导体上制成两个PN结，再引出三个电极而构成的。它由两种极性的载流子（自由电子和空穴）在其内部作扩散、复合和漂移运动。

按PN结组合方式的不同，三极管可分为NPN型和PNP型两种。图12-4-1是它

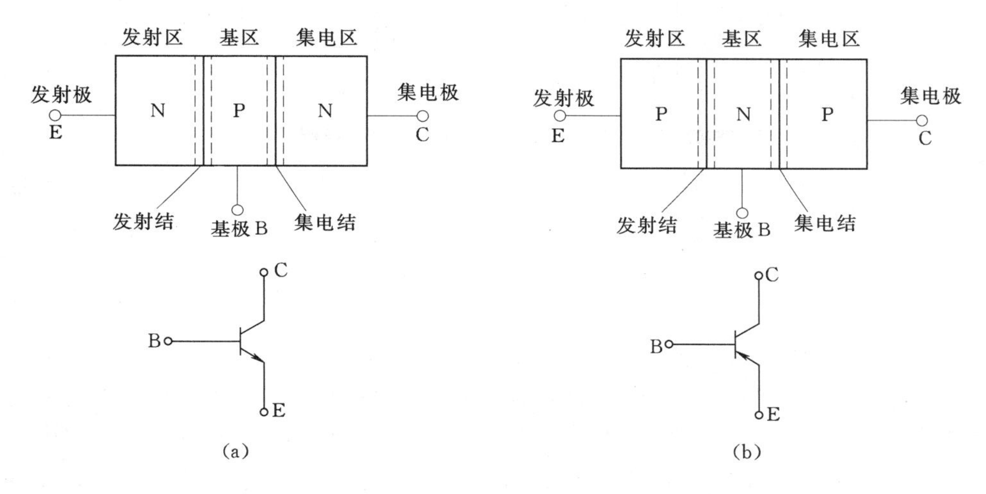

图12-4-1 三极管的结构示意图和图形符号
(a) NPN型；(b) PNP型

们的结构示意图和图形符号。每种晶体管都有三个区域：发射区、集电区和基区。发射区的作用是发射载流子，掺杂的浓度最高；集电区的作用是收集载流子，掺杂的浓度较低，体积最大；基区位于中间，起控制载流子的作用，掺杂浓度最低，而且很薄。位于发射区与基区之间的PN结称为发射结，位于集电区与基区之间的PN结称为集电结。从对应的三个区引出的电极分别称为发射极E，基极B和集电极C。

按半导体材料的不同，三极管也有锗管和硅管之分。目前我国生产的硅三极管大多数是NPN型，锗三极管大多数是PNP型。

12.4.2 电流的分配及放大作用

二极管有正向导通和反向截止两种工作状态，二极管工作在什么状态取决于PN结的偏置方式。同样，三极管工作于什么状态，也取决于两个PN结的偏置方式。由于三极管有两个PN结、有三个电极，故需要两个外加电压，因而有一个极必然是公用的。按公用极的不同，三极管电路可分为共发射极、共基极和共集电极三种接法。无论采用哪种接

法，无论是哪一种类型的晶体管，其基本工作原理是相同的。现在以 NPN 型三极管组成的共发射极接法为例来说明三极管的工作原理。

1. 发射区向基区扩散电子

由于发射结处于正向偏置，多数载流子的扩散运动加强，发射区的自由电子（多数载流子）不断扩散到基区，并不断从电源补充进电子；形成发射极电流 I_E。基区的多数载流子（空穴）也要向发射区扩散，但由于基区的空穴浓度比发射区的自由电子的浓度小得多，因此空穴电流很小，可以忽略不计，如图 12-4-2 所示。

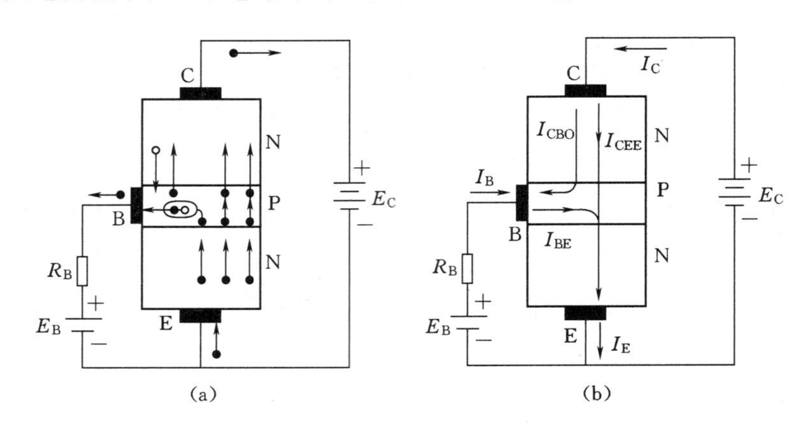

图 12-4-2 三极管电流放大原理

(a) 载流子运动；(b) 电流分配

2. 电子在基区扩散和复合

从发射区扩散到基区的自由电子起初都聚集在发射结附近，靠近集电结的自由电子很少，形成了浓度上的差别，因而自由电子将向集电结方向继续扩散。在扩散过程中，自由电子不断与空穴（P 型基区中的多数载流子）相遇而复合。由于基区接电源正 E_B 的正极，基区中受激发的价电子不断被电源拉走，这相当于不断补充基区中被复合掉的空穴，形成电流 I_{BE}它基本上等于基极电流 I_B。

在中途被复合掉的电子越多，扩散到集电结的电子就越少，这不利于晶体管的放大作用。为此，基区就要做得很薄，基区掺杂浓度要很小（这是放大的内部条件），这样才可以大大减少电子与基区空穴复合的机会，使绝大部分自由电子都能扩散到集电结边缘。

3. 集电区收集从发射区扩散过来的电子

由于集电结反向偏置，集电结内电场增强，它对多数载流子的扩散运动起阻碍作用，阻碍集电区（N 型）的自由电子向基区扩散，但可将从发射区扩散到基区，并到达集电区边缘的自由电子拉入集电区，从而形成电流 I_{CE}，它基本上等于集电极电流 I_C。

除此以外，由于集电结反向偏置，在内电场的作用下，集电区的少数载流子（空穴）和基区的少数载流子（电子）将发生漂移运动，形成电流 I_{CBO}。这电流数值很小，它构成集电极电流 I_C 和基极电流 I_B 的一小部分，但受温度影响很大，并与外加电压的大小关系不大，在一般的计算中经常加以忽略。

综上所述，从发射区扩散到基区的电子中只有很少一部分在基区复合，绝大部分到达集电区。也就是构成发射极电流 I_E 的两部分中，I_{BE}部分是很小的，而 I_{CE}部分所占的百

分比是大的。这个比值用$\bar{\beta}$表示，即

$$\bar{\beta}=\frac{I_{CE}}{I_{BE}}=\frac{I_C-I_{CBO}}{I_B+I_{CBO}}\approx\frac{I_C}{I_B} \tag{12-4-1}$$

式中　$\bar{\beta}$——三极管的电流放大能力，称为**电流放大系数**。

12.4.3　伏安特性曲线

三极管的性能可以通过各极间的电流与电压的关系来反映。表示这种关系的曲线称为三极管的伏安特性曲线，它们可以由实验求得。三极管的伏安特性曲线包括以下两种。

1．输入伏安特性

当U_{CE}=常数时，I_B与U_{BE}之间的关系曲线$I_B=f(U_{BE})$称为三极管的**输入伏安特性曲线**。实验测得在三极管的输入伏安特性曲线如图12-4-3（a）所示。从图中可以看到：

输入伏安特性的形状与二极管的伏安特性相似，也有一段死区，U_{BE}超过死区电压后三极管才完全进入放大状态。这时特性很陡，U_{BE}略有变化，I_B变化很大。硅管死区电压约为0.6～0.7V，锗管死区电压约为0.2～0.3V。

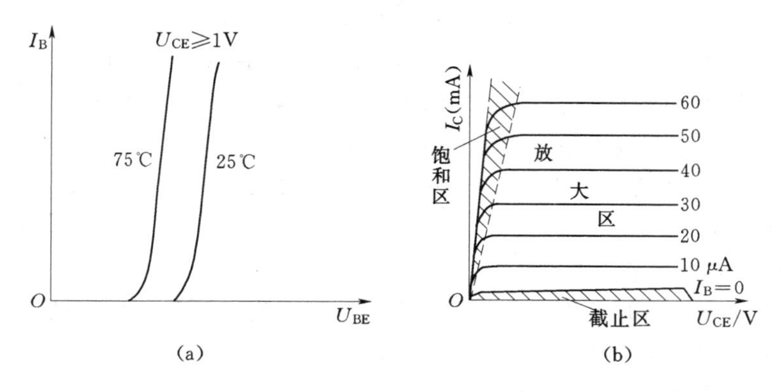

图12-4-3　伏安特性曲线

（a）输入特性曲线；（b）输出特性曲线

2．输出伏安特性

当I_B=常数时，I_C与U_{CE}之间的关系曲线$I_C=f(U_{CE})$称为三极管的**输出伏安特性**。实验测得三极管的输出伏安特性如图12-4-3（b）所示。从图中可以看到三极管的工作状态有放大、饱和及截止三种，输出特性上也分为三个区。

（1）放大状态。三极管处于放大状态的条件是发射结正向偏置，集电结反向偏置。

放大区为曲线之间间距比较均匀的平直区域。工作在这个区域内的三极管具有放大特性：I_B变化很小，而I_C变化很大，$\beta=I_C/I_B$。

（2）饱和状态。三极管处于饱和状态的条件是发射结正向偏置，集电结也正向偏置。

特性曲线迅速上升和弯曲部分之间的区域为饱和区。三极管在饱和状态时I_B增加时，I_C基本不变；电压$U_{CE}=U_{CES}=0.3V$（硅管）。

（3）截止状态。三极管处于截止状态的条件是发射结反向偏置，集电结也反向偏置。特性曲线下面部分区域为截止区。在截止区中，基极电流$I_B\approx0$；集电极电流$I_C\approx0$，三

极管相当于一个开关处于断开状态。

12.4.4 主要参数

三极管的特性除用特性曲线表示外，还可用一些数据来说明，这些数据就是三极管的参数。三极管的参数也是设计电路、选用三极管的依据。主要参数有下面几个。

1. 电流放大系数 β

当三极管接成共发射极电路时，在静态（无输入信号）时集电极电流 I_C（输出电流）与基极电流 I_B（输入电流）的比值称为共发射极**直流电流放大系数**

$$\bar{\beta}=\frac{I_C}{I_B} \tag{12-4-2}$$

当三极管工作在动态（有输入信号）时，基极电流的变化量为 ΔI_B，它引起集电极电流的变化量为 ΔI_C。ΔI_C 与 ΔI_B 的比值称为**交流电流放大系数**

$$\beta=\frac{\Delta I_C}{\Delta I_B} \tag{12-4-3}$$

由上述可见，$\bar{\beta}$ 和 β 的含义是不同的，但在输出特性曲线近似于平行等距并且 I_{CEO} 较小的情况下，两者数值较为接近。今后在估算时，常用 $\bar{\beta}\approx\beta$ 这个近似关系。

由于三极管的输出特性曲线是非线性的，只有在特性曲线的近于水平部分，I_C 随 I_B 成正比地变化，β 值才可认为是基本恒定的。

由于制造工艺的分散性，即使同型号的三极管，β 值也有很大差别。常用的三极管的 β 值在 20～200 之间。

2. 集—基极反向截止电流 I_{CBO}

I_{CBO} 是当发射极开路时由于集电结处于反向偏置，集电区和基区中的少数载流子的漂移运动所形成的电流。I_{CBO} 受温度的影响大。在室温下，小功率锗管的 I_{CBO} 约为几微安到几十微安，小功率硅管在 1μA 以下，I_{CBO} 越小越好。I_{CBO} 与发射结无关，所以通过图 12-4-4 的电路（将发射极开路）进行测量。

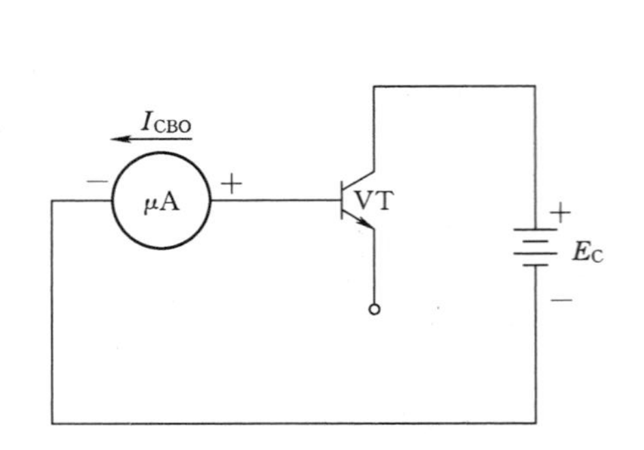

图 12-4-4 测量 I_{CBO} 的电路

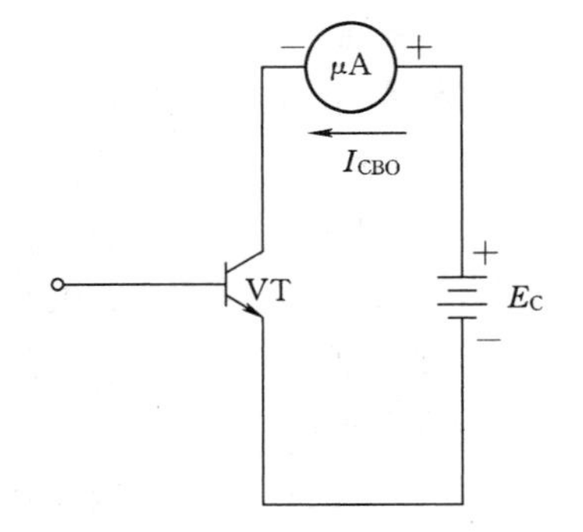

图 12-4-5 穿透电流 I_{CEO} 测量电路

3. 集—射极反向截止电流 I_{CEO}

它是当 $I_B=0$、集电结处于反向偏置和发射结处于正向偏置集电极电流。因为它好像是从集电极直接穿透三极管而到达发射极的，所以又称为**穿透电流**。

测量电路如图 12-4-5 所示。

I_{CBO}与I_{CEO}有以下的关系

$$I_{CEO}=(1+\beta)I_{CBO}$$

由于I_{CBO}受温度影响很大，当温度上升时，I_{CBO}增加很快，而I_{CEO}增加得也快，I_C也就相应增加。所以三极管的温度稳定性比较差。这是它的一个主要缺点。I_{CBO}愈大、β愈高的管子，稳定性愈差。因此，在选管时，要求I_{CBO}尽可能小些，而β不超过 120 为宜。

4. 集电极最大允许电流 I_{CM}

集电极电流 I_C 超过一定值时，三极管的β值要下降。当β值下降到正常数值的三分之二时的集电极电流，称为**集电极最大允许电流** I_{CM}。因此，在使用晶体管时，I_C 超过I_{CM}并不一定会使三极管损坏，但此时电路往往不能正常工作了。

5. 集—射极反向击穿电压 $U_{(BR)CEO}$

基极开路时，加在集电极和发射极之间的最大允许电压，称为**集—射极反向击穿电压 $U_{(BR)CEO}$**。当三极管的集—射极电压 U_{CE} 大于$U_{(BR)CEO}$时，I_{CEO}突然大幅度上升，说明三极管已被击穿。手册中给出的$U_{(BR)CEO}$一般是常温（25℃）时的值，三极管在高温下，其$U_{(BR)CEO}$值将要降低，使用时应特别注意。

6. 集电极最大允许耗散功率 P_{CM}

由于集电极电流在流经集电结时将产生热量，使结温升高，从而会引起三极管参数变化。当三极管因受热而引起的参数变化不超过允许值时，集电极所消耗的最大功率，称为**集电极最大允许耗散功率 P_{CM}**。

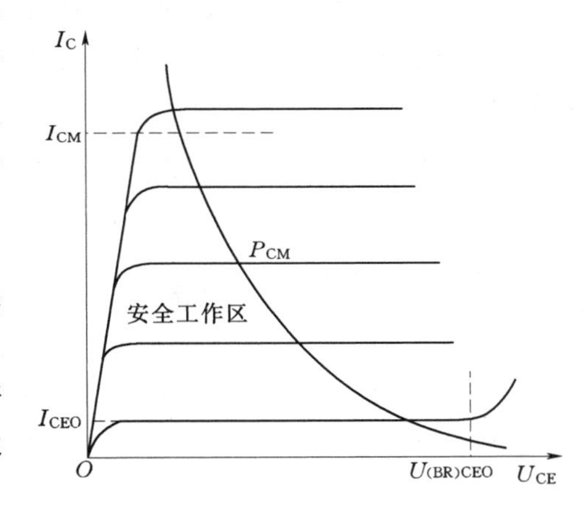

图 12-4-6　三极管的安全工作区

P_{CM}主要受结温的限制，一般来说，锗管允许结温为 70～90℃，硅管约为 150℃。根据管子的 P_{CM}值，由

$$P_{CM}=I_C U_{CE}$$

可在三极管的输出特性曲线上作出 P_{CM}曲线，它是一条双曲线。

由 I_{CM}，$U_{(BR)CEO}$，P_{CM} 三个极限参数共同确定三极管的安全工作区，如图12-4-6 所示。

小　　结

1. 硅和锗是两种常用的制造半导体器件的材料。在半导体中，有自由电子和空穴两种载流子。

2. 在本征半导体，即纯净的半导体中掺入一定的杂质元素，可以制成 N 型或 P 型半导体。它们的多数载流子分别是电子和空穴，多数载流子的浓度决定于掺入杂质元素的密度。

3. PN 结是半导体二极管和其他半导体器件的核心，它具有单向导电特性，当 PN 结正向偏置时，呈现为低电阻，处于导通状态；当PN结反向偏置时，呈现为高电阻，处于反向截止状态。PN结的单向导电特性也可以用它的伏安特性来描述。

4. 半导体二极管是一种具有单向导电特性的半导体器件，由PN结、两个电极并进行封装构成。半导体二极管伏安特性曲线分为正向特性和反向特性两个部分。

5. 反映二极管性能的主要参数有：额定整流电流、最高允许反向工作电压、反向击穿电压、反向电流等。

6. 硅稳压管是一种在模拟电子电路中常用的特种二极管。通常使其工作于反向电击穿状态，用来稳定直流电压。而它的正向特性与普通硅二极管相似。

7. 三极管其核心是两个PN结：发射结、集电结。三个电极：发射极、基极、集电极。三极管有NPN和PNP两种类型。常用的三极管由于使用的半导体材料不同，又分为硅管和锗管两类。

8. 给三极管的两个PN结以不同的直流偏置，它可以有放大、饱和、截止三种工作状态。发射结正向偏置、集电结反向偏置时，三极管工作于放大状态。

9. 三极管的伏安特性有输入特性和输出特性。它有放大、饱和、截止三个工作区。基极电流有较小变化时，可使集电极电流有较大变化，通常称三极管是一种电流控制器件。

10. 三极管的电参数分为直流参数、交流参数和极限参数。

习　　题

12-1　图12-1所示电路中的$U_A=0V$，$U_B=1V$，试求下述情况下输出端的电压U_F：（1）二极管为理想二极管时；（2）二极管为锗二极管时；（3）二极管为硅二极管时。

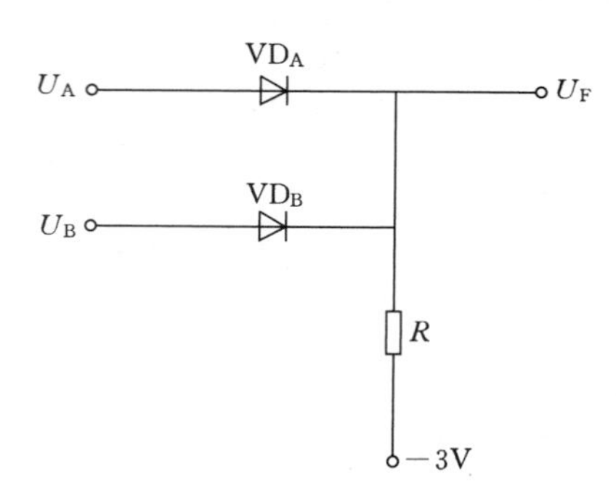

图12-1　习题12-1的电路

12-2　图12-2所示电路中的二极管为理想二极管，已知$E=3V$，$u_i=5\sin\omega tV$，试画出电压u_o的波形。

12-3　在图12-3所示电路中，VD_1和VD_2为理想二极管，$U_1=U_2=1V$，$u_i=2\sin\omega tV$，试画出输出电压u_o的波形。

12-4　在图12-4所示的各电路中，已知两个稳压管VD_{Z1}和VD_{Z2}的稳定电压分别是4.5 V和9.5 V，正向电压降都是0.5V，试求的输出电压U_o。

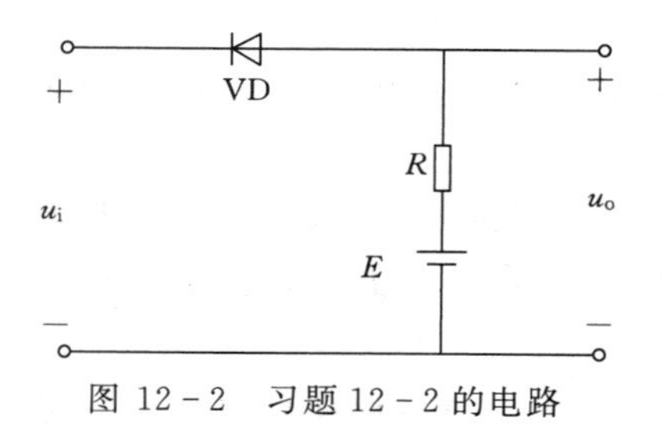

图12-2　习题12-2的电路

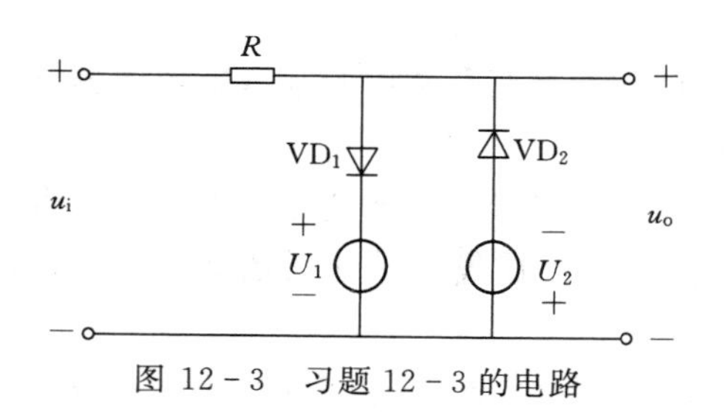

图12-3　习题12-3的电路

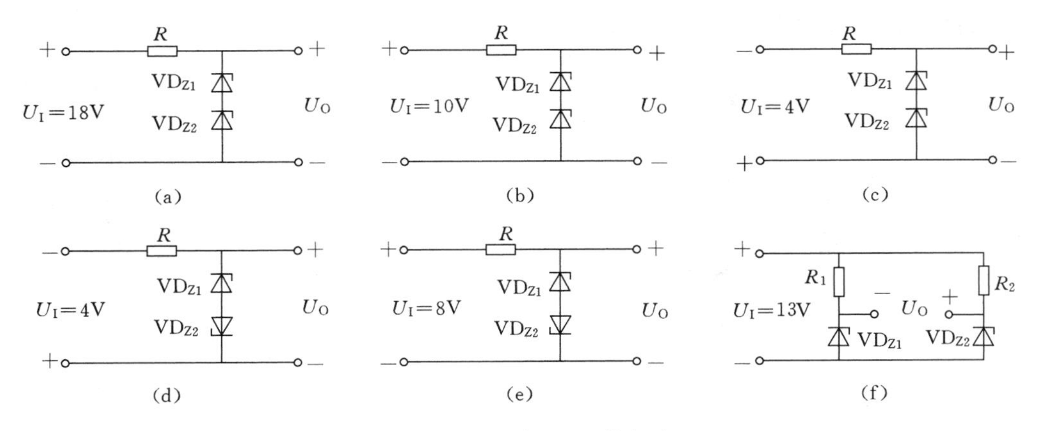

图 12-4　习题 12-4 的电路

12-5　稳压电路如图 12-5 所示，稳压管的 $U_Z=10\text{V}$，$I_{ZMAX}=23\text{mA}$。试问：稳压管的 I_z 是否超过 I_{ZMAX}？若超过了怎么办？

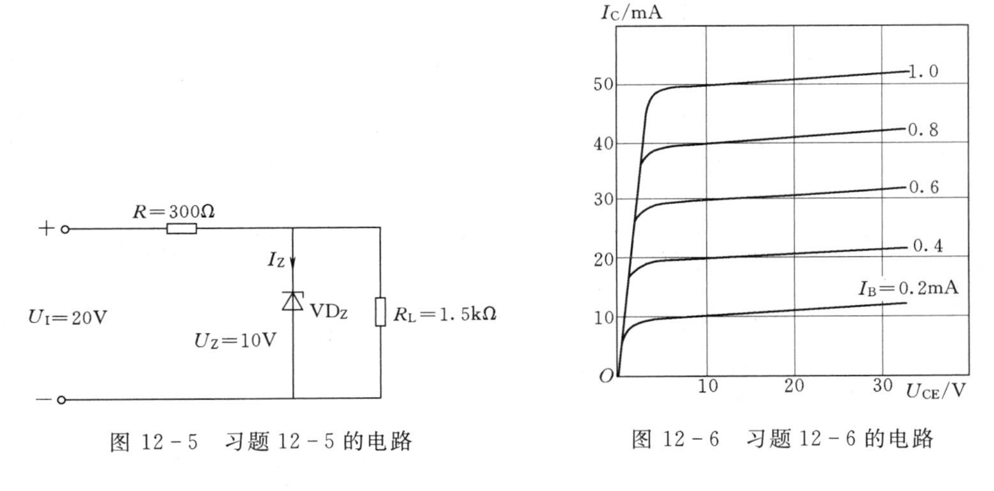

图 12-5　习题 12-5 的电路

图 12-6　习题 12-6 的电路

12-6　图 12-6 为某三极管的输出特性曲线，试求：(1) $U_{CE}=10\text{V}$ 时，I_B 从 0.4mA 变到 0.8mA；从 0.6mA 变到 0.8mA 两种情况下的交流电流放大系数；(2) I_B 等于 0.4mA 和 0.8mA 两种情况下的直流电流放大系数。

12-7　试问在图 12-7 所示各电路中，三极管工作于什么状态？

12-8　在图 12-8 所示电路中，试求下列几种情况下输出端 Y 的电位及各元件（R，VD_A，VD_B）中通过的电流：(1) $U_A=U_B=0\text{V}$；(2) $U_A=+3\text{V}$，$U_B=0\text{V}$；(3) $U_A=U_B=+3\text{V}$。二极管的正向压降可忽略不计。

12-9　在图 12-9 中，试求下列几种情况下输出端电位 U_Y 及各元件中通过的电流：

(1) $U_A=+10\text{V}$，$U_B=0\text{V}$；(2) $U_A=+6\text{V}$，$U_B=5.8\text{V}$；(3) $U_A=U_B=+5\text{V}$。设二极管的正向电阻为零，反向电阻为无穷大。

12-10　有两个稳压管 VD_{Z1} 和 VD_{Z2}，其稳定电压分别为 5.5V 和 8.5V，正向压降都是 0.5V。如果要得到 0.5V，3V，6V，9V 和 14V 几种稳定电压，这两个稳压管（还有限流电阻）应该如何连接？画出各个电路。

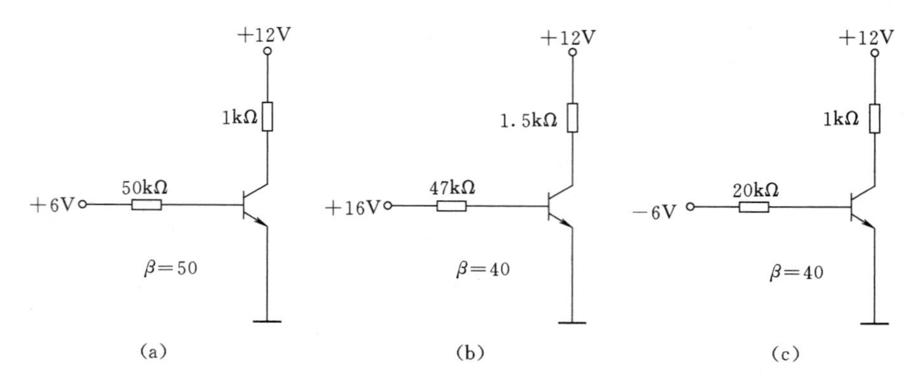

图 12-7　习题 12-7 的电路

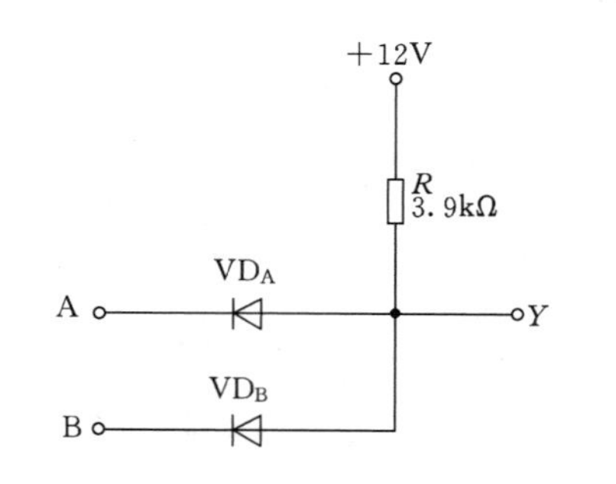

图 12-8　习题 12-8 的电路

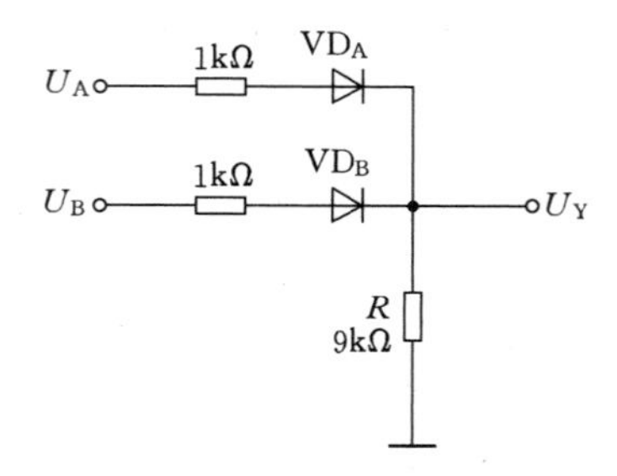

图 12-9　习题 12-9 的电路

第 13 章　基本放大电路

三极管的重要用途之一是利用其放大作用组成放大电路。在生产和科学实验中，往往要求用微弱的信号去控制较大功率的负载。放大电路的应用十分广泛，是电子设备中最普遍的一种基本单元。本章所介绍的是由分立元件组成的各种常用基本放大电路，将讨论它们的电路结构、工作原理、分析方法以及特点和应用。

13.1　放大电路的工作原理

放大电路的作用是把微弱的电信号（电压、电流、功率）放大到所需的量级，而且输出信号的功率要比输入信号的功率大，输出信号的波形要与输入信号的波形相同。

现以三极管共射极接法的电路为例来说明放大电路的工作原理。三极管采用共射极接法的放大电路如图 13－1－1 所示，为了将待放大信号输送进来，由基极 B 引出一根输入线与信号源构成输入回路，为了将已放大的信号输送出去，由集电极 C 引出一根输出线与地之间构成输出回路。输出端接负载或下级放大电路。

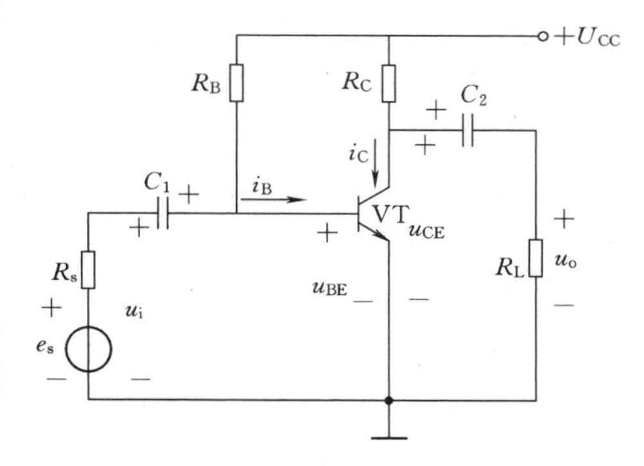

图 13－1－1　共射极放大电路

电路中各元件分别起以下的作用：

三极管 VT：三极管是放大电路中的放大元件，利用它的电流放大作用，在集电极电路获得放大了的电流，此电流受输入信号的控制。

集电极电源 U_{CC}：该电源除为输出信号提供能量外，还保证使发射结处于正向偏置，集电结处于反向偏置，以使三极管起到放大作用。U_{CC}一般为几伏到几十伏。

集电极电阻 R_C：集电极电阻主要是将集电极电流的变化变换为电压的变化，以实现电压放大。R_C 的阻值一般为几千欧到几十千欧。

基极电阻 R_B：提供适当的基极电流；以使放大电路处于放大状态。R_B 的阻值一般为几十千欧到几百千欧。

耦合电容 C_1 和 C_2：它们一方面起到隔直流作用，C_1 用来隔断放大电路与信号源之间的直流通路，而 C_2 则用来隔断放大电路与负载之间的直流通路，使三者之间无直流联系，互不影响。另一方面又起到交流耦合作用，保证交流信号畅通无阻地经过放大电路。通常对交流信号可视作短路。C_1 和 C_2 的电容值一般为几微法到几十微法，用的是电解电容器，连接时要注意其极性。

输入信号按波形的不同，大体上可分为直流信号和交流信号两种。由于正弦信号是一种基本信号，在对放大电路进行性能分析和测试时，常以它作为输入信号。因此，也以输入信号为正弦信号来说明放大电路的工作原理，原理电路如图 13-1-2 所示。

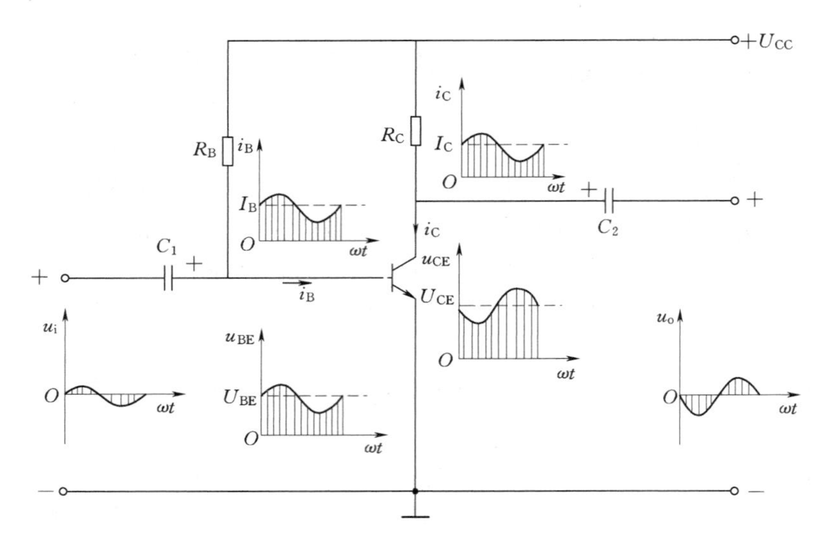

图 13-1-2　信号的放大过程

输入端未加输入信号时，放大电路的工作状态称为**静态**。这时电源 U_{CC}，经 R_B 给发射结加上了正向偏置电压 U_{BE}，经 R_C 给集电结加上了反向偏置电压，三极管处于放大状态，于是发射极发射载流子形成了静态基极电流 I_B，集电极电流 I_C 和发射极电流 I_E，静态时的基极电流又称偏置电流，简称偏流。基极电阻 R_B 的作用是获得合适的偏流以保证三极管工作在放大状态，因此又称偏置电阻。静态时，除输入和输出端外，三极管各极电压和电流都是直流，其波形如图 13-1-2 各波形中的虚线所示。

输入端加上输入信号时，放大电路的工作状态称为**动态**。交流输入信号 U_i 通过 C_1 耦合到三极管的发射结两端，使发射结电压 u_{BE}以静态值 U_{BE}为基准上下波动，但方向不变，即 u_{BE}始终大于零，发射结保持正向偏置，三极管始终处于放大状态。这时的发射结电压 u_{BE}包含两个分量，一个是 U_{CC}产生的静态直流分量 U_{BE}，另一个是由 u_i 引起的交流信号分量 u_{be}，即 $u_{BE}=U_{BE}+u_{be}$，忽略 C_1 上的交流电压降，则 $u_{be}=u_i$。发射极电压的变化会引起各极电流的相应变化，而且它们都会有一个静态直流分量和一个交流信号分量，其波形如图 13-1-2 中的波形图所示。i_C 的变化引起了 $R_C i_C$ 的相应变化。由于 $u_{CE}=U_{CC}-R_C i_C$，u_{CE}将以 U_{CE}为基础波动，i_C 增加时，u_{CE}下降，i_C 减小时，u_{CE}增加，它的直流分量 U_{CE}被 C_2 隔离，而交流分量通过 C_2 输出，使得输出端产生了交流输出电压 u_o，忽略 C_2 上的交流电压降，$u_o=u_{CE}=-R_C i_C$ 。只要 R_C 足够大，就可以使 u_o 比 u_i 大。集电极电阻 R_C 的作用就是将集电极电流的变化转换成电压的变化，以实现电压放大。而且只要三极管在输入信号的整个周期内都处于放大状态，u_o 与 u_i 的波形是相同的，但在这种共射极放大电路中，u_o 与 u_i 的相位是相反的。由于输入回路的电流为 i_B 输出回路的电流为 i_c，所以在这种电路中，输出的电流大于输入电流，输出信号的功率也大于输入信号的功率。请注意，根据能量守恒原理，能量只能转换，不能凭空产生，当然也不可能放大，所增加的能量是直流电源 U_{CC}提供的。

通过以上的分析可以看到，放大电路需具备以下二点：一是要设置偏置电阻或偏置电路，以产生合适的偏流 I_B，建立合适的静态工作点，保证输出信号与输入信号的波形相同；二是能将输入信号耦合到三极管发射结两端，并将三极管的电流放大作用转换成电压放大，将放大后的信号输送出去。因而，放大电路的分析又分为静态分析和动态分析两部分。在分析过程中，电压和电流的文字符号采用如下规定：大写字母加大写下标，如 U_{BE} 代表静态直流分量；小写字母加小写下标，如 u_{be} 代表动态交流分量的瞬时值；小写字母加大写下标，u_{BE} 代表动态时的实际电压和电流，即直流分量和交流分量总和的瞬时值。

13.2 放大电路的静态分析

13.2.1 静态工作点的确定

1. 图解法确定静态工作点

静态时，在三极管的输入特性和输出特性上所对应的工作点称为静态工作点，用 Q 表示。静态分析的目的就是要确定放大电路的静态工作点。静态工作点既与所选用的三极管的特性曲线有关，也与放大电路的结构有关。

在输入特性上，只要由电路结构求得偏流 I_B，便可如图 13－2－1 所示确定静态工作点 Q，并求出 U_{BE}。

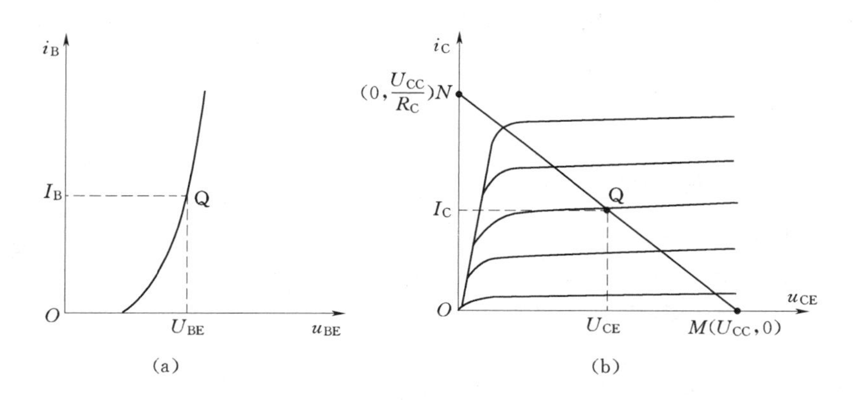

图 13－2－1　静态工作点
(a) 输入特性；(b) 输出特性

在输出特性上，由于 I_C 与 U_{CE} 之间既要满足三极管的输出特性，对图 13－1－1 所示放大电路来说，又要满足方程 $u_{CE}=U_{CC}-R_Ci_C$，由这一方程所确定的直线称为**直流负载线**。静态工作点应位于直流负载线与由已知 I_B 所确定的输出特性的交点上。由交点便可求得 I_C 和 U_{CE}。可见，求静态工作点也就是要确定 I_B、U_{BE}、I_C 和 U_{CE} 这四个静态值。

2. 直流通路确定静态工作点

除上述图解法外，求静态工作点还可以在直流通路中计算得到。计算时，为便于分析，可以将原电路中只含有静态直流分量的这部分电路画出来。这种只研究放大电路中的直流分量时的电路，也就是直流电源单独作用时的电路称为放大电路的**直流通路**。画直流

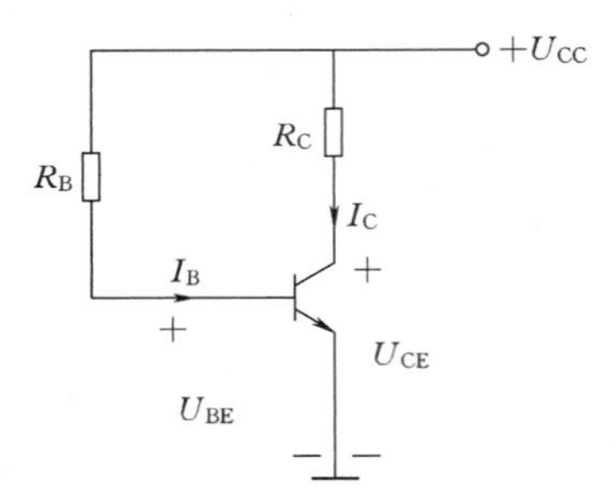

图 13-2-2　直流通路

通路的原则是将信号源中的电动势短路，将所有电容开路。根据这一原则，做出图 13-1-1 所示放大电路的直流通路，如图 13-2-2 所示。

可以计算得到：

静态基极电流 $I_B = (U_{CC} - U_{BE})/R_B$　　(13-2-1)

其中，硅管 U_{BE} 约为 0.6～0.7V，锗管约为 0.2～0.3V。

集电极电流　　$I_C = \beta I_B$　　(13-2-2)

集—射极电压　$U_{CE} = U_{CC} - R_C I_C$　　(13-2-3)

13.2.2　截止失真和饱和失真

静态工作点选择得是否合适将会影响到动态时的放大效果。

当偏流 I_B 太小，使得 I_B 小于基极电流交流分量 i_b 的幅值时，如图 13-2-3（a）所示，在输入信号 u_i 的负半周中，i_B 将有一段时间为零，三极管处于截止状态。因而 i_C 和 u_{CE} 的波形也发生了如图所示的变化。经 C_2 后得到的输出电压 u_o 的波形在后半周发生了畸变，输出电压与输入电压波形不同的现象称为失真。由于这一失真是因为三极管有一段时间进入截止状态引起的，故称为**截止失真**。

当偏流 I_B 太大，使得 $i_C \approx U_{CC}/R_C$ 时，如图 13-2-3（b）所示，在输入信号的正半周中，三极管有一段时间处于饱和状态，使得 u_{CE} 也发生了相应的变化，输出电压 u_o 的波形在前半周发生了畸变。由于这一失真是因为三极管进入饱和状态而引起的，故称为**饱和失真**。

I_B 太小，Q 点太低，引起输出电压的后半周期出现截止失真；I_B 太大，Q 点太高，引起输出电压的前半周期出现饱和失真。截止失真和饱和失真都是由于特性的非线性引起的，统称为**非线性失真**。为了不引起非线性失真，静态工作点的选择应保证动态时在输入信号的整个周期内三极管都处于放大状态。

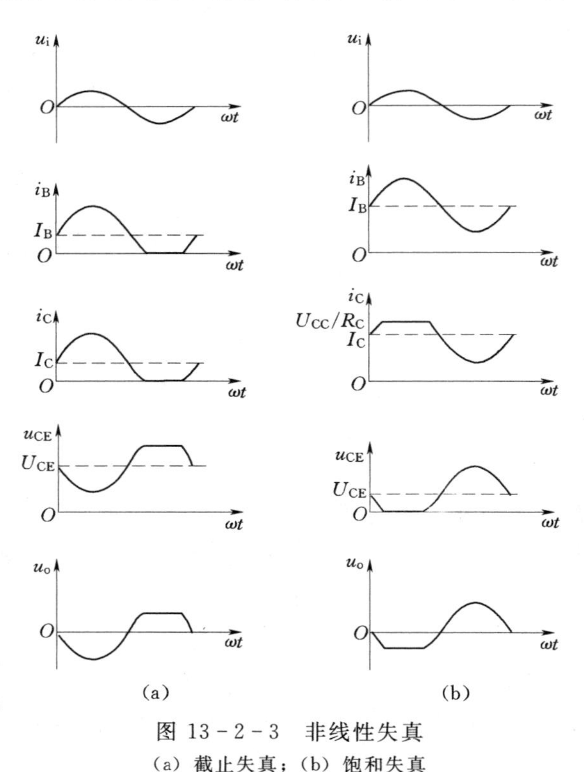

图 13-2-3　非线性失真

(a) 截止失真；(b) 饱和失真

【例 13-2-1】　在图 13-1-2 所示放大电路中，已知 $U_{CC}=6\text{V}$，$R_B=180\text{k}\Omega$，$R_C=2\text{k}\Omega$，$\beta=50$，$U_{BE}=0.7\text{V}$。试用计算法求放大电路的静态工作点。

［解］　由直流通路求得

$$I_B = \frac{U_{CC} - U_{BE}}{R_B} = \frac{6 - 0.7}{180} = 0.0294(\text{mA})$$

$$I_C = \beta I_B = 50 \times 0.0294 = 1.47(\text{mA})$$

$$U_{CE}=U_{CC}-R_CI_C=6-2\times10^3\times1.47\times10^{-3}=3.06(\text{V})$$

13.3 放大电路的动态分析

当放大电路有信号输入时，电路中各处的电压、电流都处于变动的工作状态，简称动态。动态分析就是分析有变化着的输入信号时；电路中各种变化量的变动情况和相互关系。动态分析的主要工具是微变等效电路。但在分析放大电路的输出幅度和波形的失真情况时，用图解法比较直观。

13.3.1 放大电路的主要性能指标

动态分析的主要目的是研究放大电路的放大效果，通常由以下几项性能指标来说明。

1. 电压放大倍数 A_u

放大电路输出电压的变化量和输入电压的变化量之比称为放大电路的电压放大倍数，又称电压增益，即

$$A_u=\Delta U_o/\Delta U_i \tag{13-3-1}$$

在输入信号为正弦交流信号时，也可以用输出电压与输入电压的相量之比，即

$$\dot{A}_u=\dot{U}_o/\dot{U}_i \tag{13-3-2}$$

电压放大倍数反映了放大电路的放大能力。

2. 输入电阻 r_i

放大电路的输入信号是由信号源（前级放大电路也可看成是本级的信号源）提供的，对信号源来说，放大电路相当于它的负载，如图 13-3-1 所示，其作用可用一个电阻 r_i 来等效代替。这个电阻就是从放大电路输入端看进去的等效动态电阻，称为放大电路的输入电阻。

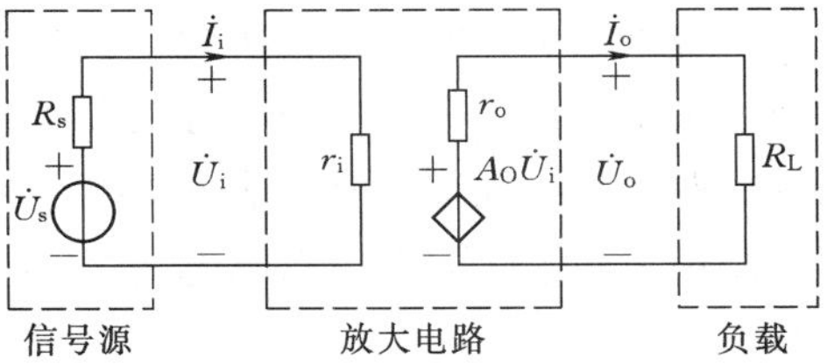

图 13-3-1 输入电阻和输出电阻

输入电阻 r_i 在数值上应等于输入电压的变化量与输入电流的变化量之比，即

$$r_i=\Delta U_i/\Delta I_i \tag{13-3-3}$$

当输入信号为正弦交流信号时为

$$r_i=U_i/I_i \tag{13-3-4}$$

由图 13-3-1 可知，放大电路的输入电压 U_i，与信号源的电压 U_S，信号源内阻 R_S 和输入电阻 r_i 的关系为

$$U_i=\frac{r_i}{R_S+r_i}U_S \tag{13-3-5}$$

在 U_S 和 R_S 一定时，r_i 大，则 U_i 大，可增加放大电路的输出电压 $U_o=A_uU_i$。因此，一般都希望 r_i 能大一些，最好 r_i 远大于信号源的内阻 R_S。

3. 输出电阻 r_o

放大电路的输出信号要送给负载（后级放大电路也可看成本级的负载），对负载来说，放大电路相当于它的信号源，如图 13-3-1 所示，其作用可用一个等效电压源来代替。

这个等效电压源的内阻 r_o 称为放大电路的输出电阻。

输出电阻定义为当输入信号短路（即 $U_S=0$），输出端负载开路（即 $R_L=\infty$）时，外加输出电压 U_o 与输出电流 I_o 之比

$$r_o = U_o/I_o\,|_{U_S=0,R_L=\infty} \tag{13-3-6}$$

由图 13-3-1 可知，放大电路有载时的输出电压 U_o 与负载和输出电阻 r_o 的关系为

$$U_o = \frac{R_L}{r_o+R_L}A_oU_i \tag{13-3-7}$$

可见，放大电路的输出端接负载后，其输出电压和电压放大倍数都比空载时有所下降。r_o 小则下降得少，这说明放大电路带负载的能力强，反之，r_o 大，下降得多，这说明放大电路带负载的能力差，因此，一般都希望 r_o 小一些，最好能远小于负载电阻 R_L。

13.3.2　放大电路的微变等效电路

1. 三极管的简化小信号电路模型

由于三极管是非线性元件，对放大电路进行动态分析的最直接的方法是图解法。但是，这种方法非常麻烦。考虑到三极管的特性曲线在放大区部分近似为直线，因此，在小信号情况下，三极管的电压 u_{CE} 和电流 i_c 的交流分量之间的关系基本上是线性的。所以在作小信号动态分析时，可以将三极管近似用一个线性的电路模型来代替，称为**三极管的小信号电路模型**，从而可以用已学过的线性电路的分析方法对放大电路进行动态分析。

三极管在采用共射极接法时，如图 13-3-2 所示，具有两个端口。输入端的电压与电流的关系可由三极管的输入特性来确定。如图 13-3-2（b）所示。当三极管工作在输入特性曲线的线性部分时，输入端电压与电流的变化量，即 ΔU_{BE} 与 ΔI_B 成正比关系，因而可以用一个等效的动态电阻 r_{be} 来表示它们两者的关系，即

$$r_{be} = \Delta U_{BE}/\Delta I_B \tag{13-3-8}$$

称为三极管输入电阻。一般为数百至数千欧。低频小功率三极管的输入电阻还可以用下面的公式估算

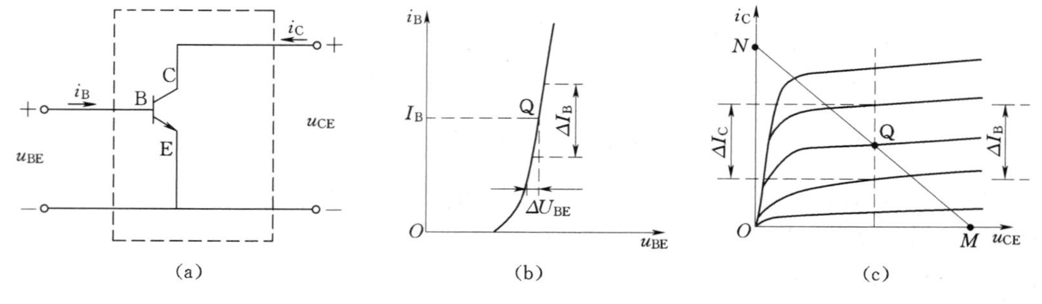

图 13-3-2　小信号电路模型的分析

(a) 电路图；(b) 输入特性；(c) 输出特性

$$r_{be} = 300 + \beta \frac{26}{I_C}(\Omega) \qquad (13-3-9)$$

其中 I_C 的单位为 mA，r_{be} 的单位为 Ω，由此求得从输入端看进去的电路模型如图 13－3－3左边所示。

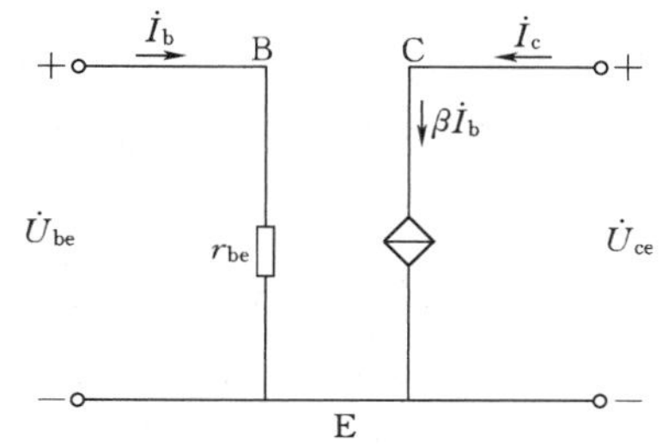

图 13－3－3　三极管小信号电路模型

输出端的电压与电流的关系可由三极管的输出特性来确定，如图 13－3－2（c）所示，由于三极管工作在放大区时，$\Delta I_C = \beta\Delta I_B$，$\Delta I_C$ 受 ΔI_B 控制，与 ΔU_{CE}几乎无关，因此，从三极管的输出端看进去，可用一个等效的恒流源来表示，不过这个恒流源的电流 ΔI 不是一个固定值，而是受 ΔI_B 控制的，故称为电流控制电流源。于是得到了晶体管的小信号电路模型如图 13－3－3 所示。

2. 放大电路的微变等效电路

只研究放大电路中交流分量的电路，也就是交流信号源单独作用时的电路称为放大电路的交流通路。作交流通路的原则是将放大电路中直流电源的电压源和所有大电容短路。再将交流通路中的三极管用小信号模型代替，便得到在小信号（即微变信号）情况下对放大电路进行动态分析的等效电路，称为**放大电路的微变等效电路**。根据上述原则做出图 13－1－2 所示放大电路的交流通路和微变等效电路，分别如图 13－3－4 和图 13－3－5 所示。利用微变等效电路便可求电路的交流参数 A_u、r_i 和 r_o。

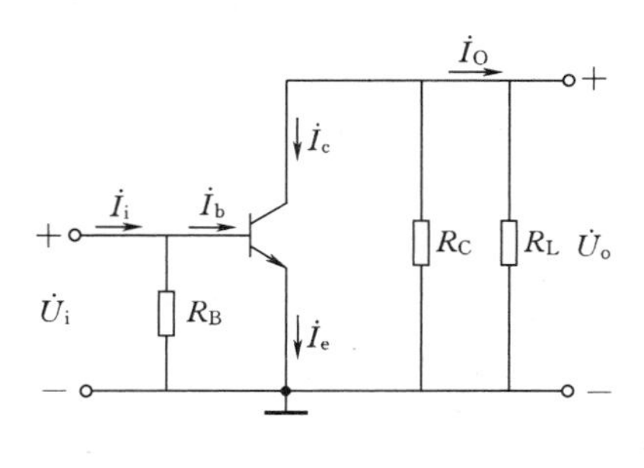

图 13－3－4　交流通路

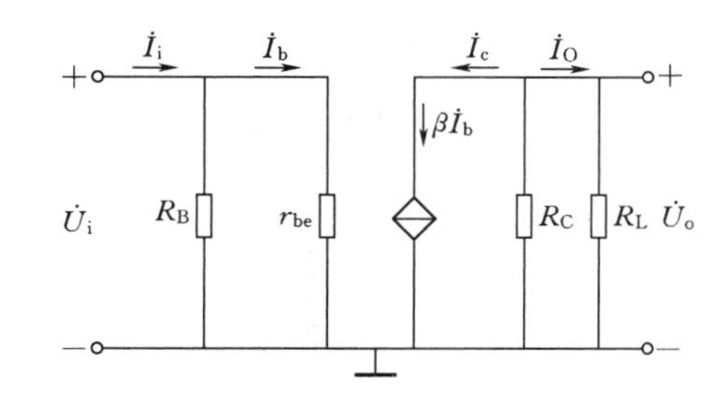

图 13－3－5　微变等效电路

（1）电压放大倍数 A_u。根据图 13－3－5，可得

$$\dot{U}_i = r_{be}\dot{I}_b$$

$$\dot{U}_o = -R'_L\dot{I}_c = -R'_L\beta\dot{I}_b$$

式中的负号是表示 $\dot{U}_o$ 与 $\dot{I}_b$ 的方向相反。R'_L 是 R_C 与 R_L 的并联等效电阻，称为总负载电阻。

由此求得该放大电路电压放大倍数的计算公式为

$$A_u = \frac{\dot{U}_o}{\dot{U}_i} = -\beta\frac{R'_L}{r_{be}} \qquad (13-3-10)$$

式中的负号是表示 $\dot{U}_o$ 与 $\dot{U}_i$ 的方向相反。

（2）放大电路的输入电阻 r_i。由图 13－3－5，可得放大电路的输入电阻的计算公式为

$$r_i = \frac{\dot{U}_i}{\dot{I}_i} = R_{B1} \ /\!/ \ R_{B2} \ /\!/ \ r_{be} \tag{13-3-11}$$

由于一般 R_{B1} 和 R_{B2} 远大于 r_{be}，所以 $r_i \approx r_{be}$，这一数值一般来说是比较小的。

（3）放大电路的输出电阻 r_o。由图 13－3－5 可得

$$r_o = U_o / I_o \big|_{U_S=0, R_L=\infty} = R_C \tag{13-3-12}$$

这个数值一般来说是比较大的。

共射放大电路对电压、电流和功率都有放大作用，缺点是输入电阻比较小，输出电阻比较大。

13.3.3 分压偏置共射放大电路

1. 电路组成

图 13－1－2 所示的共射放大电路，在电路参数一定时，偏流 I_B 是固定的，故称**固定偏置放大电路**。这种电路虽然简单，但当外部条件发生变化，例如温度变化时 β 和 I_{CEO} 随之变化，致使 I_C 和 U_{CE} 发生变化，引起静态工作点的不稳定，因此这种电路的温度稳定性较差。在要求静态工作点比较稳定的场合，常采用图 13－3－6 所示的**分压偏置共射放大电路**。其直流通路如图 13－3－7 所示。该电路的特点：

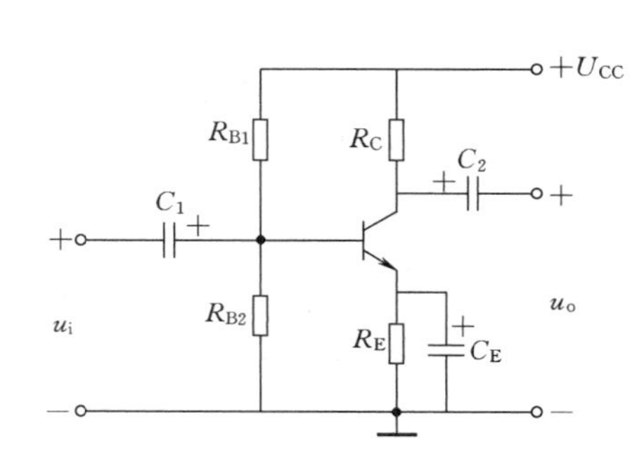

图 13－3－6　共射放大电路

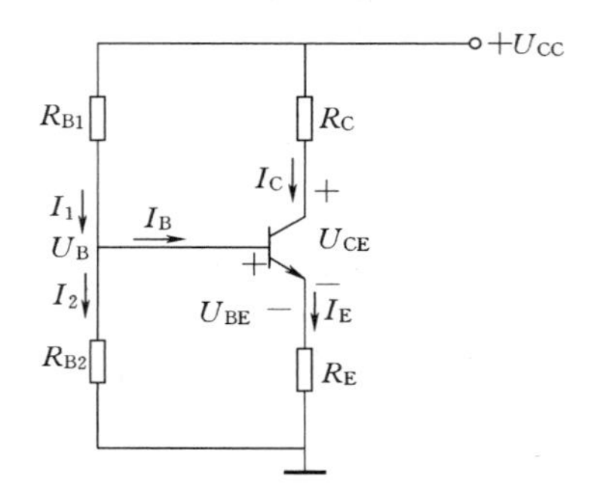

图 13－3－7　共射放大电路的直流通路

（1）增加了一个偏置电阻 R_{B2}，通过对 U_{CC} 的分压可得固定静态基极的对地电压 U_B。

因为只要满足 $I_2 \gg I_B$，则静态时 $I_1 \approx I_2$，便可得

$$U_B = \frac{R_{B2}}{R_{B1} + R_{B2}} U_{CC} \tag{13-3-13}$$

因此，一般取

$$I_2 = (5 \sim 10) I_B$$

（2）增加了发射极电阻 R_E，使得 I_C 基本固定，从而基本稳定了静态工作点。

因为只要满足 $U_B \gg U_{BE}$，则静态时 $U_E = U_B - U_{EB} \approx U_B$，便可将 I_C 基本固定为

$$I_C \approx \frac{U_B}{R_E} \qquad \text{一般取 } U_B = (5 \sim 10) U_{BE} \tag{13-3-14}$$

这种电路在温度变化时，β 和 I_{CEO} 虽然也会发生变化，但当 I_C 增加时，I_E 增加，使得 $U_{BE}=U_B-R_EI_E$ 下降，I_B 自动减小，保持 I_C 基本不变，从而使静态工作点基本稳定，其稳定静态工作点的过程如下：

$$\text{温度}\uparrow\rightarrow I_C\uparrow\rightarrow I_E\uparrow\rightarrow R_EI_E\uparrow\rightarrow U_{BE}\downarrow\rightarrow I_B\downarrow\rightarrow I_C\downarrow$$

（3）R_E 两端并联了一个发射极旁路电容 C_E，使得 R_E 对交流不起作用，所以放大电路的电压放大倍数不会因 R_E 而下降。

2. 电路分析

由图 13-3-7 所示的直流通路，求得计算静态工作点的公式如下：

$$U_B=\frac{R_{B2}}{R_{B1}+R_{B2}}U_{CC}$$

$$I_E=\frac{U_B-U_{BE}}{R_E}$$

$$I_B=\frac{I_E}{1+\beta} \tag{13-3-15}$$

$$I_C=\beta I_B \tag{13-3-16}$$

$$U_{CE}=U_{CC}-R_CI_C-R_EI_E\approx U_{CC}-(R_C+R_E)I_C \tag{13-3-17}$$

【例 13-3-1】 已知图 13-3-6 所示共射放大电路的 $U_{CC}=12\text{V}$，$R_{B1}=24\text{k}\Omega$，$R_{B2}=12\text{k}\Omega$，$R_C=R_E=2\text{k}\Omega$。硅三极管的 $\beta=50$，求该电路的静态工作点及放大电路在空载时的 A_u、r_i 和 r_o。

［解］ 直流通路如图 13-3-7 所示，静态工作点计算如下

$$U_B=\frac{R_{B2}}{R_{B1}+R_{B2}}U_{CC}=\frac{12\times10^3}{(24+12)\times10^3}\times12=4(\text{V})$$

$$I_E=\frac{U_B-U_{BE}}{R_E}=\frac{4-0.7}{2\times10^3}=1.65\times10^{-3}(\text{A})=1.65(\text{mA})$$

$$I_B=\frac{I_E}{1+\beta}=\frac{1.65}{1+50}=0.0324(\text{mA})$$

$$I_C=\beta I_B=50\times0.0324=1.62(\text{mA})$$

$$U_{CE}=U_{CC}-R_CI_C-R_EI_E$$

$$=12-2\times10^3\times1.62\times10^{-3}-2\times10^3\times1.65\times10^{-3}=5.46(\text{V})$$

微变等效路如图 13-3-8 所示，交流参数计算如下

$$r_{be}=200+\beta\frac{26}{I_C}=200+50\times\frac{26}{1.62}(\Omega)\approx1.0\ \text{k}\Omega$$

$$A_u=-\beta\frac{R_C}{r_{be}}=-50\times\frac{2}{1.0}=-100$$

$$r_i=R_{B1}\,/\!/\,R_{B2}\,/\!/\,r_{be}=\frac{1}{\frac{1}{24}+\frac{1}{2}+1}=0.649(\text{k}\Omega)$$

$$r_o=R_C=2\ \text{k}\Omega$$

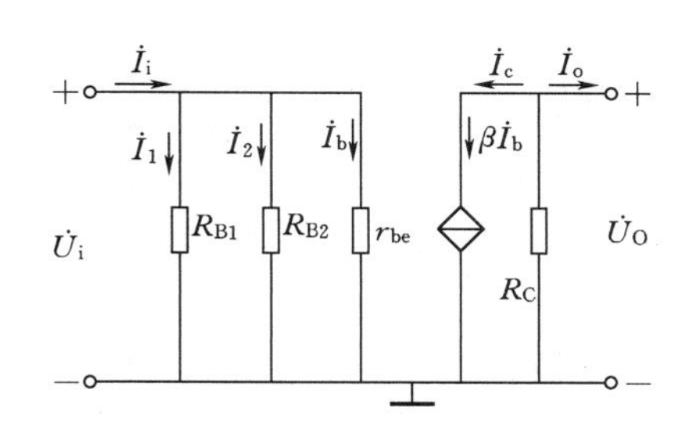

图 13-3-8　共射放大电路的微变等效路

13.4 射 极 输 出 器

前面介绍的放大电路都是从集电极输出信号的，称为**共发射极接法**，本节介绍的射极输出器信号是从发射极输出的，是共集电极接法。电路如图 13-4-1 所示。

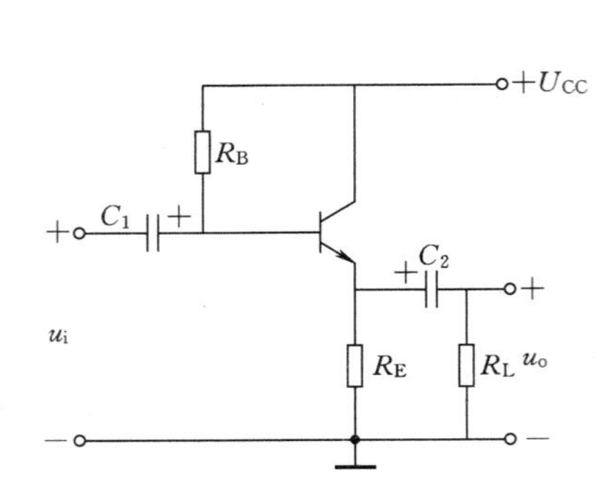

图 13-4-1　共集放大电路

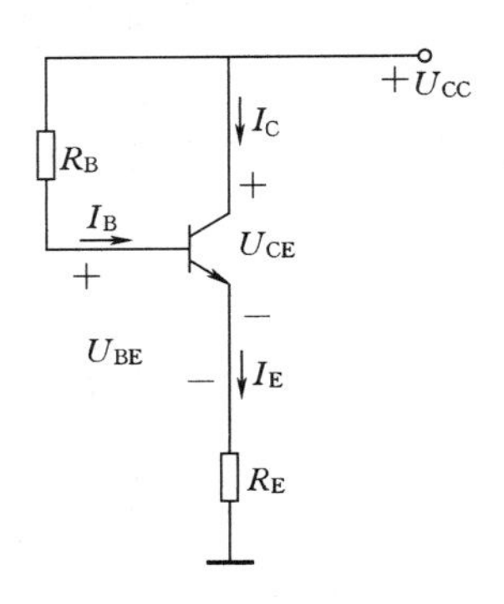

图 13-4-2　共集放大电路的直流通路

13.4.1　电路的静态分析

射极输出器的直流通路如图 13-4-2 所示。

由 $R_B I_B + U_{BE} + R_E(1+\beta)I_B = U_{CC}$ 可得静态工作点

$$I_B = \frac{U_{CC} - U_{BE}}{R_B + (1+\beta)R_E} \tag{13-4-1}$$

$$I_C = \beta I_B \tag{13-4-2}$$

$$U_{CE} = U_{CC} - R_E(1+\beta)I_B \tag{13-4-3}$$

13.4.2　电路的动态分析

射极输出器的交流通路如图 13-4-3 所示。由交流通路画出微变等效电路如图 13-4-4 所示。由微变等效电路可以推导出交流参数

$$A_u = \frac{\dot{U}_o}{\dot{U}_i} = \frac{(1+\beta)R'_L}{r_{be} + (1+\beta)R'_L} \approx 1 \tag{13-4-4}$$

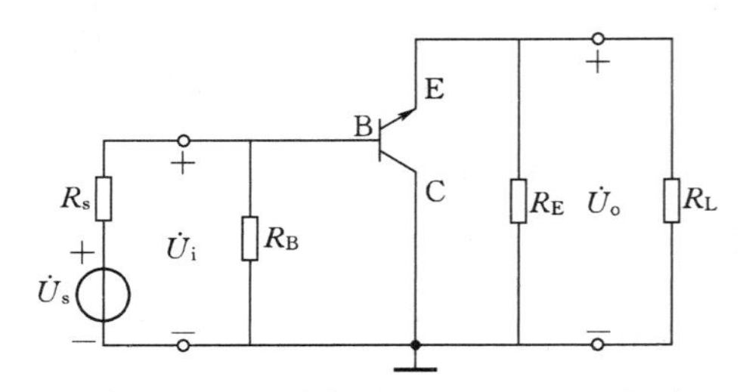

图 13-4-3　共集放大电路的交流通路

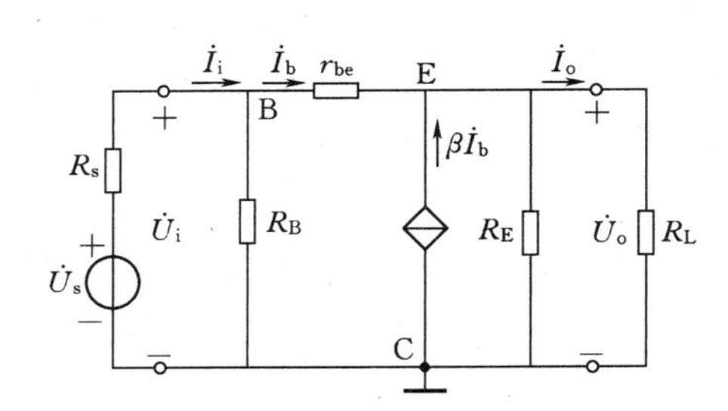

图 13-4-4　共集放大电路的微变等效电路

$$r_i = \frac{\dot{U}_i}{\dot{I}_i} = R_B \mathbin{/\!/} [r_{be} + (1+\beta)R'_L] \quad (13-4-5)$$

$$r_o = \frac{\dot{U}_{OC}}{\dot{I}_{SC}} = R_E \mathbin{/\!/} \frac{(R_S \mathbin{/\!/} R_B) + r_{be}}{1+\beta} \quad (13-4-6)$$

其中
$$R'_L = R_E \mathbin{/\!/} R_L$$

这种放大电路的电压放大倍数略小于1，但近似等于1，而且 u_o 与 u_i 的相位相同。与共射放大电路相比 r_i 增加了几十到几百倍，一般可达几十千欧至几百千欧，而 r_o 却减少了很多，一般约在几十至几百欧。

射极输出器虽无电压放大作用，但有电流放大作用，因而也有功率放大作用。由于它具有 r_i 大和 r_o 小的优点，因此在各种电子设备中得到了广泛的应用，例如在测量仪器中，用作输入级，可以减小信号源的负担，保证测量的准确度；在负载电阻较小的情况下，用作输出级，可以提高放大器带负载的能力。

13.5 多级放大电路

当一级放大电路的放大倍数不能满足要求时，可以将若干个基本放大电路串联起来组成多级放大电路。放大电路的级间连接称为耦合，在耦合过程中要求信号的损失要尽可能小，各级放大电路都有合适的静态工作点。

放大电路的级间耦合方式有阻容耦合、直接耦合和变压器耦合三种，变压器耦合是用变压器作为耦合元件，由于变压器体积大，质量重，目前已很少采用。

阻容耦合是用电容作耦合元件，如图 13-5-1 就是一个两级阻容耦合放大电路，前级为共射放大电路，后级为共集放大电路。利用 C_2 和 R_{B3} 将前后两级连接起来，故名阻容耦合。在前面各节介绍的放大电路中，放大电路与信号源或负载之间就是采用阻容耦合将它们连接起来的。直接耦合不需要另加耦合元件，而是直接将前后两级连接起来，如图 13-5-2 就是一个直接耦合的两级放大电路。

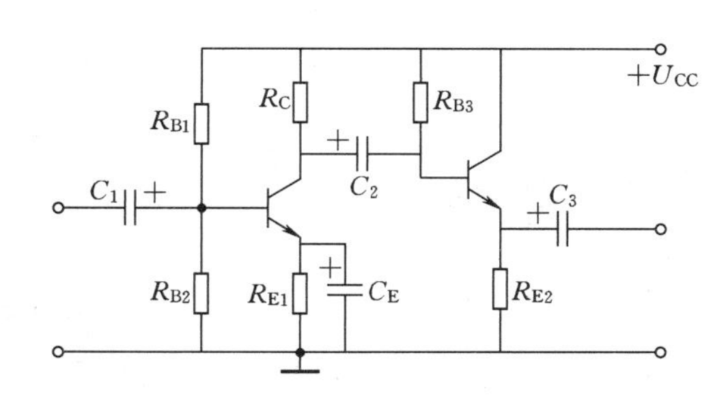

图 13-5-1 阻容耦合

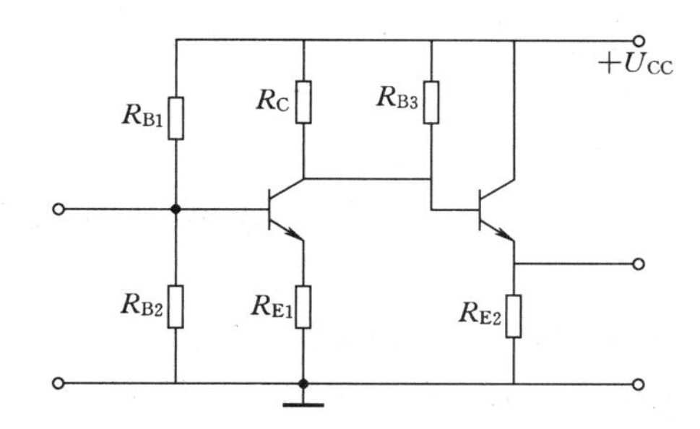

图 13-5-2 直接耦合

静态分析时，由于电容的隔直作用，阻容耦合放大电路中，前、后两级的静态工作点是彼此独立的，互不影响，可分别进行计算。而直接耦合放大电路中，前后两级的直流通路相互沟通，它们的静态工作点是相互影响，相互制约的，必须配合妥当才行。

动态分析时，无论是阻容耦合还是直接耦合，只要将各级的微变等效电路级连起来即为多级放大电路的微变等效电路。因而不难得出以下几点结论：

（1）多级放大电路的电压放大倍数 A_u 等于各级电压放大倍数 A_{u1} 和 A_{u2} 的乘积，即

$$A_u = A_{u1}A_{u2} \tag{13-5-1}$$

在计算 A_{u1} 和 A_{u2} 时，要注意后级的输入电阻 r_{i2} 就是前级的负载电阻 R_{L1}，前级的输出电阻 r_{o1} 就是后级的信号源内阻 R_{S2}。

（2）多级放大电路的输入电阻 r_i，一般就是前级的输入电阻 r_{i1}。

（3）多级放大电路的输出电阻 r_o，一般就是后级的输出电阻 r_{o2}。

由于耦合电容的隔直作用，阻容耦合只能用于放大交流信号，而且在集成电路中要制造大电容值的电容很困难，因此，在集成电路中一般都采用直接耦合方式。但是，直接耦合的结果又带来了零点漂移问题。

在直接耦合放大电路中，当输入端无输入信号时，输出端的电压会偏离初始值而作上下漂动，这种现象称为**零点漂移**。零点漂移是由于温度的变化、电源电压的不稳定等原因引起的。例如，当温度增加时，I_{C1} 增加，U_{CE1} 下降，前级电压的这一变化直接传递到后一级而被放大，使得输出电压远远偏离了初始值而出现零点漂移现象，放大电路将因无法区分漂移电压和信号电压而失去工作的能力。因此，必须采取适当的措施加以限制，使得漂移电压远小于信号电压。

【例 13-5-1】 在图 13-5-1 所示放大电路中，已知 $R_{B1}=R_{B3}=10\text{k}\Omega$，$R_{B2}=33\text{k}\Omega$，$R_C=2\text{k}\Omega$，$R_{E1}=R_{E2}=1.5\text{k}\Omega$，两三极管的 $\beta_1=\beta_2=60$，$r_{be1}=r_{be2}=0.6\text{k}\Omega$，求总电压放大倍数。

［**解**］ 第一级为共射放大电路，它的负载电阻即第二级的输入电阻

$$R_{L1}=r_{i2}=R_{B3}\ /\!/\ [r_{be2}+(1+\beta_2)R_{E2}]=\frac{10\times[0.6+(1+60)\times1.5]}{10+[0.6+(1+60)\times1.5]}=9.02(\text{k}\Omega)$$

$$R'_{L1}=R_C\ /\!/\ R_{L1}=\frac{2\times10^3\times9.02\times10^3}{2\times10^3+9.02\times10^3}=1.64\times10^3(\Omega)=1.64(\text{k}\Omega)$$

$$A_{u1}=-\beta_1\frac{R'_{L1}}{r_{be1}}=-60\times\frac{1.64}{0.6}=-164$$

第二级为共集放大电路，可取 $A_{u2}=1$。因此

$$A_u=A_{u1}A_{u2}=-164\times1=-164$$

13.6 差 动 放 大 电 路

差动放大电路是模拟集成电路中应用最为广泛的基本电路，它能够有效地抑制直接耦合放大电路中的零点漂移现象，几乎所有模拟集成电路中的多级放大电路都采用它作输入级。

13.6.1 工作原理

差动放大电路的基本电路如图 13-6-1 所示。它由两个对称的单管共射放大电路组成，VT_1 和 VT_2 是特性相同的两个三极管，左、右两边的电阻 R_C 阻值相等。信号分别

从两个基极与地之间输入，从两个集电极之间输出。

1. 静态分析

静态时，$u_{i1}=u_{i2}=0$，两输入端与地之间可视为短路，电源 U_{EE} 通过 R_E 向两三极管提供偏流以建立合适的静态工作点，因而不必像前边介绍的共射放大电路那样设置基极偏置电阻。由于电路对称，两边的 I_B、I_C 和 U_{CE} 都相等。所以，可以求得静态参数：

图 13-6-1 基本差动放大电路

$$I_E=\frac{U_{EE}-U_{BE}}{2R_E} \quad (13-6-1)$$

$$I_B=\frac{I_E}{1+\beta} \quad (13-6-2)$$

$$I_C=\beta I_B \quad (13-6-3)$$

$$U_{CE}=U_{CC}+U_{EE}-R_C I_C-2R_E I_E \quad (13-6-4)$$

2. 动态分析

动态时，有以下两种输入信号：

(1) 共模输入信号 $u_{i1}=u_{i2}$。

共模输入信号为一对大小相等、相位相同的输入信号。这对共模信号通过 U_{EE} 和 R_E 加到左、右两三极管的发射结上，由于电路对称，因而两管的集电极对地电压 $u_{c1}=u_{c2}$，所以差分放大电路的输出电压

$$u_o=u_{c1}-u_{c2}=0$$

这说明该电路对共模信号无放大作用，即共模电压放大倍数 $A_C=0$。正是利用这一点来抑制零点漂移的。因为由温度变化等原因在两边电路中引起的漂移量是大小相等、极性相同的，与输入端加上一对共模信号的效果一样。因此，左、右两单臂放大电路因零点漂移引起的输出端电压的变化量虽然存在，但大小相等，整个电路的输出漂移电压等于零。由于电路很难做到完全对称，因而完全依靠电路的对称性来抑制零点漂移，其抑制作用有限。为进一步提高电路对零点漂移的抑制作用，可以在尽可能提高电路对称性的基础上，通过减少两单管放大电路本身的零点漂移来抑制整个电路的零点漂移。发射极公共电阻 R_E 正好能起这一作用，它抑制零点漂移的原理如下：

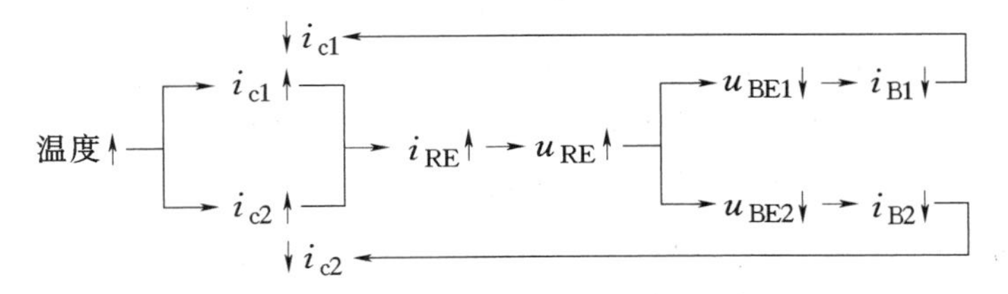

(2) 差模输入信号 $u_{i1}=-u_{i2}$。

差模输入信号为一对大小相等、相位相反的输入信号。由于电路对称，$U_{C1}=-U_{C2}$，因而差分放大电路的输出电压

$$u_o=u_{C1}-u_{C2}=2u_{C1}$$

这说明该电路对差模信号有放大作用，即差模电压放大倍数 $A_d \neq 0$。正是利用这一点来放大有用信号的。也就是说，在实用电路中，只要将待放大的有用信号 u_i 分成一对差模信号，即令 $u_i = u_{i1} - u_{i2} = 2u_{i1}$，分别从左右两边输入便可得到放大。由于差模信号作用下引起的 $i_{E1} = i_{E2}$，通过 R_E 的电流的交流分量 $I_{RE} = i_{E1} + i_{E2} = 0$，$R_E$ 上的交流电压降 $U_{RE} = R_E i_{E0}$，即差模信号不会在 R_E 上产生电压降，故 R_E 对差模信号来说相当于短路，因而每个单管放大电路的电压放大倍数与共射放大电路相同，即

$$\dot{A}_{u1} = \frac{\dot{U}_{c1}}{\dot{U}_{i1}} = \dot{A}_{u2} = \frac{\dot{U}_{c2}}{\dot{U}_{i2}} = -\beta \frac{R'_L}{r_{be}} \tag{13-6-5}$$

由于 R_L 接在两个集电极之间，两放大电路各取一半，故

$$R'_L = R_C \,/\!/\, \frac{1}{2} R_L \tag{13-6-6}$$

由于 $u_o = 2u_{C1}, u_i = 2u_{i1}$，所以差模电压放大倍数

$$\dot{A}_d = \frac{\dot{U}_o}{\dot{U}_i} = -\beta \frac{R'_L}{r_{be}} \tag{13-6-7}$$

由于信号是从两个基极输入，又从两个集电极输出，故差模输入电阻和差模输出电阻为单管放大电路的两倍，即

$$r_i = 2r_{be} \tag{13-6-8}$$

$$r_o = 2R_C \tag{13-6-9}$$

对差动放大电路而言，差模信号是有用的信号，要求对它有较大的电压放大倍数；而共模信号则是零点漂移或干扰等原因产生的无用信号，对它的电压放大倍数愈小愈好。为了衡量差分放大电路放大差模信号和抑制共模信号的能力，通常把差分放大电路的差模电压放大倍数 A_d 与共模电压放大倍数 A_C 的比值作为评价其性能优劣的主要指标，称为**共模抑制比**。即

$$K_{CMRR} = 20\log\left|\frac{A_d}{A_c}\right| \tag{13-6-10}$$

显然 K_{CMRR} 越大越好，在电路完全对称的理想情况下 $A_C = 0$，$K_{CMRR} \to \infty$。

13.6.2 输入和输出形式

根据使用情况的不同，差动放大电路的输入和输出形式共有四种：双端输入—双端输出，双端输入—单端输出，单端输入—双端输出，单端输入—单端输出。前面差动放大电路的信号输入和输出形式为双端输入和双端输出，下面再介绍单端输入—单端输出电路，其余电路也就不难理解了。

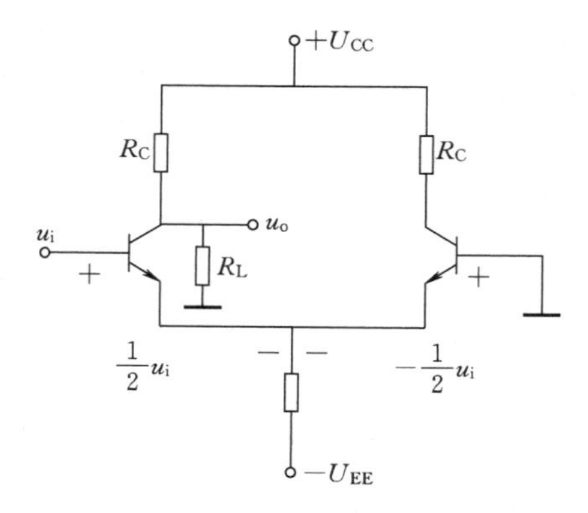

图 13-6-2　单端输入—单端输出差动放大电路

电路如图 13-6-2 所示，输入信号 u_i 可以看成一半作用在左边电路中，另一半作用在右边电路中，从而形成一对差模输入信号。即，两只三极管的输

入信号分别是$\frac{1}{2}u_i$和$-\frac{1}{2}u_i$。

双端输出时，$u_o=2u_{C1}$，而单端输出时，$u_o = u_{C1}$，另一半未用上，故在u_i相同时，u_o较双端输出时减少了一半。也就是说，输出方式决定了A_d的大小：

双端输出时

$$A_d =-\beta\frac{R'_L}{r_{be}} \tag{13-6-11}$$

$$R'_L =R_C \ // \ \frac{1}{2}R_L \tag{13-6-12}$$

单端输出时

$$A_d =-\frac{1}{2}\beta\frac{R'_L}{r_{be}} \tag{13-6-13}$$

$$R'_L =R_C \ // \ R_L \tag{13-6-14}$$

13.7 功率放大电路

功率放大电路是以向负载提供信号功率为主的电子电路，要求输出功率大，效率高，非线性失真小。主要指标定义如下：

放大电路的输出功率

$$P_o = U_o I_o \tag{13-7-1}$$

其中 U_o——输出电压；

I_o——输出电流。

放大电路的效率

$$\eta = \frac{P_o}{P_E}\times 100\% \tag{13-7-2}$$

式中 P_E——直流电源供给的平均功率。

三极管根据静态工作点的位置，可分为甲类工作状态，乙类工作状态和甲乙类工作状态。如图13-7-1所示。

静态工作点的位置在Q_1点为甲类工作状态，三极管在输入电压的整个周期内都处于放大状态。甲类放大Q点较高，I_B和I_C比较大，波形不会失真。但是由于静态工作点值较大，因而P_E大，效率低，一般不会超过25%。

静态工作点的位置在Q_3点为乙类工作状态，三极管只在输入电压的半个周期内处于放大状态，另半个周期处于截止状态。该状态静态工作点低，放大效率高，但输出波形严重失真。

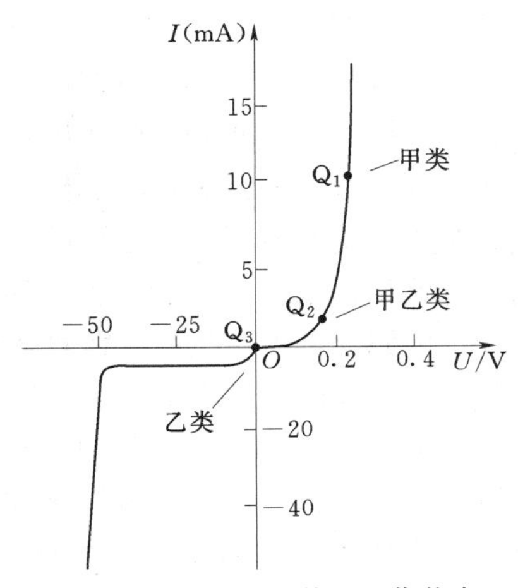

图 13-7-1 三极管的工作状态

静态工作点的位置在Q_2点为甲乙类工作状态，三极管在输入电压的半个多周期内处于放大状态，剩下时间处于截止状态。该状态的特性处于甲类和乙类之间。

乙类放大效率高但输出波形严重失真，可以用两个三极管轮流工作于正、负半周的办法来解决这一矛盾，这就是下面要介绍的互补对称放大电路。

13.7.1 乙类互补对称功率放大电路

由于 NPN 管和 PNP 管的导电方向相反，因而可以用一只 NPN 管负责正半周期的放大，而用一只 PN′P 管负责负半周期的放大。如图 13-7-2 所示，电路是由两个独立的共集放大电路合并而成的，它们都工作于乙类放大状态，所以，称之为**乙类互补对称功率放大电路**。

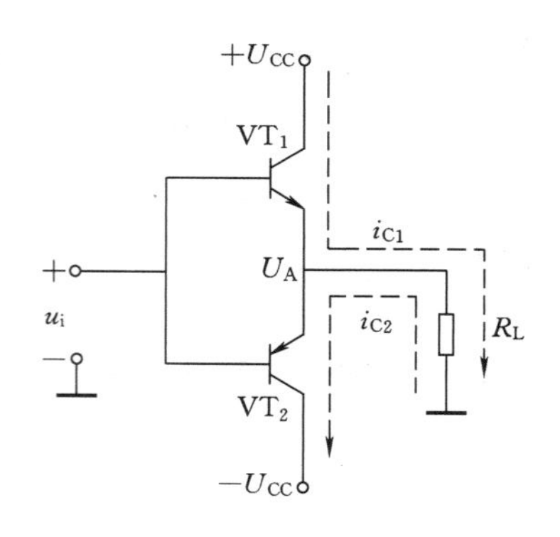

图 13-7-2 乙类放大互补对称电路

静态时，由于电路对称，$U_A=0$，所以 R_L 中无电流。

动态时，在 u_i 的正半周，VT_1 管导通放大，VT_2 管截止，R_L 中通过电流 i_{C1}；在 u_i 的负半周，VT_1 管截止，VT_2 管导通放大，R_L 中通过电流 i_{C2}。其波形如图 13-7-3 所示。在这一电路中，两个单管电路上、下对称。交替工作，互相补充，故称**互补对称电路**。由于它工作在乙类放大，效率较高，在理想状态下效率可达 78.5%。所以这种电路得到了广泛的应用，成为功率放大电路的基本电路。

但是，由于三极管存在死区电压，在两管交替工作过程中，使得输出电流 i_L 在正、负半周的交接处衔接不好而引起失真，称为**交越失真**。因而偏流 I_B 和 I_C 不宜为零，静态时的 VT_1 和 VT_2 应处于微导通状态，以避开输入特性的死区部分。

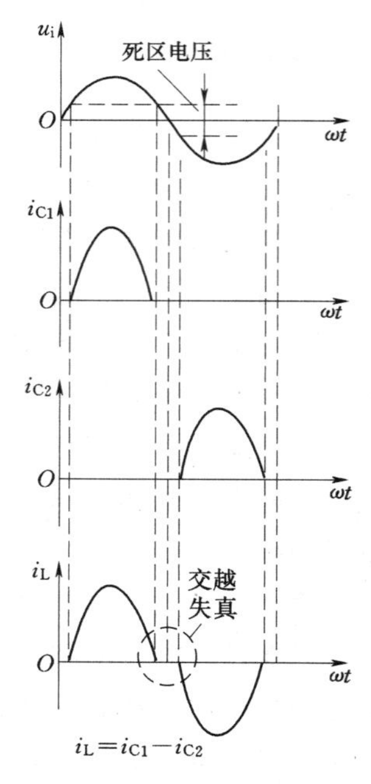

图 13-7-3 乙类放大互补对称电路的波形

13.7.2 甲乙类互补对称功率放大电路

电路如图 13-7-4 所示，为了使静态时 VT_1 和 VT_2 产生一定的偏置电流，在上述电路的基础上增加了偏置电阻 R_{B1} 和 R_{B2}。二极管 VD_1 和 VD_2 的作用是利用其静态导通电压，以保证 VT_1 和 VT_2 静态时处于微导通状态。动态时 VD_1 和 VD_2 的内阻很小，又使 B_1 和 B_2 之间近似短路。这样，既减小了交越失真，又保证了信号的正、负半周送至两管的信号大小相等。由于该电路的输出端与负载之间是直接耦合，无耦合电容，故称为 **OCL 电路**。

与 OCL 电路不同，在一些较简单的电路中，可以用一个大电容 C 代替负电源，电路如图 13-7-5 所示，这种电路与负载之间是用电容耦合的，没有使用变压器耦合，称该电路为 **OTL 电路**。

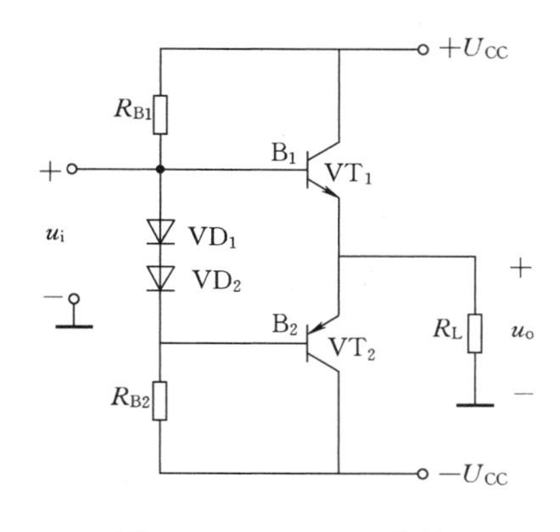

图 13-7-4　OCL 电路

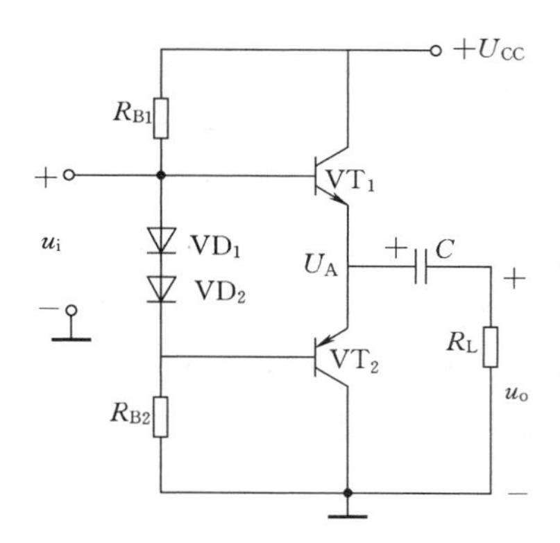

图 13-7-5　OTL 电路

在静态时，$U_A = 1/2U_{CC}$，VT_1 和 VT_2 仍然对称。

动态时，在 u_i 的正半周放大，VT_2 截止，VT_1 导通，U_{CC}通过 VT_1 对 C 充电，R_L 中通过集电极电流 i_{c1}；在 u_i 的负半周，VT_1 截止，VT_2 导通，C 起电源的作用，通过了 VT_2 向 R_L 放电，形成集电极电流 i_{c2}。两只三极管轮流工作，其波形与图 13-7-2 所示相同。

小　　结

1. 三极管有共发射极、共集电极和共基极三种基本组态，共射极放大电路有电压和电流放大能力，输入和输出电压相位相反；射极输出器为共集电极放大电路组态，没有电压放大能力，但有电流放大能力、输入电阻大、输出电阻小、输入和输出电压相位相同。

2. 放大电路的静态工作点通过直流通路分析，分析方法有图解法和计算法。放大电路的动态性能利用微变等效电路法进行分析。主要性能指标有：电压放大倍数、输入电阻和输出电阻。

3. 多级放大电路的级与级之间、放大电路与信号源之间、负载与放大电路之间常用的耦合方式主要有：阻容耦合和直接耦合。阻容耦合放大电路的各级静态工作点独立，但不能放大直流和频率很低的信号；直接耦合放大电路有零点漂移，它既能够放大直流信号，也能放大交流信号。

4. 差动放大电路主要利用电路的对称性克服零点漂移，它对差模信号有较大的放大能力，对共模信号有较强的抑制能力。

5. 差动放大电路可以等效为两个对称的共射极放大电路，利用半边等效电路来估算静态工作点以及各种动态指标。理想情况下，双端输出差模电压放大倍数等于等效共射极放大电路的电压放大倍数，共模电压放大倍数等于零，共模抑制比等于无穷大。单端输出差模电压放大倍数等于双端的一半。

6. 功率放大电路由于管子工作在大信号下，研究的重点是如何在不失真的条件下尽可能提高输出功率和效率。

7. 根据管子的工作状态不同，放大电路可以分为甲类、乙类和甲乙类，乙类互补对称功率放大电路主要优点是效率高（理想状态达到 78.5%），但有交越失真。甲乙类功率放大电路可以有效改善交越失真，分析计算过程和乙类放大电路类似。

习　　题

13-1　有一放大电路，接至 $U_S=12mV$，$R_S=1k\Omega$ 的信号源上时，输入电压 $U_i=10mV$，空载输出电压 1.5V，带上 5.1kΩ 的负载时，输出电压下降至 1V。求该放大电路的空载和有载时的电压放大倍数、输入电阻和输出电阻。

13-2　试推导图 13-1-2 所示放大电路的电压放大倍数、输入电阻和输出电阻的计算公式。

13-3　在图 13-3-6 所示共射放大电路中，$U_{CC}=12V$，硅三极管的 $\beta=50$。$I_C=1mA$，$U_{CE}=6V$。试确定电路中各个电阻的阻值。

13-4　上题中的共射放大电路，若不加发射极旁路电容 C_E，试推导电压放大倍数的计算公式。

13-5　已知共集放大电路的 $R_B=75k\Omega$，$R_E=1k\Omega$，$R_L=1k\Omega$，$U_{CC}=12V$，硅晶管 $\beta=50$，试对该电路进行静态和动态分析。

13-6　在图 13-1 所示放大电路中，已知 $R_C=2k\Omega$，$R_E=2k\Omega$，硅三极管的 $\beta=30$，$r_{be}=1k\Omega$，试画出该放大电路的微变等效电路，并计算集电极输出和发射极输出时的电压放大倍数。

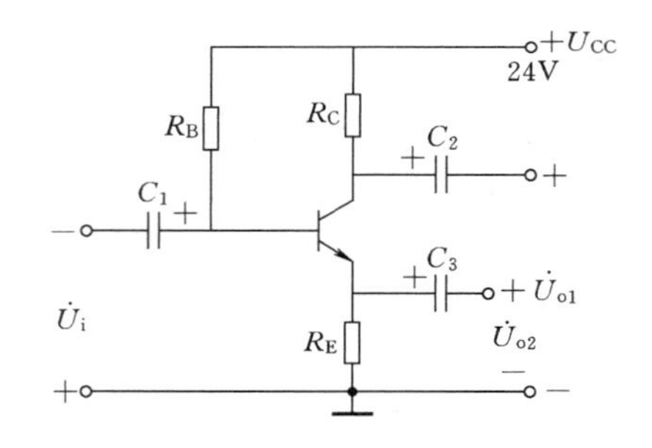

图 13-1　习题 13-6 的电路

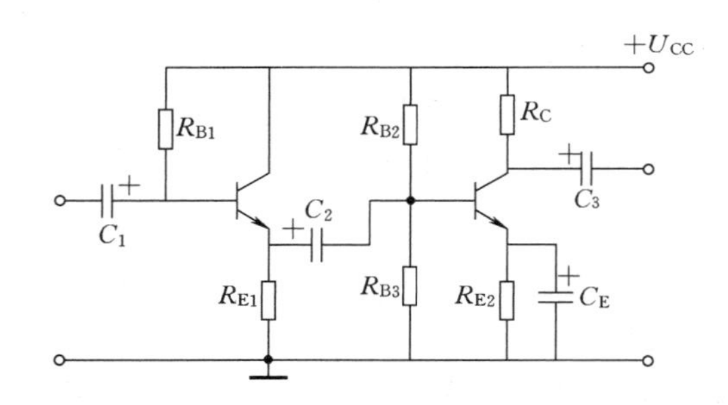

图 13-2　习题 13-7 的电路

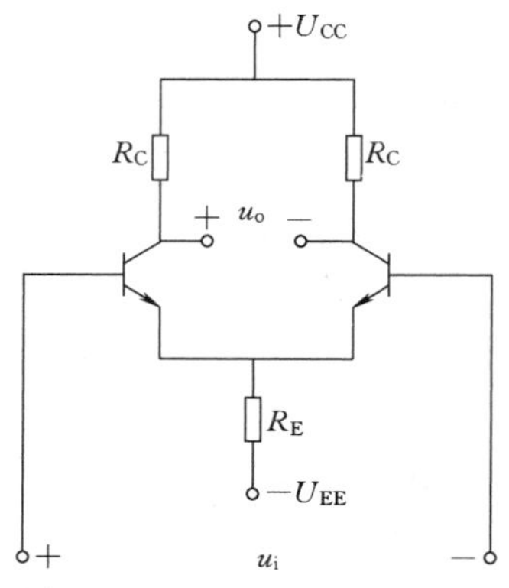

图 13-3　习题 13-8 的电路

13-7　图 13-2 为两级放大电路。已知三极管的 $\beta_1=40$，$\beta_2=50$，$r_{be1}=1.7k\Omega$，$r_{be2}=1.1k\Omega$，$R_{B1}=56k\Omega$. $R_{E1}=5.6k\Omega$，$R_{B2}=20k\Omega$，$R_{B3}=10k\Omega$，$R_C=3k\Omega$. $R_{E2}=1.5k\Omega$，求该放大电路的总电压放大倍数，输入电阻和输出电阻。

13-8　已知图 13-3 所示差动放大电路的 $U_{CC}=U_{EE}=12V$，$R_C=3k\Omega$，$R_E=3k\Omega$，硅三极管 $\beta=100$，求：（1）静态工作点；（2）$u_i=10mV$，输出端空载和 $R_L=6k\Omega$ 时的 U_o。

13-9　在图 13-4 中，已知三极管的电流放大系数

$\beta=60$,输入电阻 $r_{be}=1.8\text{k}\Omega$，信号源的输入信号电压 $E_S=15\text{mV}$，内阻 $R_S=0.6\text{k}\Omega$，各个电阻和电容的数值如图所示。试求：(1) 该放大电路的输入电阻和输出电阻；(2) 输出电压 U_o。

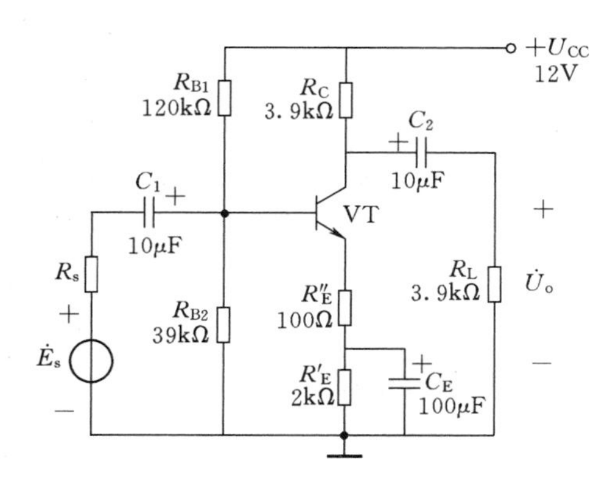

图 13-4　习题 13-9 的电路

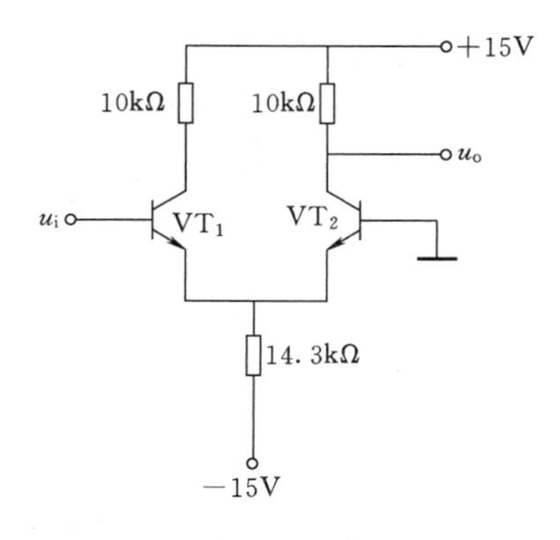

图 13-5　习题 13-10 的电路

13-10　图 13-5 所示的是单端输入—单端输出差动放大电路，已知 $\beta=50$，试计算电压放大倍数 $A_d=\dfrac{u_o}{u_i}$。

第 14 章　集成运算放大器及应用

集成运算放大器是模拟集成电路的最主要的电子器件，在信号处理、信号测量、波形转换、自动控制等领域都得到了十分广泛的应用。本章首先介绍集成运算放大器的基本组成和特性，然后集中讨论和分析集成运算放大器在信号处理、正弦振荡和电压比较等方面的应用。

14.1　集成运算放大器简介

14.1.1　集成运算放大器的组成

集成运算放大器简称**集成运放**，是一种直接耦合的多级放大电路。其结构通常如图 14-1-1 所示，由输入级、中间级、输出级和偏置电路四个基本部分组成。

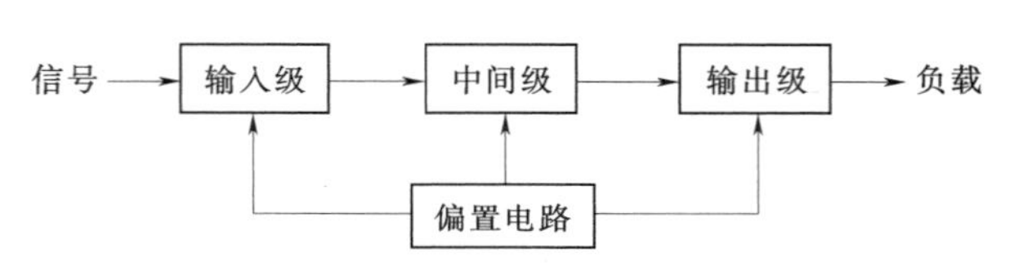

图 14-1-1　集成运算放大器的组成

输入级一般都采用双端输入的差动放大电路，这样可以有效地减小零点漂移、抑制干扰信号。其差模输入电阻 R_i 很大，可达 $10^5\Omega$ 以上。

中间级具有很大电压放大能力，一般采用多级共射放大电路，集成运放的电压放大倍数可高达 10^4 倍。

输出级一般采用互补对称放大电路。输出电阻很小，一般只有几十欧至几百欧，因而带负载的能力强。

偏置电路由若干个电流源组成，给输入级、中间级和输出级提供静态工作点，同时形成有源负载，提高电路的放大能力。

总之，集成运放是一种电压放大倍数高，输入电阻大，输出电阻小，零点漂移小，抗干扰能力强的通用电子器件。

国家标准规定的运算放大器的图形符号如图 14-1-2 所示。图中右侧“+”端为输出端，信号由此端与地之间输出。

左侧“—”端为反相输入端，当信号由此端与地之间输入时，输出信号与输入信号相位相反。信号的这种输入方式称为反相输入。

左侧“+”端为同相输入端，当信号由此端与地之间输入时，输出信号与输入信号相位相同。信号的这种输入方式称为同相输入。

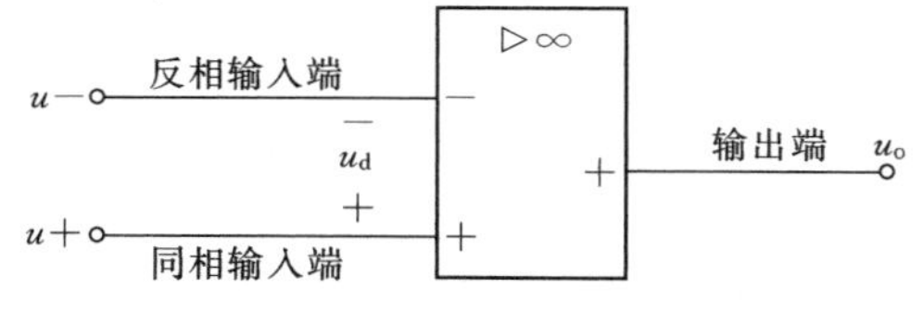

图 14-1-2　运算放大器的图形符号

如果将两个输入信号分别从上述两端之间

输入，则信号的这种输入方式称为**差动输入**。

反相输入、同相输入和差动输入是运算放大器最基本的信号输入方式。

14.1.2　电压传输特性

集成运放的输出电压 u_o 与输入电压 u_d 之间的关系 $u_o=f(u_d)$ 称为集成运放的电压传输特性。如图 14-1-3 所示，它包括线性区和饱和区两部分。在线性区内，u_o 与 u_d 成正比关系，即

$$u_o = A_o u_d = A_o(u_+ - u_-) \tag{14-1-1}$$

式中　A_o——集成运放的**开环电压放大倍数**。

图中，线性区的斜率取决于 A_o 的大小。由于受电源电压的限制，u_o 不可能随 u_d 的增加而无限增加，因此，当 u_o 增加到一定值后，便进入了正、负饱和区。正饱和区 $u_o=+U_{OM}\approx U_{CC}$，负饱和区 $u_o=-U_{OM}\approx -U_{EE}$。

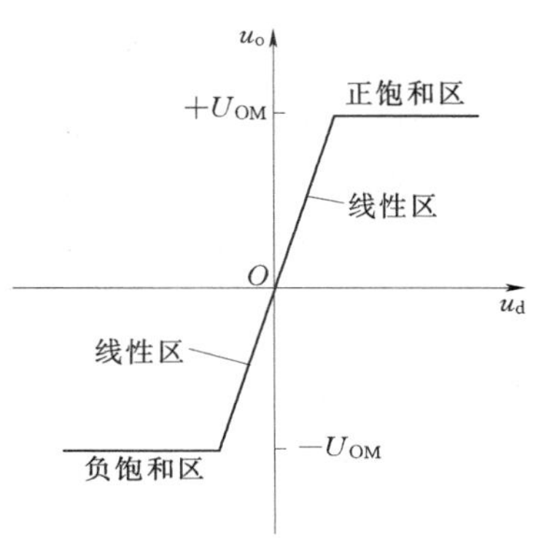

图 14-1-3　电压传输特性

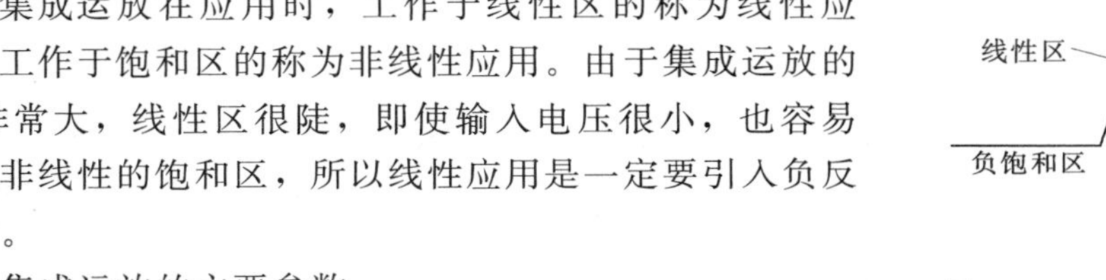

集成运放在应用时，工作于线性区的称为线性应用，工作于饱和区的称为非线性应用。由于集成运放的 A_o 非常大，线性区很陡，即使输入电压很小，也容易进入非线性的饱和区，所以线性应用是一定要引入负反馈的。

集成运放的主要参数：

1. 输入失调电压 U_{IO}

U_{IO} 是指为使输出电压为零而在输入端需加的补偿电压。它的大小反映了输入级电路的对称程度，一般为几毫伏。

2. 输入失调电流 I_{IO}

I_{IO} 是指集成运放两输入端的静态电流之差。它主要由输入级差分对管的特性不完全对称所致，一般为纳安数量级。

3. 输入偏置电流 I_{IB}

I_{IB} 是指集成运放两输入端静态电流的算术平均值，其值一般为纳安或微安数量级。

4. 开环差模电压放大倍数 A_o。

A_o 是指集成运放的输出端与输入端之间无外加回路（称开环）时的输出电压与两输入端之间的信号电压之比，也称开环电压增益，常用分贝（dB）表示，定义为

$$A_o = 20\lg\frac{u_o}{u_i}\text{dB} \tag{14-1-2}$$

常用集成运放的开环电压增益一般在 80dB 以上。

5. 输入电阻 r_i 和输出电阻 r_o

集成运放的输入电阻 r_i 一般为 $10^5\sim10^{11}\,\Omega$，输出电阻 r_o 一般为几十欧至几百欧。

6. 最大差模输入电压 U_{idmax}

指集成运放两输入端之间所能承受的最大电压值，超过此值输入级差分对管中某个三极管的发射结将反向击穿，从而使集成运放损坏。

7. 最大共模输入电压 U_{icmax}

指集成运放所能承受的共模输入电压最大值。超过此值，将会使输入级工作不正常和共模抑制比下降，甚至损坏。

8. 共模抑制比 K_{CMRR}

集成运放的共模抑制比一般为 70～130dB

9. 最大输出电压 U_{omax}

指集成运放在额定电源电压和额定负载下，不出现明显非线性失真时最大输出电压值。

14.1.3 理想运算放大器

前面已经提到，集成运放的开环电压放大倍数非常高，输入电阻非常大，输出电阻非常小。因此，在分析实际集成运放电路时，常常将以上参数做理想化等效。

理想运放的主要条件是：

(1) 开环电压放大倍数 A_o 接近于无穷大，即

$$A_o = \frac{u_o}{u_d} \to \infty \tag{14-1-3}$$

(2) 开环输入电阻 r_i 接近于无穷大，即

$$r_i \to \infty \tag{14-1-4}$$

理想运放的电压传输特性如图 14-1-4 所示，由于 $A_o \to \infty$，线性区几乎与纵轴重合。在运放开环时，运放将工作于非线性状态，故

当 $u_+ > u_-$ 时 $\qquad u_o = +U_{OM} \qquad$ (14-1-5)

当 $u_+ < u_-$ 时 $\qquad u_o = -U_{OM} \qquad$ (14-1-6)

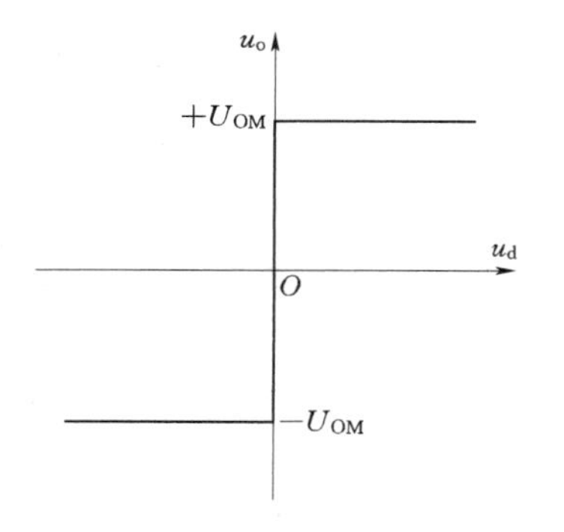

图 14-1-4 理想运放的电压传输特性

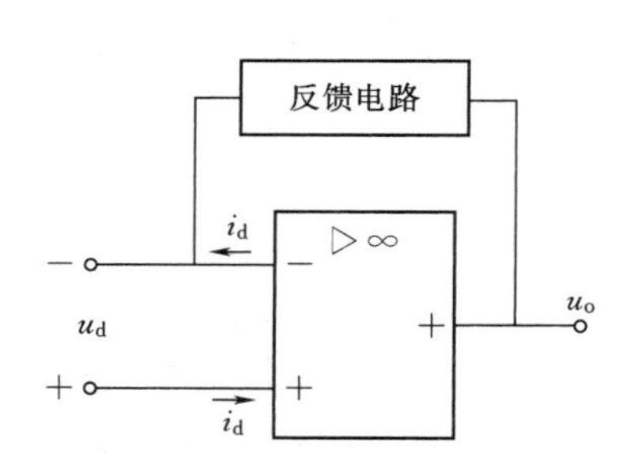

图 14-1-5 理想运放引入负反馈电路

这是理想运放工作于非线性状态下的基本特性，是分析非线性运放电路的基本依据。

若理想运放引入负反馈，如图 14-1-5，此时运放工作于线性状态，由于 u_o 是个有限值，故可得到以下结论：

(1) $u_d = \frac{u_o}{A_o} = 0$，即 $u_+ = u_-$，两个输入端之间相当于短路，但又未真正短路，故称为**虚短路**。

(2) $i_d=\frac{u_d}{r_i}=0$，即两个输入端之间相当于断路，但又未真正断路，故称为**虚断路**。

以上是分析理想运算放大器在线性区工作的基本依据。

14.2 基本运算电路

集成运算放大器外接负反馈电路后，便可以进行信号的比例、加减、微分和积分等运算。这些都是运算放大器的线性应用。通过这一部分的分析可以看到，理想集成运放外接负反馈电路后，其输出电压与输入电压之间的关系只与外接电路的参数有关，而与集成运放本身的参数无关。这将大大提高应用电路的稳定性和灵活性。

14.2.1 比例运算电路

1. 反相比例运算电路

电路如图 14-2-1 所示。输入信号 u_i 经电阻 R_1 引到反相输入端，同相输入端经电阻 R_2 接地，输出信号经反馈电阻 R_f 引到反相输入端，即运放引入负反馈。由于 R_2 中电流 $i_d=0$，故 $u_+=u_-=0$，"－"端虽然未直接接地但其电位却为零，这种情况称为"虚地"。由于

$$u_o=-R_f i_f$$

$$u_i=R_1 i_1$$

$$i_1=i_f$$

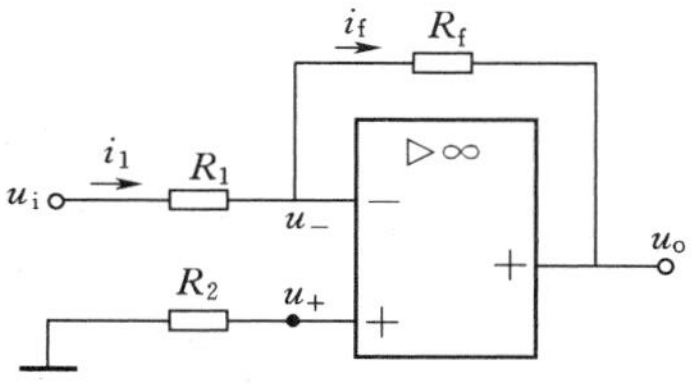

因此

$$u_o=-\frac{R_f}{R_1}u_i \tag{14-2-1}$$

图 14-2-1 反相比例运算电路

输出电压与输入电压成正比，且极性相反，比值与运放本身的参数无关，只取决于外接电阻 R_1 和 R_f 的大小。

反相比例运算电路也就是反相放大电路，该电路的电压放大倍数为：

$$A_f=\frac{u_o}{u_i}=-\frac{R_f}{R_1} \tag{14-2-2}$$

反相比例运算电路的输入电阻为：$R_i=\frac{u_i}{i_1}=R_1$ (14-2-3)

特别地，当 $R_1=R_f$ 时，$u_o=-u_i$，该电路称为**反相器**。

电阻 R_2 称为平衡电阻，其作用是保持运放输入级电路的对称性。因为运放的输入级为差分放大电路，它要求两边电路的参数对称以保持电路的静态平衡。为此，静态时运放"－"端和"＋"端的对地等效电阻应该相等。由于静态时，$u_i=0$，$u_o=0$，R_1 和 R_f 相当于并联，"＋"端的对地电阻为 R_2 为

$$R_2=R_1 /\!/ R_f \tag{14-2-4}$$

2. 同相比例运算电路

电路如图 14-2-2 所示。输入信号 u_i 经电阻 R_2 接至同相输入端，反相输入端经电阻 R_1 接地，反馈电阻 R_f 接在输出端与反相输入端之间，引入负反馈。由于

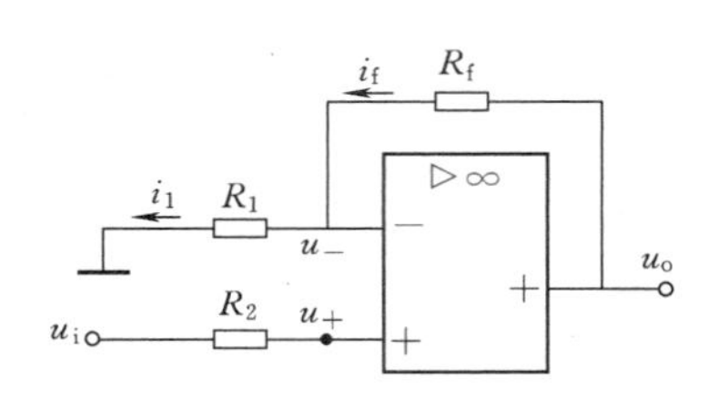

图 14-2-2 同相比例运算电路

$$u_o = R_f i_f + R_1 i_1$$
$$u_i = R_1 i_1$$
$$i_1 = i_f$$

因此

$$u_o = \left(1 + \frac{R_f}{R_1}\right) u_i \tag{14-2-5}$$

可见，u_o 与 u_i 之间成正比关系，且极性相同。同相比例运算电路也就是同相放大电路，该电路的放大倍数为

$$A_f = 1 + \frac{R_f}{R_1} \tag{14-2-6}$$

电路中 R_2 仍是平衡电阻，大小为

$$R_2 = R_1 \mathbin{/\!/} R_f \tag{14-2-7}$$

同相比例运算电路的输入电阻为

$$R_i = \infty$$

特别地，当 $R_f=0$，$R_1 \to \infty$时，$u_o=u_i$，这时该电路成为**电压跟随器**。

14.2.2 加减法运算电路

1. 加法运算电路

如图 14-2-3 所示。输入信号 u_{i1} 和 u_{i2} 经电阻 R_1 和 R_2 同时加到反相输入端。由于 $u_+ = u_- = 0$，根据叠加原理，u_{i1} 单独作用时

$$u_{o1} = -\frac{R_f}{R_{11}} u_{i1}$$

u_{i2} 单独作用时

$$u_{o2} = -\frac{R_f}{R_{12}} u_{i2}$$

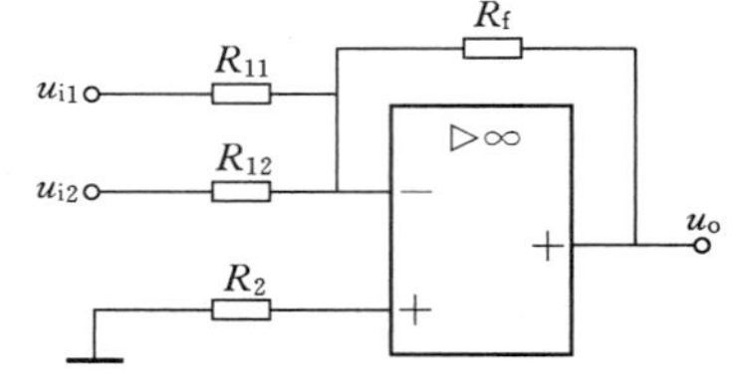

图 14-2-3 加法运算电路

u_{i1} 和 u_{i2} 同时作用时

$$u_o = u_{o1} + u_{o2} = -\frac{R_f}{R_{11}} u_{i1} - \frac{R_f}{R_{12}} u_{i2} \tag{14-2-8}$$

当 $R_{11} = R_{12} = R_1$ 时

$$u_o = -\frac{R_f}{R_1}(u_{i1} + u_{i2}) \tag{14-2-9}$$

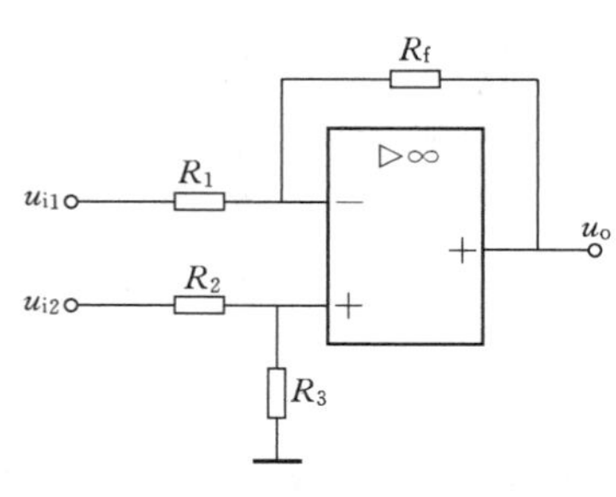

图 14-2-4 减法运算电路

即输出电压正比于两输入电压之和，实现输入电压的加法运算。

电路中的平衡电阻为

$$R_2 = R_{11} \mathbin{/\!/} R_{12} \mathbin{/\!/} R_F \tag{14-2-10}$$

2. 减法运算电路

如图 14-2-4 所示。输入信号 u_{i1} 和 u_{i2} 分别经电阻 R_1 和 R_2 加到反相输入端和同相输入端。根据叠加原理，u_{i1} 单独作用时

$$u_{o1} = -\frac{R_f}{R_1}u_{i1}$$

u_{i2} 单独作用时，则

$$u_{o2} = \left(1+\frac{R_f}{R_1}\right)\frac{R_3}{R_2+R_3}u_{i2}$$

u_{i1} 和 u_{i2} 同时作用时，则

$$u_o = u_{o1} + u_{o2} = \left(1+\frac{R_f}{R_1}\right)\frac{R_3}{R_2+R_3}u_{i2} - \frac{R_f}{R_1}u_{i1}$$

$$= \left(1+\frac{R_f}{R_1}\right)\frac{R_3/R_2}{1+R_3/R_2}u_{i2} - \frac{R_f}{R_1}u_{i1} \tag{14-2-11}$$

当 $\frac{R_3}{R_2} = \frac{R_f}{R_1}$ 时，则

$$u_o = \frac{R_f}{R_1}(u_{i2} - u_{i1}) \tag{14-2-12}$$

即输出电压正比于两输入电压之差，实现输入电压的减法运算。

为使运放的两输入端达到静态平衡，则各电阻应满足

$$R_2 \mathbin{//} R_3 = R_1 \mathbin{//} R_f \tag{14-2-13}$$

【例 14-2-1】 图 14-2-5 为两级集成运放组成的电路，已知 $u_{i1}=0.1\text{V}$，$u_{i2}=0.2\text{V}$，$u_{i3}=0.3\text{V}$，求 u_o

[解] 第一级为加法运算电路，第二级为减法运算电路。

第一级输出电压 $u_{o1} = -(u_{i1}+u_{i2}) = -0.3\text{V}$

第二级输出电压 $u_o = u_{i3} - u_{o1} = 0.6\text{V}$

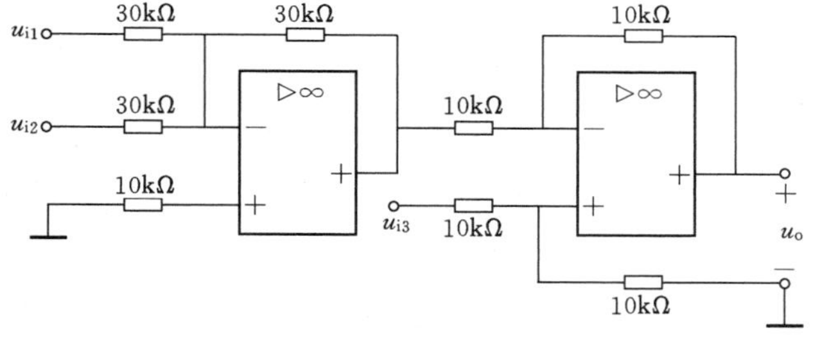

图 14-2-5 例 14-2-1 的电路

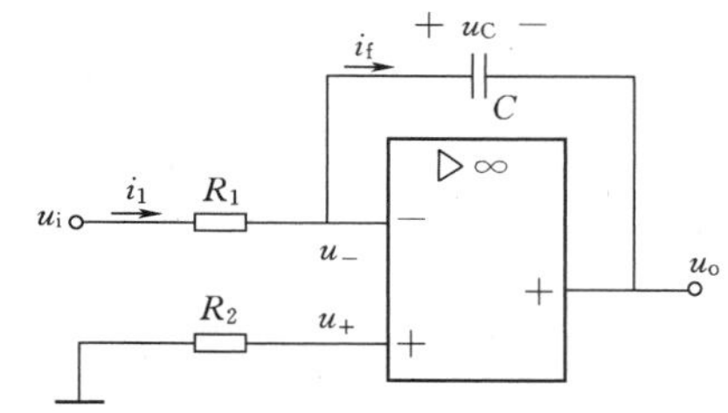

图 14-2-6 积分运算电路

14.2.3 积分微分运算电路

1. 积分运算电路

电路如图 14-2-6 所示，在反相比例运算电路的基础上，将反馈电阻 R_f 改用电容 C。由于电路的"－"端为虚地端，因此

$$u_o = -u_C = -\frac{1}{C}\int i_f \mathrm{d}t$$

$$u_i = R_1 i_1$$

$$i_f = i_1 = \frac{u_i}{R_1}$$

所以

$$u_o = -\frac{1}{R_1 C}\int u_i \mathrm{d}t \tag{14-2-14}$$

可见，u_o 与 u_i 为积分关系。

平衡电阻 R_2 取

$$R_2 = R_1 \tag{14-2-15}$$

2. 微分运算电路

电路如图 14-2-7 所示。在反相比例运算电路的基础上，将反相端输入电阻 R_1 改用电容 C 代替。由于电路的“－”端为虚地端，因此

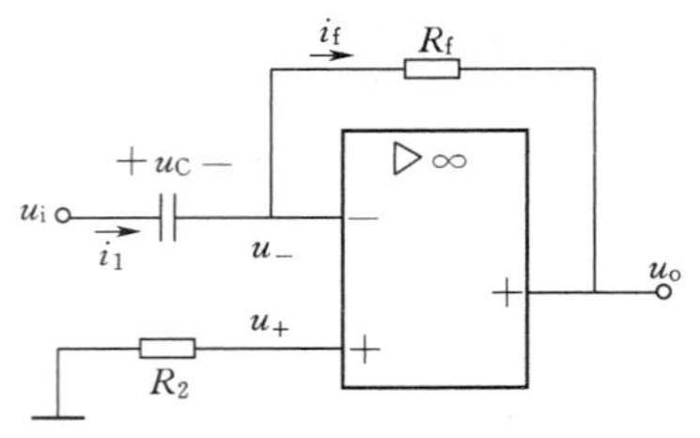

图 14-2-7　微分运算电路

$$u_o = -R_f i_f$$

$$u_i = u_C$$

$$i_f = i_1 = C\frac{\mathrm{d}u_C}{\mathrm{d}t} = C\frac{\mathrm{d}u_i}{\mathrm{d}t}$$

所以

$$u_o = -R_f C\frac{\mathrm{d}u_i}{\mathrm{d}t} \tag{14-2-16}$$

可见 u_o 正比于 u_i 的微分。

平衡电阻 R_2 为

$$R_2 = R_f \tag{14-2-17}$$

将上述电路及结论归纳于表 14-2-1 中。

表 14-2-1　　运放组成的运算电路小结

名　称	电　　路	运算关系	平衡电阻
反相比例运算	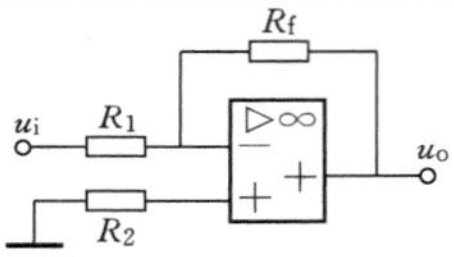	$u_o = -\frac{R_f}{R_1}u_i$	$R_2 = R_1 // R_f$
反相器	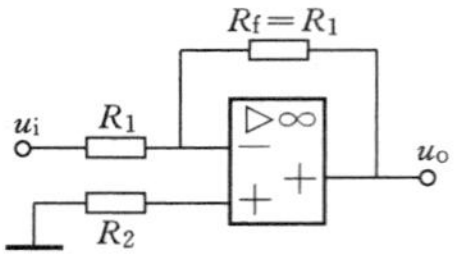	$u_o = -u_i$	$R_2 = R_1 // R_f$
同相比例运算	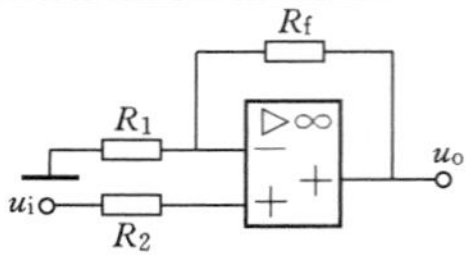	$u_o = \left(1+\frac{R_f}{R_1}\right)u_i$	$R_2 = R_1 // R_f$
电压跟随器	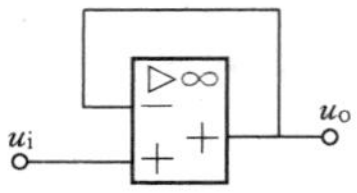	$u_o = u_i$	$R_2 = 0$
加法运算	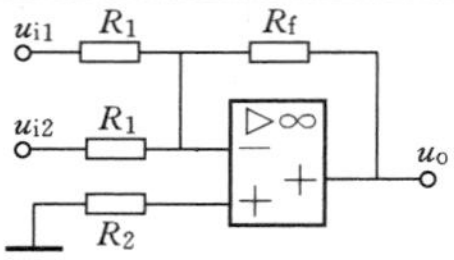	$u_o = -\frac{R_f}{R_1}(u_{i1}+u_{i2})$	$R_2 = R_1 // R_1 // R_f$

续表

名　称	电　　路	运算关系	平衡电阻
减法运算		在$\frac{R_3}{R_2}=\frac{R_f}{R_1}$时 $u_o=\frac{R_f}{R_1}(u_{i2}-u_{i1})$	$R_2 /\!/ R_3=R_1 /\!/ R_f$
微分运算		$u_o=-R_f C\frac{du_i}{dt}$	$R_2=R_f$
积分运算		$u_o=-\frac{1}{R_1 C}\int u_i dt$	$R_2=R_1$

14.3　正弦波振荡电路

14.3.1　正弦波振荡的基本原理

正弦波振荡电路是能够产生正弦交流信号的电路。振荡电路的原理可以用图 14-3-1 所示电路来说明。它是利用反馈电路的反馈电压作为放大电路的输入电压，从而可以在没有外加输入信号的情况下，将直流电源提供的直流电变换成一定频率的正弦交流电信号。像这种在没有外加输入信号的情况下，自身产生一定频率和幅值的交流输出信号的现象称为**自激振荡**。

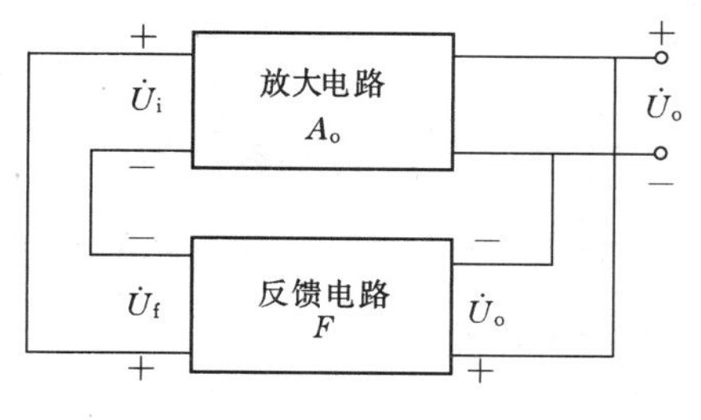

图 14-3-1　自激振荡的条件

由于放大电路要输出一定的交流电压，所需要的输入电压应为

$$\dot{U}_i=\frac{\dot{U}_o}{\dot{A}_o} \tag{14-3-1}$$

而反馈电路所能提供的反馈电压应为

$$\dot{U}_f=\dot{F}\dot{U}_o \quad \text{其中称 } \dot{F} \text{ 为反馈系数}$$

要想建立起正弦波振荡则

$$\dot{U}_f=\dot{U}_i$$

将前面两式代入，得

$$\dot{A}_o\dot{F}=1 \tag{14-3-2}$$

这一公式也说明要产生自激振荡，反馈电压 $\dot{U}_f$ 与放大电路所需要的输入电压 $\dot{U}_i$ 在大

小和相位两方面都必须相等，因此，自激振荡的条件可以分为以下两点：

（1）自激振荡的相位条件。这就是反馈电压 U_f 的相位必须与放大电路所需要的输入电压 U_i 的相位相同，即

$$\phi_{AF}=\pm 2n\pi \quad (14-3-3)$$

（2）自激振荡的幅度条件。这就是反馈电压的大小必须与放大电路所需要的输入电压的大小相等，即必须有合适的反馈量。用公式表示即为

$$|A_o F|=1 \quad (14-3-4)$$

14.3.2 起振条件

振荡电路中既然只有直流电源，那么，交流信号从哪里来的呢？即振荡电路是怎样起振的呢？

当电路与电源接通的瞬间，输入端必然会产生微小的电压变化量，此变化量可以分解成许多不同频率的正弦分量，其中只有由振荡电路中选频网络所决定正弦分量，才能满足自激振荡的相位条件，只要 $|A_o F|>1$，U_f 就会大于原来的 U_i，因而该频率的信号被放大后又被反馈电路送回到输入端，使输入端的信号增加，输出信号便进一步增加，如此反复循环下去，输出电压就会逐渐增大起来。对一般的放大电路来说，U_i 较小时，三极管工作在放大状态，A_o 基本不变；U_i 较大时，三极管进入饱和状态，A_o 开始减小，当 A_o 减小到正好满足自激振荡的幅度条件，$|A_o F|=1$ 时，输出电压不再增加，振荡达到了稳定，由此可见

$|A_o F|>1$ 是自激振荡的起振条件。所以

$|A_o F|>1$　　起振条件

$|A_o F|=1$　　振荡稳定条件

$|A_o F|<1$　　不能振荡

14.3.3 选频网络

选频网络决定了振荡电路的振荡频率。按选频网络形式的不同，正弦波振荡电路有LC正弦波振荡电路和RC正弦波振荡电路。以下以RC正弦波振荡电路为例说明其工作原理。

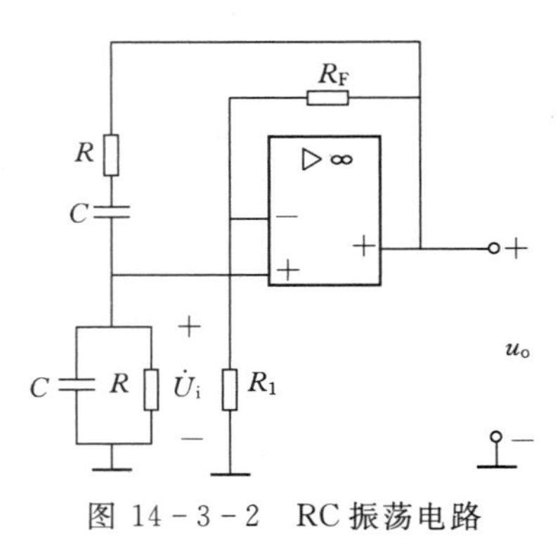

图 14-3-2　RC振荡电路

图14-3-2所示电路就是以RC串并联电路作为选频网络，同相比例运算电路作为放大电路的正弦波振荡电路。放大电路的输出电压 u_o 加到RC串并联电路的输入端，从RC串并联电路的输出端取出反馈电压（$U_f=U_i$）送到放大电路的输入端。下面分析该电路的振荡稳定条件和起振条件。

1. 振荡稳定条件

从RC串并联电路来看

$$\frac{\dot{U}_f}{\dot{U}_o}=\frac{Z_2}{Z_1+Z_2}=\frac{R\,/\!/\,(-jX_C)}{(R-jX_C)+[R\,/\!/\,(-jX_C)]}=\frac{1}{3+j\,\dfrac{R^2-X_C^2}{RX_C}} \quad (14-3-5)$$

上式中，当 $R^2 - X_C^2 = 0$，即 $f_o = \frac{1}{2\pi RC}$时，对于频率是 f_o 的交流量，$\dot{U}_f$ 和 $\dot{U}_o$ 相位相同，满足振荡的相位条件。

此时，反馈系数

$$F = \frac{\dot{U}_f}{\dot{U}_o} = \frac{1}{3} \qquad (14-3-6)$$

可见，只要放大电路的 $A_o = 3$，则满足振荡的幅度条件。

2. 起振条件

因为起振时必须满足 $|\dot{A}_o \dot{F}| > 1$ 而 $F = \frac{1}{3}$，所以，当 $|A_o| > 3$ 时，电路起振。

由于集成运放的电压放大倍数为

$$|\dot{A}|_o = 1 + \frac{R_F}{R_1}$$

所以，需要 $R_F > 2R_1$ 。

14.4 电压比较器

电压比较器的基本功能是将输入电压与参考电压进行比较，比较的结果在输出端输出。它是常用作模拟电路和数字电路的接口电路，在测量、通信和波形变换等方面应用广泛。

14.4.1 基本电压比较器

电路如图 14-4-1（a）所示，将集成运放的反相输入端加上输入信号电压 u_i，另一端加上固定的参考电压 U_R，就成了基本电压比较器。由于集成运放没有引入负反馈，所以电路工作于饱和区。

当 $u_i > U_R$ 时　　　　$u_o = -U_{OM}$

当 $u_i < U_R$ 时　　　　$u_o = +U_{OM}$

u_o 与 u_i 的关系曲线称为电压比较器的**电压传输特性曲线**，如图 14-4-1（b）所示。

如果 $U_R = 0$，这种比较器就称为过零比较器。

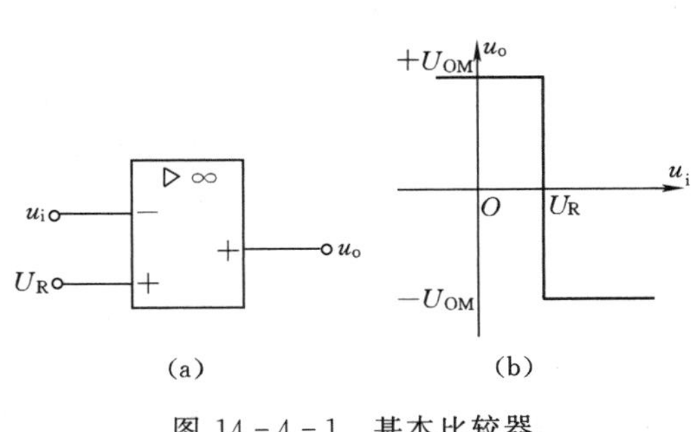

图 14-4-1　基本比较器

（a）电路；（b）电压传输特性

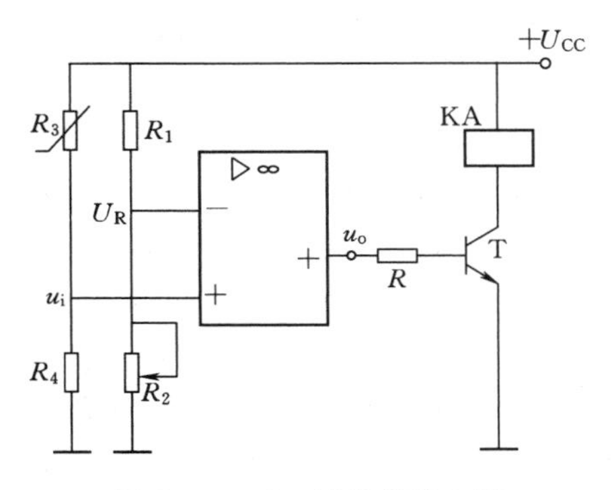

图 14-4-2　过温保护电路

【例 14-4-1】 在图 14-4-2 所示的过热保护电路中，R_3 是热敏电阻，具有负温度系数，KA 是继电器，要求该电路在温度超过上限值时，继电器动作，自动切断加热电源。试分析该电路的工作原理。

[解] 集成运放为开环状态，工作于饱和区，构成基本电压比较器。参考电压 U_R 由电阻 R_1 和 R_2 串联分压得到，由 R_3 和 R_4 分压得到输入电压 u_i。

正常工作时，温度未超过上限值。则 $u_i<U_R$；$u_o=-U_{OM}$，三极管截止，KA 不会动作。当温度超过上限值时，R_3 的阻值刚好下降到使 $u_i>U_R$，三极管饱和导通。KA 动作，切除加热电源，从而实现温度超限保护作用。

调节 R_2 可改变参考电压 U_R，从而调整所设定的温度上限值。

14.4.2 滞回电压比较器

滞回电压比较器电路如图 14-4-3 (a) 所示，R_f 引入的是正反馈。由于电路加有正反馈。集成运放工作在饱和区。输出电压 u_o等于$+U_{OM}$或$-U_{OM}$。

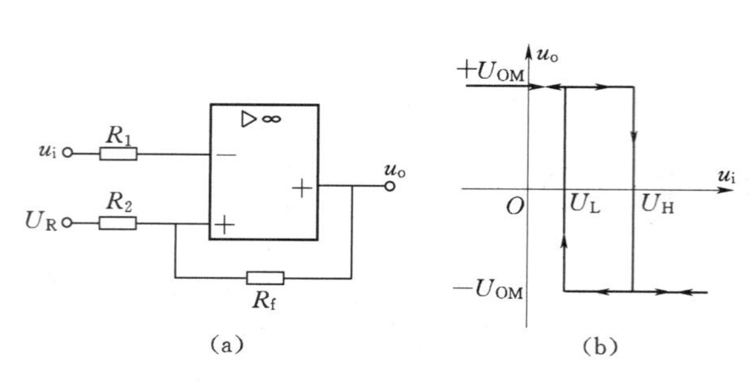

图 14-4-3 滞回比较器

(a) 电路图；(b) 电压输出特性

若 $u_o=+U_{OM}$，这时的 u_+ 用 U_H 表示，称为**上限触发电压**

$$u_+=U_H=\frac{R_2}{R_2+R_f}(U_{OM}-U_R)+U_R$$

$$=\frac{R_f}{R_2+R_f}U_R+\frac{R_2}{R_2+R_f}U_{OM} \tag{14-4-1}$$

若 $u_o=-U_{OM}$，这时的 u_+ 用 U_L 表示，称为**下限触发电压**

$$u_+=U_L=\frac{R_2}{R_2+R_f}(-U_{OM}-U_R)+U_R$$

$$=\frac{R_f}{R_2+R_f}U_R-\frac{R_2}{R_2+R_f}U_{OM} \tag{14-4-2}$$

设 $u_o=+U_{OM}$，当 $u_i>U_H$时，即 $u_->u_+$，则 $u_o=+U_{OM}\rightarrow-U_{OM}$。此时 $u_o=-U_{OM}$，当 $u_i<U_L$ 时，即 $u_-<u_+$，则 $u_o=-U_{OM}\rightarrow+U_{OM}$。电压传输特性曲线，如图 14-4-3 (b) 所示。U_H 和 U_L 之差 $\Delta U=U_H-U_L$ 称为回差电压。改变 R_2 或 R_f 可以方便地改变 U_H、U_L 及 ΔU。

电压比较器有专用的集成电路产品，分通用型、高速型和精密型等多种。采用集成电压比较器可以使外接元件更少，使用更为方便。其输出容易与数字集成电路的输入匹配，经常用在模拟与数字之间的接口电路中。

小 结

1. 集成运放是一种高增益的直接耦合放大电路，通常输入级采用差分放大电路、中间级采用共射极放大电路、输出级采用互补推挽对称放大电路、直流偏置采用电流源电路。

2. 集成运放的各种性能指标表征了它的外特性。为了能正确使用运放必须理解各种指标的含义。

3. 在运算电路中，由于电路引入负反馈，运放工作在线性区，可以用“虚短”和“虚断”来分析。利用集成运放可以实现加法、减法、积分、微分等运算。

4. 正弦波振荡电路主要由放大器和反馈选频网络组成。产生正弦波振荡的幅度平衡条件是 $|\dot{A}\dot{F}|=1$、相位平衡条件是 $\Phi_{AF}=\pm 2n\pi$，起振条件是 $|\dot{A}\dot{F}|\geqslant 1$。

5. 分析电路是否有可能产生振荡时，首先判断放大器件能否工作在放大状态，其次判断电路是否满足相位平衡条件（即是否构成正反馈），必要时再分析电路是否满足幅度平衡条件（一般此条件容易满足）。

6. 按照选频网络所用元件不同，振荡电路常见有 RC 和 LC 振荡电路，RC 正弦波振荡电路的振荡频率 $f_o=\dfrac{1}{2\pi RC}$，一般不超过 1MHz。

7. 电压比较器电路中的运放常工作在非线性状态。因而，比较器输入的是模拟信号，而输出的是数字信号，它常用作模拟电路和数字电路之间的接口电路。

8. 电压比较器常见的有基本电压比较器和滞回电压比较器，前者电路简单、使用方便，后者抗干扰能力强，灵敏度高。

习　　题

14-1　在图 14-2-1 所示反相比例运算电路中，已知某集成运放的 $U_{CC}=15V$，$U_{EE}=15V$，$R_1=10k\Omega$，$R_f=100k\Omega$。试求 u_i 分别为以下各值时的输出电压 u_o：（1）$u_i=10mV$；（2）$u_i=\text{Sin}\omega tV$；（3）$u_i=-3V$。

14-2　在图 14-2-3 所示的加法运算电路中，u_{i1} 和 u_{i2} 的波形如图 14-1 所示，$R_{11}=20k\Omega$，$R_{12}=40k\Omega$，求平衡电阻 R_2 及输出电压 u_o 的波形。

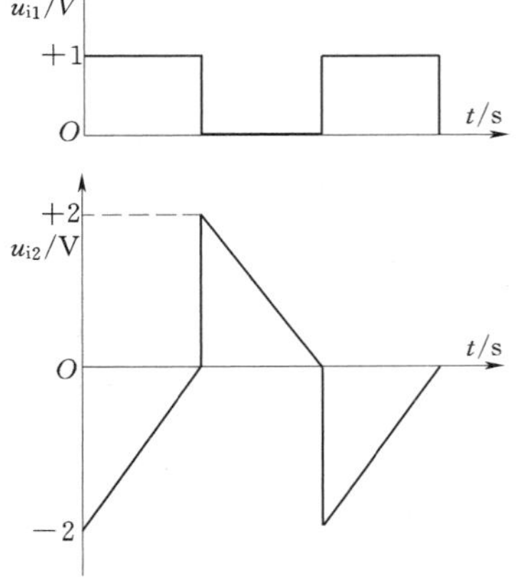

图 14-1　习题 14-2 的波形

14-3　在图 14-2 所示的电路中，已知 $R_f=4R_1$，求 u_o 与 u_{i1} 和 u_{i2} 的关系式。

14-4　图 14-3 所示为一加减混合运算电路，已知 $R_1=R_2=R_3=R_4$，$R_5=R_f$。求此电路的输出电压 u_o 的表达式。

14-5　求图 14-4 所示电路中 u_o 与 u_i 的关系式。

14-6　在图 14-2-6 所示的积分运算电路中，$R_1=500k\Omega$，$C=0.5\mu F$，电路接通前电容未充电。当电路接通后，测得 u_o 从零下降到 $-2mV$ 所需要的时间为 1s，求输入的直流电压 u_i，并画出输入和输出电压的波形。

14-7　图 14-5 所示为加到基本电压比较器反相输入端的输入电压 u_i 的波形，同相输入端接参考电压 $U_R=3V$。试画出对应的输出电压 u_o 的波形。

14-8　在基本电压比较器中，反相输入端加电压 u_{i1}，同相输入端加电压 u_{i2}，它们的波形如图 14-6 所示。试绘出输出电压 u_o 的波形。

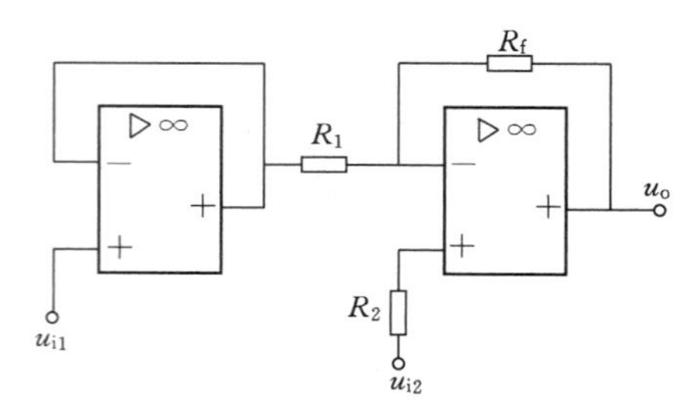

图 14-2 习题 14-3 的电路

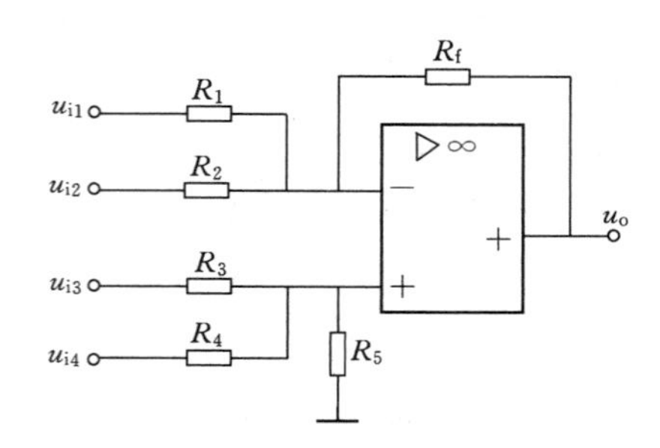

图 14-3 习题 14-4 的电路

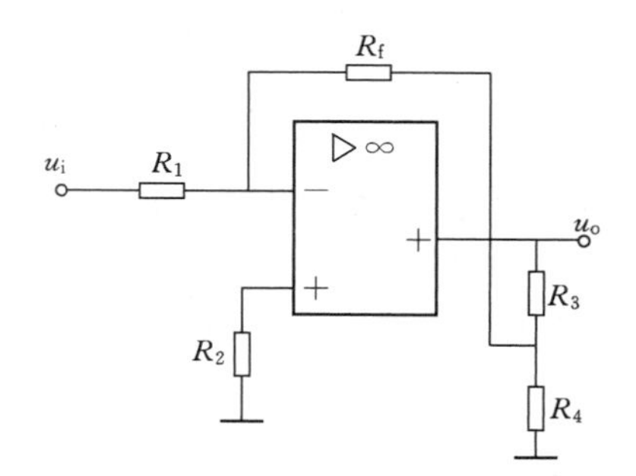

图 14-4 习题 14-5 的电路

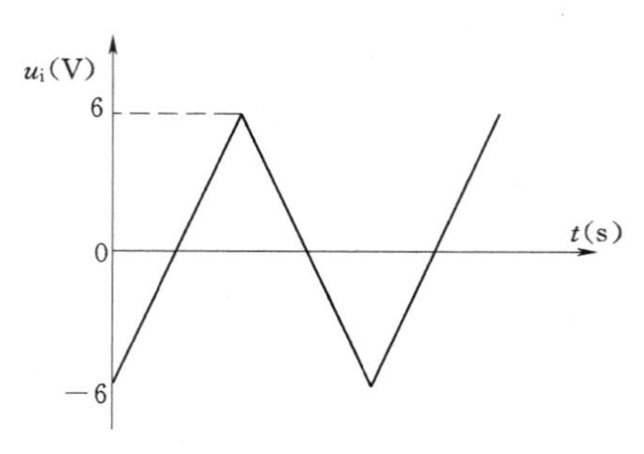

图 14-5 习题 14-7 的波形

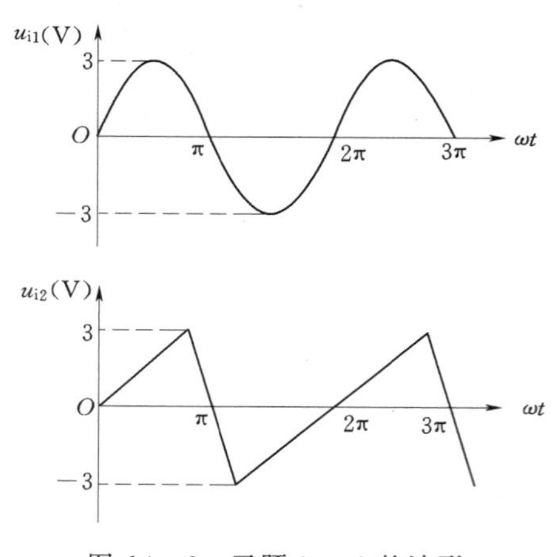

图 14-6 习题 14-8 的波形

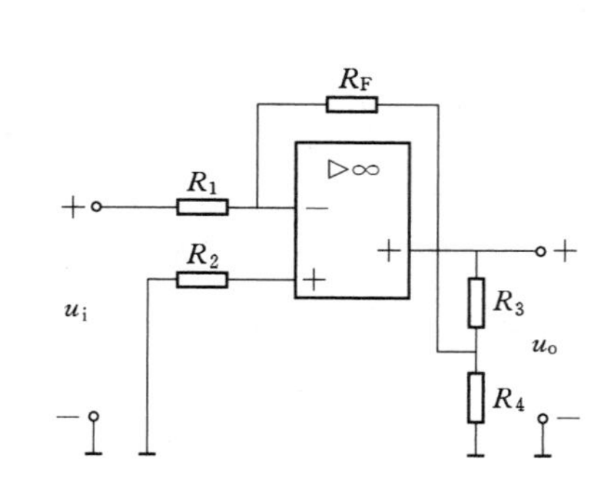

图 14-7 习题 14-9 的阻值

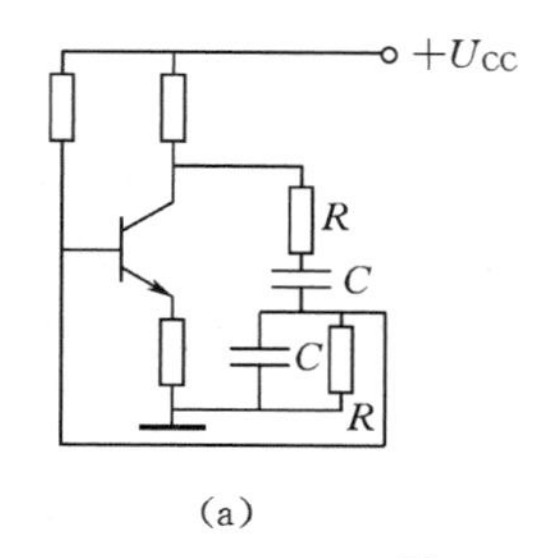

(a)

$-U_{CC}$ R C C R

(b)

图 14-8 习题 14-10 的电路

14－9　在图 14－7 中，已知 $R_1=50\text{k}\Omega$，$R_2=33\text{k}\Omega$，$R_3=3\text{k}\Omega$，$R_4=2\text{k}\Omega$，$R_F=100\text{k}\Omega$，求：(1) 电压放大倍数 A_{uf}；(2) 如果 $R_3=0$，要得到同样大的电压放大倍数，R_F 的阻值为多少？

14－10　试用相位条件判断图 14－8 所示两个电路能否产生自激振荡，并说明理由。

14－11　图 14－9 是用运算放大器构成的音频信号发生器电路。试问：(1) R_1 大致调到多大才能起振？(2) R_F 为双联电位器；可从 0 调到 14.4kΩ，求振荡频率的调节范围。

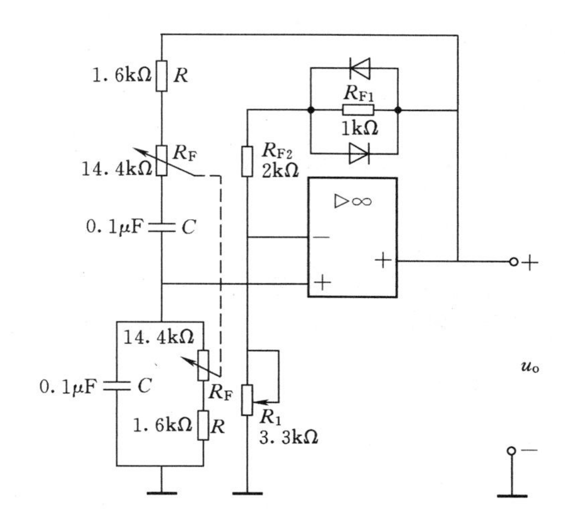

图 14－9　习题 14－11 的电路

第15章　电　源　电　路

电源电路是一种向负载提供功率的电子电路，主要有直流稳压电源电路和变流电子电路，它们实现了交流与直流、交流与交流间的能量变换。下面主要介绍直流稳压电源和晶闸管可控整流两类功率电路。

15.1　直流稳压电源

在许多电子线路和电子设备中，直流稳压电源是必不可少的。直流稳压电源的原理框图见图15－1－1，交流电源电压经降压、整流电路变换成单向脉动电压，再由滤波电路滤去其中的交流分量，得到较平滑的直流电压，最后经稳压电路获得稳定的直流电压。

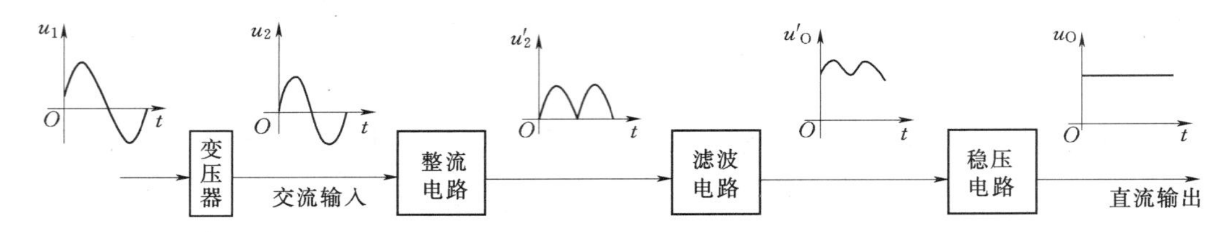

图15－1－1　直流稳压电源的原理框图

图中各环节的功能如下：

（1）变压器：将交流电源电压变换为符合整流需要的电压大小。

（2）整流电路：将交流电压变换成单向脉动电压。

（3）滤波电路：减小整流电压的脉动程度，提高直流分量。

（4）稳压电路：在交流电源电压或负载变化时，使输出直流电压稳定。

15.1.1　单相桥式整流电路

整流就是将交流电变换成直流电，用来实现这一目的的电路就是整流电路。由于二极管具有单向导电的特性，因此用二极管就可构成整流电路，整流电路的种类较多，按交流电源的相数可分为单相和三相整流电路；按整流输出的波形可分为半波和全波整流电路。下面介绍目前广泛使用的单相桥式全波整流电路。

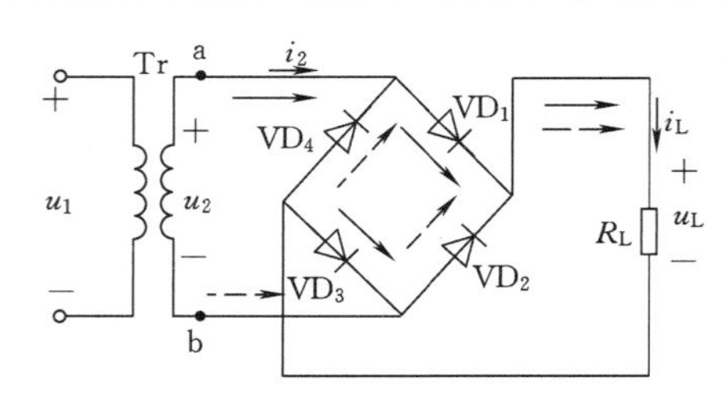

图15－1－2　单相桥式整流电路

图15－1－2所示为单相桥式全波整流电路。图中的电源变压器Tr将交流电网电压u_1变换为整流电路所要求的交流电压u_2；四个整流二极管VD_1～VD_4组成电桥的形式，故称为**桥式整流电路**，R_L是负载电阻。

单相桥式整流电路的工作原理如下，当 u_2 在正半周时，a 点电位高于 b 点电位，二极管 VD_1、VD_3 处于正向偏置而导通，VD_2、VD_4 处于反向偏置而截止，电流由 a 点经 $VD_1 \to R_L \to VD_3 \to$ b 点形成回路，如图中实线箭头所示，负载上得到极性为上正下负的电压。当 u_2 在负半周时，VD_2、VD_4 因正向偏置而导通，VD_1、VD_3 处于反向偏置而截止，电流由 b 点经 $VD_2 \to R_L \to VD_4 \to$ a 点形成回路，如图中虚线箭头所示，负载上电压的极性仍为上正下负。由此可见，尽管 u_2 的方向是交变的，但流过 R_L 的电流方向却始终不变，因此在负载电阻 R_L 上得到的电压 u_L 是大小变化而方向不变的脉动电压。在二极管为理想元件的条件下，R_L 的幅值就等于 u_2 的幅值。整流电路各元件上的电压和电流波形如图 15－1－3 所示。

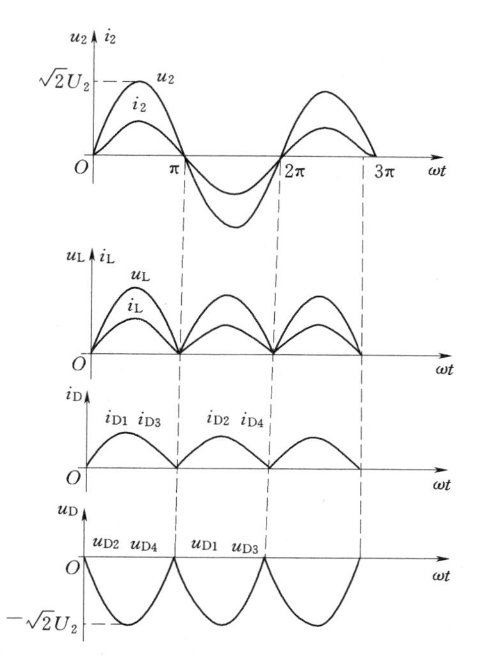

图 15－1－3　单相桥式整流电路的波形图

从图 15－1－3 可知，负载电阻 R_L 上所得单向脉动电压的平均值（即直流分量）

$$U_L = \frac{1}{\pi}\int_0^{\pi} \sqrt{2}U_2 \sin\omega t \, d\omega t = \frac{2\sqrt{2}}{\pi}U_2 = 0.9U_2 \tag{15-1-1}$$

流过负载电阻 R_L 的电流 i_L 的平均值

$$I_L = \frac{U_L}{R_L} = 0.9\frac{U_2}{R_L} \tag{15-1-2}$$

流过每个二极管的电流平均值为负载电流平均值的一半，即

$$I_D = \frac{1}{2}I_L = 0.45\frac{U_2}{R_L} \tag{15-1-3}$$

每个整流二极管所承受的最大反向电压为

$$U_{DRM} = \sqrt{2}U_2 \tag{15-1-4}$$

I_D 和 U_{DRM} 可作为选择整流二极管的依据。

通过变压器二次侧的电流 i_2 仍为正弦波，其有效值

$$I_2 = \frac{U_2}{R_L} = 1.11I_L \tag{15-1-5}$$

电源变压器的容量（即视在功率）

$$S = U_2 I_2 \tag{15-1-6}$$

15.1.2　电容滤波电路

滤波电路的作用是将整流后脉动的单方向电压、电流变换为比较平滑的电压、电流。常用的滤波电路有电容滤波电路和电感滤波电路。

电容滤波的基本方法是在整流电路的输出端并联一个容量足够大的电容器，如图 15－1－4 所示。利用电容的充、放电特性，使负载电压趋向平滑。

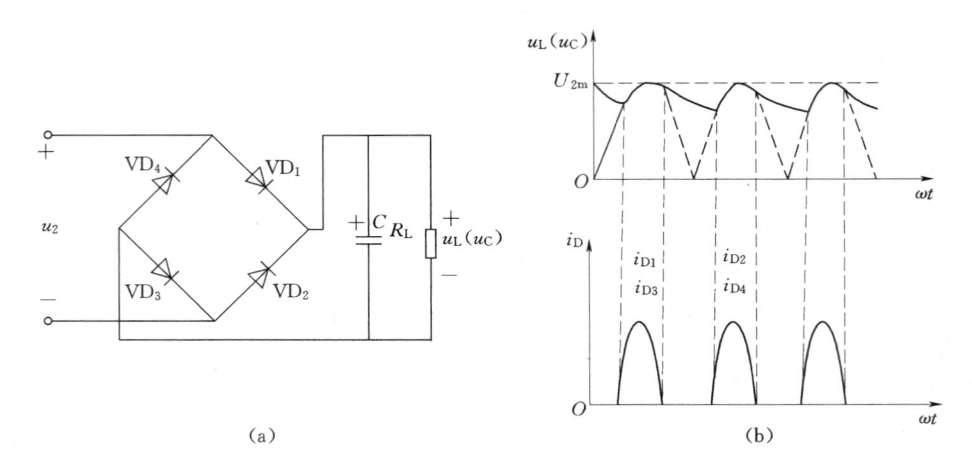

图 15－1－4　电容滤波

(a) 电路图；(b) 波形图

当 u_2 为正半周且 $u_2>u_c$ 时 VD_1、VD_3 导通，电容 C 被充电。当充电电压达到最大值 U_{2m}后，u_2 开始下降，电容通过 R_L 放电，经过一段时间后，$u_c>u_2$，VD_1、VD_3 截止，u_c 按指数规律下降。当 u_2 为负半周时，工作情况类似，只不过是在 $|u_2|>u_c$ 时二极管 VD_2、VD_4 导通的。图 15－1－4 (b) 是经电容滤波后的 u_L 和 i_D 波形。

可见经电容滤波后，负载电压 u_L 的脉动减小，平均值提高。

在工程上一般取

$$R_LC \geqslant (3-5)T/2$$

式中　T——u_2 的周期。

此时，负载电压的平均值可按下式估算

$$U_L = 1.2U_2 \qquad (15-1-7)$$

电容滤波的优点是电路简单，在负载较轻时滤波效果明显。但从分析中也可以看出，电路的输出电压受负载变化影响较大，负载电流增加时输出脉动也增加，因此电容滤波适合于要求输出电压较高、负载电流较小（即 R_L 大）且负载变化较小的场合。

15.1.3　串联型稳压电路

经整流和滤波后，一般可得到较平滑的直流电压，但它往往会随电网电压的波动或负载的变化而变化。稳压电路的作用就是使输出直流电压更加稳定。

最简单的稳压电路可由稳压管构成。稳压管稳压电路具有电路简单、安装调试方便等优点，但其最大输出电流较小，稳定电压又不能随意调节，且稳压性能又不太理想，故目前使用最多的是串联型稳压电路，这也是集成稳压电路的基础。

图 15－1－5 是串联型稳压电路的原理方框图，其中 U_I 是整流滤波后的输出电压，U_O 是稳压电路的输出电压。稳压电路主要由取样环节、基准电源、比较放大和调整管四部分

组成。

图 15-1-5 串联型稳压电路的稳压过程是这样的：当输入电压 U_I 增加（或负载电流减小）导致输出电压 U_O 增加时，取样电压 U_F 也增加，U_F 与基准电压 U_{REF} 相比较，其差值经比较放大器放大后送至调整管的基极，使 U_B 降低，从而使集电极电流 I_B 减小，调整管向截止状态变化，U_{CE} 增加，U_O 下降（$U_O=U_I-U_{CE}$），故 U_O 可基本上保持稳定。这一自动调整过程可简单表示如下：

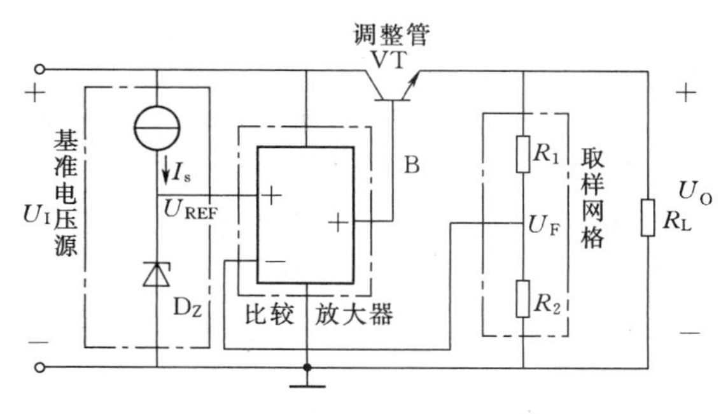

图 15-1-5 串联型稳压电路的原理方框图

$$U_O\uparrow \rightarrow U_F\uparrow \rightarrow U_B\downarrow \rightarrow I_B\downarrow \rightarrow U_{CE}\uparrow \rightarrow U_O\downarrow$$

同样，当 U_I 减小（或负载电流增加）使 U_O 降低时，调整过程相反，保持 U_O 基本恒定。

由于运算放大器处于放大状态，则

$$U_F=U_{REF}=\frac{R_2}{R_1+R_2}U_O$$

$$U_O=\frac{R_1+R_2}{R_2}U_{REF} \tag{15-1-8}$$

所以，通过改变基准电压或改变取样环节的分压比就可以方便地调整输出电压 U_O 的大小。由于这种稳压电路中的调整管与负载相串联，所以称为串联型稳压电路。

15.1.4 集成稳压电路

如果将调整管、比较放大环节、基准电源及取样环节和各种保护环节以及连接导线均制作在一片硅片上，就构成了集成稳压电路。常用的有三端固定式集成稳压电路和三端可调式集成稳压电路，它们都有三个接线端：一个是不稳定电压输入端、一个是稳定电压输出端和一个公共端。三端稳压器有输出正电压的，也有输出负电压的。由于它具有体积小、性能稳定、价格低廉、使用方便等特点，目前得到了广泛的应用。

1. 三端固定式集成稳压电路

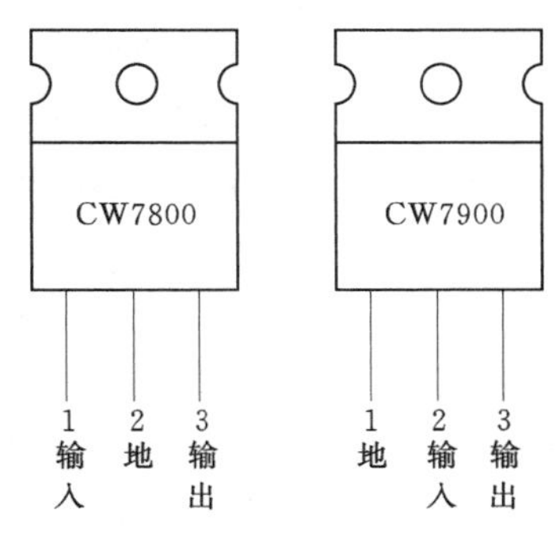

图 15-1-6 CW7800、CW7900 系列的引脚排列图

图 15-1-6 所示是塑料封装的固定输出三端集成稳压器 CW7800 系列和 CW7900 系列的引脚排列图。它们是国家标准系列产品，其中 CW7800 系列输出正电压，CW7900 系列输出负电压。对于具体器件，符号中“00”有具体的数字，表示输出电压的等级。输出电压的等级（绝对值）有 5V、6V、8V（9V）、12V、15V、18V、24V 等。例如 CW7815 表示输出稳定电压为+15V，CW7915 表示输出稳定电压为−15V。CW7800 和 CW7900 系列的最大输出电流为 1.5A。在实际应用时除了要确定输出电压和最大输出电流外，还必须注意输入电压的大小，输入电压

至少高于输出电压2～3V，但也不能超过最大输入电压（一般CW7800系列为30～40V，CW7900系列为－35～－40V）。

三端集成稳压器使用十分方便、灵活，根据需要配上适当的散热器就可接成实际需要的应用电路，以下介绍几种常用的应用电路。

图15－1－7所示为输出固定正电压或负电压的电路，其中U_I是经整流滤波后的直流电压。电容C_I用于改善纹波特性，C_O用于改善负载的瞬态响应。

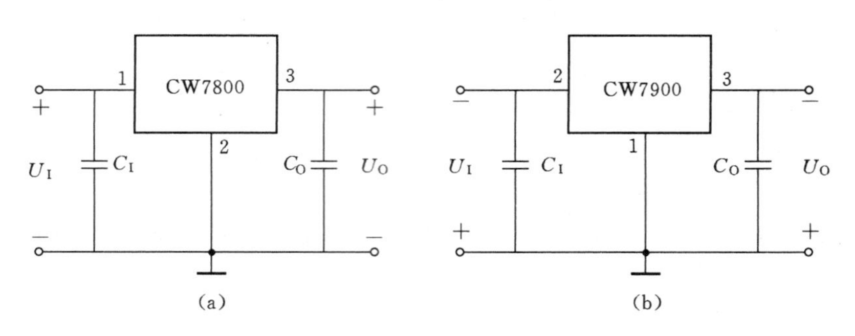

图15－1－7 固定输出的接法

(a) 输出正电压；(b) 输出负电压

图15－1－8所示为同时输出正、负电压的双路稳压电路。

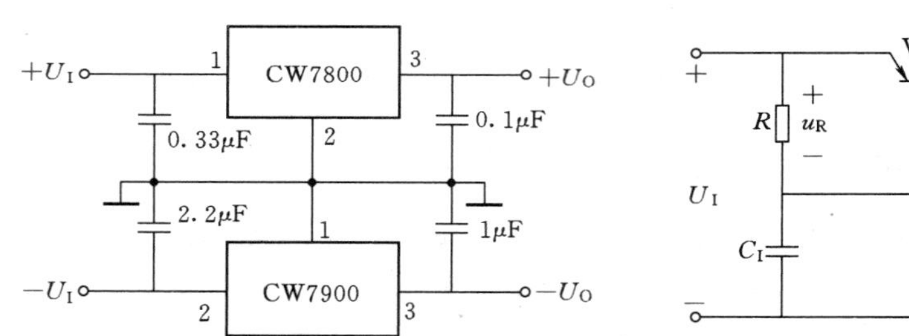

图15－1－8 输出正、负电压的接法

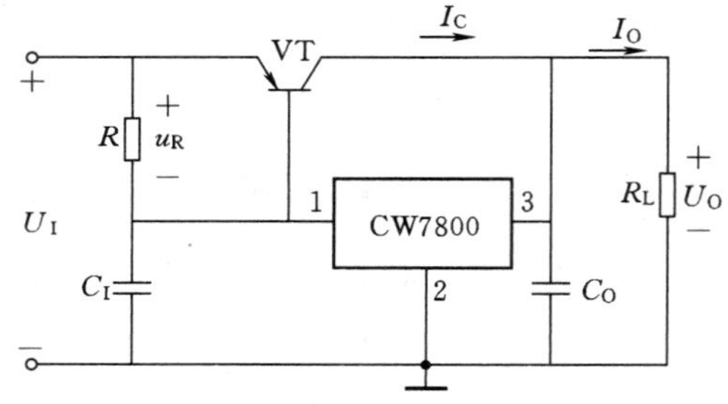

图15－1－9 扩大输出电流的电路

当所需的负载电流I_O超过稳压器的最大输出电流I_{OM}时，可以采用外接功率三极管的方法扩大电路的输出电流，接法如图15－1－9所示。在I_O较小时，u_R较小，外接功率管VT截止，$I_C=0$；当$I_O>I_{OM}$时，U_R较大，VT导通，使$I_O=I_{OM}+I_C$，扩大了输出电流。图中R为采样电阻，可根据功率管发射结的导通电压和稳压器最大输出电流确定，即$R=U_{BE}/I_{OM}$。

2. 三端可调式集成稳压电路

图15－1－10所示是塑料封装的可调式三端集成稳压器CW117和CW137的引脚排列图，它们具有调节端但无公共端，内部所有偏置电流几乎都流到输出端。在输出端与调节端之间具有1.25V（典型值）基准电压。它们既保持了三端的简单结构，又能在1.25～37V的范围内连续可调，并且稳压精度高，输出纹波小。

CW117的输入、输出为正电压，输出电压连续可调的基本电路如图15－1－11所示。

图中 C 的作用是滤去 R_2 两端的纹波电压；接入 R_1 和 R_2 使输出电压可调。

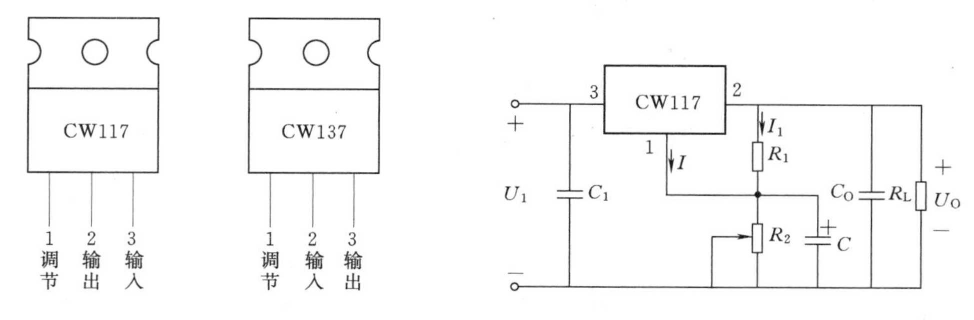

15－1－10 CW117、CW137 的引脚排列图　　图 15－1－11 输出电压可调的基本电路

由于 $U_{R1}=U_{21}=1.25V$，并且 $I_1 \gg I$（约几十微安），所以输出电压

$$U_O = U_{R1} + I_1R_2 = 1.25\left(1+\frac{R_2}{R_1}\right) \quad (15-1-9)$$

从式（15－1－9）可知，改变 R_2，就可调节 U_O。若取 R_1 的阻值为 200Ω，R_2 为 6.8kΩ 可调电阻，则 U_O 的可调范围为 1.25～37V。

CW137 的输入、输出电压均为负值，其应用电路与 CW117 的应用电路类似，可以对应套用。

15.2 变流电子电路

电能可以分为直流电和交流电。变流电子电路是应用变流技术，将交流电变换成直流电或者将直流电变换成交流电，以及改变直流电的大小，改变交流电的频率或幅值的大小。目前广泛采用的是半导体变流技术，即采用功率半导体器件，通过弱电对强电的控制，从而实现电能的变换与控制。它已被广泛地应用于工农业生产、国防、交通等各个领域。

15.2.1 晶闸管

功率半导体器件种类很多，包括功率二极管、各种类型的晶闸管、各种类型的功率晶体管等。

晶闸管又称**可控硅**，由于到目前为止，其制造技术最为成熟，可变换或控制的功率最大，因此是目前大功率变流技术中应用最广的一种功率半导体器件。

晶闸管包括普通晶闸管和快速晶闸管、双向晶闸管、逆导晶闸管及可关断晶闸管等特种晶闸管。普通晶闸管就简称为**晶闸管**。

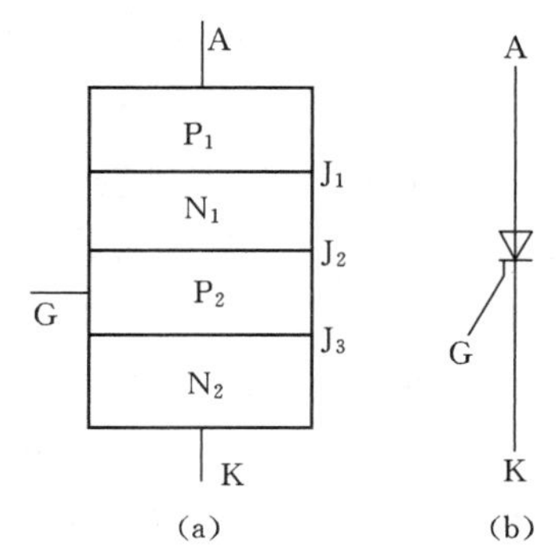

图 15－2－1 晶闸管
(a) 结构示意图；(b) 符号

图 15－2－1 所示为晶闸管的结构示意图和图形符号，它有三个电极：阳极 A、阴极 K 和门极（也称控制极）G。从结构示意图可见，它由 $P_1N_1P_2N_2$ 四层半导体构成，具

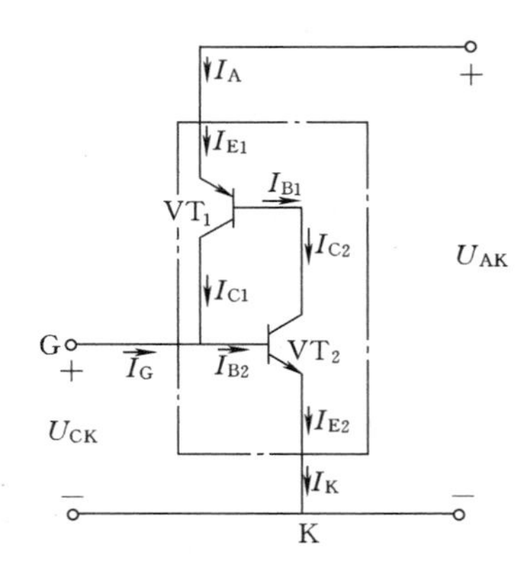

图 15-2-2　晶闸管的等效模型

有三个 PN 结：J_1、J_2 和 J_3。这三个 PN 结可以看成是一个 PNP 型三极管 VT_1 和一个 NPN 型三极管 VT_2 的相互连接，如图 15-2-2 所示，这就是晶闸管的等效模型。

晶闸管的工作原理如下：当 $U_{AK}<0$ 时，由于晶闸管内部 PN 结 J_1、J_3 均处于反向偏置，无论控制极是否加电压，晶闸管都不导通，晶闸管呈反向阻断状态；当 $U_{AK}>0$ 时、$U_{GK}\leqslant 0$ 时，PN 结 J_2 处于反向偏置，故晶闸管不能导通，晶闸管处于正向阻断状态；当 $U_{AK}>0$ 时、$U_{GK}>0$ 且为适当数值时，就产生相应的门极电流 I_G，经 VT_2 放大后形成集电板电流 $I_{C2}=\beta_2 I_{B2}$，由于 $I_{C2}=I_{B1}$，经 VT_1 放大后得 $I_{C1}=\beta_1\beta_2 I_{B2}$，而 I_{C1} 又流入 VT_2 管的基极再放大，经过这种正反馈，使 VT_1、VT_2 迅速饱和导通，即晶闸管全导通。晶闸管一旦导通后，即使去掉 U_{GK}，依然能依靠内部正反馈维持导通，因而在实际应用中，U_{GK} 常为触发脉冲。晶闸管导通后阳极与阴极间的正向压降很小，导通电流的大小由外电路决定。必须指出，晶闸管内部的正反馈必须由一定的阳极电流 I_A 来维持，一旦外电路使 I_A 降低到小于某一数值 I_H 时，正反馈就不能维持，晶闸管恢复到正向阻断状态。I_H 称为**晶闸管的维持电流**。

综上所述，要使晶闸管从阻断状态变为导通状态，必须在晶闸管阳极与阴极之间加一定大小的正向电压，门极与阴极之间加一定大小的正向触发电压。晶闸管一旦导通后门极就失去了控制作用，这时只要阳极电流大于晶闸管的维持电流 I_H，晶闸管就能维持导通。要使已导通的晶闸管关断，只要使阳极电流 I_A 小于维持电流 I_H，晶闸管就能自行关断，这可以通过增大负载电阻、降低阳极电压至接近于零或施加反向电压来实现。

晶闸管的伏安特性如图 15-2-3 所示，表示阳极电流 I_A 和阳极与阴极间电压 U_{AK} 的关系，即

$$I_A = f(U_{AK}) \tag{15-2-1}$$

伏安特性曲线可分为正向特性和反向特性两部分。

当 $U_{AK}>0$，即正向时，若门极不加电压，$I_G=0$，则在 $U_{AK}<U_{B0}$ 时，晶闸管只有很小的正向漏电流通过，晶闸管呈正向阻断状态；而在 $U_{AK}>U_{B0}$ 时，晶闸管将被击穿而导通，这在正常工作时是不允许的，U_{B0} 称为**正向转折电压**。若门极加正向电压，$I_G>0$，则正向转折电压降低，I_G 越大，转折电压越小，即晶闸管从阻断变为导通所需的正向电压越小。导通后的晶闸管正向特性与二极管正向特性类似。

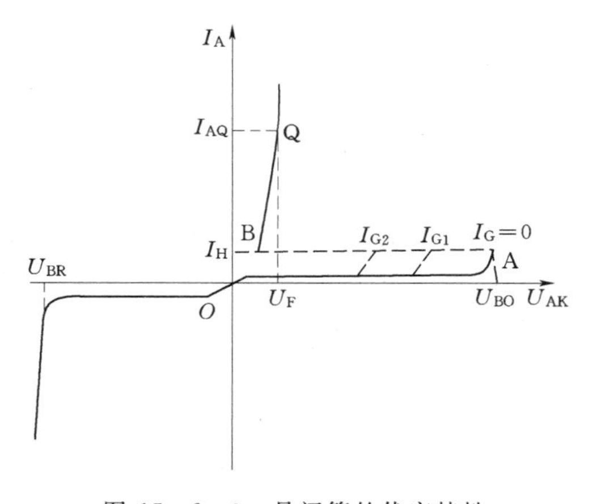

图 15-2-3　晶闸管的伏安特性

晶闸管的反向特性和二极管的反向特性类似。当晶闸管处于反向阻断状态时，只产生很小的反向漏电流。当反向电压达到反向击穿电压 U_{BR} 时，晶闸管反向击穿。

晶闸管的主要参数有：

(1) 正向转折电压 U_{B0}。指在额定结温和门极不加信号时，使晶闸管击穿导通的阳极与阴极间的正向电压。

(2) 正向阻断峰值电压 U_{DRM}。这是为避免晶闸管正向击穿所规定的最大正向电压，其值小于 U_{B0}。

(3) 反向转折电压 U_{BR}。即反向击穿电压。

(4) 反向阻断峰值电压 U_{RRM}。这是为避免晶闸管反向击穿所规定的最大反向电压，其值小于 U_{BR}。

(5) 正向平均管压降 U_F。即正向导通状态下器件两端的平均电压降。一般为 0.4～1.2V。

(6) 额定正向平均电流 I_F。指晶闸管允许通过的工频正弦半波电流的平均值。

(7) 维持电流 I_H。维持晶闸管导通状态所需的最小阳极电流。

晶闸管工作时门极所需的触发脉冲要用专门的触发电路来提供。触发电路可以由分立元件组成（如单结三极管触发电路、三极管触发电路等），但目前广泛采用集成触发器和数字式触发器。

15.2.2 可控整流电路

可控整流电路的功能就是将交流电能变换成电压大小可调的直流电能。可控整流电路的主电路结构形式很多。有单相半波、单相桥式、三相半波、三相桥式等。这里介绍单相桥式可控整流电路。

在单相桥式整流电路中，如把四只整流二极管全部换成可控的三极管器件，就构成了单相桥式可控整流电路，图 15-2-4 所示是单相桥式全控整流电路带电阻负载时的原理图。图中 VT_1、VT_2、VT_3、VT_4 均为晶闸管，所以称为**全控式整流电路**；若 VT_1、VT_2 采用晶闸管，而 VT_3、VT_4 采用功率二极管，则叫**半控式整流电路**。

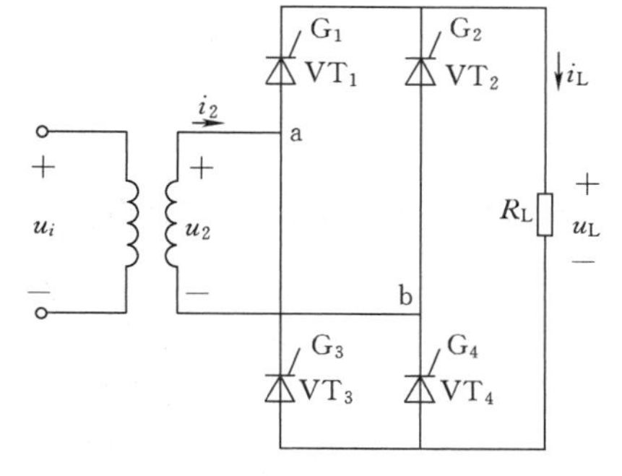

图 15-2-4 单相桥式全控整流电路

单相桥式全控整流电路的工作原理如下：当 u_2 为正半周时，在 $\omega t=\alpha$（α 称为控制角）的瞬间给 VT_1 和 VT_4 的门极加触发脉冲，由于此时 a 点电位高于 b 点电位，VT_1 和 VT_4 立即导通，电流从 a 端经 $VT_1 \rightarrow R_L \rightarrow VT_4$ 流回 b 端。这期间 VT_2 和 VT_3 均承受反压而截止。当电源电压 u_2 过零时，电流也降到零，VT_1、VT_4 阻断。当 u_2 为负半周时，在 $\omega t=\pi+\alpha$ 的瞬间给 VT_2、VT_3 门极加触发脉冲，由于此时 b 点电位高于 a 点电位，VT_2、VT_3 立即导通，VT_1、VT_4 因承受反压而截止，电流从 b 端经 $VT_2 \rightarrow R_L \rightarrow VT_3$ 流回 a 端。当电源电压 u_2 过零时，VT_2、VT_3 阻断。此后循环工作。图 15-2-5 给出了电压、电流的波形图。

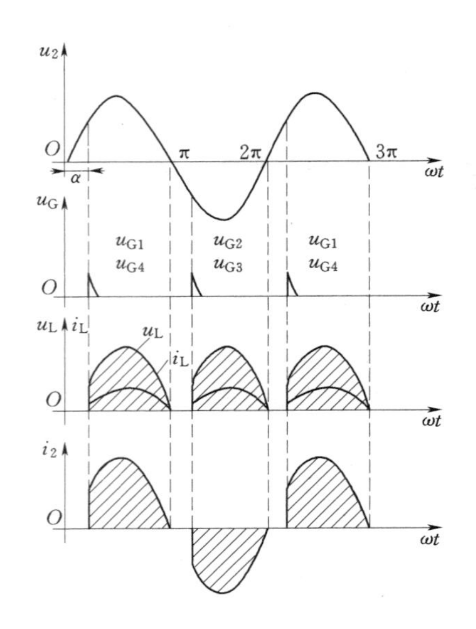

图 15-2-5　单相桥式全控整流电路波形图

在一般分析中，可以认为晶闸管正向导通时的正向压降为零，正向和反向阻断时漏电流为零，于是从图 15-2-5 的波形图可以得到负载电压 u_L 的平均值

$$U_L = \frac{1}{\pi}\int_2^{\pi} \sqrt{2}U_2 \sin\omega t \, d\omega t$$
$$= 0.9U_2 \frac{1+\cos\alpha}{2} \qquad (15-2-2)$$

负载电流 i_L 的平均值

$$I_L = \frac{U_L}{R_L} = 0.9\frac{U_2}{R_L}\frac{1+\cos\alpha}{2} \qquad (15-2-3)$$

从以上分析可知，u_L 的平均值与控制角 α 有关，即与晶闸管的导通角 θ（$\theta=\pi-\alpha$）有关。当 $\alpha=0$ 时，导通角 $\theta=\pi$，晶闸管处于全导通状态，$U_L=0.9U_2$，与不可控桥式整流相同；当 $\alpha=\pi$ 时，$\theta=0$，$U_L=0$。因此 U_L 的可调范围为 $0\sim0.9U_2$。

类似地还可以得到其他的数值关系：

每个晶闸管的平均电流为 $I_L/2$；每个晶闸管承受的最大反向电压为$\sqrt{2}U_2$；变压器二次侧绕组电流 i_2 的有效值

$$I_2 = \sqrt{\frac{1}{\pi}\int_{\alpha}^{\pi}\left(\frac{\sqrt{2}U_2}{R_L}\sin\omega t\right)^2 d\omega t} = \frac{U_2}{R_L}\sqrt{\frac{1}{2\pi}\sin2\alpha+\frac{\pi-\alpha}{\pi}} \qquad (15-2-4)$$

以上这些数值可作为选择变压器及晶闸管的依据。

小　　结

1. 直流稳压电源是一个典型的电子系统，它由变压器、整流电路、滤波电路和稳压电路四部分组成。

2. 整流滤波电路利用二极管的单向导电性和电容器的储能作用，将交流电压转换成单向脉动且相对比较平滑的直流电压。最常用的整流滤波电路是桥式整流、电容滤波电路。

3. 串联型稳压电路由调整环节、取样环节、基准环节和放大环节组成，它实际上是一个负反馈系统，用来稳定输出电压。

4. 三端集成稳压器的核心是串联型稳压电路。常用的固定式三端集成稳压器有 CW7800 和 CW7900 系列，这些集成稳压器中的调整管工作在线性区，功耗较大，效率较低。

5. 晶闸管是大功率变流技术中常用的一种功率半导体器件，它具有可控导通和阻断的特性。

6. 单相桥式整流电路将交流电能变换成电压大小可调的直流电能，其输出电压的大小可以通过改变控制角 α 来调整。控制角 α 是由触发电路形成的触发脉冲控制晶闸管的门极所形成。

习　　题

15－1　图15－1所示为单相桥式整流、电容滤波电路。已知变压器二次侧电压 $u_2=20V$，试分析在下述情况下，R_L 两端的电压平均值 U_o 大约为多少（忽略二极管压降）？

（1）电路正常工作；（2）负载 R_L 断开；（3）电容 C 断开；（4）某一个二极管和电容 C 同时断开。

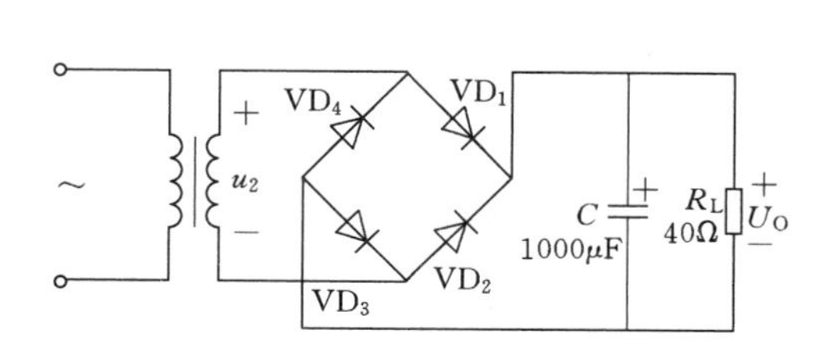

图15－1　习题15－1图

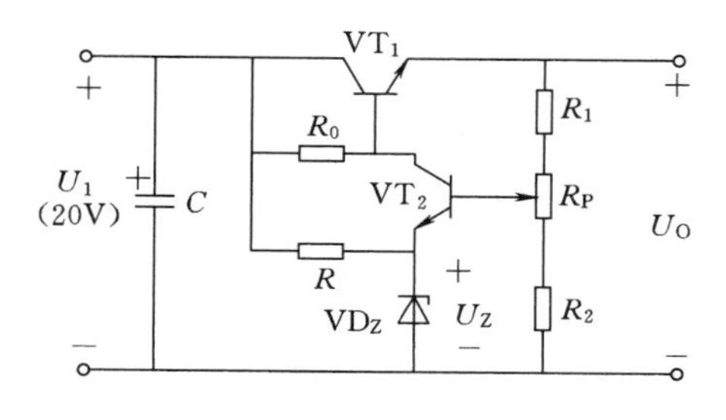

图15－2　习题15－2图

15－2　串联型稳压电路如图15－2所示，设 $U_Z=3.3V$，$R_1=R_2=1k\Omega$，$R_P=2k\Omega$，T_2 基极电流 I_{B2} 对取样电路的影响可忽略不计，试求输出电压 U_O 的最大值和最小值。

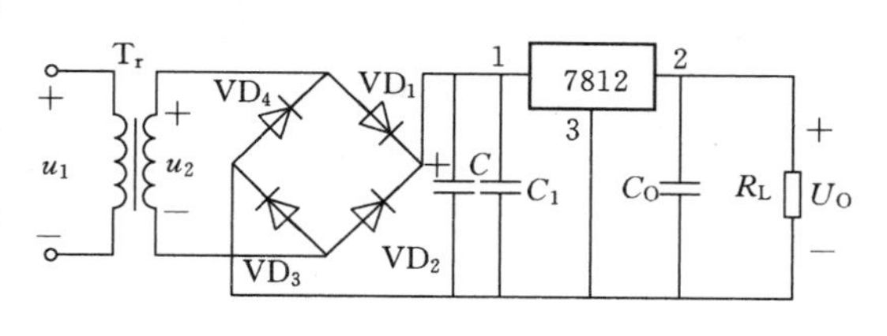

图15－3　习题15－3图

15－3　图15－3所示是一个接线有误的直流稳压电路，试指出其中的错误之处，并加以改正。

15－4　图15－4所示是用CW117获得输出电压可调的稳压电路，设 $U_I=10V$，$R_1=200\Omega$，$R_2=50\Omega$，$R_P=220\Omega$，求 U_O 的最大值和最小值。

15－5　图15－5所示的电路可以根据不同的控制信号输出不同的直流电压。设 $U_I=12V$，$R_1=120\Omega$，$R_2=R_3=750\Omega$，$R_4=1k\Omega$，控制信号为低电平时VT截止，高电平时VT饱和导通（忽略 U_{CES}）。试求控制信号分别为高、低电平时对应的 U_O 值。

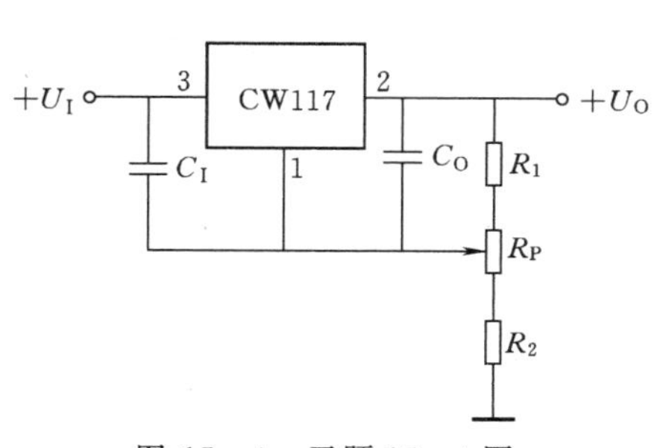

图15－4　习题15－4图

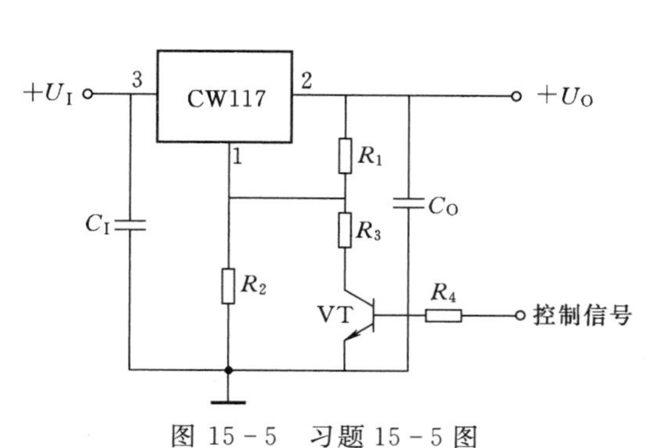

图15－5　习题15－5图

15－6　图 15－6 是一个带电阻负载的单相半波可控整流电路，试画出 $U_2=60\text{V}$，$\alpha=60°$时 u_2、i_L、u_L、u_T 的波形，并求出 U_L 值。假定晶闸管正向导通时的压降为零。

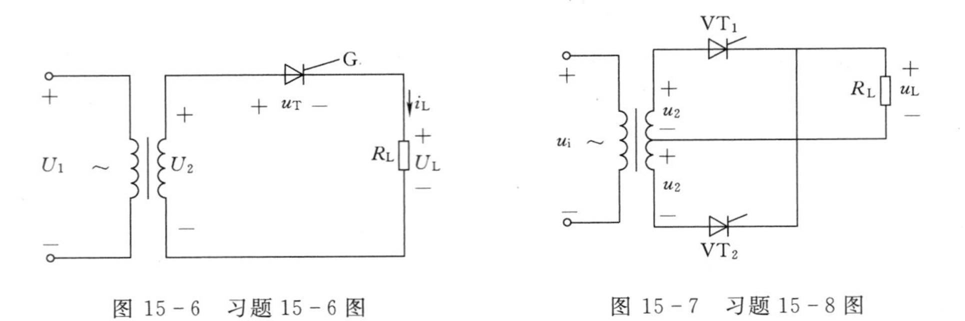

图 15－6　习题 15－6 图　　　图 15－7　习题 15－8 图

15－7　图 15－2－4 所示电路在控制角 $\alpha=0$ 时，负载电压平均值为 50V，现欲使负载电压降低到一半，问控制角 α 等于多少？若忽略晶闸管的正向导通压降，则 U_2（有效值）为多少？

15－8　图 15－7 所示电路的变压器二次侧电压 $u_2=\sqrt{2}50\sin314t\text{V}$，$R_L=20\Omega$，触发脉冲的移相范围为 30°～150°，若忽略晶闸管的正向导通压降，试问：(1) 画出 α 为 30°和150°时的波形；(2) 负载电压平均值 U_L 的调节范围为多少？(3) 每个晶闸管可能承受的最大反向电压为多少？流过的最大正向平均电流为多少？

第16章 组合逻辑电路

本章介绍数字电路的基础知识，即逻辑代数的运算规则和逻辑函数的表示及其化简方法，着重介绍集成门电路与组合逻辑电路。门电路是数字电路的基本部件。集成门电路是数字集成电路的一部分。组合逻辑电路种类很多，在此将介绍几种常见的组合逻辑电路，以及简单组合逻辑电路的分析和设计方法。

16.1 基本逻辑代数运算

16.1.1 逻辑代数基本运算规则

逻辑代数又称布尔代数，是研究逻辑关系的一种数学工具，被广泛应用于数字电路的分析和设计。逻辑代数和普通代数一样也可以用字母表示变量，但变量的取值只能是0和1。这里的0和1不是具体的数值，也不存在大小关系，而是表示两种逻辑状态。在研究实际问题时，0和1所代表的含义由具体的研究对象而定。所以逻辑代数所表达的是逻辑关系而不是数值关系，这就是它与普通代数本质的区别。

逻辑代数有三种基本的逻辑运算——**逻辑乘**、**逻辑加**和**逻辑非**，分别用以下运算符表示："·"、"+"和"—"。逻辑代数的一些基本运算规则见表16-1-1。

表16-1-1

0—1律	$A\cdot 1=A$ $A\cdot 0=0$	$A+0=A$ $A+1=1$
互补律	$\overline{A}A=0$	$A+\overline{A}=1$
重叠律	$A\cdot A=A$	$A+A=A$
交换律	$A\cdot B=B\cdot A$	$A+B=B+A$
结合律	$A(BC)=(AB)C$	$A+(B+C)=(A+B)+C$
分配律	$A(B+C)=AB+AC$	$A+(BC)=(A+B)(A+C)$
摩根定理	$\overline{AB}=\overline{A}+\overline{B}$	$\overline{A+B}=\overline{A}\overline{B}$
吸收律	$A(A+B)=A$ $A(\overline{A}+B)=AB$	$A(\overline{A}B)=AB$ $A+\overline{A}B=A+B$
还原律	$\overline{\overline{A}}=A$	

表16-1-1中运算规则都可以用真值表加以证明，即等号两边式子的逻辑状态完全相同，则等式成立。例如表16-1-2证明了含有两个变量的摩根定理。从表中可以看出，对应于变量A、B的四种组合状态，$\overline{A+B}$和$\overline{A}\overline{B}$的结果相同，$\overline{AB}$和$\overline{A}+\overline{B}$的结果也相同，从而证明摩根定理。当然上述运算规则也可以利用已有的公式去证明。例如：

$$(A+B)(A+C)=AA+AC+BA+BC=A+AC+AB+BC$$
$$=A(1+C+B)+BC=A+BC$$

以上证明了分配律。

表 16-1-2　证明摩根定理的逻辑状态真值表

A	B	$\overline{A+B}$	$\overline{A}\cdot\overline{B}$	$\overline{AB}$	$\overline{A}+\overline{B}$
0	0	1	1	1	1
0	1	0	0	1	1
1	0	0	0	1	1
1	1	0	0	0	0

16.1.2　逻辑函数的表示和化简

当一组输出函数与一组输入变量之间的关系是一种逻辑关系时，称这种为**逻辑函数**。一个具体事物的因果关系就可以用逻辑函数表示。

1. 逻辑函数的表示方法

逻辑函数可以分别用逻辑状态的真值表、逻辑表达式及逻辑图来表示。下面通过一个例子加以说明。

设有一个三输入变量的偶数判别电路，输入变量用 A、B、C 表示，输出变量用 F 表示，F 为 1 表示输入变量中有偶数个 1；F 为 0，表示输入变量中有奇数个 1。

三个输入变量共有 f=8 个组合状态；将这些状态的所有输入、输出的变量值一一列举出来，就构成了逻辑状态的**真值表**，如表 16-1-3 所示。

用逻辑状态的真值表来表示一个逻辑关系是比较直观的，能比较清楚地反映一个逻辑关系中输出和输入之间的关系。

表 16-1-3　偶数判别电路的逻辑状态真值表

输入			输出
A	B	C	F
0	0	0	1
0	0	1	0
0	1	0	0
0	1	1	1
1	0	0	0
1	0	1	1
1	1	0	1
1	1	1	0

逻辑状态的真值表表示的逻辑函数也可用**逻辑表达式**来表示。最常用的是与一或表达式。即：将逻辑状态表中输出等于 1 的各状态表示成全部输入变量（正变量及反变量）的与函数形式，并把总输出表示成这些与项的或函数。例如表 16-1-3 中，当 ABC=011 时，F=1，可写成 $\overline{A}BC$ 这个与项。以此类推，表中共有四个与项。其逻辑表达式为

$$F=\overline{A}BC+A\,\overline{B}C+AB\,\overline{C}+\overline{A}\cdot\overline{B}\cdot\overline{C} \qquad (16-1-1)$$

逻辑函数用逻辑表达式表示，可便于用逻辑代数的运算规则进行运算。

将逻辑表达式中的逻辑运算关系用相应的图形符号表示并适当加以连接就构成逻辑图。式（16-1-1）的逻辑图如图 16-1-1 所示。逻辑图这种表示方法便于逻辑函数的电路实现。

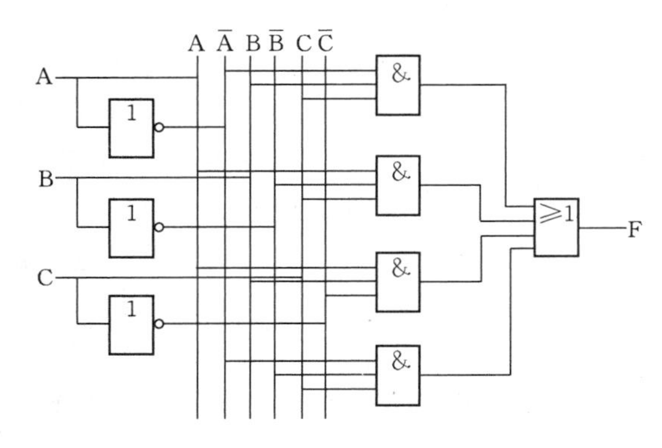

图 16-1-1　偶数判别电路的逻辑图

2. 辑函数的代数化简法

一个确定的逻辑关系，如能找到最简的逻辑表达式，不仅能够更方便、更直观地分析其逻辑关系，而且在设计具体的逻辑电路时所用的元件数也会最少，从而可以降低成本，提高可靠性。常用的化简方法有代数化简法和卡诺图化简法，这里仅介绍代数化简法。

代数化简法就是利用逻辑代数的基本运算规则来化简逻辑函数。下面通过具体的例子来说明。

【例题 16-1】　试化简逻辑函数 $F=AC+ACD+\overline{D}+\overline{A}BC\,\overline{D}$

［**解**］　$F=AC+ACD+\overline{D}+\overline{A}BC\,\overline{D}=AC\ (1+D)\ +\overline{D}\ (1+\overline{A}BC)\ =AC+\overline{D}$

【例题 16-2】　试化简逻辑函数 $F=AB+A\,\overline{B}+\overline{A}B$

［**解**］　$F=AB+A\,\overline{B}+\overline{A}B=A\ (B+\overline{B})\ +\overline{A}B=A+\overline{A}B=A+B$

以上例子可见，代数化简法需要熟练掌握逻辑代数的运算规则，才能有效地化简逻辑函数表达式。

16.2　逻 辑 门 电 路

门电路是实现各种逻辑关系的基本电路，是组成数字电路的基本部件，由于它既能完成一定的逻辑运算功能，又能像“门”一样控制信号的通断，门打开时，信号可以通过；门关闭时，信号不能通过，因此称为**门电路**。目前在数字逻辑电路中采用的门电路多为集成门电路，它的产品种类很多，内部电路各异，对一般读者来说，只需将其作为具有某一逻辑功能的器件，对于内部电路可不必深究。

按逻辑功能的不同，门电路可分为很多种类型，其中实现与、或、非三种逻辑关系的与门电路、或门电路和非门电路是最基本的门电路。

16.2.1　与门电路

在决定某一事件的各种条件中，只有当所有的条件都具备时，事件才会发生，符合这一规律的逻辑关系称为**与逻辑**。

研究逻辑关系所关心的是条件是否具备及事件是否发生，反映在逻辑电路中则是输入和输出电位的高与低两种状态，因此，习惯上把电位的高与低称为**高电平**和**低电平**。为便于逻辑运算，分别用 0 和 1 来表示。若规定高电平为 1，低电平为 0，这种逻辑关系称为**正逻辑**，反之称为**负逻辑**。以下一律采用正逻辑。

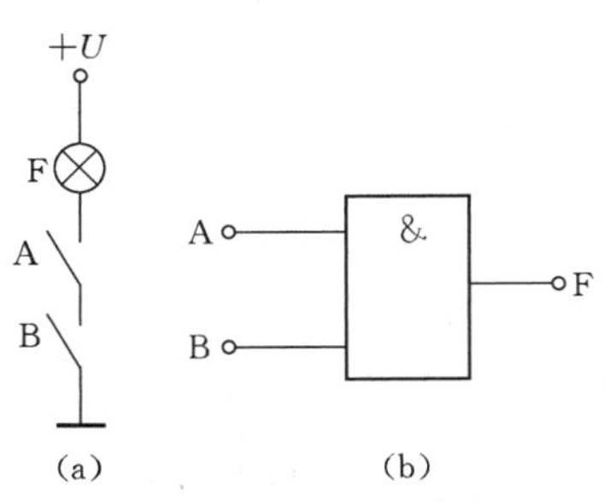

图 16-2-1　与逻辑和与门
(a) 与逻辑；(b) 与门

例如图 16-2-1 (a) 所示电路，只有开关 A 和 B 同时闭合时，灯 F 才会亮。这里开关的闭合与灯亮之间的关系为与逻辑关系。

表 16-2-1　与门真值表

A　B	F
0　0	0
0　1	0
1　0	0
1　1	1

实现与逻辑关系的电路称为与门电路，简称**与门**。与门的逻辑符号如图 16-2-1（b）所示为二输入与门，当然与门的输入端可以不止两个。与门反映的逻辑关系是：只有输入都为高电平时，输出才是高电平。

反映与逻辑的运算称为与运算，又称逻辑乘，逻辑表达式为

$$F = A \cdot B \qquad (16-2-1)$$

根据与逻辑的运算规律，其逻辑状态的真值表如表 16-2-1 所示。

与门除实现与逻辑关系外，也可以起控制门的作用。例如将 A 端作为信号输入端，B 端作为信号控制端，由真值表可知，当 B=1 时，F=A，相当于门打开，信号可以通过；当 B=0 时，F=0，始终保持低电平，相当于门关闭，信号不能通过。

16.2.2　或门电路

在决定某一事件的各种条件中，只要有一个或一个以上的条件具备，事件就会发生，符合这一规律的逻辑关系称为**或逻辑**。

例如 16-2-2（a）所示电路，只要开关 A 和 B 中有一个或一个以上闭合，灯 F 就会亮。这里开关的闭合和灯亮之间的关系为或逻辑关系。

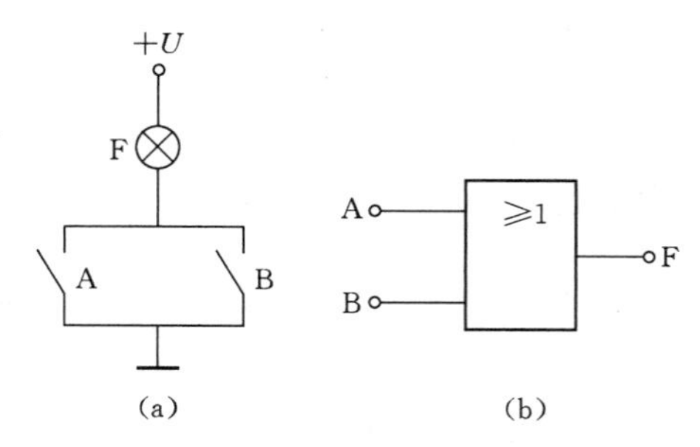

图 16-2-2　或逻辑和或门

（a）或逻辑；（b）或门

实现或逻辑关系的电路称为或门电路，简称或门。或门的逻辑符号如图 16-2-2（b）所示，F 是输出端，A 和 B 是输入端。输入端的数量可以不止两个，输入和输出都只有高电平 1 和低电平 0 两种状态。或门反映的逻辑关系是：只要输入中有一个或一个以上为高电平，输出便为高电平。

表 16-2-2　或门真值表

A　B	F
0　0	0
0　1	1
1　0	1
1　1	1

反映或逻辑的运算称为或运算，又称逻辑加，逻辑表达式为

$$F = A + B \qquad (16-2-2)$$

根据或逻辑的运算规律，其逻辑状态的真值表如表 16-2-2 所示。

或门除实现或逻辑关系外，也可以起控制门的作用。例如将 A 端作为信号输入端，B 端作为信号控制端，由真值表可知，当 B=0 时，F=A，相当于门打开，信号可以通过；当 B=1 时，F=1，始终保持高电平，相当于门关闭，信号不能通过。

16.2.3　非门电路

决定某一事件的条件只有一个，而在条件不具备时，事件才发生，即事件的发生与条

件处于对立状态，符合这一规律的逻辑关系称为**非逻辑**。

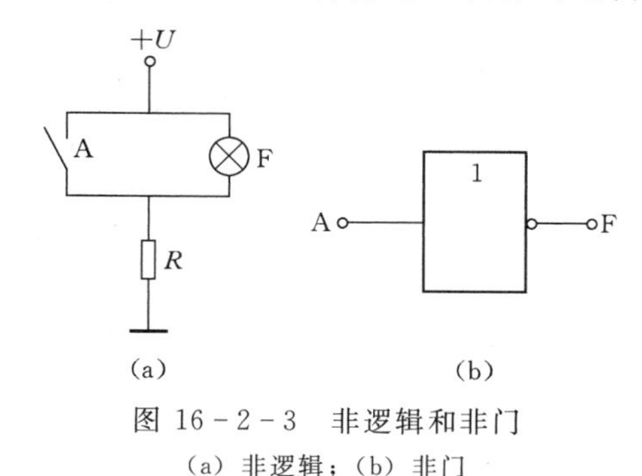

图 16－2－3　非逻辑和非门
(a) 非逻辑；(b) 非门

例如图 16－2－3 (a) 所示电路，只有在开关 A 不闭合时，灯 F 才会亮。这里开关的闭合和灯亮之间的关系为非逻辑关系。实现非逻辑关系的电路称为非门电路，简称非门。非门的逻辑符号如图 16－2－3 (b) 所示，它只有一个输入端，输出端加有小圆圈，表示“非”的意思。非门反映的逻辑关系是：输出与输入的电平相反，即 A＝0 时，F＝1；A＝1 时，F＝0。

反映非逻辑的运算称为非运算，又称逻辑非，逻辑表达式为

$$F = \overline{A} \tag{16-2-3}$$

这里$\overline{A}$读为 A 非。根据非逻辑的运算规律，其逻辑状态的真值表如表 16－2－3 所示。

表 16－2－3　非门真值表

A	F
0	1
1	0

从非门真值表可见，由于非门的输出与输入的状态相反，因此非门电路又称**反相器**。

与门、或门和非门的每个集成电路芯片中，通常含有多个独立的门电路，而且型号不同，每个芯片中含有门的个数及每个门的输入端的个数也不尽相同。读者若有需要可查阅有关手册。

16.2.4　其他常用门电路

集成门电路除了与门、或门和非门外，还有将它们的逻辑功能组合起来的复合门电路，如集成与非门、或非门、同或门和异或门等。其中与非门和或非门，尤其是与非门是当前生产量最大、应用最多的集成门电路。

1. 与非门电路

实现与非逻辑关系的电路称为与非门电路，简称与非门。与非逻辑关系就是先“与”后“非”的逻辑，逻辑表达式为

$$F = \overline{A \cdot B} \tag{16-2-4}$$

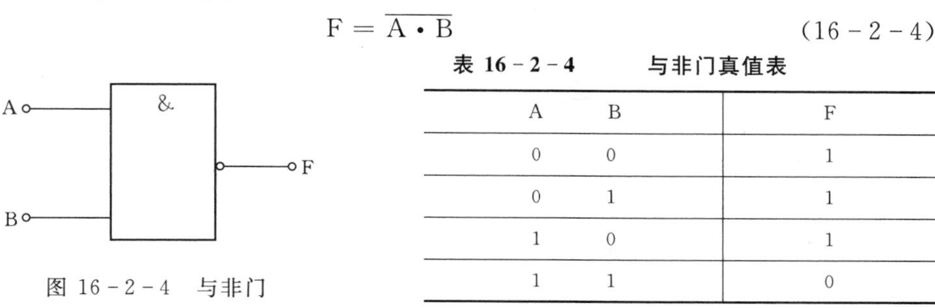

表 16－2－4　与非门真值表

A	B	F
0	0	1
0	1	1
1	0	1
1	1	0

图 16－2－4　与非门

逻辑符号如图 16－2－4 所示，真值表见表 16－2－4。TTL 集成与非门的原理电路如图 16－2－5 所示，VT_1是一个多发射极的三极管，电路的工作原理如下：

当 A 或 B 中任一个或两个为低电平时，VT_1的基极 B_1的电位被钳制在 0.7V 左右，

由 B_1 经 VT_1 集电结、VT_2 发射结和 VT_4 发射结到地，经过三个 PN 结，基极 B_1 为 0.7V 的电压不可能让它们都导通，所以 VT_1 将处于饱和状态，VT_2 和 VT_4 都处于截止状态，VT_3 导通，F 为高电平。

当 A 和 B 都为高电平时，+5V 电源经 R_{B1}、VT_1 集电结、VT_2 发射结和 VT_4 发射结到地构成通路，基极 B_1 的电位被钳制在 2.1 V 左右，低于 A 和 B 的电位 3.6V，使得 VT_1 截止，而 VT_2 和 VT_4 饱和导通，VT_3 截止，F 为低电平。

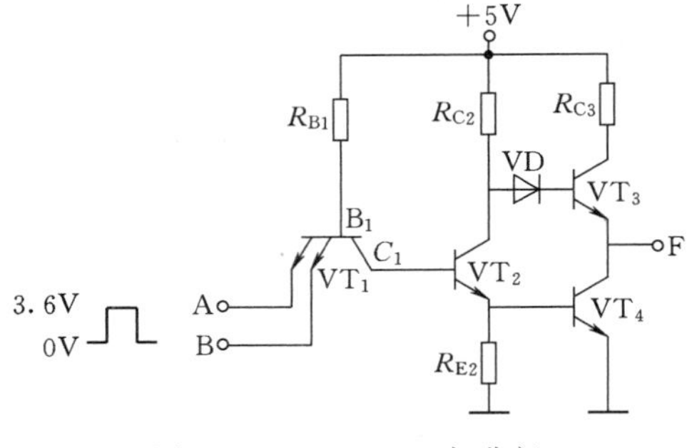

图 16-2-5　TTL 与非门

以上分析说明该电路实现了与非门的逻辑功能。

2. 或非门电路

实现或非逻辑关系的电路称为或非门电路，简称**或非门**。或非逻辑关系就是先“或”后“非”的逻辑，其逻辑表达式为

$$F = \overline{A + B} \tag{16-2-5}$$

逻辑符号如图 16-2-6 所示，其真值表见表 16-2-5。

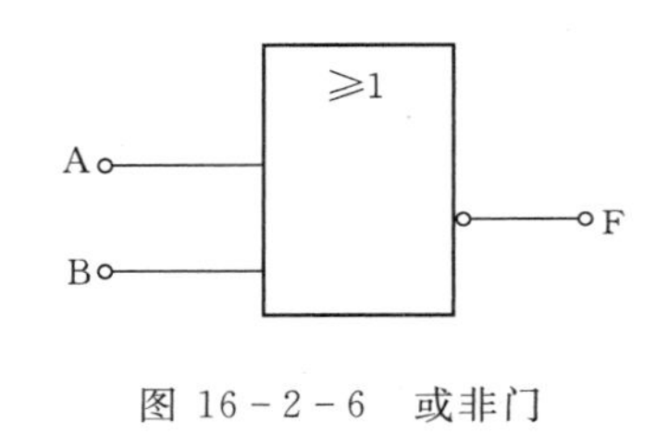

图 16-2-6　或非门

表 16-2-5　或非门真值表

A	B	F
0	0	1
0	1	0
1	0	0
1	1	0

3. 异或门和同或门

对于两个输入变量，A、B 相同时（同为 0 或同为 1），输出 F=0；当 A、B 不同时（一个为 0，另一个为 1），输出 F=1。这种逻辑电路称为**异或门**。其逻辑符号如图 16-2-7所示，真值表见表 16-2-6，逻辑表达式可简写成

$$F = \overline{A}B + A\overline{B} = A \oplus B \tag{16-2-6}$$

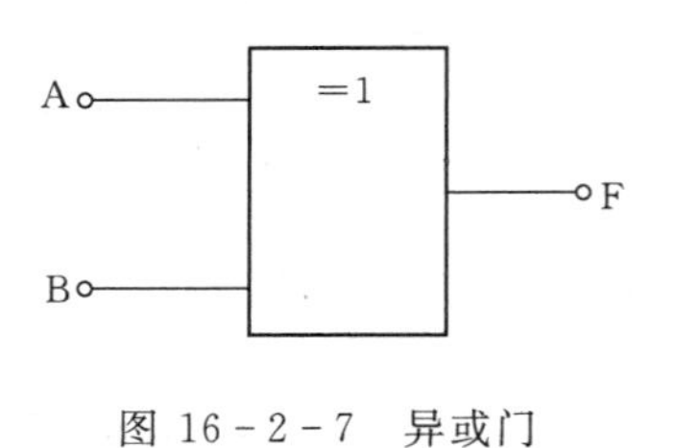

图 16-2-7　异或门

表 16-2-6　异或门真值表

A	B	F
0	0	0
0	1	1
1	0	1
1	1	0

若 A、B 相同时（同为 0 或同为 1），输出 F=1；A、B 不同时（一个为 0，另一个为 1），输出 F=0。这种逻辑电路称为**同或门**。逻辑表达式可简写成

$$F = AB + \overline{A}\,\overline{B} = A \odot B \tag{16-2-7}$$

4. 三态与非门

普通的集成与非门是不能将两个与非门的输出线接在公共的信号传输线上的，否则，因两输出端并联，若一个输出为高电平，另一个输出低电平时，两者之间将有很大的电流通过，会使元件损坏。但在实用中，为了减少信号传输线的数量，以适应各种数字电路的需要，有时却需要将两个或多个与非门的输出端接在同一信号传输线上，这就需要一种输出端除了有低电平 0 和高电平 1 两种状态外，还要有第三种高阻状态（即开路状态）Z 的门电路。当输出端处于 Z 状态时，与非门与信号传输线是隔断的。这种具有 0、1、Z 三种输出状态的与非门称为**三态与非门**。

与普通的与非门相比，三态与非门多了一个控制端，又称**使能端 E**。其逻辑符号和逻辑功能见表 16-2-7 所示。表中，左图的三态与非门，在控制端 E=0 时，电路为高阻状态，E=1 时，电路为与非门状态，故称**控制端为高电平有效**；在右图中的三态与非门正好相反，控制端 E=1 时，电路为高阻状态，E=0 时，电路为与非门状态，故称**控制端为低电平有效**。在逻辑符号中。用 EN 端加小圆圈表示低电平有效，不加小圆圈表示高电平有效。

表 16-2-7　　三态与非门逻辑符号和逻辑功能

逻辑符号	逻辑功能		逻辑符号	逻辑功能	
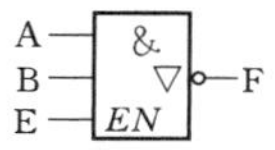 A, B, E（EN）; & ▽ F	E=0	F=Z	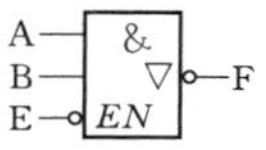 A, B, E（EN 加小圆圈）; & ▽ F	E=0	$F=\overline{A\cdot B}$
	E=1	$F=\overline{A\cdot B}$		E=1	F=Z

5. 集电极开路与非门

集电极开路与非门（也称 **OC 门**）图形符号如图 16-2-8 所示，在使用过程中 OC 门必须接上拉电阻，OC 门的输出端也可以直接驱动负载如继电器、指示灯、发光二极管等，如图 16-2-9 所示为一个驱动继电器线圈的电路，而普通与非门不允许直接驱动电

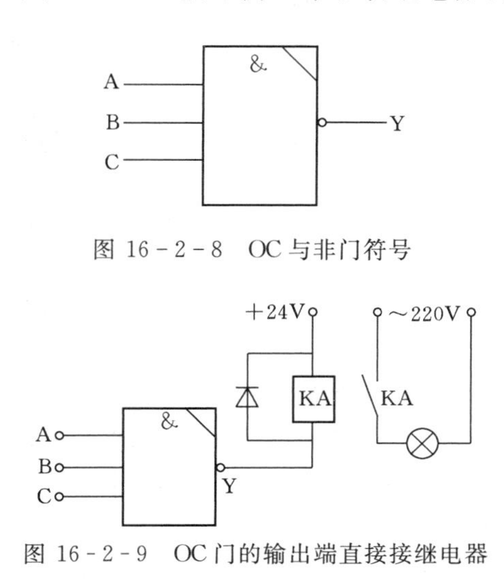

图 16-2-8　OC 与非门符号

图 16-2-9　OC 门的输出端直接接继电器

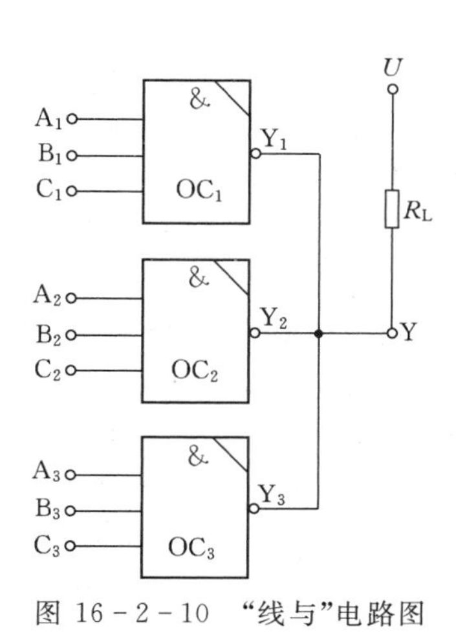

图 16-2-10　“线与”电路图

压高于5V的负载，否则与非门将会损坏。

此外，可将几个OC门的输出端相连，而后接电源U和负载电阻R_L，这种连接方式称为线与，如图16－2－10所示。输出端

$$Y = Y_1 \cdot Y_2 \cdot Y_3$$

常用门电路的逻辑符号和逻辑表达式归纳如表16－2－8所示。

表16－2－8　　常用门电路的逻辑符号和逻辑表达式

名称	逻辑符号	逻辑表达式	名称	逻辑符号	逻辑表达式
与门	A, B → & → F	$F=A\cdot B$	异或门	A, B → =1 → F	$F=A\oplus B$
或门	A, B → ≥1 → F	$F=A+B$	同或门	A, B → =1 → F	$F=A\odot B$
非门	A → 1 → F	$F=\overline{A}$	与或非门	A, B, C, D → & ≥1 → F	$F=\overline{AB+CD}$
与非门	A, B → & → F	$F=\overline{A\cdot B}$	三态与非门	A, B, E → & ▽ EN → F	$E=0$，$F=Z$ $E=1$，$F=\overline{A\cdot B}$
或非门	A, B → ≥1 → F	$F=\overline{A+B}$	OC与非门	A, B → & → F	$F=\overline{A\cdot B}$

16.3　组合逻辑电路的分析

组合逻辑电路是由门电路组成的逻辑电路。由于门电路输出电平的高低仅取决于当时的输入，与以前的输出状态无关，是一种无记忆功能的逻辑部件。因而组合电路也是现时的输出仅取决于现时的输入。

组合电路的分析就是在已知逻辑电路结构的前提下，研究其输出与输入之间的逻辑关系。现以图16－3－1所示电路为例来讨论组合电路的分析方法。分析的一般步骤如下：

（1）由输入变量（即A和B）开始，逐级推导出各个门电路的输出，最好将结果标明在图上。

（2）利用逻辑代数对输出结果进行变换或化简。

分析结果见图16－3－1的标注。

【例题16－3－1】　图16－3－2所示是一个保险柜的密码锁控制电路。开锁的条件是：（1）要拨对密码；（2）要将开锁控制开关S闭合。如果以上两个条件都得到满足，开锁信号为1，报警信号为0，锁被打开而不发报警信号。拨错密码则开锁信号为0，报警信号为1，锁打不开而警铃报警。试分析该电路的密码是多少？

［**解**］　从输入端开始逐级分析出各门电路的输出，结果注明在图上。最后求得

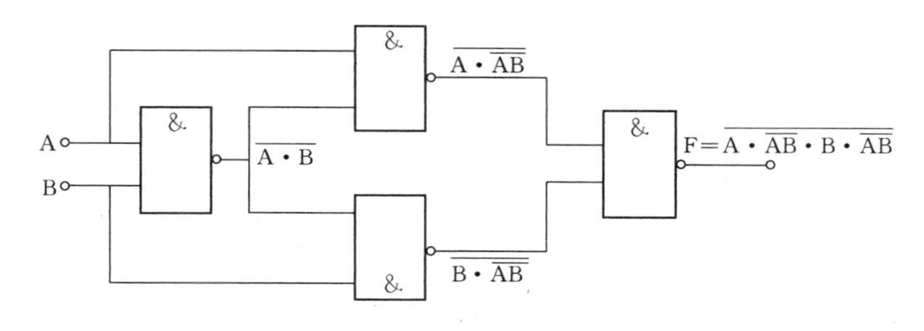

图 16-3-1　组合逻辑电路分析举例

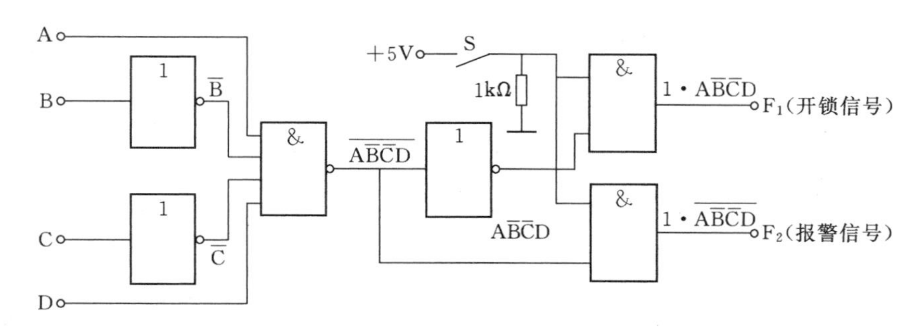

图 16-3-2　密码锁控制电路

$$F_1 = 1 \cdot A\,\overline{B}\,\overline{C}D = A\,\overline{B}\,\overline{C}D$$

$$F_2 = 1 \cdot \overline{AD\,\overline{B}\,\overline{C}} = \overline{F_1}$$

根据开锁条件 $F_1=1$，必须 A=1、B=0、C=0、D=1，所以密码为 1001。密码拨对时，$F_1=1$，而 $F_2=\overline{F_1}=0$。密码拨错，$F_1=0$、$F_2=\overline{F_1}=1$。断开 S 时，$F_1=0$，$F_2=0$，密码锁电路不工作。

16.4　组合逻辑电路的设计

组合逻辑电路的种类很多，常见的有加法器、编码器和译码器，并结合这些常用逻辑电路的逻辑功能对其基本设计方法进行介绍。组合逻辑电路的设计，就是根据已知的逻辑功能设计出逻辑电路。

16.4.1　加法器

二进制的加法器分为半加器和全加器。

1. 半加器

半加器是一种不考虑低位来的进位数，只能对本位上的两个二进制数求和的组合逻辑电路。现在根据半加器的这一逻辑功能设计出它的逻辑电路。设计的一般步骤如下：

(1) 根据逻辑功能列出真值表。

半加器的真值表如表 16-4-1 所示，A、B 是两个求和的二进制数，F 是相加后得到的本位数，C 是相加后得到的进位数。

（2）根据真值表写出逻辑表达式。

由真值表看到，A 和 B 相同时 F 为 0，A 和 B 不同时，F 为 1，这是异或门的逻辑关系，即

$$F = \overline{A}B + A\overline{B} = A \oplus B$$

当 A 和 B 同为 1 时，C 才为 1，这是与逻辑关系。

$$C = A \cdot B$$

（3）根据逻辑表达式画出逻辑电路。

以上结果表明半加器应由一个异或门和一个与门组成。电路如图 16－4－1 所示。图 16－4－1（b）是半加器的逻辑符号。

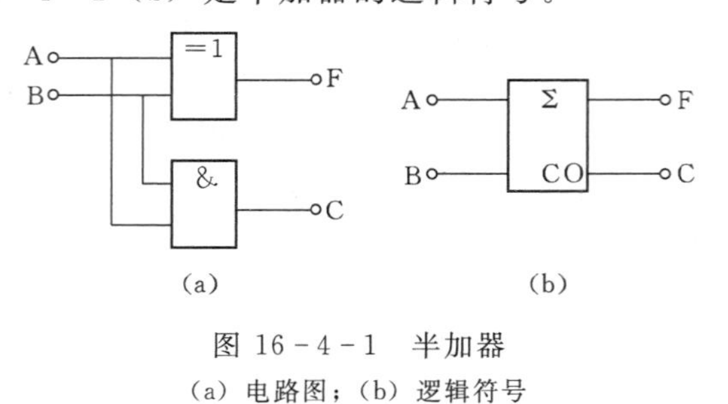

图 16－4－1　半加器
（a）电路图；（b）逻辑符号

表 16－4－1　半加器的真值表

A	B	F	C
0	0	0	0
0	1	1	0
1	0	1	0
1	1	0	1

2. 全加器

全加器是一种将低位来的进位信号连同本位的两个二进制数三者一起求和的组合逻辑电路。根据这一逻辑功能列出真值表如表 16－4－2 所示。表中 A_i 和 B_i 是本位的二进制数，C_{i-1} 是来自低位的进位数。F_i 是相加后得到的本位数，C_i 是相加后得到的进位数。

表 16－4－2　全加器真值表

A_i	B_i	C_{i-1}	F_i	C_i	A_i	B_i	C_{i-1}	F_i	C_i
0	0	0	0	0	1	0	0	1	0
0	0	1	1	0	1	0	1	0	1
0	1	0	1	0	1	1	0	0	1
0	1	1	0	1	1	1	1	1	1

然后利用真值表写出输出的逻辑表达式。在比较复杂的逻辑中，可采用如下的方法写出输出的逻辑表达式：

先分析输出为 1 的条件，将输出为 1 各行中的输入变量为 1 者取原变量，为 0 者取反变量，再将它们用与的关系写出来，得到一个与项，再将各与项或起来，便得到输出逻辑的与或表达式。因此，得到 F_i 的与或表达式为

$$F_i = \overline{A_i\ B_i}C_{i-1} + \overline{A_i}B_i\ \overline{C_{i-1}} + A_i\ \overline{B_i}\ \overline{C_{i-1}} + A_iB_iC_{i-1}$$

C_i 的与或表达式为

$$C_i = \overline{A_i}B_iC_{i-1} + A_i\ \overline{B_i}C_{i-1} + A_iB_i\ \overline{C_{i-1}} + A_iB_iC_{i-1}$$

上述方法可归纳为以下公式

$$F = \text{真值为 1 各行的乘积项的逻辑和}$$

根据上式可以画出逻辑电路。但是所用的门电路种类和数量很多，因此还应进行化简。而且往往还要考虑到已有的或者希望采用的门电路的类型。例如，

现在希望利用半加器为主组成全加器，为此化简如下

$$
\begin{aligned}
F_i &= \overline{A_i}\,\overline{B_i}C_{i-1} + \overline{A_i}B_i\,\overline{C_{i-1}} + A_i\,\overline{B_i}\,\overline{C_{i-1}} + A_iB_iC_{i-1} \\
&= (\overline{A_i}\,\overline{B_i} + A_iB_i)C_{i-1} + (\overline{A_i}B_i + A_i\,\overline{B_i})\,\overline{C_{i-1}} \\
&= \overline{(A_i \oplus B_i)}C_{i-1} + (A_i \oplus B_i)\,\overline{C_{i-1}} \\
&= (A_i \oplus B_i) \oplus C_{i-1} \\
&= A_i \oplus B_i \oplus C_{i-1} \qquad (16-4-1)
\end{aligned}
$$

$$
\begin{aligned}
C_i &= \overline{A_i}B_iC_{i-1} + A_i\,\overline{B_i}C_{i-1} + A_iB_i\,\overline{C_{i-1}} + A_iB_iC_{i-1} \\
&= (\overline{A_i}B_i + A_i\,\overline{B_i})C_{i-1} + A_iB_i(\overline{C_{i-1}} + C_{i-1}) \\
&= (A_i \oplus B_i)C_{i-1} + A_iB_i \qquad (16-4-2)
\end{aligned}
$$

根据化简后的逻辑式可以画出全加器电路如图 16－4－2（a）所示，图（b）是它的逻辑符号。

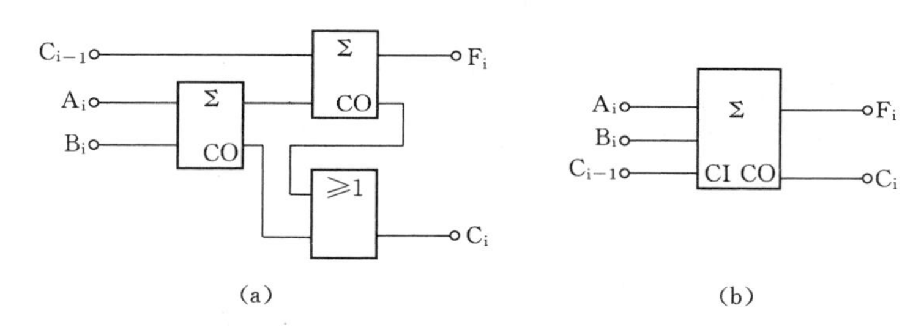

图 16－4－2　全加器

（a）电路图；（b）逻辑符号

在实际应用的过程中，往往需要实现多位二进制的加法，我们可以利用多个全加器组成多位二进制加法器。图 16－4－3 所示，由四个全加器组成的四位二进制全加器。

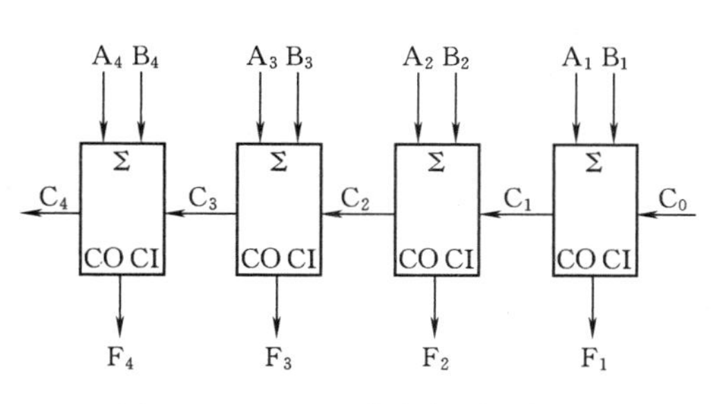

图 16－4－3　四位全加器逻辑图

16.4.2　编码器

在数字逻辑电路中，有时需要把某种状态信息用一个规定的二进制数来表示，以便计算机的识别与操作，这种表示状态信息的二进制数称为**代码**。将状态信息变换成代码的过程称为**编码**。实现编码功能的组合电路称为**编码器**。例如计算机的键入键盘，就是一种编码器，每按下一个健，编码器就将该按键的含义转换成一个计算机能识别的二进制数，用它去控制计算机的操作。

二进制虽然适用于数字电路，但是人们习惯使用的是十进制。因此，在电子计算机和其他数控装置中输入和输出数据时，要进行十进制数与二进制数的相互转换。为了便于人机联系，一般是将准备输入的十进制数的每一位数都用一个四位的二进制数来表示。它是

一种用二进制编码的十进制数，称为**二～十进制编码**，简称 **BCD 码**。我们知道四位二进制数 0000～1111 共有十六个，而表示十进制数码 0～9，只需要十个四位二进制数，有六个四位二进制数是多余的，从十六个四位二进制数中选择其中的十个来表示十进制数码 0～9 的方法可以有很多种，最常用的方法是只取前面十个四位二进制数 0000～1001 来表示十进制数码 0～9，舍去后面的六个不用。这种 BCD 码称为 **8421 码**。

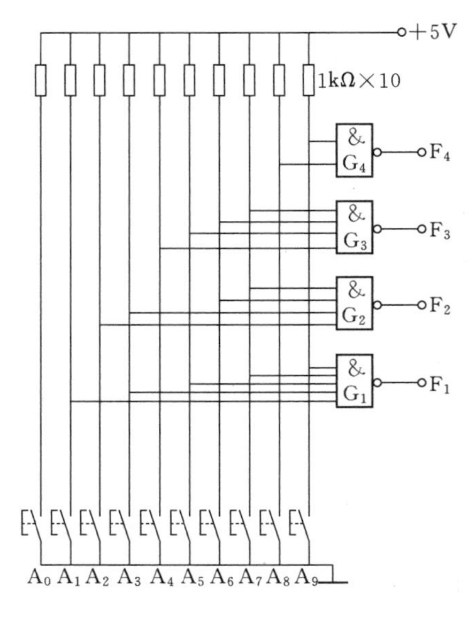

图 16-4-4　编码器电路

常用的编码器有二进制编码器和二～十进制编码器。图 16-4-4 是一种常用的键控二～十进制编码器。它通过十个按键 A0～A9，将十进制数 0～9 十个信息输入，从输出端 F_1～F_4 输出相应的十个二～十进制代码，这里输出的代码采用 8421 码，故又称 **8421 编码器**。

代表十进制数 0～9 的十个按键 A0～A9 未按下时，四个与非门 G1～G4 的输入都是高电平，按下后因接地而变为低电平。G1～G4 的输出端即为编码器的输出端。由电路图中可以求得它们的逻辑关系式为：

$$F_1 = \overline{A_1 A_3 A_5 A_7 A_9}; \quad F_3 = \overline{A_4 A_5 A_6 A_7}$$

$$F_2 = \overline{A_2 A_3 A_6 A_7}; \quad F_4 = \overline{A_8 A_9}$$

由此得到表 16-4-3 所示的真值表。

表 16-4-3　　8421 码 BCD 编码器真值表

A_0	A_1	A_2	A_3	A_4	A_5	A_6	A_7	A_8	A_9	F_4	F_3	F_2	F_1
0	1	1	1	1	1	1	1	1	1	0	0	0	0
1	0	1	1	1	1	1	1	1	1	0	0	0	1
1	1	0	1	1	1	1	1	1	1	0	0	1	0
1	1	1	0	1	1	1	1	1	1	0	0	1	1
1	1	1	1	0	1	1	1	1	1	0	1	0	0
1	1	1	1	1	0	1	1	1	1	0	1	0	1
1	1	1	1	1	1	0	1	1	1	0	1	1	0
1	1	1	1	1	1	1	0	1	1	0	1	1	1
1	1	1	1	1	1	1	1	0	1	1	0	0	0
1	1	1	1	1	1	1	1	1	0	1	0	0	1

在上面 8421 码 BCD 编码器中，如果同时有多个信号输入有效（设低电平 0 有效），输出编码将会是不正常状态。优先权编码器可以解决这个问题。优先权编码器的输出则是与优先权大的输入信号对应的代码相关，如果规定输入信号的优先级为 A9 最高 A0 最低，

则得到表 16－4－4 所示的 8421 码 BCD 优先权编码器真值表。表中“×”表示该输入端的输入电平为任意电平。

表 16－4－4　　8421 码 BCD 优先权编码器真值表

A_0	A_1	A_2	A_3	A_4	A_5	A_6	A_7	A_8	A_9	F_4	F_3	F_2	F_1
0	1	1	1	1	1	1	1	1	1	0	0	0	0
×	0	1	1	1	1	1	1	1	1	0	0	0	1
×	×	0	1	1	1	1	1	1	1	0	0	1	0
×	×	×	0	1	1	1	1	1	1	0	0	1	1
×	×	×	×	0	1	1	1	1	1	0	1	0	0
×	×	×	×	×	0	1	1	1	1	0	1	0	1
×	×	×	×	×	×	0	1	1	1	0	1	1	0
×	×	×	×	×	×	×	0	1	1	0	1	1	1
×	×	×	×	×	×	×	×	0	1	1	0	0	0
×	×	×	×	×	×	×	×	×	0	1	0	0	1

16.4.3　译码器

译码器的作用与编码器相反，也就是说，将具有特定含义的二进制代码变换成或者说翻译成相应的输出信号，用来表示二进制代码的原意，这一过程称为**译码**。实现译码功能的组合逻辑电路称为**译码器**。下面主要介绍常用的二进制译码器和显示译码器。

1．二进制译码器

如果译码器的输入信号是二位的二进制数，它就有四种组合，即 00、01、10 和 11。这就说明它有两个逻辑变量，共有四种输出状态。翻译成原意时，就需要译码器有 2 条输入线，4 条输出线。通过这 4 条输出线的输出电平来表示相应的输入二进制数。例如，当第一条输出线为 0、其余为 1 时表示输入 00；第二条输出线为 0、其余为 1 时表示输入 01，以下依此类推，这是采用的是输出为低电平有效的译码方式。

一般来说，一个 n 位的二进制数，就有 n 个逻辑变量，有 2^n 个输出状态，译码器就需要 n 条输入线，2^n 条输出线。因此，二进制译码器又分 2 线—4 线译码器、3 线—8 线译码器、4 线—16 线译码器等，它们的工作原理则是相同的。

下面具体分析 2 线—4 线译码器，逻辑电路如图 16－4－5 所示，其中 A_1、A_2 为输入端，F_1～F_4 为输出端，E 为使能端，其作用与三态门中的使能端作用相同，起控制译码器工作的作用。

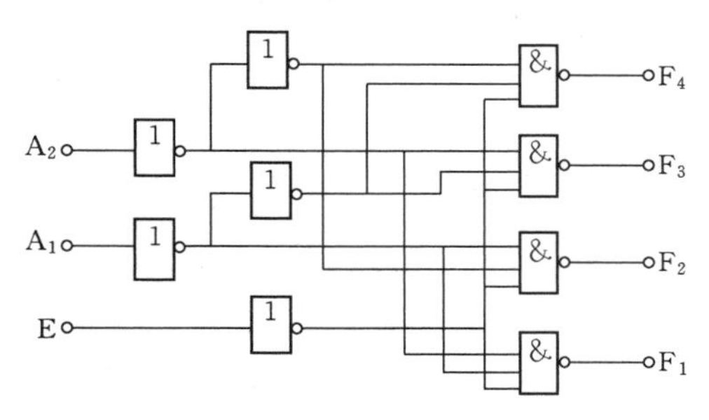

图 16－4－5　译码器电路

由逻辑电路可求得四个输出端的逻辑表达

式为：

$$F_1=\overline{\overline{E}\,\overline{A_1}\,\overline{A_2}}=E+A_1+A_2 \quad (16-4-3)$$

$$F_2=\overline{\overline{E}\,\overline{A_1}A_2}=E+A_1+\overline{A_2} \quad (16-4-4)$$

$$F_3=\overline{\overline{E}A_1\,\overline{A_2}}=E+\overline{A_1}+A_2 \quad (16-4-5)$$

$$F_4=\overline{\overline{E}A_1A_2}=E+\overline{A_1}+\overline{A_2} \quad (16-4-6)$$

于是可以得到表 16-4-5 的真值表。可见：

表 16-4-5　译码器真值表

E	A_1	A_2	F_1	F_2	F_3	F_4
1	×	×	1	1	1	1
0	0	0	0	1	1	1
0	0	1	1	0	1	1
0	1	0	1	1	0	1
0	1	1	1	1	1	0

当 E=1 时，译码器处于无效工作状态，无论输入 A_1、A_2是何电平，输出 F_1～F_4都为 1。

当 E=0 时，译码器处于有效工作状态，对应于 A_1和 A_2的四种不同组合，四个输出端中分别只有一个为 0，其余的均为 1。可见，这一译码器是通过四个输出端分别单独处于低电平来识别不同的输入代码的，即是采用低电平译码的。

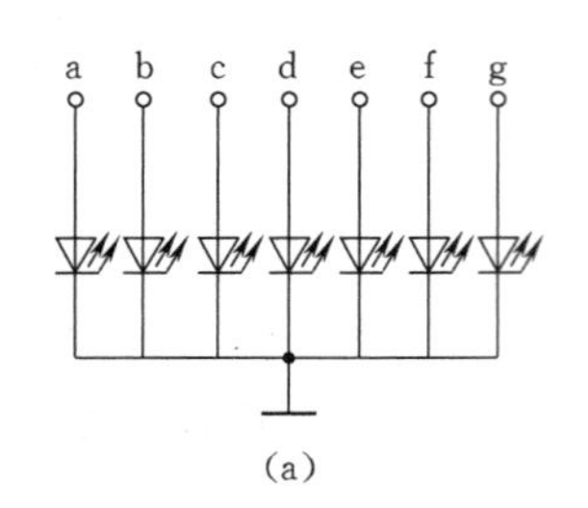

(a)

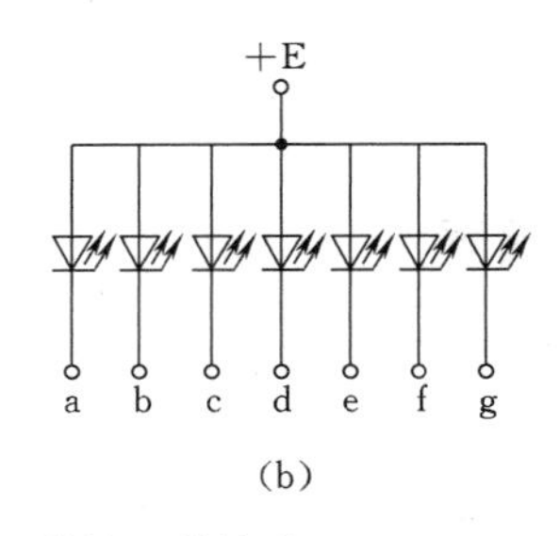

(b)

图 16-4-6　LED 显示器的两种接法

(a) 共阴极；(b) 共阳极

2. 显示译码器

在数字电路中，还常常需要将测量和运算的结果直接用十进制数的形式显示出来，这就要把二—十进制代码通过显示译码器变换成输出信号再去驱动数码显示器。

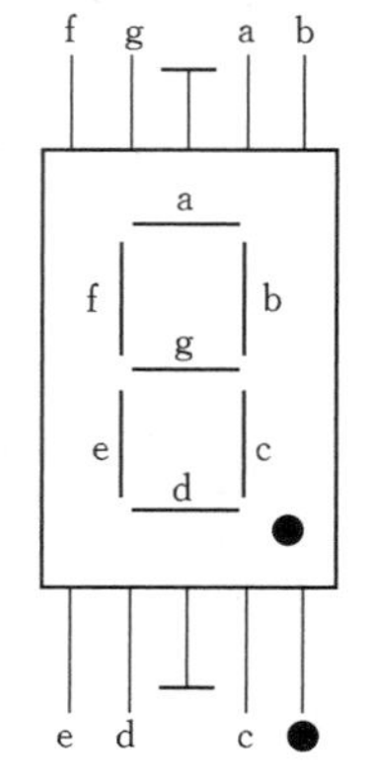

图 16-4-7　LED 显示器

(1) 数码管。

数码管是用来显示数字、文字或符号的器件。常用的有辉光数码管、荧光数码管、液晶显示器以及发光二极管（LED）显示器等。不同的数码管对译码器各有不同的要求。下面以应用较多的 LED 数码显示器为例简述数字显示的原理。

半导体（LED）显示器又称**半导体数码管**，是一种能够将电能转换成光能的发光器件。它有七段可发光的 PN 结组成，如图 16-4-6 所示，目前较多采用磷砷化镓做成这种 PN 结，当外加正向电压时，能发出清晰的光亮。将七个 PN 结发光段组装在一起便构成了七段 LED 显示器。通过不同发光段的组合便可显示 0～9 十个十进制数码。其结构及外引线排列如图 16-4-7 所示。其内部电路有共阴极和共阳极两种接法。前者的七个发光二极管阴极一起接地，阳极加高电平时发光；后者的七个发光二极管阳极一起接正电源，阴极加低电平时发光。

（2）显示译码电路。

显示译码器有四个输入端，七个输出端，它将 8421 代码译成七个输出信号以驱动七段 LED 显示器。图 16－4－8 是显示译码器和 LED 显示器的连接示意图。其中 A_1、A_2、A_3、A_4 是 8421 码的四个输入端。a～g 是七个输出端，接 LED 显示器。根据图 16－4－7 所示的七段 LED 显示器的结构，可得到表 16－4－6 所示的显示译码器真值表及对应的 LED 显示管显示的数码。

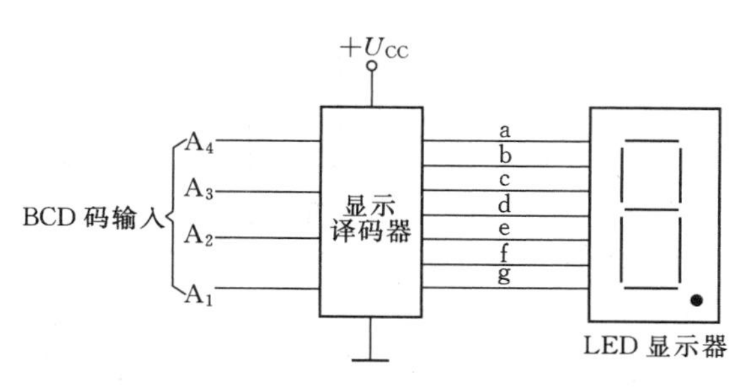

图 16－4－8　显示译码器

表 16－4－6　　显示译码器的真值表

输入				输出							显示数码
A_4	A_3	A_2	A_1	a	b	c	d	e	f	g	
0	0	0	0	1	1	1	1	1	1	0	0
0	0	0	1	0	1	1	0	0	0	0	1
0	0	1	0	1	1	0	1	1	0	1	2
0	0	1	1	1	1	1	1	0	0	1	3
0	1	0	0	0	1	1	0	0	1	1	4
0	1	0	1	1	0	1	1	0	1	1	5
0	1	1	0	1	0	1	1	1	1	1	6
0	1	1	1	1	1	1	0	0	0	0	7
1	0	0	0	1	1	1	1	1	1	1	8
1	0	0	1	1	1	1	1	0	1	1	9

16.5　应　用　举　例

16.5.1　故障报警电路

图 16－5－1 所示是一故障报警电路。当工作正常时，输入端 A、B、C、D 均为“1”（表示温度或压力等参数均正常）。这时：①三极管 VT_1 导通，电动机 M 转动；② 三极管 VT_2 截止，蜂鸣器 D_L 不响；③各路状态指示灯 L_A—L_D 全亮。

如果系统中某路出现故障，例如 A 路，则 A 的状态从“1”变为“0”。这时：①VT_1 截止，电动机停转；②VT_2 导通，蜂鸣器发出报警声响；③L_A 熄灭，表示 A 路发生故障。

16.5.2　两地控制一灯的电路

图 16－5－2 是在 A，B 两地控制一个照明灯的电路。当 Y＝1 时，灯亮；反之则灭。

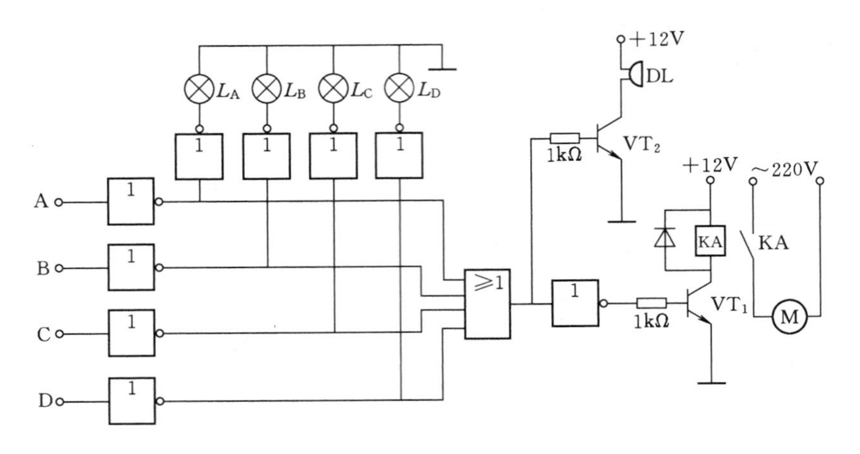

图 16-5-1　故障报警电路

由图 16-5-2 可写出逻辑表达式

$$Y = \overline{\overline{A\overline{B}}\ \overline{\overline{A}B}} \tag{16-5-1}$$

由逻辑表达式可列出逻辑真值表，见表 16-5-1 所示。

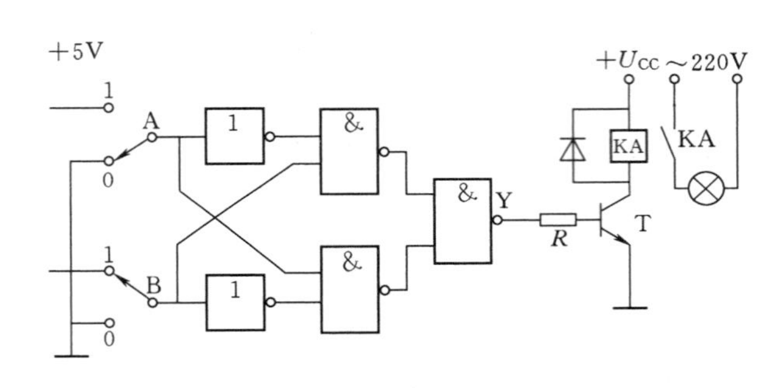

图 16-5-2　两地控制一灯的电路

表 16-5-1　两地控制一灯的电路的真值表

开关		输出	照明灯状态
A	B	Y	
0	0	0	熄
0	1	1	亮
1	0	1	亮
1	1	0	熄

从真值表中可见，无论照明灯处于“熄”还是“亮”的状态，只要改变一个开关的状态，照明灯的状态即可发生变化。如 A=0，B=0，Y=0 时，照明灯处于“熄”状态，改变 A=1，B 不变，则 Y=1，照明灯就变为“亮”状态。实现两地独立地控制一灯的开关状态。

小　　结

1. 介绍了数制、码制、逻辑运算、逻辑函数的表示法以及逻辑函数的化简等逻辑代数的基本知识。

2. 逻辑函数可以有多种表示方式，如真值表、逻辑表达式和逻辑图等，这些方式之间可以相互转换。

3. 在分析和设计数字电路时，主要应掌握各种集成门的逻辑功能、逻辑符号和逻辑表达式。

4. 了解组合逻辑电路的特点，掌握门电路及组合逻辑电路的分析方法和设计方法，熟悉加法器、编码器、译码器等组合逻辑电路的功能。

5. 尽管各种组合逻辑电路在结构上千差万别，但可归纳为几种基本功能电路，其分析方法和设计方法都是相通的。掌握了分析的一般方法，就可以识别给定电路的逻辑功能；掌握了设计的一般方法，就可以根据给定的逻辑要求设计出相应的逻辑电路。

习　　题

16-1　试用逻辑代数的基本定律证明下列各式：

(1) $\overline{\overline{A}+B}+\overline{\overline{A}+\overline{B}}=A$

(2) $AB+A\,\overline{B}+\overline{A}B+\overline{A}\overline{B}=1$

(3) $(A+C)(A+D)(B+C)(B+D)=AB+CD$

16-2　试将下列各式化简成最简与或表达式：

(1) $F=\overline{(\overline{A}+\overline{B}+\overline{C})(\overline{D}+\overline{E})}(\overline{A}+\overline{B}+\overline{C}+DE)$

(2) $F=\overline{A}\,\overline{B}C+\overline{A}B\,\overline{C}+A\,\overline{B}\,\overline{C}+A\,\overline{B}C+ABC$

(3) $F=\overline{\overline{A\,\overline{AB}}\cdot\overline{B\,\overline{AB}}\cdot\overline{C\,\overline{AB}}}$

16-3　已知异或门和同或门的输入波形如图16-1中A和B所示，试画出它们的输出波形。

16-4　图16-2(a)是由三态与非门组成的总线换向开关。A、B为信号输入端，E为使能端，波形如图16-2(b)所示；试画出两个输出端F_1和F_2的波形。

16-5　已知或非门和与非门的输入波形如图16-1中的A和B所示，试画出它们的输出波形。

16-6　已知四种门电路的输入和对应的输出波形如图16-1所示。试分析它们分别是哪四种门电路。

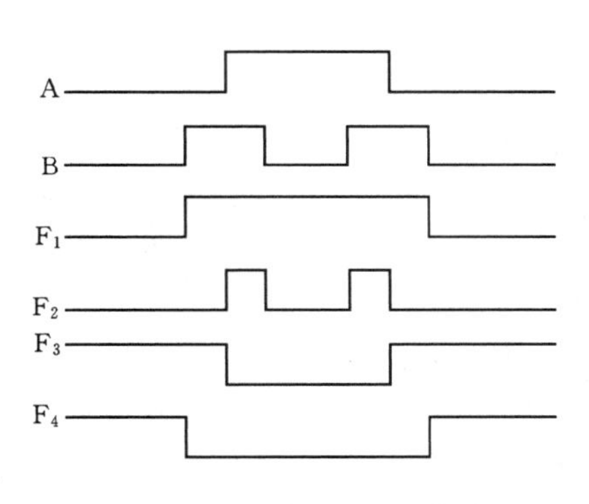

图16-1　习题16-3的波形图

16-7　求图16-3所示电路中F的逻辑表达式，

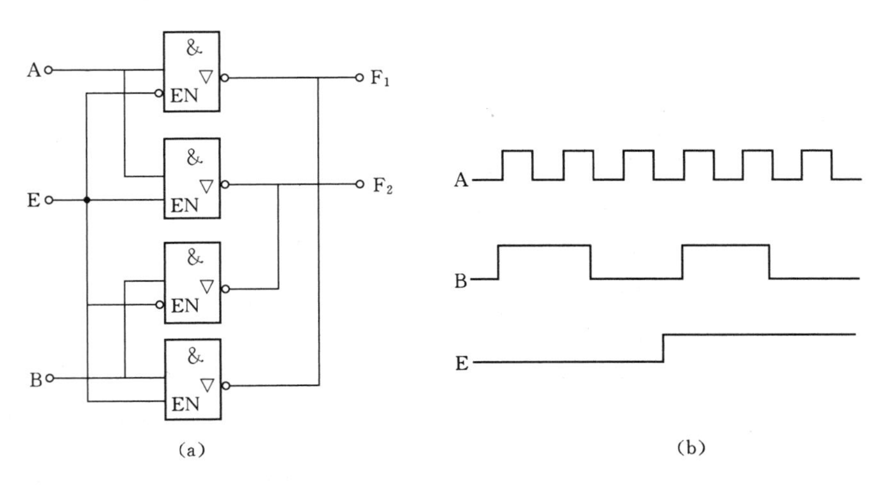

图16-2　习题16-4的电路和波形图

并化简成最简与或式，列出真值表，分析其逻辑功能。

16－8 试分析图 16－4 所示电路的逻辑功能。

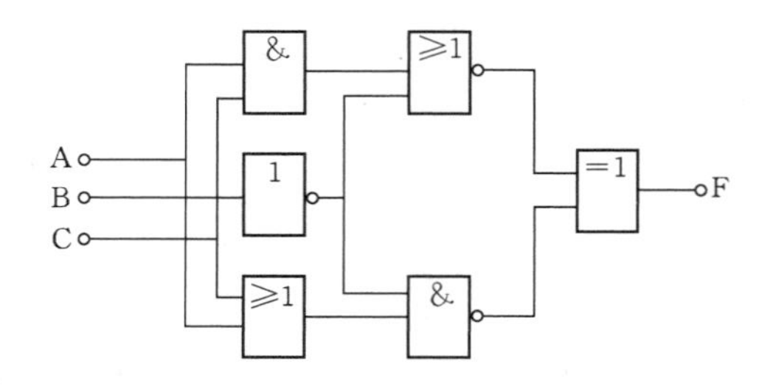

图 16－3 习题 16－7 的电路图

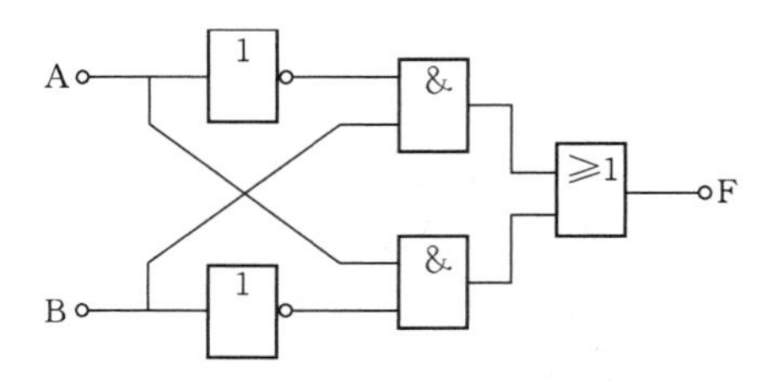

图 16－4 习题 16－8 的电路图

16－9 将下列各式化简，并根据所得结果画出逻辑电路（门电路的类型不限），再列出真值表。

（1）$F=AB+ABC+AB(D+E)$

（2）$F=A(A+D+C)+B(A+B+C)+C(A+B+C)$

（3）$F=(A+B)(\overline{A}+\overline{B})\overline{B}$

16－10 图 16－5 是一个三人表决电路，只有在两个或三个输入为 1 时，输出才是 1。试分析该电路，并画出改用与非门实现这一功能的逻辑电路。

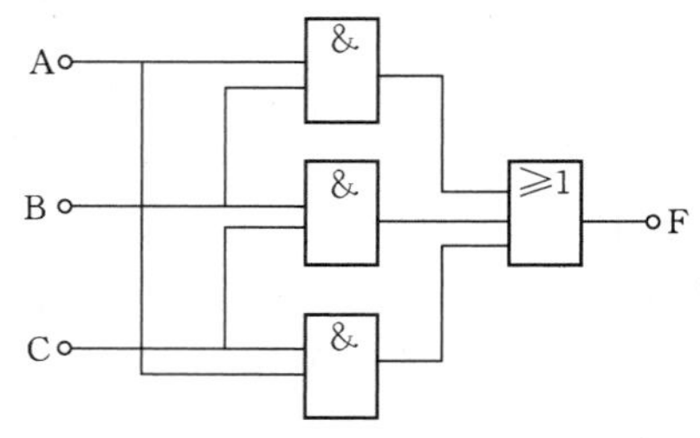

图 16－5 习题 16－10 的电路图

16－11 图 16－6 所示两个电路为奇偶电路。其中判奇电路的功能是输入为奇数个 1 时，输出才为 1；判偶电路的功能是输入为偶数个 1 时，输出才为 1。试分析哪个电路是判奇电路，哪个是判偶电路。

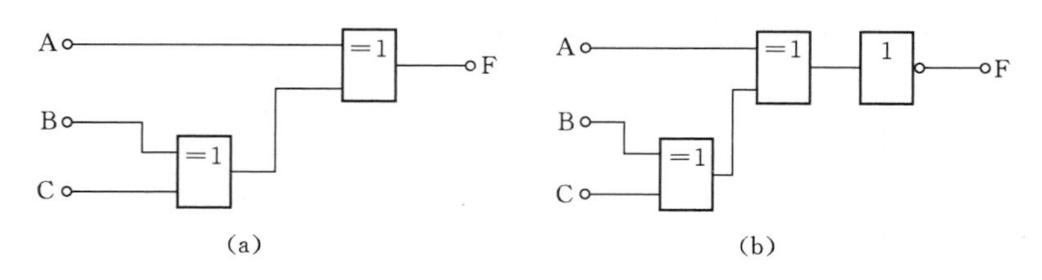

图 16－6 习题 16－11 的电路图

16－12 某十字路口的交通管制灯须一个报警电路，当红、黄、绿三种信号灯单独亮或黄、绿灯同时亮时为正常情况，其他情况均属不正常。发生不正常情况时，输出端应输出高电平报警信号。试用与非门实现这个电路。

16－13 设计一个控制楼梯照明灯的电路，要求在楼上和楼下各装有一个开关，楼下开灯后可在楼上关灯，楼上开灯后同样也可在楼下关灯，试用与非门实现这个逻辑电路。

16－14 试用与非门组成半加器，用与或非门和非门组成全加器。

16－15 图 16－7 是一个优先权编码器的逻辑电路，试分析并写出其四个输出端的逻辑表达式。

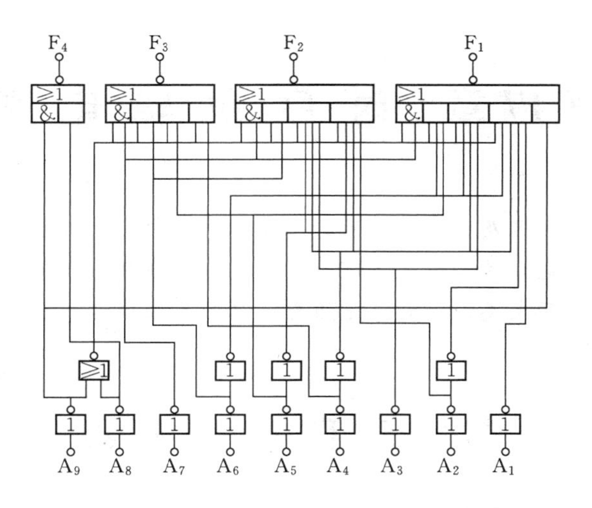

图 16-7　习题 16-15 的电路图

第17章 时序逻辑电路

在本章将讨论的触发器及由其组成的时序逻辑电路中，它的输出状态不仅决定于当时的输入状态，而且还与电路的原来状态有关，也就是时序电路具有记忆功能。组合电路和时序电路是数字电路的两大类。门电路是组合电路的基本单元；触发器是时序电路的基本单元。

17.1 双稳态触发器

双稳态触发器是由门电路加上适当的反馈而构成的一种具有记忆功能的逻辑部件。由于它的输出端有两种可能的稳定状态，而通过输入脉冲信号的触发，又能改变其输出状态，故称双稳态触发器。双稳态触发器与门电路的不同之处是：它的输出电平的高低不仅取决于当时的输入，还与以前的输出状态有关。

17.1.1 基本RS触发器

双稳态触发器简称触发器，它的种类很多。首先介绍**基本RS触发器**。图17-1-1(a)所示电路是由两个与非门交叉连接而成，由于它是构成其他各种双稳态触发器的基本部分，输入端又分别用R和S表示，故称基本RS触发器。

Q和$\overline{Q}$是触发器的输出端，正常情况下两者的逻辑状态相反。通常规定以Q端的状态定义为触发器的状态，即Q=0，$\overline{Q}$=1时，称触发器为**0态**，又称**复位状态**；Q=1，$\overline{Q}$=0时，称触发器为**1态**，又称**置位状态**。

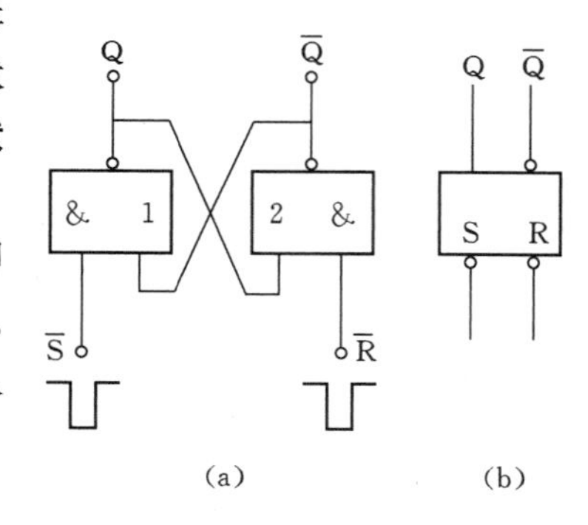

图17-1-1 与非门组成的基本触发器

(a) 电路图；(b) 逻辑符号

$\overline{R}$和$\overline{S}$是触发器的输入端，输入信号采用负脉冲，即信号未到时，$\overline{R}$=1，$\overline{S}$=1；信号到来时，$\overline{R}$=0或$\overline{S}$=0。也就是说，这种由与非门组成的基本RS触发器，输入信号为低电平有效。

下面分析这种触发器的工作原理：

(1) 当$\overline{R}$=0，$\overline{S}$=1时，触发器为0态。

根据与非门的逻辑功能，由$\overline{R}$=0故$\overline{Q}$=1；由于$\overline{S}$=1，$\overline{Q}$=1，故Q=0。

可见，$\overline{R}$端信号输入有效时，触发器为0态，因此，$\overline{R}$端称为直接置0端或直接复位端。

(2) 当$\overline{R}$=1，$\overline{S}$=0时，触发器为1态。

由于$\overline{S}$=0，Q=1；由于$\overline{R}$=1，Q=1，故$\overline{Q}$=0。

可见，$\overline{S}$端信号输入有效时，触发器为1态，因此，$\overline{S}$端称为直接置1端或直接置位端。

（3）当$\overline{R}$=1，$\overline{S}$=1 时，触发器保持原态不变。

如果触发器原为 0 态，由于 Q=0，故与非门 2 的输出$\overline{Q}$=1；由于$\overline{S}$=1，$\overline{Q}$=1，故与非门 1 的输出 Q=0。如果触发器原为 1 态，由于 Q=1，$\overline{R}$=1，与非门 2 的输出$\overline{Q}$=0；由于$\overline{Q}$=0，与非门 1 的输出 Q=1。

可见，当$\overline{R}$和$\overline{S}$都为无效输入时，触发器保持原态，所以触发器具有存储和记忆的功能。

（4）当$\overline{R}$=0，$\overline{S}$=0 时，触发器为禁止状态。

由于两个输入信号同时有效，两个与非门的输出都为 1，即 Q=1，$\overline{Q}$=1，破坏了两者应该状态相反的逻辑要求，使触发器既非 0 态，又非 1 态，这种情况应禁止出现，故为禁止状态。并以此作为对输入信号的约束条件。

归纳以上逻辑功能，可得到表 17-1-1 所示的真值表。表中以 Q_n 表示触发器在接收信号之前的状态，称为**现态**，以 Q_{n+1} 表示触发器接收信号之后的状态，称为**次态**。上述基本 RS 触发器的逻辑符号如图 17-1-1（b）所示，在 R 和 S 的端都各加有一个小圆圈，以表示输入信号为低电平有效。

基本 RS 触发器输出状态的变化也可以用波形图来描述，如图 17-1-2 所示。

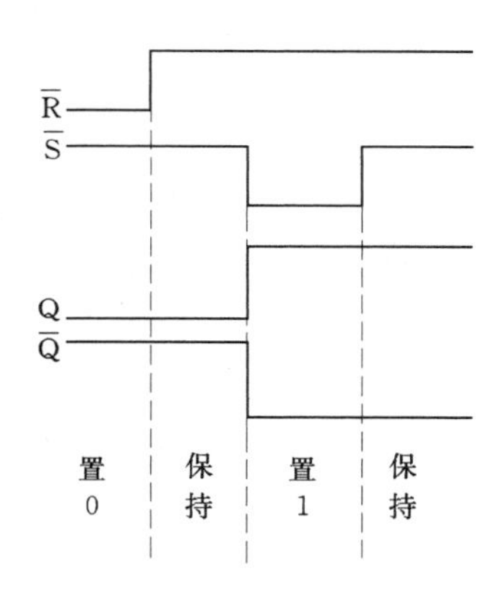

图 17-1-2　基本 RS 触发器的波形图

表 17-1-1　基本 RS 触发器真值表

$\overline{R}$	$\overline{S}$	Q_n	Q_{n+1}	
0	0	0	×	禁止
0	0	1	×	
0	1	0	0	置 0
0	1	1	0	
1	0	0	1	置 1
1	0	1	1	
1	1	0	0	保持
1	1	1	1	

17.1.2　同步 RS 触发器

在一个数字系统中往往需要多个双稳态触发器，它们的动作速度各异，为了避免众触发器动作参差不齐，就需要用一个统一的信号来协调各触发器的动作。也就是说，各触发器都要受一个统一的指挥信号控制。这个指挥信号称为**时钟脉冲**。有时钟脉冲的触发器称为**可控触发器**。

按电路结构的不同，可控触发器可分为同步型、主从型和维持阻塞型等。

按逻辑功能的不同，可控触发器可分为 RS 触发器、JK 触发器、D 触发器和 T 触发器等。

按触发方式的不同，可控触发器可分为电平触发、主从触发和边沿触发等。

相同逻辑功能的触发器，采用不同的电路结构，便有不同的触发方式。在电路结构，逻辑功能和触发方式三者中，把重点放在逻辑功能和触发方式上，对电路结构可不必深究。

不同逻辑功能的触发器，还可以像门电路一样，通过外部接线而进行相互转换。转换后，逻辑功能改变，但触发方式不变。

可控触发器种类很多，在这里只讨论同步 RS 触发器、主从 JK 触发器，维持阻塞型边沿触发 D 触发器，以及触发器间的相互转换。

（1）同步 RS 触发器的电路结构。

同步 RS 触发器的电路结构如图 17－1－3 所示。上面两个与非门组成了一个基本 RS 触发器，下面两个与非门组成了把时钟脉冲和输入信号引入的导引电路。

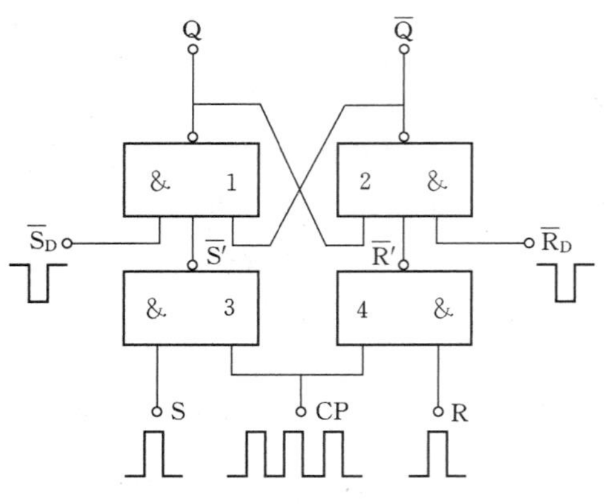

图 17－1－3　R－S 触发器电路

Q 和 $\overline{Q}$ 是信号的输出端，R 和 S 是信号的输入端，CP 是时钟脉冲的输入端。它的输入电平称为**触发电平**，时钟脉冲 CP 采用周期一定的一串正脉冲。

当时钟脉冲未到时，CP＝0，无论 R 和 S 有无信号输入，与非门 3 和与非门 4 的输出都为 1，即 $\overline{R'}=1$，$\overline{S'}=1$，触发器保持原状态不变，R 和 S 不起作用，信号无法输入，这种情况，称为导引门 3、4 被封锁。

当时钟脉冲到来时，CP＝1，触发器的状态才由 R 和的输入信号来决定，即 R 和 S 才起作用，信号才能输入。

由于 CP 脉冲对输入信号起着打开和封锁导引门的作用，因而在多个触发器共存的系统中便可以避免动作的参差不齐。可见，CP 起的是统一步调的作用，而每个触发器的输出状态仍由 R 和 S 的输入信号来决定。

$\overline{R}_D$ 和 $\overline{S}_D$ 是**直接置 0 端和直接置 1 端**，采用负脉冲。由于它们是从上部的基本触发器直接引出的，故不受时钟脉冲的控制，用于工作前使触发器先预置于某一状态。在触发器投入工作后，不再起作用，两者都保持在高电平状态。

（2）逻辑功能。

根据与非门的逻辑功能分析得到同步 RS 触发器的逻辑功能如下：

1）当 R＝0，S＝0 时，触发器保持原态。

在时钟脉冲到来时，即 CP＝1，由 R＝0，S＝0 知，$\overline{R'}=1$，$\overline{S'}=1$ 基本 RS 触发器的两个输入都为无效状态，所以 $Q_{n+1}=Q_n$，即触发器状态不变。

可见，当 R 和 S 都为无效状态输入时，触发器保持原态。此时触发器具有储存和记忆的功能。

2）当 R＝0，S＝1 时，触发器为 1 态。

在 CP＝1 时，由 R＝0，S＝1 知，$\overline{R'}=1$，$\overline{S'}=0$，基本 RS 触发器为置“1”状态，所以 $Q_{n+1}=1$，即触发器为“1”状态。

可见，当S端有效输入时，触发器为1态。所以S称为**置1端**。

3）当R=1，S=0时，触发器为0态。

类似地，在CP=1时，由R=1，S=0知，$\overline{R'}=0$，$\overline{S'}=1$，基本RS触发器为置“0”状态，所以$Q_{n+1}=0$，即触发器为“0”状态。

可见，当R端有效输入时，触发器为0态，所以R称为**置0端**。

4）当R=1，S=1时，$\overline{R'}=0$，$\overline{S'}=0$，触发器为禁止状态。

可见，R和S同时为有效输入时，触发器状态是无效的，应该避免该状态出现。

以上分析说明这种触发器的逻辑功能与基本RS触发器相同。归纳以上逻辑功能可得到表17-1-2的真值表。

表17-1-2　RS触发器真值表

R	S	Q_{n+1}
0	0	Q_n
0	1	1
1	0	0
1	1	禁止

（3）触发方式。

所谓触发方式就是指触发器在时钟脉冲的什么阶段接收输入信号和输出相应状态。逻辑功能相同的触发器，例如都是可控RS触发器，采用不同的电路结构，触发方式便会不同，这时，它们的逻辑功能（状态）虽然相同，即输出状态变化的条件和结果虽然相同，但接收输入信号和输出相应状态的时间却不相同，在同样的输入波形下，输出的波形便不会相同。

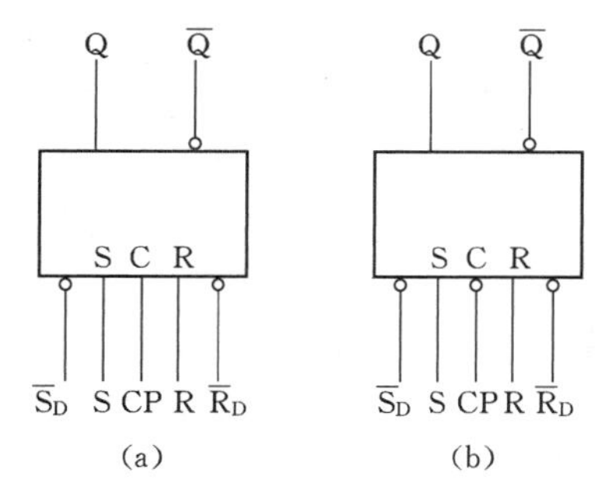

图17-1-4　电平触发RS触发器的逻辑符号

（a）高电平触发；（b）低电平触发

同步RS触发器只有在CP=1时，触发器才能接收输入信号，并立即输出相应状态。而且在CP=1的整个时间内，输入信号变化时，输出状态都要发生相应的变化。如果在CP端之前加一个非门，则变成只有在CP=0时，触发器才能接收输入信号，并立即输出相应状态，而且在CP=1的整个时间内，输入信号变化时，输出状态都要发生相应的变化。像这种只要在CP脉冲为规定的高低电平时，触发器都能接收输入信号并立即输出相应状态的触发方式称为电平触发，它又分为高电平触发和低电平触发两种。图17-1-4所示电路属于高电平触发。电平触发RS触发器的逻辑符号如图17-1-4所示。

电平触发的优点是电路结构简单，动作较快，输入信号变化时，输出状态能很快随之变化。缺点是在一个CP的有效期间，如果输入信号变化，输出状态也会发生相应的变化，触发器输出状态的变化，即由0态变为1态，或由1态变为0态称为翻转。电平触发的缺点就在于一个CP的有效期间，若输入信号发生多次变化，触发器就可能出现多次翻转，这就破坏了输出状态应与CP脉冲同步，即每来一个CP脉冲，输出状态只能翻转一次的要求。

【例17-1-1】　已知高电平触发RS触发器，R和S端的输入信号波形如图17-1-5所示，且已知触发器原为0态，求输出端Q的波形。

［**解**］　分析这个触发器的工作波形时，要注意以下几点：

（1）触发器输出什么状态由CP脉冲前沿对应的R和S决定；

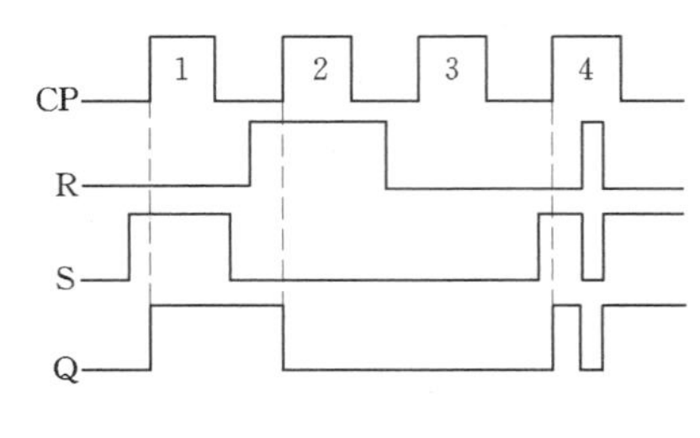

图 17-1-5　例 17-1-1 图

（2）触发器输出相应状态的时间也在 CP 前沿到来之时；

（3）在 CP 的有效（CP=1）期间，若输入信号发生变化，输出状态会发生相应变化，即要注意多次翻转的问题。

根据以上三点可知，在第 1 个 CP 到来时，由于 R=0,S=1，故 Q=1，这一结果一直维持到第 2 个 CP 到来之时。

当第 2 个 CP 到来时，由于 R=1，S=0，故 Q=0，这一结果又要维持到第 3 个 CP 到来之时。

当第 3 个 CP 到来时，由于 R=0，S=0，故 Q 不变。

当第 4 个 CP 到来时，由于在 CP=1 期间，输入信号发生了变化，使得输出状态也发生了相应的变化。

17.1.3　主从 JK 触发器

（1）电路结构。

主从型 JK 触发器的电路如图 17-1-6 所示，它是由两个同步 RS 触发器组成。上面的触发器为低电平触发，下面的触发器为高电平触发。输入端用 J、K 表示。在两个 RS 触发器中，接输入信号的那个 RS 触发器称为主触发器，输出状态的那个 RS 触发器称为从触发器。主触发器的输出信号也就是从触发器的输入信号。从触发器的输出状态将由主触发器的状态来决定，即主触发器是什么状态，从触发器也会是什么状态。因此这种触发器称为**主从型 JK 触发器**。

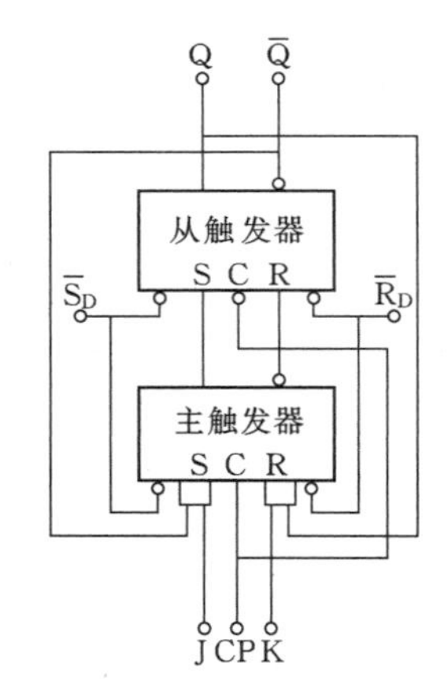

图 17-1-6　JK 触发器

从触发器的输出通过两根反馈线送回到主触发器的 R 和 S 端，因而，主触发器的 R 和 S 都各有两个输入端，这两个输入端之间为逻辑乘的关系。

当 CP 脉冲从 0 上跳至 1，即时钟脉冲前沿到来时，由于 CP=1，主触发器（高电平触发）接收输入信号，其输出状态由 J、K、Q、$\overline{Q}$决定。而从触发器（低电平触发）不接收输入信号，其输出状态不变。当 CP 脉冲由 1 下跳至 0 以后，由于 CP=0，主触发器不接收输入信号，其输出状态保持 CP=1时的状态不变，而从触发器接收输入信号，其输出状态由主触发器的状态来决定。可见，在时钟脉冲的前沿到来时，主触发器接收输入信号，在时钟脉冲的后沿到来后，从触发器才输出相应的状态。

（2）逻辑功能。

1）当J=0,K=0 时,触发器保持原态。由于主触发器左右两边输入端中都有 0,故 CP=1时,主触发器状态不变;CP 的后沿到来时,从触发器状态也不会改变,即 $Q_{n+1}=Q_n$。

2）当 J=0，K=1 时，触发器为 0 态。若触发器原为 0 态，则主触发器输入端中，R

和 S 端各有 0，如上所述，触发器保持 0 态。

若触发器原为 1 态，则主触发器输入端中，R 端全 1，S 端全 0，故 CP=1 时，主触发器变为 0 态，CP 后沿到来时，从触发器也变为 0 态。所以 K 称为置 0 端。

3）当 J=1，K=0 时，触发器为 1 态。情况与（b）相反，J 称为置 1 端。

4）当 J=1，K=1 时，触发器翻转。若原为 0 态，则主触发器 R 端有 0，S 端全 1，故主、从两触发器将先后变为 1 态。

若原为 1 态，则主触发器 R 端全 1，S 端有 0，故主、从两触发器将先后变为 0 态。

可见，JK 触发器在两输入端都为有效输入时，不会像 RS 触发器那样出现不允许的禁止状态，而是产生翻转，即 $Q_{n+1}=\overline{Q_n}$。

归纳以上逻辑功能，可得到表 17-1-3 所示的真值表。以上分析说明，JK 触发器不但具有记忆和置数（置 0 和置 1）功能，而且还具有计数功能。所谓计数，就是每来一个脉冲，触发器就翻转一次，从而记下脉冲的数目。

表 17-1-3　JK 触发器真值表

J	K	Q_{n+1}	功能
0	0	Q_n	保持
0	1	0	置 0
1	0	1	置 1
1	1	$\overline{Q_n}$	翻转

（3）触发方式。

主从触发器的触发过程是分两步进行的。主触发器在 CP=1 时接收信号，从触发器在 CP 后沿到来后输出相应的状态。这种触发方式称为**下降沿主从触发**。如果改变电路结构，例如将主触发器改用低电平触发，从触发器改用高电平触发，则变成主触发器在 CP=0 时接收信号，而从触发器在前沿到来后输出相应的状态。这种触发方式称为**上升沿主从触发**。

图 17-1-7（a）、（b）所示分别为上升沿主从 JK 触发器和下降沿主从 JK 触发器的符号。其中图 17-1-7（a）的 C 处不加小圆圈，再加上符号 ∧，表示触发器是在 CP 上升沿处触发；图 17-1-7（b）情况正好相反，在 C 处加了小圆圈，表示触发器是在 CP 下降沿处触发。其中 $\overline{R_D}$ 和 $\overline{S_D}$ 是直接置 0 端和直接置 1 端，采用负脉冲输入有效。

由于 Q 和 $\overline{Q}$ 的反馈作用，主从触发不会在 CP 的有效期间发生多次翻转的现象，最多只可能发生一次翻转。

一个以下降沿触发的 JK 触发器的波形图如图 17-1-8 所示。可见，在 $\overline{R_D}$ 有效期间，

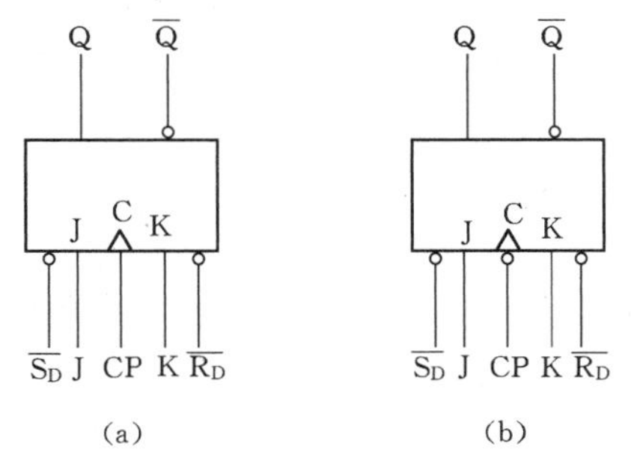

图 17-1-7　主从 JK 触发器的逻辑符号

（a）上升沿主从触发；（b）下降沿主从触发

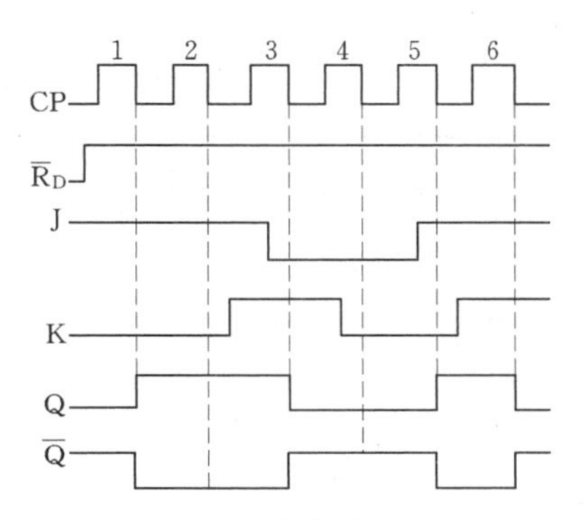

图 17-1-8　JK 触发器的波形图

Q 的状态与原来状态和 CP 下降沿处的 J、K 状态有关。

17.1.4 D 触发器

(1) 电路结构。

维持阻塞型 D 触发器的电路如图 17-1-9 所示。它是由六个与非门组成。上面两个与非门组成一个基本 RS 触发器，作为触发器的输出电路。中间两个与非门组成时钟脉冲的导引电路。下面两个与非门组成信号输入电路。输入端只有一个，用 D 表示，故称**D 触发器**。

导引电路的作用与前两种触发器相同，时钟脉冲未到时，CP=0，中间两个与非门有 0 出 1，使得 R=1，S=1，基本触发器输出保持原态，与 D 端输入无关，即导引门被封锁，信号无法输入。时钟脉冲到来之后，CP=1，导引门被打开，Q 和$\overline{Q}$的状态才由输入信号来决定。

这种电路的主要特点是，一旦输入信号决定了输出状态之后，在整个 CP=1 期间，即使输入信号变化，输出状态也不会再变化。只有等下一个 CP=1 到来时，输出状态才又由输入信号来决定。因而不会像同步型触发器那样出现多次翻转现象，也不会像主从型触发器那样出现一次翻转现象。这种作用是依靠图中标注的四根维持线和阻塞线来实现的。

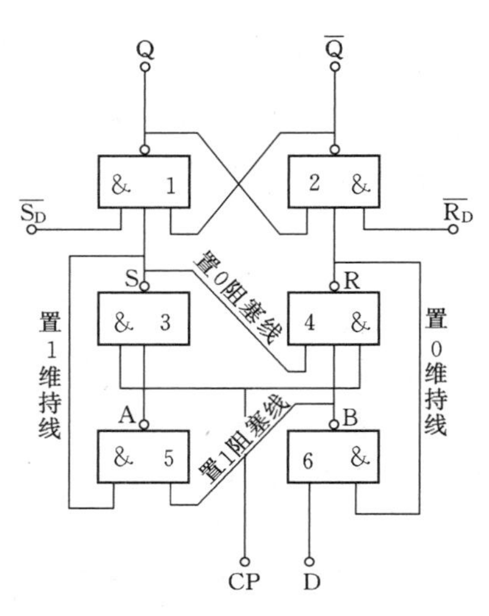

图 17-1-9 D 触发器电路

(2) 逻辑功能。

通过对图 17-1-9 电路的分析，可以归纳出 D 触发器的逻辑功能：

当 D=0 时，触发器为 0 态。

当 D=1 时，触发器为 1 态。

并且得到 D 触发器真值表见表 17-1-4。

表 17-1-4 D 触发器真值表

D	Q_{n+1}
0	0
1	1

(3) 触发方式。

上述 D 触发器是在 CP 由 0 跳变至 1 时，接收输入信号，并输出相应状态，像这种只有在时钟脉冲的电平跳变时，接收输入信号并输出相应状态的触发方式称为**边沿触发**，以上为上升沿边沿触发。改变电路结构，在 CP 端前面加上一个非门，便可以变成在 CP 由 1 跳变至 0 时，接收输入信号，并输出相应状态，则为下降沿边沿触发。

边沿触发 D 触发器的逻辑符号如图 17-1-10 所示。目前，以上升沿触发应用较多。边沿触发因不会在一个 CP 的有效期内，出现多次翻转或一次翻转现象，因而抗干扰能力强，应用日益增多。

【例 17-1-2】 已知上升沿触发的 D 触发器输入信号波形如图 17-1-11 所示，而且已知触发器初始状态为 0 态，求输出端 Q 的波形。

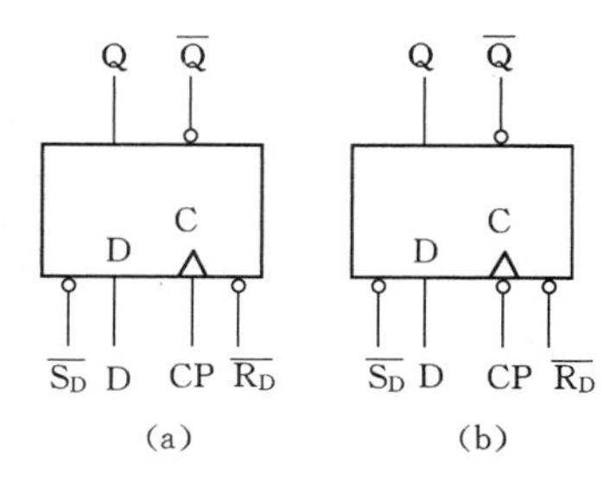

图 17-1-10　边沿触发 D 触发器的逻辑符号

(a) 上升沿触发；(b) 下降沿触发

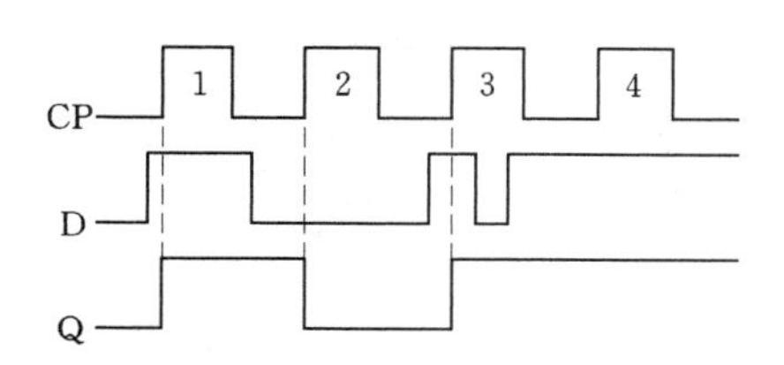

图 17-1-11　例 17-1-2 图

[解]　分析这种触发器的输出波形时，要注意以下几点：

(a) 触发器输出什么状态，由 CP 的上升沿时刻对应的 D 决定；

(b) 触发器输出相应状态的时间，在 CP 上升沿处；

(c) 在 CP 的有效期间，即使输入信号变化，输出状态也不会再变化。

根据以上三点可知，第 1 个 CP 上升沿到来时，由于 D=1，故 Q 从第 1 个 CP 的上升沿开始变为 1；第 2 个 CP 上升沿到来时，由于 D=0，故 Q 从第 2 个 CP 的上升沿开始变为 0；第 3 个 CP 上升沿到来时，由于 D=1，故 Q=1，虽然第 3 个 CP 期间 D 发生了变化，但对 Q 没有影响，第 4 个 CP 上升沿到来时，由于 D=1，故 Q 仍为 1。由此得到 Q 的波形如图 17-1-10 所示。

17.1.5　T 触发器

T 触发器只有一个输入端 T，当 T=0 时，触发器保持原态，即 $Q_{n+1}=Q_n$；T=1 时，触发器翻转，即 $Q_{n+1}=\overline{Q_n}$。真值表如表 17-1-5 所示，逻辑符号如图 17-1-12 所示。由于 T=1 时，每来一个 CP 脉冲，触发器就翻转一次，所以它不但与其他触发器一样具有记忆功能，而且还具有计数功能，是一种可控计数触发器。

表 17-1-5　T 触发器真值表

T	Q_{n+1}	功能
0	Q_n	保持
1	$\overline{Q_n}$	翻转

触发器可以通过外部接线而进行相互转换。

图 17-1-13 是将主从型 JK 触发器改接成 T 触发器的电路。只要将 JK 触发器的两个输入端合并成一个输入端，用 T 表示，即成为 **T 触发器**。

转换后，触发方式不变，故图 17-1-13 是主从触发的 T 触发器，触发方式虽然不

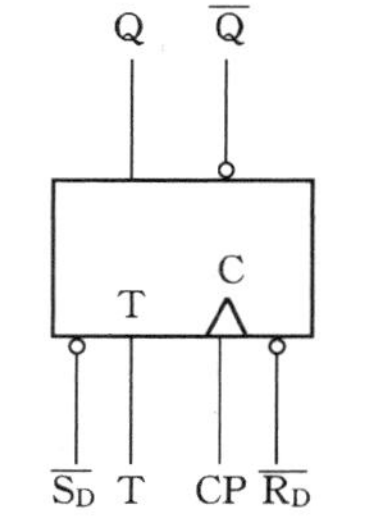

图 17-1-12　逻辑符号

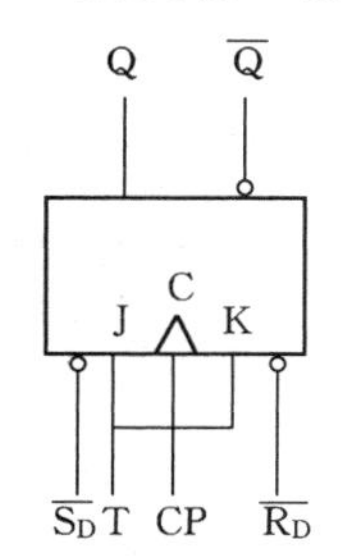

图 17-1-13　JK 改为 T 触发器

同，但逻辑功能是相同的，由图 17-1-13 不难证明，它们的逻辑功能符合表 17-5 所示的真值表。

在上述各种双稳态触发器中，由于 JK 触发器功能最齐全，D 触发器使用最方便，并且可以方便地转换成其他触发器，因而，目前市场上供应的集成触发器产品主要是这两种。其中，JK 触发器较多采用主从型，D 触发器较多采用维持阻塞型。

17.2 计 数 器

含有双稳态触发器的逻辑电路称为**时序逻辑电路**，简称**时序电路**。它与组合逻辑电路不同之处是：输出不仅取决于当时的输入，还与电路原来的状态有关，电路具有记忆功能。

计数器和寄存器是常用的两种时序逻辑电路。下面先介绍计数器。

计数器是用来累计脉冲数目的数字电路，它还可以用作分频、定时和数学运算，在数字电路中应用十分广泛。

计数器的种类很多，按计数的性质来分，有加法计数器、减法计数器和既可加又可减的可逆计数器三种；按进制的不同，可分为二进制计数器、十进制计数器和任意进制计数器；按计数器中触发器翻转情况的不同，又可分为同步计数器和异步计数器。下面通过几个例子来说明计数器的工作原理。

17.2.1 二进制计数器

图 17-2-1 是利用四个主从型 T 触发器组成的二进制计数器。CP 是计数脉冲的输入端，如果以 Q_4、Q_3、Q_2、Q_1 作为计数器输出端，则该电路即为 1 个二进制加法计数器。工作前首先清零，工作时，每来一个 CP 脉冲，便增加一个数，因此，加法器的状态表如表 17-2-1 中 Q_4、Q_3、Q_2、Q_1 部分所示。由于 4 个触发器只能累计四位二进制数，所以到第 16 个 CP 脉冲到来时，已超出计数的范围，这种现象称为“溢出”。这时，计数器应回到 0000。

现在来分析该电路是如何实现这一计数功能的。由于 T 触发器的翻转条件是 T=1，而这 4 个 T 触发器的输入端都接高电平 1，所以，每来一个时钟脉冲，触发器都应翻转一次。

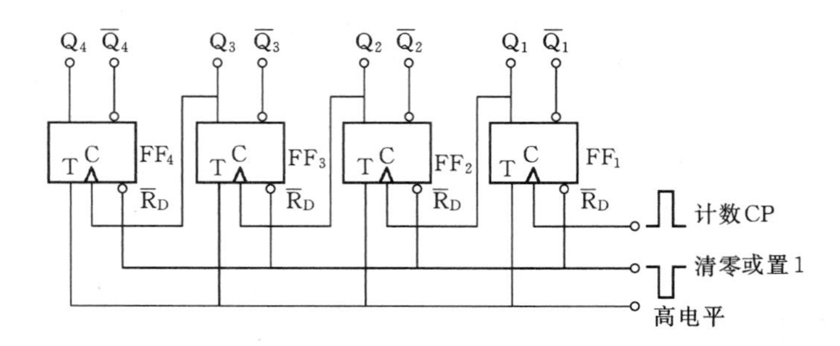

图 17-2-1 二进制计数器电路

表 17-2-1　　二进制计数器状态表

CP	Q_4	Q_3	Q_2	Q_1	CP	Q_4	Q_3	Q_2	Q_1
0	0	0	0	0	9	1	0	0	1
1	0	0	0	1	10	1	0	1	0
2	0	0	1	0	11	1	0	1	1
3	0	0	1	1	12	1	1	0	0
4	0	1	0	0	13	1	1	0	1
5	0	1	0	1	14	1	1	1	0
6	0	1	1	0	15	1	1	1	1
7	0	1	1	1	16	0	0	0	0
8	1	0	0	0					

由于这 4 个触发器都是采用下降沿主从触发，所以触发器 FF_1，在每个 CP 的下降沿到来时，触发器翻转，故 Q_1 的波形如图 17-2-2 中 Q_1 所示。而触发器 FF_2 的时钟控制端 CP 是接至 Q_1 端的，它在每个 Q_1 波形的下降沿到来时翻转。同理，触发器 FF_3 和触发器 FF_4 的翻转时间应分别在每个 Q_2 和 Q_3 波形下降沿到来之时，故它们的波形如图 17-2-2 中的 Q_2、Q_3 和 Q_4 所示。因此，该电路正好满足表 17-6 中所列的加法计数功能。

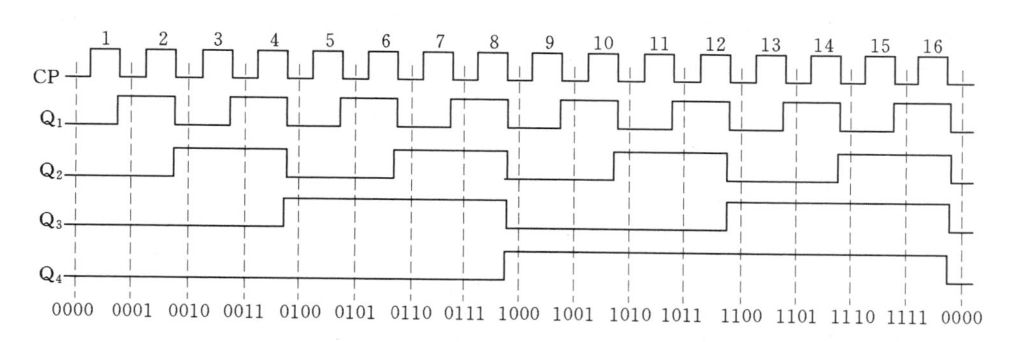

图 17-2-2　二进制加法计数器波形

如果将该电路中的$\overline{Q}_4$、$\overline{Q}_3$、$\overline{Q}_2$、$\overline{Q}_1$ 作为计数器的输出端，则该电路便成为二进制减法计数器。因为 Q 端的电平是与$\overline{Q}$端的电平相反的。因此在表 17-6 中可以看出$\overline{Q}$端的状态由 1111，每来一个 CP 脉冲，便递减一个数，当第 16 个 CP 到来时，计数器溢出，返回到 1111。

这种二进制计数器计数脉冲 CP 不是同时加到各个触发器上的，而只是加到最低位的触发器上，其他触发器的时钟控制端是与相邻的低位触发器的输出端相连的，各触发器的动作有先有后，这一类计数器称为**异步计数器**。

由波形图还可以看到，每经过一个触发器，脉冲的周期就增加了一倍，频率减为一半，于是从 Q_1 端引出的波形为 CP 的二分频，从 Q_2 端引出的波形为 CP 的四分频，依此类推，从 Q_n 端引出的波形为 CP 的 2^n 分频。因此计数器又常用作**分频器**。

17.2.2 十进制计数器

十进制计数器与二进制计数器工作原理基本相同，只是将十进制数的每一位数都用二进制数来表示而已。常用的是采用 8421 码。由于十进制数只有 0～9 十个数码，因此采用 4 位二进制计数器来累计十进制数的每一位数时，只能取用 0000～1001，剩余的 1010～1111 6 个数要舍去不用。也就是说当计数到 9，即 4 个触发器的状态为 1001 时，再来一个计数脉冲，计数器不能翻转成 1010，而必须返回到 0000，同时向另一组十进制计数器进位。因此它的状态表如表 17－2－2 所示。

表 17－2－2　　十进制计数器状态表

CP	Q_4	Q_3	Q_2	Q_1	十进制	CP	Q_4	Q_3	Q_2	Q_1	十进制
0	0	0	0	0	0	6	0	1	1	0	6
1	0	0	0	1	1	7	0	1	1	1	7
2	0	0	1	0	2	8	1	0	0	0	8
3	0	0	1	1	3	9	1	0	0	1	9
4	0	1	0	0	4	10	0	0	0	0	进位
5	0	1	0	1	5						

前面介绍的是异步二进制计数器，现在再来介绍同步十进制加法计数器。电路如图 17－2－3 所示。它是由 4 个 JK 触发器组成。计数前先清零。

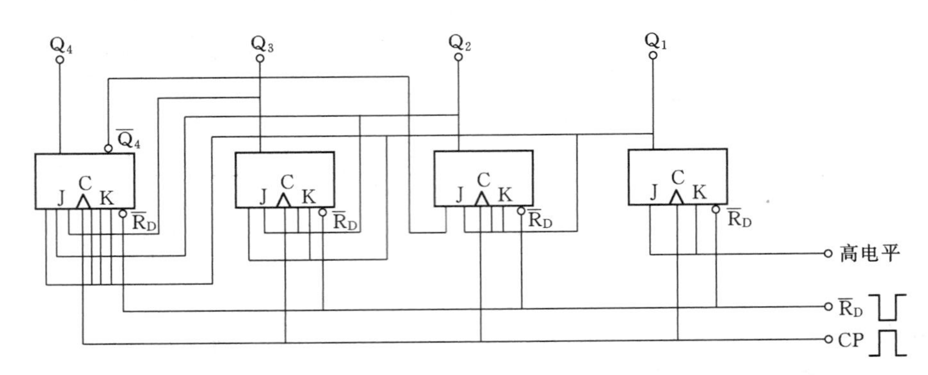

图 17－2－3　十进制加法计数器

第 1 个触发器的翻转条件是 J＝K＝1，由于 J 和 K 都接高电平 1，故每来 1 个计数脉冲都要翻转一次。由于触发器采用的是下降沿触发，所以翻转时间是在每个 CP 的下降沿到来之时，故 Q_1 的波形如图 17－2－4 中 Q_1 所示。

第 2 个触发器有 2 个 J 和 2 个 K 端，一个 J 接 $\overline{Q}_4$，另一个 J 与 2 个 K 一起都接至 Q_1 端。由于 2 个 J 之间及 2 个 K 之间是逻辑乘的关系，因此触发器的翻转条件是 $\overline{Q}_4 \cdot Q_1 = 1$。即在 $Q_4 = 0$ 的情况下，每当 $Q_1 = 1$ 后的下一个 CP 下降沿到来时 Q_2 翻转。

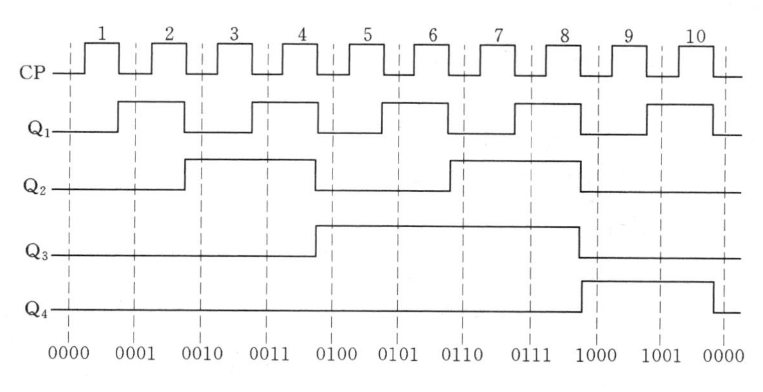

图 17-2-4 十进制加法计数器波形

第 3 个触发器的 2 个 J 和 2 个 K 端分别接至 Q_1 和 Q_2，因此其翻转条件是 $Q_2 \cdot Q_1 = 1$，即在 Q_2 和 Q_1 同时为 1 的下一个 CP 下降沿到来之时 Q_3 才能翻转。

第 4 个触发器各有 3 个 J 和 K，3 个 K 与 1 个 J 接至 Q_1，其余 2 个 J 分别接至 Q_2 和 Q_3。所以它的翻转条件是 $Q_3 \cdot Q_2 \cdot Q_1 = 1$，即 Q_3、Q_2 和 Q_1 都为 1 的下一个 CP 下降沿到来时，Q_4 才能翻转。同时，要注意：当 $K = Q_1 = 1$；$J = Q_3 \cdot Q_2 \cdot Q_1 = 0$ 时，即 $Q_1 = 1$，而 Q_3 或 Q_2 为 0 时，触发器应为 0 态。

在第 10 个脉冲到来后，由于 $C = Q_4 \cdot Q_1$，则产生 $C = 1$ 的进位信号。

根据以上分析，便可分段画出 Q_3、Q_2 和 Q_1 的波形如图 17-2-4 所示。可见，该电路正好满足表 17-2-2 所示十进制加法计数器的功能。

由于该电路的时钟脉冲是同时作用于 4 个触发器的时钟脉冲输入端的，故称之为**同步计数器**。

17.3 寄　存　器

寄存器是数字电路中用来存放数码和指令的主要部件。按功能的不同，寄存器可分为**数码寄存器**和**移位寄存器**两种。数码寄存器只供暂时存储数码，然后根据需要取出数码。移位寄存器不仅能存储数码，而且具有移位的功能，即每从外部输入一个移位脉冲（时钟脉冲）其存储数码的位置就同时向左或向右移动一位。这是进行算术运算时所必需的。按存入和取出数码方式的不同，寄存器又有并行和串行之分。

17.3.1 数码寄存器

图 17-3-1 是一个可以存放四位二进制数码的数码寄存器。一般来说，一个双稳态触发器可以存放一个二进制数码。因此，一个四位二进制数码寄存器需要四个双稳态触发器。图中采用了四个基本 RS 触发器。它们的输入和输出端都利用门电路来进行控制。d_4、d_3、d_2、d_1 是数码存入端，Q_4、Q_3、Q_2、Q_1 是数码的输出端。该寄存器的工作过程如下：

（1）预先清零。

在清零输入端输入清零负脉冲后，触发器的$\overline{R_D}=0$，$\overline{S_D}=1$，各触发器都处于0态。输出端Q_4、Q_3、Q_2、Q_1全为0。

（2）存入数码。

设待存数码为1101，将它们分别加到d_4、d_3、d_2、d_1端，在寄存指令未到时，各触发器的$\overline{R_D}=1$，$\overline{S_D}=1$，各触发器保持原态，即清零后的0态，这时数码尚未存入。寄存指令到来时，触发器FF_4、FF_3、FF_2、FF_1分别置入1101，数码已被存入。寄存指令过后，各触发器保持原态，即数码被寄存。

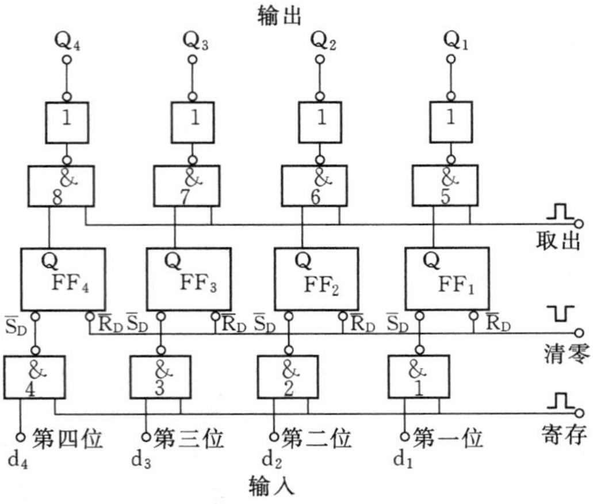

图 17-3-1 四位二数码寄存器

（3）取出数码。

取出指令未到时，由于与非门5、6、7、8的右边输入为0，触发器输出端也为0，即Q_4、Q_3、Q_2、Q_1为0000。故数码虽已存入，但未取出。取出指令到来时，四个与非门右边输入都为1，故输出端Q_4、Q_3、Q_2、Q_1为1101，寄存数码被取出。

上述寄存器，寄存时数码是从四个存入端同时存入，取出时又同时从四个取出端取出，所以又称为**并行输入并行输出寄存器**。

17.3.2 移位寄存器

移位寄存器按移位方向的不同又有右移、左移和双向移位之分。图17-3-2是一个四位的右移寄存器，它由四个上升沿触发的D触发器组成。它只有一个输入端和一个输出端。数码是从输入端D_4逐位输入，从输出端口Q_1逐位输出。

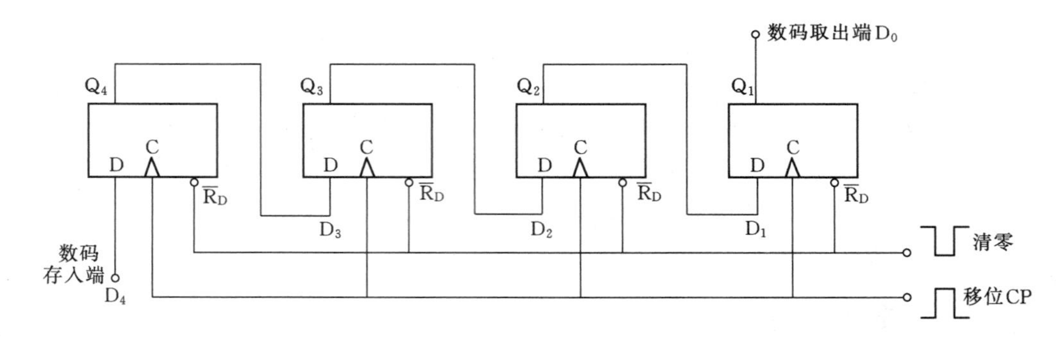

图 17-3-2 移位寄存器

其工作过程如下：

（1）预先清零。

在清零输入端输入清零脉冲，使得$Q_4Q_3Q_2Q_1=0000$。

（2）存入数码。

设待存数码仍是1101。将它按时钟脉冲（即移位脉冲）CP的节拍从低位数到高位数，即从第 1 位数到第 4 位数依次串行进到数码输入端 D_4。由于 D_3、D_2、D_1 分别接至 Q_4、Q_3 和 Q_2，因此在每个 CP 脉冲的上升沿到来时，它们的电平分别等于上一个 CP 时的 Q_4、Q_3 和 Q_2 的电平。于是可知存入数码的过程如下：

首先令 $D_4=1$（第 1 位数），在第 1 个 CP 的上升沿到来时，由于 $D_4=1$、$D_3=0$、$D_2=0$、$D_1=0$，所以 $Q_4=1$，$Q_3=0$，$Q_2=0$，$Q_1=0$，存入第 1 位。

然后令 $D_4=0$（第 2 位数），在第 2 个 CP 的上升沿到来时，由于 $D_4=0$、$D_3=1$、$D_2=0$、$D_1=0$，所以 $Q_4=0$，$Q_3=1$，$Q_2=0$，$Q_1=0$，又存入第 2 位。

再令 $D_4=1$（第 3 位数），在第 3 个 CP 的上升沿到来时，由于 $D_4=1$、$D_3=0$、$D_2=1$、$D_1=0$，所以 $Q_4=1$，$Q_3=0$，$Q_2=1$，$Q_1=0$，又存入第 3 位。

最后令 D4=1（第 4 位数），在第 4 个 CP 的上升沿到来时，由于 $D_4=1$、$D_3=1$、$D_2=0$、$D_1=1$，所以 $Q_4=1$，$Q_3=1$，$Q_2=0$，$Q_1=1$，四位二进制数全部存入。

（3）取出数码。

只需令 $D_4=0$，再连续输入 4 个移位脉冲 CP，所存的 1101 将从低位到高位逐位由数码输出端 Q_1 输出。移位寄存器的状态表见表 17-3-1。

表 17-3-1　　移位寄存器的状态表

CP	D_4（串行输入）	Q_4	Q_3	Q_2	Q_1	D_0（串行输出）	存取过程
0	0	0	0	0	0	0	清零
1	1	1	0	0	0	0	存入一位
2	0	0	1	0	0	0	存入二位
3	1	1	0	1	0	0	存入三位
4	1	1	1	0	1	1	存入四位
5	0	0	1	1	0	0	取出一位
6	0	0	0	1	1	1	取出二位
7	0	0	0	0	1	1	取出三位
8	0	0	0	0	0	0	取出四位

在移位脉冲的作用下，寄存器 Q_4、Q_3、Q_2 和 Q_1 的波形如图 17-3-3 所示。也可以先画出波形图，再确定状态表。画波形图时，可先根据待存数码 D_4 画出 Q_4 的全部波形，再依次由高位触发器的输出画出相邻低位触发器的输出。但要注意，D_3、D_2 和 D_1 应分别等于上个 CP 时的 Q_4、Q_3 和 Q_2。例如第 3 个 CP 时的 Q_3 应由第 2 个 CP 过后的 $Q_4=D_3$ 来确定。

上述寄存器，数码是逐位串行输入，逐位串行输出的，所以又称为**串行输入串行输出寄存器**。

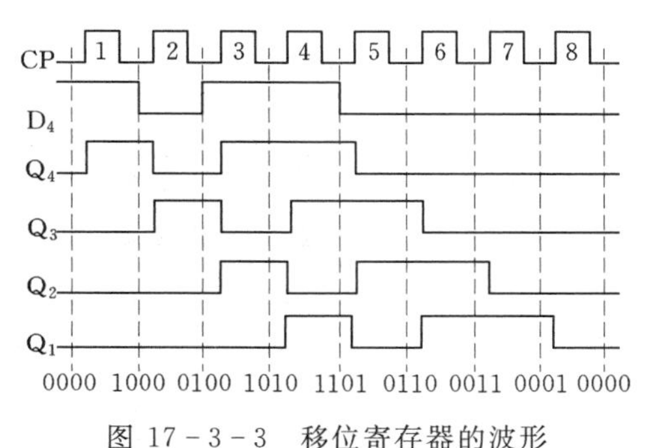

图 17-3-3　移位寄存器的波形

如果将上述寄存器中每个触发器的输出端都引到外部，则四位数码经 4 个移位脉冲串行输入后，便可从各个触发器的输出端 Q_4 Q_3 Q_2 Q_1 并行输出，这样就成了串行输入并行输出的移位寄存器。

从以上的分析可以看到，右移寄存器的特点是：右边的触发器受左边触发器的控制。在移位脉冲作用下，寄存器内存放的数码均从高位向低位移一位。如果反过来，左边的触发器由右边的触发器控制，待存数码从高位数到低位数依次串行进到输入端，在移位脉冲作用下，寄存器内存放的数码均从低位向高位移一位，则这样的寄存器称为左移寄存器。

小　　结

1. 介绍了基本 RS 触发器的电路结构、功能特点以及描述触发器状态的方法。

2. 触发器按电路结构分为：异步、同步（指有无时钟控制而言）触发器、主从触发器、维持阻塞触发器等。

按触发方式分为：电平触发（又分为高、低电平触发）和边沿触发（又分为上升沿、下降沿触发）。

按逻辑功能分为：RS 触发器、JK 触发器、D 触发器、T 触发器等。

另外，触发器按制作工艺可分为 TTL 型、CMOS 型等。

3. 同类功能的触发器可采用不同结构的电路来实现，相同结构形式的电路又可构成不同逻辑功能的触发器并可通过外接电路实现功能转换。

4. 介绍了常用时序逻辑电路计数器和寄存器的特点及其分析方法。时序电路通常由一些触发器（构成存储电路）和组合逻辑电路组成，时钟脉冲作用之前组合电路的状态和存储电路的状态决定了该时钟脉冲作用后电路的输出状态，因此在时序电路中，输出不仅取决于现在的输入，而且与输入的历史情况有关。电路状态依确定的时序顺序而定，而时序顺序则以时钟脉冲为基准。时序电路按工作方式可分为同步时序电路和异步时序电路。

习　　题

17－1　初始状态为 0 的基本 RS 触发器（低电平有效），$\overline{R}$和$\overline{S}$端的输入信号波形如图 17－1 所示，求 Q 和$\overline{Q}$的波形。

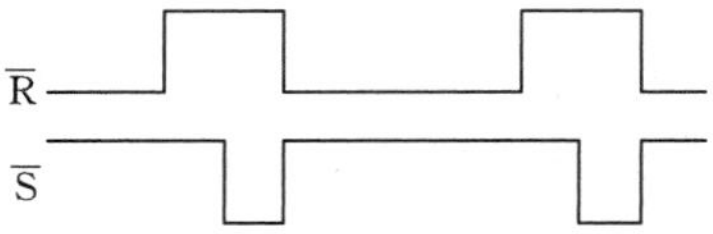

17－2　已知图 17－2（a）所示电路中各输入端的波形如图 17－2（b）所示。工作前各触发器先置 0，求 Q_1、Q_2 和 Q_3 的波形。

17－3　在图 17－2（a）所示电路中，若输入波形如

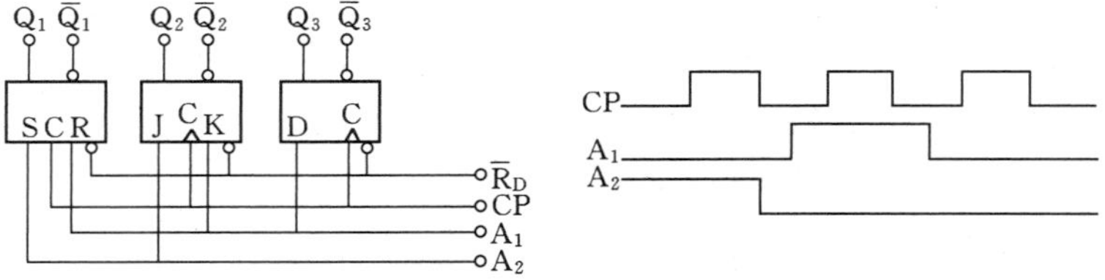

图 17－1　习题 17－1 图

(a)

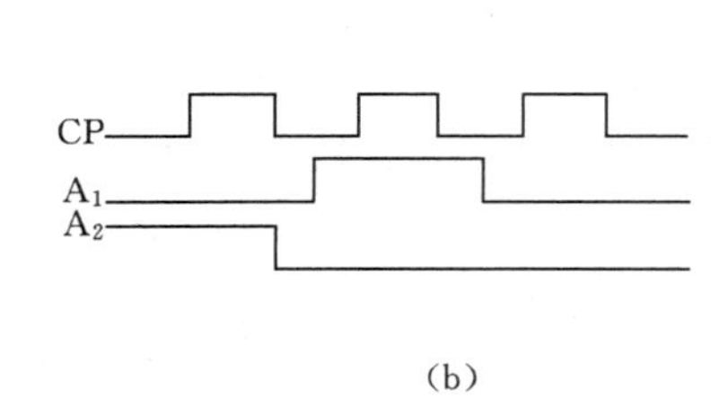

(b)

图 17－2　习题 17－2 图

图 17－3 所示，工作前各触发器先置 1，求 Q_3、Q_2 和 Q_1 的波形。

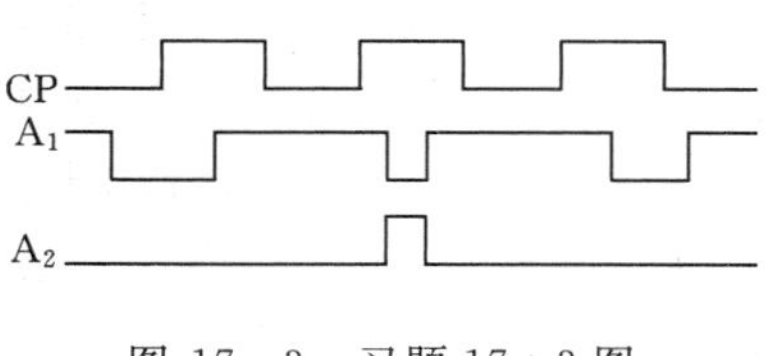

图 17－3　习题 17－3 图

17－4　在图 17－4（a）所示电路中，已知各触发器输入端的波形如图 17－4（b）所示，工作前触发器先置 0，求 Q_1 和 Q_2 的波形。

17－5　在图 17－5（a）所示电路中，已知输入端 D 和 CP 的波形如图 17－5（b）所示，各触发器的初始状态均为 0，求 Q_1 和 Q_2 的波形。

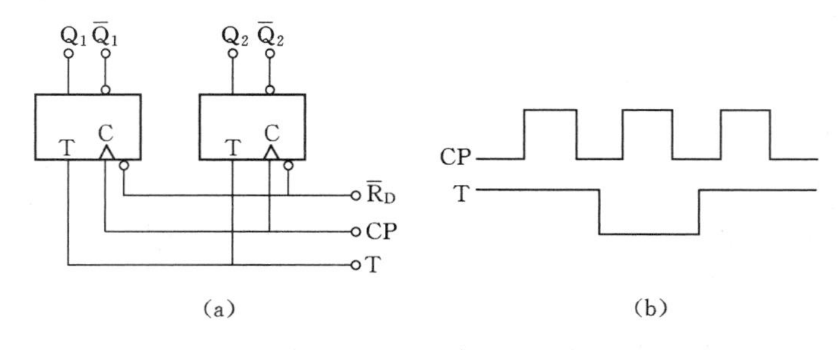

图 17－4　习题 17－4 图

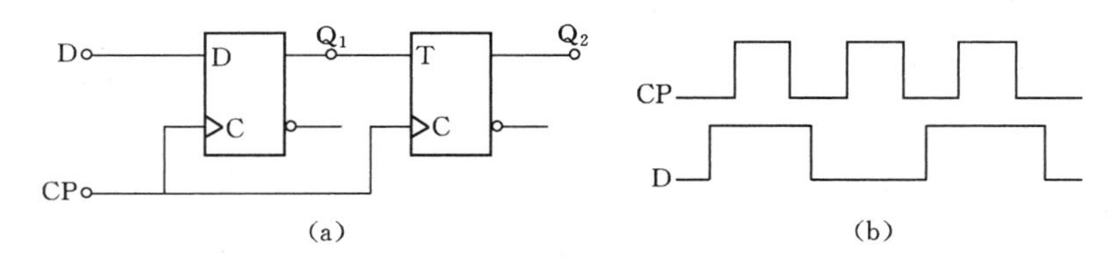

图 17－5　习题 17－5 图

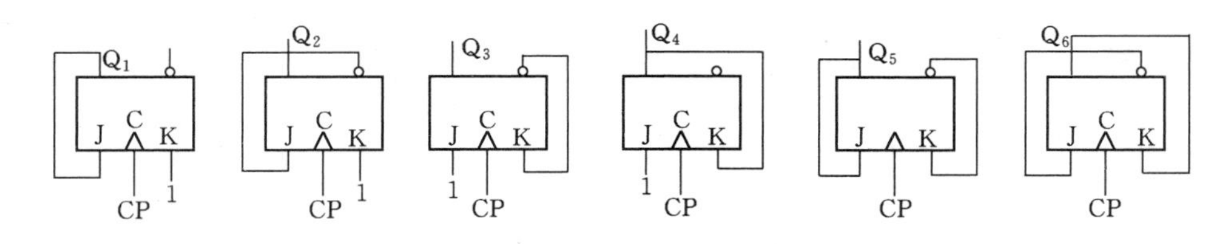

图 17－6　习题 17－6 图

17－6　图 17－6 所示各触发器的初始状态均为 0，画出 CP 和 Q 的波形。

17－7　图 17－7 所示各触发器的初始状态均为 1，画出 CP 和 Q 的波形。

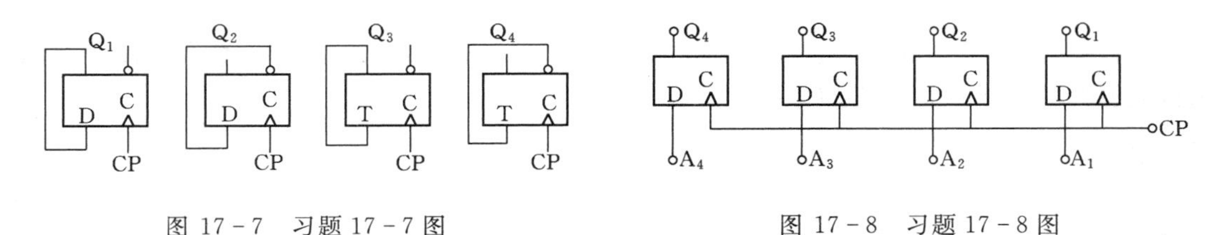

图 17－7　习题 17－7 图　　　图 17－8　习题 17－8 图

17－8　分析图 17－8 所示电路寄存数码的原理和过程，说明它是数码寄存器还是移位寄存器。

17－9　图 17－9 所示电路是右移寄存器还是左移寄存器？设待存数码为 1001，画出 Q_4、Q_3、Q_2、Q_1 的波形，列出状态表。

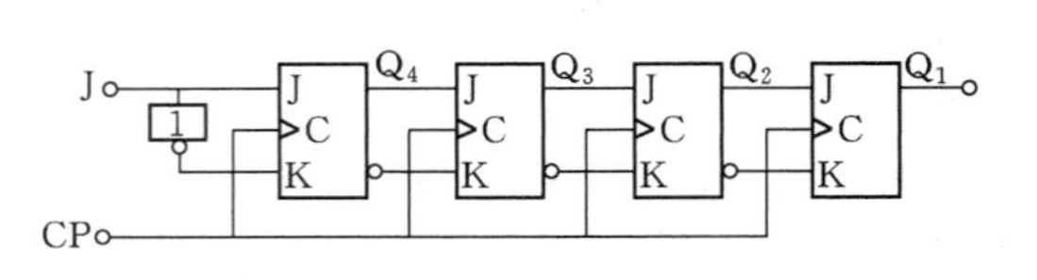

图 17－9　习题 17－9 图

17－10　图 17－10 是一个双向移位寄存器，其移位方向由 X 端控制。试分析 X＝0 和 X＝1 时寄存器的工作过程。

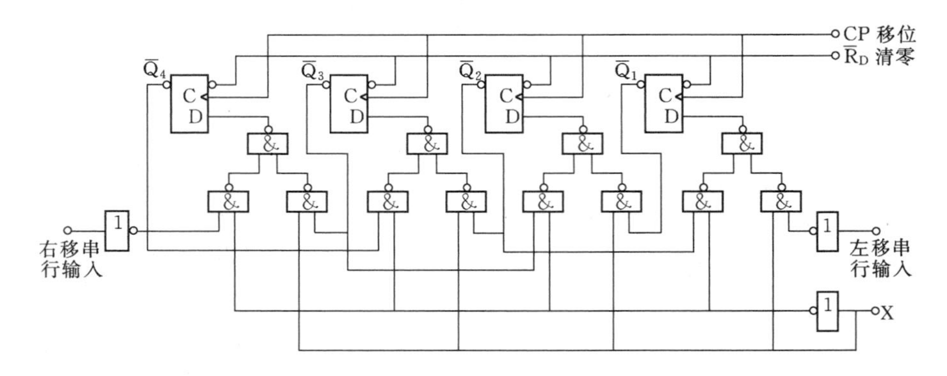

图 17－10　习题 17－10 图

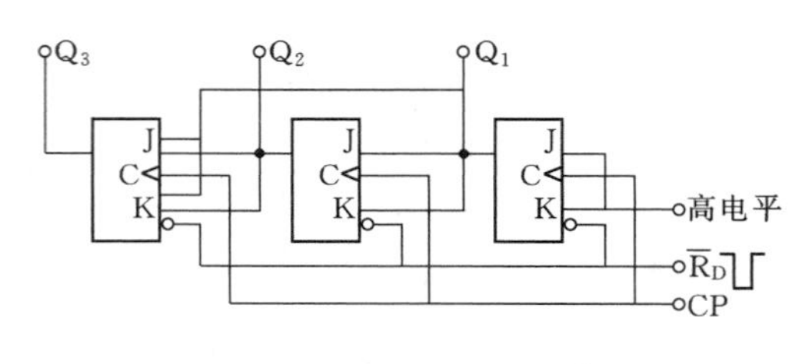

图 17－11　习题 17－11 图

17－11　计数器电路如图 17－11 所示。(1) 分析各触发器的翻转条件，画出 Q_3、Q_2 和 Q_1 的波形；(2) 判断这是几进制计数器？是加法计数器还是减法计数器？是同步计数器还是异步计数器？(3) 如果 CP 脉冲的频率为 2000H_Z，Q_3、Q_2 和 Q_1 输出的脉冲频率为多少？

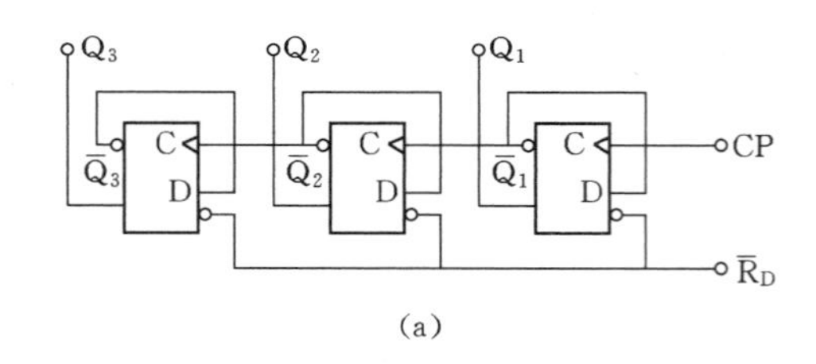

(a)

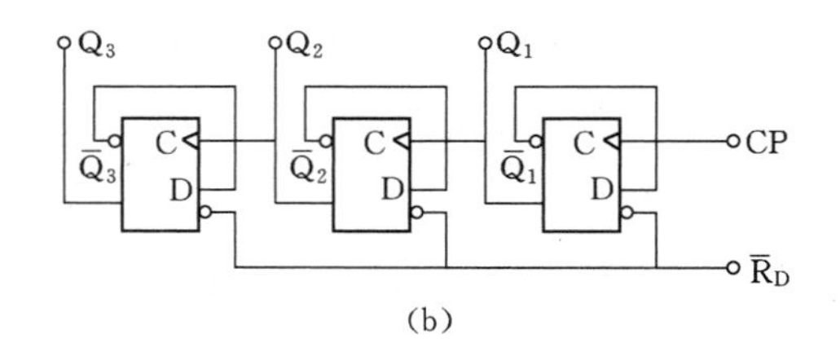

(b)

图 17－12　习题 17－12 图

17－12　图 17－12 是两个异步二进制计数器。试分析哪个是加法计数器？哪个是减法计数器？并分析它们的级间连接方式有何不同。

第18章 模拟量与数字量的转换

在自然界中的绝大部分物理量为模拟量，要用数字电子电路进行信号的计算、处理，就需要进行数字量和模拟量之间的相互转换。它们是模拟系统与数字系统之间的接口电路。本章主要介绍这两类转换的基本组成和工作原理。

18.1 D/A 转 换 器

随着数字电子技术的发展和数字计算机的广泛运用，要实现计算机控制、处理等工作，必须先把要处理的模拟信号转换为数字信号输入计算机内，而经过计算机处理后的数字信号又必须再转换为模拟信号，才能控制驱动装置以实现对被控制对象的控制。以上过程可用如图 18-1-1 表示。

图 18-1-1 模拟信号与数字信号转换的方框图

将模拟信号转换为数字信号的装置称为**模数转换器**，简称 **A/D 转换器**。而将数字信号转换为模拟信号的装置称为**数模转换器**简称 **D/A 转换器**。本节先讨论 D/A 转换器。

D/A 转换器的基本思想是将数字量转换成与它等值的模拟量。D/A 转换器的种类很多，这里仅以常用的 T 形网络 D/A 转换器为例来说明 D/A 转换器的基本原理。

T 形网络 D/A 转换器的电路如图 18-1-2所示。它的核心部分是由精密电阻组成的 T 形网络和电子双向开关。整个电路由许多相同的环节组成，每个环节都有一个 2R 电阻和一个电子双向开关。相邻两环节之间通过电阻 R 联系起来。每个环节反映二进制数的一位数码。该环节的双向电子开关的位置由该位的二进制数码来控制。当该位数码为 1 时，开关接基准电压 U_{REF}；数码为 0 时，开关接地。二进制数由 $D_4D_3D_2D_1$ 端输入。经过 T 形网络将每位的二进制数转换成相应的模拟量，最后由集成运放进行求和运算，输出模拟量。

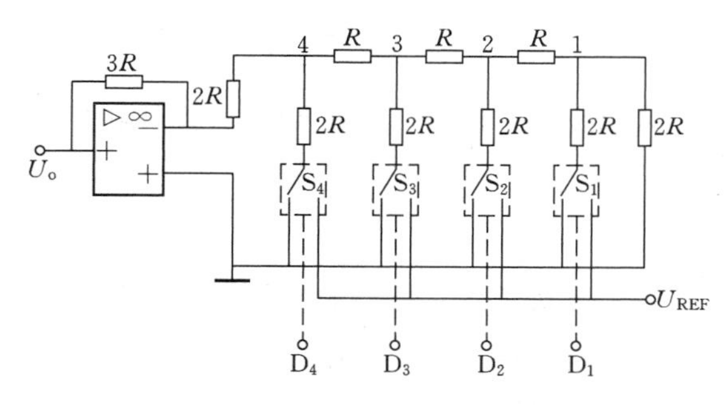

图 18-1-2 数模转换器

现在用叠加原理来分析电路的工作原理，先求出每一个电子开关单独接 U_{REF} 时运算放大器的输入电压，然后叠加求出运算放大电路的输入电压 U_i，最后经反相比例运算求出模拟电压 U_o。

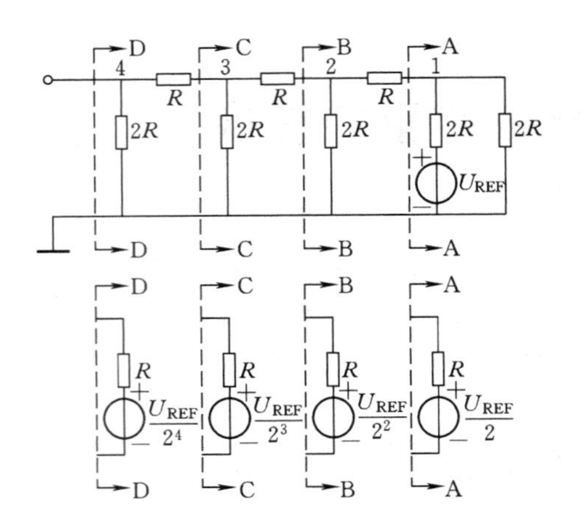

图 18-1-3　S_1单独接 U_{REF}时的 T 形网络

当 $D_4D_3D_2D_1=0001$ 时，S_1 单独接 U_{REF}，T 形网络部分的电路如图 18-1-3 的上图所示。利用戴维宁定理可以求得从图中 AA、BB、CC、DD 箭头以内部分的等效电路分别如图 18-1-3 的下图所示。

因此，这时的数模转换器可简化成图 18-1-4 所示的电路。由此求得 $D_4D_3D_2D_1=0001$ 时，数模转换器的输出电压为

$$U_{o1}=-\frac{U_{REF}}{2^4}$$

同理，可求当 $D_4D_3D_2D_1$ 分别为 0010、0100、1000 时，D/A 转换器的输出电压分别为：

$$U_{o2}=-\frac{U_{REF}}{2^3}$$

$$U_{o3}=-\frac{U_{REF}}{2^2}$$

$$U_{o4}=-\frac{U_{REF}}{2}$$

因此，最后叠加的结果，D/A 转换器输出的模拟电压为

$$\begin{aligned}U_o&=D_4U_{o4}+D_3U_{o3}+D_2U_{o2}+D_1U_{o1}\\&=-\left(\frac{U_{REF}}{2}D_4+\frac{U_{REF}}{2^2}D_3+\frac{U_{REF}}{2^3}D_2+\frac{U_{REF}}{2^4}D_1\right)\\&=-\frac{U_{REF}}{2^{4+1}}\sum_{i=1}^{4}2^iD_i\end{aligned}\qquad(18-1-1)$$

可以进一步推得，n 位 D/A 转换器转换后的模拟电压为

$$U_o=-\frac{U_{REF}}{2^{n+1}}\sum_{i=1}^{n}2^iD_i\qquad(18-1-2)$$

以上分析可以看出：输出的模拟量 U_o 是与输入的数字量 $\sum_{i=1}^{n}2^iD_i$ 成正比的，这样就实现了数字量与模拟量的转换。

D/A 转换器的最小输出电压 U_{omin} 与最大输出电压 U_{omax} 之比称为 D/A 转换器的**分辨率**。它的大小取决于 D/A 转换器的位数。由于 n 位的最小数字量对应的十进制数为 1，n 位最大数字量对应的十进制数为 2^n-1。输出电压是与数字量对应的十进制数成正比的，所以分辨率定义为

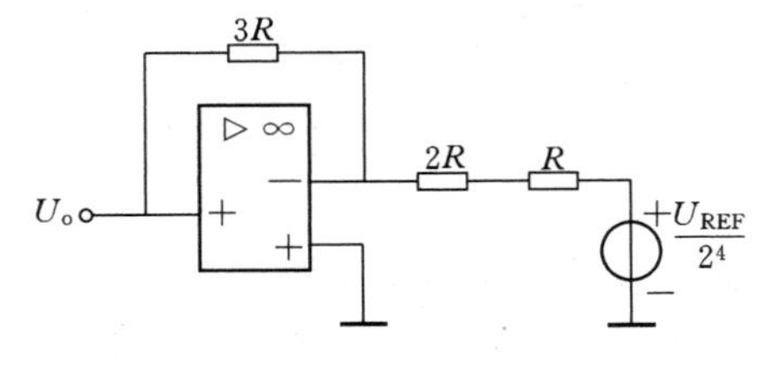

图 18-1-4　S_1 单独接 U_{REF} 时的数模转换器

$$K=\frac{U_{\text{omin}}}{U_{\text{omax}}}=\frac{1}{2^n-1} \qquad (18-1-3)$$

例如：10 位 D/A 转换器的分辨率为

$$K=\frac{1}{2^{10}-1}\approx 0.001$$

【例 18-1-1】 设六位的 T 形 D/A 转换器的基准电压 $U_{\text{REF}}=10\text{V}$，输入二进制数为 1011 和 111101，试求这两种输入情况下的输出模拟电压及该 D/A 转换器的分辨率。

［**解**］ (1) 输入数字量为 1011 时，也就是 001011 时，得

$$\begin{aligned}U_o&=-\frac{U_{\text{REF}}}{2^{n+1}}\sum_{i=1}^{n}2^iD_i\\&=-2^{-7}\times 10\times(0\times 2^6+0\times 2^5+1\times 2^4+0\times 2^3+1\times 2^2+1\times 2^1)\\&=-1.71875\ (\text{V})\end{aligned}$$

(2) 输入数字量为 111101 时，得

$$\begin{aligned}U_o&=-\frac{U_{\text{REF}}}{2^{n+1}}\sum_{i=1}^{n}2^iD_i\\&=-2^{-7}\times 10\times(1\times 2^6+1\times 2^5+1\times 2^4+1\times 2^3+0\times 2^2+1\times 2^1)\\&=-9.53125\ (\text{V})\end{aligned}$$

(3) 分辨率为

$$K=\frac{1}{2^n-1}=\frac{1}{2^6-1}=0.0159$$

18.2 A/D 转换器

将模拟信号转换为数字信号的装置称为**模数转换器**，简称 **A/D 转换器**，A/D 转换器的种类很多，总的来说可分为直接 A/D 转换器和间接 A/D 转换器两大类。前者可将模拟量直接转换成数字量；后者则需经过某个中间变量才将模拟量转换成数字量。下面以常用的逐次逼近型 A/D 转换器为例来说明模数转换的基本原理。

模数转换与数模转换相反，就是要将模拟量转换成与其相当的数字量。逐次逼近型 A/D 转换器是直接 A/D 转换器的一种，其基本原理是先在最高位设定一个数字量 1，经 D/A 转换器将它转换成模拟量后与待转换的模拟量相比较，根据比较结果，修改设定量；然后在次高位再设定一个数字量 1，再比较，再修改；再在下一位进行设定、修改……逐次逼近，直到设定的数字量与待转换的模拟量之间的误差小于最低 1 位数字量为止。这时最后的设定量即是由模拟量转换而来的数字量。

图 18-2-1 所示是这种转换器的原理电路，它是由顺序脉冲分配器、4 个 D 触发器组成的数码寄存器、数模转换器、电压比较器和 4 个非门组成的控制电路等几部分组成。顺序脉冲分配器的作用是按时间顺序逐个地发出脉冲作为各触发器的时钟脉冲。4 个 D 触发器组成的数码寄存器的输出作为 D/A 转换器的输入数码。设 D/A 转换器为上节介绍的四位 T 形，基准电压 $U_{\text{REF}}=-10\text{V}$，D/A 转换器的输出模拟电压 u_A 加到电压比较器的反相输入端。设待转换的模拟电压 $u_x=6.88\text{V}$，加在电压比较器的同相输入端。

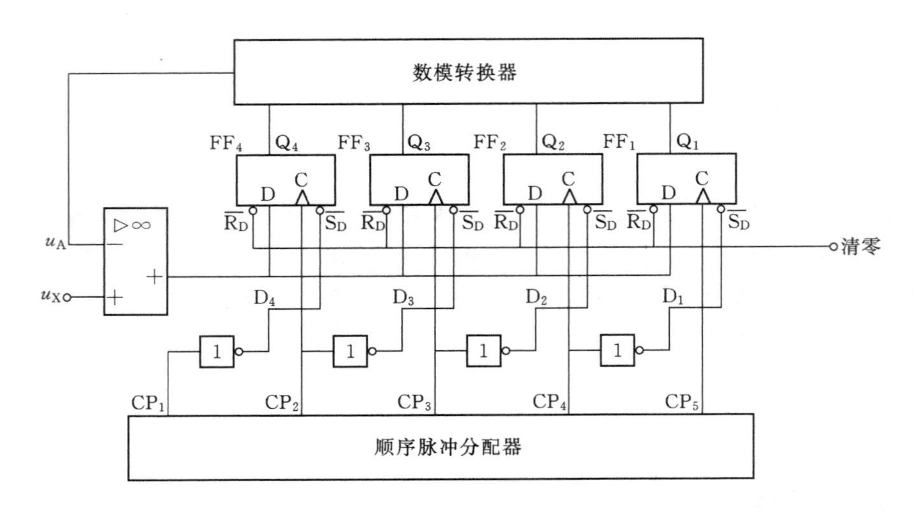

图 18-2-1　模数转换器

工作前，各触发器先清零。工作时，先从最高位开始比较，渐次到最低位，具体过程如下：

（1）由顺序脉冲分配器发出脉冲 CP_1 经非门使 D 触发器 FF_4 直接置 1，于是 $Q_4=1$，$Q_3=0$，$Q_2=0$，$Q_1=0$。这一设定量经 D/A 转换器转换成模拟量 u_A，可以算出 $u_A=5V$，小于 $u_x=6.88V$，说明该设定量太小，下次比较时，该位数 $Q_4=1$ 应保留，同时应将第三位 Q_3 增为 1。

（2）由顺序脉冲分配器发出脉冲 CP_2，它供给 FF_4 作时钟脉冲。由于 $u_A<u_x$，电压比较器输出高电平，使 $D_4=1$，故 FF_4 状态不变，Q_4 仍保留为 1。同时，CP_2 经非门使 FF_3 直接置 1 故 $Q_4=1$，$Q_3=1$，$Q_2=0$，$Q_1=0$，经数模转换器转换后 $u_A=7.5V$，大于 $u_x=6.88V$，说明该设定量又太大，下次比较时，$Q_3=1$ 应取消，变为 0，同时，将 Q_2 由 0 增至 1。

然后，发出 CP_3 作为 FF_3 的时钟脉冲，由于 $u_A>u_x$，比较器输出为低电平，$D_3=0$，使得 $Q_3=0$，同时，CP_3 经非门又使 FF_2 直接置 1，故 $Q_4=1$，$Q_3=0$，$Q_2=1$，$Q_1=0$，这时 $u_A=6.25V$，小于 $u_x=6.88V$。

（3）发出 CP_4，作为 FF_2 的时钟脉冲，由于 $u_A<u_X$，比较器输出又是高电平，$D_2=11$，故 $Q_2=1$ 保留，同时，CP_4 又使直接置 1，故 $Q_4=1$，$Q_3=0$，$Q_2=1$，$Q_1=1$，$u_A=6.875V$ 略小于 u_x。

（4）发出 CP_5，作为 FF_1 的时钟脉冲，由于 $u_A<u_x$，$D_1=1$，$Q_4=1$，$Q_3=0$，$Q_2=1$，$Q_1=1$ 不变。误差小于数字量的最低位，所以 1011 即为由模拟量 6.88V 转换而来的数字量。

18.3　数字电路的应用举例

前几章所介绍的主要是数字电路的一些基本单元和基本部件。随着集成电路的大规模化和微型计算机的发展，数字电路的应用领域也越来越广泛。本节简单地介绍一些应用实例，目的在于加深对有关部件的了解和对数字电路环境有个初步的认识。

18.3.1 常见的 D/A 与 A/D 转换器应用系统举例

D/A 与 A/D 转换器应用很广，图 18-3-1 所示就是在工业控制系统中应用的一个典型例子。在用计算机对生产过程进行控制时，经常要把压力、流量、温度及液位等物理量通过传感器检测出来，变换成为相应的模拟电流或电压，再由 A/D 转换器转换成为二进制数字信号，送入计算机处理。计算机处理后所得到仍然是数字量，若执行机构是伺服马达等模拟控制器，则需用 D/A 模拟转换器将数字量转换成相应的模拟信号，以控制伺服马达等机构执行规定的操作。

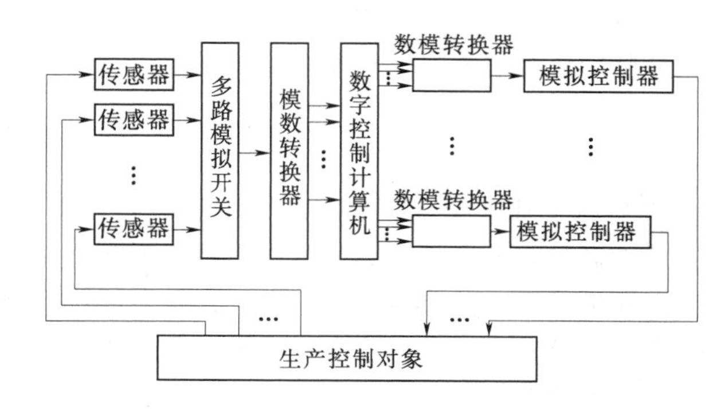

图 18-3-1 数模和模数转换器在工业控制系统中的应用

实际上，在数据传输系统、自动测试设备、医疗信息处理、电视信号的数字化、图像信号的处理和识别、数字通信和语音信息处理等都离不开 A/D 和 D/A 转换器。

18.3.2 数字钟

数字钟的原理方框图如图 18-3-2 所示。它由以下几部分组成。

（1）分频电路。由石英晶体振荡器、整形电路和分频器组成。石英晶体振荡器是利用石英晶体作为选频电路的振荡电路，用来产生频率稳定度极高的振荡信号，经整形电路将其转变为同一频率的方波。分频器实际上就是计数器。在二进制计数器的波形图中可以看到，每经过一个触发器，信号的周期增加了一倍，频率减小一半。n 个触发器便可将频率降至原频率的 $\frac{1}{2^n}$。分频器的作用就是根据石英晶体振荡器的频率，适当选择 n 的大小，将频率降为 1Hz，以产生标准秒脉冲。

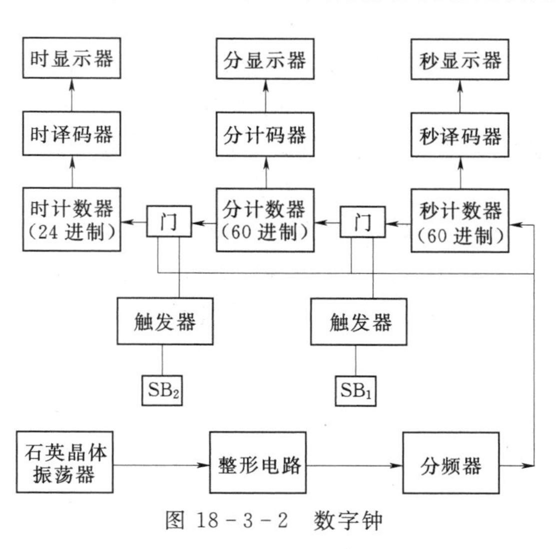

图 18-3-2 数字钟

（2）计时电路。计时电路包括秒计时、分计时和时计时电路三部分。每部分都由计数器、译码器和显示器组成。秒计数器和分计数器为60进制计数器，时计数器为24进制计数器。由分频电路输出的秒脉冲先进入秒计数器计数，并经秒译码器译码后令秒显示器（由2个七段数码显示器组成）显示出“秒”数。当秒计数器计数到60时，秒计数器恢复到零，同时向分计数器输出一个进位分脉冲。分计数器计数分脉冲数，并经分译码器译码后令分显示器显示出“分”数。当分计数器计数到60时，恢复到零，同时向时计数器发出一个进位时脉冲。时计数器计数时脉冲数，并经时译码器后由时显示器显示出“时”数。当时计数器计数到24时恢复到零。

（3）校准电路。校准电路由双稳态触发器和门电路组成。在按键 SB_1 和 SB_2 未按下时，计数程序如前所述。数字钟正常工作。在需要校准时，按下 SB_1，则秒计数器和分计数器之间通路被封锁，秒脉冲直接进入分计数器进行校准。按下 SB_2 时，分计数器与时计数器间的通路被封锁，秒脉冲直接进入时计数器进行校准。

小　　结

1. 随着微型计算机在各种工业测量、控制和信号处理系统中的广泛应用，A/D和D/A转换技术得到迅速发展。而且，随着计算机精度和速度的不断提高，对A/D和D/A转换器的转换精度和速度也提出了更高的要求。事实上，在许多计算机测控系统中，系统所能达到的精度和速度最终是由A/D和D/A转换器的转换精度和转换速度所决定的。

2. A/D和D/A转换器的种类十分繁杂。应着重理解和掌握A/D和D/A转换的基本概念和工作原理。本章讨论了T形电阻网络D/A转换器，该电路所需电阻种类少，容易保证转换速度，但转换精度比较低。

3. A/D转换器的种类主要有逐次渐近型、并行比较型和双积分型三种A/D转换器。并行比较型转换速度最高，一般只用在超高速的场合。逐次渐近型A/D转换器具有速度较高和价格低的优点，一般工业场合多采用此种A/D转换器。双积分型A/D转换器可获得较高的精度，并具有较强的抗干扰能力，故在目前的数字仪表中应用较多。

习　　题

18-1　模拟量与数字量之间为什么要进行转换？

18-2　有一数字信号1011，采用4位T形D/A转换器转换成模拟信号，试问当基准电压为10V时，其输出的模拟电压为多少？

18-3　有一8位T形D/A转换器，当数字信号00000001时，输出模拟电压为－0.04V。求数字信号为10010110时，对应的输出电压应是多少？

18-4　有一4位逐次逼近型A/D转换器，其中的D/A转换器为T形D/A转换器，基准电压 $U_{REF}=-10V$。当待转换的模拟量为8.2V时，则转换后的数字量为多少？

部分习题参考答案

第1章

1-1　900kW·h

1-2　6.25W

1-3　0.5A，200Ω

1-4　略

1-5　0.1mA，0.01V

1-6　略

1-7　250W，500W

1-8　(a) 50V，60V，5A，50W，25W，－300W；(b) 10V，10A，5A，－100W，50W，50W；(c) 10V，10V，20V，0A，5A，5A，0W，50W，50W，－100W

1-9　(a) 4V，2/3A，6Ω；(b) 2.1V，0.3A，7.9Ω

1-10　(a) $I=-8A$；(b) $U=-40V$；(c) $U=-4V$；(d) $U=0$；(e) $I=11A$；(f) $I=4A$

1-11　(1) 5V，3V，1V；(2) 4A，6A，0A

1-12　2.25V

1-13　2V

1-14　9V

1-15　$I_{ba}=11A$，$I_{bc}=6.5A$，$I_{dc}=5A$，$I_{da}=3.25A$
　　$I_{ae}=14.25A$，$I_{eb}=17.5A$，$I_{ce}=11.5A$，$I_{ed}=8.25A$

1-16　$R=0$

1-17　$I_{ab}=6A$，$I_{cd}=-4.5A$，$I_{ca}=9A$

1-18　$I_1=3A$，$I_2=1A$，$I_3=3A$，$I_4=1A$，$I_5=7A$，$I_6=-3A$

1-19　8V，8V

1-20　－5.8V，1.96V

第2章

2-1　(a) 4；(b) 2；(c) 1；(d) 2；(e) 4

2-2　(1) $R_1=3$，6；$R_2=6$，3；
　　(2) 3Ω电阻吸收的功率比是9；6Ω电阻吸收的功率比2.5

2-3　1V

2-4　(1) 2A；(2) 8Ω；(3) －0.3333A

2-6　(a) 10Ω；(2) 36Ω

2-7　4A

2-8　0.5A，1A，1.5A

2-9　2A，2A，4A，12V

2-10　9.38A；8.75A；28.13A；1055W；984W；1125W；3164W

2-11　21V，－5V，－5V

2-12　S打开：1.2A，－0.8A，－0.4A；S闭合：2.32A，0.32A，0.72A；3.36A

2-13 $I=4\text{A}$，$U=6\text{V}$

2-14 7.67V

2-15 $I_{cd}=0.714\text{A}$，$I_{ba}=1\text{A}$，$I_{ac}=I_{db}=0.857\text{A}$，$I_{ad}=I_{cb}=0.143\text{A}$

2-16 电流源：10A，36V，360W（发出）；2Ω 电阻：10A，20V，200W；
4Ω 电阻：4A，16V，64W；5Ω 电阻：2A，10V，20W；
电压源：4A，10V，40W（取用）；1Ω 电阻：6 A，6 V，36 W

2-17 12A

2-18 0.1A

2-19 (a) 8V，7.33Ω；(b) 10V，3Ω

2-20 6V，16Ω

2-21 0.154A

2-23 2A，理想电压源 3.75（取用）；理想电流源 95W（发出）

2-23 0.33A

2-24 2mA

第3章

3-1 (1) 略
(2) $I_{m1}=2\text{A}$，$I_1=\sqrt{2}\text{A}$；$I_{m2}=\sqrt{2}\text{A}$，$I_2=1\text{A}$
$\omega_1=\omega_2=314\text{rad/s}$；$f_1=f_2=50\text{Hz}$；
$T_1=T_2=0.02\text{s}$；$\varphi_1=0°$，$\varphi_2=-45°$
(3) $\varphi=\varphi_1-\varphi_2=45°$

3-2 $u=220\sqrt{2}\sin(314t+28.82°)$ V 或 $u=220\sqrt{2}\sin(314t+151.18°)$ V

3-3 略

3-4 (1) $\dot{U}=10\angle 0°=10\text{V}$
(2) $\dot{U}=10\angle 90°=\text{j}10\text{V}$
(3) $\dot{U}=10\angle -90°=-\text{j}10\text{V}$
(4) $\dot{U}=10\angle -135°=(-7.07-\text{j}7.07)$ V

3-5～3-9 略

3-10 (a) 14.1A；(b) 80V；(c) 2A；(d) 14.1V；(e) 10A，141V

3-11～3-15 略

3-16 $L=39\text{H}$

3-17 6Ω，15.89mH

3-18 $I=27.6\text{mA}$，$\cos\varphi=0.15$

3-19 $I=0.367\text{A}$，灯管上电压为 103V，镇流器上电压为 190V

3-20 $R=30\Omega$ 与 $X_L=40\Omega$ 串联，$\cos\varphi=0.6$，$P=580\text{W}$，$Q=774.4\text{var}$

3-21 3.2μF

3-22 $I_1=I_2=11\text{A}$，$I=11\sqrt{3}\text{A}$，$P=3630\text{W}$

3-23 $i_1=44\sqrt{2}\sin(314t-53.1°)$ A，$i_2=22\sqrt{2}\sin(314t-36.9°)$ A
$i=65.3\sqrt{2}\sin(314t-47.7°)$ A

3-24 $I_R=10\text{A}$，$I_L=10\text{A}$，$I_C=20\text{A}$，$I=10\sqrt{2}\text{A}$

3-25 $Z_{ab}=-\text{j}10\Omega$，$Z_{ab}=1.5+\text{j}0.5\Omega$

3-26 $\dot{U}=\sqrt{5}\angle 63.4^\circ$ V

3-27 524Ω，1.7H，$\cos\varphi=0.5$，$C=2.58\mu F$

3-28 $\cos\varphi=0.5$，$c=102\mu F$

3-29 （1）33A，0.5；（2）275.7μF；（3）19.1A

3-30 $U_{ab}=5V$，$P=5W$，$Q=0$，$\cos\varphi=1$

3-31 （1）$P_1=208.7W$ （2）$P'_1=80.52W$ （3）374.3kWh

3-32 （1）$I=40.9A$；（2）$C=369.5\mu F$

3-33 121 盏

3-34 （1）58.6Ω；（2）114Ω

3-35 略

3-36 $f_0=2820Hz$，$|Z_0|=R=500\Omega$，$f_2=3560Hz$，$f_1=2240Hz$，$\Delta f=1320Hz$

3-37 略

第4章

4-1 $I_p=22A$，$I_l=22A$

4-2 $I_p=22A$，$I_l=38A$

4-3 $U_p=220V$，$I_P=I_t=22A$

4-4 （2）$I_L=4.55A$ $I_N=0$；（3）$I'_N=4.55A$

4-5 $I_1=I_2=4.55A$，$I_3=9.1A$，$I_{L1}=I_{L2}=4.55A$，$I_{L3}=9.1A$，$I_N=4.55A$

4-6 （1）$U_1=0$，$I_1=0$，$U_2=220V$，$I_2=4.55A$，$U_3=220V$，$I_3=9.1A$；（2）$U_1=0$，$I_1=0$，$U_2=253.3V$，$I_2=5.23A$，$U_3=126.7V$，$I_3=5.23A$

4-7 Y接：$I_L=22A$，$P=14.52kW$；△接：$I_L=65.8A$，$P=43.32kW$

4-8 （1）$U_N=380V$；（2）$I_P=3.51A$ $I_L=6.077A$；（3）$Z=(64.92+j86.56)\Omega$

4-9 $I_L=21.92A$

4-10 $\frac{I_{PY}}{I_{P\Delta}}=1$，$\frac{I_{1Y}}{I_{1\Delta}}=\frac{1}{\sqrt{3}}$，$\frac{P_Y}{P_\Delta}=1$

4-11 $\dot{I}_A=0.273\angle 0^\circ$ A，$\dot{I}_B=0.273\angle -120^\circ$ A，$\dot{I}_C=0.553\angle 85.3^\circ$ A，$\dot{I}_N=0.364\angle 60^\circ$ A

4-12 （1）$A_2=A_4=A_6=0.91A$，$A_1=A_3=A_5=1.58A$；（2）$A_1=3.28A$，$A_2=0.91A$，$A_3=2.41A$，$A_4=1.82A$，$A_5=3.97A$，$A_6=2.73A$

4-13 （1）$U_1=U_3=110V$，$U_2=220V$；（2）$U_1=165V$，$U_2=220V$，$U_3=55V$

4-14 （1）$C=197\mu F$；（2）$I_L=84.4A$

4-15 （3）$\lambda=0.85$

4-16 （2）$I_{L2}=34.38A$，$I_N=27.31A$

4-17 略

4-18 $I_P=11.56A$，$I_1=20A$

4-19 （2）$I_A=I_B=I_C=22A$，$I_N=60.1A$；（3）$P=4840A$

4-20 三角形连接：$C=92\mu F$；星形连接：$C=274\mu F$

第5章

5-1 $u_c(0)=6V$，$i_1(0)=1.5A$，$i_2(0)=3A$，$i_c(0)=-3A$；$u_c(\infty)=2V$
$i_1(\infty)=0.5A$，$i_2(\infty)=1A$，$i_c(\infty)=0A$

5-2 $u_L(0)=4.8V$，$i_L(0)=3A$，$i_1(0)=1.8V$，$i_2(0)=1.2V$；$u_L(\infty)=0V$

$i_L(\infty)=5A$，$i_1(\infty)=3A$，$i_2(\infty)=2A$

5-3～5-4　略

5-5　$u_C=60e^{-100t}V$，$i_1=12e^{-100t}mA$

5-6　$u_C=18+36e^{-250t}V$

5-7　$u=2-\frac{4}{3}e^{-\frac{10^3}{6}t}V$

5-8　$i_3=1-0.25e^{-\frac{t}{2\times10^{-3}}}mA$，$u_c=2-e^{-\frac{t}{2\times10^{-3}}}V$

5-9　$u_C(t)=100-50e^{-5\times10^5t}V$

5-10　$i_L(t)=2(1-e^{-t/0.015})A$；$u_L(t)=\frac{40}{3}e^{-t/0.015}V$

5-11　3.68V

5-12　$u_C=10e^{-100t}V$，$u_C(\tau_1)=3.68V$

$u_C=10-6.32e^{-\frac{(t-0.01)}{\tau_2}}V$，$u_C(0.02s)=9.68V$

$u_C=9.68e^{-100(t-0.02)}V$

$\tau_1=10^{-2}s$，$\tau_2=0.33\times10^{-2}s$

5-13　(1) $i_1=i_2=2(1-e^{-100t})A$；(2) $i_1=3-e^{-200t}A$，$i_2=2e^{-50t}A$

5-14　$i_L=\frac{6}{5}-\frac{12}{5}e^{-\frac{5}{9}t}A$，$i=\frac{9}{5}-\frac{8}{5}e^{-\frac{5}{9}t}A$

第6章

6-1　$U_1=110V$

6-2～6-3　略

6-4　27，34，1909

6-5　1600

6-6　(1) 7.58A，217.4A；(2) 0.33；(3) 4.3%；(4) 95.4%

6-7　166只，125只

6-8　(1) $I_1=5.33A$，$I_2=160A$；(2) 550盏

6-9　56

6-10　(1) 110V；(2) 22A；(3) 1936W

6-11　2.9A，72.2A

6-12　20.2kV，13.32A，13.32A；10.5kV，44A，25.4A

6-13　能担负

6-14　137.5kW

第7章

7-1　$n_0=3000r/min$，$n=2955r/min$，$f_2=0.75Hz$。

7-2　(1) $I_p=I_l=5A$，$T_N=14.8N\cdot m$

7-3　(1) 3000 r/min；(2) 2940 r/min；(3) 97.49 N·m；(4) 98 N·m。

7-4　(1) 1500 r/min；(2) 0.04；(3) 0.8；(4) 80%。

7-5　(1) 4kW；(2) 5kW；(3) 9.5A，5.48A。

7-6　(1) 643.5 N·m，585 N·m；(2) 411.8 N·m，374.4 N·m。

7-7　13.36 N·m，53.06 N·m。

7-8　$S_N=0.04$，$I_N=11.6A$，$T_N=36.5N\cdot m$，$I_{st}=81.2A$，$T_{st}=80.3N\cdot m$，$T_{max}=80.3N\cdot m$

7-9　(1) 0.02；(2) 143 N·m；(3) 24kW；(4) 314.6 N·m；(5) 286 N·m；(6) 297.5A

7-10　星形连接，9.46A；三角形连接，16.33A

7-11　(1) 过载；(2) 不过载

7-12　2.0

7-13　(1) 不可以；(2) 可以；(3) 不可以

7-14　(1) 不可以；(2) 不可以；(3) 可以

7-15　(1) 不可以；(2) 可以；(3) 不可以

7-16　(1) 30 r/min；(2) 194.9 N·m；(3) 0.88。

7-17　略

第8章

8-1　25A。

8-2～8-11　略。

第9章

(略)

第10章

10-1　$\Delta=\pm0.025$　$\gamma=\pm0.01$

10-2　±0.4%　±0.5%选0.2级、0～300V电压表

10-3　2

10-4　(1) $666\times10^3\Omega$　$334\times10^3\Omega$；(2) 0.375Ω　0.375Ω　0.75Ω。

10-5　略

10-6　19980Ω

10-7　(1) 20.8V；(2) 22.73V；(3) 24.75V

10-8　略

10-9　4.2Ω，37.8Ω，378Ω

10-10　9.8kΩ，90kΩ，150kΩ

10-11　略

10-12　$P_1=3789\text{W}$　$P_2=2136\text{W}$

第11章

(略)

第12章

12-1　(1) 1V；(2) 0.7V；(3) 0.3V

12-4　(a) 14V；(b) 10V；(c) −1V；(d) −4V；(e) 5V；(f) 5V

12-5　超过；增大R的值

12-6　(1) 50，50；(2) 50，50

12-7　放大；饱和；截止

12-8　(1) $V_Y=0$，$I_R=3.08\text{mA}$，$I_{DA}=I_{DB}=1.54\text{mA}$；(2) $V_Y=0$，$I_R=I_{DB}=3.08\text{mA}$，$I_{DA}=0\text{mA}$；(3) $V_Y=3\text{V}$，$I_R=2.3\text{mA}$，$I_{DA}=I_{DB}=1.15\text{mA}$

12-9　(1) $V_Y=9\text{V}$，$I_R=I_{DA}=1\text{mA}$，$I_{DB}=0\text{mA}$；(2) $V_Y=5.59\text{V}$，$I_R=0.62\text{mA}$，$I_{DA}=0.41\text{mA}$；$I_{DB}=0.21\text{mA}$；(3) $V_Y=4.47\text{V}$，$I_R=0.35\text{mA}$，$I_{DA}=I_{DB}=0.26\text{mA}$

第 13 章

13-1　空载时 $A_U=150$，有载时 $A_U=100$。$r_i=5k\Omega$，$r_o=2.55k\Omega$

13-3　$R_{B1}=47k\Omega$，$R_{B2}=26.7k\Omega$，$R_E=3.24k\Omega$，$R_C=2.7k\Omega$

13-5　$I_B=89.7uA$，$I_C=4.48mA$，$U_{CE}=7.43V$，$A_U=0.981$，$r_i=19.3k\Omega$，$r_o=9.5\Omega$

13-6　0.952mV　0.984mV

13-7　$A_U=-136$，$r_i=21.35k\Omega$，$r_o=3k\Omega$

13-8　(1) $I_B=18.65\mu A$，$I_C=1.865mA$，$U_{CE}=7.12V$，(2) 1.88V (3) 0.94V

13-9　(1) $r_i=6.23k\Omega$，$r_o=3.9k\Omega$ (2) $U_O=202.64mV$ (3) $U_O=720.7mV$

13-10　$A_d=86.2$

第 14 章

14-1　(1) $-100mV$ (2) $-10\sin\omega t V$ (3) 15V

14-2　$R_2=10k\Omega$

14-3　$u_o=5u_{i2}-4u_{i1}$

14-4　$u_o=\frac{R_f}{R_1}(u_{i4}+u_{i3}-u_{i2}-u_{i1})$

14-5　$u_o=-\frac{R_f}{R_1}\left(1+\frac{R_3}{R_4}\right)u_i-\frac{R_3}{R_1}u_i$

14-6　$u_i=0.5mV$

14-10　(a) 不能；(b) 能

14-11　(1) $R_1\leqslant 1.5k\Omega$；(2) 约 100Hz～1000Hz

第 15 章

15-1　(1) 24V；(2) 28V；(3) 18V；(4) 9V

15-2　16V；5.3V

15-4　2.94V；1.4V

15-5　高电平时 5.16V ；低电平时 8.46V

第 16 章

16-2　(1) F=DE；(2) $F=\overline{A}B\overline{C}+A\overline{B}+\overline{B}C+CA$；(3) $F=\overline{A}B+C\overline{A}+A\overline{B}+\overline{B}C$

16-6　(1) 或门；(2) 与门；(3) 非门；(4) 或非门

16-8　$F=A\oplus B$

第 17 章

17-11　(2) 同步三位二进制加法计数器；(3) 250Hz，500Hz，1000Hz

17-12　(a) 加法；(b) 减法

第 18 章

18-2　$-6.25V$

18-3　$-0.72V$

18-4　1101

电工常用中英文词汇

一画～二画

一阶电路 first-order circuit
PN 结 PN junction
二极管 diode
　　发光二极管 light-emitting ～
　　光电二极管 photo ～
　　稳压二极管 voltage regulator ～

三 画

三相电路 three-phase circuit
三相功率 three-phase power
三相三线制 three-phase three-wire system
三相四线制 three-phase four-wire system
三相变压器 three-phase transformer
三相异步电动机 three-phase induction motor
三角形连接 triangular connection
三角波 triangular wave
三要素法 three-factor method

四 画

开路 open circuit
开关 switch
　　刀开关 knife ～
　　行程开关 travel ～
　　漏电开关 leakage ～
支路 branch
　　支路电流法 branch current method
中性点 neutral point
中性线 neutral wire
方均根值 root-mean-square value
互锁 mutual-locking
互感 mutual inductance
反转 reverse rotation
反馈 feedback
　　正反馈 positive ～
　　负反馈 negative ～
　　电压反馈 voltage ～
　　电流反馈 current ～
　　串联反馈 series ～
　　并联反馈 parallel ～
反馈系数 feed back coefficient
反电动势 counter emf
反相 opposite in phase
反馈控制 feed back control
方框图 block diagram
瓦特 Watt
功率表 power meter
无功功率 reactive power
韦伯 Weber
水轮发电机 water-wheel generator
欠压（失压）保护 under voltage protection
计数器 counter
　　二进制计数器 binary ～
　　十进制计数器 decimal ～

五 画

电流 current
　　相电流 phase ～
　　线电流 line ～
　　电流表 current meter
　　电流放大系数 current amplification coefficient
　　电流密度 current density
　　电流互感器 current transformer
电压 voltage
　　阶跃电压 step ～
　　相电压 phase ～
　　线电压 line ～
　　安全电压 safe ～
　　开启电压 threshold ～
　　夹断电压 pinch-off ～
　　电压比 voltage ratio
　　电压比较器 voltage comparator
　　电压放大倍数 voltage amplification factor
　　电压调整率 voltage regulation
　　电压三角形 voltage triangle

电动势 electromotive force (emf)
电位 electric potential
电位差 electric potential difference
电位升 potential rise
电位降 potential drop
电位计 potentiometer
参考电位 reference potential
电平 electric level
电路 circuit
直流电路 direct current ～
交流电路 alternating current ～
三相电路 three phase ～
对称三相电路 symmetrical three-phase circuit
非正弦周期信号电路 non-sinusoidal periodic signal
内电路 internal ～
外电路 external ～
电阻性电路 resistive ～
电感性电路 inductive ～
电容性电路 capacitive ～
线性电路 linear ～
非线性电路 nonlinear ～
整流电路 rectifier circuit
桥式整流电路 bridge rectification ～
可控整流电路 controlled rectification ～
滤波电路 filter ～
稳压电路 voltage stabilizing ～
模拟电路 analog ～
数字电路 digital ～
集成电路 integrated ～
共射放大电路 common-emitter amplification
共集放大电路 common collector amplification ～
共基放大电路 common base amplification ～
有源负载放大电路 active load amplification ～
互补对称放大电路 complementary symmetry amplification ～
差分放大电路 differential amplification ～
或门电路 OR gate ～
与门电路 AND gate ～
非门电路 NOT gate ～
或非门电路 NOR gate ～
与非门电路 NAND gate ～
三态与非门电路 tri-state NAND gate ～
组合逻辑电路 combinational logic ～
时序逻辑电路 sequential logic ～
电路分析 ～ analysis
电路元件 ～ element
电路模型 ～ model
电源 source
电压源 voltage ～
电流源 current ～
理想电压源 ideal voltage ～
理想电流源 ideal current ～
电阻 resistance
线性电阻 linear ～
非线性电阻 non-linear ～
静态电阻 static ～
动态电阻 dynamic ～
输入电阻 input ～
输出电阻 output ～
电阻器 resistor
电阻率 resistivity
电导 conductance
电导率 conductivity
电容 capacitance
结电容 junction ～
电容器 capacitor
电容性电路 capacitive circuit
电感 inductance
电抗 reactance
漏电抗 leakage ～
电感器 inductor
电感性电路 inductive circuit
电荷 electric charge
电场 electric field
电场强度 electric field intensity
功 work
功率 power
瞬时功率 instantaneous ～
平均功率 mean ～
有功功率 active ～
无功功率 reactive ～
视在功率 apparent ～
额定功率 rated ～
输入功率 input ～
输出功率 output ～
三相功率 three phase ～

功率因数 ～ factor
功率三角形 ～ triangle
功率角 ～ angle
电能 electric energy
电机 electric machine
电动机 electric motor
三相异步电动机 three phase asynchronous ～
三相同步电动机 three phase synchronous ～
单相异步电动机 single phase asynchronous ～
感应电动机 induction ～
伺服电动机 servo ～
步进电动机 stepping ～
直流电动机 direct current ～
电枢 armature
电枢反应 ～ reaction
电力系统 electric power system
结点 node
结点电压法 node voltage method
可编程控制器 programmable-controller（PLC）
电工测量 electrical measurement
电磁式仪表 electromagnetic instrument
电动式仪表 electrodynamic instrument
平均值 average value
平均功率 average power
正极 positive pole
正方向 positive direction
正弦量 sinusoid
正弦电流 sinusoidal current
电桥 bridge
电磁转矩 electro magnetic torque
电角度 electrical degree
半导体 semiconductor
本征半导体 intrinsic ～
杂质半导体 extrinsic ～
P 型半导体 P-type ～
N 型半导体 N-type ～
失真 distortion
非线性失真 non-linear ～
饱和失真 saturation ～
截止失真 cut-off ～
频率失真 frequency ～
交越失真 crossover ～
加法器 adder
半加器 half ～
全加器 full ～

六 画

安培 Ampere
安匝 ampere-turns
伏特 Volt
伏安特性曲线 volt-ampere characteristic
有效值 effective value
有功功率 active power
交流电路 alternating current circuit（a-c circuit）
交流电机 alternating-current machine
交流通路 alternating current path
自感 self-inductance
自感电动势 ～ emf
自励发电机 self-excited generator
自整角机 selsyns
自动控制 automatic control
自动调节 automatic regulation
自锁 self-locking
负极 negative pole
负载 load
负反馈 negative feedback
并联 parallel connection
并联谐振 parallel resonance
并励绕组 shunt field winding
同步发电机 synchronous generator
同步电动机 synchronous motor
同步转速 synchronous speed
同相 in phase
机械特性 torque-speed characteristic
执行元件 servo-unit
传递函数 transfer function
传感器 transducer
闭环控制 closed loop control
回路 loop
网络 network
二端网络 two-terminal ～
网孔 mesh
导体 conductor
导纳 admittance
全电流定律 law of total current
全响应 complete response
麦克斯韦 Maxwell
过载保护 overload protection

共模抑制比 common-mode rejection ratio

七 画

库仑 Coulomb
亨利 Henry
角频率 angular frequency
串联 series connection
　　串联谐振 series resonance
阻抗 impedance
　　阻抗三角形 impedance triangle
　　复［数］阻抗 complex impedance
阻抗变换 impedance transformation
初相位 initial phase
时间常数 time constant
时域分析 time domain analysis
时间继电器 time-delay relay
励磁电流 exciting current
励磁机 exciter
励磁绕组 fieldwinding
两功率表法 two-power meter method
伺服电动机 servomotor,
步进电动机 stepping motor
沟道 channel
　　N 型沟道 N ～
　　P 型沟道 P ～
译码器 code translator
时钟脉冲 clock pulse

八 画

欧姆 Ohm
欧姆定律 Ohm's law
空载 no-load
　　空载特性 open-circuit characteristic
空气隙 air gap
受控电源 controlled source
变压器 transformer
　　自耦变压器 auto-transformer
　　三绕组变压器 three-winding ～
　　三相变压器 three phase ～
变比 ratio of transformation
变阻器 rheostat
线圈 coil
周期 period
定子 stator
转子 rotor
　　转子电流 ～ current
　　笼式转子 squirrel-cage ～
　　绕线式转子 wound ～
转差率 slip
转速 speed
转矩 torque
　　电磁转矩 electromagnetic ～
　　输出转矩 output ～
　　额定转矩 rated ～
　　最大转矩 maximum ～
　　起动转矩 starting ～
　　负载转矩 load ～
　　空载转矩 noload ～
组合开关 switch group
制动 braking
单相异步电动机 single-phase induction motor
饱和 saturation
放大 amplification
单向导电性 unilateral conductivity
直流通路 direct current path

九 画

相 phase
相位 phase
　　相位差 phase difference
　　相位角 phase angle
相序 phase sequence
相量 phasor
　　相量图 ～ diagram
相线 phase wire
响应 response
　　零输入响应 zero-input ～
　　零状态响应 zero-state ～
　　全响应 complete ～
　　阶跃响应 step ～
星形连接 star connection
复数 complex number
等效电路 equivalent circuit
品质因数 quality factor
绝缘 insulation
　　绝缘体 insulator
测速发电机 tachometer generator
绕组 winding

一次绕组 primary ～
二次绕组 secondary ～
高压绕组 high-voltage ～
低压绕组 low-voltage ～
按钮 push button
起动按钮 start button
信号 signal
模拟信号 analog ～
数字信号 digital ～
共模信号 common-mode ～
差模信号 differential-mode ～
脉冲前沿 pulse leading edge
脉冲后沿 pulse trailing edge
结点 node
参考方向 reference direction

十 画

容抗 capacitive reactance
换路定律 law of switching
诺顿定理 Norton's theorem
原动机 prime mover
原绕组 primary winding
铁心 core
损耗 loss
铁损耗 core ～
铜损耗 copper ～
涡流损耗 eddy current ～
磁滞损耗 hysteresis ～
机械损耗 mechanical ～
矩形波 rectangular wave
特征方程 characteristic equation
积分电路 integrating circuit
继电器 relay
中间继电器 intermediate ～
热继电器 thermal ～
时间继电器 time ～
调节特性 regulating characteristic
调速 speed regulation
继电接触器控制 relay-contactor control
通频带 pass band
通用阵列逻辑 generic array logic
特性 characteristic
伏安特性 Volt-Ampere ～
外特性 external ～
频率特性 frequently ～
机械特性 mechanical ～
转矩特性 torque ～
硬特性 hard ～
软特性 soft ～
输入特性 input ～
输出特性 output ～
转移特性 transfer ～
电压传输特性 voltage transmission ～
效率 efficiency
起动 starting
起动电流 starting current
起动转矩 starting torque
振荡器 oscillator
真值表 truth table

十 一 画

副绕组 secondary winding
基波 fundamental harmonic
谐波 harmonic
谐波分析 ～ analysis
谐振 resonance
串联谐振 series ～
并联谐振 parallel ～
谐振频率 resonant frequency
通频带 bandwidth
减幅振荡 attenuated oscillation
常开触点 normally open contact
常闭触点 normally closed contact
停止 stopping
停止按钮 stop button
接触器 contactor
控制电动机 control motor
控制电路 control circuit
旋转磁场 rotating magnetic field
隐极转子 nonsalient poles rotor
接地 connect to earth
接零 connect to neutral
接触器 contactor
断路器 circuit breaker
基尔霍夫电流定律 Kirchhoff's current law（KCL）
基尔霍夫电压定律 Kirchhoff's voltage law（KVL）
寄存器 register
数码寄存器 digital ～

移位寄存器 shift ～

虚地 virtual ground

十二画

短路 short circuit

短路保护 short-circuit protection

涡流 eddy current

涡流损耗 eddy-current loss

焦耳 Joule

幅值 amplitude

最大值 maximum value

最大转矩 maximum (breakdown) torque

滞后 lag

超前 lead

傅里叶级数 Fourier series

暂态 transient state

暂态分量 transient component

联锁 interlocking

晶体管 transistor

双极型晶体管 bipolar junction ～

场效应晶体管 field-effect ～

晶闸管 thyristor

双向晶闸管 bi-directional ～

可关断晶闸管 gate-turn-off ～

编码器

集成运算放大器 integrated operational amplifier

集成定时器 integrated timer

十三画

感抗 inductive reactance

感应电动势 induced emf

楞次定则 Lenz's law

频率 frequency

角频率 angular ～

谐振频率 resonance ～

频域分析 frequency domain analysis

频谱 spectrum

输入 input

输出 output

微分电路 differentiating circuit

叠加原理 superposition theorem

滑环 slip ring

鼠笼式转子 squirrel-cage rotor

滤波器 filters

触发器 flip-flop

R-S 触发器 R-S ～

J-K 触发器 J-K ～

D 触发器 D ～

T 触发器 T ～

双稳态触发器 bistable ～

单稳态触发器 monostable ～

无稳态触发器 astable ～

数模转换 digital-analog conversion

解调 demodulation

十四画

磁场 magnetic field

旋转磁场 revolving ～

脉振磁场 pulsating ～

磁场强度 magnetizing force

磁路 magnetic circuit

磁通 magnetic flux

主磁通 main ～

漏磁通 leakage ～

磁通势 magnetomotive force (mmf)

磁感应强度 flux density

磁阻 reluctance

磁导率 permeability

磁化 magnetization

磁化曲线 magnetization curve

磁滞 hysteresis

磁滞回线 ～ loop

磁滞损耗 ～ loss

磁电式仪表 magnetoelectric instrument

赫兹 Hertz

稳态 steady state

稳态分量 ～ component

十五画以上

额定值 rated value

额定电压 rated voltage

额定功率 rated power

额定转矩 rated torque

瞬时值 instantaneous value

戴维宁定理 Thevenin's theorem

激励 excitation

满载 full load

熔断器 fuse

参　考　文　献

1　秦曾煌．电工学（上）（第五版）．北京：高等教育出版社，1999
2　陈道红，电工学．北京：化学工业出版社，2002
3　徐智德，尹延凯．电工技术与电力工程，北京：水利电力出版社，1992
4　张建民，电工技术．北京：国防工业出版社，2001
5　姚海彬．电工技术（电工学Ⅰ）．北京：高等教育出版社，2002
6　唐介．电工学（少学时）．北京：高等教育出版社，2002
7　白乃平．电工基础．西安：西安电子科技大学出版社，2002
8　秦曾煌．电工学（下）（第五版）．北京：高等教育出版社，1999
9　阎石．数字电子技术基础（第四版）．北京：高等教育出版社，2002
10　童诗白．模拟电子技术基础（第三版）．北京：高等教育出版社，2002